Ciro Biderman, Luis Felipe L. Cozac
e José Marcio Rego

CONVERSAS COM ECONOMISTAS BRASILEIROS

Roberto Campos
Celso Furtado
Antônio Delfim Netto
Maria da Conceição Tavares
Luiz Carlos Bresser-Pereira
Mário Henrique Simonsen
Affonso Celso Pastore

Edmar Bacha
Luiz Gonzaga Belluzzo
André Lara Resende
Persio Arida
Paulo Nogueira Batista Jr.
Eduardo Giannetti da Fonseca

Prefácio de Pedro Malan

Nova edição revista e ampliada

editora 34

EDITORA 34

Editora 34 Ltda.
R. Hungria, 592 Jardim Europa CEP 01455-000
São Paulo - SP Brasil Tel/Fax (11) 3811-6777 www.editora34.com.br

Copyright © Editora 34 Ltda., 1996
Conversas com economistas brasileiros ©
Ciro Biderman, Luis Felipe L. Cozac e José Marcio Rego, 1996

A FOTOCÓPIA DE QUALQUER FOLHA DESTE LIVRO É ILEGAL, E CONFIGURA UMA APROPRIAÇÃO INDEVIDA DOS DIREITOS INTELECTUAIS E PATRIMONIAIS DO AUTOR.

Capa, projeto gráfico e editoração eletrônica:
Franciosi & Malta Produção Gráfica

Créditos das fotografias:
André Duzek/AE (p. 80); Reprodução/AE (pp. 113, 147a, 178, 207a, 207b, 242a, 242b, 266a, 287, 341a); José Varella/AE (p. 141); Wilson Pedrosa/AE (p. 147b); Sucursal Brasília/AE (p. 266b); Monica Zarattini/AE (p. 307); Vidal Cavalcante/AE (p. 341b); Alfredo Reizzutti/AE (p. 375); Michele Mifano/AE (p. 396); Júlia Alcantara/AE (p. 425)

Revisão:
Ingrid Basilio
Beatriz de Freitas Moreira

1ª Edição - 1996 (1 Reimpressão), 2ª Edição - 2024

Catalogação na Fonte do Departamento Nacional do Livro
(Fundação Biblioteca Nacional, RJ, Brasil)

Biderman, Ciro
B585c   Conversas com economistas brasileiros /
Ciro Biderman, Luis Felipe L. Cozac e José Marcio Rego.
— São Paulo: Editora 34, 2024 (2ª Edição).
528 p.

ISBN 978-65-5525-186-9

1. Economistas - Brasil - Entrevistas.
2. Economia. 3. Economia - Estudo e ensino - Brasil.
I. Cozac, Luis Felipe L. II. Rego, José Marcio.
III. Título.

CDD - 330

CONVERSAS COM
ECONOMISTAS BRASILEIROS

Introdução	9
A genialidade do Plano Real..	12
Teoria econômica e legitimação do poder, *André Lara Resende*	15
Um estranho conceito, *Persio Arida*	23
Prefácio à 1ª edição, *Pedro Malan*......................................	55
Apresentação...	59
Desenvolvimento do ensino de Economia no Brasil.........	63
Roberto de Oliveira Campos...	81
Celso Monteiro Furtado...	111
Antônio Delfim Netto	139
Maria da Conceição Tavares	179
Luiz Carlos Bresser-Pereira...	205
Mário Henrique Simonsen	243
Affonso Celso Pastore	267
Edmar Lisboa Bacha	285
Luiz Gonzaga de Mello Belluzzo	305
André Lara Resende...	339
Persio Arida	373
Paulo Nogueira Batista Jr.	397
Eduardo Giannetti da Fonseca	423
Uma leitura comparada das entrevistas	457
Posfácio à 2ª edição, *Pedro Malan*	483
Um pouco sobre os autores, e um tempo para os agradecimentos...........................	487
Glossário de siglas e abreviaturas......................................	491
Bibliografia	495
Índice onomástico	519

a
Claudia, Paula e Marisa

INTRODUÇÃO

Este não é um livro sobre o Plano Real. Mas então como uma nova versão revista e ampliada de *Conversas com economistas brasileiros* poderia ser comemorativa dos trinta anos do Plano Real? De fato, o motivo pode não ser tão evidente e cabe uma explicação.

Este livro é sobre memórias, caminhos e posicionamentos de economistas brasileiros que tiveram papel histórico relevante no último quarto do século passado. Mostra a importância das controvérsias e do debate para o desenvolvimento de ideias e execução de políticas econômicas. E traz história oral, relatos da trajetória pessoal, traços psicológicos e a trama de relações sociais, contadas pelos próprios personagens.

Foi concebido em 1994, realizado entre 1995 e 1996 e lançado no final daquele ano. Portanto, no início do período de modernizações institucionais que se seguiu ao Plano Real, em senso estrito (do momento da conversão monetária, em 1º de julho de 1994, lá se vão três décadas). Pois o Plano Real pode ser entendido também em sentido mais amplo, como um grande plano de reformas modernizantes e, assim, mais difuso no tempo. Este sentido abarca também uma lista mais ampla de participantes, extensa o bastante para aqui elencá-la.

O livro contém depoimentos de participantes diretos do processo da concepção teórica, convencimento político e implantação do Plano Real: André Lara Resende, Persio Arida e Edmar Bacha. Sobre o Plano Real, e o genial mecanismo da conversão monetária, também opinam outros economistas entrevistados.

No prefácio do grande orquestrador do Plano Real e das políticas econômicas do período 1995-2002, o ministro Pedro Malan nos lembra a observação de Ivan Lessa, sobre a teimosia do brasileiro, a cada quinze anos, em esquecer o que aconteceu nos últimos quinze. Porém, infelizmente errou o ministro ao escrever que isto parecia estar mudando. Não está. Vemos cada vez mais a repetição de erros já testados e a proposição de políticas econômicas que já fracassaram, dando razão a Ivan Lessa. Não parecemos aprender com os erros do passado e tirar lições das experiências malsucedidas. Talvez o necessário, no nosso caso, seja voltar trinta anos (e não os quinze do Ivan Lessa) para se recorrer a uma lição positiva de política econômica — o Plano Real —, e dela resgatar ensinamentos e reflexões.

Republicamos os depoimentos e os capítulos iniciais e finais do livro original na íntegra, logo após os textos-comentários inéditos, escritos no segundo semestre de 2023 e primeiro de 2024, fruto da generosidade, elegância e competência de André, Persio e Malan. O material inédito versa sobre o papel do economista, a trajetória da corrente inercialista e a importância da estabilidade de preços, escrito com o benefício do tempo e à luz da reflexão autoral sobre o Plano Real.

Reconhecer as virtudes de ações modernizadoras do passado funciona como inspiração para o futuro. Em um dado momento o papel modernizante do PAEG, realizado a partir de 1964 (lá se vão seis décadas), foi reconhecido, a despeito do seu contorno político. É quando a política econômica adquire contornos de política de Estado, afastando-se de uma política ideológica. É como foi no Plano Real. E se não podemos evitar envelhecer nem ver morrer pessoas que tiveram papel primordial na política econômica brasileira, podemos tentar evitar que suas conquistas e importância se percam na memória coletiva, e até no meio acadêmico.

É este reconhecimento da importância histórica de diversos personagens da nossa economia, e em especial os que já se foram, que nos motivou a reeditar o *Conversas com economistas brasileiros*. Ademais, a marca de trinta anos daquele momento histórico é motivadora o suficiente para relembrar e trazer para os mais jovens os elementos que marcam a originalidade teórica e circunstancial do Plano Real. A leitura deste livro permite entender também o caminho percorrido até ele, e a contribuição de outros economistas neste percurso.

Resgata, ainda, a reflexão e o debate sobre o papel do economista e da retórica, e sobre a alegada "cientificidade" da teoria econômica. Afinal, o que justifica a falta de consensos e ausência de um entendimento mínimo a respeito de questões relevantes, como desenvolvimento econômico, papel do Estado na economia, e controle da inflação?

Pode-se argumentar que desavenças também ocorrem entre médicos, juristas e em diversas outras profissões. Mas na economia é uma verdadeira Babel, e os economistas não se entendem nem sobre questões e conceitos básicos. A importância da retórica e do poder de convencimento exercem relevante papel. Talvez a alta importância conferida ao papel da educação seja um dos poucos consensos, mas quando se parte para o lado prático, o "como fazer", mesmo esta concordância se esvai. As controvérsias mais evidentes hoje em dia são sobre o nível adequado dos juros e a capacidade de financiamento do Estado, que precisam ser resolvidas para resgatar o crescimento sustentável e diminuir as desigualdades, dois objetivos de que tanto necessitamos. Nossa agenda é por demais desafiadora, gigante, e o tempo urge.

Ciro Biderman, Luis Felipe L. Cozac e José Marcio Rego

A GENIALIDADE DO PLANO REAL

O Plano Real foi um programa econômico implementado com o objetivo principal de controlar a hiperinflação que assolava o país na época. Logrou uma estabilidade econômica duradoura ao Brasil: a queda drástica da inflação permitiu que as pessoas planejassem suas finanças com mais segurança, estimulou o consumo e favoreceu o crescimento econômico. E, sobretudo, disparou um conjunto de ações modernizantes.

Ele é considerado importante e original por diversas razões: separou as funções da moeda (a criação da moeda indexada URV permitiu a separação das funções da moeda em meio de pagamento [cruzeiro real] e unidade de conta/indexador [URV]). Essa separação foi fundamental para combater a inércia inflacionária e sincronizar os reajustes de preços e contratos; eliminou a indexação acumulada, desvinculando preços e salários da inflação passada, medida que também foi importante para combater a inércia inflacionária e estabilizar a economia. Propôs ainda uma transição gradual da URV para uma nova moeda, o Real. Inicialmente, a URV era utilizada como unidade de conta, enquanto o cruzeiro real continuava sendo o meio de pagamento. Essa transição permitiu ajustes diários de preços e contratos, sincronizando a economia. Posteriormente, em 1º de julho de 1994, e de forma amplamente antecipada e divulgada, à URV foi conferida a propriedade de meio de pagamento — na forma do Real, que passou a ser a 9ª moeda em circulação da história brasileira, e homônima da primeira.

Foi um mecanismo de desindexação muito criativo, para dizer o mínimo, e que funcionou conforme o esperado. Nas palavras de Bresser-Pereira, em seu depoimento de 1995, neste livro: "uma das ideias mais geniais e mais extraordinariamente bem-sucedidas de que se tem notícia em um plano de estabilização. Os brasileiros devem muito a esses dois jovens", referindo-se a Persio Arida e André Lara Resende.

O sucesso do Plano Real também se deveu ao amplo apoio político que recebeu. Houve um certo consenso político em torno da necessidade de combater a inflação e restaurar a estabilidade econômica. O apoio político foi fundamental para a implementação efetiva do plano e, para isso ocorrer, foi necessária a liderança de Fernando Henrique Cardoso, que fez a necessária ponte entre o mundo político e o mundo técnico, sem a qual a ideia da moeda indexada jamais teria sido implementada.

Foram necessários dez anos para que a ideia original "Larida" (junção dos sobrenomes dos amigos André e Persio) encontrasse um ambiente propício: sob contornos políticos bem específicos (um governo "tampão" de Itamar Franco e o Congresso da época), uma liderança com coragem para comprá-la (FHC), e uma equipe competente na qual confiava integralmente para implementá-la, iniciada com Bacha, Arida, Gustavo Franco, Murilo Portugal e Winston Fritsch, sob a batuta consistente e confiável de Pedro Malan. As dificuldades enfrentadas no Plano Cruzado e a blindagem jurídica *ex ante* foram importantes para o sucesso do Plano, como conta Persio Arida no seu depoimento a Casa das Garças, transcrito no excelente livro *A arte da política econômica*.

A abordagem adotada pelo Plano Real, especialmente a criação da URV como indexador e sua utilização na transição para o Real, é original e inédita. A natureza específica dos desafios econômicos enfrentados pelo Brasil na época exigiu soluções inovadoras, levando os formuladores do plano a buscar alternativas que se adequassem à realidade brasileira, mas com amplo amparo teórico e submetido a crítica acadêmica internacional, que respondia com reticência.

Esses fatores combinados fizeram do Plano Real um marco na história econômica do Brasil. Como política econômica também, pois trouxe estabilidade e confiança à economia, abrindo caminho para um período de crescimento mais consistente. Houve, porém, uma crise importante no percurso, com o "atraso do câmbio", na virada de 1998 para 1999, resolvido com a adoção do regime de câmbio flutuante a partir de 15 de janeiro de 1999. O câmbio flutuante, juntamente com a passagem para o sistema de metas de inflação e metas fiscais, o chamado "tripé macroeconômico", permitiu, de certa maneira, que o país superasse problemas crônicos de inflação, atraísse investimentos internacionais e melhorasse sua infraestrutura. O sucesso do plano viabilizou uma série sucessiva de transformações modernizantes no bojo do Estado e das políticas públicas.

Entre as diversas políticas e modernizações pelas quais passou o Estado brasileiro naquele período, podemos citar uma longa lista, longe de ser exaustiva: desde a criação do Fundo Social de Emergência, passando pelo saneamento e venda dos bancos estaduais, das dívidas com estados, municípios, melhoria do ambiente regulatório de diversos setores, privatização das estatais de telecomunicações, Conta Única do Tesouro, a Lei de Responsabilidade Fiscal, a modernização do Banco Central e a implantação do sistema de metas inflacionárias, diversas reformas constitucionais, transparência e melhorias em diversas áreas públicas, governança de estatais e setores econômicos.

A experiência do Plano Real também inspirou e gerou lições valiosas para a formulação de políticas econômicas em outros países que enfrentaram desafios semelhantes. É, sem dúvida, um grande experimento bem-sucedido de políticas econômicas modernizadoras. Mas que vem sendo paulatinamente esquecido e desvalorizado, juntamente com os principais economistas do país, que trilharam os primeiros caminhos. Histórias que esta reedição busca resgatar e valorizar.

Leituras sugeridas

Abaixo uma lista de recomendações que certamente ampliará o repertório do leitor acerca do Plano Real e dos erros e acertos de políticas econômicas mais recentes.

Adicionalmente, são contribuições sobre o papel e a trajetória social, acadêmica e política de economistas relevantes no país, e sobre as possibilidades de atuação deste profissional, muitas vezes incompreendido.

Bacha, E. L. (2021). *No país dos contrastes: memórias da infância ao Plano Real*. Rio de Janeiro: Intrínseca/História Real.

Fernandes, J. A. C. (org.) (2023). *A arte da política econômica*. Rio de Janeiro: Intrínseca/História Real.

Franco, G. H. B. (2017). *A moeda e a lei: uma história monetária brasileira (1933-2013)*. Rio de Janeiro: Zahar.

Franco, G. H. B. (2022). *Cartas a um jovem economista*. Rio de Janeiro: Sextante.

Klüger, E. (2017). *Meritocracia de laços: gênese e reconfigurações dos espaços dos economistas no Brasil*. Tese de Doutorado, FFLCH-USP.

Lara Resende, A. (2020). *Consenso e contrassenso: por uma economia não dogmática*. São Paulo: Companhia das Letras.

Malan, P. (2018). *Uma certa ideia de Brasil: entre passado e futuro (2003-2018)*. Rio de Janeiro: Intrínseca.

Mendes, M. (org.) (2022). *Para não esquecer: políticas públicas que empobrecem o Brasil*. Rio de Janeiro: Autografia.

TEORIA ECONÔMICA E LEGITIMAÇÃO DO PODER

André Lara Resende

Há quase três décadas, inspirados pelo livro homônimo de Arjo Klamer com economistas norte-americanos, Ciro Biderman, Luis Felipe Cozac e José Marcio Rego, na ocasião doutorandos da Fundação Getúlio Vargas de São Paulo, realizaram entrevistas com economistas brasileiros. Em 1996, ano da primeira edição do livro, o Plano Real tinha vencido a batalha contra a inflação, mas ainda não havia convicção de que fosse uma vitória definitiva. Hoje, às vésperas do trigésimo aniversário do Real, confirma-se o que disse Edmar Bacha, um dos entrevistados que participou de sua formulação e execução: "[...] o Plano Real é um marco na história brasileira, que veio para ficar". Para celebrar e rememorar esse marco, os autores de *Conversas com economistas brasileiros* resolveram reeditar o livro e pediram-me que escrevesse um texto para a ocasião.

A releitura das entrevistas permite uma reavaliação do papel dos economistas neste início de século XXI. É importante revisitar também o livro de Klamer, *Conversations with Economists*, que é de 1983 e precede por uma década o das entrevistas com os brasileiros. Klamer tinha como objetivo saber o que pensam os economistas em diversas dimensões, mas a questão de fundo, que dominava o debate na profissão à época, era saber se o governo pode ajudar a estabilizar a economia e o emprego, reduzir a duração e a profundidade dos ciclos recessivos, através de políticas macroeconômicas. Klamer classifica os seus onze entrevistados em cinco categorias: Novos-Clássicos, Monetaristas, Neo-Keynesianos, Novos Neo-Keynesianos e Não Convencionais. Os Neo-Keynesianos, velhos e novos, subscreviam ao consenso que prevaleceu até meados dos anos 1970, de que as políticas macroeconômicas poderiam e deveriam ser usadas para estabilizar os ciclos da economia. Novos-Clássicos e Monetaristas, em contraponto ao consenso do Pós-Guerra, passaram a sustentar que não era possível estabilizar a economia e que toda tentativa de suavizar os ciclos seria inócua ou contraproducente. Por fim, os Não Convencionais rejeitavam todo arcabouço conceitual da Macroeconomia dominante.

À época, a grande novidade teórica, que veio dar força renovada ao argumento dos monetaristas, era a adoção de Expectativas Racionais. Expectativas Racionais levam em consideração toda a informação disponível, inclusive o próprio modelo no qual são utilizadas. Adotadas nos modelos macroeconômicos e financeiros, têm implicações radicais, como a que os mercados estariam sempre em equilíbrio. Apenas diante de novas e inesperadas circunstâncias, um outro equilíbrio se configuraria. Não haveria, assim, espaço nem necessidade de políticas macroeconômicas estabilizadoras. O fato de ser uma extensão do princípio de maximização racional, que está na base da teoria econômica dominante, bem como de favorecer a elegância formal da modelagem matemática, garantiram a adoção das Expectativas Racionais, quase que de forma unânime, pela Macroeconomia convencional. O campo dos críticos de toda política pública intervencionista encontrou, então, um poderoso aliado. Houve uma clara e inequívoca vitória dos defensores de que não haveria espaço para o ativismo macroeconômico, pois com Expectativas Racionais os mercados se equilibram de forma instantânea e automática. A partir dos anos 1980, os keynesianos de todos os matizes, todos os que sustentavam que a ação do governo seria capaz de sanar as falhas do mercado, foram derrotados, se não na prática pelos fatos, clara e inequivocamente na teoria predominante.

Os economistas entraram na segunda metade do século passado com muito prestígio, em grande parte devido à contribuição de Keynes para explicar a depressão dos anos 1930 e sua prescrição para evitar que a experiência viesse a se repetir. Vista em retrospecto, a controvérsia das Expectativas Racionais na Macroeconomia, que é em última instância uma controvérsia política entre o fundamentalismo de mercado e a relevância das políticas públicas, deu início à reversão do prestígio da profissão. Segundo Klamer, no início da década de 1980, à altura da publicação das entrevistas, os economistas ainda eram altamente respeitados, mas o prestígio da profissão já estava sob suspeita. O público já havia se dado conta de que eles não tinham respostas claras, não ambíguas, nem unânimes, para perguntas diretas e objetivas. Já estava evidente que existiam entre eles discordâncias insuperáveis. Apesar da insistência dos entrevistados de que a teoria econômica seria uma ciência capaz de formular hipóteses testáveis, as entrevistas deixam claro que a discordância era profunda e que os testes empíricos jamais seriam capazes de decidir com quem estava a razão. Os entrevistados de Klamer estavam indiscutivelmente entre o que de melhor a disciplina tinha a oferecer, mas discordavam fundamentalmente sobre questões teóricas, empíricas, metodológicas e políticas. O formalismo acadêmico pode mascarar as diferenças, mas nas entrevistas as discordâncias saltam aos olhos. Fica claro que os entrevistados, muitas vezes, têm até mesmo dificuldades de entender uns aos outros. Embora insistam que questões políticas e filosóficas não devam influenciar a teoria, acusam-se mutuamente de viés político e até mesmo de desonestidade intelectual.

Diante de um quadro mais para Babel do que para discussão científica, Klamer recorre à tese de que as concordâncias e as discordâncias, os elogios e as críticas, são evidência do aspecto retórico da teoria econômica. Mais do que ciência, no sentido dado aos estudos da natureza, a economia seria a arte da persuasão. A descoberta de que a retórica tem papel importante na teoria e no discurso dos economistas tinha acabado de ser tema de artigos independentes no Brasil e nos Estados Unidos, e é retomada por Biderman, Cozac e Rego nas conversas com os economistas brasileiros. Provavelmente por serem menos acadêmicos e menos claramente associados a vertentes teóricas do que seus colegas norte-americanos, os brasileiros foram classificados pelo critério geracional. Discutem mais abertamente a influência da política. Também insistem no caráter científico da teoria econômica, mas não negam ter posições políticas assumidas, nem que tenham se posicionado em relação a questões objetivas devido a suas simpatias políticas. De toda forma, insistem na importância de separar a economia da política. Demonstram ceticismo em relação à capacidade de contribuição teórica de seus conterrâneos. São, e reconhecem ser, mais generalistas, menos especializados, mais explicitamente homens públicos e, portanto, políticos. Chega-se a afirmar que não teríamos pesquisadores em economia, mas sim homens públicos com interesse em economia.

Os economistas brasileiros fazem parte da *intelligentsia* nacional, pensam e influenciam diretamente os destinos do país. Têm uma visão mais matizada e crítica da teoria do que seus colegas norte-americanos. O uso da Matemática é várias vezes mencionado como um instrumento de retórica e uma barreira à entrada para os leigos. É lembrada a afirmação de Ludwig von Mises, expoente do liberalismo da Escola Austríaca, de que a teoria econômica se reduziria a uma série de tautologias, de identidades que ajudam a organizar o processo de reflexão. Essa visão crítica, a consciência do elemento político e retórico na economia, que deveria ser visto como um atestado de maturidade intelectual e de relevância da profissão, é percebida como um sinal de atraso, de falta de compromisso com o rigor científico, em comparação aos acadêmicos norte-americanos. O sentimento de inferioridade é mais claro entre as gerações mais jovens, formadas nas grandes universidades dos Estados Unidos e da Inglaterra. O economista brasileiro seria intelectualmente dependente dos professores que teve no exterior, incapaz, por insegurança, de adotar trabalhos de colegas brasileiros.

A necessidade de desvalorizar as contribuições teóricas dos seus conterrâneos reaparece na resistência a reconhecer qualquer novidade no que se convencionou chamar de "inflação inercial", um dos temas recorrentes nas perguntas de Biderman, Cozac e Rego. A tese de que a inflação alta por muito tempo se torna crônica, a economia desenvolve então mecanismos, formais e informais, de indexação retroativa, que a torna extremamente resistente aos remédios tradicionais, foi um dos pontos centrais da batalha intelectual contra a ortodoxia monetarista no Brasil. Mesmo diante do sucesso do Real, baseado na URV, uma unidade de conta virtual criada para superar a inércia da inflação crônica, ainda havia necessidade de questionar qualquer originalidade da contribuição brasileira. A inércia da inflação seria nada mais do que um "fenômeno de baixa frequência em séries temporais". Ou seja, a realidade da resistência da inflação crônica, suas causas e consequências, a impossibilidade de controlá-la com a receita da ortodoxia norte-americana, não teria qualquer relevância nem originalidade, seria um mero e conhecido fenômeno estatístico. Chega-se a afirmar que não haveria nenhum pensamento econômico a ser recuperado no país.

Enquanto o tema divisor de águas entre os norte-americanos era a capacidade de estabilizar a economia através de políticas macroeconômicas, entre os brasileiros, depois de superada a inflação crônica, a questão central volta a ser o papel do Estado na promoção do desenvolvimento e do bem-estar. Ecos da Controvérsia do Planejamento, entre Roberto Simonsen e Eugênio Gudin, aparecem nas entrevistas com os mais velhos. Entre os mais jovens, o tema do desenvolvimento é relegado a um discreto segundo plano. É justamente Roberto Campos, inegavelmente um dos patronos do liberalismo econômico no país, quem prevê um aumento da preocupação com assuntos como a distribuição de renda, o nível do emprego e o crescimento econômico. Equivocou-se ao concluir que provavelmente estariam no centro das atenções na virada do século. O neoliberalismo fiscalista, a tese de que a única missão do Estado é equilibrar suas contas e que caberia à iniciativa privada, ao "mercado", promover o aumento da produtividade e do bem-estar, não deixou espaço para as questões que pareciam dever ser prioritárias, uma vez controlada a inflação.

A pretensão de que economia seja ciência segundo o cânone positivista, dominante entre os norte-americanos, também é majoritária entre os brasileiros, mas há menos consenso e maior espírito crítico. Persio Arida, autor do artigo pioneiro no Brasil da economia como retórica, afirma que política econômica é antes de mais nada política, que não há política nem teoria que não tenha sido baseada em uma trama complexa de relações pessoais. Sem sombra de dúvida, não só a política econômica é política, como a concepção e a adoção de teorias econômicas são resultado de um jogo de forças e interesses, econômicos, políticos, mas também psicológicos. Como afirma Celso Pinto na orelha da primeira edição do livro com os brasileiros, as entrevistas ajudam a "recuperar tanto as tramas das relações pessoais, quanto a caminhada política das ideias econômicas". Sua releitura, quase três décadas depois, deveria também contribuir para desmistificar a teoria econômica como ciência. Deveria deixar claro o elemento humano, muito humano e nada científico, das vaidades, dos ressentimentos e da busca de prestígio entre os economistas. Entrevistas abrangentes, como as das *Conversas com economistas brasileiros*, tornam gritante a distância entre a pretensão de objetividade científica e a realidade da profissão.

Na apresentação da primeira edição, os autores observam que as controvérsias acadêmicas se misturam com discussões políticas e vaidades pessoais. Como não há maneira inequívoca ou teste empírico definitivo que aponte quem tem razão, a resolução das controvérsias entre os economistas depende do poder de persuasão. Economia não é ciência, como se entende as Ciências Naturais, mas uma arte retórica. Como as disputas entre economistas não podem ser resolvidas por testes objetivos, a partir das evidências empíricas, os vencedores são os que têm melhor poder de convencimento retórico. A economia é uma arte de persuasão. Assim deve ser entendida a polêmica, e flagrantemente não científica, afirmação de Milton Friedman de que o realismo das hipóteses é irrelevante na modelagem econômica, como o reconhecimento de que economia não é ciência, mas sim retórica. Não é a capacidade de retratar a realidade que conta, mas o poder de convencimento. Pouco importa se as premissas são falsas ou irrealistas, desde que a história contada seja convincente, a teoria econômica terá cumprido o seu papel.

Em seu discurso de laureado com o Nobel de 1984, James Tobin sustenta que os modelos macroeconômicos moldam a visão de mundo dos homens públicos e de seus assessores e exercem grande influência na formulação de políticas públicas. Não há dúvida de que a retórica dos economistas define para a mídia, os homens de negócios e os eleitores uma estrutura mental utilizada para ordenar e compreender áreas cada vez maiores da atividade humana. Apesar de ter seu prestígio como ciência abalado, a teoria econômica continua extraordinariamente influente. Ao dizer que os homens práticos, que se pretendem livres de qualquer influência intelectual, são quase sempre servos de algum economista já morto, Keynes prestava homenagem ao poder das ideias e ao prestígio dos economistas.

Sempre acreditei que as ideias são importantes e que os economistas teriam o poder de influir no curso dos acontecimentos. Hoje, no crepúsculo de uma longa vivência de economista, me dou conta de que, justamente porque são importantes, nem todas as ideias se tornam influentes, mas apenas aquelas que interessam ao poder. Só são aceitas e difundidas as ideias que servem para dar legitimidade ao poder constituído. É assim que se pode entender a afirmação de Joseph Schumpeter, economista e crítico social, de que o estudo das ideias derrotadas e esquecidas é mais profícuo e ilumina tanto ou mais do que o das ideias dominantes. O poder precisa de histórias que deem legitimidade para o seu exercício em sociedade. Assim como no passado coube à religião e seus representantes justificar e legitimar o poder dos soberanos, no mundo contemporâneo, cabe à teoria econômica e aos economistas formular e defender a estrutura mental que justifica o poder financeiro.

A imaginação e a capacidade produtiva de uma sociedade é sempre um trabalho coletivo. A produção é coletiva, mas sua distribuição, a alocação do produzido, do consumido e do excedente, precisa ser arbitrada. A forma como o resultado da produtividade coletiva é alocado e distribuído está no cerne do poder na sociedade. Poder é a capacidade de arbitrar a alocação da produtividade coletiva. O poder pode ser mais, ou menos, legítimo, baseado em regras coletivamente aceitas, ou meramente imposto pela violência. Pode ser mais, ou menos, democrático, baseado em regras aceitas pela maioria, ou determinadas por uma minoria. A teoria econômica hegemônica é uma história legitimadora do poder nas sociedades capitalistas modernas.

Diferentemente do que pode parecer, os economistas não detêm o poder, são meramente os encarregados de contar histórias que deem legitimidade ao poder. Assim como os escribas egípcios, são meros *rapporteurs* a serviço do poder. São educados, têm prestígio social e podem ser muito bem remunerados, mas não fazem parte do poder. Ao contrário, para preservar seu prestígio e seu lugar privilegiado na sociedade, devem abdicar da pretensão de poder. Precisam se apresentar como reveladores de uma ordem natural distante e independente do poder. Sua credibilidade e a sua capacidade de prestar serviço ao poder são tão maiores quanto mais distantes dele parecerem estar. Para isso, devem se apresentar como técnicos, cientistas, desinteressados e até mesmo desconhecedores da política. Economia é retórica, seu objetivo é convencer a sociedade de que a configuração do poder, ou seja, a alocação da produtividade coletiva, na sociedade contemporânea, é resultado de uma ordem natural.

No passado, o clero obteve prestígio e benefícios materiais no papel de guardiães de uma história que conferisse legitimidade ao poder. Hoje, os economistas hegemônicos cumprem este papel. A religião, quando ameaçada pelo Iluminismo e pelas dissidências, se tornou intransigente e agressiva. Também a Economia, hoje ameaçada pelas discordâncias insolúveis de seus representantes, os erros sistemáticos de suas previsões, a irrealidade de suas premissas e a flagrante insustentabilidade de sua pretensão científica, está cada vez mais agressiva em relação aos seus críticos. As *Conversas com economistas brasileiros*, há quase três décadas, já deixava antever a desmistificação da teoria econômica como ciência.

Agosto de 2023

UM ESTRANHO CONCEITO*

Persio Arida

Dedicado à memória de Mauro Boianovsky[1]

Introdução

A republicação do *Conversas com economistas brasileiros* aos trinta anos do Plano Real e quarenta anos do Plano Larida[2] suscitou-me três indagações. Primeira: como as conversas e os trabalhos da escola inercialista da PUC-RJ vieram a gerar propostas de estabilização e, dentre elas, o Plano Larida? Segunda: quais as similitudes e diferenças entre a arquitetura conceitual do Larida e a do Plano Real? Terceira: o Real poderia ter acontecido antes?

Este artigo estrutura-se da seguinte forma: a seção 1 é um *paper* de História do Pensamento Econômico, parte de um trabalho mais longo que deveria ter sido publicado em coletânea organizada por Boianovsky *et al.* (2023), mas que não foi terminado a tempo, permanecendo inédito. Alguns de seus argumentos foram apresentados em dezembro de 2017, em um seminário na Casa das Garças no Rio de Janeiro. Aqui agradeço os comentários dos que lá estiveram.

---

* Agradeço a revisão e paciência de Luis Felipe Cozac diante do longo período de escrita deste artigo.

[1] Mauro Boianovsky foi meu aluno em um curso de História do Pensamento Econômico no início da década de 1980 ministrado no curso de mestrado da PUC-RJ. Lembro vivamente de uma aula em que mencionei Wicksell e o conceito de taxa natural de juros, no contexto de um percurso que ia de Patinkin (1965) a Friedman (1968). Mauro me procurou pouco depois dizendo que tinha resolvido escrever sua tese sobre Wicksell. E foi de fato com Wicksell que se iniciou sua brilhante carreira acadêmica. Seu conhecimento enciclopédico e rigor de suas análises fizeram com que conseguisse um merecido reconhecimento internacional. Como professor que fui, nada mais gratificante do que receber o elogio que ele me fez em um e-mail em 2023: "como já disse, foi com você que aprendi a importância e relevância de HPE como empreendimento intelectual".

[2] O apelido "Larida" foi cunhado por Rudi Dornbusch. O texto em inglês está em J. Williamson (1985). Os artigos originais foram publicados anteriormente nos *Textos para Discussão* da PUC-RJ e em alguns periódicos brasileiros.

As seções 2 e 3 são mais curtas e baseadas, com algumas novas ideias, em Arida (2024). Discutem, respectivamente, a segunda e terceira questões acima. A seção 4 apresenta a bibliografia.

1. A INFLAÇÃO PURAMENTE INERCIAL

O trabalho encomendado por Mauro Boianovsky tem duas teses principais.

Primeira: a produção intelectual da escola inercialista — basicamente *Textos para Discussão* do Departamento de Economia da PUC-RJ (TDs), artigos em revistas especializadas, jornais e *papers* não publicados — orientou-se pelo desenvolvimento de um conceito. Estou longe aqui de utilizar a historiografia tradicional, centrada no papel de indivíduos e obcecada por descobrir quem falou o quê, em primeiro lugar. Não há nada de errado nesse *approach*, até porque as ideias precisam ser expressas por indivíduos para existir socialmente. É a historiografia apropriada para entender a evolução do instrumental analítico da profissão. Falta-lhe, no entanto, o aspecto social, coletivo, inerente a uma escola de pensamento autorreferida.

Segunda: o surgimento do conceito de uma inflação puramente inercial deu origem a um programa de pesquisas e permitiu estreitar o foco das discussões da escola inercialista em um único problema: como desinflacionar uma economia indexada de uma forma politicamente factível? O Larida surgiu em resposta à essa questão.

Vou percorrer aqui, e de forma muito simplificada, essas duas teses. O que deixo de lado, por limitação de espaço: (a) os desdobramentos pós-1984 da escola inercialista; (b) diferenças e similitudes entre os argumentos aqui apresentados e os da já avantajada literatura sobre a escola inercialista;[3] (c) a retomada de temas da escola inercialista pelo *mainstream*;[4] (d) a leitura e o acompanhamento em detalhe da produção da escola inercialista, a formação de um programa de pesquisas e as propostas de estabilização; (e) questões metodológicas inerentes a estudos dessa natureza.[5]

---

[3] Como exemplos de teses acadêmicas dedicadas à escola inercialista, ver Roncaglia (2015) e Barros de Castro (1999).

[4] Como exemplos, ver Calvo (1996) sobre moeda remunerada ou Werning e Lorenzoni (2023) sobre conflitos distributivos.

[5] Há, no mínimo, duas questões metodológicas a considerar. A primeira é a evolução

1.1

Importa lembrar que houve uma significativa mudança de estilo da modelagem econômica entre meados dos anos 1960 e o final dos anos 1970. De um estilo baseado em grandes modelos econométricos que buscavam captar a economia como um todo por intermédio de uma modelagem a mais realista possível, como FMP (Fed-MIT-Penn), partiu-se para um estilo minimalista, com poucas equações, não necessariamente com fundamentos microeconômicos, visando iluminar algumas variáveis-chave e problemas de política econômica, os chamados *toy models*.

O *toy model* preferido da escola inercialista era o gráfico em formato de serra que mostrava a evolução do salário real ao longo da duração de um contrato salarial com 100% de indexação à inflação do período anterior. Basicamente, nesse *toy model*, o salário real efetivo (prevalente na média do período) cairia com a inflação, cresceria com uma periodicidade de reajustes mais frequente ou com um salário contratual maior.

Esse *toy model* nada tinha de novo. Contratos salariais indexados já haviam sido analisados no Brasil por Mário Henrique Simonsen e constavam do *mainstream* na forma de quatro proposições:

a) Em pleno emprego, discrepâncias entre o salário real desejado (resultante da barganha salarial com sindicatos) e o salário real factível (que dependeria do nível de produtividade), o chamado *aspirational gap*, seriam resolvidas pela inflação;

b) A indexação poderia surgir endogenamente como uma forma de repartição de riscos diante da possibilidade de mudanças não antecipadas no nível de preços ou falta de credibilidade das políticas econômicas. Mas a indexação poderia também surgir exogenamente, ditada por lei;

c) Em uma economia com indexação *backward looking*, o efeito de determinado desequilíbrio fiscal sobre a inflação seria muito maior do que em uma economia sem indexação;

---

do chamado *group belief*. Ou seja: embora a intuição da realidade seja comum a todos os participantes da escola inercialista, a evolução dessa intuição se faz em um processo desigual em que nem todos pensam o mesmo em um dado momento de tempo. O tema, bastante conhecido na literatura de epistemologia social, está bem descrito em O'Connor (2024). Outra questão advém da minha dupla condição de escriba desse texto e participante da escola inercialista. Há vantagens nisso, mas também desvantagens — o risco das armadilhas seletivas da memória e da falta de distanciamento.

d) Contratos com datas dessincronizadas ou intercaladas de reajustes fariam com que a inflação passasse a ser inercial.[6]

Por que, tendo feito uma robusta reflexão sobre contratos salariais, intercalados e indexados, nunca surgiu do pensamento *mainstream* uma proposta efetiva para eliminar a inflação no Brasil? Embora esteja longe do meu objetivo aqui traçar o surgimento na literatura econômica, nos anos 1970 e no início dos 1980, de contratos indexados e seus desdobramentos, a resposta é relativamente simples: o interesse do *mainstream* estava em outro lugar.[7]

O que inexistia no *mainstream* era o conceito de uma inflação alta e crônica que, na ausência de choques externos, se estabilizaria em patamares muito elevados *sem* que houvesse desequilíbrio fiscal e *sem* que a moeda, uma dívida do governo com juro nominal zero, tivesse papel de relevo. Seria uma inflação predominantemente inercial. O "predominantemente inercial" no caso era apenas uma maneira prudente de designar uma inflação puramente inercial porque, na vida social, raríssimos são os fenômenos puros.

Era um estranho conceito. No pensamento *mainstream* da época, basicamente monetarista, era possível conceber uma inflação de equilíbrio alta e crônica. Supondo, para simplificar, que todo o financiamento do déficit público dependeria da emissão da moeda, a curva de Laffer implicava que haveria um equilíbrio com baixa inflação e outro com alta inflação. Dependendo da velocidade e forma de ajuste das expectativas, o equilíbrio de alta inflação poderia ser estável, configurando uma armadilha e suscitando o pro-

---

[6] Ver, por exemplo, Azariadis (1978), Gray (1976), Rowthorn (1977), Fischer (1977), Taylor (1980) e Blanchard (1982).

[7] A modelagem da indexação em textos em Fischer (1977) visava mostrar que havia espaço para uma política monetária ativa, em contraposição à política monetária passiva preconizada por Milton Friedman. Note-se aqui que por política monetária passiva entendia-se uma quantidade de moeda que seguia uma regra predeterminada; por política monetária ativa entendia-se a quantidade de moeda sendo ajustada de forma ótima a diferentes circunstâncias. Era o debate *rules versus discretion*, com ou sem expectativas racionais. Contratos indexados serviam também para questionar a hipótese de que os preços sempre estão instantaneamente equilibrados (ver Malinvaud, 1977). Outro debate relevante era sobre o efeito da indexação do ponto de vista do socialmente ótimo. Haveria um lado positivo (manter o salário real de equilíbrio constante), mas desencorajaria o Banco Central ao aumentar o custo social de políticas contracionistas como em Barro e Gordon (1983). O fato é que a discussão da economia *mainstream* sobre indexação passava ao largo do problema da estabilização. Calvo (1983) e Taylor (1979) não são exceções.

blema de como transitar de um para outro equilíbrio.[8] Ou seja: equilíbrios de alta inflação não eram estranhos ao pensamento *mainstream*. O estranho, no caso, era o papel da moeda: a inflação, nos dois equilíbrios da curva de Laffer, decorre da emissão de moeda necessária para gerar o ganho de senhoriagem. No pensamento inercialista, mesmo em sua forma mais elementar, a moeda é passiva.

Outra maneira de conceber uma inflação alta e estável, ainda no *framework* monetarista, era imaginar que a economia se encontrava em algum ponto de uma curva de Phillips vertical de longo prazo. Nessa curva, há um *continuum* de inflações tão altas quanto se queira e todas compatíveis com a taxa natural de emprego. Essa curva supõe equilíbrio nas contas públicas, sendo o ganho de senhoriagem exatamente igual à necessidade de financiamento do governo.[9] Aqui também a similaridade com o equilíbrio da inflação inercialista é apenas superficial. A curva de Phillips vertical reflete um hipotético longo prazo, quando no pensamento inercialista, como veremos abaixo, a curva de Phillips é quase horizontal, de curto ou médio prazo, e o patamar de inflação responde assimetricamente a choques.

Retomemos aqui o equilíbrio puramente inercial.

Na tipologia da escola inercialista, a inflação puramente inercial se situava entre uma inflação "normal" e a hiperinflação. Na inflação "normal", tipicamente de um dígito ou pouco mais, sem prevalência da indexação, importaria apenas que as políticas fiscal e monetária eliminassem o excesso de demanda. Na gênese de uma inflação alta e crônica, o desequilíbrio nos "fundamentos" e a perda de confiança na capacidade ou determinação do governo de brecar o processo inflacionário teriam papel-chave. Mas a partir de um

---

[8] Ver Sargent e Wallace (1987), Evans e Yarrow (1981) e Bruno e Fischer (1987, primeira versão 1984).

[9] Pastore interpreta o Larida nos termos de uma curva de Phillips vertical. Na entrevista a este livro, perguntado sobre o Larida, comenta: "O que tem de interessante é a ideia de que se pode escorregar sobre uma curva de Phillips vertical quando se tem uma inflação muito alta. Quer dizer, se houver esse processo de inflação acumulado com passividade monetária, pode-se fazer exatamente o que foi feito no Plano Real: indexar tudo. Assim eu interpreto a URV". A mesma formulação aparece em Almonacid e Pastore (1975): se todos os contratos da economia fossem perfeitamente indexados, a taxa de crescimento seria dada pela taxa natural "e toda a análise recairia no limite clássico da perfeita flexibilidade de preços e salários". Transparece aqui mais uma diferença entre os conceitos: uma coisa é inflação com plena flexibilidade de preços e salários, outra coisa é a mesma inflação com os salários e contratos indexados.

determinado ponto, a inflação poderia prosseguir inercialmente independentemente dos "fundamentos". Essa inflação se fixaria em patamares que, como veremos abaixo, reagiriam assimetricamente a choques, tendo mais chance de subir do que de cair. A hiperinflação é o caso-limite em que a inflação é tão alta que a memória carregada pela inércia desapareceria, com todos os preços passando a ser reajustados continuamente.

Do ponto de vista da economia política, trata-se mais propriamente de um regime em que os responsáveis pela política econômica consideram possível conviver com inflações altas por meio do desenvolvimento de sofisticados sistemas de indexação nos mercados de trabalho, de capitais e no sistema de arrecadação. A ideia é que era possível crescer e derrubar a inflação, ainda que lentamente, por meio da indexação compulsória. Israel e várias economias na América Latina como Brasil, México, Chile, Argentina e, um pouco mais tarde, Peru funcionaram durante períodos razoavelmente longos nesse regime. Até Milton Friedman se encantou com as supostas virtudes da indexação. Depois de uma visita ao Brasil, chegou a escrever um artigo na revista *Newsweek* propondo indexar a economia dos Estados Unidos para minimizar os efeitos da inflação.[10]

Como se verificou posteriormente, os mecanismos de indexação, que supostamente tinham por objetivo mitigar o efeito da alta inflação, terminaram por ter o efeito oposto. Além da aceleração da inflação, o efeito distributivo foi adverso. Ainda do ponto de vista da economia política, os grupos com rendas eficientemente protegidas da inflação, não por acaso os mais influentes politicamente, constituíam um obstáculo a ser superado nas tentativas de estabilização (Leiderman e Liviatan, 2003).

Foi esse estranho conceito de uma inflação puramente inercial que permitiu aos participantes da escola inercialista focarem no desafio de realizar, de forma politicamente factível, a transição de uma inflação cronicamente elevada para a estabilidade de preços. Dito de outro modo: a inércia deixou

---

[10] Boianovsky (2018) analisa esse episódio. O encanto de Friedman com a indexação como mecanismo para tornar a queda da inflação indolor vinha de uma percepção equivocada: o segredo da desinflação brasileira após o golpe militar de 1964 decorreu não na adoção da indexação, mas sim na compressão coercitiva dos salários reais. É curioso notar que no seu artigo para a *Newsweek* ele propõe indexar as contas de governo e deixar o setor privado optar entre indexar ou não. No Larida, o governo usaria a moeda indexada e o setor privado teria a opção de usá-la ou não. Figurativamente: era como se o Larida fosse o Plano de Friedman uma derivada à frente. Essa reflexão é minha e não me ocorreu nos tempos da PUC-RJ, mas sim quando li o artigo da *Newsweek* estimulado pelo estudo de Boianovsky (2018).

de ser um complicador do processo de estabilização para ser um simplificador. Em uma inflação puramente inercial, não haveria desajuste fiscal nem desequilíbrio de preços relativos e a moeda era passiva. O pensamento se voltava naturalmente para o problema de como eliminar a inércia inflacionária. As soluções, como o choque heterodoxo e o Larida, decorreram desse pensamento concentrado na questão da inércia.

1.2
Qual foi o percurso de pensamento da escola inercialista da PUC-RJ? Para entender o caminho percorrido, é importante recapitular alguns fatos estilizados a partir dos quais a escola inercialista se desenvolveu:

Fato 1: A indexação brasileira não era apenas uma resposta endógena de proteção dos agentes econômicos diante da inflação. Tinha também um forte componente exógeno, fixado por lei, para impostos, títulos da dívida, salários e aluguéis.

Fato 2: Na ausência de choques externos, a inflação brasileira tendia a estacionar em patamares mais ou menos estáveis, ainda que muito elevados. Por choques externos entendam-se mudanças no preço internacional do petróleo ou de *commodities*, mudanças na taxa de juros do FED, mudanças na taxa de câmbio ou mudanças nas regras legais de indexação.

Fato 3: A curva de Phillips da economia brasileira era quase horizontal.

Fato 4: A correlação entre o tamanho do déficit público e a taxa de inflação era pequena ou não existente.

O caráter exógeno da indexação propiciou ao pensamento inercialista um experimento natural, digamos assim, na transição do ano de 1979 para 1980. Foi quando, na busca por legitimidade política na "abertura lenta, gradual e segura", a ditadura militar (1964-1984) tornou semestral a indexação salarial, até então anual. A aceleração da inflação decorrente dessa mudança legal foi a que se poderia prever usando o *toy model* da dinâmica salarial. Nesse experimento natural, o *toy model* parecia fornecer uma aproximação razoável para a inflação brasileira.

O segundo fato estilizado, a saber, a existência de patamares relativamente estáveis com alta inflação na ausência de choques, não era visto como sendo exclusivamente brasileiro. A literatura israelense sobre inflação apontava na mesma direção. Qual a causa da emergência desses patamares? Uma possível resposta decorreria do processo de cláusulas de indexação à inflação passada: na ausência de choques, os preços fixados por contratos ou regras legais reproduziriam a inflação anterior, induzindo os preços livres na mesma direção. Esse efeito seria particularmente importante no mercado de trabalho.

Há um outro efeito estabilizador vindo do mercado de ativos. Computadores ainda não existiam quando das hiperinflações dos anos 1920. Os cálculos de juros eram feitos com antiquadas máquinas de calcular. Como resultado, ultrapassado um limiar relativamente baixo de inflação, os juros reais ficavam rapidamente negativos porque era limitada tecnologicamente a frequência com que os juros nominais eram creditados nas contas bancárias. Com juros reais negativos, a dificuldade de financiamento não inflacionário precipitava a rápida e desordenada fuga para ativos reais. Com o advento de tecnologias mais avançadas de pagamento e capitalização, os juros reais poderiam ser positivos mesmo em inflações elevadas.[11]

O terceiro fato estilizado, a saber, a curva de Phillips quase horizontal, suscitou algumas reflexões dos inercialistas à luz dos temas de Friedman (1968). Mas no essencial o pensamento se ateve ao básico: tratava-se de uma inflação insensível a políticas de restrição de demanda e extremamente sensível a choques adversos de oferta. Políticas fiscais ou monetárias restritivas teriam de enfrentar aumento expressivo nos índices de desemprego para conseguir gerar um impacto pequeno sobre a inflação. A taxa de sacrifício das políticas convencionais — quanto se perde de emprego para uma dada redução da inflação — era muito desfavorável. Em termos políticos, a estabilidade de preços viria muito depois do que seria socialmente tolerável. Naturalmente isso levou à busca de alternativas.

A curva de Phillips quase horizontal tinha uma outra implicação: o chamado "efeito catraca". Um dado patamar de inflação seria pouco afetado por um choque favorável, mas muito afetado por um choque desfavorável. A consequência dessa assimetria é que, para um dado patamar estável de inflação, a tendência seria de que o seguinte fosse mais elevado. Em algum momento, a sequência de patamares terminaria em uma hiperinflação.[12]

---

[11] Infelizmente o impacto macroeconômico das inovações tecnológicas tem sido pouco estudado. Há excelentes estudos sobre o impacto dos computadores na pesquisa econômica (ver, por exemplo, Backhouse e Cherrier, 2016), mas não conheço nenhum estudo que possa validar ou contradizer a conjectura de que, ao tornar viáveis taxas de juros positivas mesmo em alta inflação, computadores tiveram um papel crítico na formação de patamares inflacionários estáveis. Mesmo no interessante estudo de Laidler e Stadler (1998), pouco se fala sobre taxas negativas de juros na hiperinflação da República de Weimar.

[12] Vale a pena reproduzir aqui o final do Larida: "Concluímos alertando contra a posição imobilista que hoje predomina nos debates sobre políticas públicas no Brasil. A inflação

O quarto fato estilizado, a saber, que em inflações crônicas e elevadas a correlação entre o tamanho do déficit público e a taxa de inflação era pequena ou não existente, havia sido observado pioneiramente por Felipe Pazos (1972). Na literatura *mainstream* sobre contratos indexados era concebível que um pequeno déficit pudesse causar uma inflação alta e crônica, mas o *mainstream* não alcançou o limite dessa análise, a saber, quando o déficit é zero. Esse fato estilizado gerou a leitura equivocada de que a escola inercialista desprezava os fundamentos fiscais de uma inflação crônica. Se o déficit era pequeno ou inexistente tratava-se de questão empírica. O Larida, por exemplo, partia do princípio de que o déficit público operacional havia sido eliminado.[13] Como se verificou depois, estavam errados os dados fiscais que constavam de relatório preparado para o FMI. Se existisse desequilíbrio fiscal em termos reais — o chamado déficit operacional — a escola inercialista recomendaria eliminá-lo antes de empreender uma reforma monetária.

1.3
Refiro-me aqui propositadamente à "escola inercialista" porque se trata de uma forma de pensar coletivamente amadurecida. O Departamento de Economia da PUC-RJ era pequeno, mas extremamente produtivo. Houve de fato um renascimento — professores novos, chegando mais ou menos ao mes-

---

está aparentemente estável em 230% ao ano. Mas os processos de inflação inercial são muito sensíveis aos choques negativos de oferta adversos, ao passo que muito pouco sensíveis à administração da demanda. Como não se pode desconsiderar eventualidades de choques adversos de oferta, a inflação brasileira, caso persista a postura imobilista, irá fatalmente chegar à hiperinflação. Para passar de 20% a 200% ao ano, a inflação brasileira levou uma década, mas em apenas mais alguns anos pode-se chegar à fase de hiperinflação aberta. Sem desconsiderar a importância do controle do déficit público, fica claro que aqueles que hoje, com a inflação a 200% ao ano, veem com desconfiança a proposta de reforma monetária, serão forçados a apoiá-la quando a inflação atingir 2.000% ao ano".

[13] "O déficit real do setor público foi estimado em 8% do PNB em 1982. Em 1983, foi reduzido a 3,5% do PNB. Ao fim de 1984, o déficit fiscal já estava praticamente eliminado. Por qualquer critério de avaliação, trata-se de uma reversão dramática do desequilíbrio fiscal." A mesma análise otimista, nesse caso validada empiricamente, foi feita para o ajuste do setor externo: "A perplexidade causada pela resistência do processo inflacionário levou alguns analistas a concluir erroneamente que o programa de ajuste não foi implementado nos últimos quatro anos. A espetacular reversão da balança comercial, de um déficit de 3,5 bilhões de dólares para um superávit de 6 bilhões em 1983 e 13 bilhões em 1984, não deixa margem para dúvida: o ajuste de fato ocorreu. A economia brasileira hoje está saudável e renovada".

mo tempo, todos com PhDs em universidades de primeira linha no exterior. Entre 1979 e 1984, o Departamento de Economia produziu mais de uma centena de *Textos para Discussão* (TDs). A lista de tópicos é ampla — história econômica brasileira, desenvolvimento econômico, distribuição de renda, mercado de trabalho, matriz energética, história do pensamento econômico, crise da dívida externa, inflação —, mas há uma concentração significativa nos dois últimos temas. Do ponto de vista da história das ideias, os TDs constituem um material precioso, possibilitando acompanhar o desenvolvimento das ideias quase que "em tempo real".

Havia um grupo informal que debatia ativa e presencialmente os desafios da inflação inercial. Além de André Lara Resende e esse escriba, faziam parte do *inner circle* Edmar Bacha e Francisco Lopes. Outros também contribuíram para os debates: Eduardo Modiano, Dionísio Dias Carneiro, José Márcio Camargo, Pedro Malan, Rogério Werneck, além de professores estrangeiros como Roberto Frenkel, John Williamson e Carlos Díaz-Alejandro. A intensidade das discussões dentro do Departamento criava um ambiente acadêmico sem silos isolados, uma diferença gritante com outros departamentos de outras universidades, nos quais os professores trabalhavam isoladamente e mantinham interlocução predominantemente com acadêmicos de fora de suas instituições.

Além da semelhança de formação, o grupo compartilhava o mesmo posicionamento político: contra o governo militar, a favor da redemocratização. Alguns eram mais engajados do que outros nos debates públicos do momento, mas todos tinham os mesmos valores. Não havia luta pelo poder ou disputas entre grupos. Os professores e alunos formavam um grupo afinado; boa parte das teses de mestrado tinha temas próximos das preocupações dos professores do Departamento. Werneck (2024) fala, com razão, em um jogo cooperativo: "Merece atenção especial o delicado equilíbrio que se estabeleceu dentro desse grupo. Sem deixar de preservar saudável competição interna, inerente a um clima de efervescência intelectual, o grupo mostrou-se capaz de manter um jogo estritamente cooperativo, fundado em respeito mútuo, que se revelou crucial para o sucesso do esforço de desenvolver uma proposta de combate efetivo à alta inflação".

Na PUC daqueles anos, havia uma espécie de ambiente protegido. Nele, ideias puderam ser expostas e submetidas a críticas e observações sem qualquer forma de constrangimento. Era um grupo informal autorreferenciado, lastreado na confiança mútua e na cooperação. Diz muito sobre esse autorreferenciamento o fato de a maior parte dos trabalhos não ter sido enviada para publicação em revistas de excelência no exterior. A preferência foi publicar em revistas brasileiras de economia ou na imprensa. O objetivo era primordialmente influenciar os nossos debates ou motivar teses de mestrado em torno de tópicos de interesse do Departamento.

Na sua crítica à Macroeconomia, Paul Romer faz uma lista de defeitos pertinentes a escolas de pensamento autorreferenciadas:

1. *Tremendous self-confidence*;
2. *An unusually monolithic community*;
3. *A sense of identification with the group akin to identification with a religious faith or political platform*;
4. *A strong sense of the boundary between the group and other experts*;
5. *A disregard for and disinterest in ideas, opinions, and work of experts who are not part of the group*;
6. *A tendency to interpret evidence optimistically, to believe exaggerated or incomplete statements of results, and to disregard the possibility that the theory might be wrong*;
7. *A lack of appreciation for the extent to which a research program ought to involve risk*.[14]

Embora não seja meu objetivo discutir sociologicamente o perfil de escolas do pensamento, parece-me evidente que algumas dessas características aparecem, em maior ou menor grau, em todas as escolas de pensamento econômico. Críticas como nos itens 5, 6, e 7 podem ser mais ou menos pertinentes, dependendo do caso, mas as características 1 a 4 parecem ser universais. A escola inercialista da PUC-RJ não é uma exceção a essa regra. Nenhuma escola de pensamento se firma sem o senso de uma fronteira clara e defendida com fervor diante das reticências do restante dos economistas. É esse senso de fronteira que inspira socialmente a busca de uma reflexão original sobre um tema qualquer.[15]

Observe-se nessa conexão que não existe nenhum texto "seminal" propondo a inflação *puramente* inercial como descrição suficientemente boa da

---

[14] Romer empresta a lista da crítica feita por Smolin (2007) aos físicos adeptos da teoria das cordas. Romer: "*I found that a more revealing meta-question to ask is why there are such striking parallels between the characteristics of string-theorists in particle physics and postreal macroeconomists. To illustrate the similarity, I will reproduce a list that Smolin presents in Chapter 16 of seven distinctive characteristics of string theorists...*".

[15] É possível que o isolamento autorreferenciado de escolas de pensamento tenha sido maior no passado. O mundo pré-internet era muito mais isolado do que o mundo de hoje. Textos de revistas especializadas, por exemplo, demoravam meses para chegar no Brasil.

economia brasileira da época. O conceito surgiu naturalmente das discussões que tínhamos quase que diariamente dentro do Departamento. Foi sendo polido, adquirindo contornos mais nítidos à medida em que conversávamos. O extraordinário é que o conceito serviu de base ou referência intelectual para boa parte dos trabalhos sobre inflação da escola inercialista. A história coletiva que foi traçada nesse programa de pesquisas é a história de um grupo de pessoas que tinha laços de confiança entre si, compartilhavam interesses intelectuais comuns e buscavam construir um Departamento de Economia diferente dos demais. Mas é também a história de um conceito, como foi elaborado e desdobrado em um programa de pesquisas.[16]

Vejamos esse programa de pesquisas em algum detalhe. O estranho conceito suscitava uma série de questões. Em ensaio ainda não publicado, discuto como os escritos da escola inercialista da PUC-RJ tratam questões como as que se seguem:

— O *toy model* poderia valer em uma economia aberta com controles de capital?

— Só seria minimamente racional pedir a reposição de 100% das perdas causadas pela inflação passada se o valor esperado da inflação futura coincidisse com a inflação passada. Mas se os agentes soubessem que havia uma assimetria no efeito de choques externos, o racional seria pedir mais do que 100% de reposição para defender o mesmo salário real com uma margem de segurança. Isso implicaria um viés aceleracionista no comportamento da inflação?

— O conceito de equilíbrio do *toy model* não é o resultante de um *tâtonnement* walrasiano. Tampouco corresponde ao *market clearing* — um equilíbrio no qual os mercados não exibem nem excesso de demanda nem excesso de oferta. Qual é esse conceito de equilíbrio?

— Quais seriam os fundamentos microeconômicos de um patamar estável de inflação?[17]

---

[16] Sobre a importância da elaboração de conceitos em economia, recomendo vivamente a leitura de Gilles-Gaston Granger (1955), injustamente esquecido e, ao que saiba, ainda não traduzido para o inglês.

[17] Lucas havia definido de forma ampla o que se poderia considerar um equilíbrio: "*Equilibrium in this (now entirely standard) context obviously does not refer to a system 'at rest', nor does it necessarily mean 'competitive' equilibrium in the sense of price taking agents, nor does it have any connection with social optimality properties of any kind. All it does mean is that, in the model, the objectives of each agent and the situation he faces are made explicit, that each agent is doing the best he can in light of the actions taken by others, and*

— Como seria a dinâmica de uma inflação inercial se os contratos, em vez de serem reajustados em períodos fixos, passassem a ser reajustados em períodos variáveis cuja duração dependeria da própria inflação? Isso afetaria o "efeito catraca"?

— O equilíbrio de preços relativos seria rapidamente estabelecido quando a inflação se estabilizasse em um patamar mais elevado de inflação? Será que os preços livres, fixados pelo equilíbrio entre oferta e demanda, responderiam a choques tal como os preços sujeitos a contratos?

— Quando uma inflação alta e crônica se tornaria uma hiperinflação, mudando, portanto, de natureza?

— Na outra ponta do espectro: seria verdade que o mesmo equilíbrio de preços relativos de alta inflação valeria em uma inflação muito baixa? Era essa a hipótese que justificava fazer uma reforma monetária neutra, sem efeito distributivo. Em particular, seria verdade que, pós-estabilidade de preços, os trabalhadores se conformariam com o mesmo salário real que antes tinham que obter com 100% de reposição de perdas salarias? Dito de outro modo: o que faria desaparecer o conflito distributivo pós-estabilização?

— A indexação dificulta derrubar a inflação. Por outro lado, a inércia joga a favor do combate à inflação quando de um choque desfavorável. Faria sentido manter a indexação pós-reforma monetária?

Na leitura dos TDs e de outros escritos da escola inercialista, não há como escapar da impressão de um certo desassombro. Basta dizer que o Larida, proposta originalíssima *made in Brazil*, não passou por nenhum *peer review* de revistas no exterior.[18] Excesso de confiança intelectual? Em geral, a virtude está no meio, mas nesse caso o excesso é que foi virtuoso.

---

that these actions taken together are technologically feasible" (Lucas, 1987, e Boianovsky, 2022). Fazer o melhor possível tendo em vista as ações feitas por outros: foi Simonsen quem investigou mais a fundo esse equilíbrio utilizando teoria dos jogos. No seu último *paper* sobre o assunto, se perguntou sob que condições um equilíbrio de Nash com expectativas racionais seria capaz de produzir uma inércia inflacionária. Ver Simonsen (1986) e Werlang (1988). Outro caminho foi percorrido por Azariadis (1978), se perguntando como contratos indexados melhoram a distribuição de risco entre indivíduos. Ver também Tabellini (1984) nessa conexão.

[18] O caso do Larida é singular. Lara Resende já havia inicialmente escrito dois TDs, posteriormente reproduzidos integralmente na *Gazeta Mercantil*, uma espécie de *Valor Econômico* da época, e eu dois outros artigos, um publicado numa revista especializada e outro também na *Gazeta Mercantil*, quando John Williamson sugeriu que escrevêssemos um artigo conjunto em inglês para uma conferência em Washington. O *paper* Larida foi escrito espe-

1.4
Que soluções para o problema da inércia tinham os demais economistas no Brasil?

Muitos compreenderam que o pacote ortodoxo (basicamente um ajuste forte e simultâneo nas políticas fiscais e monetárias) teria pouca chance de funcionar no caso brasileiro. Simonsen (1970) foi quem primeiro e melhor compreendeu o problema posto pela indexação, por ele expresso na forma de uma "realimentação inflacionária". Entendia que corrigir o déficit público era condição necessária, mas não suficiente. O ajuste fiscal teria de ser acompanhado de uma "política de rendas", um eufemismo para controles administrativos *soft* de preços oligopolizados como o CIP da década de 1970. O próprio Simonsen, um pouco mais tarde, aventou a possibilidade de mudar o reajuste de contratos indexados. Em vez da correção pela inflação passada, teríamos uma correção pela inflação futura projetada em bases anuais, com correção *a posteriori* dos erros de projeção. Delfim Netto, como ministro do Planejamento, chegou a lançar um programa de prefixação das correções monetárias e cambial, mas rapidamente abandonado pelas distorções causadas no mercado financeiro. Bresser-Pereira (2010) também se juntou ao time de controle de preços, mas a ele adicionou a prefixação da inflação em uma trajetória fiscal crível. Havia outras ideias como um pacto social nos moldes do espanhol Pacto de Moncloa, a proibição legal da indexação nos contratos ou mesmo a dolarização da economia.

Que lições poderiam ser extraídas de economias com problemas semelhantes?

Antes de 1985, o conhecimento da literatura israelense sobre estabilização, apesar da similaridade dos processos inflacionários, era bastante reduzido. Israel também tinha uma inflação alta e crônica e que estacionava em patamares na ausência de choques. Kleiman e Patinkin vieram para São Paulo em 1975 para uma conferência sobre indexação. Ressaltou-se ali que a indexação israelense era movida por considerações de equidade, enquanto a indexação brasileira era pensada para evitar distorções alocativas. Mais importante, o principal problema em Israel residia na indexação da dívida pública, não na indexação salarial, posto que a central sindical, a Histadrut, poderia fazer parte de acordo político que daria sustentação a eventual plano

---

cialmente para essa conferência e, como tal, foi objeto de crítica e avaliação externa no seu nascedouro. Mas suas ideias já tinham sido publicadas no Brasil e ensejado amplo debate público antes de serem consolidadas no Larida.

de estabilização. Outra diferença de relevo estava no papel da moeda: na literatura israelense raros eram os estudos com moeda passiva. Os modelos de referência se baseavam na curva de Laffer para pensar como sair da armadilha do equilíbrio de alta inflação.

Em contraste, era intenso o contato com a literatura argentina sobre estabilização, até mesmo pela presença de alunos do país vizinho no mestrado do Departamento e de Roberto Frenkel no corpo de professores. As conversas atingiram máxima intensidade no final de 1984, quando alguns participantes da escola inercialista foram para Buenos Aires e debateram com economistas importantes do governo algumas ideias "exóticas" que tinham germinado no Departamento de Economia da PUC-RJ.[19] Uma diferença crítica entre os dois países era que o Brasil tinha como referência de valor dos ativos a correção monetária. A Argentina utilizava como referência o dólar. O Larida usa a referência de valor brasileira — tanto é assim que a URV do Plano Real foi chamada pelo Larida de ORTN pró-rata/dia — enquanto nos parecia claro que a Argentina teria que, de partida, construir uma nova moeda lastreada ou referenciada ao dólar.

A questão da referência de valor tem levado a uma interpretação do Larida como sendo um plano de dolarização. No Larida, todas as variáveis contratuais (como salários) deveriam ser indexadas em URVs e a URV, por sua vez, era reajustada automaticamente de acordo com a inflação passada. A evolução da taxa de câmbio nominal, embora não seja um preço sujeito a contrato, como salários, obedecia a um *crawling peg*: mudava diariamente de acordo com a inflação passada. Visto de outra maneira: o valor de uma URV era igual a 1 dólar por construção, e ambos se valorizavam, em termos da moeda corrente, na mesma velocidade. Em outras palavras, no Brasil a referência de valor era a correção monetária que já vinha sendo usada para fins fiscais (a UFIR) ou para reajustar títulos públicos (a ORTN). Na Argentina, a referência de valor era o dólar. Escapa ao meu objetivo aqui discutir as razões históricas dessas diferenças. Há razões econômicas (grau de abertura da conta de capitais, tamanho dos traumas impostos aos poupadores domésticos, taxas de juros reais positivas ou negativas, *financial deepening* etc.), mas também sociais e históricas, como o grau de internacionalização da elite.

O contato com a literatura italiana era pequeno, mas havia um bom conhecimento dos escritos de Modigliani (1977, 1978 e 1986). A mera leitura

---

[19] Ver Francisco Lopes (2014) para um relato das conversas na Argentina.

de tópicos por ele tratados — *the empirical relevance of a non-vertical Phillips Curve, the mythical fully indexed economy, criticism of the monetary paradigm, passive money, the management of an open economy with 100% wage indexation* — mostra a convergência programática com a literatura inercialista. No entanto, o foco da discussão sobre o caso italiano — *a very special case*, nas suas palavras, em decorrência da indexação *backward looking* 100% *plus* dos salários — era o papel dos ganhos de produtividade. Modigliani usa o *toy model* para caracterizar uma situação em que o salário real contratual e o salário real que as empresas estavam dispostas a pagar estivessem discrepantes a pleno emprego. Era uma outra maneira de descrever o "conflito distributivo". Modigliani conclui que a inflação só pode ser estabilizada quando o desemprego é alto o suficiente para baixar o salário real contratual. Políticas de controle da demanda agregada poderiam eliminar a inflação pelo enfraquecimento do poder dos sindicatos, mas seria impossível obter pleno emprego sem inflação a menos que houvesse ganhos de produtividade.[20] Sua análise era corretíssima, mas de pouca valia diante da necessidade de encontrar uma solução politicamente viável para o problema inflacionário em um prazo relativamente curto de tempo.

1.5

Um aspecto particularmente intrincado desse paradigma *in statu nascendi* está na caracterização da moeda passiva. Em parte, porque o conceito de "moeda passiva" foi mudando ao longo do tempo. Em parte, porque algumas novas ideias, discutidas entre os participantes da escola inercialista, nunca chegaram a ser publicadas. É o tema da moeda que, como vimos acima, diferencia de modo fundamental o equilíbrio de uma inflação puramente inercial dos conceitos *mainstream*.

Nos escritos iniciais da escola inercialista, o *toy model* é completado por fecho monetarista tradicional: o passivo do Banco Central (moeda) cresceria de acordo com uma regra fixa e predeterminada. Em artigos posteriores, a moeda desaparece com a hipótese, reversa, vinda originalmente de Olivera (1970 e 1971), de que a causalidade vai dos preços para a moeda. O emprego de moeda passiva nesse sentido e o uso da expressão "conflito distributivo" muitas vezes criaram a impressão de uma falsa proximidade entre o pensamento inercialista da PUC-RJ e o estruturalismo sul-americano da CEPAL.

---

[20] Para uma análise do papel de Modigliani no destaque dado a questões de oferta no pensamento econômico italiano, ver Ghiani (2008).

Modigliani, no entanto, abordava o tema por outra ótica, teoricamente mais fértil: a da substitutibilidade entre moeda e ativos financeiros remunerados. Na sua análise do caso italiano, observou que as contas-correntes passaram a pagar a mesma taxa de juros dos depósitos remunerados. "*As a result, the M1 money supply is blurred, and while Central Bank may be able to control the total of banking deposits through reserve requirements, it cannot control the way in which the public distributes that total between current and deposit accounts. This means that the money-supply is demand-determined*" (Modigliani, 1986).

O *framework* básico da Macroeconomia de Tobin ajuda a entender o argumento. Nele há três ativos: (a) moeda, (b) títulos ou ativos financeiros remunerados e (c) ações/capital/ativos reais. Nas análises monetaristas, a agregação usual compacta a análise em dois ativos apenas: ações e títulos são considerados substitutos quase perfeitos, enquanto a moeda é deles apartada.[21] Na agregação usual, faz sentido perguntar sobre os efeitos de um aumento na quantidade de moeda porque o Banco Central controla o seu balanço. Mas quando a moeda paga juros, Modigliani está sugerindo outra agregação: títulos e moeda se tornam substitutos próximos, o capital sendo deles apartado. É nessa situação que a moeda se torna passiva. Se só houver títulos emitidos pelo governo, a pergunta que faz sentido na agregação de Modigliani é outra: qual a consequência de uma expansão na dívida do governo como um todo?

Uma outra maneira de captar o efeito desse agregado de títulos e moeda, muitas vezes denominada no jargão inercialista de "moeda remunerada", é pensar a alocação de portfólio dos agentes como um procedimento em dois estágios. No primeiro, os agentes decidem alocar sua riqueza entre ativos reais e ativos financeiros de acordo com as respectivas quantidades e taxas de retorno. No jargão da época: entre ativos reais e o *overnight*. Em um segundo passo, dependendo apenas da necessidade de efetuar transações, os agentes desaplicariam ativos financeiros para ter moeda. Dada a adiantada tecnologia de transações disponível à época, tanto a liquidação de operações de aplicação no *overnight* quanto a ordem para investir em títulos remunerados podiam ser realizadas no mesmo dia. Para um agente eficiente na administração

---

[21] Em Sargent e Wallace (1975), por exemplo, a curva LM ou equilíbrio de portfólio é descrita assim: "*Equation (3) summarizes the condition for portfolio balance. Owners of bonds and equities (assumed to be viewed as perfect substitutes for one another) are satisfied with the division of their portfolios between money, on the one hand, and bonds and equities, on the other hand, when equation (3) is satisfied*".

de seus recursos financeiros, o custo de oportunidade dado pela taxa nominal de juros, que superava 10% ao mês, incidia apenas sobre o papel-moeda que sobrava em sua carteira.

Essa forma de agregação explica em boa medida a relutância da escola inercialista em calcular os ganhos de senhoriagem. O cálculo, deixando de lado institucionalidades específicas da época, como o fato de o Banco do Brasil ser também uma autoridade monetária, era feito comparando os saldos de depósitos à vista e papel-moeda em dois momentos quaisquer de tempo. Em decorrência da tecnologia de transações, o saldo da conta de depósitos à vista era automaticamente aplicado pelos bancos em títulos remunerados, a chamada "esterilização". Como consequência, a senhoriagem, o ganho para o governo, deveria ser calculada pela diferença de saldos de papel-moeda em poder do público, um valor que *a priori* deveria ser pequeno. Dito de outra forma: o imposto inflacionário era dividido entre os bancos (que ganhavam o valor resultante de depósitos à vista) e o governo (que ganhava o valor retido como papel-moeda). A definição usual de senhoriagem só teria validade se houvesse um compulsório com remuneração zero sobre o total de depósitos à vista.[22]

Uma vertente mais radical da escola inercialista viria a questionar o próprio modo de funcionamento do Banco Central. Na definição convencional, a moeda seria passiva quando, por falta de disposição política de combater a inflação, o Banco Central renunciaria ao controle de seu balanço. É a definição usada implicitamente na maior parte dos TDs: a "moeda passiva" lá consta como se o Banco Central pudesse controlar seu balanço se assim o quisesse. Em alguns outros textos, como Arida (1981), a moeda é *sempre* passiva em uma economia que tem crédito. Dito de forma eloquente: *monetary policy is passive, can only be passive, and should be passive* (Black, 1987). Em outras palavras: o Banco Central deve prover o volume de reservas necessário para assegurar o bom funcionamento do sistema de crédito. A variável de controle do Banco Central passa a ser a taxa de juros, não porque não tenhamos encontrado um agregado monetário aderente à inflação, mas pela própria natureza do mecanismo monetário de crédito.

---

[22] Do ponto de vista das finanças públicas, moeda é moeda, mas moeda remunerada é dívida, pouco importando se estiver no Banco Central ou no Tesouro. A variedade de formas engloba títulos emitidos pelo Banco Central em poder do público, títulos do Tesouro com cláusula de recompra do Banco Central, reservas bancárias remuneradas ou, mais genericamente, qualquer ativo sobre o qual o Banco Central ofereça um compromisso de recompra sem perda de valor.

Para evitar uma polêmica desnecessária, os TDs e demais escritos dos inercialistas se referem a moeda passiva *tout court* sem explicitar se a passividade decorre da inapetência política dos Bancos Centrais ou de um traço inerente ao funcionamento da moeda fiduciária e do crédito.

2. Planos Larida e Real: uma comparação

No Larida estão delineados os princípios do Plano Real: o programa pré-anunciado, a introdução da moeda indexada na fase de transição, a livre conversão de contratos e preços para a nova moeda e o uso da reforma monetária como instrumento para remover a inércia inflacionária. Apesar disso, há diferenças que merecem ser ressaltadas. O objeto desta seção é analisar essas distinções e explicar seus motivos.

Antes de iniciar, vale a pena frisar que o objetivo aqui é apenas comparar as "arquiteturas" dos dois Planos. Embora o Plano Larida tenha oferecido a base conceitual, um plano de estabilização como o Real é uma obra necessariamente coletiva na sua formulação, e mais ainda em sua implementação. Para ser bem-sucedido, um plano de estabilização requer que os responsáveis pela política econômica saibam julgar o *timing* adequado de lançamento, saibam passar para normas jurídicas o conteúdo das ideias econômicas, saibam convencer políticos e a opinião pública a ter confiança no plano e saibam enfrentar problemas inesperados. E mais: o Plano Larida foi o roteiro para resolver o problema mais delicado da estabilização, a saber, como derrubar rapidamente a inflação sem choques e de uma forma relativamente indolor do ponto de vista social, mas derrubar a inflação é um problema distinto de manter a inflação baixa.

Há quatro diferenças relevantes de arquitetura entre os planos Larida e Real. Duas delas dizem respeito ao desenho do programa de estabilização: a simplificação nos atributos da moeda indexada e a compulsoriedade na fixação de reajustes de salários. As duas outras diferenças decorrem de mudanças observadas na economia do país ao longo dos dez anos que se passaram entre o Larida e o Plano Real: a âncora cambial e o ajuste fiscal prévio.

A primeira e mais importante distinção entre o Plano Larida e o Plano Real é pertinente à fase de transição entre a alta inflação e a estabilidade de preços. No Larida a nova moeda, emitida de partida na fase de transição, teria poder liberatório (isto é, poderia ser usada em transações) e serviria também como referência de contratos. No Plano Real, a nova moeda, denominada como Unidade Real de Valor (URV) servia apenas para referenciar contratos e só passou a ter poder liberatório quando da reforma monetária propriamente dita. Daí a caracterização da etapa de transição como se o Brasil tivesse tido uma moeda e meia — uma moeda "velha" e a URV.

Por que razão o Plano Real usou, na fase de transição, a solução de uma moeda e meia em vez de duas moedas? A razão foi a impossibilidade constitucional de duas moedas vigentes simultaneamente no país. Quando discuti a proposta Larida com o então procurador-geral da República, Saulo Ramos, ainda em 1985, antes mesmo do Plano Cruzado, sua resposta foi peremptória: a coexistência de duas moedas seria inconstitucional. Em 1994, quem muito nos ajudou a encontrar a solução de uma moeda e meia foi o professor José Tadeu de Chiara.

Cabe aqui lembrar um aspecto da construção intelectual do Larida. Ainda em 1983, cheguei à conclusão de que a solução para a inflação inercial seria ajustar por via legal todos os contratos para um único indexador e uma única periodicidade de reajuste, mantendo inalterados os valores reais médios. A proposta foi criticada por alguns colegas do Departamento pelo suposto risco de acelerar a inflação. Embora estivesse convicto de que a preocupação não era procedente, não sabia como avançar dessa proposta para a estabilidade de preços. Quem deu o decisivo e luminoso pulo do gato foi André Lara Resende com a ideia de uma moeda indexada criada a partir de uma reforma monetária. Assim nasceu o Larida. Em decorrência da dificuldade legal, o Real, no entanto, acabou juntando a antiga ideia do indexador único (na forma da URV) com reforma monetária. Em retrospecto, a solução adotada no Plano Real terminou sendo melhor do que a proposta pelo Larida.

A segunda diferença entre o desenho do Larida e o desenho do Plano Real envolvia os contratos salariais. No Real, a conversão para a moeda indexada foi mandatória. No Larida, seria opcional. Essa diferença é menos importante do que a anterior — a conversão obrigatória dos salários para URVs seguiu o critério de neutralidade distributiva previsto no Larida. Isto é, manteve constante o poder aquisitivo dos salários. Serviu apenas para acelerar a fase de transição.

A terceira distinção diz respeito ao período pós-reforma monetária. Dois anos depois da crise externa de 1982, os mercados internacionais de crédito seguiam fechados para o Brasil. No Larida, a âncora da nova moeda era dada pela soma da base monetária e dos passivos denominados em dólar do Banco Central. Era a âncora wickselliana, conceitualmente sofisticada, mas que nunca havia sido utilizada antes. O Plano Real, lançado em momento mais favorável do mercado internacional de capitais e após a renegociação da dívida externa que suspendeu a moratória de 1987, pôde recorrer à âncora cambial, cuja eficácia é superior.

A quarta diferença refere-se aos "fundamentos". Quando o Larida foi escrito, as estatísticas apontavam para um equilíbrio nas contas fiscais do país. Mais tarde, revelaram-se equivocadas. Do Plano Cruzado havíamos extraído duas lições: (a) as estatísticas das contas públicas devem ser vistas com reserva; (b) é politicamente difícil conter despesas depois de uma reforma monetária. Além disso, como o orçamento era fixado em bases nominais, haveria um aumento real dos gastos públicos se a inflação fosse abruptamente reduzida. Quando da implantação do Plano Real, o mesmo quadro de relativo equilíbrio das contas públicas do Larida se apresentava, mas os motivos acima indicados, além da suspeita de um represamento artificial de gastos decorrente do Plano Collor, nos faziam desconfiar dele. Também pesaria nas contas públicas a taxa real de juros pós-reforma ter de superar a taxa pré-reforma, outra lição do Plano Cruzado. Por todos esses fatores, se nada fosse feito, haveria uma expressiva deterioração da situação fiscal consolidada. Por prudência, o Plano Real empreendeu uma desvinculação orçamentária antes da fase de transição, permitindo uma melhoria imediata da situação fiscal. Foi o chamado Fundo Social de Emergência (FSE) que, na verdade, não era Fundo nem Social nem de Emergência.

Muitas vezes se repete a crença de que, diferentemente dos planos anteriores, o Real deu certo em virtude do ajuste fiscal realizado pelo FSE. Trata-se de crença cara aos fiscalistas, mas não corresponde aos fatos. Primeiro: o FSE aprovado foi muito menor do que julgávamos necessário. Segundo: ninguém sabe ao certo se houve ou não déficit no ano de 1994 pela enorme dificuldade metodológica de compatibilizar dados de um ano que teve duas moedas diferentes (ver Giambiagi, 2002, e Garcia *et al.*, 2019). Terceiro: o FSE entrou em vigor poucos meses antes da reforma monetária. Teria havido um dramático efeito nas contas públicas nesses meses? Quarto: sabemos que nos anos seguintes, quando não havia mais controvérsia metodológica no cálculo do índice, as contas públicas mostraram desequilíbrio fiscal. Apesar de o FSE ter durado todo esse período, o Brasil só veio a ter superávit orçamentário mais de quatro anos depois, durante o segundo mandato do presidente Fernando Henrique Cardoso.

Minha leitura da questão fiscal é outra. Na maior parte das vezes, em matéria fiscal, importa o quanto um anúncio fiscal é crível, sua capacidade de ancorar expectativas, não seu efeito imediato. O Plano Real começou com o ajuste fiscal do Fundo Social de Emergência. Foi o Real que elegeu FHC. Os mercados sabiam que, se necessário, Fernando Henrique faria ajustes para manter o Real de pé. Ele sabia que seu capital político dependia do sucesso do Plano Real.

Teria sido o Plano Real bem-sucedido *por causa* do ajuste fiscal? Na sua fase mais crítica, a resposta é não. O sucesso do Plano Real foi o sucesso da URV, da moeda indexada. Depois disso, também não: a baixa inflação até 1999 foi sustentada por altas taxas de juros em termos reais e pela âncora cambial. A verdade, por mais inconveniente que seja, é que o Plano Real foi bem-sucedido *apesar* do ajuste fiscal ter sido insuficiente. Nesses anos de "espera", digamos assim, o FSE, embora não tenha sido suficiente para zerar o déficit, teve a importante função de sinalizar a determinação do governo em atingir o equilíbrio fiscal. Teve também impacto na construção da confiança no Plano o fato das duas instituições críticas da estabilização — Banco Central e Ministério da Fazenda — terem sido sempre dirigidas por participantes do time econômico do Plano Real ou de pessoas com laços intelectuais muito próximos ao time.[23]

3. O REAL PODERIA TER SIDO IMPLEMENTADO ANTES?

Como toda pergunta contrafactual, as respostas tendem a ser muitas e conjecturais. Penso que há três aspectos de relevo.

Primeiro: a proposta da moeda indexada era de difícil compreensão. Com exceção de Simonsen,[24] nossos melhores economistas ignoraram a pro-

---

[23] Quando da posse de Fernando Henrique Cardoso em 1995, Pedro Malan deixou a Presidência do Banco Central e passou para o Ministério da Fazenda, onde ficaria pelos oito anos seguintes. Quando Pedro Malan virou ministro, esse escriba foi da Presidência do BNDES para a Presidência do Banco Central. Na composição inicial da minha diretoria, Gustavo Franco era o diretor de Política Monetária e Francisco Lopes o diretor de Política Econômica. Convidei Gustavo Loyola para ser vice-presidente do Banco Central, mas ele não pôde aceitar por já ter sido presidente da instituição. Quando esse escriba saiu da Presidência do Banco Central, entrou Gustavo Loyola. Quando ele saiu entrou Gustavo Franco. Quando Gustavo Franco saiu, entrou Francisco Lopes. Quando Francisco Lopes saiu, entrou Armínio Fraga, que ficaria pelos próximos quatro anos.

[24] Simonsen (1984) se preocupava com a dificuldade de entendimento do Larida, mas nem por isso deixaria de apoiá-lo: "Uma natural objeção ao projeto de reforma monetária de André Lara Resende e seus associados intelectuais [aos quais se junta esse escriba] é que ele é complicado demais para ser entendido... Mas vale a pergunta: onde está a estrutura psicodélica, na ideia de uma moeda estável ou no sistema brasileiro de indexação generalizada, orçamentos múltiplos e duplicidade de Bancos Centrais? Pelos padrões internacionais, o pas-

posta ou a criticaram acidamente. Diante de uma avalanche de críticas, políticos ficaram naturalmente temerosos de implementar um plano tão exótico.

Segundo: a natureza da inflação mudou do Plano Cruzado em diante. O Larida supunha uma inflação predominantemente inercial. Acontece que, como efeito do Plano Cruzado, lançado em 1986, a inflação posterior passou a ser expectacional. Foi só quando, ironicamente, o país se cansou de congelamento de preços que a inflação voltou ao seu caráter inercial. Vejamos essa dinâmica em mais detalhe.

A restauração da democracia em 1985 reduziu drasticamente a tolerância da sociedade em relação à inflação, que atingiu mais de 220% no último ano da ditadura militar. Com eleições a cada quatro anos, o apelo de um programa de estabilização que derrubasse radicalmente a inflação tornou-se irresistível. O troféu político maior — a perpetuação no poder — passou a depender da capacidade do governante de estancar a perda percebida no valor dos salários e rendas dos segmentos mais pobres da população. Em 1986, o Plano Cruzado, lançado em um momento de fragilidade política do governo Sarney, mostrou a força desse atrativo. Diante da impossibilidade de implementar legalmente o Plano Larida, o governo recorreu às pressas ao choque heterodoxo, uma variante do programa israelense de estabilização, lançado no ano anterior. No entanto, ao contrário do que ocorreu em Israel, o Cruzado falhou espetacularmente. Vários foram os motivos: o congelamento de preços e salários foi prolongado em demasia (até as eleições de outubro); o déficit público aumentou; as expectativas se desancoraram por causa do gatilho salarial; o excesso de demanda agregada fez com que muitos produtos passassem a ser transacionados com ágio ou desaparecessem das prateleiras; a balança comercial se deteriorou, afetando negativamente o estoque de reservas internacionais. Para culminar o desastre, o Banco Central não conseguiu autorização do presidente da República para subir a taxa de juros, única forma de conter o excesso de demanda naquele momento. A primeira alteração na taxa de câmbio levou à demissão do presidente do Banco Central. Ao fim do congelamento, o que se viu foi uma rápida volta do processo inflacionário.

---

so errado é o do sistema brasileiro, que gerou formidável indexação inercial, e que a política monetária combate com igual eficiência à dos soldados norte-americanos na guerra do Vietnã. O Brasil precisa acertar o passo, e a ideia da UMB talvez forneça o mapa da mina". Minha observação: a UMB era a unidade monetária brasileira, nome mais simples do que a "ORTN pró-rata/dia" do Larida.

Um estranho conceito

O Plano Cruzado falhou por razões eleitoreiras, mas mudou o imaginário coletivo. Ainda que tenha resultado em imensa frustração, gerou a percepção na opinião pública de que seria possível deter o processo inflacionário. Bastaria fazer o Cruzado "certo", sem os erros e interferências políticas que o inviabilizaram. Do ponto de vista político, o Plano Cruzado mostrou que derrubar a inflação era um instrumento poderoso para a perpetuação no poder ou para assegurar a vitória nas urnas de aliados do presidente. Em outubro de 1986, a vitória do PMDB foi avassaladora, elegendo quase todos os governadores, uma maioria folgada de senadores e pouco mais de 50% da Câmara dos Deputados. Aos empresários restou outra lição: pegos de surpresa, incorporaram a expectativa do congelamento na formação de seus preços para aguardar, com "gordura", o novo plano de estabilização.

Depois do Cruzado, a inflação voltou e de forma acelerada. Além do movimento de ajuste dos preços, havia a expectativa de um novo congelamento, único remédio existente no imaginário coletivo. Uma vez repetida a prática, os consumidores, conscientes do risco da volta da inflação, tratavam de adquirir o máximo possível de produtos, tornando o novo congelamento insustentável pelo excesso de demanda. Na saída do congelamento, a dinâmica se repetia: a inflação acelerava com a reposição de margens dos empresários tentando se defender do próximo congelamento.

Essa fixação do Cruzado na memória coletiva mudou o caráter da inflação. Longe de ser inercial, passou a ter uma dinâmica expectacional, uma espécie de profecia que se autorrealizava no espaço da economia política. A cada congelamento que falhava, seguia-se um período de aceleração da inflação que terminava em um novo congelamento. Foram ao todo cinco programas em cinco anos: Cruzado II, Plano Bresser, Plano Verão, Plano Collor e Plano Collor II. Todos buscando fazer o Cruzado "certo": congelamento sem gatilho, congelamento com taxa de juros elevada, congelamento com desvalorização cambial, congelamento sem indexação, congelamento com retenção compulsória de liquidez, congelamento com aumento de impostos.

Nesse ciclo repetitivo e vicioso, que se estendeu de 1987 a 1991, a inflação era movida exclusivamente pelas expectativas de lançamento e provável fracasso dos congelamentos de preços. Em outras palavras: a fixação do Cruzado na memória coletiva inviabilizou os planos heterodoxos subsequentes. Tudo mudaria a partir de 1991, com o fracasso do Plano Collor II. Após tantas tentativas de congelar preços, houve uma reação de horror da elite à heterodoxia. Foi no período do ministro Marcílio Marques Moreira que se afastou de vez o fantasma de um novo congelamento. A ortodoxia ressurgiu triunfante: para erradicar a inflação, bastava sanear as contas públicas. Chega de mágicas, dizia-se. Afastado o risco de um novo congelamento, a economia retornou à dinâmica anterior ao Cruzado: preços contratuais indexados, *crawling peg* na taxa de câmbio também indexado à inflação passada e política monetária passiva. Tornou-se assim possível utilizar a base conceitual do Larida para a elaboração do Plano Real.

Terceiro motivo para o Plano Real não ter acontecido antes: Fernando Henrique Cardoso só se tornou ministro da Fazenda em 1983.

Ao contrário do que muitos esperavam de um professor que havia sido cassado e tinha sido exilado no Chile, FHC reuniu uma equipe de economistas liberais oriunda do Departamento de Economia da PUC-RJ. Era uma equipe afinada pelos anos de discussões no Departamento e unida pelo propósito comum de derrubar a inflação e modernizar o país. FHC tinha confiança na equipe e, por sua capacidade intelectual, conseguia acompanhar discussões técnicas e minúcias que, em outro contexto, provavelmente lhe pareceriam enfadonhas.

FHC arriscou seu capital político ao bancar um programa de estabilização sem precedentes na história. Além do ineditismo, o Plano Real desafiava o senso comum e a maioria dos analistas não o endossava. Sua capacidade de persuasão fez milagres. Primeiro, obteve o consentimento do presidente da República que, na verdade, era um entusiasta do congelamento de preços, do aumento dos salários do funcionalismo e do salário-mínimo. Em um segundo passo, FHC obteve o apoio do Congresso Nacional, ao costurar uma aliança política com o PFL, muito criticada dentro de seu próprio partido, o PSDB.

FHC cuidou o tempo todo de explicar, em entrevistas e pronunciamentos, como funcionaria o plano. Praticava com entusiasmo e convicção o que veio a denominar "pedagogia democrática".[25] Teve enorme sucesso nisso, da

---

[25] "Meu entusiasmo aumentou quando, em uma das reuniões de fim de semana no edifício do Ministério em São Paulo, após longas discussões e várias fórmulas no quadro-negro, houve um debate acérrimo entre os membros da equipe e Persio Arida apresentou a sugestão revolucionária: minimizar as regras e torná-las transparentes. A complicada relação entre preços cambiantes, graças à erosão diária do cruzeiro real, e a URV seria explicada à população. Isso batia com o que eu mais acreditava, a pedagogia democrática. Nada seria secreto. Nós anteciparíamos os principais passos do que iria ocorrer e mostraríamos que se tratava de um processo e não de um ato milagroso. Portanto, haveria que trabalhar com o tempo e tornar o povo partícipe ativo desse processo. Riscos havia: se os meios de comunicação não atuassem para ajudar nas explicações, se nós não fôssemos capazes de certo didatismo, se a descrença vencesse antes da troca de moeda (quer dizer, antes de a URV transformar-se em real), perderíamos a guerra. Preferi, no entanto, correr esse risco e não fazer um plano ape-

mesma forma que o embaixador Rubens Ricupero teria quando o substituiu como ministro. A adesão espontânea da sociedade à URV nos surpreendeu — ocorreu em uma velocidade muito maior do que André Lara Resende e eu imaginávamos possível. Nos quatro meses de transição entre a URV e o lançamento da nova moeda houve um processo de mudanças que, posteriormente, FHC caracterizaria como "curto-circuito".[26] A proposta galvanizou a sociedade e permitiu transformações que, de outra forma, seriam impossíveis. Na feliz formulação de Darcy Ribeiro, o Real se transformou em um símbolo aglutinador de nossa sociedade, como a bandeira e o idioma nacionais.

O Real tornou a candidatura de FHC à Presidência da República invencível já no primeiro turno. A inflação, que em junho de 1994, último mês da velha moeda, havia sido de 47,3%, caiu para 6,84% no mês seguinte, o primeiro de vigência do Real. A quase hiperinflação brasileira desapareceu sem congelamento de preços e sem causar desemprego. Quando assumiu o governo, em janeiro de 1995, a inflação estava em 1,70%.

Para sustentar o Plano Real, FHC tratou de implementar um ambicioso programa de reformas estruturais.[27] Apesar de o programa não ter sido exe-

---

nas tecnocrático" (Cardoso, 2012). Observação minha: a sugestão "revolucionária" à qual FHC se refere era anunciar antecipadamente o plano inteiro, simplificando-o em fases cuja duração dependeria de certas metas — a primeira fase, do ajuste fiscal, dependeria da aprovação do FSE, e a segunda fase, da URV, só ocorreria se a primeira fosse cumprida a contento etc.

[26] "Em 1986, muito antes de ser presidente, ao passar a Presidência da Associação Internacional de Sociologia, em Nova Delhi, proferi uma conferência sobre as teorias de mudança social. Inspirado no que vira em Nanterre, na França, quando da chamada Revolução de Maio, disse que as mudanças em sociedades complexas podem dar-se pelo que chamei de 'curto-circuitos'. Um gesto, uma greve, um choque emocional, uma proposta galvanizadora são capazes de despertar reações em cadeia que levam a configurações muito mais profundas do que havia sido imaginado ou desejado... Foi o que aconteceu com o Plano Real. A sociedade brasileira, cansada da inflação e de seus efeitos nefastos, viu nele uma saída. Aderiu a ele contra a opinião de muitas pessoas e contra muitos interesses. Em certos momentos, contra a maioria dos 'bem-pensantes' e dos pretensos donos das massas populares" (Cardoso, 2012).

[27] Exemplos: a quebra dos monopólios estatais na exploração de petróleo e telecomunicações; as mudanças legais no plano das concessões com a consequente criação das agências reguladoras; a reforma administrativa que facultou a gestão privada de recursos públicos como as Organizações Sociais (OSs); a ampliação do programa de "desestatização" que vinha desde o governo Collor (1990-1992) com a privatização da Eletrobrás, da Vale e de partes do sistema Eletrobrás; a imposição de disciplina fiscal aos estados por intermédio da Lei de Responsabilidade Fiscal; a abertura do setor financeiro ao capital estrangeiro e as inter-

cutado em sua integralidade,[28] nesse período a modernização da economia brasileira nos oito anos de governo FHC foi impressionante. Os obstáculos foram grandes. De partida, FHC teve de enfrentar uma complexa crise bancária em instituições públicas e privadas. Tomou a decisão de adotar o câmbio flutuante no auge da crise cambial de 1999, quando o Brasil enfrentava aguda escassez de reservas. Conseguiu então alcançar o superávit orçamentário. Lembro-me de suas palavras, reveladoras de argúcia política: nunca se deve desperdiçar uma crise, dizia marotamente. Depois disso, enfrentou um dramático racionamento de energia. Presidiu democraticamente a eleição de 2022, quando os mercados entraram em pânico com a possibilidade de vitória de Luiz Inácio Lula da Silva, seu adversário político que, em 1994, havia classificado o Plano Real de embuste eleitoreiro.

Em resumo: sem o talento político e a estatura intelectual de Fernando Henrique Cardoso, não teríamos o Plano Real.

Abril de 2024

---

venções do Banco Central privatizando quase que por inteiro os bancos estaduais; a criação do ENEM e do processo de avaliação sistemático do ensino público; a autorização para a entrada dos genéricos nas farmácias; a ampliação de programas sociais; o tripé macroeconômico com superávit fiscal, câmbio flutuante e a taxa de juros voltada para o controle da inflação; o aumento do valor real do salário-mínimo; o alongamento da dívida pública interna por meio da padronização dos títulos indexados à inflação e da atuação como *market-maker* do Tesouro Nacional; a criação do Copom e a mudança nos procedimentos de liquidação de instituições financeiras etc.

[28] Várias das reformas propugnadas pelo time econômico não foram adiante. A aprovação da Reforma da Previdência em 1997 não ocorreu por apenas um voto. A independência do Banco Central não chegou sequer a ser levada ao Parlamento. Como teria que ser uma proposta de emenda constitucional, não passível de veto pelo presidente da República, havia o temor de uma repetição da dinâmica populista que havia posto na Constituição, seis anos antes, o teto de 12% para a taxa de juros. (Foi só mais tarde, com outra composição do Supremo Tribunal Federal, que vingou o entendimento de que a independência poderia ser obtida sem uma emenda constitucional.) A abertura comercial e financeira da economia, com redução, se necessária, unilateral de tarifas, figurava na pauta de reformas desejadas pelo time econômico desde a elaboração do Plano Real, mas nunca foi adiante pelos *lobbies* da indústria nacional. Da mesma forma, em decorrência do *lobby* dos sindicatos, a reforma trabalhista pouco avançou. A reforma tributária, por sua vez, foi objeto de inúmeras discussões, mas o consenso em favor de um imposto sobre valor adicionado só viria muitos anos depois.

4. Bibliografia

ALMONACID, R. D.; PASTORE, A. C. (1975). "Gradualismo ou tratamento de choque". *Pesquisa e Planejamento Econômico*, vol. 5, nº 2, dez.

ARIDA, P. (1981). "Sobre alguns desdobramentos na teoria econômica: notas preliminares". FIPE-USP, jun.

ARIDA, P. (2024). "30 anos do Plano Real: as origens, o feito improvável e o risco populista". *Texto para Discussão* nº 80, Rio de Janeiro, IEPE/Casa das Garças.

ARIDA, P.; LARA RESENDE, A. (1984). "Inertial Inflation and Monetary Reform". In: WILLIAMSON, J. (org.) (1985). *Inflation and Indexation: Argentina, Brazil, and Israel*. Washington, DC: Institute of International Economics.

AZARIADIS, C. (1978). "Escalator Clauses and the Allocation of Cyclical Risks". *Journal of Economic Theory*, vol. 8, nº 1.

BACKHOUSE, R.; CHERRIER, B. (2016). "It's Computers, Stupid!". *History of Political Economy*, vol. 49 (Supplement).

BARRO, R. J.; GORDON, D. (1983). "A Positive Theory of Monetary Policy in a Natural Rate Model". *Journal of Political Economy*, The University of Chicago Press, vol. 91, nº 4.

BARROS DE CASTRO, L. (1999). *História precoce das ideias do Plano Real*. Dissertação de Mestrado, UFRJ.

BLACK, F. (1987). "What a Non-Monetarist Thinks". In: *Business Cycles and Equilibrium*. Oxford: Blackwell.

BLANCHARD, O. (1982). "Price Asynchronization and Price Level Inertia". *NBER Working Paper* 0900.

BOIANOVSKY, M. (2018). "The Brazilian Connection in Milton Friedman's 1967 Presidential Address and 1976 Nobel Lecture". *History of Political Economy*, vol. 52, nº 2.

BOIANOVSKY, M. (2022). "Lucas' Expectational Equilibrium, Price Rigidity, and Descriptive Realism". *Journal of Economic Methodology*, vol. 29, nº 1.

BOIANOVSKY, M.; BIELSCHOWSKY, R.; COUTINHO, M. (orgs.) (2023). *A History of Brazilian Economic Thought: From Colonial Times Through the Early 21st Century*. Londres: Routledge.

BRESSER-PEREIRA, L. C. (2010). "A descoberta da inflação inercial". *Revista de Economia Contemporânea*, vol. 14, nº 1, Rio de Janeiro, jan.-abr.

BRUNO, M.; FISCHER, S. (1987). "Seigniorage, Operating Rules and the High Inflation Trap". *NBER Working Paper* 2413. Publicado originalmente em 1984 como "Expectations and the High Inflation Trap", mimeo.

CALVO, G. (1983). "Staggered Prices in a Utility-Maximizing Framework". *Journal of Monetary Economics*, vol. 12, nº 3.

CALVO, G. (1996). "Disinflation and Interest-Bearing Money". *The Economic Journal*, vol. 106, nº 439, nov.

Cardoso, F. H. (2012). *A arte da política: a história que vivi*. Rio de Janeiro: Civilização Brasileira. Ver o capítulo 3: "O Plano Real: da descrença ao apoio popular".

Evans, J. L.; Yarrow, G. K. (1981). "Some Implications of Alternative Expectations Hypotheses in the Monetary Analysis of Hyperinflations". *Oxford Economic Papers* 33.

Fischer, S. (1977). "Long Term Contracts, Rational Expectations, and the Optimal Money Supply Rule". *Journal of Political Economy*, The University of Chicago Press, vol. 85, n° 1.

Fischer, S. (1984). "Inflation and Indexation: Israel". In: Williamson, J. (org.) (1985). *Inflation and Indexation: Argentina, Brazil, and Israel*. Washington, DC: Institute of International Economics.

Friedman, M. (1968). "The Role of Monetary Policy". *The American Economic Review*, vol. 58, n° 1, mar.

Friedman, M. (1974). "Economic Miracles". *Newsweek*, 21/1/1974.

Garcia, M.; Ayres, J.; Guillén, D.; Kehoe, P. (2019). "The Monetary and Fiscal History of Brazil, 1960-2016". *NBER Working Paper* 25421.

Ghiani, E. (2008). "At the Origins of the NAIRU: Supply Shocks and Economic Policy in the 1960s Italian Experience". *History of Economic Ideas*, vol. 16, n° 1-2.

Giambiagi, F. (2002). "Do déficit de metas às metas de déficit: a política fiscal do período 1995-2002". *Pesquisa e Planejamento Econômico*, vol. 32, n° 1, abr.

Granger, G.-G. (1955). *Méthodologie économique*. Paris: PUF.

Gray, J. A. (1976). "Wage Indexation: A Macroeconomic Approach". *Journal of Monetary Economics*, vol. 2, n° 2, abr.

Kleiman, E. (1977). "Monetary Correction and Indexation: The Brazilian and Israel Experience". In: Pastore, A. C.; Ishaq Nadiri, M. (orgs.). *Indexation: "The Brazilian Experience" — Explorations in Economic Research*, vol. 4, n° 1, NBER.

Laidler, D. E.; Stadler, G. W. (1998). "Monetary Explanations of the Weimar Republic's Hyperinflation: Some Neglected Contributions in Contemporary German Literature". *Journal of Money, Credit and Banking*, vol. 30, n° 4, nov.

Lara Resende, A. (1984). "A moeda indexada: nem mágica nem panaceia", *Texto para Discussão* n° 81, PUC-RJ.

Leiderman, L.; Liviatan, N. (2003). "The 1985 Stabilization from the Perspective of the 1990s". *Israel Economic Review*, vol. 1, n° 1.

Lopes, F. (2014). "Saudades de um amigo especial: o pensamento da PUC-Rio sobre política de estabilização e a contribuição de Dionísio Dias Carneiro". In: Cunha, L. R. A.; Leopoldi, M. R.; Raposo, E. (orgs.). *Dionísio Dias Carneiro, um humanista cético: uma história da formação de jovens economistas*. Rio de Janeiro: PUC-RJ/LTC.

Lucas, R. E. (1987). *Models of Business Cycles*. Oxford: Basil Blackwell.

Malinvaud, E. (1977). *The Theory of Unemployment Reconsidered*. Oxford: Blackwell.

Modigliani, F. (1977). "The Monetarist Controversy: A Seminar Discussion". Paper by Franco Modigliani, Discussion by Milton Friedman. *Economic Review* (Supplement), Spring, Federal Reserve Bank of San Francisco.

Modigliani, F. (1986). *The Debate Over Stabilization Policy*. Cambridge: Cambridge University Press. As Raffaele Mattioli Lectures reproduzidas no livro são de 1977.

Modigliani, F.; Padoa-Schioppa, T. (1978). "The Management of an Open Economy with '100% Plus' Wage Indexation". *Essays in International Finance*, n° 130, Princeton University, dez.

O'Connor, C. et al. (2024). "Social Epistemology", item 3.3. *The Stanford Encyclopedia of Philosophy* (Summer 2024 Edition).

Olivera, J. (1970). "On Passive Money". *Journal of Political Economy*, The University of Chicago Press, vol. 78, n° 4.

Olivera, J. (1971). "A Note on Passive Money, Inflation, and Economic Growth". *Journal of Money, Credit and Banking*, vol. 3, n° 1, fev.

Olivera, J. (1984). "On Structural Inflation and Latin-American 'Structuralism'". *Oxford Economic Papers*, New Series, vol. 16, n° 3, nov.

Patinkin, D. (1965). *Money, Interest, and Prices: An Integration of Monetary and Value Theory*. Nova York: Harper & Row, 2ª ed.

Patinkin, D. (1977). "O que os países desenvolvidos podem aprender com a indexação: algumas observações finais". *Estudos Econômicos*, vol. 6, n° 1, São Paulo, jan.-abr.

Pazos, F. (1972). *Chronic Inflation in Latin America*. Nova York: Praeger.

Roncaglia, A. (2015). *The Conceptual Evolution of Inflation Inertia in Brazil*. Tese de Doutorado, USP.

Rowthorn, R. E. (1977). "Conflict, Inflation and Money". *Cambridge Journal of Economics*, vol. 1, n° 3, set.

Sargent, T. J.; Wallace, N. (1975). "'Rational' Expectations, the Optimal Monetary Instrument, and the Optimal Money Supply Rule". *Journal of Political Economy*, The University of Chicago Press, vol. 83, n° 2.

Sargent, T. J.; Wallace, N. (1987). "Inflation and the Government Budget Constraint". In: Rabin, A.; Sadka, E. (orgs.). *Economic Policy in Theory and Practice*. Nova York: Macmillan.

Simonsen, M. H. (1970). *Inflação: gradualismo versus tratamento de choque*. Rio de Janeiro: APEC.

Simonsen, M. H. (1984). "Desindexação e reforma monetária". *Conjuntura Econômica*, vol. 38, n° 11, nov.

Simonsen, M. H. (1986). "Keynes *versus* expectativas racionais". *Pesquisa e Planejamento Econômico*, vol. 16, n° 2, ago.

Smolin, L. (2007). *The Trouble With Physics: The Rise of String Theory, The Fall of a Science, and What Comes Next*. Boston: Houghton Mifflin Harcourt.

Tabellini, G. (1984). *Why We Observe So Little Indexation? An Answer from the Theory of Insurance*. Tese de Doutorado, UCLA.

Taylor, J. B. (1979). "Staggered Wage Setting in a Macro Model". *The American Economic Review*, vol. 69, n° 2, maio.

Taylor, J. B. (1980). "Aggregate Dynamics and Staggered Contracts". *Journal of Political Economy*, The University of Chicago Press, vvol. 88, n° 1.

Werlang, S. (1988). "Simonsen, inflação, expectativas racionais e os pós-keynesianos". *Revista Brasileira de Economia*, vol. 52, fev.

Werneck, R. (2024). "O Real na PUC-Rio". *O Globo*, 12/4/2024.

Werning, I.; Lorenzoni, G. (2023). "Inflation is Conflict". *NBER Working Paper* 31099.

Williamson, J. (1985). *Inflation and Indexation: Argentina, Brazil, and Israel*. Washington, DC: Institute of International Economics.

PREFÁCIO À 1ª EDIÇÃO

Pedro Malan

Excelente iniciativa dos autores e da Editora 34 este livro que, em boa hora, é apresentado ao público. Trata-se de uma importante contribuição, não apenas ao debate de ideias como, também, à preservação da memória institucional do país. Referindo-se à precariedade desta memória, Ivan Lessa teria afirmado, com o misto de humor e seriedade que caracteriza os grandes moralistas, que a cada quinze anos o Brasil parecia esquecer o que havia acontecido nos últimos quinze anos.

Felizmente, como em várias outras áreas, isto parece estar mudando no Brasil. A excelente qualidade profissional de inúmeros trabalhos, pesquisas, ensaios e biografias que vêm sendo publicadas recentemente, vem atraindo crescente interesse público. As atividades da Fundação Getúlio Vargas, tanto em São Paulo, quanto no Rio de Janeiro, em particular por meio de seus programas de História Oral, têm contribuído para este necessário esforço de preservação da memória nacional.

Cada vez mais, creio eu, é reconhecido no Brasil o sentido da pertinente observação de Edward H. Carr: aquilo que chamamos de presente nada mais é senão um fugidio momento entre um irrevogável passado e um futuro que tem por ofício ser incerto. Entretanto, embora irrevogável, o passado é reescrito e reinterpretado, por sucessivas gerações, à luz das exigências interrogativas do presente e de preocupações com o futuro. Um futuro sempre incerto, mas, em parte, aberto à ação e aventura humana, à luz de restrições e circunstâncias postas pelo passado. A história, segundo Carr, é, pois, um infindável diálogo entre o passado e o futuro. A riqueza deste diálogo é tanto maior quanto maiores as ansiedades do presente e as incertezas sobre o futuro.

Este livro é editado em um destes momentos e, seguramente, haverá de contribuir para esse infindável diálogo, ao reunir conversas francas, informais e por vezes desabridas com treze destacados economistas. Todos com ativa produção intelectual, participação no debate público e na formação de gerações de economistas brasileiros. Não foi tão excelente ideia o convite a mim dirigido para escrever este breve prefácio. Só posso imaginar duas razões para tal honroso convite. A primeira, por estar ocupando, temporariamente, um cargo considerado relevante na República. A segunda, talvez, por conhecer pessoalmente a todos os entrevistados, ter trabalhado com alguns, privar da amizade destes e de mais outros, admirar e ter apreço pessoal por todos os entrevistados, apesar de algumas divergências com uns e outros que em nada afetaram, afetam e afetarão, espero eu, nosso relacionamento pessoal.

Recentemente foram publicados dois tipos de livros como este. O primeiro, cuja influência e inspiração é explicitamente reconhecida por Biderman, Cozac e Rego, é o interessante *Conversations with Economists*, de Arjo Klamer, que tem como subtítulo da edição norte-americana (1983) *New Classical Economists and Opponents Speak Out on the Current Controversy in Macroeconomics*. Conduzido, como o presente livro, sob forma de entrevistas com (onze) figuras representativas de diferentes supostas "escolas de pensamento", o livro de Klamer constitui recompensadora leitura para os interessados no tema da produção "científica" e da retórica em economia. A classificação de Klamer é, seguramente, arbitrária, mas correspondia, *grosso modo*, a uma visão que prevalecia à época em que realizou suas entrevistas.

O outro modelo é o livro editado por W. Breit e R. W. Spencer, *Lives of the Laureates: Thirteen Nobel Economists*, que reproduz conferências formais apresentadas por treze economistas agraciados com o prêmio Nobel. Nessas conferências, cada um dos laureados apresenta o fundamental do processo de sua formação intelectual, produção acadêmica e experiência retórica em economia, em termos do que considerava as controvérsias fundamentais de seu tempo, em sua área de trabalho ou da economia como "ciência".

O livro que o leitor tem em mãos constitui uma síntese destas duas abordagens. Há algo de história da vida de cada um dos entrevistados, tal como apresentada pelo próprio, bem como suas respostas a perguntas específicas mas comuns, isto é, feitas a todos pelos autores, que procuram lançar luz sobre algumas questões fundamentais da "lúgubre ciência" e seu "método", tal como vistos ou praticados por alguns expoentes da profissão, no país.

O conjunto das entrevistas constitui importante leitura e inestimável contribuição para uma radiografia não só do processo de formação da profissão no Brasil na segunda metade do século XX, como, também, da situação em que se encontra, hoje, a profissão no país.

Há neste livro o depoimento de cinco ex-ministros de Estado (Campos, Furtado, Delfim, Simonsen e Bresser, este hoje ministro, novamente), dois ex-presidentes do Banco Central (Pastore e Arida), dois ex-presidentes do BNDES (Bacha, Arida), dois ex-diretores do Banco Central (Lara Resende,

Arida), um ex-chefe de assessoria econômica e um outro assessor do ministro da Fazenda (Belluzzo e Paulo Nogueira à época de Funaro). Três dos entrevistados são hoje deputados federais (Campos, Delfim, Conceição). O único (ainda?) virgem deste processo é Giannetti, não por acaso o mais moço dentre os entrevistados, embora já ativo participante do debate público. A diferença com os onze economistas do livro de Klamer e com os laureados com o prêmio Nobel é flagrante. Todos estes economistas foram, ou são, acadêmicos *tout court*, isto é, tiveram toda a sua vida profissional em universidades, alguns com rápidas passagens pelo *Council of Economic Advisors* da Presidência dos EUA.

Esta diferença parece intrigar os autores deste livro, que notam que economistas brasileiros parecem ser mais "generalistas" que seus equivalentes do mundo desenvolvido. A resposta é dada com clareza, por exemplo, por Simonsen, ao notar (*à la* Adam Smith) que a especialização é função do tamanho do mercado, que no Brasil o mercado de bons economistas e bons professores de economia é relativamente reduzido e que, portanto, há um *trade-off* entre especialização e pluralismo que explica, inclusive, a expressiva participação de economistas brasileiros de renome não apenas em sucessivos governos como, também, em inúmeros empreendimentos e atividades privadas. Não obstante tudo isto, é inegável o salto de qualidade que foi dado no processo de formação acadêmica da profissão de economista no Brasil após a implantação dos programas de mestrado e doutorado e do envio de brasileiros ao exterior para doutorado e pós-doutorado. Como consequência, vêm aumentando, continuamente, a quantidade e a qualidade da pesquisa econômica no país, do debate profissional sobre economia brasileira, e da própria reflexão crítica dos economistas sobre sua "ciência", seus métodos e suas formas de dirimir controvérsias.

Apesar de todas as dificuldades envolvidas, estou convencido de que o Brasil tem hoje, em relação a qualquer outro país em desenvolvimento, uma grande vantagem que reside, precisamente, na riqueza e na diversidade do debate sobre estes temas. A liberdade com que se expressam estas diferentes visões e as contínuas controvérsias sobre temas relevantes reforçam a esperança de que o país continuará sendo capaz de encontrar o seu rumo, de corrigir desacertos em prazo hábil, de reconhecer quando políticas devem ser revistas para adaptar-se a novas circunstâncias. Estes processos serão tanto mais fáceis quanto maior for o grau de profissionalismo dos economistas, mais sólida sua formação, e mais clara a necessidade de manter como eixos de qualquer ação prática a ética profissional, a perspectiva histórica, o contexto internacional e a visão político-institucional do país.

O leitor verificará por si que há neste livro um riquíssimo material para reflexão sobre estes temas, para o estudo do papel da retórica (como arte da persuasão) na profissão, e para uma avaliação, por parte de cada um, da importância (ou falta de importância) que os economistas atribuem a si próprios e à sua profissão ou à sua "ciência", tanto no Brasil como no mundo.

Brasília, novembro de 1996

APRESENTAÇÃO

> Entre o real e a linguagem, entre o vivido e a memória, entre a memória e seus registros, há sempre disparidades, desencontros, desavenças, omissões e inserções, que são inevitáveis, pelo simples fato de que, para conhecer o real, temos também de inventá-lo. Não há, desse modo, história oral ou qualquer forma de história sem um pouco de invenção da própria história.
>
> Lúcia Santaella (1996), *Produção de linguagem e ideologia*

A ideia deste livro surgiu no segundo semestre de 1994, nas aulas de Desenvolvimento Econômico do Curso de Doutorado em Economia da Fundação Getúlio Vargas de São Paulo. Inspirados no livro de Klamer de 1983, *Conversas com economistas*, realizamos uma série de entrevistas com membros de diversas escolas, gerações e tendências, profissionais que possuem experiências e pontos de vista bastante diferentes sobre a realidade e a teoria econômica. As entrevistas mostram o que esses analistas e teóricos da economia brasileira pensam sobre questões de análise e política econômica, fortemente presentes tanto na comunidade profissional quanto no debate público.

As divergências entre os economistas brasileiros guardam diferenças em relação às apresentadas por Klamer, que estava preocupado com a controvérsia em Macroeconomia entre os economistas da chamada "Nova Economia Clássica" e seus opositores (neokeynesianos, monetaristas e não convencionais na classificação do autor). Apesar de partirmos de uma mesma metodologia, nossas preocupações são essencialmente diversas. As condições históricas e políticas brasileiras geraram uma classe de economistas profissionalmente diferenciados. Seja ocupando um lugar na esfera pública ou privada, seja concentrando-se no ambiente acadêmico, são impelidos a estudar e opinar sobre vários assuntos. Muitos participam ativamente na política, tanto no Executivo como no Legislativo.

Uma questão inicial era escolher a amostra de economistas que pudesse representar a diversidade que encontramos no pensamento econômico brasileiro. Os critérios de seleção dos entrevistados foram: relevância na contribuição acadêmica ou para o ensino de Economia, experiência burocrática no setor público e participação no atual debate econômico. Um dos objetivos da amostra foi reunir intelectuais das diversas linhas, participantes de diversos centros de pós-graduação em Economia e representantes de quatro gerações de economistas.

Ainda que a divisão geracional seja arbitrária, existem elementos comuns no âmbito dos grupos. A primeira geração dos entrevistados, representada por Roberto Campos e Celso Furtado, formou-se em Economia no exterior (Estados Unidos e França) e desenvolveu-se profissionalmente nas agências governamentais. A segunda, da qual fazem parte Delfim Netto, Conceição Tavares, Luiz Carlos Bresser-Pereira e Mário Henrique Simonsen, formou-se no Brasil e criou alguns dos primeiros cursos oficiais de pós-graduação (USP, UFRJ e FGV). A terceira (Affonso Celso Pastore, Luiz Gonzaga Belluzzo e Edmar Bacha) representa a primeira geração de alunos desses centros, em alguns casos criadores de novos centros de ensino (UnB, UNICAMP e PUC-RJ) e, com exceção de Bacha, também formada no Brasil. André Lara Resende, Persio Arida, Paulo Nogueira Batista Jr. e Eduardo Giannetti da Fonseca representam a nova geração, toda ela pós-graduada no exterior, e também com importância nos seus respectivos centros.

É claro que qualquer lista é incompleta e nenhum critério é definitivo. Além do mais, existe um problema prático: a inviabilidade de se realizar um número muito grande de entrevistas detalhadas e fazê-las caber num livro. Assim, tivemos de excluir da amostra uma série de economistas. Entre os nossos entrevistados não existe consenso quanto à lista "ideal". Aliás, uma evidência da diversidade de opiniões entre os economistas já pode ser verificada na seleção da amostra. Cada um teria, a rigor, uma lista diferente, muitas vezes pendendo para sua escola ou corrente.

As perguntas seguem uma estrutura lógica comum a todos os entrevistados, mas foram adaptadas conforme o tom e a direção tomada pelas conversas. As entrevistas pretenderam abordar a formação e as influências dos entrevistados, além de deixar claro os instrumentais e as opções metodológicas de cada um. Quanto à economia brasileira, concentramos nossas perguntas em dois temas: inflação e desenvolvimento econômico.

A utilização da técnica de entrevistas como forma de abordar as posições dos economistas é justificada por dois deles. Como aponta Delfim Netto, "Os artigos são coisas sofisticadas, nas quais se pensou, repensou, tirando-se tudo aquilo de que se tinha dúvida, deixando várias coisas que se achava absolutamente corretas, fazendo-se uma porção de defesas para se cobrir de possíveis dificuldades. Uma coisa como esta é muito mais solta, é um tipo de conversa que eu acho que esclarece melhor como o cidadão pensa". Afinal de contas, como lembra Simonsen, "se quer saber como pensavam determinadas pessoas, a melhor maneira é perguntar a essas pessoas. É uma maneira mais objetiva do que ter que fazer interpretações. [...] Então, frequentemente fazem-se grandes teorias sobre por que as pessoas foram levadas a tomar determinadas decisões, e essas teorias não têm 'nada a ver com o peixe'. A vantagem da história oral é que ela limpa a história dessas interpretações".

As controvérsias acadêmicas misturam-se com discussões políticas e vaidades pessoais. Como não existe maneira inequívoca ou teste empírico definitivo que aponte quem esteja com a razão, a resolução das controvérsias entre os economistas está relacionada com o seu poder de persuasão. Cada depoimento colhido constitui uma versão dos acontecimentos. É através da comparação entre as diferentes versões que poderemos compreender melhor as questões tratadas.

Hoje é possível reconhecer que no discurso realista, tanto quanto no discurso imaginário, a linguagem é ao mesmo tempo forma e conteúdo. Esse reconhecimento permite ao analista do discurso histórico perceber em que medida o discurso *constrói* seu assunto no próprio processo de *falar sobre ele*. Assim, é muito difícil distinguir *o que* é dito do *como* é dito, até mesmo nos discursos das Ciências Físicas, quanto mais em discursos como o da História ou da Economia.

No início dos anos 1980, uma série de trabalhos introduziram a retórica como uma questão de primeira ordem na avaliação das diferentes construções teóricas no campo da Economia.[1] Por outro lado, Economia é uma ciência que se ocupa do comportamento humano, influenciado por normas que funcionam como restrições internas. Essas restrições podem ser diferentes em função do ambiente, da geografia, da cultura e das instituições.

Os economistas brasileiros pensam sobre economia brasileira em função dessas restrições às quais também estão sujeitos, mas que não resultam em um comportamento uniforme. No entanto, pode existir algum padrão de influência que separe os economistas brasileiros de seus pares norte-americanos ou europeus. Para compreender o que estão pensando os economistas brasileiros, é necessário analisar como se desenvolveu o estudo da Economia no país, diretamente ligado à criação das principais instituições governamentais.

Este livro está dividido em três partes. Um capítulo histórico-institucional apresenta o desenvolvimento do ensino de Economia no Brasil. No bloco central apresentamos as entrevistas. Ao final, tecemos considerações que convidam o leitor a uma breve leitura comparada de alguns temas desenvolvidos

---

[1] Por exemplo, Klamer (1981), *New Classical Discourse: A Methodological Examination of Rational Expectations Economics*; McCloskey (1983), "The Rhetoric of Economics"; Arida (1983), "A história do pensamento econômico como teoria e retórica".

nos depoimentos. Um glossário de siglas e abreviaturas e um índice onomástico, bem como uma relação bibliográfica, encerram o livro.

Pode ser difícil para o leitor avaliar as dificuldades envolvidas na realização de um trabalho desta natureza. Como bem observam Farias, Leopoldi e Flaksman, pesquisadores do CPDOC, na introdução da publicação do depoimento dado por Bulhões em 1989, o recolhimento de depoimentos "implica procedimentos metodológicos, que se estendem desde o traçado do projeto de pesquisa até a realização da entrevista. Não se trata apenas de registrar impressões no gravador. É necessário obter e organizar informações básicas sobre o universo a ser pesquisado, delimitá-lo, selecionar os depoentes, preparar roteiros e refazê-los na medida em que novos dados se apresentem".[2]

A viabilização deste trabalho só foi possível com a participação de um grande número de pessoas. O papel de Gisela Black Taschner, coordenadora do Núcleo de Pesquisas e Publicações (NPP) da FGV, foi fundamental. Além do apoio logístico, a ajuda financeira desse núcleo viabilizou o projeto. Versões preliminares de partes deste livro foram publicadas em dois relatórios de pesquisa do NPP. No período da realização desta pesquisa, Ciro Biderman e Luis Felipe Cozac eram bolsistas do CNPq.

Correndo o inevitável risco de omissão, gostaríamos também de elencar, entre os que contribuíram para a presente publicação: Antônio Maria da Silveira, Cecília e Rogério Cukierman, Paulo Mercadante, Samir Cury, Walter Foster, Eduardo Pinto e Silva, Marcos Teixeira de Barros, Isolete Barradas, Beatriz Lacombe, Lavínia Silveira, Paulo Roberto de Oliveira, Sillas Ben Hur Castilho Jr., Maria Carolina da Silva Leme, Samuel de Abreu Pessoa, Sandra Magnani, Regina Faria, João Manuel Cardoso de Mello, Célia de Gouvêa Franco, Celso Pinto, Pedro Malan, Fanny e Maurício Biderman, Nilú e Homero Cozac, Elsa e Mariz Rego. Em especial, as considerações, orientações e contatos de Luiz Carlos Bresser-Pereira foram decisivos para a consecução de nossos objetivos.

Agradecimentos a Roberto de Oliveira Campos, Celso Monteiro Furtado, Antônio Delfim Netto, Maria da Conceição Tavares, Luiz Carlos Bresser--Pereira, Mário Henrique Simonsen, Affonso Celso Pastore, Edmar Lisboa Bacha, Luiz Gonzaga de Mello Belluzzo, André Lara Resende, Persio Arida, Paulo Nogueira Batista Jr. e Eduardo Giannetti da Fonseca pela atenção, interesse e apoio ao projeto. A oportunidade de ter conversado com esses economistas foi uma experiência muito rica.

---

[2] Bulhões (1990), *Depoimento*.

DESENVOLVIMENTO DO ENSINO DE ECONOMIA NO BRASIL

> A destruição do passado — ou melhor, dos mecanismos sociais que vinculam nossa experiência pessoal à das gerações passadas — é um dos fenômenos mais característicos e lúgubres do final do século XX. Quase todos os jovens de hoje crescem numa espécie de presente contínuo, sem qualquer relação orgânica com o passado público da época que vivem.
>
> Eric Hobsbawm (1995), *O breve século XX*

Podemos identificar, em linhas gerais, três períodos no desenvolvimento do ensino de Economia no Brasil. O período que vai de 1945 até o início da década de 1960 caracterizou-se por promover um gradual e progressivo desenvolvimento das Ciências Econômicas, articuladas à evolução das Ciências Administrativas e das Ciências Sociais. Na segunda fase, atingiu-se a maturidade, com o estabelecimento de dois dos primeiros centros de pós-graduação em Economia do país, criados na Fundação Getúlio Vargas e na Universidade de São Paulo. Na terceira, no final dos anos 1970, assistimos à consolidação de novos centros de pós-graduação, como os da UnB e PUC-RJ, historicamente contrários ao regime militar. Nos anos 1980, os economistas desses centros assumem papéis como dirigentes na burocracia pública.

Primórdios

A primeira cadeira dedicada à Economia Política foi instituída em 1808, através de decreto do Príncipe Regente, futuro D. João VI, indicando o Visconde de Cairu, autor de *Princípios de economia política* (1804), como professor.[1] Mas é somente em 1943 que a lei orgânica do ensino comercial referendou o primeiro ciclo do ginasial ou normal como introdutório para o curso comercial básico. Em 1945, incorporou-se a Ciência Econômica ao sistema

---

[1] Canabrava (1984), *História da Faculdade de Economia e Administração da Universidade de São Paulo*, p. 23.

universitário brasileiro[2] com a criação, no Rio de Janeiro, da Faculdade Nacional de Ciências Econômicas da Universidade do Brasil (atual UFRJ) e, em 1946, em São Paulo, da Faculdade de Ciências Econômicas e Administrativas da Universidade de São Paulo (FCEA-USP, atual FEA-USP).

Em 1945 é criado um currículo específico para os cursos de Economia, mas a profissão ainda não se desvinculara totalmente das profissões afins de contador e administrador. Era comum haver uma predominância de técnicos comerciais de ensino médio entre os alunos das primeiras turmas dos cursos de Economia. Também em 1945 é criada a Superintendência da Moeda e do Crédito (SUMOC), a partir de decreto redigido por Octavio Bulhões. A inauguração da usina de Volta Redonda em 1946 foi um símbolo da história da indústria brasileira (acelerando seu processo de integração e diversificação) e um marco da intervenção direta do Estado na economia. Outro marco histórico institucional da época, já no início da década de 1950, foi a criação da Comissão Mista Brasil-Estados Unidos (CMBEU),[3] que acabaria por conduzir, em 1952, à criação do Banco Nacional de Desenvolvimento Econômico, o BNDE (atual BNDES).

Os resultados do *Report of Joint Brazil-United States Technical Commission*, de 1949, que teve como principal nome Octavio Bulhões,[4] e o *Relatório geral* da CMBEU, cujo principal relator foi Roberto Campos, podem ser destacados como os primeiros modelos de desenvolvimento apresentados no país. Na época, Bulhões e Campos mantinham um grupo de estudos com Eugênio Gudin, o principal mentor da criação do curso de Economia da Universidade do Brasil. O *Relatório geral* da CMBEU apontava a inflação e o desajuste das contas externas como principais causas do desenvolvimento desequilibrado da economia brasileira. A solução seria um investimento governamental que permitisse um afluxo de investimento (nacional e internacional), dando maior consistência às relações interindustriais.

A partir de 1953, por meio de um convênio entre a CEPAL (Comissão Econômica para a América Latina) e o BNDE, constituiu-se o grupo misto BNDE/CEPAL, presidido por Celso Furtado, para estudar a aplicação à economia brasileira dos métodos de planejamento estrutural preconizados pela

---

[2] Decreto-lei nº 7.988 de 22 de dezembro de 1945.

[3] A CMBEU, instalada oficialmente em 19 de julho de 1951, composta por técnicos brasileiros e norte-americanos, pretendia realizar um plano de cinco anos para "reabilitação econômica e reaparelhamento industrial".

[4] Bulhões (1950), *À margem de um relatório*.

CEPAL. Um dos principais produtos desse grupo foi um estudo que pretendia fornecer subsídios para a substituição de importações. Campos lembra que a "alternativa que naquela época se apresentava à Comissão Mista, ainda em termos vagos, era o *planejamento integral*, defendido pela CEPAL, em grande parte sob influência de Celso Furtado [...]. Visitei Santiago do Chile, em janeiro de 1953, como diretor econômico do BNDE, para solicitar a assistência técnica da CEPAL".[5]

Quando Juscelino Kubitschek assumiu a Presidência da República em 1956, o modelo de desenvolvimento da CMBEU, refletido principalmente nos trabalhos de Roberto Campos, ocupava uma posição privilegiada no debate econômico. Segundo Bielschowsky, "[...] os traços básicos da formação da estrutura industrial brasileira nos anos 1950 passava da cabeça de Campos aos pronunciamentos e à política desenvolvimentista de Juscelino Kubitschek".[6] Campos aproveitava algumas ideias da CEPAL, especialmente de Celso Furtado. A grande diferença entre os dois modelos é que Campos propunha um *planejamento setorial*, enquanto a CEPAL destacava a *oportunidade histórica* de substituir importações e propunha um *planejamento integral* como política de desenvolvimento.

A ideia de crescimento acelerado, uma das dimensões do *desenvolvimentismo*, atingiu seu ápice com JK. Nesse período, o progresso da indústria e da infraestrutura foi notável. Apesar da inequívoca influência de Roberto Campos, é difícil afirmar que Juscelino tenha usado um ou outro plano como modelo. Não obstante o Plano de Metas estar diretamente relacionado com o relatório do Grupo BNDE/CEPAL, os estudos realizados pela CMBEU foram sistematicamente utilizados no preparo de projetos financiados pelo BNDE, concentrados em industrialização e infraestrutura.

A dificuldade em separar os modelos na prática deve-se ao fato de que ambos indicavam o investimento do governo como solução para o crescimento desequilibrado que se observava. Como o fornecimento de créditos de longo prazo é uma condição básica para a industrialização, e os mercados financeiros ainda não eram suficientemente desenvolvidos, tornou-se indispensável a criação de bancos de financiamento. Durante os anos 1950, cerca de 70% dos recursos do BNDE financiaram projetos de infraestrutura, e na década

---

[5] Campos (1994), *A lanterna na popa*.

[6] Bielschowsky (1988), *O pensamento econômico brasileiro: o ciclo econômico do desenvolvimentismo*.

de 1960 deu-se ênfase à indústria pesada.[7] Nos anos 1950, esperava-se que os governos locais e a iniciativa privada garantissem os investimentos necessários para o setor, o que se demonstrou inviável. O processo de industrialização acabou gerando elevados índices de crescimento econômico e uma mudança significativa na composição setorial do Produto Interno Bruto. No período que vai de 1950 a 1974, o PIB cresceu 514,31%.

Entre 1950 e 1964, os economistas atuaram principalmente em instituições não universitárias. Essas instituições sempre tentaram manter uma certa autonomia ante as pressões externas, calcando-se na "capacidade técnica" do grupo de decisão. A preocupação maior dos economistas desse período era a superação do subdesenvolvimento. Nessa época aparecem duas importantes correntes do pensamento econômico brasileiro, a estruturalista e a monetarista.

O aumento da importância dos economistas na elite dirigente está diretamente ligado à criação das instituições governamentais. A inter-relação entre as instituições de *controle* da economia e os centros de *estudo* de Economia torna-se muito clara ao analisarmos esse período. As empresas estatais e privadas demandavam economistas e administradores. A administração federal também carecia de profissionais mais especializados.

No Brasil, a participação dos economistas no governo ocorreu de maneira singular. Na França, por exemplo, o controle executivo da economia foi exercido principalmente pelos formados nas chamadas *"Grandes Écoles"* como a *École Nationale de Administration*, a *École Polytechnique* etc. As escolas de Economia não tiveram a supremacia nessa área. Também nos Estados Unidos os economistas geralmente ocupam cargos de assessoria ou burocráticos, sem poder permanecer no cargo público por muito tempo sob pena de perder prestígio acadêmico.[8]

As escolas de Economia no Brasil nasceram no âmbito de uma controvérsia quanto a sua orientação. Por um lado, os egressos das escolas de Comércio e Contabilidade, que não tinham *status* universitário, viam na instituição de um curso universitário de Economia a possibilidade de obtenção desse *status*. Um outro grupo, representado principalmente por Gudin e Bulhões, acreditava que as faculdades de Economia deveriam ser orientadas para a formação de quadros de dirigentes necessários para a modernização do

---

[7] Suzigan, Pereira e Almeida (1972), *Financiamentos de projetos industriais no Brasil*.

[8] Klamer e Colander (1990), *The Making of an Economist*.

Estado.[9] A visão de Gudin e Bulhões acabou saindo vencedora com a criação da Faculdade Nacional de Ciências Econômicas da Universidade do Brasil.

Essa vitória está relacionada em parte ao grupo social dos membros dessa corrente e suas ligações com o poder. No entanto, não se pode dizer exatamente o mesmo com relação a São Paulo. Na exposição de motivos para criação de uma Faculdade de Economia e Finanças nesse estado, propôs-se uma ruptura com as faculdades de Comércio e Contabilidade. No entanto, a Faculdade de Economia da USP era frequentada especialmente por alunos provenientes de um estrato social mais baixo, que haviam cursado escolas técnicas de Comércio e, sem condições de frequentar as escolas de Direito ou Engenharia, aproveitavam a Faculdade de Economia para ascender socialmente.

O fato de o Rio de Janeiro ser o centro político do Brasil permitiu que a orientação inicial de Gudin e Bulhões se mantivesse. Isso porque uma boa parte dos formados nas faculdades de Economia puderam encontrar posição nas novas agências de gestão econômica. Além disso, cabe ressaltar o papel da Fundação Getúlio Vargas, que absorveu também muitos dos formandos em seus centros de estudo. Não era esse o caso de São Paulo, cuja capital do Estado era provinciana no que diz respeito ao pensamento social, apesar de ser o centro econômico do país — a Universidade de São Paulo era um caso à parte. A FCEA-USP representava uma nova vertente: aquela voltada para a intervenção no desenvolvimento econômico do país nas órbitas públicas e privadas. Essa nova dimensão do ensino econômico na USP era acompanhada pela Fundação Getúlio Vargas.

A FGV foi criada em 1944 no Rio de Janeiro por Luiz Simões Lopes, como um desdobramento do Departamento Administrativo do Serviço Público (DASP), criado em 1937 e que teve um papel decisivo na modificação administrativa e na execução orçamentária, sob as instruções do presidente da República. Porém, a origem patrocinada constitucionalmente e atrelada a Getúlio Vargas, na percepção de Simões Lopes, não permitia que o órgão tivesse estabilidade. Sob a alegação de uma maior estabilidade e de uma ampliação dos objetivos institucionais do DASP à esfera privada, Simões Lopes projetou a criação da Fundação Getúlio Vargas, caracterizando-se por conter objetivos de interesse público numa personalidade jurídica de Direito Privado. Tais características lhe possibilitaram a almejada independência política, assim como um "afastamento" da busca do lucro, então entendida como no-

---

[9] Borges (1995), *Eugênio Gudin: capitalismo e neoliberalismo*.

civa ao ensino e à pesquisa. Caracterizava-se não somente por um dualismo de instituição pública e privada, mas também por um dualismo nacional e internacional. A instituição nascente buscava uma cooperação técnico-científica internacional, seja via aperfeiçoamento de docentes no exterior ou pela vinda de professores do exterior para lecionar no Brasil.

O Núcleo de Economia da FGV foi implantado em 1946. Dele participaram: Eugênio Gudin, Octavio Bulhões, José Nunes Guimarães, Eduardo Lopes Rodrigues, Antônio Dias Leite, João Mesquita Lara, Luiz Dodsworth Martins e Guilherme Pégurier. Para Julian Chacel, o Núcleo de Economia da FGV teria lançado as bases para os estudos quantitativos que levaram a um melhor conhecimento do Brasil. Chacel aponta que tais estudos foram matéria-prima indispensável para a construção das análises do comércio exterior e da estrutura e expansão da economia, assim como elemento central à tomada de consciência em torno das disparidades regionais do desenvolvimento nacional. Coube também ao Núcleo de Economia o lançamento dos periódicos *Conjuntura Econômica*, que teve sua primeira edição em 1947, e *Revista Brasileira de Economia*, cuja primeira edição foi feita em 1948 pela equipe que formaria o Instituto Brasileiro de Economia (IBRE), sob a liderança de Gudin e Bulhões.

Ainda na FGV, foi criada a Escola Brasileira de Administração Pública (EBAP) no Rio de Janeiro em 1952. Também nesse ano, começou a se projetar a Escola de Administração de Empresas de São Paulo (EAESP), a partir de uma missão norte-americana da Universidade de Michigan e do envio do corpo docente aos Estados Unidos para obtenção do mestrado em Administração de Empresas. Tal iniciativa fora propiciada pelo convênio de 1953 entre a FGV e a International Cooperation Administration, que deu origem à United States Agency for International Development (USAID), culminando na criação da EAESP em 1954.

Em 1955 é criado pelo presidente Café Filho o Instituto Superior de Estudos Brasileiros (ISEB), um importante exemplo de instituição de esquerda do período. Esse instituto apresentou uma vasta gama de orientações político-ideológicas, tendo como membros nomes como Gilberto Freyre, Roberto Campos, Hélio Jaguaribe, Alberto Guerreiro Ramos e Ignácio Rangel. O ISEB procurou ser uma alternativa à Escola Superior de Guerra (ESG), adotando uma posição nacionalista "à paisana". A implosão do ISEB teve início com a publicação do livro de Hélio Jaguaribe em 1958,[10] considerado por seus

---

[10] Jaguaribe (1958), *O nacionalismo e a atualidade brasileira*.

pares, especialmente Guerreiro Ramos, defensor de posições "antinacionalistas, privatizantes e autoritárias".[11]

Os primeiros economistas brasileiros graduaram-se em Engenharia ou em Direito. Sua formação em Economia deu-se nas instituições privadas (Confederação das Indústrias, ANPES) e governamentais (BNDE, SUMOC), as chamadas "escolas práticas do saber econômico". Os principais exemplos seriam Eugênio Gudin e Roberto Simonsen. A geração seguinte manteve essas características, porém geralmente complementou sua formação com estudos no exterior, como Octavio Bulhões, Ignácio Rangel, Roberto Campos e Celso Furtado. O dualismo nacional/internacional e público/privado não se limitava à FGV, mas fazia parte do desenvolvimento de todo o pensamento econômico no país.

Maturidade

O primeiro programa de pós-graduação institucionalizado no Brasil foi o Curso de Análise Econômica do então Conselho Nacional de Economia no Rio de Janeiro. Tratava-se de uma revisão e aperfeiçoamento dos graduados. Cursos proporcionados pelo centro BNDE/CEPAL desempenharam, quase simultaneamente, papel análogo. Posteriormente, criou-se o Centro de Aperfeiçoamento de Economistas (CAE), surgido no IBRE e embrião da Escola de Pós-Graduação em Economia da FGV-RJ (EPGE). O CAE tinha como objetivo, mediante cursos formais e intensivos, selecionar e treinar economistas candidatos a bolsas de estudos no exterior, em particular nos EUA. Tais bolsas eram na sua maioria patrocinadas pela USAID, pela Rockefeller Foundation ou pela CAPES (Coordenação de Aperfeiçoamento de Pessoal de Nível Superior, do governo brasileiro). Em 1962, uma nova reforma curricular[12] determinou uma separação mais nítida entre os cursos de graduação em Ciências Econômicas, Contábeis e Atuariais.

A suspensão do processo democrático em 1964 significou um rompimento profundo com os valores políticos e a substituição de algumas instituições vigentes. Os fatos novos advindos do Plano de Ação Econômica do Governo (PAEG) e da reforma financeira foram a criação do mercado de capitais e da correção monetária, bem como a substituição da SUMOC pelo

---

[11] Navarro de Toledo (1977), *ISEB: fábrica de ideologias*.

[12] Parecer nº 397/62.

Banco Central, alterando o panorama institucional. O parecer 977/65 disciplinou a criação dos primeiros centros de pós-graduação do país. São criados o Instituto de Pesquisas Econômicas (IPE) em São Paulo e a EPGE no Rio de Janeiro, tendo como principais expoentes, respectivamente, Antônio Delfim Netto e Mário Henrique Simonsen.

Essa evolução acadêmica respondia não mais às demandas relativas à industrialização e urbanização incipientes, mas sim aos problemas derivados de tais desenvolvimentos. As mudanças profundas na economia brasileira geravam novas necessidades por parte do governo e do setor privado. A complexidade que as questões econômico-financeiras alcançavam exigia uma quantidade maior de profissionais diferenciados, que os novos centros buscavam oferecer. Além do mais, a eliminação do cargo de "contador público", responsável pela elaboração do orçamento da União, permitiu que esta função passasse a ser exercida por economistas.

Em 1966 ocorreu o encontro de Itaipava, com a presença de Delfim Netto, Reis Velloso, Mário Henrique Simonsen e Conceição Tavares, entre outros. As conclusões do encontro apontavam uma crise no ensino de Economia no Brasil. Em 1968, a reforma educacional deflagrada impingiu modificações substanciais no ensino universitário brasileiro. Paralelamente à criação dos centros de pós-graduação da USP e FGV, verificou-se um aumento da produção acadêmica com a criação de novas revistas e diversos centros de pesquisa.

Esses fatos acabaram por eliminar as barreiras que impediam uma internacionalização do estudo da Economia. A criação de um "novo" conjunto empresarial aumentou o grau de divisão do trabalho, permitindo a criação de uma *comunidade de economistas*, "composta de indivíduos que produzem e distribuem 'Ciência Econômica'. O que dá o caráter de ciência ao discurso econômico é o fato de ser legitimado dentro de uma comunidade específica e limitada, dotada de poder político".[13] Até a década de 1960, o que existia era uma ligação muito esporádica com os centros dominantes internacionais, por meio de uns poucos economistas brasileiros que frequentavam as universidades no exterior e alguns professores estrangeiros que visitavam as universidades brasileiras.

A EPGE foi favorecida pelo convênio celebrado entre a FGV, o Conselho Técnico da Aliança para o Progresso (CONTAP) e a USAID. O curso de pós-graduação nasce destinado a "prover o aperfeiçoamento de economistas

---

[13] Ekerman (1989), "A comunidade de economistas do Brasil: dos anos 50 aos dias de hoje".

brasileiros em nível equivalente ao *Master in Economics* das universidades norte-americanas e europeias".[14] Repetia-se, dessa vez no ensino da Economia, a estratégia adotada nos primórdios do ensino da Administração pela FGV-SP. Em 1964 se estabelece o primeiro convênio entre a Faculdade de Economia da USP e a USAID, fundamental para integração ao convênio do CONTAP. E em 1965 se inicia o convênio celebrado com a Fundação Ford, inaugurando o processo de ajuda internacional.

Apesar de um direcionamento razoavelmente diverso da EPGE, o IPE surge com a mesma fonte de financiamento. Ambos os cursos estão ligados, desde os primórdios, simultaneamente a instituições nacionais-governamentais e instituições internacionais. Vários bolsistas foram contratados por entidades internacionais como Fundo Monetário Internacional, Banco Interamericano de Desenvolvimento e Organização dos Estados Americanos. Os estudantes que voltavam ao Brasil, dirigiam-se para instituições como BNDE, Ministério do Planejamento e atividades no magistério superior.

O processo de intercâmbio internacional reforçou a utilização de instrumentos formalizados de análise econômica. A opção por uma linha de investigação mais quantitativa é explícita desde as origens da EPGE. Mário Henrique Simonsen relaciona a proliferação de faculdades de Economia a uma deterioração qualitativa do ensino.[15] Para ele, isso teria levado a um ensino de razoável a péssimo nas diversas faculdades. Um dos principais pontos de deficiência por ele apontados seria o de "falta de conhecimento básico de Matemática e Estatística", o que deixaria os economistas sem possibilidade de utilizar os conceitos — que seriam transmitidos de forma vaga e/ou via jargões — nos problemas práticos.

A partir da década de 1960, a USP é atingida por essa crise no ensino de Economia. Raul Ekerman, integrante da turma de 1960, lembra que "as intenções da FCEA eram grandiosas: formar a um tempo pessoas de conhecimento universal mas que também possuíssem conhecimento instrumental disponível no mercado de trabalho. Estas intenções grandiosas e irrealistas, somadas ao despreparo da grande maioria dos professores e ao sistema de sequência lógica polarizaram os alunos em torno de alguns professores 'iluminados' que, motivados por questões internas e externas à faculdade, tinham

---

[14] Coe de Oliveira (1966), "Escola de Pós-Graduação em Economia (EPGE) do Instituto Brasileiro de Economia (IBRE) da Fundação Getúlio Vargas (FGV): 4º Relatório Trimestral".

[15] Simonsen (1966), "O ensino de pós-graduação em Economia no Brasil".

interesse de dominá-la politicamente".[16] Um dos "iluminados" a que se refere Ekerman é Antônio Delfim Netto, que foi fundamental na nova orientação que enfatizou a Matemática. A reformulação curricular de 1964 imprimiu ao curso uma linha mais técnico-profissionalizante.

Delfim Netto assume o Ministério da Fazenda em 1967, lançando nesse mesmo ano o Plano Estratégico de Desenvolvimento (PED). Esse plano foi elaborado pela equipe do Escritório de Pesquisa Econômica Aplicada (EPEA), criada em 64 e que seria a origem do Instituto de Pesquisa Econômica Aplicada (IPEA), centro de excelência do Ministério do Planejamento.[17] Na década de 1970 aprofunda-se a tendência, presente desde a década anterior, de as universidades representarem uma via privilegiada de acesso aos principais cargos do governo. É só a partir dos anos 1970 que indivíduos da classe alta passam a frequentar as escolas de Economia, considerada até então uma disciplina "menor".

O acesso aos altos postos governamentais privilegiou os pós-graduados em Economia aqui ou no exterior. Como quem determinava em última instância quem ia para o exterior eram os centros de pós-graduação, estas instituições passaram a deter o monopólio na formação dos dirigentes econômicos do país. O IPE-USP e a EPGE-FGV eram os únicos centros de pós-graduação em Economia até 1972, quando é criado o curso da Universidade de Brasília (UnB), com Edmar Bacha à frente. O curso da UnB, no entanto, perde muita força com a saída de Edmar Bacha, seu principal idealizador. A partir do exemplo da UnB, novos cursos de pós-graduação em Economia começam a aparecer, sempre dentro dos departamentos de Ciências Sociais.

A cronologia de implantação oficial dos programas de mestrado em Economia representa apenas uma referência, já que os embriões dos referidos programas não coincidem exatamente com a data da criação oficial. O mestrado em Economia da UNICAMP, criado oficialmente em 1984, originou-se no Departamento de Economia e Planejamento Econômico do Instituto de Filosofia e Ciências Humanas (IFCH), em 1974, dez anos antes da criação do Instituto de Economia, com participação relevante de Maria da Conceição Tavares. Outros expoentes envolvidos na criação do Instituto foram Luiz Gonzaga de Mello Belluzzo e João Manuel Cardoso de Mello. A criação do

---

[16] Ekerman (1989), "A comunidade de economistas do Brasil: dos anos 50 aos dias de hoje".

[17] Em 1971, este Instituto lançou o primeiro volume da revista *Pesquisa e Planejamento Econômico* (os números 1 e 2 tinham o título *Pesquisa e Planejamento*).

mestrado em Economia de Empresas da FGV-SP, em 1989, foi precedida pelo desenvolvimento da área de concentração homônima, também desde 1974, no interior do Curso de Mestrado em Administração de Empresas da mesma escola, com Luiz Carlos Bresser-Pereira e Yoshiaki Nakano à frente do departamento.

As datas estão diretamente relacionadas à conjuntura política brasileira. Em 1974, a derrota parcial do governo nas urnas fortaleceu o MDB. A relativa liberdade de imprensa começou a ser usada para criticar as políticas governamentais. Assim, o governo não teve condições políticas de manter uma política monetária restritiva. A aprovação do II PND em 1975 foi o último suspiro do modelo desenvolvimentista herdado dos anos 1950.

O Curso de Mestrado em Economia do Setor Público da Pontifícia Universidade Católica do Rio de Janeiro (PUC-RJ) é criado em 1977, com doutores recém-chegados de cursos nos Estados Unidos. O curso procurava trazer para o Brasil o rigor norte-americano, mas numa visão alternativa à dominante no governo militar. Importantes nomes envolvidos inicialmente nesse projeto foram Rogério Werneck, Dionísio Dias Carneiro, Francisco Lopes, Marcelo Abreu, Pedro Malan e Isaac Kerstenetzky. O objetivo expresso no programa original era dar aos alunos "uma sólida formação teórica e institucional adequada ao entendimento de aspectos relevantes da economia contemporânea, nos quais é dominante o envolvimento do governo". A escolha da Economia do Setor Público como área de interesse específico justificava-se em função "da crescente participação do setor público na economia brasileira, bem como da relevância do papel regulatório do Estado nos sistemas econômicos modernos; da importância dos sistemas de planejamento e coordenação na formação e implementação da política econômica; da inexistência no país de programa similar que objetive a formação de profissionais com treinamento especificamente dirigido para a área; da disponibilidade local de um grande número de técnicos e pesquisadores aptos a prestar sua colaboração a um programa deste tipo".

A PUC-RJ surge de uma discordância entre alguns professores da EPGE em relação ao programa de mestrado. Francisco Lopes, Dionísio Dias Carneiro e Rogério Werneck, contrapondo-se a um grupo ligado a Langoni, retiram-se da FGV para montar o mestrado da PUC-RJ. Assim, os primeiros professores desta tinham uma formação muito parecida com os professores da EPGE, especialmente com relação à utilização de padrões teóricos e metodológicos vigentes no exterior. Este padrão alterou-se apenas com a criação dos cursos de pós-graduação da UNICAMP e da UFRJ.

A COMUNIDADE DE ECONOMISTAS NO PERÍODO 1979-1994

A dívida externa brasileira cresceu de US$ 10 bilhões em 1974 para US$ 20 bilhões em 1977. Os encargos com o serviço da dívida em 1977, cerca de US$ 500 milhões, não comprometiam o déficit em conta-corrente. Quando assume o governo em 1979, Figueiredo depara com um novo choque do petróleo. Os encargos com o serviço da dívida no seu primeiro ano de governo somaram US$ 4,2 bilhões, rompendo com todos os prognósticos anteriores.

Em 1979, Mário Henrique Simonsen assume a Secretaria do Planejamento. A ideia inicial era gerar um superávit fiscal da ordem de 1%. No entanto, Simonsen permanece apenas alguns meses na pasta, retornando às suas atividades acadêmicas na EPGE. O direcionamento político do governo Figueiredo, encabeçado por Delfim Netto (que inicia o governo na Agricultura e depois assume a Secretaria do Planejamento) e Mario Andreazza (então no Ministério do Interior), mantém o clássico *stop and go* na política de estabilização, mas tenta sustentar as taxas de crescimento às custas de um endividamento externo crescente.

Nessa época começam a retornar ao Brasil muitos economistas de oposição recém-doutorados nos Estados Unidos, criando uma "massa crítica" nos novos centros. Alguns destes viriam a ter uma participação importante na vida acadêmica e política do país, como André Lara Resende e Persio Arida. Em 1980 é criada em São Paulo, por um grupo de professores da EAESP-FGV-SP, a *Revista de Economia Política* (*REP*). Como destaca Loureiro,[18] os compromissos assumidos por esse grupo estão expressos na frase contida na contracapa do primeiro número: "Esta iniciativa surgiu da convicção de que doutrinas baseadas na suposição da Economia como ciência positiva e neutra devem ser superadas pela Economia Política, isto é, por um compromisso crítico com a realidade".

No final dos anos 1970, início dos 1980, enquanto os centros de ensino de Economia que se opunham ao regime militar se consolidavam, pipocavam críticas à política econômica do governo. Assim, além das dificuldades externas, o governo enfrentava uma grande oposição interna, o que acabou gerando uma forte resistência em recorrer ao Fundo Monetário Internacional. O governo recorreu ao Fundo apenas no final de 1982, após as eleições.[19]

---

[18] Loureiro (1996), *Gestão econômica e democracia: a participação dos economistas no governo.*

[19] O anúncio oficial de que o programa econômico seria submetido ao FMI deu-se em

Essa decisão, no entanto, não impediu uma grande derrota do governo naquelas eleições.

A estratégia de combate à inflação e à crise da balança de pagamentos, desde 1981, concentrou-se num combate ortodoxo que gerou uma das maiores recessões que o país já havia experimentado. A eleição de 1982, quando se votava para governador pela primeira vez desde 1962, permitiu que o PMDB, então o maior partido de oposição, assumisse importantes governos estaduais. Isso acabou abrindo espaço justamente para os centros que haviam se formado em oposição (ao menos política) aos centros relacionados ao regime militar. Com a derrota do governo no Congresso, que acabou elegendo Tancredo Neves em 1984, economistas da UNICAMP e da PUC-RJ chegaram ao centro das discussões econômicas.

A opinião de parte desses economistas que chegavam ao poder era de que existia uma componente inercial na inflação e que, portanto, o diagnóstico inflacionário das equipes anteriores estava equivocado. Dessa forma, um choque ortodoxo, de controle da demanda, não seria suficiente para conter a inflação.

Vincular acesso ao poder a desenvolvimento dos centros de pós-graduação parece razoável. Mas não se deve menosprezar o papel do financiamento estatal na criação das escolas. A criação de centros de estudo de Economia, desvinculados das outras Ciências Sociais, também se deu em função dos apoios financeiros, possivelmente mais viáveis em um instituto de Economia autônomo.

A situação econômica recessiva condicionou as modalidades de financiamento de pesquisas, e limitou a abrangência de recursos aos projetos, sobretudo os de grande porte. Essa situação foi remediada na área das ciências "duras" pelo Programa de Apoio ao Desenvolvimento Científico e Tecnológico, que não contemplou as Ciências Humanas e Sociais.[20] A colocação do estudo econômico à parte das pesquisas das outras áreas das Ciências Sociais pode ser vista como uma estratégia na obtenção de recursos, já que era mais nítida a validação de seu conhecimento e sua aplicabilidade ao desenvolvi-

---

20 de novembro de 1982, após a moratória mexicana de agosto que deflagrou a crise da dívida para os países latino-americanos. Bacha (1982b), "Vicissitudes of Recent Stabilization Attempts in Brazil and the IMF Alternative", estima que a decisão de não recorrer ao FMI ainda em 1980 custou ao país cerca de US$ 400 milhões.

[20] Orozco (1994), *Estudo de uma comunidade científica na área das Ciências Sociais: o caso do IFCH da UNICAMP*.

mento científico-tecnológico, manifestado como desejável pelas agências governamentais de fomento à pesquisa.

É possível notar alguma "especialização temática" nos programas de mestrado dos novos centros. A criação do Instituto de Economia Industrial (IEI) em 1979, responsável pelo curso de pós-graduação em Economia da UFRJ, tinha em vista explorar as lacunas dos programas em andamento no país, especialmente na EPGE e na PUC-RJ. Por outro lado, visava constituir-se como opção quanto a áreas de concentração. O Departamento de Economia da UFRJ estava interessado especialmente no campo de Economia Industrial e estudos relativos à estrutura industrial e dinâmica econômica.[21] Alguns dos principais expoentes do IEI são Maria da Conceição Tavares e Antonio Barros de Castro.

De fato, o IE da UNICAMP e o IEI da UFRJ, desde sua origem, procuram firmar-se na oposição como linha de pensamento e não apenas em termos de posicionamento político. Gustavo Franco utiliza a dicotomia *mainstream*/cepalinos para descrever dois tipos de paradigmas dominantes nos centros brasileiros: o primeiro calcado em instrumentos quantitativos e sofrendo mais influências internacionais; e o segundo possuindo uma identidade própria e alternativa, mantendo fidelidade às interpretações cepalinas e marxistas. Analisando as disciplinas oferecidas, o autor observa que a EPGE-FGV, a USP e a PUC-RJ se aproximam mais do arquétipo *mainstream*, enquanto a UNICAMP e a UFRJ se aproximam mais do cepalino.[22]

A criação oficial em 1989 do Curso de Pós-Graduação em Economia de Empresas na FGV-SP foi precedida por longo desenvolvimento histórico-institucional, tanto da Fundação como da própria EAESP. Um dos objetivos do programa ainda hoje vigente seria o de dotar os alunos de um "instrumental analítico básico para um economista (Teoria Econômica, Econometria e Matemática)", assim como possibilitar-lhes "o acesso à literatura publicada nas melhores revistas estrangeiras". Os aspectos históricos e sociológicos, assim como os clássicos do saber econômico, estão também presentes, mas não configuram o acento básico do curso. A preocupação com a realidade empresarial e financeira suplanta qualquer outra.

Em comparação ao desenvolvimento histórico do mestrado em Economia no Rio de Janeiro (que culmina com a criação da EPGE), o desenvolvi-

---

[21] Cury (1979), "Criação do Instituto de Economia Industrial".

[22] Franco (1992), *Cursos de Economia: catálogo da lista de leituras oferecidas em programas de pós-graduação em Economia no Brasil.*

mento deste no âmbito paulista da FGV esteve, desde seus primórdios, mais atrelado ao desenvolvimento do saber administrativo. Na EPGE tais desenvolvimentos foram mais paralelos do que propriamente entrelaçados.[23]

Os centros de pós-graduação em Economia no Brasil atualmente apresentam grande diversidade de enfoque em seus programas curriculares. Em todos os centros, o número de disciplinas eletivas é muito grande, o que abre um espaço natural para o pluralismo. Ao analisarmos as diversas áreas de concentração que cada centro oferece, vemos claramente uma diversidade e a não padronização da estrutura curricular dos programas de pós-graduação.

O esquema a seguir procura representar o período tratado neste ensaio, destacando a participação dos nossos entrevistados. Depois, nas entrevistas, verifica-se que a gama de opiniões de diversos representantes desses centros é muito mais ampla do que qualquer arquétipo ou definição possível.

---

[23] Curado (1994), "EAESP-FGV: um passeio pelo labirinto".

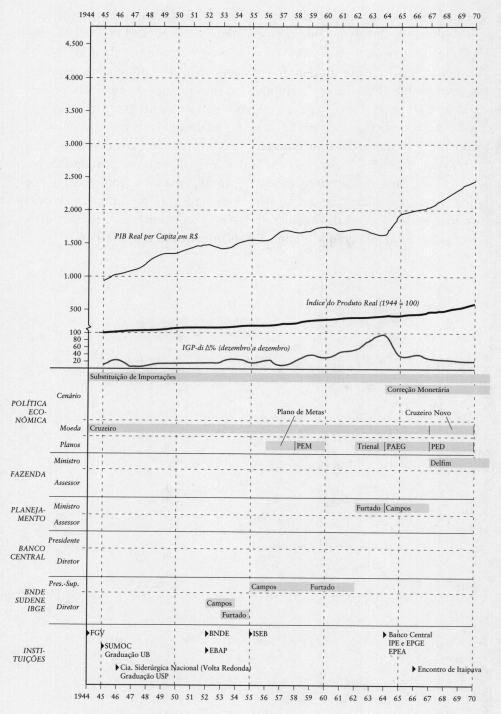

Esquema elaborado pelos autores.

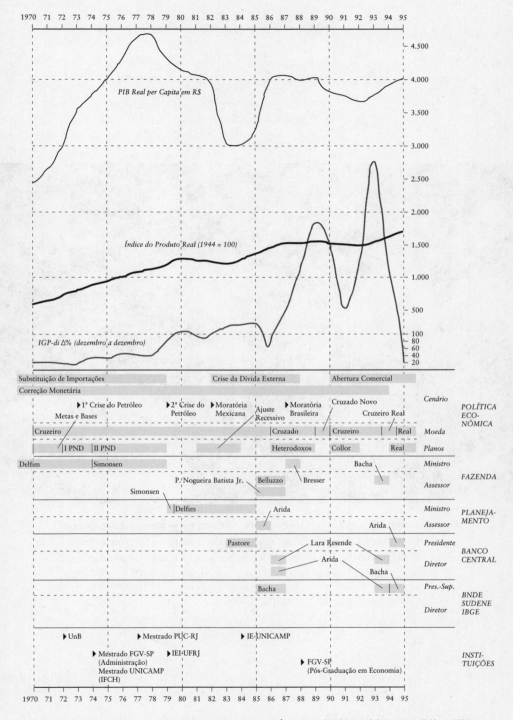

Fontes: Conjuntura Econômica (vários números); IBGE (1990) [de 1944 a 1947, *Índice do Nível Real de Atividade Econômica*, Fishlow (1972)].

Deputado federal pelo Rio de Janeiro, Roberto Campos — mesmo se recuperando de um problema de saúde (levado de cadeira de rodas) —, foi ovacionado por seus pares ao comparecer ao Congresso Nacional e votar pelo *impeachment* do presidente Fernando Collor de Mello em 1990.

ROBERTO DE OLIVEIRA CAMPOS (1917-2001)

Nascido em Cuiabá em 17 de abril de 1917, Roberto de Oliveira Campos cursou o seminário em Minas Gerais, diplomando-se em Teologia e Filosofia. No final da década de 1930, mudou-se para o Rio de Janeiro, então Distrito Federal, entrando para o Itamaraty através de concurso público. Em 1942 foi para a seção comercial da Embaixada Brasileira em Washington. Após um intervalo de um ano e meio em Nova York, a partir de julho daquele ano, retorna à capital norte-americana, onde conclui seu mestrado em Economia na Universidade George Washington. Integra a delegação brasileira na Conferência Monetária e Financeira da Organização das Nações Unidas (ONU) em Bretton Woods.

É transferido para Nova York em março de 1947. Matricula-se para o curso de doutorado em Columbia, onde realiza os *comprehensive oral examinations* com Ragnar Nurkse e James Angel, sem chegar a concluir a tese. Em Nova York participou das primeiras sessões da Assembleia Geral da ONU, das reuniões entre as Partes Contratantes do Acordo Geral sobre Tarifas e Comércio (GATT) e da Conferência Internacional de Comércio e Emprego em Havana.

Em 1949, retorna ao Brasil, participando, em 1950, da III Reunião da Comissão Econômica para a América Latina (CEPAL) em Montevidéu. Integrou a assessoria econômica de Getúlio Vargas, chegando a primeiro-secretário e tornando-se conselheiro da Comissão Mista Brasil-Estados Unidos (CMBEU), sendo um dos principais relatores do documento final apresentado por essa comissão. Em seguida, participa da criação do Banco Nacional do Desenvolvimento Econômico (BNDE, atual BNDES), assumindo a direção econômica do órgão. Sob sua direção, cria-se o grupo misto BNDE/CEPAL, coordenado por Celso Furtado. Em meados de 1953, demite-se do BNDE por discordar da orientação do diretor-superintendente do Banco, José Soares Maciel Filho. Em 1954 publica *Planejamento do desenvolvimento econômico de países subdesenvolvidos*.

Após um período como cônsul em Los Angeles, retorna ao Brasil e ao BNDE em 1955, como diretor-superintendente. Eugênio Gudin, então ministro da Fazenda, o havia indicado para o cargo. Após a posse de Juscelino Kubitschek é promovido a ministro de segunda classe. Integrou o Conselho de Desenvolvimento, órgão diretamente ligado à Presidência da República, e fez parte do Grupo Executivo da Indústria Automobilística (GEIA), que coordenou a vinda das montadoras norte-americanas e europeias ao Brasil.

Em junho de 1958, Roberto Campos assume Presidência do BNDES, substituindo Lucas Lopes, que passou a ocupar a pasta da Fazenda. Neste mesmo ano, ambos participaram da criação da Consultoria Técnica (CONSULTEC), empresa privada de elaboração de projetos. Colaborou no Plano de Estabilização Monetária (PEM) de Lucas Lopes, que previa uma reforma cambial, controle da expansão monetária e contenção de gastos públicos. Em julho de 1959, Juscelino rompe com o FMI, Lucas Lopes abandona o ministério e Campos retorna à diplomacia.

Após a posse de Jânio Quadros em 1961, Campos e o embaixador Moreira Salles são designados para renegociar a dívida externa e obter novos créditos. Assim, retomam as negociações com o FMI. Com a aprovação do Fundo ao programa de estabilização do governo Jânio Quadros, Campos e Moreira Salles prorrogam a dívida de curto prazo e obtêm um empréstimos de mais US$ 2 bilhões. Pouco antes de renunciar, Jânio indica Campos para assumir a Embaixada Brasileira em Washington. Goulart manteve a indicação e Campos acabou exercendo importante papel em negociações junto ao governo norte-americano. Em 1963 publica *Economia, planejamento e nacionalismo*, criticando a visão cepalina de desenvolvimento. Com a deterioração das relações entre Brasil e Estados Unidos, Campos pede demissão em agosto de 1963, permanecendo no cargo, por solicitação de João Goulart, até janeiro de 1964.

De volta ao Brasil, apoia o golpe militar de 1964, assumindo, em 14 de maio, o Ministério Extraordinário para o Planejamento e Coordenação Econômica, cargo em que permanece durante todo o governo Castello Branco (1964-1967). Foi um dos principais mentores, ao lado de Octavio Bulhões, do Plano de Ação Econômica do Governo (PAEG). Durante esse período, publica uma série de livros como *A moeda, o governo e o tempo* (1964), *Política econômica e mitos políticos* (1965) e *A técnica e o riso* (1966b).

Durante o governo Costa e Silva, Campos foi membro da Confederação Nacional do Comércio. Em 1968 tornou-se presidente do Investbanco e neste mesmo ano publica *Do outro lado da cerca... três discursos e algumas elegias*. Atuou também como articulista do jornal *O Globo*, criticando em seus artigos a política econômica do ministro da Fazenda Delfim Netto. Em 1972 tornou-se presidente da Olivetti do Brasil e membro do Conselho Administrativo da Mercedes-Benz. Em dezembro de 1974, assume a Embaixada do Brasil em Londres.

Em 1979 publica *A nova economia brasileira* em parceria com Mário Henrique Simonsen. Campos filia-se ao PDS em maio de 1980. Em junho de 1982 retorna definitivamente de Londres, para eleger-se senador pelo Estado de Mato Grosso no mesmo ano. Ao final do mandato, em 1990, elege-se deputado federal pelo Rio de Janeiro, votando a favor do *impeachment* do então presidente Collor de Mello, reelegendo-se em 1994, quando publica seu livro biográfico *A lanterna na popa: memórias*. Tomou posse na Academia Brasileira de Letras em 1999 e faleceu em outubro de 2001.

Sua entrevista nos foi concedida em outubro de 1995. O deputado nos recebeu em sua cobertura no Arpoador, Rio de Janeiro, sob um clima de cordialidade diplomática.

Formação

Gostaríamos de começar perguntando sobre a sua tese de mestrado em Washington. Como foi essa experiência?

Essa tese de mestrado foi escrita no fim da Segunda Guerra Mundial, quando eu estava na Embaixada em Washington. E as duas referências principais eram, coincidentemente, dois austríacos: Gottfried Haberler, que tinha escrito o livro *Prosperity and Depression* [1937], e Joseph A. Schumpeter, que estava naquela ocasião em Harvard e era uma personalidade eminente. Já tinha escrito o *Business Cycles* [1939]. Entusiasmei-me bastante porque fui aluno do Haberler e achei extremamente interessante a teoria dos ciclos econômicos. Decidi então escrever minha tese sobre esse assunto, enfocando-o do ângulo da propagação dos ciclos internacionais. A ideia era de que as economias dos países subdesenvolvidos são economias basicamente reflexas e, portanto, não fariam senão repercutir as crises de depressão e os *booms* de prosperidade das economias dominantes. Minha preocupação então era estudar como se propagam os ciclos econômicos das economias desenvolvidas para as economias reflexas, por dois condutos: contaminação financeira e contaminação comercial. A propagação comercial se revelaria através dos *booms* e colapsos de preços de produtos primários. E a propagação financeira, através dos fluxos de capitais.

Como foi o seu contato com Schumpeter?

Eu fiz a tese em Washington e queria depois fazer o doutorado em Harvard. Isso é que me levara a comunicar-me com Schumpeter. Enviei-lhe um sumário da tese. Ele se declarou extremamente interessado, sobretudo por esse aspecto específico: mecanismos de propagação das crises cíclicas dos países industriais para os países "atrasados", *backward countries*, como se dizia na terminologia da época. Schumpeter era um homem muito cordial e muito terno para com os alunos. Ele quase não reprovava ninguém. Era extremamente benevolente e leniente, dando notas boas mesmo a alunos que outros professores consideravam medíocres. Ele se prontificou a ser meu "tutor", isto é, orientador da tese em Harvard. Sendo funcionário do Itamaraty, pedi transferência para o Consulado em Boston, mas acabei sendo transferido para Nova York, exatamente porque as Nações Unidas estavam em sua fase formativa, e naquela ocasião o Itamaraty não contava com nenhum funcionário treinado em Economia. Eu era uma espécie de monopolista, o único funcionário com treinamento formal em Economia. Inseri-me então na Missão Brasileira na ONU e fiz cursos na Columbia University. Para a tese de doutorado eu me propus fazer uma atualização da dissertação de mestrado. Começavam então a ser discutidas as teses de Raúl Prebisch, que serviriam de embasamento para a criação da Comissão Econômica para a América Latina (CEPAL). A tese de Prebisch era de que as relações de troca tinham secularmente uma tendência desfavorável aos produtos primários. Propunha-me a avaliar esse novo enfoque, mas acabei não completando a tese.

Por quê?
Voltei ao Brasil e fui logo absorvido em tarefas econômicas, exatamente por haver pouquíssimos economistas. Fiquei algum tempo no Itamaraty, na Comissão de Acordos Comerciais. O trabalho era imenso, porque tinha-se que desbastar problemas comerciais e financeiros acumulados durante a Segunda Guerra Mundial. O Brasil naquela ocasião era credor, pois tinha fornecido matérias-primas aos países em guerra, acumulando saldos comerciais. Em alguns casos, utilizamos esses saldos para a liquidação de débitos. No caso da Inglaterra, por exemplo, usamo-los para a nacionalização de ferrovias inglesas. Era um trabalho insano negociar acordos com os países ex-beligerantes, seja vitoriosos, como a Inglaterra, seja derrotados, como a Alemanha. Estive algum tempo também, cedido pelo Itamaraty, na velha CEXIM [Carteira de Exportação e Importação do Banco do Brasil]. Logo depois, fui para a Comissão Mista Brasil-Estados Unidos. Essa trabalheira intensa impediu-me desenvolver o pleno formato da tese. Na opinião de Schumpeter, o que eu havia enviado como sumário já era praticamente uma tese de doutorado. Se tivesse ido para Harvard provavelmente ele teria aceito, com algum

pequeno desenvolvimento, minha tese de mestrado. É uma das minhas frustrações não ter sido um PhD schumpeteriano.

O senhor referiu-se há pouco ao binômio atrasado versus industrial como terminologia da época. Como essa terminologia se desenvolveu?

Naquela ocasião não se usava ainda o termo "subdesenvolvido", ou mesmo "país em desenvolvimento". Falava-se em países adiantados, países atrasados ou países ricos e países pobres. É curioso como essa semântica evoluiu. Quando eu estava na universidade, durante a Segunda Guerra, as expressões usadas eram: *backward countries* ou *advanced countries*. Ou então *poor* ou *rich countries*. Depois, quando se criou a ONU, com seus órgãos de cooperação internacional, as definições se tornaram um pouco menos pessimistas. A denominação *backward countries* dava uma impressão de atraso fatal e no pós-guerra vicejou a ideia de que a cooperação internacional seria um excelente instrumento para a promoção do desenvolvimento econômico. Começou-se a pensar em termos mais dinâmicos. A terminologia mudou. Passou-se a usar a expressão *underdeveloped countries*, com a ideia de que se tratava de uma situação temporária, uma fase no processo de desenvolvimento que eventualmente os transformaria em países desenvolvidos. Depois houve ainda um grau maior de otimismo. Em vez de *underdeveloped* passou-se a falar de *less developed countries*. Num terceiro estágio a terminologia mudou para *developing countries*. Depois veio a expressão *newly industrialized countries*, para indicar aqueles que já tinham ascendido a um certo nível de industrialização. E finalmente *expectant countries*, refletindo a chamada "revolução das expectativas". No tempo em que eu escrevi, também não se falava em "GNP" ou "PIB". São conceitos que evoluíram a partir da guerra e foram estimulados pelo keynesianismo, que popularizou a fantasia estatística dos grandes agregados. Os austríacos com quem eu estudava, Haberler e Machlup, eram basicamente antikeynesianos, ou pré-keynesianos, se quiserem. Eles davam muito mais atenção à Microeconomia dos investimentos do que à Macroeconomia dos agregados.

Qual era o problema que se apresentava na época?

Naquela ocasião, um problema presente em toda discussão de países subdesenvolvidos era o problema das relações de troca. Indagava-se se havia ou não tendência de longo prazo de deterioração das relações de troca, porque os países subdesenvolvidos sofriam profundamente de ciclos provocados pelas altas e baixas de preços de *commodities*. Isso levou [Eugênio] Gudin e [Octavio Gouvêa de] Bulhões, na reunião de Bretton Woods, a queixar-se da assimetria da Conferência. Estavam se criando duas instituições. Uma, o BIRD, para a reconstrução e desenvolvimento, que se imaginava inicialmente voltada sobretudo para a reconstrução europeia, e num estágio ulterior, para o desenvolvimento. Outra, o Fundo Monetário Internacional, que tratava de problemas de balança de pagamentos. Mas, argumentava Gudin, para países subdesenvolvidos, balança de pagamento é sinônimo de preços de matéria-prima. O que se teria de fazer era criar uma terceira organização que cuidasse especificamente da estabilização dos preços das matérias-primas e dos produtos primários. A concessão de liquidez financeira seria essencial para os países desenvolvidos transporem crises cíclicas, enquanto as crises cíclicas dos países subdesenvolvidos estão diretamente radicadas sobretudo nas flutuações de preços de produtos primários.

Keynes, que era o presidente da Segunda Comissão em Bretton Woods, a comissão relativa ao Banco Mundial, reconhecia a validade do argumento, mas ressalvava que já seria extremamente complexo criar duas organizações internacionais àquela altura, quanto mais três. O problema ficaria sob exame mas não poderia ser tratado em Bretton Woods. Logo depois de terminada a guerra e implantado o Fundo Monetário, convocou-se a Conferência de Comércio e Emprego de Havana, para atender exatamente ao problema do comércio internacional, com particular atenção aos países subdesenvolvidos. A Conferência de Comércio, entretanto, fracassou porque em todos os países industrializados havia esquemas de protecionismo agrícola, inclusive e principalmente os Estados Unidos, que tinham o chamado "sistema de paridade de preços". Não havia então interesse dos Estados Unidos em se autolimitarem em matéria de protecionismo agrícola. O resultado foi que a Carta de Havana, que continha um capítulo sobre produtos agrícolas e subsídios, não foi nunca implementada, e nem sequer ratificada. Dela resultou o GATT [Acordo Geral de Comércio e Tarifas], que trata de um aspecto específico: o protecionismo industrial e o disciplinamento de tarifas industriais.

Quais foram seus professores mais importantes? O senhor reconhece algum mestre?

Eu diria que Haberler e Nurkse foram presenças muito importantes. A Universidade George Washington naquele tempo era muito boa em Economia por uma circunstância especial: o esforço de guerra mobilizara a nata do pensamento econômico. Peritos em planejamento, como Wassily Leontief, os austríacos, como Haberler e [Fritz] Machlup, o australiano Arthur Smithies tinham sido recrutados para o esforço de guerra e faziam, por assim dizer, um bico, dando aulas noturnas na universidade. Isso depois não se sustentou porque era tipicamente uma convocação bélica, uma mobilização emergencial.

O senhor teve participação na criação da Fundação Getúlio Vargas?
Não, não tive nenhuma ação direta na origem da Fundação Getúlio Vargas. Fui consultado quando de sua criação por Luiz Simões Lopes, que era muito meu amigo e na ocasião responsável pela CEXIM. Endossei plenamente a ideia. Apenas tinha reservas quanto ao nome. Eu não era particularmente afeiçoado a Getúlio, não o achava uma forte inspiração intelectual, conquanto reconhecesse que ele tinha sido um modernizador, particularmente no tocante ao serviço público. Eu próprio entrei no serviço público por concurso do Itamaraty, sem conhecer ninguém, sem ter nenhum "pistolão". Os exames eram objetivos, não havia realmente clientelismo ou filhotismo no recrutamento. O DASP [Departamento Administrativo do Serviço Público] era uma organização importante para o setor público. Reconhecia esse aspecto modernizador de Getúlio, mas não achava que o nome fosse adequado para uma instituição de pesquisas, pois Getúlio não era particularmente intelectualizado. Não tive também nenhum papel na formação do Instituto Brasileiro de Economia. Limitei-me a escrever alguns artigos para a *Revista Brasileira de Economia* e mantinha estreito relacionamento com Bulhões e Gudin, que foram realmente os inspiradores do esforço econômico da FGV, do IBRE e da revista *Conjuntura Econômica*.

Qual foi a influência de Eugênio Gudin na sua formação?
Gudin foi talvez a maior influência em minha formação profissional. Eu o conheci em Bretton Woods e depois ficamos amigos ao longo dos anos. É uma figura que tem que ser reexaminada. Foi muito maior do que a história corrente retrata. Felizmente, parece que o jovem economista Eduardo Giannetti da Fonseca está fazendo um estudo da personalidade do Gudin. Se nós analisarmos a evolução recente com a abertura econômica, a integração mundial e a ressurreição do liberalismo econômico, verificar-se-á que tudo isso era já profetizado por Gudin. Ele esposou todas as teses que hoje são corretas e que na ocasião eram malditas. Sempre foi crítico dos monopólios estatais — do monopólio do petróleo em particular. Sempre foi hostil ao desbalanceamento do nosso sistema de transporte, com sua excessiva dependência das rodovias e correlata negligência de hidrovias e ferrovias. Sempre teve uma visão que hoje se consideraria *à la page* moderna das funções do Estado, que ele queria voltado para as atividades clássicas de segurança, justiça, educação e saúde. Sempre foi um monetarista ortodoxo, acreditando intransigentemen-

te no valor da estabilidade como precondição fundamental para qualquer outra coisa. Sempre foi um defensor da austeridade fiscal. Advogava a abertura em matéria de comércio internacional, acentuando a necessidade de se dar mais atenção às vantagens comparativas. Era muito hostil à CEPAL, sobretudo às ideias cepalinas de substituição de importações praticamente a qualquer custo, e muito moderno na sua visão positiva da contribuição do capital estrangeiro. Gudin é mais moderno que a vasta maioria dos economistas brasileiros. Ficou entretanto com uma imagem distorcida, em virtude da grande controvérsia que manteve com Roberto Simonsen, que esposava sem reservas a tese, então simpática, da industrialização rápida por detrás de barreiras protecionistas, com secundária ou nenhuma atenção às vantagens comparativas. Essa tese depois foi empolgada pela CEPAL, que criou a ideia do pessimismo exportador e do otimismo substitutivo de importações. Coisas que horrorizavam o Gudin.

O guru do Roberto Simonsen àquela época era um economista romeno, [Mihail] Manoilescu, cujas doutrinas se tornaram extremamente populares. Gudin chegou a se dar o trabalho de convidar para vir ao Brasil algumas personalidades eminentes, para refutação das teorias de Manoilescu. Uma dessas personalidades foi Jacob Viner, que fez conferências na FGV. Outra foi o próprio Haberler. Mas na controvérsia com Roberto Simonsen coube a Gudin ficar com o lado antipático, quer dizer: recomendar cautela na industrialização, respeito à agricultura e à produção primária, insistência na diferenciação entre progresso e industrialização. O progresso, dizia ele, pode existir sem industrialização. Citava sempre casos como o da Dinamarca e da Nova Zelândia, países de alto padrão de vida com baixo grau de industrialização (pelo menos de industrialização mecânica). Mas essa postura era associada, por deformações da mídia e da propaganda, e pelos círculos protecionistas, a uma espécie de agrarismo primário. Este teria a perversa intenção de manter o Brasil como um produtor primário, com uma economia dependente, sem o poder e a força dados pela industrialização. Simonsen defendia a tese, aparentemente mais robusta e corajosa, do intervencionismo governamental e do protecionismo, visando ao desenvolvimento industrial. Associava a ideia de desenvolvimento industrial à ideia de poder e riqueza. Gudin diferenciava bem as coisas.

Roberto Simonsen era bem equipado intelectualmente?
Não. Era um empresário de bastante mérito, com bons conhecimentos de história econômica, mas sem formação teórica. Estávamos no começo do surto industrial de São Paulo, e ele se seduzia pelo *glamour* da industrializa-

ção como talismã do crescimento. Foi até certo ponto um precursor da CEPAL, pois a controvérsia do Gudin com o Simonsen é de 1944, e a CEPAL só viria a ser criada em 1948.

O artigo clássico do Prebisch[1] é de 1949.

Sim, mas as ideias já vinham antes. Primeiro, havia a crença na capacidade governamental de pilotar a economia e de planejar globalmente. Segundo, o entusiasmo incontido pela industrialização. Terceiro, o pessimismo exportador, segundo o qual os produtores de matérias-primas e de produtos primários estariam condenados a ciclos periódicos, como economias reflexas, sendo pequena a dinâmica de expansão de seus produtos no mercado internacional. Havia um certo descaso pela agricultura. A força e o poder estavam associados à ideia de industrialização. Defendendo, por assim dizer, o lado antipático, Gudin ficou com uma imagem negativa, que se agravou quando ele lutou fortemente contra o monopólio de petróleo pela Petrobrás. Duas ideias se tornaram muito populares e contra ambas ele investiu: uma, a do monopólio de petróleo no começo da década; outra, a de Brasília, no fim dos anos 1950. Ele foi um dos grandes inimigos da construção de Brasília, projeto que despertou enorme vibração emocional. Brasília catalisava a ideia de progresso, de "marcha para o oeste". Os que objetavam a essas duas ideias passaram a ser acusados daquilo que agora o Fernando Henrique [Cardoso] chama de "fracassomania".

A figura de Gudin tem que ser historicamente reavaliada. Em Bretton Woods, ele teve uma influência muito grande porque o Brasil se tornara um país importante durante a Segunda Guerra. Fora o único país latino-americano a enviar tropas à Europa e era um grande fornecedor para o esforço de guerra. Apenas quarenta e quatro países participavam de Bretton Woods, e dentre eles o Brasil tinha uma posição de muito destaque. O presidente da delegação brasileira era o ministro da Fazenda Souza Costa, absolutamente monoglota. Não falava nada além do português um pouco espanholado da fronteira gaúcha. Gudin tornou-se realmente o grande interlocutor brasileiro, entendendo-se com Lord Keynes e com o secretário-geral Edward Bernstein, do Tesouro norte-americano, que eram as figuras principais da conferência. É curioso que a galáxia de talentos concentrada em Bretton Woods revelou pouca capacidade profética. O grande receio era de que no pós-guerra re-

---

[1] Prebisch (1949), "Desenvolvimento econômico da América Latina e seus principais problemas".

caíssemos na deflação e na desvalorização competitiva de moedas, replicando-se o fenômeno dos anos 1930. Na realidade, o problema foi precisamente o oposto: inflação e contínua tendência de sobrevalorização de algumas moedas. Também se imaginava que a função principal do Banco Mundial seria inicialmente a reconstrução dos países devastados pela guerra, tarefa que teria prioridade absoluta. A isso objetavam os países da América Latina, que desejavam uma divisão mais ou menos equitativa dos recursos entre reconstrução e desenvolvimento. Na realidade, o Banco Mundial acabou fazendo muito pouco pela reconstrução, porque a dimensão dos problemas era tal, e a urgência tamanha, que foi promulgado em 1947 o Plano Marshall. A responsabilidade da reconstrução europeia passou a ser, em grande parte, delegada a esse plano.

Quais os livros que o senhor considera clássicos?
Na literatura econômica brasileira, eu acho que o melhor livro é *Princípios de economia monetária*, do próprio Gudin [1943]. Do lado histórico, o trabalho do Celso Furtado, *Formação econômica do Brasil* [1959], é bastante importante, conquanto haja várias interpretações históricas equivocadas. Na literatura mundial, a *Teoria geral*, de Keynes [1936], foi um livro seminal, conquanto muita gente ache, e eu nisso concordo, que o *Treatise on Money* [1930], escrito muito antes, é provavelmente mais duradouro que a *Teoria geral*. Na realidade, o período de domínio do pensamento econômico pelas teses keynesianas foi relativamente curto, da Segunda Guerra Mundial até os anos 1970. Mais condizente com a tradição neoclássica, o *Tratado sobre a moeda* teve maior sobrevivência. Seria difícil dizer qual terá sido o livro mais importante no meu período formativo, mas certamente o *Business Cycles* [1939], de Schumpeter, e o *Prosperity and Depression* [1937], de Haberler, foram obras seminais que me impressionaram fortemente.

Metodologia

Qual, na sua opinião, é o papel do método na pesquisa econômica? Como o senhor vê a aproximação metodológica através da história como fizeram, por exemplo, Delfim Netto em sua tese[2] e Celso Furtado em vários livros?

---

[2] Delfim Netto (1959), *O problema do café no Brasil*.

A importância do enfoque histórico tem variado no curso do tempo. Os institucionalistas alemães enfatizaram instituições e sua história. Já a tradição clássica inglesa é mais analítica, lida com magnitudes — muito mais do que com instituições. Recentemente está havendo uma ressurreição do interesse histórico-metodológico. Uma indicação disso foi o prêmio Nobel dado ao professor Douglass North, que coloca ênfase sobre a evolução das instituições. A escola austríaca difere bastante da escola institucionalista, porque não acentua a história de economias individuais, mas se debruça muito sobre o estudo das instituições "espontâneas", como o mercado. A tradição institucionalista alemã e a tradição austríaca se contrapõem aos economistas clássicos, anglo-saxões, que deram relativamente pouca importância à análise institucional, com exceção de Adam Smith, que se preocupou com instituições e com valores éticos. Seu primeiro livro, aliás, foi intitulado a *Teoria dos sentimentos morais* [1759].

A questão metodológica está no cerne do debate de Max Weber com os economistas da época. Max Weber centrava seu interesse nos fenômenos sociológicos, mas acabou perdendo terreno para os economistas, que enfatizavam a predominância das leis econômicas. Mas isso é um fenômeno cíclico. Agora, estou cada vez mais convencido de que Douglass North tem razão: já existe, por assim dizer, uma tecnologia de desenvolvimento, mas sua eficácia depende fundamentalmente do clima institucional.

E qual o papel da Matemática e da Econometria na pesquisa econômica?
Eu acho bastante limitado. Apenas dá maior precisão de raciocínio, mas à custa de uma extraordinária simplificação das hipóteses. Gostaria de relembrar um incidente pitoresco. Quando embaixador em Londres, fui convidado para um seminário em Cambridge em que pontificavam os econometristas. Formulei então uma piada algo irritante para a audiência, mas que reflete minha convicção: "A Econometria é a arte de matematizar os erros da gente, exceto em Cambridge, onde se matematizam os preconceitos" (risos). Vejo com inquietação o atual furor matematizante dos economistas. Isso leva invariavelmente a terríveis simplificações. Simpatizo muito mais com a visão austríaca, menos matematizada, que dá muito mais importância às motivações da ação humana que a fórmulas abstratas.

A aplicação da Matemática em Economia avançou muito, não há dúvida, mas hoje em dia o senhor não acha que está havendo um refluxo dessa tendência, quer dizer, uma volta ao que se chamava, no passado, de Economia Política?

Acho que sim, conquanto haja recaídas. Uma universidade norte-americana, hoje talvez a maior detentora de prêmios Nobel, que é a de Chicago, não era particularmente matematizada na época de Milton Friedman, e agora está fascinada pela numerotagem. Houve, por assim dizer, um retrocesso. Mas, de um modo geral, eu acho que o ensino da Economia está sendo repensado. Primeiro, cresceu muito a influência da escola austríaca; segundo, existe maior preocupação com a formação humanista; terceiro, surgiram teorias como a da "escolha pública", que dão muita importância a fatores político-institucionais e à segurança jurídica da propriedade privada como elementos fundamentais, que devem ser inspecionados cuidadosamente. Na análise clássica convencional, examinam-se consequências de se ter um mercado baseado no princípio da propriedade, porém não se analisa institucionalmente o que é a propriedade, qual o seu alcance, como se originou, e como a atitude em relação à propriedade modifica o cálculo econômico. Hoje se sabe, por exemplo, que o fracasso do socialismo deriva menos da falta de sinalização pelo mecanismo de preços do que da crise de motivação criada pela abolição da propriedade privada. A primeira propriedade privada é a do corpo humano, cujo corolário é o exercício do direito de uso do fruto das faculdades individuais. Aí temos uma diferenciação fundamental entre a mecânica capitalista e a mecânica socialista. O princípio axiológico do capitalismo é que o homem é dono de seu corpo e do produto de suas faculdades e só pode ser privado do produto dessas faculdades por consenso, contrato, ou pela aceitação de tributos sujeitos ao crivo da representação democrática. Já o socialismo parte do princípio de que o homem é proprietário de seu corpo, mas não é proprietário do uso de suas faculdades. Esse produto pode — e deve — ser redistribuído segundo determinados critérios ideológicos e políticos para alcançar algo definido como "justiça social".

Ou seja, o fundamento ético do marxismo: "De cada um de acordo com sua capacidade e a cada um de acordo com sua necessidade"?
Sim, mas isso significa um divórcio entre as faculdades e o domínio dessas faculdades. As faculdades são exercidas pelo indivíduo, mas seu produto pode ser arbitrariamente redistribuído por outrem, segundo visões ideológicas. O resultado é que não se otimiza o esforço produtivo. Toda a tragédia do socialismo é, no fundo, a subotimização do esforço produtivo.

O senhor tem acompanhado o desenvolvimento da literatura sobre os caçadores de renda, a teoria do rent-seeking?
Sim, James Buchanan, Gordon Tullock...

Como o senhor vê a aplicação desse instrumental para a economia brasileira?

Fundamental, porque o regime brasileiro, que alguns dizem capitalista, é pré-capitalista. Ainda estamos na fase do mercantilismo patrimonial. Reservas de mercado não são outra coisa senão isso. Vários monopólios estatais abrem infinitas possibilidades de *rent-seeking*. Trata-se de um problema crucial para nós, e sua discussão é atualíssima. No Brasil, hoje, confunde-se duas coisas bastante diferentes: governo e Estado. O Estado é uma entidade abstrata, à qual se atribuem qualidades beneficentes. A questão é que o Estado é mera abstração; o que existe é o governo, e o governo é composto de funcionários. Esses funcionários operam segundo seu próprio conceito de lucro, que não é necessariamente o lucro monetário, mas se expressa em termos de promoção pessoal, segurança de emprego e poder burocrático. Eu costumo dizer que o estatismo brasileiro provém da confusão que se faz entre a figura do funcionário e a figura do missionário. O funcionário não é um missionário; frequentemente, é um corsário. Essa confusão de sufixos é fatal. Por isso a teoria da escolha pública é absolutamente fundamental. Contribui também para demonstrar outro aspecto importante: o mercado é uma instituição sumamente democrática. O mercado não é mais do que a aplicação diária do voto à vida econômica. Da mesma maneira que a democracia política é o exercício do voto periódico, o mercado é o exercício do voto constante. Por isso é que capitalismo e democracia combinam bem.

Para o senhor, o mercado é um conceito objetivo?

Sim, é extremamente objetivo, é um grande mecanismo de sinalização e coordenação. Absolutamente insubstituível, tão insubstituível e tão misterioso como a língua ou a religião. Quem criou a língua? Quem criou a religião? Quem criou o mercado? São instituições evolutivas que nasceram espontaneamente do consciente coletivo. Um dos nossos graves problemas é ficar sempre falando nas "falhas" do mercado. O que, por contraposição, implicaria aceitação da "correção" dessas falhas por burocratas iluminados. Na realidade, as falhas burocráticas são mais graves que as falhas do mercado, porque estas são minidesvios corrigíveis, enquanto as falhas da burocracia são macrodecisões de difícil correção.

Desenvolvimento econômico

Qual sua concepção de desenvolvimento econômico? E como estão associados crescimento do PIB per capita e melhoria do bem-estar social?

Eu distinguiria crescimento de desenvolvimento. Crescimento é conceito quantitativo, cuja melhor medida é a elevação do PIB *per capita*. Hoje há algumas qualificações, como o índice de desenvolvimento humano (IDH), que leva em consideração fatores sociais, e a contabilidade ecológica, que pode ser um fator redutor do PIB na medida em que leva em consideração depredações e agressões ecológicas. Melhoramentos ecológicos naturalmente exerceriam ação positiva. Já o conceito de desenvolvimento implica transformações mais amplas, de natureza institucional, cultural e social. Aí já se incluiriam conceitos como sustentabilidade, estabilidade, viabilidade ecológica, distribuição de renda etc.

Alguns modelos de crescimento defendem a ideia de que haveria uma convergência de performance econômica entre os países, ou seja, que todos os países caminhariam para um determinado nível de bem-estar homogêneo. O senhor concorda com essa ideia?

Acho que a ideia de progressismo linear é insustentável. Gunnar Myrdal falava, ao contrário, na causação circular da pobreza.[3] Linearidade certamente não existe. Na América Latina houve avanços e retrocessos. A Argentina, por exemplo, chegou a ser um país que, nos anos 1920 e começo dos 1930, era considerado desenvolvido. Tinha talvez a sétima renda por habitante do planeta. Depois descambou, na fase peronista, para o subdesenvolvimento e agora está penosamente emergindo de novo. O Peru já chegou a ser um país de renda média, não só no contexto latino-americano como no contexto mundial. Hoje é de baixíssima renda, desmentindo o progressismo e a linearidade. Vários países africanos, como Uganda e talvez Nigéria, tinham índices melhores durante o período colonial do que agora após a independência. Tanto que a própria marxista Joan Robinson, apesar de inglesa, aceitava mansamente as acusações marxistas ao imperialismo de seus patrícios. Mas quando voltou de uma viagem à África, algum tempo depois da descolonização, emitiu o famoso julgamento: "só há uma coisa pior do que ser explorado pelo imperialismo: é não ser por ele explorado". O que está acontecendo nos

---

[3] Myrdal (1957), *Economic Theory and Under-Developed Regions*.

países ex-comunistas é também um desmentido à linearidade do progresso. Vários desses países regrediram. A antiga Tchecoslováquia era uma economia industrial avançada, de alto padrão de vida antes da guerra. Decaiu enormemente e agora a República Tcheca está se reabilitando, após um período de efetivo empobrecimento, absoluto e relativo. O progressismo linear é portanto uma utopia.

Luiz Carlos Bresser-Pereira [na entrevista a nós concedida] faz referência a uma divergência sua com o livro dele de 1968, Desenvolvimento e crise no Brasil. *Basicamente, qual era?*

Ele fazia uma análise muito preconceituosa do que havia acontecido entre 1964 e 1967. Primeiro, era extremamente cético sobre a perseguição da estabilidade como um objetivo dominante. Advogava a teoria do combate "condicional" à inflação, quer dizer, "deve-se combater a inflação desde que não se prejudique o crescimento, que não se crie desemprego, que não piore a distribuição de renda". Eu defendia a tese de que a estabilidade é um fim em si mesmo, um valor condicionante e não condicionado. Porque sem um razoável grau de estabilidade monetária, nenhum dos outros objetivos, por mais nobres que fossem, poderiam ser atingidos. Seria inútil buscar melhorias na distribuição de renda sem estabilidade, e não era factível o desenvolvimento sustentado num ambiente inflacionário. Ele achava que isso era um conselho cruel, que levaria ao desemprego e à estagnação. Para a visão de esquerda naquela época, a estabilidade era apenas um dos valores, mas não o valor condicionante.

Considero uma das minhas poucas vitórias ter persuadido o presidente Castello Branco de que um objetivo "fundamental" era conseguir-se a estabilidade de preços, ainda que se anunciasse também, simultaneamente, objetivos outros, como a correção dos desequilíbrios regionais, a melhoria da distribuição de renda, saneamento do balança de pagamentos etc. Acho que só agora, três decênios depois, é que Fernando Henrique e o seu grupo no poder, aderiram ao refrão de que "sem estabilidade não se consegue nada; a distribuição de renda tem de ser melhorada, mas o primeiro capítulo desse esforço de renda é a estabilidade de preços". Isso é minha convicção antiga. O Bresser achava também, se me lembro bem, que o programa do PAEG era uma abjeta submissão ao Fundo Monetário Internacional e não apenas um impostergável exercício de racionalidade.

Outro aspecto da controvérsia com o Bresser era uma suposta crueldade do PAEG para com os trabalhadores, os quais, segundo ele, estariam pagando o preço do ajuste recessivo do tempo do governo Castello Branco. Essa tese foi desenvolvida pelo economista norte-americano Albert Fishlow.[4] "O custo insuportável do ajuste" tornou-se uma tese das esquerdas. Mal sabia ele que outros ajustes "heterodoxos" que viriam posteriormente teriam custos muito maiores e dolorosos. E eu fiquei zangado com o Fishlow porque ele fazia parte da missão Howard Ellis, da Universidade de Berkeley, que fora contratada para me dar assistência técnica no Ministério do Planejamento. Em vez de formular recomendações corretivas e discuti-las comigo naquela época, ele fez suas críticas acadêmicas anos depois. Elas alimentaram a literatura corrente das esquerdas, que passaram a falar no "arrocho salarial" e na "injustiça distributiva". Chegou mesmo à afirmação absurda de que havia uma deliberada intenção do governo Castello Branco de aniquilar os sindicatos para diminuir a participação operária no bolo de renda.

Na verdade, o que tinha havido era uma mudança de enfoque. Nós passamos a acreditar que a distribuição direta por via salarial era um pouco suicida, porque gerava pressões inflacionárias e os aumentos de salários eram logo corroídos pela inflação. Buscamos então mudar a psicologia operária, induzindo os trabalhadores a diversificarem suas reivindicações, tratando de negociar em termos de acesso à habitação, acesso à educação, acesso à terra, sem pensar exclusivamente no salário monetário. Era aquilo que chamávamos de "distribuição indireta". Não havia obviamente nenhuma intenção de destruir os sindicatos. Havia, sim, a intenção de despolitizá-los, pois vínhamos da fase João Goulart, em que determinados sindicatos eram escolhidos como "parceiros políticos". Eram os sindicatos que tinham capacidade de paralisia da atividade econômica: eletricitários, ferroviários e portuários. Estes tinham reajustes salariais negociados politicamente, e se transformaram em linha política auxiliar do governo Goulart. Queríamos então uma fórmula que eliminasse ou reduzisse tal politização dos sindicatos. Essa a origem da fórmula matemática de cálculo dos reajustes, sugerida pelo Mário Simonsen: reajuste pela média do salário real dos 24 meses, mais um coeficiente de produtividade, mais metade da inflação programada.

Reduziu-se então realmente, temporariamente, a capacidade "negocial" dos sindicatos, pela aplicação dessa fórmula. Mas isso visava a eliminar a espúria "aristocracia do proletariado", extremamente politizada, que se havia criado antes. E para compensar a relativa estagnação do salário real monetário, criaram-se várias modalidades de salário indireto, como os financia-

---

[4] Fishlow (1972), "Origens e consequências da substituição de importações no Brasil".

mentos do BNH e um programa de bolsas de estudos gerido pelos próprios sindicatos. No setor rural, formulou-se o Estatuto da Terra. Mas essa mudança de enfoque foi mal interpretada. Curiosamente, o Bresser, que na época nos acusava muito de relativa insensibilidade social, quando ministro da Fazenda, ao criar a URP (que até hoje está dando motivos a demandas judiciais), passou a praticar uma defasagem trimestral dos salários, em época de aguda inflação. De acusador passou ele a acusado.

Qual o conceito de desenvolvimento que estava por trás do PAEG?
Havia naquela ocasião uma confiança ainda um pouco lírica na capacidade direcional do governo de, através do planejamento governamental, impulsionar a economia desde que se tivessem criado precondições de factibilidade. Essas condições seriam uma módica estabilidade de preços e saneamento internacional para poder atrair capitais estrangeiros. Mas a ideia ainda era de que o governo, de alguma maneira, era ainda um grande "descobridor de oportunidades". Eu falava muito na "capacidade telescópica" do governo, o qual, através dos impostos, podia criar uma bacia de acumulação de recursos, o que não acontece com o capital privado. Em segundo lugar, o governo poderia planejar a longo prazo, enquanto o capital privado precisa pensar na sobrevivência no curto prazo.

Era uma visão um pouco ingênua. Hoje eu diria o contrário. O governo é que não tem capacidade de planejar a longo prazo porque sofre de pressões políticas e da doença da descontinuidade. É o capital privado que hoje pensa mais no longo prazo. Também o grande descobridor de oportunidades não é o governo e sim o empresário privado. Imaginar que um tecnocrata tem uma visão melhor que a do empresário no mercado sobre qual o desejável encadeamento da cadeia produtiva é, a meu ver, uma enorme ingenuidade. Mas essa ingenuidade eu cometi. Foi uma doença, uma espécie de gonorreia juvenil.

Hoje acredito muito mais nas doutrinas da escola austríaca. O "descobridor de oportunidades" é o empresário privado. O que o governo tem que fazer é criar um ambiente institucional favorável à iniciativa privada e intervir para preservar a concorrência, não para asfixiá-la.

Curiosamente, o programa que foi desenvolvido aqui em 1964-1967 era surpreendentemente semelhante aos programas asiáticos. Visitei a Ásia ao sair da Embaixada em Washington em 1964, antes de ser ministro do Planejamento, e ouvi falar das reformas que estavam se fazendo, no sentido de estabilização monetária e liberalização comercial ao mesmo tempo. Mas eram ideias ainda em gestação. As reformas estavam apenas começando. E o fato de termos adotado substancialmente o mesmo modelo aqui foi mais uma coincidência do que imitação. Quais são as coincidências do modelo? Primeiro, a prática da austeridade monetária e fiscal, acentuando-se a prioridade da estabilização monetária. Segundo, a orientação exportadora. Terceiro, a abertura para investimentos estrangeiros. E, quarto, a moderação do protecionismo comercial, feita através de nossa minirreforma aduaneira em 1967.

A resposta da economia brasileira a esse tipo de programação de reformas institucionais foi surpreendentemente rápida. O milagre brasileiro ocorreu no fim da década de 1960. O milagre asiático só viria no fim da década de 1980 — exceto no caso do Japão, cuja "virada" começara em 1960, através do Plano Ikeda de duplicação da renda nacional.

Começamos a perder terreno em três coisas. Dois dos países asiáticos que tinham extensão territorial considerável, Taiwan e Coreia, fizeram a reforma agrária, e isso evitou um desbalanceamento do poder político em favor das cidades e em desfavor da agricultura. No nosso caso, a agricultura foi prejudicada pela supremacia do consumidor urbano. Não se criou um bloco de renda rural suficientemente ativo. Trata-se porém de um erro de implementação e não de concepção, porque em 1964 foi passado o Estatuto da Terra, que visava exatamente a corrigir essa deficiência.

Um segundo fator de diferenciação foi a ênfase asiática sobre educação básica. O Brasil continuou com um sistema de educação elitista, com grande parte do dispêndio público voltada para o ensino universitário. Também isso foi mais um desvio de implementação do que um erro de concepção. Tinha-se criado o salário-educação, destinado exclusivamente à educação básica. E na Constituição de 1967 houve o famoso artigo 138, que estabelecia o princípio de educação gratuita, dos sete aos catorze anos, sendo pagos os estágios ulteriores. No ensino secundário, dar-se-iam bolsas não reembolsáveis aos estudantes pobres e no ensino universitário, bolsas reembolsáveis, ou seja, a educação terciária seria paga pelos ricos e financiada para os pobres. Isto está na Constituição de 1967, mas ficou na dependência de lei complementar, que nunca foi votada. Em 1968, assumiu o poder o marechal Costa e Silva, que não tinha a mesma percepção dos problemas. E houve a grande rebelião estudantil mundial, cujo episódio central foi a revolta dos estudantes em Paris, em maio de 1968. E os estudantes universitários, fermento mundial da rebeldia, passaram também no Brasil a centralizar a atenção do governo militar. Era difícil punir estudantes. Eles se tornaram assim um setor privilegiado na oposição aos governos militares, que ficaram intimidados. Ao invés de estabelecerem restrições à gratuidade universitária, pelo contrário, abriram vagas para "excedentes", passando o governo a adular os universitários. Então se perdeu o sentido de urgência e prioridade para a educação básica.

O terceiro elemento componente do sucesso asiático, no qual nós fracassamos completamente, foi o planejamento familiar. Entre 1970 e 1990, nossa população urbana cresceu em cem milhões de pessoas, uma brutal taxa de crescimento que só começou a se desacelerar nos últimos quinze anos (felizmente agora essa redução está sendo relativamente rápida). O que é pior é que essa população adicional se concentrou toda nas cidades, gerando o fenômeno das megalópoles costeiras.

Isso explicaria a nossa defasagem em relação aos asiáticos?

Não foi somente isso. O determinante decisivo foram circunstâncias que vieram a ocorrer nas décadas de 70 e 80. Na década de 1970, havia quatro fórmulas de adaptação à crise de balança de pagamentos, oriunda do choque do petróleo: expansão de exportações; aperto interno de cinto, quer dizer, restrições temporárias do crescimento; endividamento; e substituição de importações. O Brasil optou pelas duas últimas: substituição acelerada de importações e endividamento interno e externo. Os asiáticos optaram pelas duas primeiras: ênfase sobre exportações e aperto de cinto. Em resultado, fizeram uma adaptação muito melhor à crise do petróleo do que nós. Mas o grande divórcio de tendências viria na década de 1980, sobretudo após a redemocratização.

O primeiro grande erro foi a lei sobre a política de informática, sancionada seis meses antes do fim do governo militar, em outubro de 1984, exatamente no ano em que o computador pessoal se tornou um artigo de consumo de massa. A passagem dessa lei que convalidou a reserva de mercado foi um total desastre, uma renúncia à corrida tecnológica. Nós, que éramos muito superiores à Coreia, sendo até mesmo exportadores de componentes de informática, hoje somos inferiores à Malásia, Tailândia e Cingapura em produção de microeletrônica. Veio depois o Plano Cruzado, quando destruímos a estrutura de preços. Depois a moratória unilateral, que arruinou nosso crédito internacional. Depois a Constituição de 1988 e, finalmente, o Plano Collor, que repetiu os erros do Plano Cruzado, como o congelamento de preços, e agregou-lhe mais um erro: o confisco da poupança privada. Erros sucessivos, tenazmente praticados, explicam por que o Brasil, que participara da primeira onda mundial de crescimento no pós-guerra, no fim dos anos 1950 — após a formação do Mercado Comum Europeu —, e também da segunda onda, no fim dos anos 1960 até a crise do petróleo, ficou inteiramente à margem da terceira onda de crescimento, na década de 1980. Esta, para nós, foi uma década perdida.

O PAEG E SUA "DEGENERAÇÃO"

Qual foi a reação do FMI ao programa de estabilização contido no PAEG?

O Fundo Monetário Internacional não aceitava o gradualismo. Sugeria um tratamento de choque. Nós argumentávamos que o tratamento de choque era impraticável e que os modelos europeus de cura súbita da hiperinflação não eram aplicáveis ao caso brasileiro, porque as hiperinflações europeias eram mais ou menos como tumores, que se poderia lancetar, ao passo que em nosso caso se tratava de uma septicemia, cuja cura teria que ser necessariamente mais lenta. Isto porque o longo hábito de inflação tinha alterado fundamentalmente a estrutura patrimonial das empresas. As empresas fugiam desesperadamente do capital de giro sob forma monetária e procuravam imobilizações. O capital de risco se derretia com a inflação. Nesse contexto, um programa de contração monetária súbita levaria a uma falência generalizada porque a estrutura patrimonial estava deformada. Coisa diferente do caso europeu, em que a inflação tinha sido episódica.

O Fundo Monetário objetava à instituição da correção monetária. Nós achávamos que, precisamente porque não era possível extinguir rapidamente a inflação, tínhamos de criar mecanismos temporários de encorajamento à poupança e de formação de um mercado "voluntário" de títulos públicos. Esse o objetivo, provisório e limitado, da correção monetária. Na correção monetária, tal como concebida inicialmente, havia um prazo de carência para os saques. Ela era portanto um estímulo à poupança, uma viabilização de contratos a longo prazo, mas não servia de "quase moeda". A correção monetária só se tornou "quase moeda" a partir de 1980, quando foi gradualmente reduzido o prazo de carência, até aplicar-se a correção monetária no *overnight*, dando-se-lhe uma liquidez imediata, coisa não contemplada na ideia original. E o governo agora tem toda a razão em querer se livrar da correção monetária, dadas as perversões a que o instrumento foi submetido no curso do tempo. De qualquer maneira foi concebido como um artifício temporário, enquanto não se fazia uma grande reforma fiscal (que afinal foi feita em 1966-1967), enquanto não se saneava o setor público e não se restaurava o instinto de poupança.

Maria da Conceição Tavares, em Da substituição de importações ao capitalismo financeiro *[1972], afirma que "a reforma Campos/Bulhões aplicou não poucas das receitas heterodoxas recomendadas por Rangel em seu livro* A inflação brasileira *[1963], em relação a financiamento público, mercado de capitais" e até mesmo a questão da indexação. Até que ponto procede essa afirmação?*

Não houve influência intelectual maior do Rangel, que eu me lembre. O programa foi concebido por Bulhões, pelo Simonsen, que era assessor, e por mim, e se procurássemos inspiração, o inspirador seria Gudin e não Ignácio Rangel.

O senhor travou contato com o Rangel?

Sim. Ele foi admitido no BNDE no meu tempo de superintendente. Eu promovi um concurso em 1956. Enfrentei dificuldades, pois quatro dos técnicos aprovados eram militantes de esquerda e não tinham o "certificado de ideologia" do Conselho Nacional de Segurança. Eram o Ignácio Rangel, o Juvenal Osório, o João Lira e o Saturnino Braga. Mas eu resolvi nomeá-los assim mesmo, alegando não poder afastar-me da ordem de classificação dos concursados. Rangel passou anos depois a defender a privatização de empresas estatais de infraestrutura — o que na época constituía uma heresia para as esquerdas —, com um argumento interessante: o único meio de se obterem financiamentos privados, desonerando o governo, seria que as empresas de serviço público dessem garantias reais, hipotecando seu patrimônio físico. Enquanto essas empresas ficassem sob gestão e propriedade governamental, seu patrimônio físico seria impenhorável. De modo que o único jeito de viabilizar garantias satisfatórias para a comunidade financeira internacional seria privatizá-las, tese que hoje faz parte de quase todos os programas de modernização. Obviamente, outras justificativas existem para o movimento de privatização: escassez de recursos governamentais, a necessidade de maior eficiência, a necessidade de o governo se concentrar nas funções clássicas e insubstituíveis do Estado. Mas a tese do Rangel continua válida.

Como já disse, a nomeação daqueles quatro técnicos sofreu impugnações. Na fase ditatorial de Vargas havia sido criado o "certificado de ideologia", para evitar a infiltração comunista na burocracia. Graças à inércia burocrática, essa exigência nunca fora formalmente abolida. Foi por isso que recebi da Secretaria do Conselho de Segurança Nacional uma notificação sobre a "suspeição" ideológica dos quatro. Eu tomei a posição de que nenhuma restrição dessa espécie havia constado do edital de convocação. Eles haviam sido aprovados de acordo com as condições explicitadas no edital das provas, adquirindo assim direito legítimo à nomeação.

Um aspecto relevante do PAEG foi as instituições criadas, especialmente as ligadas ao sistema financeiro, que era muito incipiente. Gostaríamos que o senhor comentasse a criação dessas instituições.

Sem dúvida não se pode julgar o governo Castello Branco apenas em termos de resultados estatísticos da luta contra a inflação, porque foi um governo que se dedicou a grandes reformas institucionais. Na realidade, a ossatura institucional do Brasil moderno foi em grande parte concebida naquela época. Entre os episódios importantes, figurou a criação do Banco Central, em 1964, e a legislação sobre o mercado de capitais, em 1965, com a diferenciação de funções entre bancos comerciais, bancos de investimento, sociedades de crédito e financiamento e sociedades de crédito imobiliário, além de corretoras que já existiam. Arquitetou-se assim um mercado de capitais. Um terceiro elemento importante foi a criação do FGTS, em substituição à estabilidade de emprego. Imaginem o que teria sido do desenvolvimento capitalista do Brasil se permanecesse a garantia da estabilidade de emprego. Naquele tempo quase não se compravam ou vendiam empresas, porque o passivo trabalhista era absurdamente intimidante. Os empresários, ao invés de absorverem uma instalação deficitária mas já existente, que com melhorias gerenciais e algum equipamento poderiam ser vitalizadas, prefeririam construir uma fábrica ao lado, para não se onerarem com o passivo trabalhista. Ao mesmo tempo, requerer eficiência funcional de trabalhadores protegidos pelo instituto da estabilidade era algo quase impossível. A criação do FGTS, desafiando um tabu da era getulista, o tabu da estabilidade, foi algo de consequências muito relevantes para o surto industrial brasileiro.

Mais importante talvez que tudo isso foi a reformulação do sistema fiscal, com o Código Tributário de 1966, depois incorporado à Constituição de 1967. O Código Tributário sofreu várias mutilações no curso do tempo, mas ainda é, até hoje, um documento meritório. Foi considerável a modernização do sistema fiscal, que passou a assentar-se num grande tripé: o Imposto de Renda, o IPI, que era o imposto sobre produção, e o ICM, o imposto sobre circulação de mercadorias. Na Constituição de 1988, o ICM se transformou em ICMS, passando a abranger alguns serviços. A transformação principal da reforma de 1966 foi a criação do ICM, que se transformou num imposto sobre o valor agregado, substituindo o antigo imposto de vendas e consignações, que era um imposto cumulativo em cascata. O interessante é que o imposto sobre o valor agregado foi criado no Brasil bem antes de se tornar norma na Comunidade Econômica Europeia. Foi realmente um grande esforço modernizante.

Também se substituiu o chamado "imposto da lambida", o imposto do selo, pelo IOF [Imposto sobre Operações Financeiras], que foi concebido não como um imposto ordinário, mas sim como um fundo de reserva monetária do Banco Central. O imposto de exportação foi federalizado, para ser usado somente quando necessário à criação de fundos de estabilização. A ideia é que o café e o açúcar, por exemplo, nos períodos de alta internacional, pagariam um tributo, que construiria um fundo para subvencionar esses mesmos produtos, na fase de baixa. Era o esquema clássico dos fundos de estabilização de produtos primários. Houve ainda incentivos a aplicações em Bolsa, através do famoso decreto-lei 157.

Como se deu a degeneração desse sistema?

O código de mineração, por exemplo, foi atualizado em 1967 e permaneceu como instrumento de estímulo à produção mineral, a qual avançou aceleradamente durante quase dois decênios. A modernização da política mineral, resultante do código, provocou aumento de investimentos até 1988, quando a nova Constituição adotou novamente praxes restritivas do capital estrangeiro. No curso do tempo, o sistema fiscal sofreu várias deturpações. Uma delas foi no governo Médici, a criação do PIS/PASEP, pecado menor, mas de qualquer maneira representou um retrocesso por se tratar de tributo cumulativo e regressivo. Já no governo Figueiredo, houve uma distorção muito maior, que foi a criação do FINSOCIAL, um imposto bem mais pesado e também cumulativo. As grandes deformações, entretanto, viriam com a Constituição de 1988, que, do ponto de vista fiscal, foi um desastre completo. Isso porque criou três sistemas paralelos: o sistema tributário propriamente dito, elencando os impostos clássicos; o sistema tributário previdenciário, com três fatos geradores: folha de pagamento, faturamento e contribuição sobre o lucro líquido da empresa (caso típico de bitributação); e um terceiro sistema paralelo, constituído pelo imposto sindical obrigatório e a contribuição por categoria, votada em assembleia geral. Passamos a ter então três sistemas fiscais superpostos.

Foram criados alguns impostos disfuncionais, como o imposto sobre grandes fortunas, que nunca foi regulamentado. Trata-se de uma total imbecilidade, que seria saudada com enorme exaltação no Uruguai, ou no Caribe, ou em Miami, para onde se dirigiriam as grandes fortunas. Outro foi o imposto de renda estadual, que também provocou um grande número de controvérsias, sem nunca gerar receita apreciável. Criou-se o IVV, imposto sobre vendas a varejo de combustível. E, a par disso, o governo federal ficou privado de um importante instrumento, que era o imposto único sobre combustíveis, muito bem concebido, partilhado entre a União, estados e municípios.

Segundo a Constituição de 1967, 60% eram reservados para o governo federal, que destinava esses recursos ao Fundo Rodoviário (essa percentagem foi reduzida para 40% através de emenda constitucional de 1983). O restante era distribuído a estados e municípios para a construção de rodovias. Tratava-se de um imposto vinculado, com destinação específica.

Na Constituição de 1988, esse imposto foi extinto e a capacidade tributária sobre combustíveis foi entregue aos estados, que imediatamente elevaram a alíquota de 12% para 25%. Como o imposto ficou desvinculado, os recursos não foram destinados unicamente à pavimentação de estradas, mas passaram a fazer parte do bolo geral de receitas tributárias dos estados, servindo para financiar o inchaço do funcionalismo. O governo federal continuou com a responsabilidade de construção de rodovias tronco, sem os recursos para tanto. Com o imposto sobre a eletricidade se deu a mesma coisa: o imposto passou para os estados, permanecendo com o governo federal, empobrecido, a responsabilidade da construção de grandes centrais elétricas. O imposto sobre minérios também passou para estados e municípios, que imediatamente se puseram a tributar minérios desordenadamente. Trata-se em grande parte de produtos de exportação, que enfrentam severa competição no mercado mundial. Em suma, ao extinguir os impostos únicos, a Constituição de 1988 criou um caos fiscal. E condenou o governo central a um déficit estrutural.

O que se nota que opera no Brasil implacavelmente é a lei da "entropia burocrática": as instituições se degeneram no curso do tempo. Uma das criações importantes daquela época foi o BNH, que operou até 1986. Desviou-se de suas finalidades, sofreu certos inchaços políticos, mas não era o caso de extingui-lo e sim de saneá-lo. Suas atividades acabaram transferidas para a Caixa Econômica Federal, que não tinha a cultura da habitação popular, já desenvolvida pelo BNH, e muito menos a cultura da infraestrutura urbana. Todo um cabedal de experiência em habitação popular e infraestrutura urbana foi perdido com a extinção do BNH e sua substituição pela Caixa Econômica Federal. Sem nenhuma economia de gastos, aliás, porque todo o funcionalismo do BNH foi absorvido pela Caixa. Como os salários do BNH eram superiores aos da Caixa, houve até uma elevação das despesas salariais, subtraindo-se recursos que poderiam ser destinados à habitação popular. Outro instituto que foi pervertido no curso do tempo foi o FGTS, que, sendo administrado também pela Caixa Econômica Federal, foi empregado em grande parte para financiamentos a estados e municípios insolventes, o que transformou um patrimônio legítimo dos trabalhadores em aplicações a fundo perdido. Grosseira injustiça!

Algumas conquistas permaneceram: o mercado de capitais se desenvolveu e sofisticou. Mas, de um modo geral, a lei de entropia burocrática funcionou com excepcional crueldade no caso brasileiro.

O ajuste de 1981-1983 foi eficiente para resolver o problema da balança de pagamentos, mas não teve sucesso no combate à inflação. Foi neste momento que começaram a surgir, com muita força, teorias que partiam de uma ideia antiga de [Mário Henrique] Simonsen, que é a teoria da inflação inercial. O senhor acha que o problema do combate à inflação era o diagnóstico? E, ainda, por que fracassaram tantos planos de estabilização? Existe algum elo comum?

O elo comum que existe entre os diferentes planos é que nenhum deles pode ser descrito como realmente ortodoxo. Fala-se na ortodoxia do Simonsen ou do Delfim, mas nenhum deles perfilhou qualquer ortodoxia monetarista. Para começo de conversa, ambos admitiam controles de preços e de câmbio, violando portanto dois dos princípios fundamentais da ortodoxia monetária. Em 1981-1983 houve dois estágios. No primeiro estágio, Delfim cometeu o maior pecado possível contra a ortodoxia, que foi o de congelar a correção monetária e a taxa de câmbio, disso resultando uma enorme crise de balança de pagamentos. Não só o ajuste não debelou a inflação como não resolveu a crise de pagamentos externos. Não debelou a inflação porque essa foi a época de maior frouxidão na política salarial. Tinha-se votado o decreto-lei 2.065, admitindo-se reajustes de 110% para o salário-mínimo — com reajustes menores para os escalões superiores. Isso era totalmente irrealista. O mercado de salários se orientava tendo como referência o salário-mínimo, e se este é aumentado acima da inflação, em 110%, fica extremamente difícil achatar a pirâmide através de aumentos menores para os escalões superiores.

Em suma, nesse período a política salarial foi frouxa, a política fiscal relativamente estável e a política cambial, um desastre. Essa sua afirmação de que houve êxito em termos de balança de pagamentos só é válida a partir de 1983, quando se fez um acordo com o Fundo Monetário, combinando-se uma maxidesvalorização de 30% com um aperto fiscal. Mas não houve nenhum progresso na luta contra a inflação. Pelo contrário, a inflação subiu do patamar de 100% para 200%, principalmente por causa da política salarial. Desde então, as equipes econômicas aprenderam algo. A primeira coisa que fez a atual equipe de FHC no lançamento do Plano Real, em julho de 1994, foi a desindexação salarial.

No tocante à segunda gestão Delfim, de 1979 a 1985, houve uma guinada na política cambial, a partir de 1983, quando Affonso Pastore exercia a Presidência do BACEN. Restabeleceu-se o sistema de minidesvalorizações frequentes, que havia sido temporariamente congelado em 1980. O sistema de minidesvalorizações passou a refletir a inflação interna sem desconto da inflação internacional. Isso equivaleu a uma sobredesvalorização. E resultou em uma enorme melhoria da balança de pagamentos, porque houve ao mesmo tempo um esforço de contenção fiscal. Mas não resultou em queda de inflação: por quê? Porque a política salarial era expansiva e porque qualquer desvalorização tem em si embutida uma pressão inflacionária.

A QUESTÃO FISCAL

Quais as dificuldades de se implantar uma reforma fiscal em um país federalista com as dimensões do Brasil?

O sistema federal cria inevitáveis complexidades. Acho que a fórmula da reforma tributária de 1967 era uma fórmula boa. Foi acusada de ser excessivamente centralizadora de receitas. Mas, novamente, resultou centralizadora em sua aplicação, porém não o fora em sua concepção. Em realidade, buscava-se concentrar a coleta para reduzir custos burocráticos, mas havia subsequente distribuição das receitas entre os órgãos federados. Faz sentido centralizar a coleta, não só porque o governo federal tem maior capacidade de organização e é mais independente em relação aos fatos geradores, como porque há substanciais economias em uma coleta centralizada — desde, naturalmente, que não haja retenção de receitas pelo governo central.

Na prática, no entanto, essa retenção tornou-se rotineira, apesar das proibições e cominações contidas na própria Constituição. Outra prática habitual, em detrimento dos estados, foi que o imposto único sobre combustíveis, que era para eles uma importante fonte de receita, foi gradualmente dessorado no curso do tempo. Precisamente porque se tratava de imposto sujeito à partilha das receitas, o governo federal preferiu criar encargos adicionais sobre combustíveis, contrariando a própria nomenclatura do imposto, que perdeu sua característica legal de "imposto único". Passaram a incidir sobre combustíveis o FINSOCIAL, o PIS/PASEP, depois o FUP [Fundo de Uniformização de Preços], com o propósito principal de se reduzir a parcela atribuível aos estados, ou subvencionar artificialmente o custo dos transportes. Isso provocou naturalmente uma revolta fiscal dos estados, que passaram a acusar o sistema de excessivamente centralista, quando na realidade a execução é que tinha sido defeituosa.

Uma outra deformação foi o crescimento desordenado do IOF. O IOF nunca foi concebido como um imposto. Era uma reserva monetária do Banco Central, para que ele fizesse política monetária, atendendo outrossim a emergências bancárias. Era uma espécie de seguro bancário. Tributavam-se as operações não para fins orçamentários e sim para formar-se um fundo de reserva, para controle de liquidez e atendimento de emergências bancárias. Entretanto, o IOF passou a ser considerado receita normal do governo, com a vantagem de não haver obrigação de partilha com as subunidades federadas. Então, toda vez que havia uma escassez de receitas, a primeira coisa que ocorria às autoridades era aumentar o IOF, precisamente para reforço de caixa do governo central. Vê-se que o excessivo centralismo que se atribuía ao sistema era um defeito burocrático de implementação.

Como o senhor vê a competição entre os estados para diminuição do ICMS?

Sou pessimista, no longo prazo, quanto à validade última da guerra fiscal. Mas lhe sou favorável no curto prazo, porque a chamada guerra fiscal entre os estados denota uma coisa importante: uma mudança da "cultura da verba" para a "cultura do investimento".

Os estados estão percebendo que a flexibilidade de aumentar alíquotas é reduzida, em virtude da rebelião dos contribuintes, e que a melhoria da arrecadação depende sobretudo de investimentos reais. Dispõem-se, portanto, a sacrificar receitas teóricas e potenciais — a isenção para projetos novos não sacrifica a receita corrente — a fim de ativar a economia geral pelo aliciamento de investidores. Isso é perceptível sobretudo no Rio de Janeiro: a cultura brizolesca era de antagonismo a multinacionais como geradoras de perdas internacionais. Era, por assim dizer, a idolatria da verba pública. Brizola não fazia nenhum esforço para atrair investidores privados. Agora estamos ingressando, no Estado do Rio, na cultura do investimento: atropelaram-se municípios e o governo estadual para atrair uma fábrica da Volkswagen, oferecendo-lhe incentivos fiscais. Isso está sucedendo em vários outros estados. Acho que não se deveria deter já esse movimento. Daqui a mais algum tempo a *competição* no campo das isenções vai se provar frustrante. O ganho de um pode ser a perda de outro. Mas é extremamente importante essa mudança de cultura, e por isso vejo com muito mais tolerância a guerra fiscal do que os tributaristas do governo central.

Pontos controversos

O senhor foi pioneiro na crítica que se desenvolveu internamente à CEPAL, apresentando um artigo em Santiago[5] em fins de 1959. Quais seus principais pontos críticos?

A simples percepção de que o que se chamava de rigidez estrutural na América Latina não era uma moléstia congênita, mas uma rigidez provocada. Eu achava, por exemplo, que o baixo nível de resposta da produção agrícola aos preços não resultava de uma deformação da estrutura agrária, e sim do fato de serem os preços agrícolas controlados. Isso implicava uma alteração do balanço de poder em favor dos consumidores urbanos, que tinham poder político superior ao da agricultura. Sob o pretexto de evitar preços abusivos de alimentos, asfixiava-se a renda agrícola. E criava-se a falsa impressão de que a agricultura não responde adequadamente ao estímulo de preços, tornando-se necessários remédios estruturais. Na realidade, o problema não era a inelasticidade estrutural da produção agrícola, e sim a interferência da política de controle de preços. É o eterno problema do relativo poder político do fazendeiro *vis-à-vis* o do conglomerado urbano.

O segundo aspecto é que eu nunca acreditei na teoria da CEPAL de que há uma espécie de fatalismo nas relações de troca. Nunca aderi ao pessimismo exportador, daqueles que acreditavam que a exportação de produtos primários provocaria uma queda equivalente dos preços unitários, anulando-se o esforço exportador. Os economistas da CEPAL citavam estatísticas de todo tipo para documentar a inexorabilidade da queda de preços de produtos primários *vis-à-vis* dos industrializados, ou seja, a tendência secular de deterioração das relações de troca. Minhas dúvidas provinham do fato de que a comparação de preços é às vezes falaciosa. O café de 1912 é o mesmo de hoje, qualitativamente, enquanto o automóvel de 1912 não é o mesmo automóvel de 1990. Eu achava que o problema cambial da América Latina era muito menos uma questão de inelasticidade de exportações, ou de queda fatal de preços de produtos primários, do que de taxas cambiais erradas. Essas as duas teses que defendi.

A CEPAL tinha basicamente quatro postulados: primeiro, é melhor enfatizar a substituição de importações porque as exportações são inelásticas; segundo, a inflação é um problema estrutural, sendo contraproducentes os remédios puramente monetários; terceiro, o governo tem capacidade plane-

---

[5] Campos (1961), "Two Views of Inflation in Latin America".

jadora e confiabilidade no planejamento, ou seja, o dirigismo governamental é possível e saudável; quarto, o capital estrangeiro tem que ser encarado com suspicácia, porque além de trazer interferências políticas, resulta em encargos de remessa de dividendos etc. Eu defendia o ponto de vista precisamente oposto: o investimento direto é saudável pois submete o investidor às vicissitudes da economia nacional, enquanto o empréstimo é exigível independentemente do êxito do projeto, criando assim o perigo de insolvência financeira ou cambial. Portanto, é muito melhor ter sócios do que credores. Toda a tradição de Getúlio, semelhante no caso à postura das esquerdas na América Latina, é a de aceitar prazerosamente o endividamento, mas suspeitar do investimento direto. Os quatro postulados da CEPAL teriam, a meu ver, que ser virados pelo avesso. Hoje, há consenso em que são inaceitáveis, analiticamente errados e empiricamente falsos.

Dentro do pessimismo exportador da CEPAL não havia apenas ceticismo em relação à tendência dos preços dos produtos primários e à expansividade dos mercados desses produtos. Prevalecia também a ideia de que o protecionismo dos países industrializados era de tal ordem que os países latino-americanos não tinham chance de se industrializar, a não ser por via da substituição de importações por trás de altas barreiras tarifárias. Coisa que coreanos e taiwaneses — e agora também a China costeira — se encarregaram de desmentir, pois são países subdesenvolvidos que invadem o mercado de uma grande potência industrial, como os Estados Unidos. O gigante norte-americano está logrando diminuir um pouco seu déficit comercial com o Japão, enquanto se expande rapidamente o déficit com a China.

Gostaríamos que comentasse a tese de Fernando Henrique Cardoso e Enzo Faletto [1970], Dependência e desenvolvimento na América Latina.

Sempre achei equivocada essa incursão de sociólogos na Economia. Para o economista, as questões são de *muchmoreness*. Quer dizer, tudo é questão de grau. Então, do subdesenvolvimento ao desenvolvimento há apenas um espectro de variações quantitativas. Já o sociólogo gosta de criar categorias, e categorias estáticas no tempo. Assim, enquanto para os economistas o subdesenvolvimento é um mero estágio, ao longo de um processo, para os sociólogos em questão configurar-se-ia como uma categoria especial de desenvolvimento: o desenvolvimento "dependente" ou "associado". Hoje, essa distinção sociológica entre "centro" e "periferia" saiu da moda, com a ascensão dos Tigres Asiáticos, que passaram rapidamente ao rol dos países industrializados, superando-os mesmo em algumas indústrias de ponta. Hoje, os navios da Coreia, os computadores de Taiwan, os *chips* de Cingapura intimidam os competidores de países desenvolvidos. É que o capital aplicado em sucessivas doses acaba gerando um espectro contínuo de crescimento, sem distinção entre centro e periferia.

Eu nunca comprei a tese do Fernando Henrique. Ela sempre me pareceu bastante ridícula, primitiva mesmo. É a eterna confusão de faseologia com ideologia. Dá-se uma interpretação ideológica àquilo que é meramente faseológico: confundem-se fases de desenvolvimento com categorias estruturais.

E a teoria da inflação inercial, como o senhor analisa?

Acho que há um grande exagero no "inercialismo". Se o governo tem hábitos de financiamento inflacionário, o agente econômico tende a projetar para o futuro esse mesmo comportamento. São muito mais as expectativa do futuro do que a correção monetária do passado que provocam a inflação. Na realidade, entre 1964 e 1973 a inflação baixou enquanto se generalizava a aplicação do instituto da correção monetária. Ou seja, a correção monetária até ajudou na luta anti-inflacionária, porque viabilizou um aumento da poupança e permitiu contratos de longo prazo e negociações salariais sem que se embutissem nos contratos majorações destinadas a cobrir a inflação futura. Friedman, por exemplo, advoga que a indexação é uma adaptação racional a situações de expectativa inflacionária.

CELSO MONTEIRO FURTADO (1920-2004)

Celso Monteiro Furtado nasceu em Pombal, na Paraíba, em 26 de julho de 1920. Formou-se em Direito na Universidade do Brasil (atual UFRJ). Ainda estudante, trabalhou como técnico no Departamento Administrativo do Serviço Público (DASP), onde publicou seus primeiros artigos, "A estrutura da Comissão de Serviço Civil nos Estados Unidos" e "Notas sobre a administração de pessoal no governo federal americano", ambos na *Revista do Serviço Público* em 1944, mesmo ano em que obteve seu bacharelado em Direito. No segundo semestre, ingressou na Força Expedicionária Brasileira (FEB), tendo lutado na Itália.

De volta ao Brasil, em meados de 1945, retorna ao DASP, permanecendo até 1946, quando se muda para a França. Em 1948 conclui seu doutorado em Economia na Universidade de Paris com a tese *L'Économie coloniale brésilienne*. No ano seguinte vai para a Comissão Econômica para América Latina (CEPAL) no Chile, assumindo a chefia da Divisão de Desenvolvimento Econômico. A partir de 1953 assume a Presidência do grupo misto BNDE/CEPAL, para estudar a aplicação dos métodos de planejamento cepalinos ao Brasil. A ideia era fornecer subsídios para formulação de programas de desenvolvimento econômico. O primeiro relatório do grupo foi lançado em 1955 com o título *Esboço de um programa de desenvolvimento para a economia brasileira: período de 1955-1962*. Esse relatório acabaria sendo a base do Programa de Metas de Juscelino Kubitschek.

Foi nesse período que Furtado começou a publicar livros dentro da sua especialidade: *A economia brasileira: contribuição à análise de seu desenvolvimento* (1954), *Uma economia dependente* (1956) e *Perspectivas da economia brasileira* (1957). Em 1958 leciona na Universidade de Cambridge, Inglaterra, onde começa a escrever um dos principais livros sobre a economia brasileira, *Formação econômica do Brasil*, publicado no ano seguinte.

Retornando da Inglaterra, atuou junto ao Grupo de Trabalho para o Desenvolvimento do Nordeste (GTDN). Elaborou então um plano de política para aquela região intitulado "Uma política para o desenvolvimento do Nordeste". Em fevereiro de 1959, apresentou seu plano em reunião no Palácio do Catete, quando lançou pela primeira vez a ideia de criação da Superintendência do Desenvolvimento do Nordeste (SUDENE). Após grande resistência dos políticos nordestinos, inclusive com relação à sua nomeação para direção do órgão, a SUDENE é aprovada em 27 de maio de 1959 e Celso Furtado é seu primeiro superintendente.

Em março de 1961, o presidente norte-americano John Kennedy lança o Programa de Ajuda Americana ao Nordeste. Em julho, Furtado tem uma conferência com Kennedy, em que apresenta os principais projetos da SUDENE. Em 17 de agosto, o programa de ajuda dá origem à Aliança para o Progresso. Em 1962 participa do Acordo do Nordeste firmado junto à United States Agency for International Development (USAID). Em 25 de setembro de 1962, João Goulart cria o Ministério Extraordinário para Planejamento através do Decreto 1.422, nomeando Celso Furtado para a pasta. Ao lado de San Tiago Dantas, formula então o Plano Trienal, que orientaria a política econômica de Goulart após o plebiscito de 6 de janeiro de 1963, que definiu o retorno ao presidencialismo.

Com o fracasso do plano de estabilização, Goulart reforma o ministério e Celso Furtado volta a dedicar-se exclusivamente à SUDENE, onde permaneceu até o golpe militar. Em 9 de abril de 1964, é editado o Ato Institucional nº 1, que, entre outras medidas, abria processo de cassação de direitos políticos. Furtado aparece na primeira lista, divulgada no dia seguinte. Asilando-se na Embaixada do México, deixou o país, firmando residência em Paris.

No exílio, dedicou-se ao ensino e à pesquisa nas universidades de Harvard e Columbia nos EUA, Cambridge na Inglaterra e Sorbonne na França, onde acaba se tornando professor de carreira. Nesse período lança uma série de livros, dos quais destacamos *Dialética do desenvolvimento* (1964), *Subdesenvolvimento e estagnação na América Latina* (1966), *Formação econômica da América Latina* (1969), o de maior repercussão do período, *Análise do "modelo" brasileiro* (1972) e *O mito do desenvolvimento econômico* (1974).

A partir de 1975 passa a visitar periodicamente o Brasil. Em 1976 publica *Prefácio à nova economia política*. Em 1979 foi beneficiado pela anistia e no ano seguinte faz parte do Conselho Editorial da recém-lançada *Revista de Economia Política*. Em 1981 filia-se ao Partido do Movimento Democrático Brasileiro (PMDB), mesmo ano em que publica *O Brasil pós-milagre*, seu 19º livro. Com a vitória de Tancredo Neves para a Presidência da República, Furtado assume o Ministério da Cultura no governo Sarney. Em 1985 lança *A fantasia organizada*, primeiro livro da trilogia de memórias composta também por *A fantasia desfeita* (1989) e *Ares do mundo* (1991).

Celso Furtado em uma reunião da Superintendência do Desenvolvimento do Nordeste (SUDENE). À sua direita, o sociólogo e escritor Gilberto Freyre.

Tomou posse na Academia Brasileira de Letras em 1997 e faleceu em novembro de 2004.

Furtado respondeu prontamente ao convite para a entrevista, que se deu em outubro de 1995, no seu apartamento em Copacabana, sua morada nos meses do ano que passa no Brasil. Tivemos uma gentil acolhida. Celso Furtado nos escreveu um pequeno texto, que reproduzimos a seguir:

"FORMAÇÃO ACADÊMICA

Fiz o curso completo da Faculdade Nacional de Direito, da Universidade do Brasil, daí que haja captado a realidade econômica primeiramente do ângulo institucional e só complementarmente como um mecanismo. Quando entrei para a universidade, ainda não havia no Brasil curso superior de Economia. As grandes obras de Economia começavam a ser publicadas em espanhol pelo Fondo de Cultura Económica, do México. Logo percebi que o estudo da Economia era o melhor caminho de acesso à compreensão dos problemas sociais. E também percebi sem tardança que era necessário colocar os problemas econômicos em seu contexto histórico. Em síntese, adotei um enfoque interdisciplinar desde cedo.

Ao concluir meu curso de Direito, em 1944, já havia tomado a decisão de dedicar-me à Economia, e isso exigia de mim que fosse completar meus estudos universitários no exterior. Fui para a Inglaterra, mas lá não me foi possível obter matrícula: as universidades estavam cheias de veteranos da guerra recém-terminada, e eram privilegiados os súditos de Sua Majestade. Tentei então a França, onde encontrei facilidades para me matricular na Universidade da Sorbonne e preparar minha tese de doutorado. Dos professores que tive nessa fase, quem mais me impressionou foi François Perroux. Ele privilegiava o estudo das estruturas de poder. Desde essa época, percebi a importância daquilo que ele chamou de "efeito de dominação" nas relações econômicas em geral, e particularmente nas relações econômicas internacionais. Também foi importante para a minha formação o estágio que fiz em Cambridge, Inglaterra, sob a orientação de Nicholas Kaldor e Joan Robinson.

Dou preferência em minhas relações pessoais a economistas que tenham uma visão global dos problemas, tais como Albert Hirschman, Aldo Ferrer, Maria da Conceição Tavares e Luciano Coutinho, para citar alguns. E, fora da Economia, pessoas dotadas de espírito crítico como, entre outros, o historiador Francisco Iglésias e os físicos José Leite Lopes e José Israel Vargas.

Com respeito ao que deve ler um economista, penso, como Keynes, que o mais importante é habituar-se a frequentar os clássicos: Platão, Kant, Rousseau, Marx, Kafka, para citar alguns nomes. Quanto aos livros-texto em Economia, são todos parecidos, mas prefiro o relativismo de Alfred Marshall ao pseudocientificismo de Samuelson.

Metodologia

Todas as disciplinas científicas utilizam dois métodos que cabe combinar adequadamente. O primeiro é o método analítico clássico, criado pelas Ciências Naturais. O segundo é o método holístico, que pretende captar uma visão global da realidade com todas as suas contradições e complexidades. Não se alcança uma visão global da realidade social recorrendo apenas à análise. Mas sem essa análise não se consegue aprofundar o conhecimento da realidade social. Nas Ciências Sociais, os dois métodos se completam. O estudo das instituições abre a porta à percepção da importância das relações estruturais, o que sempre me pareceu essencial.

Desenvolvimento

O conceito de desenvolvimento surgiu com a ideia de progresso, ou seja, de enriquecimento da nação, conforme o título do livro de Adam Smith,[1] fundador da Ciência Econômica. O pensamento clássico, tanto na linha liberal como na marxista, via no aumento da produção a chave para melhoria do bem-estar social, e a tendência foi de assimilar o progresso ao produtivismo. Hoje, já ninguém confunde aumento da produção com melhoria do bem-estar social. Mede-se o desenvolvimento com uma bateria de indicadores sociais que vão da mortalidade infantil ao exercício das liberdades cívicas. Desse ponto de vista, o Brasil apresenta um quadro muito pouco favorável, pois é um dos países em que é maior a disparidade entre o potencial de recursos e a riqueza já acumulada, de um lado, e as condições de vida da grande maioria da população, de outro. O crescimento econômico pode ocorrer espontaneamente pela interação das forças do mercado, mas o desenvolvimento social é fruto de uma ação política deliberada. Se as forças sociais dominantes são incapazes de promover essa política, o desenvolvimento se inviabiliza ou assume formas bastardas.

---

[1] Smith (1776), *An Inquiry into the Nature and Causes of the Wealth of Nations*.

CONSIDERAÇÕES GERAIS

O atraso político causado pelos vinte anos de ditadura explica a deterioração da máquina do Estado e a decadência da classe política brasileira.

Inflações de graus diversos têm sido uma constante na história política de nosso país e traduzem a forma como o Estado financia os seus déficits, captando recursos da maneira socialmente mais injusta, que é a inflação. O aumento do patamar inflacionário na primeira metade dos anos 1980 decorreu da explosão do serviço da dívida externa causada pela brutal elevação da taxa de juros internacionais, do corte dos financiamentos externos e da incapacidade do governo de realizar uma reforma fiscal para fazer face ao forte aumento dos seus encargos financeiros.

O fracasso dos primeiros planos de estabilização deveu-se à falta de apoio político dos grandes países credores, cujos governos, liderados pelos Estados Unidos, puseram-se a serviço do cartel dos bancos internacionais. Durante os primeiros anos, todos os meios foram utilizados para proteger os bancos credores de uma crise generalizada de liquidez. Minha opinião na época foi que os países sobre-endividados deviam unir-se para exigir a convocação de uma conferência internacional objetivando um cancelamento ou congelamento de parte importante da dívida, a fim de evitar a recessão que recaiu principalmente sobre os países pobres.

A nossa inflação reflete essencialmente um conflito distributivo. É mais um problema político do que de Macroeconomia. Essa inflação se complicou porque nela o fator inercial — alimentado pelo sistema de indexação — cresceu de importância. Com a recuperação da credibilidade do governo, esse fator inercial se esvaziou.

A importância do papel do Estado varia com o grau de desenvolvimento do país e com as circunstâncias históricas. Nos anos 1930, a ação do Estado foi essencial para lançar as bases da industrialização brasileira. Atualmente, ela se faz imprescindível para corrigir as deformações sociais que acabrunham o país. Os mercados operam em espaços politicamente delimitados pelo Estado.

Celso Furtado
Rio de Janeiro, outubro de 1995

O que eu quero dizer é que não existe mercado sem Estado. Eu achei que esses são os pontos mais sensíveis, e é importante que o meu pensamento seja claro, bem definido."

Formação

Santiago do Chile abrigou de um lado a CEPAL, e de outro a Universidade Católica do Chile, com visões muito diferentes, mas ambas contando com forte respeito internacional. Até que ponto o fator institucional, por a CEPAL ser financiada pela ONU, influenciou as ideias da Comissão?

Vamos por etapas. Primeiramente a Católica só teve significação de verdade depois, e já como uma resposta, uma reação à CEPAL, que ganhou um prestígio internacional em Santiago do Chile. Os norte-americanos inicialmente, como eu contei no meu livro,[2] tentaram matar a CEPAL, pois a decisão das Nações Unidas de criá-la fixava um prazo de três anos até aprová-la definitivamente. Foi realizado um tremendo esforço da parte do governo dos Estados Unidos para que não fosse renovado o contrato. Uma vez renovado, tratava-se de agir de outra forma para compensar a influência da CEPAL. Então se prestigiou a pesquisa e o trabalho teórico na Católica, como resposta à CEPAL. A Católica passou a ter importância a partir de meados dos anos 1950, quando houve então essa conexão com Chicago, daí os *Chicago boys* etc. Não é que houvesse no Chile já um pensamento econômico organizado — era mais ou menos como no Brasil, não havia nenhum pensamento econômico ligado ao desenvolvimento. A verdadeira escola de pensamento se cria com a CEPAL. Isso é um fenômeno interessante, e só se criou porque era no âmbito das Nações Unidas: aí se vê a diferença.

Os norte-americanos tinham influência praticamente sobre tudo na América Latina, como ainda têm até hoje, mas naquela época tinham muito mais. Eles polarizavam na União Panamericana todas as discussões sobre a América Latina. Tudo se decidia na União Panamericana, que era uma instituição tradicional, que vinha já do século passado, desde a época do primeiro Roosevelt.[3] Ora, essa União Panamericana estava instalada em Washington, e era portanto, na verdade, uma criação dos Estados Unidos. E todos os que trabalhavam lá só tinham um desejo, que era fazer uma carreira nos Estados Unidos. O milagre da CEPAL foi que esta teve sede fora dos Estados Unidos. Além disso, como estava na América Latina, ela passou a ter independência e autonomia pelo fato de que a problemática latino-americana era distinta se vista da América Latina ou dos Estados Unidos.

---

[2] Furtado (1985), *A fantasia organizada*.

[3] Theodore Roosevelt, presidente dos EUA de 1901 a 1908.

Mas a verdade verdadeira é que a CEPAL foi possível por causa da presença de [Raúl] Prebisch. Os órgãos das Nações Unidas em nenhuma parte do mundo tiveram tanta importância. Só existe uma escola de pensamento no Terceiro Mundo independente, que é a CEPAL. Por que não houve na Ásia, onde houve uma Comissão Econômica para a Ásia mais antiga que a CEPAL? Por que não houve na África, ou em qualquer parte do Terceiro Mundo? Ou mesmo no Primeiro Mundo? Por que a Comissão Econômica da Europa, por exemplo, das Nações Unidas, nunca foi um órgão importante? A CEPAL é um fenômeno. Na América Latina, no Terceiro Mundo — naquela época não se falaria "Terceiro Mundo" e sim "países atrasados, subdesenvolvidos", criou-se um núcleo de pensamento e de reflexão com autonomia. Porque se deu uma conjugação muito especial de forças. É que havia já muitos economistas latino-americanos querendo, buscando isso, mas eles todos estavam nos Estados Unidos. Quando eu cheguei à CEPAL, fui um dos primeiros, cheguei até antes de Prebisch, havia um grupo em que quase todos tinham estudado nos Estados Unidos, eram latino-americanos, principalmente chilenos e mexicanos. O único que não tinha estudado nos Estados Unidos, fora eu, que tinha estudado na Europa, era Juan Noyola, que também iria ser influente na CEPAL. Mas Juan Noyola tinha trabalhado nos Estados Unidos, no Fundo Monetário Internacional, portanto tinha passado já pelo tapiz, pela escola norte-americana. Os dois únicos que não tinham formação norte-americana eram Prebisch e eu.

O fato de que Prebisch tivesse muito prestígio internacional foi decisivo, porque ele merecia o respeito de todo mundo. Quando cheguei ao Brasil e disse que trabalhava com Prebisch, todo mundo me admirou, me elogiou etc. O Gudin me disse: "Diga a Prebisch que deixe essa besteira de Nações Unidas, venha para o Brasil que nós precisamos dele aqui", porque ele tinha saído da Argentina enxotado pelo Perón.

Mas ele já havia criado o Banco Central muito antes...
Sim, nos anos 1930, e realizou um trabalho no Banco Central que ficou clássico como modelo de política anticíclica, admirado no mundo inteiro, daí o prestígio que ele tinha. Então havia essa combinação de um grupo de latino-americanos e Prebisch, que tinha essa experiência e que tinha desenvolvido essa concepção da economia como um fenômeno internacional. É preciso pensar os problemas internacionais primeiro. E em termos de fenômenos internacionais, tem-se que pensar o ciclo, o ciclo é internacional, não existe ciclo nacional. Mesmo nos Estados Unidos, vê-se que o ciclo é um fenômeno global. Então Prebisch valorizou o ciclo e, a partir dessa ideia, percebeu a di-

ferença de comportamento entre o ciclo de países exportadores de matérias-primas e o dos países industrializados. Daí ele criou o sistema centro-periferia, que foi o grande salto.

Foi daí que nós partimos. Ele chegou à CEPAL logo depois de mim e já escreveu o primeiro trabalho,[4] que teve muita importância, muita repercussão. De imediato, em toda a América Latina, surgiram discípulos ou pessoas que já estavam buscando isso. Você não pode imaginar como, no mundo, o que vale é a liderança. Há tantas potencialidades, possibilidades de realizar coisas, que estão dependendo apenas de que apareça alguém capaz de liderar, de assumir o comando. Foi o grande debate, que se deu sobretudo aqui no Brasil. Gudin trouxe para cá todas as figuras da Economia internacional: Haberler, Lionel Robbins, essa gente toda veio aqui discutir e mostrar que Prebisch era um bestalhão, que o que valia mesmo era usar a boa Ciência Econômica.

Quando foi isso?

A CEPAL foi criada em 1948, ano em que entrei. Quando lá cheguei já havia um pequeno núcleo, mas totalmente tipo OEA, intra-americano, dirigido por um cubano, que era na verdade um homem dos norte-americanos, que não tinha nenhuma capacidade para pensar por conta própria. Criou-se um interesse pela CEPAL somente depois que saiu o trabalho de Prebisch. Havia virtualmente a necessidade de um pensamento latino-americano, de todo lado apareceu gente seguindo, aí foi um estouro de debates por toda parte. A clivagem, a divisão imediata de direita e esquerda, como se diz hoje, naquela época era: os que acreditavam que o desenvolvimento era a saída para a América Latina, e outros que acreditavam que a estabilidade era o essencial.

Os desenvolvimentistas?

Sim. Os desenvolvimentistas e, digamos, os liberais, para quem o principal era o problema da estabilidade. E diziam: "Vocês estão loucos, vão nos levar à inflação".

Gudin entre eles.
Sim.

---

[4] Prebisch (1949), "Desenvolvimento econômico da América Latina e seus principais problemas".

E Bulhões?

Bulhões também. Ele era mais cético, tinha uma visão mais realista que o Gudin. Gudin era muito dogmático, tinha um desconhecimento completo do Brasil e um certo desprezo pela "raça inferior" dos trópicos, dizia: "Desse clima não sai nada melhor que isso não". Gudin é um homem do século XIX, *I don't blame him*, não o culpo de nada, porque ele era um homem bem da sua época. Agora, o verdadeiro debate que se deu foi com os norte-americanos, e foi a pressão maior. E foram eles que tiveram uma estratégia para contra-atacar, que vieram às nossas universidades cooptar gente, e levar gente para estudar em Chicago. Fizeram uma forte ofensiva no México também. E aí se criou todo o pensamento, digamos, de linha ortodoxa.

Isso é um problema que vocês poderiam discutir: o que é a Ciência Econômica? Hoje em dia todo mundo está querendo se liberar um pouco da Ciência Econômica. Porque essa Ciência Econômica é um reducionismo da realidade, que ela transforma em uma coisa simples, em um mecanismo. Se se quiser reduzir a coisa ao absurdo, é isso, porque não há um problema econômico que não seja também social, e se é um problema social envolve outros aspectos além dos econômicos. Por outro lado, não existe estudo global da sociedade que não se funde numa captação de propósitos, dos fins, que se buscam na sociedade. E sobre isso a Economia não nos diz nada, quer dizer, o processo econômico como um processo social só se entende plenamente se você formular, intuir hipóteses sobre o que buscam os homens, sobre seus propósitos, e não simplesmente analisando. Como eu digo aqui, o método analítico é muito importante, mas nos deixa praticamente cegos com respeito aos fins.

Sobre a Economia e o economista

A Economia é uma ciência ou é uma arte?

Tem muito de ciência. Pode-se usar a Economia como ciência, quando se usa o método econômico. Se eu quero estudar, fazer o diagnóstico de uma situação econômica, da inflação, por exemplo, aplico o método científico. Outra coisa é se eu quero fazer um projeto para uma sociedade, não como cientista, mas a partir de um sistema de valores que privilegio. Nas Ciências Naturais não se opera com valores. Neste caso, a análise é suficiente para ir ao essencial. Em Economia não se pode ficar na análise. Como vou captar o fenômeno da inflação, que é um fenômeno de conflito distributivo? O que é o conflito distributivo senão um fenômeno de poder? A Ciência Econômica tradicional ignora a existência do poder. Só reconhece o poder do monopólio, que é uma coisa anômala. Os marxistas também não tinham a percepção da importância do poder, pensavam que explicando o econômico explicar-se-ia tudo, mas, na verdade, explicando o econômico não se explica necessariamente o fenômeno do poder.

Foi por isso que citei o professor Perroux, pois ele tinha uma ideia muito clara, com sua formação alemã, do que era o fenômeno do poder, que chamou de "efeito de dominação", e que tratava de identificar em primeiro lugar para abordar uma realidade econômica. Só se explica o processo econômico complexo a partir de uma percepção da relação de forças que estão operando. E estas, na verdade, são manifestação de poder. Não são apenas, digamos assim, mecanismos, os quais também explicam muita coisa. Mas não se capta o mais importante, que são os fins que busca o homem.

Como o senhor vê o papel da Econometria e da Matemática na pesquisa econômica?

Bem, é de grande importância, mas tendo em conta que é uma parte do método analítico. A Econometria não sai da análise. Para fazer um plano de desenvolvimento econômico, ou um plano de estabilização, o instrumento matemático vai ser fundamental para lhe dar coerência e rigor. Mas os objetivos que se perseguem com o plano não saem da Econometria, e sim dos valores que dominam a sociedade.

O senhor acha que atualmente está havendo um refluxo para a Economia Política?

Eu acho que sim, mesmo porque a Economia está se desprestigiando de maneira incrível. Eu participo da Comissão das Nações Unidas sobre Cultura e Desenvolvimento, e é impressionante ver como todos ficam horrorizados quando se quer reduzir o problema a termos econômicos. Os problemas fundamentais da humanidade estão se complicando cada vez mais, como a destruição da natureza, o efeito estufa, e a fome, que é o maior de todos. Não se vai resolver isso com os recursos da análise econômica. A impressão que se tem é que se espera demasiado dos economistas. Eles se empavonaram imaginando que são importantes.

A PÓS-GRADUAÇÃO

Como foi a sua experiência de estudo no exterior?

Defendi minha tese de doutorado em Paris. Quando saí da França, passei no Brasil algum tempo trabalhando na *Conjuntura Econômica*, com o pessoal da Fundação Getúlio Vargas. Mas logo fui para as Nações Unidas, trabalhar no Chile, com Prebisch. E lá pensava que ia passar pouco tempo, nunca imaginei ficar mais de um ano; entusiasmei-me e fiquei quase nove anos. Nessa época já era Doutor em Economia.

Quando fui para Cambridge poderia ter feito outro doutorado, mas preferi aproveitar o tempo fazendo outra coisa. Foi nas horas vagas de Cambridge que escrevi a *Formação econômica do Brasil* [1959], quer dizer, aproveitei o meu tempo. E lá trabalhei muito com [Nicholas] Kaldor, [Piero] Sraffa e principalmente com Joan Robinson, a quem me liguei muito. Eu passei esse ano em Cambridge, depois de ter trabalhado nove anos nas Nações Unidas. Antes de assumir outra missão, quis me reciclar em uma universidade. Sraffa era uma cabeça incrível! E conheci muitos desses economistas que hoje em dia estão famosos. Amartya Sen, Garegnani foram meus colegas em Cambridge.

E nos EUA, como foi? O senhor teve contato com Theodore Schultz?

Eu o conheci em Chicago, e o visitei porque tinha me interessado por sua obra. Foi muito gentil comigo.

Existia, àquela época, diferenças de estilo, de postura e de approach *entre economistas norte-americanos e europeus?*

Na Europa encontrava-se muita gente, principalmente na Alemanha, que tinha o mesmo estilo dos norte-americanos. Os suecos, quer dizer, o pessoal do norte da Europa, tinham um estilo diferente, e havia uma tradição, que vem de Wicksell, diferente da tradição que seria a clássica norte-americana. Na França havia o fenômeno Perroux, e havia outro professor que teve muita influência sobre mim: Bertrand Nogaro, que ninguém mais conhece hoje em dia. Ele tinha uma visão muito crítica do monetarismo e de suas limitações. Ele entendia muito de Economia Monetária, sabia o quanto esta seduz e tende a levar à esterilidade.

Na Europa havia várias escolas de pensamento. Nessa época, os austríacos estavam em declínio, Hayek estava apagado. Mas os suecos tinham muita influência. Do pessoal que veio aqui pela Fundação Getúlio Vargas, [Ragnar] Nurkse era o único realmente interessante. Havia a grande figura de [Gunnar] Myrdal, que tinha um prestígio enorme na Europa e que representava um contraponto. Era bem diferente dos norte-americanos, porque ele via a sociedade globalmente e tinha também uma preocupação com a dimensão histórica. Nessa minha época, a própria London School of Economics era dividida, não havia somente um grupo. Essa unificação surpreendente que se deu posteriormente com o monetarismo é um fenômeno também político. Naquela época não, havia Myrdal, Nurkse, Perroux, isso tudo era gente com muita independência de pensamento, e que não se subordinava à análise econômica *stricto sensu*.

A verdade verdadeira é que o problema especificamente econômico é um problema menor, que se pode esgotar com os meios do economista. O homem é um mistério, algo em transformação, em formação, em desenvolvimento, e a sociedade também. Não existe uma ciência social à altura dos grandes desafios que nós temos. Eu fico pensando que avanço fez a Ciência Social nesses trinta, quarenta anos em que estudo essas coisas todas? Eu não vejo nenhum. Os prêmios Nobel de Economia são de pouca significação, pois se limitam a coisas específicas.

Outra diferença que se aponta entre os economistas europeus e os norte-americanos, e nesse ponto os economistas brasileiros estão mais próximos dos europeus, é que os europeus acabam ocupando cargos políticos, aparecem na mídia. Nos Estados Unidos, contam-se nos dedos aqueles que têm alguma participação política. E a opinião deles também não é tão relevante quanto a opinião dos empresários, digamos assim.

O fato é que os economistas foram evoluindo para uma espécie de corpo de engenheiros. Eles dão respostas a problemas específicos. Não estão preocupados, como no passado, em entender a sociedade, o que deixam para os filósofos e para os ensaístas. Para eles, ser economista é ter uma caixa de ferramentas e saber usá-la diante de problemas concretos. Veja os que vêm dar conselho aqui no Brasil. Houve uma involução da Ciência Econômica, que, de ciência social e global que era desde a época de Adam Smith, foi se transformando mais e mais em conjunto de técnicas operacionais. Fora de problemas técnicos, não se consulta um economista.

O senhor não acha que as manobras de engenharia econômica possibilitam converter o pensamento em ação, para a consecução de alguns objetivos específicos?

Essa é uma forma de vender um serviço. Na minha época, nenhum economista pensava em ser consultor, pois não havia mercado para isso, ou porque não se considerava que fosse essa a função do economista. Ao passo que, hoje em dia, a aspiração do economista é ser um grande consultor. Quem inaugurou isso foram os norte-americanos. Na Europa tinha-se outra ideia do economista, que era o professor com toda a sua respeitabilidade. E um professor de Economia se limita a dar opiniões. Eu me recordo que o professor Nogaro me contou uma vez: "Os japoneses quiseram me pagar para que eu desse uma opinião sobre problemas monetários e eu disse que escreveria um artigo e eles usariam as minhas ideias, mas não as venderia para ninguém!" (risos). Era outra concepção.

Somos colonizados academicamente?

Em todas as épocas existe domínio de certas correntes de pensamento. A que está dominando aqui no Brasil hoje em dia é a mesma que está dominando nos Estados Unidos e na Inglaterra. O fato é que são as economias dominantes que estabelecem a pauta, que definem a problemática do momento. E aí a gente vê como o político e o econômico estão entrelaçados. Quando houve a grande crise da dívida externa em 1982, eu me recordo, fui uma das poucas pessoas que opinaram a favor de um movimento internacional, uma conferência de um grupo de países que se unissem para enfrentar uma crise de grandes dimensões. Mas foi impossível fazer qualquer coisa, porque o governo do Brasil foi imobilizado pelos norte-americanos. E ainda era ditadura.

Recordo-me de que, quando era ministro da Cultura, participei de uma conferência nas Filipinas e, como sou conhecido como economista, vieram me entrevistar sobre a questão econômica. Então fiz uma declaração, dizendo que havia um problema universal a resolver, que exigia uma forma cooperacional. Não seria obrigando os países pobres a se sacrificarem que se resolveria esse problema. Seria preciso uma cooperação internacional de verdade e talvez começar com uma moratória. Fiz essa declaração e na mesma noite o ministro das Relações Exteriores do Brasil, que estava em Nova York, telefonou-me e disse: "Celso, você é louco! Você está dizendo aí algo que está me complicando a vida, os norte-americanos estão me apertando para saber se essa é a política do governo brasileiro etc.".

A margem de manobra é muito pequena, você não pode nem dizer o que pensa, porque vem uma pressão tremenda quando se trata desses assuntos internacionais. Nesse sentido é que eu digo: a problemática da época é definida pelos que têm poder. Eles é que definem a pauta. É evidente que há uma margem de manobra para cada país, que pode explorá-la ou não, dependendo das pessoas. Os homens é que fazem a história.

A história é feita por alguns poucos ou por todos os homens?

A história depende muito da iniciativa de alguns homens. Quando não existem esses homens que são capazes de liderar, de assumir a responsabilidade, de avançar o sinal se necessário, de enfrentar, a história se empobrece. Essas personalidades surgem em certas circunstâncias, não surgem do nada, para o bem e para o mal.

Do ponto de vista da produção intelectual, o Brasil gerou uma série de pessoas que contribuíram enormemente. O senhor concorda?

Ah, sim, não há dúvida. O Brasil deu contribuições importantes para o debate na América Latina. Graças à repercussão que teve no Brasil, a ideia de centro-periferia de Prebisch, mostrando que é diferente observar um fenômeno a partir da ótica de um país subdesenvolvido, abriu a porta para que muitos de nós recolocássemos todos os problemas.

Como o senhor vê a teoria da dependência? Como o senhor a viu na época e como a vê hoje?

Bem, para nós que vivíamos dentro da teoria de centro-periferia, a dependência era um fato que decorria da estrutura do sistema. Escrevi um livro sobre dependência[5] em 1956. A visão que os sociólogos tiveram com o Fernando Henrique foi mais de olhar dentro da própria sociedade, como é que ela se solda e como se forma a dependência. O fenômeno da dependência todos conheciam, a própria teoria do semicolonialismo era uma teoria da dependência, que os marxistas desenvolviam. Ligar isso à estrutura interna da sociedade foi uma contribuição dos sociólogos.

Na verdade, a situação de dependência era aceita por uns como uma coisa natural. Partia-se do fato de que isso existia. Gudin, por exemplo, que era o homem do liberalismo mais descabelado, criou a teoria da economia reflexa, que no fundo é economia dependente. A economia que reflete tudo o que vem de fora é uma forma de dependência maior. Portanto, o nome dependência em si não tem muita importância, o que importa de verdade são os ingredientes do processo, e o que os sociólogos trouxeram foi um estudo da estrutura de poder interna, que está ligada à forma de dependência que surge com a industrialização. Com a industrialização, se avançou, criando-se uma economia mais complexa e em realidade sem superar a dependência, que assumiu outra forma. Porque a sua estrutura social se fez a serviço dos interesses da dependência. Quando se internacionaliza uma economia subdesenvolvida, aprofunda-se a raiz da dependência.

---

[5] Furtado (1956), *Uma economia dependente*.

Nas entrevistas que fizemos até agora, chamou-nos a atenção a unanimidade que existe com relação ao Formação econômica do Brasil. Notamos que todos o citam como um dos livros mais importantes que já se produziram no Brasil. Inclusive o que se chama hoje em dia de direita. Como é possível tamanha convergência em torno de seu livro?

Bem, cabe a vocês decifrarem o mistério! (risos). Mas eu considero o seguinte: é um livro sobre a formação histórica do Brasil, sobre como se montou esse país. Foi escrito com grande isenção, não introduzo nenhuma tese controvertida no livro, limitei-me a analisar. A novidade que impressionou muita gente, inclusive na Europa — [Fernand] Braudel, um importante historiador, admirou-o muito por isto —, foi que eu coloquei o país na história global. O Brasil nasce como parte de um processo de desenvolvimento e expansão da Europa. Essa ligação entre a formação da economia brasileira e o processo global da economia mundial era uma visão nova.

O Brasil é demasiado centrado em si mesmo. Vou dar um exemplo: prevalecia a ideia segundo a qual o rio São Francisco uniu o Brasil. Era o rio da unidade nacional, nas palavras de um famoso historiador brasileiro [Capistrano de Abreu]. E eu demonstrei que o que uniu o Brasil — Minas, o Nordeste, o Sul etc. — foi na verdade o ciclo do ouro, que criou a demanda de gado, de mão de obra etc. Então, todas as regiões do Brasil se articularam em função desse comércio. O gado vinha do Rio Grande do Sul para Sorocaba, e era abatido em Minas, onde estava o mercado. Quer dizer, o fato de que se criou um mercado importante na região do ouro, que se urbanizou, deu origem a um polo que condicionou o desenvolvimento de todas as outras regiões. Foi isso que deu unidade ao Brasil no século XVIII.

É apenas um exemplo para mostrar que o livro partia de uma visão global. Isso pareceu novidade a muita gente. Mas houve quem me rebateu quando eu mostrei que a industrialização no Brasil dos anos 1930 se fez sem política de industrialização propriamente. Esta surgiu com Volta Redonda, muito tempo depois. Houve industrialização, só que sem política. Isso até hoje impressiona. E como foi possível então?

Mostrei a criação de demanda efetiva, que decorria do grande pecado que era queimar café. Queimaram oitenta milhões de sacas de café, e isso criou uma demanda efetiva que sustentou a economia. Consegui comparar, já naquela época, os dados do comportamento da economia brasileira com os da economia dos Estados Unidos, e mostrei como a economia norte-americana continuou afundando até 1933, e o Brasil, já desde 1932, estava crescendo. Portanto, não crescia como economia reflexa, mas por dinâmica própria. Inventei o conceito de deslocamento no centro dinâmico. Isso fez com que muita gente compreendesse melhor o Brasil, o que considero o lado mais sedutor do livro.

Um ponto importante no Formação econômica *é o problema da mudança na mão de obra com o fim da escravidão. Quando o ex-escravo obteve um aumento real de salário, em vez de aumentar sua renda, ele diminuiu a quantidade de trabalho ofertada, revelando uma forte preferência ao ócio...*
Que na verdade era simplesmente porque eles eram subnutridos, pessoas com o organismo debilitado e fraco. Evidentemente que o primeiro investimento que fizeram foi negativo, dar menos energia e poupar seu organismo, para alongar sua vida.

Mas essa não é a situação da grande massa urbana que nós temos hoje? Por exemplo, no Plano Cruzado, ou no Plano Real, quando houve uma melhoria do poder de compra das classes mais baixas, existem exemplos de pessoas com baixa renda que resolveram trabalhar menos, porque atingiam o mesmo nível de renda com menos trabalho.
A explicação que se dá em muitas partes do mundo para a chamada preguiça, quer dizer, o pessoal não querer trabalhar, é a de que são organismos deficitários. O trabalho exige deles mais do que se pensa, já vi muita medição disso. Não sou especialista, mas minha hipótese é de que a preferência pelo ócio é também a proteção da saúde.

O que o senhor está achando da condução da política econômica recente? Mais especificamente, como está vendo a política de juros altos praticada pelo governo?
Hoje em dia temos uma taxa de juros de fantasia, elevadíssima, a mais elevada do mundo. Eu escrevi um pouco sobre isso, com muito cuidado, porque tenho muita estima tanto pelo Fernando Henrique como pelo [Pedro] Malan, mas não pude deixar de dizer. E só tem uma explicação para essas taxas de juros: é medo, insegurança sobre o que pode vir de fora. Pode vir um pontapé, como ocorreu no México, e desmantelar tudo. E essa insegurança será cada vez maior se se perderem os instrumentos de controle da economia.
À medida que vai se abrindo a economia, qualquer país passa a depender mais e mais da conjuntura internacional, de fatores externos, e pode ser vítima de grandes pressões. O único país capaz de ficar a salvo disso são os Estados Unidos, porque emitem a moeda que todo mundo usa. Mas o próprio Japão não está a salvo. Vejam a luta dos japoneses para recuperar o ní-

vel de atividade econômica. Eles têm muito mais armas para resolver os problemas sociais do que nós. Têm um desemprego mínimo comparado com a Europa, mas sérios problemas por dependerem dos Estados Unidos. O Japão e os Estados Unidos estão imbricados. Os bônus norte-americanos põem em marcha a economia japonesa. Os japoneses têm um saldo de setenta bilhões de dólares com os Estados Unidos; imagine se os Estados Unidos tivessem uma política de equilíbrio de balança de pagamentos. Criou-se uma interdependência, que é quase uma sujeição mútua.

Desenvolvimento econômico, tecnologia e globalização

Uma questão antiga sobre desenvolvimento é se o progresso técnico é endógeno ou exógeno. Qual sua opinião a esse respeito?

A tendência a ser exógeno vai se generalizando no mundo inteiro, porque a tecnologia é cada vez mais universal. O Japão em muito depende da tecnologia vinda dos Estados Unidos, que por sua vez depende cada vez mais da tecnologia de outros países. Todos hoje em dia buscam tecnologia de ponta, um fenômeno que tem aspectos negativos. A busca da tecnologia de ponta força a criação de desemprego. Como explicar que a tecnologia moderna, por toda parte, está criando desemprego? Senão porque se favorece sempre a tecnologia de ponta. No passado as máquinas eram usadas mesmo obsoletas, porque havia proteção.

O que há de novo em matéria de tecnologia? No passado, a tecnologia era comandada, digamos assim, pelas leis do mercado. Inventava-se qualquer coisa, que tinha valor ou não tinha, dependendo dos mercados. Quando se demonstrava que uma tecnologia era rentável, aplicava-se, investia-se nela. Hoje em dia a situação é diferente. É como se a tecnologia andasse sozinha; avança-se no plano tecnológico sem muita preocupação com as consequências sociais.

Em toda parte, o desemprego é criado pelo avanço da tecnologia. Isso vai levar a quê? Eu não tenho resposta. É como se isso tendesse a impor uma transformação completa na sociedade, em que o trabalho já não vai ter a função que tem hoje de ser o cimento social. Muita gente na Europa — eu digo porque vivo lá — está desempregada desde jovem; as taxas de desemprego são muito maiores que aqui, 12% na França. E a geração nova sabe que está condenada ao desemprego, que é maior entre os jovens, retardando o início de sua vida profissional.

O papel que tinha o trabalho, que incorporava as pessoas e criava solidariedade entre os homens, dando origem aos movimentos políticos, começa a desaparecer. É evidente que a crise social está sendo e será muito grande. Como se vai sair disso? Precisa-se de um novo projeto de sociedade em que alguma coisa substitua a função do trabalho. Imaginemos uma sociedade futura em que todo mundo tenha um salário assegurado. O problema estaria em inventar motivação para essa população, prática de esportes para os jovens, excursões. Algo já está se fazendo, pois a quantidade de gente que viaja para o estrangeiro é enorme. É outro projeto de sociedade em gestação, que não está ainda claro. Provavelmente vai ter um impacto global, porque o problema não é só de países subdesenvolvidos, é dos ricos também.

O que se deveria discutir e pensar hoje em dia é: que transformações sociais serão impostas ou requeridas pelo avanço tecnológico? Por que essa tirania da tecnologia? Por que temos de nos submeter, destruir o que já tínhamos como valores? Vê-se o avanço da tecnologia como uma espécie de imperativo. Por que se impõe? É evidente que hoje em dia se impõe porque é rentável para alguns grupos que têm o poder de decidir. A tecnologia vedete, de ponta, aumenta o poder de alguns grupos, e na economia quem tem poder tem participação maior na renda. Os economistas geralmente não pensam em poder. Mas a boa verdade é que a distribuição da renda é um fenômeno político que reflete a relação de poder em uma sociedade, e não a situação de mercado. São problemas importantes que a geração nova de vocês tem que enfrentar, pensar de novo.

Mas a tecnologia não é uma manifestação própria do capitalismo? Quer dizer, é necessário que novas tecnologias suplantem as antigas para conferir poder de monopólio?

Você está admitindo que ela é rentável. Mas ela é rentável microeconomicamente. É evidente que no Brasil se poderia ter muito mais empregos se voltasse a proteção de certos setores. Setor de tecidos: para que mais avanço tecnológico se este põe o trabalhador na rua? A mudança tecnológica para o setor de tecidos não é melhor nem pior, é mais ou menos igual. Só que é mais barato para o empresário, reduz os custos dele, que põe metade do pessoal na rua. Caiu-se na tirania da Microeconomia.

A lógica social ficou em segundo plano?

Sim, a visão que tinha surgido com Keynes, macroeconômica, e que privilegiava o social, foi posta em segundo plano pelas grandes escolas de pensamento moderno. Isso, sim, é o debate que a geração nova terá que enfrentar.

E no caso dos países do Leste asiático, eles passaram por cima do social?

Não, eles seguiram muito o modelo japonês, que respeita o social. Em primeiro lugar, como o Japão, eles já tinham feito certas reformas estruturais, coisa que os diferencia de nós. A Coreia do Sul — a do Norte também, mas por outras razões — e Taiwan têm um salário básico relativamente alto, uma estrutura agrária moderna. São países que primeiro passaram por um grande esforço de reconstrução estrutural. Eles tiraram partido do medo inspirado pela revolução social chinesa, que representou uma tremenda ameaça com seu modelo diferente de sociedade. A China resolveu o problema da fome, da escola, os sociais, e foi muito bem. E eles tiveram que fazer a mesma coisa, como a reforma agrária e as reformas sociais. Portanto, quando se empenham na política de desenvolvimento, promovida pelo Estado, já partem de uma estrutura muito mais moderna do que a nossa.

O perigo aqui foi o exemplo de Cuba, uma coisa pequena. No Oriente, houve o terrível medo de que o modelo chinês fosse prevalecer em toda a Ásia. Eu estive lá na China nessa época, recordo-me do que vi nas comunas populares: todos os meninos na escola, bem-nutridos. No social estava resolvido, antes que eles tivessem feito o projeto econômico. Fazer marchar uma economia é uma coisa diferente de realizar uma política social de vanguarda. Claro que se precisa de recursos, mas o Estado podia financiar isso, de forma mais ou menos tradicional.

E como estariam relacionados investimento em capital humano e progresso tecnológico?

É difícil definir, pois o progresso tecnológico depende da qualidade de material humano. Por que os Estados Unidos atraem todas as cabeças mais qualificadas, gente mais capaz? O que interessa no progresso tecnológico é a qualidade do fator humano, o que não se improvisa. Não basta investir, botar mais dinheiro. Toma tempo formar de verdade gente qualificada. Os japoneses estão fazendo um esforço tremendo nesse terreno, mas ainda estão em segundo plano. Não se vê grande número de prêmios Nobel no Japão, eles imitam mais do que criam, mas estão avançando seriamente.

Eles investem bastante em educação.

Os japoneses partiram já de um patamar alto em educação, eles têm uma educação mais avançada que no Ocidente. Mas não basta uma educação primária, educação técnica. É preciso investir em trabalho e em pesquisa superior.

Notamos que no Brasil grande parte dos estudantes de Economia e Administração, especialmente, são absorvidos pelo mercado financeiro, em detrimento da academia e do setor produtor de bens e serviços finais. O senhor acha que isso está relacionado com os últimos quinze anos de inflação ou é um fenômeno global?

É um fenômeno global. Na Inglaterra é pior. É incrível o domínio, a sedução do ganho fácil. O maior negócio do mundo moderno é a especulação financeira. O volume de negócios é de um trilhão de dólares por dia, em escala mundial, de transações de bancos, financeiras e particularmente de câmbio. É claro que esse é um sistema que está demonstrando envolver riscos muito grandes, como se viu no caso do banco inglês [Barings], que foi levado à falência por um jovem inexperiente. Mas a verdade é que é um fenômeno mundial, e um subproduto do avanço das técnicas de comunicação, da eletrônica. Desenvolveram-se técnicas fantásticas. Agora, tudo isso, com o tempo, terá que ser submetido a alguma forma de disciplina social, porque se deixar como está pode levar a desastres enormes, como alguns que já ocorreram.

SUDENE

O senhor idealizou a SUDENE e foi seu primeiro superintendente, sucedendo o DNOCS, que era um departamento ineficiente. Como o senhor avalia a importância da SUDENE na sua época e depois, no período militar?

A SUDENE em certo momento teve uma importância muito grande, porque foi uma tentativa de abordagem nova dos problemas do Nordeste, particularmente no plano social. Eu não podia nem falar de reforma agrária, porque seria diretamente pichado de terrorista, comunista etc. Mas a gente ia abordando indiretamente o problema. Fizemos o plano de colonização do Maranhão; a minha ideia era ir atacando o problema agrário no Nordeste. E assim conseguimos um projeto de irrigação novo. Essa abordagem nova dos problemas estruturais do Nordeste é que foi anulada. Preservou-se um lado da SUDENE, uma agência de incentivos fiscais.

O Nordeste, nesses vinte ou trinta anos, cresceu mais que o resto do Brasil. Quando eu cheguei à SUDENE, o Nordeste vinha há muitos anos perdendo terreno quanto ao resto do país. Com a política de incentivos fiscais, com o que se fez naquela época, e depois também, o Nordeste cresceu consideravelmente. O crescimento do Nordeste, de mais de 5% ao ano durante os últimos trinta anos, maravilha qualquer país subdesenvolvido.

O que a SUDENE fez no plano econômico deu frutos, mas no Nordeste os problemas mais graves são sociais. A SUDENE na minha época tinha um projeto de abordá-los. Por exemplo, o problema da irrigação do São Francisco, que nós começamos, nunca antes abordado. Contei com a ajuda de Israel e de outros países. Hoje aquilo é uma maravilha mas emprega menos pessoas, porque ficou tudo na mão da oligarquia local. A sociedade não avança, avança a economia. Esse é o quadro no Nordeste.

Ele continua sendo uma colcha de retalhos, heterogênea, com grandes disparidades. Suponhamos que se faça uma nova política de desenvolvimento para o Nordeste, crescendo novamente 5% a 6% ao ano; não resolverá muito, pois isso já aconteceu e os problemas sociais se agravaram. O erro dos militares foi ter abortado o pouco de política social que se tentara realizar. Com medo do comunismo, acreditaram nas intrigas da oligarquia. Aliás, se me cassaram, não foi tanto pelas minhas ideias, mas por medo de que eu fizesse política, pois sabiam que eu ia mudar as coisas. Minha cassação foi obra da oligarquia de lá.

Foram os mesmos que dificultaram também sua inserção acadêmica?
Não, para a minha inserção acadêmica não fiz muita força. Candidatei-me a um concurso, mas enquanto fui candidato este não se realizou. Foi intriga menor, mais barata, típica do mundo acadêmico.

O Nordeste precisa ser pobre para o Sudeste ser rico?
Não. Como eu estava explicando, quando fiz a SUDENE, um dos grandes argumentos foi que o Nordeste se empobrecia, sendo sugado pelo Sul do Brasil. A transferência de recursos se fazia do Nordeste para o Sul. O Nordeste tinha um saldo de exportação para o estrangeiro e, com a política cambial da época, esse saldo era absorvido totalmente pelo Sul. Tudo isso mudou. O resultado positivo da SUDENE é que o Nordeste passou a crescer mais ou igual ao Sul do Brasil. Criaram-se transferências inversas, do Sul para o Nordeste. Com a política de incentivos, muita gente foi investir no Nordeste. O Estado também investiu muito. A infraestrutura nordestina é razoavelmente boa e talvez melhor que a do Sul do Brasil, em matéria de eletricidade, de portos e de estradas pavimentadas. Isso foi feito, mas não se tocou na estrutura social, na agrária particularmente. E aí ficou um Nordeste aleijado, cresceu de um lado, nas cidades aquela beleza toda, turismo, e a meninada prostituída, pedindo esmola, dá pena! As disparidades sociais do Nordeste são maiores que as do Sul.

INFLAÇÃO

Bresser-Pereira acha que houve três interpretações de inflação que tiveram a mesma origem. A primeira é a interpretação de origem cepalina, que é a mãe de todas na opinião dele, e seria a explicação estrutural que o senhor já tratou. A segunda interpretação seria a que está em A inflação brasileira *de Ignácio Rangel [1963]. E a terceira, a mais recente, seriam as teorias de inflação inercial. O senhor concorda com essa sequência?*

Não, porque a inflação inercial é um subproduto das outras. Não existe inflação inercial por conta própria. A inflação brasileira, todo mundo sabe, é um conflito distributivo de renda. O governo foi sempre um beneficiário dessa inflação, pois não tendo meios de se autofinanciar adequadamente, não tendo uma política fiscal adequada, apelava para a inflação. Fiz o cálculo de que a inflação rendia 6% do produto nacional, limpos, e desses 6% quase metade ficava na mão do governo; quer dizer, era o maior imposto que se cobrava no Brasil. Já a inflação inercial é um subproduto da indexação, porque não se encontra inflação inercial nos outros países, só onde existe indexação. Com a indexação pode-se prever a inflação e planejar também a inflação futura. Portanto, esta se transforma em necessidade, porque ninguém quer ficar atrás. Se a credibilidade volta, a inflação desaparece.

A inflação clássica brasileira, de 30% ao ano que temos hoje [outubro, 95], é a que eu conheci sempre, e que resulta das inflexibilidades estruturais da economia brasileira. É uma inflação que reflete as tensões normais da luta pela distribuição da renda, a necessidade de baixar salários de uns, é o conflito distributivo clássico. A inflação inercial só existe como subproduto. A inflação é criada pelas tensões distributivas, e é neutralizada pela inflação inercial. Eu me recordo que, quando escrevi a *Formação econômica do Brasil*, já pensava sobre esse problema. No livro, chamei de inflação neutra a que não tem efeitos maiores; seria uma inflação inercial perfeita, que não muda nada. Se mudar a moeda, apaga-se a inflação; o milagre do Real foi esse.

Mas há fortes resistências?

Exato, e tem muita gente que resiste porque vai perder. Os prejudicados, "as viúvas da inflação", são muitos, especialmente os grupos financeiros e os bancos. No cálculo que fiz, o Banco do Brasil foi um dos grandes beneficiários da inflação, que lhe garantia uma rentabilidade alta. Tudo isso já foi pensado no Brasil, existe muita reflexão, é o país que tem mais experiência com inflação, que eu saiba.

Como compatibilizar a disciplina fiscal e monetária com uma política global?

Isso depende, evidentemente, da credibilidade do governo. Este governo, temos de reconhecer, tem uma grande credibilidade para resolver esses problemas. É preciso que o Congresso, a classe política, colabore. Existe uma dificuldade de se chegar a um acordo sobre qualquer coisa.

Retornando ao livro de Rangel, A inflação brasileira, *como o senhor viu esse livro na época? Acha que trouxe contribuições novas?*

É muito difícil saber exatamente qual é a importância de um livro que sai. Só com o tempo vai decantando. Mas, quando saiu o livro, senti que era um esforço para pensar, que saía das trilhas comuns.

Conheci muito Rangel. Na verdade, levei-o para a CEPAL e consegui uma bolsa para ele, pois me pareceu um camarada extremamente dotado de intuição, mas desequipado. Ele mesmo me dizia: "Eu nunca estudei Economia direito". Então consegui que seu nome fosse incluído no primeiro grupo do ILPES que se organizou em Santiago. No começo estavam contra pela idade que ele tinha, mas argumentei que valia a pena investir nele. E ele foi avançando e saiu com algumas contribuições maiores, mas confesso que é difícil dizer hoje em dia o que ele pensava na época. Depois, escreveu-se muito sobre isso. O que é original não se sabe logo.

O senhor acha que a globalização da economia dificulta a reversão do caráter excludente do sistema capitalista?

Aprofunda o caráter excludente. Esse é o grande desafio de hoje. Por que temos que aceitar a globalização como um imperativo histórico? Vocês já pensaram sobre isso? Por ser uma fatalidade e não se poder recuar diante dela? Por se dizer que é a força dominante? Se for assim vai ser preciso recompor o recorte político-geográfico. Que países sobreviverão? Terá sentido conservar que marcos políticos? A globalização, por definição, exige grandes espaços e acaba com todas as fronteiras econômicas. Mas não acaba com as desigualdades que existem hoje em dia.

Os governos existirão apenas para, digamos assim, congelar ou disciplinar os excluídos? Porque vai crescer a exclusão. A indústria automobilística, por exemplo, se globaliza e na verdade vai criar desemprego aqui, nos Estados Unidos, na Itália, em toda parte. Concentra-se o capital, mas em benefício de quem? Note que o protecionismo não desapareceu. Importar automóvel na França, na Itália, é uma dificuldade. Na Alemanha é mais aberto. São problemas que exigem reflexão. O progresso tecnológico é cego? É uma fatalidade, é um imperativo histórico a ser aceito de olhos fechados? A bem de quê? Se ele avança hoje é porque está sendo estimulado pelo capital, é porque é rentável. E é rentável, em grande parte, desmantelando as estruturas políticas.

A tecnologia tem suas exigências, cujas consequências não se controlam macroeconomicamente. Quando se diz que a tecnologia impõe a globalização, eu me pergunto: será que os países da Ásia vão embarcar nisso? A verdade é que a globalização penetra lá muito menos que aqui. Há muito mais resistências sociais e culturais, para desmantelar qualquer coisa há muita relutância. Os países que estão seguindo o Japão privilegiam o social. É o que nos falta, aqui e em toda a América Latina.

O Estado e as instituições

E a abordagem institucional, o imperativo institucional, o senhor vê força nessa análise?

É uma dimensão histórica, não chega a ser um imperativo. O progresso tecnológico é um imperativo porque é uma força em desenvolvimento, que desequilibra tudo. Veja na eletrônica o que aconteceu. O quadro institucional formou-se historicamente. É uma resistência, uma inflexibilidade no quadro de uma sociedade, mas que permite preservar certas coisas. É o institucional que permite preservar o patrimônio, por exemplo o patrimônio cultural, que há muito tempo está descuidado. As instituições têm uma inércia e uma resistência própria, sobrevivem a muita coisa. Os interesses criados se reproduzem, se realimentam. Mas o institucional tem que ser visto com um sentido crítico muito grande, e ignorá-lo é uma insensatez.

O senhor acha que os conceitos de rent-seeking, *de privatização do Estado, são úteis para explicar alguns fenômenos que ocorrem no Brasil?*

O Estado cresceu demasiado e com isso criou inflexibilidades em tudo. Alguma coisa teria que ser feita para modificar a lógica da expansão do Estado. Na Suécia, o Estado cresceu muito, mas não assumiu as formas negativas que há em outros países. Cresceu mais na dimensão social, pois distribui mais de 50% do produto nacional sueco. E há um forte sentido de identidade nacional.

O problema do futuro é liberar o Estado de tudo o que não diga respeito aos fins e aos valores. O que é operacional, que depende de eficiência, pode-se descentralizar, terceirizar. Mas é preciso que exista a percepção dos fins que se buscam na vida social. Eu não sei qual vai ser a evolução. Na Europa tem-se um pouco de tudo, de um lado, a ideia de que o Estado tem que reduzir o seu papel, de outro, a ideia de que o social só pode se institucionalizar, organizar-se e avançar se for com o apoio e com a presença do Estado.

O social privado, como a previdência do Banco do Brasil, beneficia só um grupo. Para beneficiar o conjunto da sociedade, os objetivos mais amplos, aí a presença do Estado é indispensável. O grande problema passa a ser evitar a degenerescência do Estado, como aconteceu nos países do Leste. A tragédia deles foi que o Estado, que desempenhou um papel muito positivo numa fase importante, degenerou completamente. Uma grande instituição que não decai é um milagre. Só conheço o caso da milenar Igreja Católica, que a tudo sobreviveu.

O que é necessário para que o Estado não degenere? É que haja uma opinião pública alerta, que haja a cidadania organizada, exigente.

A intervenção do Estado apresenta um caráter cíclico?

Não creio que haja caráter cíclico. A intervenção do Estado é um processo histórico que no mundo ocidental deu-se em certas épocas. A verdade é a seguinte: o Estado é a mais importante instituição criada pelo homem, e não se pode dispensá-lo. Na Europa do Leste viu-se o que acontece quando o Estado se degrada. Como evitar que essa instituição tão fundamental para a vida dos homens seja preservada das doenças naturais do mundo moderno que ocorrem em sociedades que se enriquecem, como a corrupção? Somente uma sociedade aberta, que possa administrar conflitos, com a imprensa livre, uma justiça independente, é capaz de preservar o Estado. Quem preserva o Estado é a sociedade.

José Luís Fiori escreveu um artigo polêmico no caderno "Mais" da Folha de S. Paulo,[6] em que afirma que o Plano Real teria sido um desdobramento do Consenso de Washington. Na nossa avaliação, ele forçou um pouco nessa apreciação...

Como você disse muito bem, ele forçou. O Consenso de Washington foi muito diferente de país para país, não se pode falar em uma doutrina fechada. Pode-se imaginar derivações do Consenso de Washington muito positivas. Ninguém pode ignorar que a busca da estabilidade econômica transformou-se em algo fundamental na América Latina, pois administrar a desordem é

---

[6] Fiori (1994), "Os moedeiros falsos".

muito mais custoso do que administrar uma economia que funciona dentro de normas, em que as coisas são previsíveis. A política do Real é uma busca da estabilização.

Considero que a política de estabilização era uma obrigação do governo, uma dívida que tinha com o povo, pois sujeitá-lo à desordem da instabilidade é o pior de tudo. A população tem o direito de exigir do governo uma administração razoável da economia. Assegurar a estabilidade dos preços é um dever do governo.

Para se ter estabilidade é preciso que o governo tenha credibilidade. Com a confiança no governo, fica fácil liquidar a inflação inercial. Sem ela volta-se à inflação clássica de 15% a 30% que eu conheci no Brasil. É uma inflação estrutural e que decorre das tensões internas normais de um país heterogêneo e com tanto atraso social. Foi isso que se fez; o que me parece quase escandaloso é que se queira apresentar isso como uma grande vitória, quando é um dever do governo restituir ao país condições normais de vida.

O Fiori exagerou a importância do Consenso de Washington. Eu trabalhei muito tempo nas Nações Unidas, sei que essas decisões internacionais são indicativas, não constituem um pacto. Houve um consenso de que era preciso dar mais importância à recuperação da estabilidade, e isso foi feito. Mas dizer que para isso é preciso privatizar empresas do Estado é bobagem. É importante que se tire de cima do Estado a administração de hotéis e de mil outras coisas, inclusive siderúrgicas. O Estado teve o papel histórico no Brasil de transformar a estrutura da economia, dotar o país de indústrias básicas. Isso é uma coisa, outra coisa é ficar administrando. Eu me recordo de que no Chile o governo fez a indústria siderúrgica, depois conseguiu privatizá-la e ela funcionava. Isso desde os anos 1950.

Não se pode confundir as duas coisas: uma é a necessidade de uma ação voluntarista do Estado para reformas estruturais, outra coisa é dizer que o Estado deve administrar qualquer setor. Isso está um pouco ligado à ideia antiga de que o Estado estava ameaçado pelo imperialismo.

Com relação a Roberto Campos, o senhor comenta, em A fantasia organizada: *"Sempre tivemos um relacionamento cordial, mas nunca fomos muito amigos, dado até mesmo o seu temperamento concupiscente".*

Isso é questão de temperamento. Ele teve um choque na vida e passou a desacreditar completamente no Estado brasileiro, repetindo um pouco Gudin. O Gudin era um homem muito inteligente, brilhante, muito simpático, um *gentleman*, gostei muito dele, mas tinha desprezo por este país. Ele estava no século XIX. Roberto, que é um homem moderno, tem certos preconceitos que me chamam a atenção. É uma coisa filosófica, ele é muito cético hoje em dia. E o ceticismo dele é maior com relação ao Estado.

Ele também vem do interior do Brasil, de Mato Grosso. Tem uma vida muito especial, porque saiu de um convento para ir para outro convento que é o Itamaraty! A vivência dele foi muito atípica. O que ele fez no Brasil foi muito positivo em uma certa época, até a década de 1950. Depois ele sofreu aquela desilusão terrível quando Vargas mudou a política e o afastou do BNDE. Ele então foi para Los Angeles, e sofreu uma mutação.

É esse o choque ao qual o senhor aludiu?
Sim. Ele estava construindo uma obra, vinha das Nações Unidas, onde era considerado um homem de esquerda. Quando se criou o BNDE, foi especialmente a Santiago me convidar a trabalhar com ele. O BNDE foi ideia dele, e vem Getúlio e coloca Maciel Filho como superintendente. O Superintendente tinha 70% do poder de decisão no banco, eu fui diretor desse banco e sei o que é isso. Maciel Filho, como superintendente, desmanchou tudo e acabou com o que lhe parecia ser um grupinho de economistas. Ele era um camarada completamente cru em Economia, era um pau-mandado de Getúlio.

O Roberto Campos chama-o em A lanterna na popa *de bundinha.*
Bundinha, era o apelido dele. E esse camarada assume nada menos que a Superintendência do BNDE, que era o cargo poderoso, na época. Então Roberto brigou, foi embora, demitiu-se, e pensou: "Eu com o Estado não tenho mais nada em comum". Passou algum tempo lá fora, tomou um banho de estrela de Hollywood, e quando voltou era outro homem.

ANTÔNIO DELFIM NETTO (1928)

Antônio Delfim Netto nasceu em São Paulo, em 1º de maio de 1928. Iniciou seus estudos no Liceu Siqueira Campos e começou a trabalhar aos catorze anos, como contínuo das indústrias Gessy Lever. Seguiu seus estudos de Contabilidade na Escola Técnica de Comércio Carlos de Carvalho, em São Paulo. Durante o curso, começou a escrever sobre economia para os jornais *Folha da Tarde* e *O Tempo*. Em 1948 ingressou na Faculdade de Ciências Econômicas e Administrativas da Universidade de São Paulo (FCEA-USP), passando a trabalhar no Departamento de Estradas e Rodagem (DER), onde redigiu diversos trabalhos ligados à economia, como *Uma estimativa de custos de operação dos equipamentos rodoviários* e *Alguns métodos estatísticos para cálculos de depreciação numa economia sujeita à inflação*.

Formou-se em 1952, tornando-se assistente do professor Luiz de Freitas Bueno, catedrático de Econometria. Em 1959 obteve o doutorado com a tese *O problema do café no Brasil*. Neste ano foi eleito vice-presidente da Ordem dos Economistas de São Paulo. Paralelamente às atividades acadêmicas, foi assessor econômico da Associação Comercial de São Paulo, integrando a partir de 1959 a equipe de planejamento do governador paulista Carvalho Pinto. No ano seguinte foi diretor de pesquisa da FCEA-USP e membro do Conselho Técnico Consultivo da Assembleia Legislativa de São Paulo. Em 1962, torna-se catedrático com a tese *Alguns problemas do planejamento para o desenvolvimento econômico*.

Em 1965, Delfim Netto ingressa no Conselho Consultivo de Planejamento (CONSPLAN), órgão de assessoria econômica do governo Castello Branco, e, por indicação de Roberto Campos, no Conselho Nacional de Economia. Neste ano lança, em coautoria, *Alguns aspectos da inflação brasileira*. Com a cassação de Adhemar de Barros e a indicação de Laudo Natel para governador de São Paulo, Delfim assume a Secretaria da Fazenda do Estado em 1966, também por indicação de Roberto Campos. Neste mesmo ano participou do "Encontro de Itaipava", que orientou o desenvolvimento dos cursos de pós-graduação em Economia. Delfim foi uma das peças-chave na constituição e desenvolvimento desse curso no IPE-USP.

Com a posse do general Costa e Silva, é nomeado ministro da Fazenda em 15 de março de 1967. Permanece no cargo durante o governo do general Emílio Garrastazu Médici, até a posse de Geisel. Em 1973, ainda ministro da Fazenda, envolve-se em um debate a respeito de distribuição de renda cujo principal produto é o livro *Distribuição da renda e desenvolvimento econômico do Brasil*, em coautoria com Langoni. O período em que Delfim ditou a política econômica no país caracterizou-se por altas taxas de crescimento com índices não muito elevados de inflação, ficando conhecido como "milagre econômico".

Em fevereiro de 1975, Delfim assume a Embaixada do Brasil em Paris, deixando o posto em dezembro de 1977. Com a posse de Figueiredo em 1979, retorna ao Executivo como ministro da Agricultura, cargo que iria ocupar por apenas quatro meses. Em 15 de agosto de 1979, Mário Simonsen renuncia e Delfim assume a Chefia da Secretaria de Planejamento (SEPLAN), permanecendo no comando da economia até o final do governo militar em 1985.

Foi eleito deputado federal constituinte pelo PDS em 1986, mesmo ano em que publica *Só o político pode salvar o economista*. Desde então, Delfim Netto não abandonou mais o Legislativo, reelegendo-se deputado federal em 1990 e 1994. Durante esse período atuou como articulista no jornal *Folha de S. Paulo*.

Nossas duas entrevistas foram realizadas em seu escritório no Pacaembu, em São Paulo: a primeira no final de setembro e a segunda no início de outubro de 1995.

Formação

O que o fez escolher Economia?
Um acidente. Originalmente a minha intenção era ser engenheiro, mas minha família não tinha condições. Era impossível trabalhar e fazer o curso de Engenharia ao mesmo tempo. Então fiz o curso de Contabilidade, na Carlos de Carvalho, e me formei contador, ainda no velho regime. Havia saído uma lei, acho que foi em 1945, que permitia que o contador entrasse na universidade, e vi naquilo uma possibilidade. Foi criada a Faculdade de Ciências Econômicas na USP, em 1945, e eu decidi fazer Economia. Fiquei muito feliz com a Economia, me ajustei bastante, acho que tive uma sorte louca. Foi a profissão que me escolheu, eu não escolhi a profissão.

Delfim Netto (na foto, à esquerda, com Roberto Campos e Francisco Dornelles):
"Os economistas estão se conformando com coisas incríveis. Quanto mais
monetaristas são, mais crentes de que o mercado é Deus e que, portanto,
a função do economista é obedecer ao Deus Mercado".

O senhor poderia citar quais foram os seus professores mais importantes? Reconhece algum mestre, alguém muito importante na sua formação?

No início da escola, os professores eram todos autodidatas. Nós tínhamos trazido para a USP um professor francês, que era Paul Hugon, uma figura muito interessante, um professor formado na França, quer dizer, num estilo mais institucional. Ele chamava a atenção para a história do pensamento econômico. Dava um curso de Introdução à Economia, um curso francês, curto, baseado em pequenas leituras, que ele selecionava cuidadosamente e imprimia em um aparelho de gelatina, que tenho até hoje. Naquele tempo não existia nenhum livro-texto hegemônico. Samuelson[1] apareceu em 1947 ou 1948 nos Estados Unidos e só apareceu no Brasil quando eu já estava terminando o curso, acho que saiu a tradução em 1952 ou 1953.

O senhor terminou o curso nessa época?

Sim, terminei o curso em 1952. Naquele tempo, o livro-texto de todo mundo era o do professor Gudin,[2] que só tinha o primeiro volume; ele tinha prometido o segundo volume mas demorou uma fábula, saiu quando eu já estava formado. Esse volume do Gudin era muito interessante, mas tinha um enfoque mais Macro, mais concentrado em moeda. Para a parte de Teoria dos Preços, com que tínhamos sempre um certo cuidado, havia um professor muito bom, Dorival Teixeira Vieira, que também tinha sido assistente do Hugon e tinha um *approach* mais institucional, também ligado à história. Um curso muito interessante.

O livro que mais me influenciou nessa época foi o de Bresciani Turroni, *Curso de economia política* [1960]. O primeiro volume cuidava de formação de preço, teoria do valor, e o segundo, da parte de moeda, de comércio internacional. Claro que tudo isso desapareceu depois que apareceu Samuelson. Ele produziu um estrago de tal natureza que as pessoas acreditaram que toda a Economia vinha de Cambridge, Estados Unidos. No tempo que eu estudava seguia-se a linha de Cambridge, Inglaterra.

De forma que tive bons professores. O curso, como disse, era de autodidatas, apoiado mais em livros, para quem gostava de estudar. Alguns livros eram chave. No comércio internacional era o de Haberler[3] — hoje nem se de-

---

[1] Samuelson (1948), *Economia*.

[2] Gudin (1943), *Princípios de economia monetária*.

[3] Haberler (1936), *El comercio internacional*.

ve mais ouvir falar nisso. Macro, que era dada por Roberto Pinto de Souza, também era baseada em Haberler, *Prosperidade e depressão* [1937]. Quem tinha mais interesse, ou mais conhecimento, acabava pegando *Valor e capital*.[4] A *Teoria geral* de Keynes[5] tinha chegado aqui havia pouco tempo, acho que em 1951, 1952. O resto do pessoal que falava em Keynes não tinha a menor ideia do que ele estava dizendo. Aliás, a dúvida era se Keynes sabia o que estava dizendo (risos). Mas, de qualquer forma, quem lia tinha sérias dificuldades, como está provado hoje pelo grande número de interpretações. Com relação à Estatística, tive um excelente professor, Luiz de Freitas Bueno, que dava um curso interessante e já voltado para a Econometria. Naquele tempo, estudávamos Davis, *The Theory of Econometrics* [1941a]. O que hoje me impressiona é que Bueno tinha uma intuição de que as coisas importantes estavam no estudo das séries de tempo. Aqui, de novo, estudávamos Davis, *The Analysis of Economic Time Series* [1941b] e Tintner, *The Variate Difference Method* [1940]. Essa paleoeconomia estava buscando o que só se encontraria nos anos 1980. É curioso notar que, já em 1950, Flavio Manzolli (assistente do Bueno) insistia em que todos devíamos estudar a teoria dos jogos. Ele andava para cima e para baixo com o seu Neumann-Morgenstern.[6]

E tivemos um grande professor de Estatística, Wilfred Leslie Stevens, que foi assistente de Fisher e também tinha vindo da Inglaterra. Era um professor extraordinário. O curso de Estatística era muito forte. O curso de Matemática também era bastante bom, dado por Luis Arthaud Berthet. Era um curso que permitia que se lesse o *Foundations* de Samuelson,[7] não dando risada, com algumas lágrimas, mas dava para entender. É claro que, como era uma coisa autóctone, provavelmente não se tiravam todas as consequências que se deveriam. Em Finanças tivemos um professor muito interessante, Teotônio Monteiro de Barros, professor na Faculdade de Direito. Não tem nada que está aí que vem de Finanças Públicas, nem sequer o teorema de Ricardo, que Barros redescobriu, que não fosse conhecido.

O senhor relataria algum episódio acadêmico controverso?

---

[4] Hicks (1939), *Value and Capital: An Inquiry into Some Fundamental Principles of Economic Theory*.

[5] Keynes (1936), *Teoria geral do emprego, do juro e da moeda*.

[6] Neumann e Morgenstern (1947), *Theory of Games and Economic Behavior*.

[7] Samuelson (1947), *Foundations of Economic Analysis*.

Na verdade, a única controvérsia que existia naquele instante eram dois livros iluminando todo mundo. De um lado, a *Teoria geral*, que as pessoas não sabiam direito do que se tratava, até aparecer Alvin Hansen, e, de outro, *Capitalismo, socialismo e democracia* de Schumpeter [1942]. Keynes queria salvar o capitalismo, socializando o investimento, e Schumpeter dizia que não valia a pena continuar na batalha. Schumpeter e Keynes não se bicavam. A ideia de Schumpeter era de que a batalha estava perdida, que caminhávamos inexoravelmente para o socialismo.

Toda escola de Economia é, de um lado, mais conservadora, porque pretende ser mais racional que as outras Ciências Sociais. A minha disposição, por exemplo, era a de não aceitar as conclusões de Schumpeter, mas era complicado. Eu já tinha pelo menos me libertado da gaiola marxista — eu não era um passarinho dentro da gaiola, podia olhar a gaiola do lado de fora. Era uma enorme discussão, puramente acadêmica. A história se encarregou de resolvê-la de forma trágica. Hoje ninguém leva Keynes muito a sério, o que é uma pena. E tudo que Schumpeter usou como hipótese era verdade, mas os resultados foram diferentes, porque a história tem sua própria lógica, que às vezes não coincide com a dos homens.

Na faculdade também havia essa divisão?

Ah, sim. Na verdade, eu acho que as pessoas eram separadas entre os que tinham lido algum livro sobre Teoria de Preços e outros que não tinham lido nada. Os que não tinham lido nada eram muito favoráveis ao socialismo, como até hoje. E os que tinham um conhecimento de Teoria de Preços tinham uma certa desconfiança quanto ao seu resultado.

Quais os livros, no decorrer da história econômica, que o senhor considera clássicos?

O clássico, clássico mesmo, é o velho Adão. O pessoal dizia: "Está tudo em Marshall" — não, está tudo em Adam Smith. As intuições originais estão lá, inclusive as restrições ao tamanho do Estado e o uso necessário do Estado em algumas coisas. É, na verdade, cada vez mais interessante reler Adam Smith, é um pouco longo, mas é um livro extraordinário.[8] Até o aparecimento de Samuelson, os que não tinham acesso ao italiano, a uma outra língua, acabavam mesmo sendo meio prisioneiros de Marshall.

---

[8] Smith (1776), *An Inquiry into the Nature and Causes of the Wealth of Nations*.

Em Economia Brasileira, pode-se considerar Gudin um clássico, o *Princípios de economia monetária*. Um livro que pôs a gente em contato com Wicksell, mais ainda com Wicksteed. Foi um pedaço da minha libertação. Eu era socialista fabiano e Wicksteed foi um exemplo clássico. Ele demonstra a falsidade da teoria do valor trabalho. Gudin, na verdade, abriu um campo de leitura. Era um sujeito fantástico, também um autodidata, um engenheiro de estrada de ferro. Teve um papel realmente decisivo. Ele e o doutor Bulhões. De Celso Furtado, o livro de história econômica,[9] que é uma espécie de romance, é um livro extraordinário por causa da forma. Aquela interpretação integral, global, transmite uma lógica para a história que é absolutamente fantástica.

Fantástica em que sentido?

Na verdade, a história tem dentro de si o seu próprio desenvolvimento. Celso é uma leitura muito agradável. Ele mistura um keynesianismo frequentemente não permitido, mas é absolutamente encantador. O livro do Celso é um livro de alta categoria.

Cientificamente falando?

O que é cientificamente falando? Celso é um campeão da retórica também. É um campeão do convencimento. Você diz: "Temos sérias dúvidas se as políticas usadas nos anos 1930 eram ou não keynesianas". É evidente que não eram, mas não interessa. A interpretação que ele deu é coerente. Ele constrói um multiplicador da economia do ciclo do açúcar. Tudo bem, você quer construir, pode construir, nada impede. Por exemplo, *Foundations* é científico? O que é o *Foundations*? Na verdade, é o seguinte: um sujeito extremamente competente, também genial, que é capaz de tirar todas as consequências de um conjunto de axiomas. Mais nada.

Então essa noção científica é uma coisa delicada no campo da Economia. Vejo hoje uma arrogância intelectual absolutamente fantástica, em que o sujeito ou está se enganando ou querendo enganar os outros, julgando-se portador de um conhecimento hegemônico, científico, indisputável, da mesma forma de que se você se atirar do décimo oitavo andar a tua velocidade na queda vai ser gt^2 dividido por 2; ele imagina que isso aconteça. Pode-se até conviver com isso, mas em Economia não existe esse negócio. A Econo-

---

[9] Furtado (1959), *Formação econômica do Brasil*.

mia é uma espécie de conhecimento em que o que sobra, o que é realmente fundamental, são as identidades da contabilidade social, sobre as quais não há disputa, por enquanto.

Em História, tivemos uma professora de alta qualidade, Alice Canabrava. Eu lamento muito que ela não tenha publicado todas as suas pesquisas. O livro de Celso Furtado foi submetido a um exame muito cuidadoso pela Alice, uma pesquisa que durou anos, na base de orçamentos do século XVIII e XIX, e vê-se que toda aquela imaginação da economia colonial nunca existiu, é uma invenção pura e simples. Então, lamento muito que Alice não tenha publicado isso, ela deve ter esse papel guardado, provavelmente alguém um dia qualquer vai examiná-lo.

Gostaríamos que o senhor relatasse a sua participação na Associação Nacional de Planejamento Econômico e Social [ANPES]. Teve alguma influência na sua ida para o governo?

A ANPES, na verdade, era uma forma de organização que financiava pesquisas, mas não tinha nenhuma ligação com o governo; pelo contrário, era oposição. Depois de 1964, quando Jango fugiu, várias pessoas da ANPES foram mesmo para o governo.

Primeiro Roberto Campos, Mário Henrique Simonsen e depois o senhor.
Campos. Simonsen sempre foi só assessor, um brilhante assessor do Campos. Simonsen teve um papel importante na formulação do PAEG e depois como ministro da Fazenda do governo Geisel.

E a criação do IPE, como foi?
O IPE foi uma coisa natural. Nós estávamos desenvolvendo um núcleo de estudos, que começou com um seminário que acontecia todas as sextas--feiras. Aquilo foi se acomodando, crescendo, ampliando-se. Os horários eram os mais extravagantes do mundo, um dos seminários era das sete da manhã às nove, o seminário de Matemática, e depois tinha o seminário da sexta-feira, em que se tentava estudar os artigos mais recentes, que estavam na fronteira ou no que supúnhamos que fosse a fronteira do conhecimento. Mas a tudo se tem de dar um desconto, porque isso aqui é Brasil, não estávamos em Cambridge, estávamos em São Paulo, Vila Buarque. Com certa pretensão de se fazer ciência também.

Porém a escola sempre teve uma certa vantagem, uma biblioteca muito boa. Então esse grupo foi ali se formando, tivemos períodos de grande agitação, de grande confusão, e depois chegou Ruy Leme, como interventor do

O presidente João Baptista Figueiredo, Delfim Netto (sendo empossado no cargo de ministro) e o porta-voz do governo, Alexandre Garcia, em 1979.

Delfim Netto com César Maia, José Serra, Aloizio Mercadante, Roberto Campos, João Mellão e Francisco Dornelles discutindo o parlamentarismo em 1993.

Conselho Universitário, para pôr ordem na escola. E eu acho que a escola deve ao Ruy realmente a sua estrutura original. Ele pôs em ordem o passado, começou a fazer os concursos, organizou a escola. Eu rapidamente fiz livre--docência, depois fiz cátedra.

O IPE foi uma consequência natural desse processo. Existia o Instituto de Administração, que era antigo, e nós então construímos esse instituto paralelo. Era um mecanismo natural desses grupos que estavam se desenvolvendo. Ruy era um sujeito genial, tinha um cérebro privilegiado. Ele foi o principal instrumento da construção da escola naquele instante, deu suporte no momento mais crítico, e a partir daí a escola progrediu. A escola tinha três ramos: Economia, Atuária e Contabilidade. Havia um Departamento de Matemática que era forte porque não era só análise, era análise, demografia, matemática atuarial.

E a participação da Ford Foundation?
Isso tudo teve ligação com a Ford. Uma figura muito importante foi Georgescu-Roegen, que veio com frequência e nos estimulou muito, mandava o nosso pessoal para a Vanderbilt e isso produziu um grupo importante. Sem dúvida, a Ford ajudou muito. Werner Baer também nos ajudou com a Ford.

Houve uma série de seminários internacionais, não?
Ah sim, nos ligamos a uma série de institutos internacionais, junto com o Grunwald. E trouxemos muita gente, como Oskar Lange, Michal Kalecki, Jan Tinbergen, uma porção de gente.

Metodologia

Na sua opinião, qual é o papel do método na pesquisa econômica?
Essa é uma velha discussão. As pessoas dizem que quem estuda método não faz teoria, e quem faz teoria não leva em conta o método. Se se entender o método como um mecanismo de aproximação da realidade, então acho que ele é ínsito à pesquisa. Fazer hoje a distinção que se fazia antigamente sobre os métodos, acho que não tem mais sentido realmente. Isso desde [John] Neville Keynes, pai de Keynes, que tem um livro[10] absolutamente interessante,

---

[10] Keynes (1891), *The Scope and Method of Political Economy*.

extraordinário. No mundo inteiro a aproximação é, na verdade, eclética. O que se pode dizer é que uns têm mais inclinação para Matemática, outros, para Estatística, outros, para História, ou ainda para um certo *approach* sociológico, institucional.

A minha convicção é de que tudo isso se aproxima muito. A minha tese de doutorado[11] é uma aproximação histórica e estatística, que é o método que acho que, para o economista, é o que funciona. O economista precisa de hipóteses simplificadoras e depois manipuláveis para compreender a realidade. A habilidade dele é reduzir o número de hipóteses ao mínimo para explicar o máximo. Isso é uma arte. Veja você hoje um sujeito brilhante como Paul Krugman. O que o distingue dos outros? É que provavelmente ele sabe Matemática tanto quanto os outros, mas esconde. E faz uma aproximação extremamente simplificada, pega modelos muito simples e explica uma realidade bastante complexa. É um sujeito inclinado para História e Geografia. Aliás, tínhamos um curso de Geografia dado pelo Dirceu Lino de Matos que era realmente excelente. Era um tempo em que se acreditava em alguns condicionamentos físicos mais importantes, e os livros de Huntington,[12] que a gente explorava neste curso, eram muito interessantes. Não é possível deixar de citar ainda um grande professor, o filósofo Heraldo Barbuy, cujas aulas aos sábados lotavam a classe. Sua insistência na Filosofia e na História davam uma iluminação surpreendente para as aulas de Sociologia.

O que eu queria chamar a atenção era que a escola tinha uma visão mais global do fato econômico, não era prisioneira do economicismo. Tinha-se uma boa formação, que vinha desses cursos básicos, de História, Geografia e Sociologia. Escrevi inclusive um artigo sobre método, que nunca publiquei. Hoje está muito velho. Era dos anos 1950, do tempo em que isso era uma característica. Discutido com o velho Gudin durante muito tempo, com correspondência e tudo.

Na época que o senhor começou a fazer Economia, métodos estatísticos e matemáticos em economia ainda eram incipientes no Brasil. Quem foram os pioneiros na área?

Pioneiro nisso foi Luiz de Freitas Bueno. Foi quem trouxe essa tendência de estudo quantitativo. Lembro que foi ele quem me trouxe o *Founda-*

---

[11] Delfim Netto (1959), *O problema do café no Brasil*.

[12] Por exemplo, Huntington (1915), *Civilization and Climate*.

tions. Ninguém entrava para esse grupo que estava se formando se não tivesse feito os exercícios do Allen,[13] não tinha conversa.

Nesse campo, o velho Stevens teve um papel decisivo porque a Estatística que nós conhecíamos era a Estatística fisheriana; então, tínhamos uma inclinação muito maior para fazer estatística com análise de variância. A análise espectral era feita por outros caminhos, pela análise de variância. O que acho é que hoje se exagera. Transformaram a Economia em um ramo bastardo da Matemática. O sujeito nem é matemático e nem é economista, porque perdeu toda a intuição.

Como instrumento de retórica, funciona?

Como instrumento de retórica não, como instrumento de intimidação. Porque o sujeito que se deixa aprisionar por uma fórmula é um idiota. A fórmula só pode pôr para fora o que você colocou lá dentro. Isso é a coisa mais elementar do mundo. Então o sujeito que vem construir um modelo de equilíbrio geral no espaço de Banach[14] é um banana, e quem aceita isso é mais banana do que ele! Estamos dando, na verdade, para o pessoal que gosta de Matemática e estuda Matemática, um campo maravilhoso para produzir exercícios interessantes. Mas a Economia não é isso, ou então a Economia não é nada.

O senhor acha que está havendo um refluxo, uma volta para a Economia Política?

Ah, eu espero! Na verdade, o padrão, o nível de conhecimento de Matemática, mesmo nas revistas mais preciosas de Economia, como a *Econometrica*, na mão de um matemático é ridículo. O sujeito, coitado, não sabe nada. Uma curva de custos é definida como "um conjunto de todos os x que satisfazem a seguinte condição". O que significa isso? E, o que é mais grave, é que isso é dado por professores que não entenderam para alunos que nunca vão conseguir entender. Existe um limite para isso. Talvez o limite superior na teoria da demanda seja o teorema de Slutsky e mais nada! E também não é preciso aprender, só se tem de intuir que existem dois tipos de componentes e que uma componente domina a outra em alguns momentos. Tenho a im-

---

[13] Allen (1957), *Mathematical Economics*.

[14] Importante classe de "espaços vetoriais" (conceito topológico) criado pelo matemático polonês Stefan Banach.

pressão de que, no momento em que se dá a esses instrumentos um valor muito grande, está-se perdendo a intuição.

Economia é ciência ou é arte?

É uma mistura. Eu acho que ela tem muita arte. Certamente, pretende-se que a aproximação do problema seja científica. O que se chama de aproximação científica? Uma aproximação em que eu tenho uma intuição da realidade e extraio alguns elementos que considero fundamentais. Como a realidade em si é muito complexa, construo um modelinho fora dessa realidade e, para minha surpresa, o tal modelinho reproduz alguns resultados que a realidade tem. Então, o que imagino? Que aquilo explica toda a realidade. Aí começa a discussão sobre se as hipóteses têm que ser realistas ou não. Na minha opinião, é uma discussão importante, mas não é fundamental. Na verdade, o fundamental é saber se se teve ou não a intuição daquela realidade e como operá-la — isso é que é o fundamental.

Os economistas estão se conformando com coisas incríveis. Quanto mais monetaristas são, mais crentes de que o mercado é Deus e que, portanto, a função do economista é obedecer ao Deus Mercado. Ninguém pensa nas fantásticas hipóteses que estão embaixo disso. Acho que fomos para o exagero. Hoje, por exemplo, eu acho que ninguém publica um artigo em uma revista de Economia se não tiver alguma fórmula incompreensível, inclusive para o *referee*, que fica com medo de perguntar como é que é e deixa passar.

Na Econometria, tivemos um avanço grande no estudo de séries de tempo, especialmente a partir das análises da cointegração do início da década de 1980. Como o senhor vê esses estudos?

Acho que é uma grande evolução. Quando se começou a construir aqueles modelos dinâmicos, ficou claro que tudo era série de tempo. Luiz de Freitas Bueno tinha uma intuição absolutamente clara disso. Durante anos se estudou os livros de Kendall,[15] de Davis, de Tintner. Era a análise de série de tempo pelos métodos clássicos. A grande contribuição foi trazer esses métodos para a Economia. A cointegração é uma coisa nova, interessante. Hoje não leio muito, sou um homem idoso, mas até agora não consegui ler nenhum artigo escrito por econometrista com as novas técnicas que dissesse o seguinte: "conclusivamente, o modelo é falso", ou "conclusivamente, não tenho razão para rejeitá-lo". São todos tucanos, é impressionante. Econometrista é

---

[15] Kendall (1943-1949), *The Advanced Theory of Statistics*.

o tucano em potencial, é incapaz de sair do muro. Antigamente concluía-se com segurança, usando os métodos velhos. E, como dizia o velho Keynes, é melhor estar mais ou menos certo do que absolutamente errado.

A grande contribuição da Econometria é que ela tornou o economista mais cuidadoso. Os que conhecem um pouco de Econometria são menos seguros do que os ignorantes e sempre têm alguma dúvida, o que é uma coisa boa. A Econometria mudou nesse sentido, ela nos dava uma falsa segurança. Eu me lembro do tempo que era moço. Éramos um grupo muito restrito que conhecia um pouco de Matemática e de Economia. O terror que a gente impunha aos companheiros incautos era infinito. O sujeito que conseguia inverter uma matriz era tido como meio gênio. Hoje tudo isso tem um limite, as pessoas aprenderam. A Econometria, que era um instrumento de segurança, se transformou em um instrumento de insegurança. Ela chega a concluir que não há cointegração entre moeda e preço, que deixa os economistas perturbados. Isso tudo é um grande avanço e também um sistema de controle da teoria. Deixa-se de acreditar em uma porção de coisas. Como nunca se conseguiu reproduzir aquilo que se imaginava que existia, esquece-se.

Método histórico-institucional

Na introdução de sua tese de doutorado,[16] o senhor afirma que a aproximação metodológica que lhe parece mais fecunda é a histórica. Como o senhor vê essa abordagem hoje em dia?

Era uma combinação de história com método quantitativo. Continuo achando que essa é a única forma de tentar entender a realidade. Primeiro porque um fato objetivo é extremamente duvidoso, a realidade é a que eu vejo, que tem explicações que são históricas na sua origem. Para entendê-la, provavelmente, é preciso alguma forma de discriminar os fatos, que é quantitativa. Como é que sei que o preço influi na demanda de café? Só tem um jeito: pegar o que suspeito que seja a demanda, fazer todas as correções possíveis e comparar com um preço. Que preço? Existem trezentos preços! Aí que é a arte: como escolho essa quantidade, como escolho esse preço. E depois vejo que esses dois negócios têm uma certa correlação. Eu nem sei se é causa e efeito, o que sei é que estão ligados de uma certa forma, provavel-

---

[16] Delfim Netto (1959), *O problema do café no Brasil*.

mente tem uma outra variável lá atrás produzindo essa ligação. Não há outra forma de aproximar, não adianta ficar imaginando.

Hoje discute-se sobre o que controla o déficit em contas-correntes, como é que se constrói a taxa de câmbio real. É a discussão mais ridícula do mundo. Por definição do economista, a taxa de câmbio real é a que controla o déficit em contas-correntes. Então, ou ela existe ou não existe; se não existe, joga-se fora a teoria e constrói-se outra. Agora não me venha com conversa mole, agora eu vou dividir pelo IPA,[17] depois eu vou dividir pelo IGP, depois pelo número de pneumáticos, depois divido pelo número de florestas...

E hoje, o computador é um instrumento poderoso e corruptor. Ele permite a mineração, quer dizer, eu pego um monte de dados, jogo naquela porcaria, faço regressão de tudo quanto é tipo, aplico log, sai raiz quadrada, pego o seno do produto e multiplico, até encontrar um troço que explica. Aí posso construir uma teoria que acaba explicando realmente o nível de preços dos alimentos pelo arco seno do preço (risos).

Como o senhor vê a abordagem institucional, particularmente a de Douglass North?

Acho esse *approach* muito interessante, cabe bem para a economia brasileira, que não é muito diferente da do resto do mundo. Essa pretensão de originalidade tem que nos abandonar. O *public choice* é, na verdade, a grande revolução desse processo. Hoje, quando penso na minha experiência à luz do *public choice*, vejo que de fato ela contém algumas verdades realmente interessantes.

Quando se constrói um sistema, digamos, de subsídio, produzem-se efeitos importantes durante algum tempo. Ocorre que os utilizadores do subsídio se apropriam da agência que o produz. Aquilo que era para construir um sistema competitivo se transforma no guardião do monopólio. Essas coisas são visíveis, eu mesmo tenho dez experiências concretas de como na verdade os agentes procuram seus interesses, nas mais diversas circunstâncias. É falso imaginar que o sujeito do governo tem uma visão muito mais profunda do que o sujeito que está aqui fora, e que ele é o portador das virtudes, do conhecimento. Acho que essa é uma das coisas realmente importantes e acho também que várias coisas vão acabar renascendo. Uma é a economia social do mercado, que é o que está aí; não é nada de neoliberalismo, ninguém sabe

---

[17] Refere-se ao cálculo da defasagem cambial elaborado pela Macrométrica, no qual utilizou-se o IPA como deflator do câmbio.

o que é isso direito, pode-se ser neossocial, que é uma coisa muito mais profunda... (risos).

Na verdade, o que a Economia permite que se veja? Hoje sabemos o fundamental, só se pode ter mercado se se tiver propriedade privada rigorosamente definida. Sabemos que a propriedade comum produz realmente uma devastação. Não temos uma, ou duas, mas centenas de experiências. Aí, quando se deita na história, vai-se para a frente, para trás, para a Suméria, para onde se quiser, para as origens do capitalismo, vê-se que isto é verdade. É tão verdadeiro quanto pode ser uma verdade na área das Ciências Sociais. A cada vez que se construiu um sistema em que a propriedade privada era relativamente sólida, e em que o Estado tinha uma intervenção menor, apareceu um mercado. Ninguém inventou, ele aparece naturalmente. Jean Bachelier[18] mostra isso de forma absolutamente convincente.

Então isso significa que toda intervenção do Estado é um mal? Tolice. Na verdade, sem um Estado que pense, o economista jamais conseguirá os objetivos de que precisa. Para que existe essa tal profissão? Pode-se dizer que ela existe para "fins estéticos", "a ciência pela ciência" — põe-se os dois entre aspas e tudo bem. Porém, a profissão existe para eliminar certas restrições que a sociedade encontra. O caso brasileiro me dá um exemplo típico disso. Qual é hoje, na minha opinião, o problema mais grave com a cabeça dos economistas brasileiros, que está refletido nesse plano plurianual? Quando o governo diz que "nós não podemos crescer a mais que 4% ao ano, porque isso produz inflação, ou déficit em contas-correntes", está se jogando a toalha, terminou o papel do economista. Não se precisa de economista, vai embora daqui, que é um perturbador da ordem e um produtor de anomia. O economista existe é para superar esses limites. Então, se se tem câmbio flexível e dispõe-se de uma política monetária e fiscal, não há nenhuma razão para não se poder ter a taxa de crescimento que se queira em um nível de pleno emprego, com equilíbrio em contas-correntes. Quando se aceitam esses limites, jogou-se fora a profissão.

Olhe o que está acontecendo. O Brasil já tem desemprego, e, se a taxa de crescimento do PIB não for maior que a taxa de crescimento da oferta de trabalho somada ao crescimento da produtividade, esse desemprego vai ser crescente. Nós estamos construindo o quê? Uma bomba-relógio. E se o governo publica isso em quatro volumes, com a respeitabilidade da mais fan-

---

[18] Bachelier (1900), "Théorie de la speculation".

tástica, mais cuidadosa, mais sofisticada teoria econômica, é aterrador. É preciso mudar de profissão! A resposta deles é a seguinte: "Você é um inflacionário, gostaria de ter inflação, você é louco para ter déficit em conta-corrente". Eles é que produziram as duas coisas. O que me parece é que a teoria econômica, nesse sentido de conhecimento, de como funciona a economia, existe para superar essas dificuldades; senão, para que a sociedade mantém esse monte de ociosos, fazendo tese de doutoramento, viajando, estudando em Chicago, em Cambridge, em Berkeley, estudando em tudo que é canto, em São Paulo e no Rio de Janeiro — o que se vai fazer com esse monte de gente? Vão ser todos professores de grego? Pelo menos ser professor de grego tem uma vantagem: lê-se Sófocles no original!

Um economista é capaz de corrigir as distorções do mercado?
Vamos supor que eu queira manter o pleno emprego e queira manter uma taxa de crescimento. Então, vou dizer que preciso de um superávit fiscal de 3% ou 4% do PIB. Com esse superávit fiscal, se estou com câmbio flexível, ponho a taxa de juros interna igual à externa. A taxa de retorno do investimento é certamente maior que a taxa de juros. Portanto, eu ainda vou estimular os investimentos com esse superávit. Qual é o mal que há nisso? Vou produzir a taxa de crescimento que quero, num nível de pleno emprego, sem déficit em contas-correntes.

Só que isso só existiu na Economia até 1970, depois de 1970 não existiu mais. Porque mudaram as condições? Não, porque os economistas se perderam. Na verdade, nós perdemos a noção de que esta que é nossa tarefa. Se você pega um James Tobin, mesmo o Samuelson, pega na verdade o momento mais alto dessa intervenção, que foi no período Kennedy, você vai ver. A Economia tem lá os seus defeitos, ninguém é Deus, mas a economia funcionava na direção que a sociedade precisava. Pode-se dizer: "Ah, a curto prazo a gente tem que resolver" — e é verdade, a curto prazo provavelmente se terá de pagar um preço pela estabilidade. Só que não se pode desmontar a máquina de crescimento por causa disso, tem de se fazer isso de modo compatível com uma preparação da mão de obra, facilidade de investimento, de tal jeito que, quando se sair dessa armadilha, volte-se a crescer.

Parece-me que esse é um ponto-chave que mudou a concepção dos economistas. Talvez nós tenhamos levado a intervenção longe demais. As estatais não eram tão ineficientes como são hoje. A privatização no Brasil, na minha opinião, não é porque você precise tornar as empresas muito mais eficientes, porque também vai torná-las, mas é porque você precisa libertá-las das influências políticas que as destruíram. Um senador ou um deputado nomeia o diretor da TELESP para melhorar o sistema de telecomunicações ou para ganhar uma grana? Então ele já é um fator perturbador. Toda essa teoria de finanças públicas que está aí, todos esses teoremas delicadíssimos da teoria do bem-estar não resistem à introdução de um sonegador. Ele acaba com toda a teoria. Por quê? Porque se introduz uma informação assimétrica, o sonegador sabe um pouco mais que você, acabou, não tem mais teoria que resista. E não adianta trazer topologia, não tem nenhum ponto que saiba mais do que o outro na topologia.

Imagina o sujeito falar, como nós fizemos no BEFIEX, em estimular as exportações? Tinha idiota que dizia: "Cada par de sapato que você exporta é um par de sapato que você tira do brasileiro". O imbecil não sabia que, para cada sapato que se exporta, a renda que você deixou dentro é exatamente igual ao sapato que se exportou; pelo contrário, para cada sapato que se exporta, deu-se um par de sapato para um brasileiro. E mais, se se considerar o multiplicador das exportações.

Ninguém consegue entender a diferença entre custo social e custo privado. A destruição da produção de trigo no Brasil é um ato criminoso, porque todas as hipóteses em que está apoiada a teoria do comércio internacional são as de pleno emprego: é que se está em cima da curva de transformação. Se se está num ponto interno, nenhum daqueles teoremas vale! Deixa-se a terra vazia durante seis meses, deixa-se o trabalhador comendo durante seis meses — porque tem que comer, não é faquir —, as máquinas paradas durante seis meses, porque se considera que o custo privado do trigo é ligeiramente maior que o argentino. Qual é o custo social do trigo? É o que se tem que sacrificar para produzir trigo. Não se tem que sacrificar nada para produzir o trigo. O que acontece? Melhora-se certamente em um infinitésimo, o "dx ao quadrado" que a gente costumava jogar fora quando integrava, o bem-estar dos comedores de pizza de São Paulo, e deixa-se seiscentos mil sujeitos sem emprego no Rio Grande. Essa é a lógica que está nisso e não se pode segui-la cegamente.

Há uma campanha, uma propaganda fantástica. A mídia, que não sabe nada, apoiando, porque a mídia é consumidora. Se se perguntar para a mídia o que ela deseja, eu sei, todos nós sabemos: ela quer uma sociedade só de consumidores, que não tenha nenhum produtor, que é a sociedade para a qual caminhamos, em que tudo cai do céu.

Não existe nenhuma possibilidade de fazer algum mecanismo de intervenção sem que alguém se aproprie afinal de algumas vantagens. Se você for um purista e disser o seguinte: "Eu não quero que ninguém tire nenhuma vantagem", pode ter certeza de que não vai criar nenhuma vantagem. Se se cria dez de vantagem, alguém vai se apropriar de dois ou de três — o problema é não deixar se apropriar de nove.

Em um regime ideal as pessoas são pontos, e se comportam como pontos. Por que a Economia se distingue realmente das ciências fortes? É que na Economia o átomo aprende. Você já imaginou uma Física em que o átomo aprendesse? Eu sempre brinco, o automóvel não ia existir; o átomo está lá na rua, andando, de repente, *schuup*, é chupado para dentro de um motor, é empurrado por um êmbolo, lá em cima recebe uma faísca, *booff*, e aquilo explode, sai pelo escapamento todo queimado, se arrebentando, nunca mais! Quando depois o átomo vir um automóvel, não entra mais. Na Economia é assim. É por isso que hoje as expectativas, a credibilidade e a experiência têm um papel relevante. Na Economia só enganamos o átomo uma vez, na segunda vez o átomo nos engana.

Eu vivi isso, por exemplo, nos subsídios à agricultura. Quando se estava querendo estimular o processo agrícola, dava-se subsídio com superávit orçamentário. O que acontecia? Quando terminava a safra, ao fazer uma avaliação do resultado, em quatro milhões de sujeitos, 3.995.000 tinham usado o subsídio direito, comprado adubo, descontado duas vezes o imposto de renda. E cinco mil tinham comprado apartamento na Vieira Souto. Aí diziam: "Tem que acabar o subsídio, porque esses cinco mil...". Tudo bem, vamos mudar o subsídio. Aí se fazia um novo subsídio, alterava-se a ordem. Terminado, fazia-se uma avaliação e de novo 3.995.000 tinham obedecido e cinco mil tinham se locupletado. Então não interessa, deixe que se locupletem, desde que os 3.995.000 funcionem. Eles eram mais inteligentes que o governo, e aí não havia como vencê-los. "Ah, então não dá para ninguém." Não! Fazendo isso a agricultura cresce 5% a 6% ao ano, sem isso chega a 2% ou 3%. Então, que se encontrem mecanismos, que se cobre imposto de renda daqueles cinco mil, faz o que quiser depois. Isso exige uma certa capacidade de ver o mundo de modo diferente.

O que o senhor acha desta técnica de entrevista para tentar recuperar um pouco da história?

Acho um processo interessante de analisar e também de se ter uma ideia clara da concepção mais ampla do economista. Os artigos são coisas sofisticadas, nas quais se pensou, repensou, tirando-se tudo aquilo de que se tinha dúvida, deixando várias coisas que se achavam absolutamente corretas, fazendo-se uma porção de defesas para se cobrir de possíveis dificuldades. Uma coisa como esta é muito mais solta, é um tipo de conversa que eu acho que esclarece melhor como o cidadão pensa.

Uma grande dificuldade é separar os economistas em grupos. No Brasil não existem grupos muito bem definidos.

E não existe em lugar nenhum. Se você pegar Klamer, essa separação também é arbitrária. Por que Tobin é neokeynesiano? De onde surgiu a ideia? "O Solow é neokeynesiano." Veja o que Robert Solow está fazendo em mercado de trabalho, não tem nada que ver, está virando institucionalista, está mudando radicalmente. E essa rapaziada que estava lá: Alan Blinder, Robert Lucas, Robert Barro, Thomas Sargent também estão mudando. Lucas é típico, está em uma evolução fantástica. E o Barro então nem se fala, está virando um acumulador de números. Esse seu último livro de desenvolvimento é um negócio horroroso.[19] Junta cento e oitenta e quatro países e soma os números todos, imaginando que a informação no Brasil é igual aos Estados Unidos, Togo e Bolívia.

Qual é o papel que a retórica tem para o mundo dos economistas?

Acho que a retórica é importante. E não podemos nos equivocar: a Matemática é um instrumento de retórica para o economista, um instrumento de terror. Quanto mais imbecil for o interlocutor, mais terror se exerce sobre ele, pondo os símbolos na sua frente. Quanto menos ele entende, mais gosta. Isso deixa claro a paixão que as pessoas têm por alguns livros que são de entendimento extremamente difícil, e que podem ter múltiplos entendimentos. São dois casos típicos: um é *O Capital* e o outro é a *Teoria geral*. A *Teoria geral*, um pouco menos, mas *O Capital* é como a Bíblia, tira-se dele qualquer coisa; bem procurado, sempre tem um rodapé em que se encontra explicação para qualquer coisa que tenha acontecido no mundo nos últimos 150 mil anos.

Smith também?

Adam Smith, não. Adam Smith é menos dogmático e também não é incompreensível, ele é compreensível. Não tem aquela obscuridade que tem o Keynes, que é seu grande atrativo. É claro que a leitura sempre é feita com as informações do presente. Posso encontrar no Adam Smith o que eu quiser. O Estado mínimo, que tem que apoiar a educação, a saúde e assim por diante. Cada leitura reflete o instante em que se está lendo, porque a quantidade de informação que se tem é completamente diferente. No instante em que se de-

---

[19] Barro e Sala-i-Martin (1995), *Economic Growth*.

cide procurar as origens do marginalismo, vai se encontrar em Aristóteles. "Ah, eu quero estudar a teoria do valor do trabalho", e acabo chegando no Aristóteles de novo. E, se insistir, vou acabar na Babilônia. Encontro alguém que um dia disse que o trabalho era fundamental, Hamurabi estava lá para dizer isso (risos).

Como não há um conhecimento hegemônico na teoria econômica, que se possa demonstrar de maneira cabal, o conhecimento é tentar convencer o adversário. Aliás, nunca se convence o adversário, só se convence o que está à margem. Então, quem consegue convencer mais gente do auditório ganha, é o melhor economista. É uma espécie de luta, na qual não tem nenhum sinal objetivo da vitória, a não ser a gritaria da torcida. E é por isso que se tem grandes sucessos.

E as escolas se dividem. Hoje caiu um pouco de moda, mas quando se ia dar uma aula, fazer uma palestra, havia os marxistas que achavam que eram os portadores das verdades, das virtudes, tinham aquilo tudo pronto. Não adiantava; aquilo era que nem caixa registradora, *priiimm*, "sai duzentos réis de materialismo dialético aí". Vocês não sabem o que é isso, essa caixa registradora não existe mais. Apertava-se o botão e a caixa já abria com o troco, de forma que já estava tudo preparado. Esse é um mecanismo de convencimento. A Economia é isso mesmo. Essa pretensão de que se tem um conhecimento hegemônico é extremamente duvidosa.

Desenvolvimento econômico

Qual sua concepção de desenvolvimento econômico?
Primeiro, ninguém sabe direito como é que se faz. Hoje tem o modelo de crescimento endógeno, que é correto. Existem economias de escala mesmo, e a gente já viveu isso. Quando o motor pega, ele tende a continuar, tende a se expandir. Uma coisa é certa: desenvolvimento depende basicamente de conhecimento tecnológico e do nível de investimentos. Agora, como produzir isso não é uma coisa tão fácil. Produz-se isso — e aqui acho que Keynes é mais importante que os outros — com o *animal spirit* do empresário. Cria-se uma conjuntura na qual a ação do governo é consistente com o crescimento. A ação do governo produz aquele mínimo de estímulo necessário, e os empresários reagem de maneira positiva. Aquilo vai se autoalimentando e começam a aparecer coisas misteriosas, há uma economia de escala, uma redução de custos, aumenta-se a eficiência, o nível de renda, amplia-se a oportunidade de novos produtos e a demanda. Então são necessários instrumentos

de política econômica que não inibam isso. Hoje, suspeito que é o "desenvolvimento" que produz o investimento e a poupança, e não o contrário.

A história tem um efeito sobre o *trend* — o *trend* não é puramente aleatório. Às vezes perdem-se oportunidades porque não tem solução, quer dizer, tivemos uma crise mundial em 1982, não tinha como acomodar, mas acho que jogamos fora várias oportunidades. Certamente o Cruzado foi uma. O erro fundamental do Cruzado foi um congelamento que não tinha cabimento e o câmbio. Na verdade, estamos ignorando o fato de que construímos um fator de enorme restrição para o crescimento econômico no momento em que abandonamos a política de exportação. A política de exportação foi abandonada em 1984. Em 1984 o Brasil representava 1,4% do mercado mundial; hoje representa 1% e está caminhando para 0,8%. A rodada Uruguai[20] vai ampliar o mercado internacional, em um momento em que o mundo inteiro está solto, e o Leste asiático fazendo as maiores barbaridades em matéria de comércio internacional, inclusive nos gozando. Prendem dez mil chineses e mandam fabricar cadeado — isso é para gozar brasileiro. Tem um humor nisso, fazer prisioneiro político produzir cadeado, humor negro. E vem aqui atrapalhar a gente. E vêm uns idiotas me falar de sistema de preços!

No momento em que esse mercado está se ampliando, nós estamos algemados com uma taxa de câmbio sobrevalorizada. Se tivéssemos apenas conservado a nossa posição no mercado internacional, tínhamos que estar exportando agora de 65 a 70 bilhões de dólares. Em 1984 exportávamos 27, a Coreia 26 e a China 18; no ano passado exportamos 43, a Coreia 96 e a China 100. Isso foi produzido pelo congelamento do Cruzado e depois o congelamento do Collor. Nunca mais tivemos uma política consistente de comércio exterior, foram desmontando os mecanismos de integração do Brasil na economia mundial. Isso hoje constitui um fator limitante do crescimento econômico.

A importância do fator capital humano no Leste asiático não foi relevante?

É verdade, só que nós estamos equivocados em duas coisas. Primeiro, que educação não nasce sozinha, isso é coisa de sociólogo, "vamos educar todo mundo". Quando estiver todo mundo educado, morreu todo mundo de fome. Esse negócio é um processo. Por que o Brasil foi o país que mais cresceu no mundo ocidental entre 1900 e 1980? Não sou eu quem falo, é o Ban-

---

[20] Refere-se à reunião do GATT realizada no Uruguai.

co Mundial, é o famoso Angus Maddison.[21] O Brasil era mais desarticulado que a Coreia? Não. Tínhamos uma educação inferior à da Coreia? Certamente. É um processo religioso, um processo cultural, tudo bem, mas não era esse o fator limitante. O fator limitante foi, na verdade, algumas dificuldades que tivemos de enfrentar, e os países do Leste asiático foram mais inteligentes desse ponto de vista. Na verdade, nenhum deles se meteu em um programa de substituição de importações, mas de expansão das exportações. E também com um suporte do Estado absolutamente fundamental. Hoje, a intervenção nesses países é completa, é total. Pega-se a pequena indústria e dá-se cota para ela exportar, obrigando o sujeito a exportar. Não tem conversa, o sujeito vende salsicha e vai ter que exportar salsicha. Nós estamos aqui com um purismo que beira o ridículo.

Mas essa estratégia de desenvolvimento e industrialização por substituição de importações não foi o possível histórico?

Não, espera aí, estou dizendo em 1975, 1976. Olhe, a grande vantagem do Brasil é o mercado. Tinha que se continuar insistindo em que as indústrias deviam ser competitivas externamente. É disso que se trata, não que não se poderia fazer substituição de importações. É preciso fazer substituição de importações com olho no mercado externo.

Como o senhor vê a substituição de importações na década de 1950?

Era na verdade o natural, nós tínhamos um bruto de um espaço. Pode-se dizer o seguinte: foi feita com muita ineficiência? Foi, com alguma ineficiência. Só que nós crescemos mais que os outros entre 1900 e 1980. A prova do pudim é quando você come, não quando você discute a receita. Hoje sabemos que a receita posterior estava equivocada. Isso temos que reconhecer claramente, porque é assim que se superam as restrições.

Como estariam associados crescimento e melhoria do bem-estar?

Sem crescimento não há melhoria de bem-estar. A distribuição é um processo conflitivo de proporções inimagináveis. Quando o Brasil crescia, o salário real crescia 3%, e o emprego crescia 3%. Por que piorou a distribuição de renda? Primeiro, distribuição de renda não tem nada a ver com bem-estar, a distribuição de renda é medida de distância entre pessoas, e aumentou por uma razão óbvia. Nós estávamos em um processo de crescimento populacio-

---

[21] Maddison (1989), *The World Economy in the Twentieth Century*.

nal acelerado, com a oferta de mão de obra no decil inferior crescendo, todo ano, 6%, 7%, achatando o salário. O decil superior tinha o benefício da Universidade, a demanda crescendo enormemente, o salário dessa gente disparado. Depois, a inflação, que é o instrumento mais pernicioso. Tem um artigo muito interessante da Eliana Cardoso,[22] fazendo uma ligação entre o coeficiente de Gini[23] e as variações da taxa de inflação. Se se pega a contra-hipótese, é evidente. A estabilização produziu o aumento de renda do pessoal de renda mais baixa.

O trabalho que torna conhecido Fernando Henrique Cardoso nos centros acadêmicos internacionais é a "teoria da dependência". Como o senhor a analisou na época e como a vê hoje?
A teoria da dependência, desde o começo, é simplesmente uma retirada da posição inicial. Uma posição marxista, em que se tinha uma espoliação acentuada, é transformada no seguinte: "Não vamos ter ilusão, os estrangeiros se juntam aos empresários nacionais para continuar a exploração do sistema". Isso é a teoria da dependência. Ou é mais do que isso?
O que quero dizer é que não há exploração no sentido do Lênin,[24] quer dizer, eles não vêm aqui fazer o imperialismo. Quando vêm, juntam-se com a burguesia nacional e os dois exploram. Durante anos o Brasil crescendo e eles dizendo que o Brasil não podia crescer. Foi só em 1976, quando já tinha crescido mesmo, que disseram: "Tem alguma coisa que está errada aí, vamos fazer a independência da teoria da dependência". O que estava errado? É que de fato não há esse processo de espoliação. O capital estrangeiro se une ao capital nacional, penetra na burguesia nacional e produz um aumento. Você quer chamar isso de teoria, pode chamar. Dizer que isso representa um conhecimento profundo e uma revolução sociológica do entendimento também pode, é uma questão de gosto.

Na UNICAMP, uma das obras celebradas é O capitalismo tardio, *de João Manuel Cardoso de Mello [1982]...*
O capitalismo tardio é uma aproximação, acho que com a própria visão dele, que usa a história e não usa o método quantitativo formalmente, mas

---

[22] Cardoso, Barros e Urani (1993), "Inflation and Unemployment as Determinants of Inequality in Brazil the 1980's".

[23] Índice criado por Corrado Gini (1884-1965) para medir a concentração de renda.

[24] Lênin (1916), *Imperialismo, etapa superior do capitalismo*.

tenta se aproximar da realidade. Eu gosto do trabalho. A interpretação em si mesma não acho lá uma coisa formidável, mas, de qualquer jeito, acho que é o tipo de *approach* que se pode usar, sem dúvida nenhuma.

Debate com a esquerda

Como foi a contraposição da USP em relação à CEPAL?

A posição da CEPAL era clara: não adianta mexer no câmbio, porque as exportações são inelásticas. Aí não se mexia no câmbio, a exportação não crescia e eles diziam: "Está vendo como a teoria estava certa?" (risos). Eram posições dogmáticas das duas partes. Nunca houve um debate, eles acreditavam em uma coisa e nós, em outra. Só que a história foi mais bondosa com as nossas crenças.

Que eram rotuladas como monetaristas.

Sim. Isso é uma técnica retórica que a esquerda sempre usou. Como é que a esquerda economiza argumentos, que sempre lhe faltam? Dando um nome, rotulando. Hoje mesmo eu vejo o [Pedro] Malan todo assustado: "Eu não sou neoliberal". O que ele é? Deve ser neossocial também, que nem o Fernando [Henrique Cardoso] (risos). A forma mais fácil de fazer o debate é chamar de entreguista, de direita, a favor do monopólio, do FMI. Rotula-se, e isso é o instrumento retórico do debate. Nunca houve na verdade um debate, mesmo porque aquelas teorias não eram para se levar a sério, ninguém as levava a sério, só eles.

Aquilo era um grupo, restrito, do sindicato de elogio mútuo. Você pode pegar os artigos deles e ver uma coisa interessante: construa uma tabela de dupla entrada e pegue o artigo de A, o artigo de B e o artigo de C, e pegue as citações de A, de B e de C. Cada um deles se cita umas vinte vezes em qualquer artigo, nenhum deles passa uma página sem quatro citações, e são sempre os mesmos. Você constrói a tabela de dupla entrada e dá correlação um. É um sindicato do elogio mútuo.

Quem são "eles" hoje, Delfim?

O outro lado, não são eles com letra maiúscula, porque eles com letra maiúscula somos nós! Eu me lembro das discussões sobre planejamento. Eu era professor de planejamento e fazia aquilo com muito cuidado, a matematiqueira que eu tinha não era brinquedo. Nós chegamos antes deles à conclusão de que aquilo não podia funcionar, porque não se conseguia saber onde é que estava o sistema de preços. Nunca me esqueço de quando terminei o livro do [Oskar] Lange,[25] aquela matriz para cima, para baixo, inverte matriz, multiplica para cá, põe o *input* de demanda aqui — mas onde é que estão os preços?

Era uma economia com o coeficiente fixo, mas que não tinha preço. No [Piero] Sraffa tem uma equação com o coeficiente fixo e tem preço, lá não tinha nada. Nós chegamos antes a essa conclusão. O marxismo é uma gaiola, o velho Karl é fogo. Entrou lá, aceitou as hipóteses do bicho, você está frito. O sujeito vai lhe moendo e você vai cantar o canto dele. O brasileiro nunca estudou Marx a sério. O próprio grupo Marx[26] — como se viu depois por sua produção — era, com algumas exceções, pura conversa mole! Numa larga medida compunham o famoso sindicato do elogio mútuo. Todos sabemos que Marx é fantástico. Quem leu os *Manuscritos* não pode deixar de reconhecer nele um pensador absolutamente excepcional. Sua figura é parte dominante do século XIX. Ele está sumindo da Economia para ocupar o seu lugar privilegiado na história da Filosofia.

Todos os economistas têm hoje, do mesmo jeito que vocês, um pedacinho de Kant, um pedacinho de Descartes, um pedacinho de Marx. Nenhum sujeito hoje é ingênuo ou virgem com relação a Marx, não adianta, mesmo que nunca tenha tido um contato direto com ele. Quando cheguei ao Marx, estava imunizado por um sujeito chamado George Bernard Shaw, que era um socialista fabiano e que tinha abandonado a teoria do valor trabalho, por ter estudado Wicksteed. Eu fico entusiasmado quando ouço: "Foi a Joan Robinson que disse que isso era uma teoria metafísica". Isso está no Bernard Shaw, do fim do século passado. Tem um livro muito interessante, publicado há mais de sessenta anos. Chama-se *Shaw e Marx*, e tem os artigos de Shaw no *Today*, entre outros. Acho que não existe nenhuma concepção do homem tão ajustada quanto a de Marx. Na verdade, é uma coisa que, uma vez aprendida, não tem como escapar, é um conhecimento que não te abandona mais: que o trabalho é a expressão natural do homem! Mas o homem é bicho do homem. Marx era o único sujeito que acreditava que existia solidariedade entre os trabalhadores, porque nunca tinha entrado em uma fábrica.

---

[25] Lange (1961), *Introdução à Econometria*.

[26] Refere-se ao "Seminário Marx", como ficou conhecido o conjunto de reuniões entre Fernando Henrique Cardoso, Fernando Novais, José Arthur Giannotti, Octavio Ianni, Paul Singer e Roberto Schwarz, entre outros, onde se discutia *O Capital* de Karl Marx, na virada da década de 1950 para a década de 1960.

Mercado versus planejamento

Como o senhor conceitua o mercado? O que está por trás desse conceito?

O mercado não foi inventado, o homem descobriu o mercado. Cada vez que se deixou o sujeito mais ou menos livre, que o Estado permitiu que cada um encontrasse o seu caminho, que tentasse procurar esse caminho com alguma liberdade, apareceu o mercado. O mercado é um instrumento quase natural, é um instrumento alocativo importante. Dos três valores — o da igualdade, da liberdade e da justiça —, o mercado permite realizar, de alguma forma, uma certa eficiência com liberdade, mas o mercado é incapaz de atender ao valor de igualdade.

É evidente que existe um *trade-off*. Quando se tem absoluta igualdade, provavelmente não se tem nenhuma liberdade; total liberdade, provavelmente, implica uma grande desigualdade. O mercado é um instrumento. Ninguém inventou, o mercado apareceu, é uma construção natural, como diria o velho Hayek. Ele é produto de uma organização quase natural. Solta um bando de homens que eles rapidamente se organizam hierarquicamente, essa é a grande verdade. E o mercado é um instrumento, muito eficiente para resolver o problema da eficiência produtiva e para manter isso dentro de um sistema politicamente aberto. Agora, ele não pode resolver um outro desejo absoluto do homem, na sua origem, o da igualdade.

Dada uma distribuição de renda, sempre existe um sistema que produz o máximo de eficiência. E, por sua vez, se você quiser o máximo de eficiência, isso acontece com qualquer distribuição de renda. Esse é o grande problema, os dois teoremas do *welfare* têm ida e volta. Só que o problema político é o de conciliar essas três coisas. A economia está imersa na sociedade, ela é só um aspecto dessa sociedade, e quando você coloca a economia como a coisa mais importante, já se está impondo à sociedade algumas restrições. A principal delas é que não se pode estar querendo uma excessiva igualdade.

O mercado é um mecanismo de informação, só que frequentemente existe assimetria na informação. É por isso que o mercado de vez em quando funciona mal. A ideia de que o mercado funciona bem em qualquer circunstância é obviamente falsa. As hipóteses de funcionamento de mercado são de um mercado perfeito. O que acontece é que, com todos os defeitos, o mercado é o melhor mecanismo que o homem encontrou para fazer uma alocação razoável dos recursos escassos de que dispõe. Todas as outras alternativas se mostraram ineficientes. A grande alternativa que foi desenvolvida depois da Segunda Guerra Mundial, quando as organizações mundiais empregaram dezenas de economistas para estudar os mecanismos e os programas de desenvolvimento, acabou mostrando que eles eram incapazes de produzir desenvolvimento.

Os economistas têm como amenizar esses problemas?
Acho que não. O exemplo mais típico é o MIT e a Índia. O MIT produziu o subdesenvolvimento indiano, com PhD e prêmios Nobel à vontade. Só agora os indianos conseguiram sacudir as pulgas e estão vindo para um sistema mais razoável, usando o mercado. Se você olhar os *Quarterly Journals* dos bons tempos, dos anos 1950 e 1960, vai ver todo aquele pessoal que a gente admirava escrevendo artigos admiráveis sobre o desenvolvimento que eles nunca realizaram. Simplesmente porque o desenvolvimento não é feito por economistas.

Quem leu direito o livro do Oskar Lange,[27] como a gente lia naquele tempo, vai ver que tudo aquilo é sonho de economista. Não tinha nenhum compromisso com nada. Ele recebia em dólar, da ONU, e podia produzir aquilo à vontade, nunca iria produzir desenvolvimento nenhum. Por quê? Porque o grande problema do planejamento é que quanto mais poder você tem, mais poder você precisa. O erro é sempre do outro. Eu faço um plano, o plano não deu certo porque o canalha que tinha sido planejado não se comportou como eu queria! Quando trouxemos o Kalecki foi muito interessante, ele ficou aqui umas duas semanas. Ele tinha vindo de Cuba e estava furioso com os cubanos: "Os russos estão fazendo um esforço enorme, mandando recursos e eles gastam tudo, ficam passeando de jipe de cima para baixo, gastando gasolina. E eu estudei aquilo tudo, mostrei como as coisas tinham que ser" — e deu até uma receita de alimentação, que usava os recursos disponíveis. Fomos jantar com ele num hotelzinho na Maria Antônia e ele pediu uma sopa de verdura. "Você não quer comer uma carne?" "Não, eu tenho uma úlcera desgraçada." Ele tinha passado a receita de úlcera para os cubanos, que se recusaram a comer.

Esse é o planejamento. Não adianta dizer que se *alfa* subir e *K* subir, *alfa* vezes *K* sobe — e daí? Na verdade aquilo tudo era um bando de identidades, que eram manipuladas, mas que na verdade não podiam produzir nada. Simplesmente por quê? Porque ignoravam o Adam Smith. Não faziam coin-

---

[27] Lange (1938), *On the Economic Theory of Socialism*.

cidir o interesse do indivíduo com o que ele pretendia que fosse o interesse geral. O mercado, de uma certa forma, concilia o interesse do indivíduo com o interesse geral.

História econômica brasileira

Como o senhor analisa o período Juscelino Kubitschek?

Juscelino era um empresário, um sujeito com um grande espírito empreendedor e produziu coisas formidáveis. Ele não fez cinquenta anos em cinco, mas fez uma revolução no Brasil, uma revolução em que eram escolhidos os vencedores. As pessoas se queixam, mas era isto: escolho um vencedor, dou para ele todo o suporte e ele se torna vencedor mesmo no final. Foi um sujeito capaz de trazer essas empresas estrangeiras para o Brasil — ele dava confiança. Fez também coisas que a gente não gostaria que tivesse feito. Na verdade, fez um controle cambial fantástico durante anos, transferiu todos os recursos da agricultura para o setor industrial, espoliou o setor agrícola. Usou todos os recursos do fundo de aposentadoria para fazer Brasília. Hoje a gente aceita Brasília com conformismo e existem muitas razões para imaginar que Brasília realmente ampliou o espaço econômico brasileiro, mas que tem inconvenientes gigantescos.

Acho que temos que pôr o Juscelino na sua verdadeira dimensão, ele foi um grande presidente, é inegável. Outro sujeito de uma retórica extraordinária, um homem extremamente inteligente, afável, simpático, capaz de transmitir confiança e que estava apoiado em um grupo bastante razoável de profissionais. A indústria automobilística era um ato de fé, de vontade, que foi o vetor principal desse processo. Ele teve um papel extremamente importante. Hoje, vê-se que podia ter sido feita coisa diferente. Mas é o que eu sempre digo: a crítica mais indecente é aquela que é feita quando o futuro virou passado. É aquela em que, depois que você já sabe tudo o que aconteceu, vê que poderia ter sido diferente. Mas, naquele instante, acho que foi um homem que realmente deu uma visão nova para o Brasil, deu uma confiança para o Brasil. Tenho uma grande admiração por ele.

O ajuste de 1981-1983 resultou em uma melhora muito grande da balança de pagamentos, mas a inflação não cedeu. Por quê?

É óbvio por quê. Porque o ajuste não era para combater a inflação. Tinha-se introduzido um sistema de correção salarial que era absolutamente incompatível com qualquer estabilidade. Quando passamos o ajuste de anual para semestral, sabíamos o que iria acontecer: a inflação dobrou, e dobrou por bons motivos. O que é a taxa de inflação? A taxa de inflação a longo prazo é igual ao crescimento do salário nominal, descontado o crescimento da produtividade. No longo prazo, isso é o que fixa os preços nominais. Então, se o salário se reajustava, tinha-se um sistema que rodava sobre si mesmo. O desafio era fazer uma mudança da taxa de câmbio real que invertesse o balanço em contas-correntes. Partimos de um déficit de treze bilhões e fomos para zero em dezoito, dezenove meses. O que se precisava fazer? Uma enorme mudança de preço relativo, fazer o preço dos *tradeables* subir muito mais que o preço dos *non tradeables*.

O ajuste foi um grande sucesso, porque esse era o ponto-chave. Por que a inflação não era o ponto-chave? A inflação é desagradável, terrível, só que tudo subia 200% ao ano. É evidente que o salário tinha que cair. Se houvesse um pouco mais de inteligência, poderia ter sido feito isso sem o ajuste que foi feito. Mesmo quando se fixou a correção em 60%, a ideia era a seguinte: em um processo de distribuição de renda terrível, se não se fizer nenhuma correção nos papéis do governo, simplesmente se terá um pouco mais de inflação. Quando se fez aquela correção, os portadores de títulos foram obrigados a pagar um pedaço do aumento do salário real. Essa é a lógica que alguns economistas têm uma dificuldade enorme de entender.

Em 1981 não funcionou direito, porque não se conseguiu controlar a oferta monetária. Uma correção de câmbio sem controle da oferta monetária não produz nada, só um aumento de preço, e fica tudo como está. A segunda, não, a segunda funcionou realmente como tinha que ser. Tanto que, quando chegou o fim de 1983, tinha se invertido tudo, estava já fazendo um pouco de reservas. Em 1984, a inflação continuou a mesma, ficou constante desde 1981, praticamente, até 1984. E foi feito o ajuste. Faltava atacar o problema fundamental, que era o problema fiscal. Eu acho que se o Dornelles continuasse ministro, isto é, se o doutor Tancredo não tivesse morrido, o Dornelles teria feito o ajuste, sem custo nenhum, porque os custos já tinham sido todos pagos. Depois pagamos duas vezes os custos, no Cruzado e no Collor, e estamos desarrumando tudo agora de novo.

Quais as dificuldades que o senhor vê na elaboração de um programa fiscal em um país da dimensão do Brasil e federalista?

Vamos colocar a coisa nos seus devidos lugares. Em 1984, gastava-se no custeio da União, estados e municípios 8% do PIB. Em 1994, está se gastando 17%. O Brasil dissipou 9% do PIB, que antes era investimento. Não é à toa que o Brasil está nessa encrenca, esse é o problema central. Agora, o Brasil é um país federal, isso é uma coisa tão certa como nós estamos sentados aqui. Cada vez que você ignorou esse fato, se arrebentou. Eu inicialmente imaginava que a Federação tinha sido uma invenção da inteligência do Ruy Barbosa e da espada de aço do Deodoro, mas não. A Federação é um fato ínsito à história do Brasil. Durante o período colonial, quem mandava no Brasil era o município. Há vários exemplos de que o presidente da Câmara expulsou o governador. Veio D. João VI, tentou fazer a centralização e deu com os burros n'água. D. Pedro fez a Constituição de 1831, centralizando tudo, em 1834 teve que fazer o Ato Adicional, conferindo às províncias o direito de ter o seu sistema tributário. No Segundo Império, toda a luta foi por uma federalização.

A República é produto da Federação. Veio Getúlio, quinze anos tentando centralizar, e deu com os burros n'água. Veio o regime autoritário, vinte anos tentando centralizar, e deu com os burros n'água. Em 1982, quando houve a primeira eleição que o governo realmente perdeu, qual foi a primeira reação? A emenda Passos Porto. O que era aquilo? Devolver para estados e municípios a sua receita. Enquanto não se entender esse fato, não adianta imaginar que vai resolver. E continuamos sem entender isso. O problema dos economistas que estão aí não é de teoria econômica, é de história do Brasil. Não adianta imaginar que se vai fazer um sistema centralizado e que os estados vão se conformar: não vão! É preciso tirar consequência do federalismo. Como é que se tira consequência do federalismo? Tem que se permitir que os estados tenham o sistema tributário que desejarem.

Eu vejo essa conversa mole de guerra fiscal, isso é uma besteira enorme! Então, por que um Estado eficiente, que gasta pouco em pessoal e que tem eficiência administrativa não pode ter imposto mais barato que outro? Como é que New Jersey tirou a atividade de Nova York? Deixar que eles compitam é aplicar o mercado para os Estados. Aqui nós queremos monopólio para os estados e competição para o setor privado, e outros absurdos. De onde é que tiraram a ideia de que São Paulo tem que ter 40% do PIB? De onde é que veio essa lei natural? "Estamos perdendo muito, porque agora só temos 35%." E daí? Está perdendo porque teve governadores menos eficientes que os outros. A primeira consequência é exatamente esta: temos que ensinar à sociedade que, quando ela escolhe mal, vai comer grama durante quatro anos, e na próxima vez ela vota melhor. "Votou no prefeito de Chique-Chique de Morumbaba e agora não tem dinheiro para a escola." Problema da escola e do município, da próxima vez escolhe um prefeito mais decente.

Precisamos de um sistema político que tire consequência do voto, é assim que os países se aperfeiçoam. É por isso que precisamos de eleição distrital mista, fidelidade partidária, uma regra de barreira para constituir o Congresso. No final, precisa-se de um parlamentarismo, é um sistema natural.

Na verdade, a grande mudança que o Brasil precisa é na organização da política. Uma vez a política organizada, todo o resto sai normalmente, naturalmente. A sociedade escolhe o que deseja e não deixa o economista escolher. O grande problema desse sistema é que, nessa confusão, quem decide o que a sociedade quer é um burocrata escondido em uma gaveta em Brasília. Ele é quem decide o quanto pode crescer, o que pode fazer. Se se quer realmente construir uma sociedade moderna, essa é a grande mudança e sobre a qual há a maior resistência. Por que há resistência nos estados, nos municípios? O que será do governador do estado quando essa organização for correta? Ele vai comandar professora e médico, ou seja, vai ser um grande coordenador de greves, e mais nada, não tem mais poder. Ele não tem a estatal para nomear gente, para distribuir benesses. O deputado vai ter que cuidar de deputar e não de nomear.

Inflação e desemprego

O que o senhor acha da teoria da inflação inercial?

Se quiser chamar de inercial, pode chamar. Na verdade, acredito que toda inflação tenha um forte componente distributivo, isso é líquido e certo. Mas por que se tem hoje uma inflação que se acomodou no mundo? Na medida em que se tem um enorme desemprego, esse desemprego exerce papel didático. A variação do salário nominal é muito pequena, a variação da produtividade é um pouco maior, e se tem variações de preço muito pequenas. É isso que está acontecendo no mundo e no Brasil.

Aqui seria necessário um programa de estabilização que reavaliasse a preparação da mão de obra e que pudesse estimular os investimentos, o que obviamente não está acontecendo. Como é que se elimina esse desemprego? Na Europa há 35 milhões de desempregados, só que a Europa tem vinte mil dólares de renda *per capita*. Um desempregado ganha setecentos dólares, durante doze meses. As experiências são dramáticas, depois que o sujeito ficou seis meses sem trabalhar, perde a destreza, não tem mais jeito de voltar, depois de um ano, então! É preciso montar mecanismos para corrigir isso.

Outra coisa é, com uma renda *per capita* de 3.500 dólares extremamente mal distribuída, conformar-se com esse desemprego. Pegue-se o setor automobilístico: houve uma mudança radical nas técnicas, não só na técnica produtiva, principalmente na gestão, houve uma mudança completa. Há uma economia de mão de obra extraordinária. Não se pode abandonar isso, senão se sai fora do mundo. Nossas necessidades são diferentes das necessidades europeias. Eu não posso chegar ao Brasil e propor o que está sendo proposto na França. Vamos trabalhar terça, quarta e quinta, e ficamos em casa sexta, sábado, domingo e segunda. Aí vamos realizar realmente o ideal de Marx, cada um sai com um romance, vai ler no Bois de Boulogne, eu vou fazer uma poesia, pintarei um quadro, só trabalharei três dias, em que serei alienado, nos outros dias serei um ser livre. Francês pode brincar desse jeito, não vai fazer, mas pode brincar de fazer. Nós não podemos brincar desse jeito. Reduz--se a quantidade de trabalho e mantém-se a mesma remuneração?

Retomando a questão sobre a inflação inercial. Sabemos que os chamados heterodoxos partiram de uma ideia de Simonsen, mais antiga...
Desculpe, essa ideia é velha, está no Friedman, está em qualquer lugar. Na verdade, dizer que a inflação do momento *t* depende ou tem ligações com a inflação do momento *t-1* é evidente. Mas isso nem sequer constitui uma teoria. O nível de preços depende da taxa de crescimento do salário menos a produtividade. Mas o salário em *t* depende do crescimento da inflação em *t-1*, que é o *backward*, a visão para trás. Logo, a inflação em *t* é igual a alguma coisa parecida com a inflação em *t-1* menos a produtividade. Meu Deus, se isso for teoria, minha avó era bonde elétrico, e urubu é Boeing 770, que ainda não saiu.

Isso não constitui uma teoria. Um dos fatores era o déficit orçamentário quando monetizado. Explicar teoria é explicar por que esse déficit existe e por que ele tem que ser monetizado. Esse era o esforço do trabalho da ANPES.[28] Esse déficit existe porque há realmente algum mecanismo de contradição distributiva. O governo faz déficit porque acredita que vai atender ao seu eleitorado. Qual é o primeiro dever do governo? Continuar governo. O déficit é produto de algum tipo de contradição distributiva. E por que ele tem que monetizar? Simplesmente porque não tinha um mercado financeiro desenvolvido, ou porque depois ele começa a dar um cano aqui, um cano ali, e a sociedade se recusa a financiá-lo por outro caminho. No fundo, é a visão meio primitiva que está aí mesmo. E é óbvio que, se se controlar o salário nominal, pode-se ficar tranquilo que não tem inflação.

---

[28] Ver Delfim Netto *et al.* (1965), *Alguns aspectos da inflação brasileira.*

A inflação, em algum momento da história do nosso desenvolvimento, exerceu um papel funcional?

A inflação é aquele velho problema: pequenininha, talvez entre 5% e 7% ao ano, pode exercer um certo papel estimulante, é como se fosse um lubrificante, facilita o funcionamento da economia sem prejudicar o crescimento. Mas ela só facilita o funcionamento na medida em que tem algum grupo que cede renda. A inflação é um mecanismo de transferência. Ela é funcional na medida em que eu pego o pobre do aposentado e transfiro a sua renda como lucro para o empresário que vai investir, o que também não é nenhuma novidade. Em 1932, Costantino Bresciani Turroni publicou na *Economics* um artigo famoso.[29] Hayek tem outro artigo.[30] Nada disso é novidade.

O próprio [Ignácio] Rangel,[31] não?

Rangel, muito depois. Só que Rangel tinha um problema complicado, interpretava as curvas no espelho (risos). O desenvolvimento estava se ampliando e a inflação declinante, então ele interpretava tudo ao contrário, mas não tem importância. Por exemplo, o Rangel era um sujeito de uma extraordinária intuição, um bom profissional, sério, decente. Você podia divergir das suas ideias, mas ele era um *prof*. Não transigia, era um grande profissional.

O que os economistas desaprenderam é que o que compete com o investimento não é o consumo, o que compete com o investimento é o recurso não utilizado. Quando há desemprego, está-se jogando fora um recurso precioso. Conformar-se com o desemprego é jogar fora toda a teoria econômica. Na verdade, toda a mensagem de Keynes é apenas uma: só existe um jeito de salvar o capitalismo; acabar com o desperdício do desemprego. Para chegar a isso, ele disse: "Como o *animal spirit* flutua, vamos fazer um organismo social que controle os investimentos". E nós perdemos essa perspectiva. Quando o sujeito se conforma em deixar o recurso ocioso, ele jogou fora a teoria. De duas, uma: ou o sistema de preços é incapaz de produzir a utilização daquele recurso, e aí violou uma das hipóteses fundamentais do mercado — que sempre tem preços relativos para utilizar —, ou vai se conformar a operar fora do limite superior que poderia. Nesse ponto o Rangel sempre teve uma

---

[29] Bresciani Turroni (1925), "Influenza del deprezzamento del marco sulla distribuizone della richezza".

[30] Hayek (1928), "Das intertemporale Gleichgewichtssystem der Preise und die Bewegungen des 'Geldwertes'".

[31] Rangel (1963), *A inflação brasileira*.

intuição clara. Ele tinha divergências ideológicas e tudo, mas era capaz de uma observação serena, era capaz de reconhecer os fatos que estavam acontecendo. Ainda que a explicação dele fosse precária.

Qual o poder explicativo que tem o conflito distributivo?

Acho que, no processo inflacionário, certamente, o conflito distributivo tem um poder explicativo. Por que é preciso recessão para se combater a inflação? Por que, cinicamente, os economistas dizem que a recessão é didática? Ela pega o canalha que não está satisfeito e põe na rua, o cara passa sem comer umas três ou quatro semanas e verifica que é melhor comer menos do que vir chatear. Esse cinismo absolutamente fantástico é que preside toda essa política econômica, que é apresentada com uma enorme sofisticação, com equações diferenciais, agora com equações diferenciais estocásticas. Cruamente, por que é preciso recessão? Porque, como dizia o velho [Thomas] Carlyle, na ciência lúgubre, não há nada que eduque mais do que uma boa fome.

A oferta de moeda é endógena?

Ah, sim, a oferta de moeda é, numa larga medida, endógena. Não há a menor dúvida sobre esse fato. A sociedade produz a moeda de que necessita pela variação da velocidade e da taxa de juros. Quando se atrapalha muito a intermediação, a sociedade começa a inventar moeda. O governo sentiu isso agora, na cara dele. Com esse constrangimento absurdo de crédito através de compulsórios sobre operações ativas, a sociedade começou a se defender, e criou um sistema paralelo. O sujeito que jogava pôquer com quatro amigos, diz: "Agora vamos ser banqueiros" — e começam a descontar cheque pré-datado. Mudam-se as instituições, com um grave inconveniente, porque uma das coisas mais fundamentais em um sistema como o nosso é ter eficiência na intermediação financeira; na verdade, isso é fundamental para o desenvolvimento. O problema é que a variação do juro afeta a demanda global e o crescimento.

Não estaria havendo um descolamento entre o lado financeiro e o lado real?

Claro, hoje quem é o chato? O chato é o cara que produz parafuso. Ele vai pedir crédito, reserva de mercado, tarifa, compreensão, vai pedir ajuda no BNDES. É um chato, está com as mãos sujas de graxa, vem almoçar e suja a gente, é um sujeito horroroso. E quem é o agradável? Chega lá o "gravatol", todo limpo, bonito, barbeado, todo arrumadinho, asseado. É o cara que veio vender papel. Ele diz: "Não tem problema, compadre, deixa esse troço aí que a gente está fazendo uma arbitragem aqui". Nem sequer tem papel, só tem computador, é um negócio maravilhoso. "Você deposita comigo as suas reservas e eu volto a aplicar no Brasil. As reservas dobram, eu pago 6% e você me paga 26% e a gente encontra um jeito de isso ser reduzido para 8%, porque tem sempre alguns derivativos que nós vamos inventar e vendemos isso a três vezes." Isso tudo é um mundo que está sendo vendido como bom. A quantidade de papel que existe deve ser setenta, oitenta, 150 vezes a quantidade de produção. O que significa o seguinte: que mais dia, menos dia vai ter uma boa fogueira que vai comer esse papel. Isso é tão certo como nós estamos sentados aqui. Porque um dia qualquer vai ter que se compatibilizar a papeleira com a quantidade de parafusos.

A influência de organizações internacionais, como o FMI e o Banco Mundial, será decrescente?

A rigor, se a gente de fato acredita no mercado, são instituições que deveriam ter sido enterradas. É uma delícia o FMI defender o mercado, porque é o seu suicídio. O FMI e o Banco Mundial são os dois maiores beneficiários dessa retórica do saber hegemônico que os economistas impuseram ao mundo. E a cada vez que se lê um relatório deles de quatro anos atrás, pode-se ver que sabem menos do que nós, ou talvez igual a nós. E o que é interessante é que, tendo toda a informação do mundo, eles estão menos informados do que a maioria das pessoas, e, quando têm informação, escondem.

André Lara Resende sustenta que, quando entrou no Banco Central, antes do Plano Cruzado, os dados sobre déficits estariam ali para o FMI ver. O senhor concorda?

Acho que é um exagero do André. O FMI tem alguns profissionais que são extremamente competentes. Quando foi criado, o conceito de déficit operacional tinha sentido, porque se precisava realmente separar aquilo que era produzido pela inflação e o que não era, que era déficit mesmo. É claro que se se comparar a Estatística de dez anos com a Estatística de hoje, tem que ter tido um aperfeiçoamento, é impossível que não tenha algum aperfeiçoamento. E que o Banco Central foi se organizando, também é uma verdade. O Brasil também se aperfeiçoou, na medida em que se eliminou a conta única e se criou conta de movimento.

O Banco Central brasileiro sempre foi um misto de agência de desenvolvimento com banco central. Aos poucos está sendo refinado. Ainda mistura o problema de fiscalização. Tudo isso vai sendo aperfeiçoado, porque cada banco central tem a sua história. A ideia de que existe um padrão que deve ser seguido não existe. Antigamente, acreditava-se que o BUBA[32] era a coisa mais fundamental do mundo. Hoje os alemães têm grande desconfiança do BUBA e o mundo também. Há um aperfeiçoamento constante, permanente. A ideia de que depois que eu cheguei tudo melhorou é uma daquelas pretensões que enriquecem a biografia dos economistas.

Por que fracassaram tantos planos econômicos? Existe um elo comum?
De que depende a estabilidade? Era óbvio que, nos anos em que as coisas caminhavam, havia um superávit fiscal e um equilíbrio intertemporal do orçamento. Então, a estabilidade definitiva depende disso, porque é isso que permite fazer duas coisas: usar recursos do governo para facilitar investimentos produtivos, para aumentar a taxa de retorno de alguns investimentos privados e deixar o câmbio flutuar sem valorizar. Esse é o segredo do jogo. Ter superávit fiscal, para dizer que é capaz de determinar simultaneamente o nível de emprego e a taxa de crescimento.

O que não se pode ter são diferenças como nós estamos vivendo. Se se tem o superávit, deixa-se flutuar o câmbio de tal jeito que o câmbio real flutue de acordo com os choques. Ninguém vai estabilizar câmbio, isso é uma bobagem. De novo a retórica do governo. Não foram eles que inventaram. Quando eu era estudante, nos anos 1950, o [Robert] Summers já tinha provado que, se se estabiliza o câmbio real, o sistema fica indeterminado. Eles pensam que descobriram isso agora; não, isso está no Summers há cinquenta anos. De novo é aquela velha teoria de que nós sabemos tudo e os outros não sabem nada.

Por exemplo, quando se suspeita, como era visível, que a OPEP iria durar pouco, como é que se maximiza o bem-estar? Uniformizando o consumo intertemporal. A esquerda não sabia nada, era de uma ignorância monumental! Claro que era fácil dizer: "Está se endividando, não pode se endividar". Precisa ler os *papers*, os livros que eles escreveram nos anos 1970 para provar que o desenvolvimento era impossível. Temos que publicar uma coleção desses artigos, porque hoje eles estão no governo e com eles o desenvolvimento é impossível mesmo, está provado. Vão produzir uma redução no nível de inflação e depois não tem como crescer mais, entrou-se em uma armadilha.

O Plano Real, do ponto de vista do combate à inflação, foi rigorosamente brilhante. A ideia de usar uma moeda indexada, que, historicamente, apareceu depois da Primeira Guerra Mundial na Alemanha, foi usada com

---

[32] Deutsche Bundesbank, o Banco Central alemão.

maestria. No dia 30 de junho, a abóbora se transformou em carruagem, como por milagre, e continuou andando. Tem uma porção de dificuldades, e tomou riscos, na minha opinião, desnecessários. Impuseram-se sacrifícios também desnecessários, mas é um sucesso. O que mostra que existem alguns mecanismos operacionais que tornam possível o controle de uma inflação como a que nós tínhamos sem custos sociais muito apreciáveis. O custo social que estamos pagando e vamos pagar em um futuro próximo não é do plano original, é do erro da política cambial que o acompanhou.

Considerações finais

O senhor acha que uma boa teoria econômica vale em qualquer tempo e em qualquer lugar?

O que é a boa teoria econômica? O homem é muito mais permanente do que parece. Então, se o homem se comporta de uma maneira mais ou menos parecida, tem algumas formas de saber o que vai acontecer com ele. Não há dúvida nenhuma de que existe demanda, por exemplo. Existe a curva de demanda, ela pode não ser palpável, pode ser difícil de se estimar, talvez ela flutue. Mas sei que se eu construir uma correlação entre preço e quantidade, provavelmente ela será negativa. E isso desde King,[33] em mil seiscentos e não sei quanto até hoje, deve ter uns sete milhões de casos observados em que acontece isso. De vez em quando aparece um sujeito e diz: "Encontrei uma curva positiva" — e é uma curva de oferta misturada com demanda. Existem algumas coisas na teoria do valor que eu posso usar. Posso falar em efeito substituição, posso falar em efeito renda, essas coisas funcionam. Sei também que posso agregar isso. Você pergunta: "Ela vale para qualquer lugar?". Na Rússia valia do mesmo jeito. Cada vez que eles violavam isso, supunham que a demanda era uma função crescente do preço, davam com os burros n'água.

Se você me perguntar: "Existe uma teoria econômica geral que explica todos os fatos?". Não, porque ela depende fundamentalmente das instituições. As instituições controlam o funcionamento. Se existir propriedade privada, provavelmente o mercado funciona de um jeito. Se não existir, o mercado vai funcionar de outro. Com propriedade coletiva tem mercado, só que

---

[33] Gregory King (1648-1712), estatístico e topógrafo inglês conhecido pelo seu cálculo da variação do preço do trigo em função da variação da safra, que ficou conhecido como "lei de King".

o mercado não converge para o que queremos. O mercado converge para destruir a quantidade de recursos, não converge para conservá-los. Sei que a propriedade comum não é condizente com uma economia de recursos. Não adianta vir o dom [Paulo Evaristo] Arns falar, o Sebastião de Souza falar, o outro querer ser presidente do INCRA e pensar que vai mudar o mundo. Não vai mudar coisa nenhuma. Onde tiver o comando, vai fazer uma exploração ineficiente. Se se conseguir mudar o homem, tudo bem. Vou educar o homem para perder uma parte do seu egoísmo, sublimar seu egoísmo, exacerbar seu altruísmo. Em um regime altruísta, o homem vai funcionar de modo diferente.

Na Idade Média, tinha um outro mecanismo de funcionamento, condenavam-se os juros e a Igreja era a única que emprestava. Condenava os juros para ser monopolista. O que era contra o ponto de vista da Igreja, altruísta, queimava-se literalmente, punha-se no fogo, fazia-se uma inquisição e tudo bem. É preciso ler o Jean Bachelier. Peguem esses livros de antropologia e vejam tribos africanas, tribos australianas, vão ver que o bicho homem foi feito desse jeito. Ele é produto de uma evolução, está melhorando. Aparece um sujeito como Kant, por exemplo, com o imperativo categórico: não deve fazer para o outro o que não quer que seja feito para você. Provavelmente, se você for um ser racional, vai dizer: "Eu quero que o sujeito que esteja em pior situação da sociedade esteja mais ou menos bem, porque de repente sou eu quem vou estar naquela situação" — como pensa o Rawls.[34] Tudo bem, estamos melhorando, estamos nos aperfeiçoando, as coisas estão caminhando. Mas enquanto o homem tiver essa dose de egoísmo, a teoria econômica vai ser parecida com a que está aí.

---

[34] Rawls (1971), *A Theory of Justice*.

Maria da Conceição Tavares, Celso Furtado e Pedro Malan, na reunião da SPBC (Sociedade Brasileira para o Progresso da Ciência) na UERJ, em 1979.

MARIA DA CONCEIÇÃO TAVARES (1930)

Maria da Conceição de Almeida Tavares nasceu em Portugal, em 24 de abril de 1930. Licenciou-se em Matemática na Universidade de Lisboa em 1953. Em 1954 mudou-se para o Brasil, naturalizando-se brasileira em 1957. Trabalhou no BNDE como analista matemática entre 1958 e 1960, mesmo ano em que se graduou em Ciências Econômicas na então Universidade do Brasil, entrando para o magistério no ano seguinte.

Fez então cursos de pós-graduação em Desenvolvimento Econômico na CEPAL, tornando-se colaboradora da CEPAL-ONU, na América Latina, entre 1961 e 1974. Em 1972, lançou a coletânea de artigos, *Da substituição de importações ao capitalismo financeiro*. Em 1973 foi uma das fundadoras do primeiro curso de pós-graduação em Economia da UNICAMP, ainda como área de especialização do Instituto de Filosofia e Ciências Humanas (IFCH). Obtém seu doutorado na UFRJ em 1975 com a tese *Acumulação de capital e industrialização no Brasil*. Com a aposentadoria de Octavio Gouvêa de Bulhões em 1978, torna-se professora titular em Macroeconomia na UFRJ, com a tese *Ciclo e crise: o movimento recente da industrialização brasileira*.

Ainda no ano de 1978, foi uma das fundadoras do Instituto dos Economistas do Rio de Janeiro (IERJ). Em 1980, ingressou nos quadros do PMDB. Na primeira metade da década de 1980, Conceição Tavares publicou uma série de trabalhos criticando a política econômica do governo. Entre os livros, destacamos *A economia política da crise: problemas e impasses da política econômica brasileira* (1982), *A dinâmica cíclica da industrialização recente do Brasil* (1983b) e, em parceria com José Carlos de Assis, *O grande salto para o caos: a economia política e a política econômica do regime autoritário* (1985).

Em 1986, como consultora econômica do Ministério do Planejamento, Conceição Tavares apoiou o Plano Cruzado. Em 1993 lançou, em parceria com José Luís Fiori, *(Des)ajuste global e modernização conservadora*. Em 1994, filia-se ao Partido dos Trabalhadores (PT), elegendo-se deputada federal no pleito daquele ano. A entrevista ocorreu em seu escritório particular, no Leme, Rio de Janeiro, no final de maio de 1995.

Formação

A senhora é graduada em Matemática e Economia. Como decidiu fazer Economia?

Porque eu achava que era uma ciência social relevante. Eu só tinha lido os clássicos radicais, do ponto de vista filosófico, por exemplo *O Capital*. Naquela altura lecionava-se os clássicos, até o [Octavio Gouvêa de] Bulhões dava de Marx a Walras. Por outro lado, eu estava trabalhando aplicadamente em Economia e Estatística, pois havia sido contratada pelo BNDE. Era matemática e sabia estatística. Fiz a primeira curva de Pareto da distribuição de renda. A primeira que foi feita no Brasil, no BNDE, para calcular as obrigações de reaparelhamento econômico. Pensei: "Não sei o suficiente de Economia, e estou no meio de economistas". Então fui estudar.

E a senhora foi fazer a graduação ou fez direto o mestrado?

A graduação. Não havia mestrado nenhum no Brasil no meu tempo. Havia um curso do Conselho de Economia. Quais eram os centros de economia que existiam nessa época, na década de 1950? Tinha a nossa escola[1] e a FGV, que não dava curso a essa altura, era só Instituto de Pesquisa. Todos os professores eram da Fundação: Bulhões, Isaac [Kerstenetzky], [Julian] Chacel, esses é que eram os professores de lá. O [Eugênio] Gudin, que a fundou, também. E quais eram os centros? O BNDE, desenvolvimentista, e a SUMOC, monetarista. E como, logo que terminei o curso, também fiz o curso da CEPAL, fiquei uma coisa raríssima, que era ser monetarista pela manhã e estruturalista à tarde.

Peguei como professores os melhores economistas do setor público. Naquela altura, a escola era para o serviço público, e quase todos os professores eram do serviço público: ou eram do Itamaraty, para a área internacional, ou eram de Direito. Ou eram do BNDE ou eram da SUMOC. E da Fundação Getúlio Vargas, onde eram pesquisadores. Entre os pesquisadores, o Isaac foi quem me ajudou na minha primeira pesquisa. Com ele eu fui olhar as séries de comércio exterior que a Fundação não tinha, e fazer a conversão da nomenclatura brasileira de mercadorias.

A minha tradição é, desde a origem, pesquisa e política pública. Fatalmente, pois eu só tinha professores de Estado e professores pesquisadores. Por isso é que era sério. Não importa se a orientação era conservadora, nin-

---

[1] Universidade do Brasil, atual UFRJ.

guém estava discutindo isso. Eu era de esquerda. O Bulhões impedia que eu falasse sobre monopólios, oligopólios? Não impedia. Até porque o Dias Leite e o Paulo Lira davam um curso que se chamava Estrutura das Organizações Industriais. A primeira vez que vi estrutura das organizações industriais e ouvi discutir integração horizontal, vertical, concorrência assimétrica, oligopólio, teoria dos jogos, foi com eles. E, ao mesmo tempo, Matemática Financeira.

Bulhões dizia: o cálculo de lucro não é fácil. Mostrava como é que a fórmula de Keynes, calculada do presente para o futuro, dava uma coisa, e, se fosse calculada pelo desconto, dava outra. Ninguém me disse que havia um problema da equação de Fisher. Ele mostrou empiricamente! Portanto, aquilo estava furado. E mais, mostrou que se estivesse discutindo eficiência marginal do capital ou eficiência marginal do investimento, não era o mesmo. Isso o Bulhões me ensinou antes de sair nos manuais de Economia. Como eles eram gente da Economia aplicada, os problemas eram postos por eles, e os manuais norte-americanos ainda não tinham chegado. E quais eram os autores? Os "clássicos", em sentido amplo: Hicks, Marshall, Walras, Marx, Keynes... E qual era o "manual" de política monetária? O do Gudin, que é um grande livro de política monetária[2] até hoje! Apesar de conservador.

A senhora não chegou a ter aula com o Gudin, não é?

Sim, o Gudin já estava aposentado. Tive aula com o Roberto Campos, que substituiu o Gudin. Aí, quando ele estava dando Política Monetária, apareceu a primeira teoria estrutural da inflação, a da CEPAL. E apareceu o livro do Furtado.[3] Eu era aluna de uma escola conservadora, mas que apesar disso estava se perguntando sobre o Fundo Monetário. Imagine se hoje alguém explica a fundação das instituições. Eu tinha eles ali! O Bulhões tinha estado com o Campos na reunião de Bretton Woods. Você sabe qual é a vantagem? Fui discípula de mestres que tinham estado lá. E quando fui para a CEPAL, fui discípula do [Raúl] Prebisch e de Aníbal Pinto. Como as pessoas tinham estado lá, elas sabiam a que vinham.

A senhora esteve com o Kalecki também?

Sim. O velho Kalecki, e o velho Kaldor, que tinham dado cursos na CEPAL na década de 1950 e deram depois as suas primeiras contribuições à

---

[2] Gudin (1943), *Princípios de economia monetária*.

[3] Furtado (1959), *Formação econômica do Brasil*.

teoria do subdesenvolvimento. O doutor Delfim Netto, em 61, trouxe todos para São Paulo, introduziu a Joan Robinson como teórica da acumulação de capital na USP. Doutor Delfim Netto era um estruturalista, e escrevia coisas sobre o café, vinha dar os nossos cursos, era um cobra! O Mário [Henrique Simonsen] era bem mais conservador. Sabia matemática e fazia modelos que ele desconfiava que não serviam para grande coisa. E disse que não serviam! Onde é que o Mário começou profissionalmente? Na Confederação Nacional da Indústria. Ninguém ficava só na academia. Estavam interessados em "vender o seu peixe", mas eram sérios, relativamente.

O apelo não era apenas ideológico, era a experiência histórica. Todos eram histórico-estruturalistas ou institucionalistas, todos! Não havia hipótese do Campos falar sobre moeda sem começar pelo sistema de Bretton Woods, ele esteve lá, ele viu! Todos detestavam o Keynes, mas mandavam ler. Depois eu, como professora, peguei os primeiros manuais de Macro e de Micro. E tinha que explicar tudo, mostrava: esse aqui está errado, não é assim.

Essa que é a minha formação, por isso sou uma economista crítica. Não é que nasci crítica, ninguém nasce crítico. Se você é filha de uma escola dessas, e na maturidade, aos trinta anos, vira cepalina e continua dando aula, com o Bulhões de um lado e o Aníbal Pinto do outro, fatalmente torna-se crítica. Você respeita os dois, sabe que não são uns patifes. Você fica ouvindo qual é a contradição entre eles. Com a nova geração isso não acontece mais. Não é por culpa dela, é porque não há demarcação de território. Ficam feito navegante perdido na bruma, andando de um território para o outro sem nem saber. Antes era mais fácil. Perguntava-se: "Qual é a bandeira?". "Tem a bandeira dos piratas." Aí você sabia que o cara era pirata. "Não, aquele tem a cruz gamada." Aí se percebia que o cara era fascista. Hoje não tem bandeira, não se percebe nada. Isso é muito ruim.

Mas esse não é um fenômeno só brasileiro. É mundial.

Sim. A nova geração está pior que os primeiros navegadores, que ainda tinham o astrolábio. Estão sem astrolábio, que dirá bússola! Não têm a estrela-guia dos primeiros navegadores, que olhavam as estrelas, engoliam a cordinha do astrolábio e diziam: "Estou para cá, tantos graus a oeste". Não têm astrolábio, não têm estrela-guia, estão perdidos!

Pegue o livro que o Paulo Arantes escreveu sobre o Departamento de Filosofia da USP,[4] para ver o que era a elite universitária paulista. Continua

---

[4] Arantes (1993), *Um departamento francês de ultramar*.

igual. Esta daqui, do Rio de Janeiro, não era assim, porque tinha duas obsessões, o poder político e o serviço público. Como é que se formou a FEA do Rio? Formou-se com advogados e engenheiros. Como é que se formou a Faculdade de Economia da USP? Essa foi uma confusão! Porque Economia era um departamento menor da USP, então se formou com as sobras do professorado! Por isso é que o Delfim é importante para a USP, porque ele foi discípulo de um senhor já provecto,[5] que lhe deu o poder. Fez a primeira reforma, o primeiro curso de pós-graduação, junto conosco que estávamos fazendo a CEPAL e junto com o Mário [Henrique Simonsen] que começou a fazer a EPGE. Isso em 1965, 67. Até 1965-67 não tinha nenhum curso de pós-graduação no Brasil. Os autodidatas sabem o caminho das pedras, se não quiserem mistificar. Eu não estou mistificando, não tenho nenhum interesse, não estou aqui fazendo uma entrevista política.

O mestrado da Fundação Getúlio Vargas é posterior ao da USP. Eles tinham um curso, mas não de mestrado.[6] Era um curso concorrente com o do Conselho de Economia.[7] O curso do Conselho era mais desenvolvimentista, apoiado pela Confederação Nacional da Indústria. Como o Mário [Henrique Simonsen] não gostava daquilo e se pôs sob as asas do Gudin e do Bulhões, foi para lá dar os primeiros cursos. Eram cursos em que eu cheguei a dar aulas, porque o Bulhões mandava. Mas não era mestrado. O primeiro mestrado em Economia foi o da USP, foi o Delfim que ganhou. Houve uma reunião em Itaipava com a Ford Foundation, e a Ford apoiou a USP. O Werner Baer ajudou, depois se arrependeu mortalmente e veio para a FGV. O segundo mestrado importante foi o da FGV e o terceiro foi o de Campinas. O nosso da UFRJ, dos importantes, foi o quarto. Eu ajudei a fazer o de Campinas, também. E o quinto foi o da PUC do Rio. E depois tiveram dezenas. Eu estou realmente me sentindo um dinossauro voando de costas! (risos)

E como foi sua experiência na CEPAL?

A CEPAL para mim foi um refresco, porque me permitiu uma leitura crítica, uma leitura nova. Os meus professores na Universidade do Brasil só estavam interessados em inflação, equilíbrio, estabilização e davam as explicações convencionais. Aí vêm os cepalinos e dizem: "Nós não vemos assim, nós somos estruturalistas, é preciso se preocupar com o desenvolvimento".

---

[5] Alusão a Luiz de Freitas Bueno.

[6] Refere-se ao CAE (Centro de Aperfeiçoamento de Economistas).

[7] Curso de Análise Econômica.

Eu fui formada como economista dentro de duas escolas de tradição antagônica. É por isso que até hoje eu consigo falar com os dois lados, quando tenho paciência. Eram escolas convencionais, mas abertas. Por que abertas? Porque eram todos institucionalistas. Eram todos neoclássicos, mas institucionalistas. E começar a aprender política monetária lendo o livro do Gudin é, evidentemente, muito melhor que ler um manual idiota. A ideia de separar, como economista, teoria, instituições e Economia aplicada não me passava pela cabeça! O sujeito que não é capaz de, primeiro, separar os níveis, mas ao mesmo tempo juntá-los, não é economista! Quando me formei na CEPAL já estava graduada em Economia, já era bacharel, aí me formei com essas preocupações.

Na CEPAL havia outra explicação para a inflação, que não a convencional, era a teoria estruturalista. Qual é o objetivo? O desenvolvimento. Para seu governo, Schumpeter, Kalecki e Kaldor eu não ouvi falar na escola, tive com meus professores da CEPAL. A CEPAL serviu também para me dar uma preocupação nova sobre o que é a formação histórica, a evolução histórica, o papel dos agentes econômicos em uma sociedade, como é que se desenvolve, portanto, uma perspectiva estrutural histórica. Isso eu não tinha, devo à CEPAL. De Portugal trouxe uma perspectiva filosófica e teórica. Eu era matemática e filósofa, não era capaz de pensar as instituições e a História e eles me ensinaram. O que não impediu que também me dessem as bases críticas daquilo que eu aprendi.

Eu tenho sorte. A CEPAL ensinava naquela altura os grandes autores críticos, justamente porque ela sabia que as academias ensinavam uma pseudoteoria neoclássica de baixo nível. A CEPAL dava Schumpeter e Kalecki. O Keynes não, porque o Prebisch achava, apesar de keynesiano, que ele não tinha nada a ver com "Teoria do Desenvolvimento", o que é verdade. Se "no longo prazo estamos todos mortos", ele não tinha uma hipótese de longo prazo. Infelizmente, a visão monetária também não aprendi pelo Keynes, dado que a CEPAL era "estruturalista". Apesar de que Prebisch era discípulo de Keynes e foi presidente do Banco Central da Argentina, ele não daria uma economia monetária da produção.

Também Kalecki e Kaldor estiveram lá como professores.
Sim senhor, nos cursos da CEPAL de Santiago em 1955. Estão lá os textos deles. E no meu curso da CEPAL, no Rio, em 1960, os textos deles eram dados. E mais, tinha o Aníbal Pinto que lecionou financiamento pela primeira vez, aqui no Rio. Explicou como é que se financiava o desenvolvimento. Aprendi com ele a ver de uma maneira realista a questão tributária. Antes já

tinha visto com o Gerson [Augusto da Silva] e com o Bulhões. Veja uma verdade assegurada até hoje: impostos indiretos são regressivos. Aí veio o Aníbal [Pinto] e disse: "São regressivos e daí, se é a estrutura mais fácil de cobrar e nós não temos instituições para cobrar dos ricos?". Os impostos de renda nem contavam naquela época e muito menos os patrimoniais, que não contam até hoje, salvo o IPTU em algumas cidades. Imagine o quanto era herético para um pensador de esquerda dizer: "Apesar de os impostos indiretos serem regressivos, como eles podem ser cobrados mais facilmente e pode-se fazer uma política social redistributiva, na ação pública, cobremos esses". Eu sou de uma escola herética, os meus mestres não eram apenas críticos, eram heréticos. Seria ótimo na década de 1950 ter imposto progressivo de renda e da propriedade. Mas, se não se pode ter, então usemos o que de melhor dispusermos, aumentemos a carga, usemos subsídios e a teoria fiscal como política redistributiva e alocativa. A base da teoria fiscal que está aí até hoje recomenda impostos diretos e de preferência não interferir na alocação.

Quando se tem bons professores, as coisas melhoram. Eu tive a grande sorte de ter bons professores de direita e grandes professores de esquerda, todos heréticos.

Método na pesquisa econômica brasileira

Qual o papel do método na pesquisa econômica?
Todo mundo sabe que no Brasil todos os grandes formadores de "Escola" não têm método nenhum! São todos ecléticos, todos! Ora, qual é o método? Com exceção do doutor Furtado e alguns discípulos cepalinos ou marxistas, que ainda podem dizer "método histórico-estrutural", eu quero saber qual é o método dos outros. "Qual o método em voga nesse país?" A "falsificação de hipóteses" num método econométrico?!

A primeira coisa em método é qual a escolha das hipóteses, a qual se prende muito mais à visão histórica e à experiência do pesquisador para demarcar o "território" da pesquisa.

Quem é da tradição histórico-estrutural pode usar elementos teóricos de várias escolas e tentar integrá-las. O Prebisch usou na segunda versão da "teoria da deterioração dos termos de troca" o método neoclássico, quando pretendeu, sob influência de alguns professores do MIT, fazer uma versão mais "acadêmica" para consumo norte-americano. A sua formulação original, baseada numa análise histórica, pode ser utilizada por várias "escolas". Tanto é assim que se pode ter uma "lei de Walras" aplicada aos resultados de sua pesquisa, bem como uma lei "marxista" do desenvolvimento desigual. Porque ele não tem nada que ver com isso, estava pouco ligando! Ele era um keynesiano de origem, e daí? Foi presidente do Banco Central e olhou o sistema internacional e disse: "A Argentina vai se dar mal!", e a partir daí fez uma coisa herética: lançou as taxas múltiplas de câmbio. Mais tarde escreveu o seu célebre ensaio[8] sobre problemas teóricos e práticos do desenvolvimento latino-americano, que é um clássico para todos os pensadores do "subdesenvolvimento" ou do chamado esquema "centro-periferia" ou ainda do "desenvolvimento desigual do capitalismo".

O método "histórico-estrutural" no pensamento econômico latino-americano deve-se a ele e a Furtado. E nós todos, seus discípulos, somos históricos estruturais, todos! O Carlos Lessa idem, o João Manuel Cardoso de Mello também. Não importa que o João Manuel critique a teoria da CEPAL, ele a critica usando as relações sociais de produção mas é uma crítica interna. Não importa que ele critique a Teoria da Dependência, ele não a nega, critica-a por dentro, mesmo que os seus fundamentos teóricos sejam schumpeterianos ou marxistas! Portanto ele está no interior da escola latino-americana fazendo uma crítica histórico-estrutural.

Na abordagem histórico-estrutural as instituições acabam aparecendo, mas não se pode chamar de institucionalista a esse pessoal! Não pode. Institucionalista é outra coisa, e, em Economia, não tem nenhum institucionalista de peso neste país! Se viesse a ter um alguma vez seria provavelmente o Delfim. Se escrevesse novamente a fundo, com a sua experiência das instituições capitalistas brasileiras e da sua evolução... Mas ele só escreve artigos curtos para criticar a conjuntura atual. A famosa tese do Delfim sobre o café[9] é histórico-estrutural, embora envolva uma análise de política econômica da época.

Qual é o papel da Matemática e da Econometria na Economia?

Da Matemática, do ponto de vista prático, nenhum! Os últimos ensaios de Matemática aplicada à economia são antiquíssimos, da década de 1950. A Econometria é diferente, porque a Econometria, apesar de estar cheia de furos, de problemas, é uma tentativa de testes empíricos de hipóteses que servem para avaliar a "verossimilhança" de um modelo. Não se trata de confir-

---

[8] Prebisch (1949), "Desenvolvimento econômico da América Latina e seus principais problemas".

[9] Delfim Netto (1959), *O problema do café no Brasil*.

mar que a validade está bem representada por algum modelo teórico consistente. Agora, a Matemática serve para quê? Para fazer avançar a teoria walrasiana na direção das nuvens, isso não há dúvida nenhuma. E o que eles estão fazendo agora não é nenhuma contribuição maravilhosa, porque já teve uma escola matemática importante: a francesa, que deu lugar àqueles que estão em Harvard e no MIT, não aos que estão em Chicago. [Gérard] Debreu foi representante da grande escola matemática, que foi a francesa. Depois é que ele se passou para os norte-americanos. Os "novos-clássicos" de Chicago são uns apologetas.

O que se vê atualmente é uma formalização crescente, de forma abstrata, da "teoria da escolha pura", não tem nem Economia aplicada, nem interpretação. Se os modelos não têm como incorporar nada que tenha a ver com a realidade, não são nem indutivos nem dedutivos. Então, tanto os modelos de "escolha pura", como os da "teoria dos jogos", não servem para nada! Servem só para o jogo das contas de vidro, como dizia o velho escritor Hermann Hesse.[10]

O papel da Matemática é mistificar, levar você para o jogo das contas de vidro. Porque a Matemática, para ser rigorosa, só é passível de desdobramento ou em modelos de equilíbrio geral, ou em modelos dinâmicos mas abstratos. A pseudomatemática dos modelos que permitem derivações de política econômica, não é Matemática. Para fazer uma IS-LM não se precisa de Matemática nenhuma. Dado que você não deriva nem deduz a política econômica de modelos, a não ser heurísticos ou por simulação com experimentação numérica. Os modelos matemáticos em Economia em geral só têm hipóteses uma vez fixados objetivos e cenários alternativos. A maioria não passa de uma axiologia da escolha pura. Lembra do Hahn? Não se pode nem incluir moeda. Como é que não se pode incluir moeda, se a economia capitalista é monetária? Seja eu keynesiano ou monetarista tenho de levar em conta a moeda. Mas colocar o papel da moeda num modelo de "escolha pura"? Não é possível! Fica a variável n+1, mais uma mercadoria, num sistema de determinação simultânea, não dá nada. Como tratar o ciclo, se o modelo não tem dinâmica? Os neowalrasianos estão até hoje procurando o modelo de ciclo. "É, mas dá bolhas." Claro que dá bolhas, se você tem um modelo walrasiano de equilíbrio geral e introduz expectativas racionais com informação incompleta ou "incerta" e aparece especulação. Mas aquilo explica o quê? Nada! Isso só serve nos modelos de aplicação matemática ao mercado

---

[10] Hesse (1943), *O jogo das contas de vidro*.

financeiro, que são modelos especulativos puros. Quem está trabalhando nisso, por exemplo, é aquele menino[11] que está lá em Chicago, não são os novos teóricos da economia "neoclássica".

Mas a Matemática tem também uma força de retórica...

O que eu digo é que a força da retórica exige uma Matemática elementar. Ninguém trabalha com modelos matemáticos sofisticados apenas para ter força de retórica. Simplesmente porque sequer a maioria dos alunos acompanha. Então você faz um modelo de dinâmica não linear, mas ninguém acompanha, porque é complicadíssimo. Na pesquisa econômica, como em qualquer ciência social, você escolhe um conjunto de hipóteses, que tem algo que ver com a realidade que você quer pesquisar, senão não é pesquisa econômica. Volto a insistir, os modelos de Matemática em geral são de "escolha pura", não são modelos de pesquisa sobre a realidade econômica.

Para fazer pesquisa econômica é preciso ter um conjunto de hipóteses que tenham sido, por um processo de redução teórica, inferidas de alguma realidade histórica. Todos os teóricos relevantes fizeram isso. Gary Becker, por exemplo, não o fez, por isso ele diz os equívocos que diz. Ele estava interessado no comportamento do consumidor numa sociedade de massas ao invés de fazer uma sociologia econômica. Fez lá como pôde. Não vale nada do meu ponto de vista. Não estou dizendo que ele não tenha tentado usar o "método científico", mas seguramente não merecia o prêmio Nobel.

A Matemática é um instrumento auxiliar para modelos complexos. A linear não adiantava nada, dado que os fenômenos econômicos não são lineares. Os modelos da simetria não valem nada, dado que a economia não é simétrica, é toda assimétrica. Agora, tem um campo no qual você pode fazer um desenvolvimento eventualmente prático do modelo matemático dinâmico, que é o campo da especulação. Por quê? Porque você supõe um modelo de "caos", que não tem lei de determinação, que não é dedutivo nem indutivo. Assim mesmo é um empirismo rasgado. Você examina durante décadas o comportamento de algum mercado financeiro, verifica que há três ou quatro figuras que o descrevem razoavelmente e tenta estudar as suas propriedades matematicamente. Isso você pode fazer.

Aí se pega a teoria dos jogos: ela também não foi feita para estudar estruturas de mercado assimétricas, com grandes empresas e pequenas, foi fei-

---

[11] Refere-se a José Alexandre Scheinkman, nascido no Rio de Janeiro, atual chefe do Departamento de Economia da Universidade de Chicago.

ta para estudar duopólios ou oligopólios simétricos. Se, em vez disso, houver oligopólios assimétricos e embaixo uma brutal dispersão de empresas, para que serve a teoria dos jogos? No Brasil, onde há uma assimetria de poder muito grande nas empresas aqui existentes, para que serve a teoria dos jogos? Não serve para nada, e você embarca!

Então, um dos problemas do método científico é que você tem que saber para que foi feita a teoria, senão é impossível. Todo o problema da teoria do desenvolvimento está ligado ao método histórico-estrutural. Tanto o que foi escrito sobre desenvolvimento, como o que foi escrito sobre política econômica tem essa base. Ah, dirão vocês, mas houve uma ruptura com os modelos da inflação inercial da PUC. É verdade, dado que os modelos FGV-RJ não têm teoria nenhuma. É uma combinação entre Chicago e Harvard, uma confusão! Coisa que o próprio Mário Henrique reconhece, ou pelo menos disse a mim, não sei se reconhece publicamente.

Mas a ideia da inflação inercial não parte de uma contribuição de Mário Henrique Simonsen?[12]

Ele foi o primeiro a propor uma pactuação autoritária da inflação com o resíduo inflacionário expectacional. Isso sim ele foi, mas não teorizou sobre o assunto. Quanto à inflação inercial, é indiscutível que, dos originários da PUC, o primeiro a propor um modelo teórico foi o Chico Lopes,[13] por isso ele se considera o pai da inflação inercial. O Mário inventou uma fórmula, não teorizou nada. Ainda em relação a inflação inercial, teve o Felipe Pazos, que é cepalino de origem, por isso é que ele a chamou de abordagem neoestrutural. E teve o argentino, o Roberto Frenkel, que estava na PUC como professor visitante. O artigo do Frenkel[14] é de 1979 e o do Felipe Pazos[15] é de 1972. Eles não se consideram pais de nada, apesar de pioneiros, mas todo mundo aqui se apropria das ideias alheias. Eu também não sou mãe da "substituição de importações", eu sei de onde venho, tenho uma escola atrás. Estou dando uma contribuição na margem, eles também.

Na verdade, o modelo de inflação inercial não era um modelo de política econômica. Tanto a questão monetária dos juros quanto a questão do

---

[12] Simonsen (1970), *Inflação: gradualismo versus tratamento de choque*.

[13] Lopes (1984b), "Inflação inercial, hiperinflação e desinflação: notas e conjecturas".

[14] Frenkel (1979), "Decisiones de precios en alta inflación".

[15] Pazos (1972), *Chronic Inflation in Latin America*.

câmbio ou de abrir a economia, que estava influenciadíssima por uma crise internacional da dívida externa, tinha que ser levada em conta. O modelo levou isso em conta? Não! Levou em conta o "conflito distributivo", salários e preços. Ora, isso foi um equívoco em plena crise da dívida externa, com um choque externo violento.

Essa sempre foi a minha discrepância com eles, minha e do Belluzzo.[16] Azar o nosso que depois tivemos que apoiar o Cruzado. Todos os modelos que têm sido trabalhados, tanto os de origem keynesiana, quanto os de origem neoclássica, têm como base o mercado de trabalho de um lado e a formação de preços de outro. Ou neoclássica, ou supostamente keynesiana com *mark-up* em cima. Então não dão conta de uma aproximação razoável da economia ou da sociedade brasileira, porque a sociedade não é homogênea, os oligopólios não são simétricos, a dispersão é muito grande. Além disso, quando finalmente introduziram os juros e o câmbio, o fizeram como preços relativos de equilíbrio à maneira neoclássica vulgar ou como variáveis "expectacionais" a serem determinadas.

É por isto que eu digo que o método que utilizo é sempre histórico-estrutural. Eu e todos os demais, os mais velhos que fizeram alguma coisa relevante, neles incluído o Delfim Netto. Ninguém ficou imune a um Furtado, a um Caio Prado, a um Rangel, a um Gilberto Freyre. Ninguém ficou imune aos grandes pensadores brasileiros. E são todos histórico-estruturalistas, todos!

A realidade econômica é redutível?

Sim, a realidade econômica pode ser teoricamente redutível. O problema é saber até que ponto é possível abstrair de uma realidade econômica complexa, uma hipótese redutora simples. Como é que se constrói teoria? Fazendo abstração de uma porção de coisas e tomando para as hipóteses explicativas determinante aquilo que você considera fundamental. É o vício ricardiano, como diziam Schumpeter e Keynes. Por que Ricardo é considerado o primeiro teórico da Economia? Porque ele fez isso, os outros não. Os outros escreviam grandes histórias institucionais, estruturais. O Adam Smith é um gênio, dá para reler até hoje. Já o Ricardo só dá para reler como pesquisa teórica, só por quem tem paciência para aguentar o espírito teórico dele. Mas ele foi o primeiro a fazer isso.

---

[16] Ver Belluzzo e Tavares (1984), "Uma reflexão sobre a natureza da inflação contemporânea".

E qual a importância das instituições?

Não existe economia sem instituições. Mercado é o quê? É um conjunto de instituições. Você tem que ver se tem igual poder, como está estruturado, como opera. Se você não é capaz de estruturá-lo, você não está falando nada! Você até pode não falar que os empresários nacionais são a pata fraca do tripé que tem ainda o Estado e o capital estrangeiro, desde a República Velha, mas tem que levar em conta como é que operou a moeda neste país e como é que operaram as normas jurídicas. Por que a tese do Fiori fala em dinheiro e normas? Quantas reformas monetárias já fizemos? Quantas vezes mudamos as normas nesse país? Por quê? Porque não é uma economia estabilizada, estruturada, com oligopólios simétricos, não é um Japão, não é a Alemanha. Não é os Estados Unidos. Não tem uma moeda conversível, não tem tecnologia própria, então já cai na definição do Prebisch: é uma economia periférica. Tem uma relativa homogeneidade social? Não tem.

E esta situação não é apenas injusta. A definição do subdesenvolvimento tem a ver com a desigualdade estrutural. O que quer dizer injusto?[17] Injusto do ponto de vista de quem? De um critério ético? Mas ética nunca foi o critério da Economia. Uma filosofia moral das ciências houve no século XVIII, começo do XIX, depois não. "Ah, mas eu estou interessado na ética."[18] Então fico interessado na ética, pelo que ela tem a ver com o problema da cidadania, da relação dos agentes sociais com o Estado. Como economista, não estou preocupada com a distribuição de renda apenas por razões éticas. Estou preocupada porque isso não dá um funcionamento regular, o ciclo é curto. Gera consumo depois cai, endivida. Está na minha tese de livre-docência.[19] Aliás, já estava no meu "Auge e declínio da substituição de importações" (1962-64) e no ensaio que escrevi com Serra "Além da estagnação" (1968-70).[20] Por que o ciclo é curto? Monta-se tudo a martelo, implanta-se uma indústria de golpe, transfere-se tudo, inclusive as empresas, de golpe! Põe-se uma regra cambial, uma regra fiscal que não dura um ano, uma regra

---

[17] Refere-se à afirmação de Fernando Henrique Cardoso: "O Brasil não é mais um país subdesenvolvido, é um país injusto".

[18] Alusão a Giannetti da Fonseca (1993), *Vícios privados, benefícios públicos? A ética na riqueza das nações*.

[19] Tavares (1978b), *Ciclo e crise: o movimento recente da industrialização brasileira*.

[20] Tavares (1972), *Da substituição de importações ao capitalismo financeiro: ensaios sobre a economia brasileira*.

monetária que não dura seis meses. Como é que se pode imaginar que isso vai funcionar? É um disparate.

Não há estabilidade institucional?
Exatamente. Este é o modo institucional de uma economia assimétrica, com uma burguesia predatória, que periodicamente assalta o Estado. Para assaltar o Estado tem que poder mudar as normas, tem que fazer reformas constitucionais o tempo todo, tem que poder emitir moeda da maneira que seja. Quais são as instituições que determinam o poder de uma elite que é muito predatória e muito volátil? Qual é a grande empresa brasileira privada que está aqui há duzentos anos? Nenhuma. Quantas camadas de empresariado e de burguesia já foram feitas desde que eu cheguei no Brasil há quarenta e dois anos? Dos grandes sobrou o Antônio Ermírio [de Moraes] e poucos mais. A Votorantim na década de 1950 era uma grande empresa, do tamanho da Samsung àquela altura, que também era pequena em termos internacionais, mas era uma grande empresa para o Terceiro Mundo. Hoje não é nada do ponto de vista "global".

Quais são as grandes empresas que sobraram? As três grandes estatais, que foram construídas sob forma de corporações. Mas isso é corporativismo. Ué, e haveria de ser o quê? E as *corporations* são o quê? É a maneira de fazer corporação atrasada, num país atrasado. Fizeram as corporações fora do tempo, num "capitalismo tardio". Agora querem que a economia seja concorrencial. Mas o que quer dizer concorrencial? É preciso discutir as instituições que estão por trás, senão se inventa de passar a Rússia para o mercado e fica aquela confusão que está lá. Se o Vargas tivesse resolvido, no tempo da missão Niemeyer, fazer um Banco Central independente, este país não teria andado para lugar nenhum. Como, aliás, resolveu fazer a Argentina e não andou para lugar nenhum durante 30 anos.

PENSAMENTO ECONÔMICO BRASILEIRO E TEORIA ECONÔMICA

Até que ponto somos colonizados academicamente?
É claro que somos colonizados academicamente, não tem saída, todos os das novas gerações foram muito influenciados pelas escolas norte-americanas. A capacidade de produzir pensamento autóctone à direita e à esquerda está diminuindo. Eu não posso chamar o Delfim [Netto] de colonizado academicamente, posso? Os mais velhos não são colonizados academicamente, usavam os "modelos" à disposição com a maior tranquilidade. O pensa-

mento era eclético. Aí vão dizer: "os novos não são ecléticos"! Que não são ecléticos, que nada! Uma das coisas que mais me irrita é a absoluta falta de rigor do chamado pensamento neoclássico brasileiro.

Fui professora de Micro e Macroeconomia e explicava os fundamentos do pensamento neoclássico. Meu catedrático era neoclássico, o velho Bulhões, que também não sabia direito quais eram os fundamentos. Como eu era matemática, explicava os fundamentos, o que eram aquelas curvas. A economia não anda em cima de curva, que história é essa de andar em cima de curva?! Um negócio de maluco! E dizem que isso é Matemática. Não é verdade. Então, não é que a elite universitária é só colonizada academicamente, é também muito superficial e ignorante, eclética, modista, e pelo prestígio faz qualquer sacrilégio.

Se o cara quer ser bem-aceito em um país como este, ele segue a moda. Qual é a moda agora? Chicago. Lá vai o cara! Mas não resiste, ninguém é rigoroso. Você acha que tem aqui algum *Chicago boy* rigoroso como teve no Chile? Nenhum! O mais *Chicago boy* foi o Langoni, o primeiro a ir para lá. Era rigoroso? Imagina! O livro que ele escreveu sobre desenvolvimento[21] não era de Chicago. Tem algum keynesiano autêntico no Brasil? *Name one*. Fica difícil teoricamente. Tem em Campinas e aqui na UFRJ. Mas quantos keynesianos temos aqui na nossa escola, que é uma escola keynesiana? Quantos são keynesianos para valer? Não tendo a nova geração *framework* estrutural, não sendo da escola histórico-estrutural, fica difícil. Evidente que todos leem o Furtado, a mim, o João Manuel Cardoso de Mello, mas não basta ler. Tem que ser ensinado.

O pessoal da PUC-RJ é "neoestruturalista", fez um modelo, que embora fechado era "rigoroso". Depois agregaram a taxa de câmbio, mas não sabiam o que fazer com ela. Assim a taxa de câmbio aparece ora como objetivo, ora como variável expectacional. Já é um chute em cima do modelo, porque umas variáveis são estruturais, as outras são expectacionais. Isso é um ecletismo que de algum modo a situação brasileira requer. Dado que é um país muito atrapalhado, não dá para pegar uma teoria que foi feita em outras condições e aplicar aqui.

Um neoclássico da FGV pode se apaixonar por um problema — a dívida externa — e levá-lo às suas últimas consequências. *En passant*, a influência do pensamento econômico não determina se o sujeito é de esquerda ou

---

[21] Delfim e Langoni (1973), *Distribuição de renda e desenvolvimento econômico do Brasil*.

de direita, é a sua prática (até o fim da vida, de preferência). Pode-se ser um "marxista" de salão ou um "marxiano" acadêmico e não dar a mínima importância à questão das desigualdades sociais. O que é interessante, para não dar tanta ênfase à formação das escolas na opção ideológica do sujeito.

Se vocês fizerem uma pesquisa nas teses, concluirão que todas as escolas começaram por teses centrais sobre economia brasileira. Roberto Campos, o Delfim Netto, o Mário Henrique Simonsen, eu, todos trabalhávamos sobre economia brasileira. Todos tínhamos uma preocupação com a realidade, com o entendimento do nosso país. E não tem certos ou errados nessa brincadeira, fosse da esquerda ou fosse da direita, todos tinham um mínimo de espírito público, enquanto professores todos estavam preocupados em entender este país e transformá-lo de alguma maneira.

Como é que isso mudou? Mudou para o "rigor". O que quer dizer "rigor"? Não quer dizer nada. O pseudorrigor quer dizer apenas usar um instrumental de quinta categoria, fazer IS-LM ou *mark-up* sobre salários, que não equaciona nenhum dos problemas da economia brasileira. Tem uma ala técnica, uma teórica, a ala de Economia aplicada, tem uma ala que faz uma espécie de antropologia econômica, o pessoal do Museu Nacional. Aí você vê como é que abre o espectro de preocupações frente à complexidade do Brasil. Isto é conhecido, desde os clássicos brasileiros, como antropofagia cultural: você engole e digere uma série de teorias e informações espalhadas pelo mundo. Antes era só pelo círculo das elites e agora é pelo círculo das elites mais a mídia.

Construções como curvas de indiferença, mercado e isoquantas de produção são válidas?

Curvas de indiferença e isoquantas da produção como instrumentos de uma teoria da escolha estática foram válidas. Mercado, já dissemos, é uma estrutura composta de instituições e de relações dinâmicas, não é redutível a nada disso. O "mercado" visto pelo Pareto assumia que, com o conjunto de curvas de indiferença, que dava as preferências dos consumidores, e com o conjunto de isoquantas, que dava as possibilidades de produção, era possível exprimir as duas forças do mercado, que são a demanda e a oferta. Como demanda e oferta marshalliana para ele não significavam nada, ele foi por trás das curvas e tentou explicá-las. Portanto ele estava tentando fazer uma "teoria" que explicasse quais são os fundamentos por trás da demanda e oferta. Não é o problema de ser válido, é claro que é válido do ponto de vista teórico-abstrato. Você pode ter uma teoria que está limitada a ver o ponto de encontro entre demanda e oferta e achar o preço. Ou então uma outra, que é a do Walras, que fala: não é nada disso. Tem um conjunto de n variáveis e tem um equilíbrio geral, que, para se encontrar, deve-se resolver n equações com n incógnitas.

O Pareto vem na direção neoclássica, na descendência de pontos de demanda e oferta e não do equilíbrio geral. Alguém perguntará, "isto exprime a realidade ou é uma aproximação válida à noção de mercado contemporâneo?". Definitivamente não.

Essas teorias têm utilidade?

Hoje, não. Na altura tiveram, pois estávamos na idade das trevas, quando não se conseguia fazer teoria nenhuma! Não se sabia mais nem o que era mercado, então se tinha o direito de teorizar dessa maneira. Já o velho Schumpeter não teoriza assim. E Karl Polanyi, que escreveu na década de 1940 [1944] *A grande transformação*, é outra maneira de ver, a correta do meu ponto de vista, histórico-estrutural. Ali você tem que fazer uma sociologia, ou uma história, ou uma análise estrutural. Se é questão de preferência, eu prefiro aquela. Mas houve um avanço "teórico" sobre Marshall, com Pareto. Um avanço que ao mesmo tempo esteriliza os *insights* que Marshall teve. Em geral, quando você faz um desdobramento teórico mais rigoroso do que o mestre, desorganiza tudo o que ele disse de importante. Os discípulos do Keynes fizeram a mesma coisa.

Os grandes mestres têm capacidade descritiva e intuitiva do que está ocorrendo, estão localizados historicamente, sabem do que estão tratando. Mas é rigoroso fazer aquela curva de demanda e oferta e andar em cima da curva? Não é rigoroso. Não é para andar em cima das curvas, vamos ver o que está por trás delas e deduzamos a curva conforme o mapa dos pontos de preferência em que o consumidor está localizado. E o que foi que o Hicks fez? Pegou essa ideia. E como eram mercadorias trocadas por mercadorias, e ele sabia que isto não era o mercado, botou uma outra: o dinheiro. É outra contribuição teórica. Na linha neoclássica, é evidente que temos o Marshall, o Pareto e o Hicks, que aperfeiçoam o instrumental precário, que até hoje é dado nas universidades! E até hoje tem maluco andando em cima da curva da oferta e em cima da curva da demanda! (risos)

É uma atrofia da teoria. E isso não tem nada a ver com ser neoclássico, tem a ver com o pensamento teórico científico deste país que está indo de mal a pior. Não há nenhuma possibilidade de os consumidores se moverem sobre curvas de indiferenças como eles dizem. Nem por preferências reveladas.

A teoria muitas vezes é redutora. Você pegou o primeiro, que é o Marshall, todo mundo desdobra. Em geral a teoria não segue, a não ser para os grandes pensadores, uma interpretação nova da realidade. A teoria é um desdobramento didático de pensadores mortos há cem anos, como dizia o velho Keynes. O Marshall já morreu faz quinhentos mil anos e os alunos e professores continuam disparatando e andando em cima das curvas, coisa que o velho não mandou fazer!

O que acha da separação entre Macro e Microeconomia?

Do ponto de vista metodológico é correta. Evidentemente, se você entrevistar o Mario Possas, ele vai dizer que é bom ter uma integração Micro/Macro, que não tem nada a ver com as *microfoundations*.

SUBSTITUIÇÃO DE IMPORTAÇÕES

Os ensaios reunidos no seu livro Da substituição de importações ao capitalismo financeiro *tinham, entre outros objetivos, criticar o próprio conceito de Substituição de Importações. O conceito tentava explicar um processo que se deu historicamente, ou seja, que não era meramente formal.*

Claro que não era um conceito formal, era um conceito histórico-estrutural. Não pode ser lido assim: quando o coeficiente de importações sobre o PIB cai, houve substituição de importações, quando ele sobe não houve. Eu me lembro até do Chico de Oliveira dizendo uma vez: "Eu não acho que houve substituição de importações de bens de capital no período Geisel, porque ali se importou mais do que se produziu". Estava se importando bens de capital para fazer a indústria de bens de capital, e ele disse que era "des-substituição". Então que lesse o meu artigo, está dito lá que não é um conceito formal, aliás eu e Kalecki achávamos isso. Depois ele falou: "Eu já disse para a CEPAL chamar a substituição de importações de industrialização tardia e periférica". Tardio e periférico é mais adequado para uma leitura estrutural, porque se você diz substituição de importações, qualquer aluno de economia pode achar que quando cai o coeficiente houve substituição, quando sobe não houve, só que é exatamente ao contrário. Os meus ex-alunos da CEPAL, Malan e [Regis] Bonelli, têm um artigo[22] explicando o assunto, até porque eu acho que ensinei direito, ao menos isso, para eles.

---

[22] Bonelli e Malan (1976), "Os limites do possível: notas sobre o balanço de pagamentos e a indústria no limiar da segunda metade dos anos 70".

Quando se está substituindo bens de capital o efeito é complementar, você produz mais e importa mais. É pró-cíclico. Em Econometria então, complica ainda mais. Eu vi o Pastore se complicar com isso. Ele escreveu um *paper* sobre substituição de importações na década de 1960 que é equivocado. O que ele entende mesmo é de moeda. O coeficiente caiu de 1930 a 1950. Em 1950, em pleno início do processo de industrialização pesada com restrição externa, o coeficiente sobe muito! Então fica-se com a impressão de que não houve "substituição de importações". E se o conceito for levado ao pé da letra não houve mesmo.

Qual era a principal ideia por trás do subtítulo do seu livro com Fiori: Modernização conservadora?[23]

Modernização conservadora porque foi promovida pelos conservadores anglo-saxões, não pelos liberais, e também não foi produzida por uma elite nacionalista radical como em alguns casos asiáticos. A dos nossos militares foi uma modernização autoritária eclética. Tinha uma elite burocrático-militar-nacionalista, politicamente reacionária. Conservador era o Bulhões, que era um liberal conservador. Na América Latina, as ideias estão fora do lugar. Só na América Latina liberal e conservador podem estar juntos. O período do Juscelino não dá para chamar de "modernização conservadora". Pode-se chamar de modernização herética, dispersa, tardia. Tinha uma elite, no BNDE, com seus grupos de desenvolvimento setorial, suas metas e ele disse "vamos fazer", e fizeram. Vargas fez o contrário, teve ideias desenvolvimentistas mas práticas populistas. Mudou a distribuição de renda sobretudo da pirâmide salarial, não chegou a ver os resultados desenvolvimentistas. Tudo isso são resultados históricos que têm que ver com as raízes do nosso subdesenvolvimento, que é muito mais pesado que "modernização versus atraso". Isso é muito difícil e não dá para explicar tudo assim, é uma querela entre nós, os mais velhos, há muitos anos.

A senhora acha que a ditadura foi ineficiente para promover ajustamentos?

Mas como assim? O que fizeram o Campos e o Bulhões, não foi um ajustamento? Ajustaram fiscalmente? Ajustaram. Ajustaram a balança de pagamentos? Ajustaram. Diminuíram a inflação? Diminuíram. Tem todos os elementos, o ajuste fiscal, o monetário e o distributivo (regressivo), a reforma

---

[23] Tavares e Fiori (1993), *(Des)ajuste global e modernização conservadora*.

salarial do Mário [Henrique Simonsen]. Introduziram a correção monetária. O velho Bulhões diria: "Só para a dívida pública, eu não criei o *overnight*" (isso foi invenção do Mário Henrique [Simonsen]). Nós fomos o primeiro país da América Latina a fazer uma reforma tributária moderna, a fazer um ajuste fiscal moderno, a fazer uma política monetária moderna. Oxalá ainda estivesse aí, que não daria esta trapalhada toda, porque esta aqui não é moderna, ou é conservadora ou não é nada! Você imagina Bulhões e Campos serem os primeiros apologetas do gradualismo. Quer coisa mais moderna? Todos são discípulos deles. A fórmula está lá, o ajuste gradualista está lá. Usar a política monetária com uma certa cautela, está lá. É claro que foi por água abaixo porque realmente não dá para fazer a correção monetária como vinha sendo feita. Assim como não dá para desindexar a economia se os balanços continuam sendo corrigidos pela inflação. É só os salários que eles vão desindexar, ou alguém já tirou a UFIR dos impostos e a correção monetária dos balanços? Só quando a inflação tender para o nível dos "desenvolvidos"?

Keynes e outras influências

Qual a influência de Keynes no seu pensamento?
Eu só entendi Keynes depois de muito trabalho com o professor Belluzzo. Só entendi Keynes quando eu entendi o que era uma teoria monetária da produção. Porque o meu mestre, Prebisch, se apoiava nas ideias de Keynes para dizer "Bretton Woods não vai dar certo", mas nunca usou para dentro, para a análise do circuito interno da produção. Keynes sempre foi trabalhado em termos reais, por causa do seu discípulo, que fez as contas nacionais, o [Richard] Stone. Ele colocou tudo em índices, tudo em termos reais, apesar de Keynes advertir explicitamente que não se deve fazer isso, porque é tudo nominal. A taxa de juros é nominal, os fluxos são nominais, mas ninguém deu bola! Essa foi a primeira traição empírica. Depois o *gap* do consumo, que é daquele norte-americano, que foi o primeiro keynesiano bastardo. E, finalmente, todos os demais keynesianos norte-americanos e neokeynesianos fecharam o círculo com as hipóteses neoclássicas do mercado de trabalho.

E sabe por que a gente foi resgatá-lo? Porque o Friedman resolveu que era o legítimo representante de Keynes porque era um monetarista e Keynes também. Quando você não lê pelo autor — e eu li sempre pelos autores —, você lê guiado, salta os capítulos que não te interessam, e vai aos capítulos que já estão consagrados. Então lá vai o *gap* do consumo, perdia aulas dando todas as versões de teoria do consumidor, derivadas do Keynes ou de qualquer outro, as teorias macroeconômicas do consumo. Depois investimento, todas as teorias macroeconômicas.

Eu era incapaz de fazer uma leitura monetária do Keynes, na década de 1950, incapaz. Não tinha entendido. Quando o Friedman nos chacoalhou, a gente ficou com raiva. Aí fomos lá ler o Keynes. Mas não é que o Friedman tinha razão, Keynes é um autor monetário! A discussão do Keynes como um autor monetário, na esquerda, ocorreu só na década de 1970.

O esforço que nós fizemos tem a ver com a crítica do Friedman, que para nós era fundamental, porque ele era o papa naquela altura, no final da década de 1960, começo de 1970. Ainda não tinha aparecido para nós o Leijonhufvud, que apareceria em 78. Na verdade, Leijonhufvud era lido pelas *microfoundations*, não era lido pelo lado monetário. A Robinson dizia: "Não, ele entende mais do que vocês que são uns equivocados, pelo menos respeita o Keynes". A velha Robinson também não tinha entendido! Os discípulos do velho não eram monetaristas, essa é a verdade. Os meus contemporâneos, como [Paul] Davidson, apareceram muito mais tarde, já num movimento de resposta à direita.

Quando a direita se reivindicou keynesiana, porque era monetarista, e isso estava lá no velho, a gente foi olhar o velho com cuidado, passo por passo. Devemos isso ao Friedman. Todos, do Davidson a nós de Campinas, todos! Foram ler o Keynes de outra maneira, quando o Friedman reivindicou que ele sim era o discípulo de Keynes, numa discussão com o Johnson que se dizia keynesiano e a gente sabia que não era.

A outra leitura, que era a do Kalecki, não era monetária, era financeira. Outro autor famoso que nos ajudou foi o Minsky. Mas Keynes é um autor sobre o qual tem que se trabalhar toda a vida. Marx, ele, o Schumpeter, são autores gigantescos! O Walras também vale a pena ler de vez em quando, e o velho Ricardo também. É muito difícil sair das linhas que os grandes mestres traçaram para fazer teoria. A releitura para tratar de problemas postos no presente tem sempre que voltar aos *fundamentals*. Os velhos tinham razão. Quem não tinha razão eram os seus discípulos, que passam a conjuntura e fazem um boneco. Sempre que você faz um modelo simplificado em cima de um grande autor, é quase certo que você está liquidando, distorcendo tudo. Porque não tem jeito, não dá para meter em um modelinho.

O que é fundamental em termos de leitura para uma boa formação em Economia?

Todos os grandes têm que ser relidos sempre, porque eles colocam problemas que são do capitalismo desde a sua fundação. "Ah, mas ele evolui."

Sim, sabemos que evolui, mas o fato de evoluir não quer dizer que os princípios fundamentais que cada um está discutindo sumiram. São grandes por quê? Porque disseram alguma coisa extremamente relevante sobre um fundamento do capitalismo, senão não teriam nada de grande. Eu lá sou grande em alguma coisa! Imagina se sou alguém aqui! O mestre Furtado, podemos chamar grande por quê? Porque ele disse: "Acho que a formação econômica desse país não é como andam dizendo". E se você for olhar para atrás, verá que ele estava baseado também nos grandes. O fato de que ele não os cita não quer dizer nada.

O Furtado não foi seu contemporâneo na CEPAL nem chegou a ser seu professor no Brasil.
Não. O Furtado veio para o BNDE quando eu estava saindo de lá para a CEPAL. O Furtado foi mestre de todos, mas não deu aula no Brasil, só em Paris. Ele foi proibido, não chegou a dar aula porque nunca deixaram ele concorrer! Ele tem mágoa da nossa escola (FEA-UFRJ) até hoje por causa disso, ele não vai lá, se irrita. Ele foi na minha posse porque me ama, mas tem horror da escola porque o barraram. Na escola de Direito o concurso ficou fechado durante anos. Abriram quando ele foi cassado e o João Paulo de Almeida Magalhães entrou. Tanto é que ele é só Doutor *honoris causa* no Brasil. Ele nunca fez concurso em uma universidade brasileira. Nesse sentido, não há dúvida de que, apesar da ditadura, nós conseguimos avançar. Era um grau de reacionarismo impressionante. A primeira pessoa progressista que entrou em uma universidade de algum peso fui eu, porque o Bulhões era um liberal, e ele não se importava que meu pensamento fosse de esquerda.

A senhora dá muita importância ao doutor Bulhões, não é?
Mas se eu sou a primeira professora de esquerda em Economia, que consegue entrar em uma universidade conservadora, como é que eu não vou dar importância? Deixaram o Furtado? Não! O Campos alguma vez deixou algum discípulo herético dar sua disciplina? Nunca! O Bulhões era um liberal. E ele achava ótimo, porque eu era matemática, sabia fazer as curvas, as equações, arrumava lá para ele. Ele sempre disse: "dê teoria", porque ele achava que dar economia brasileira dava problemas. Fiz a minha tese de livre-docência com ele na banca, e a tese é uma crítica à sua política econômica. Você conhece muitos catedráticos que topem isso? E naquela altura ele mandava. Como não vou dar importância? Eu só tive sorte na minha vida, senão eu não estava aqui inteira, já teria morrido, há muito!

Inflação e o problema cambial

A inflação é um obstáculo para o desenvolvimento. Esta é uma afirmação que gostaríamos que fosse pano de fundo para a próxima questão. Qual sua proposta para a estabilização?

Ora, tenha paciência! "Qual é a sua proposta para a estabilização?"! Todos nós, que somos da escola estrutural, já dissemos que não existe proposta para a estabilização em abstrato. Você não pode ter uma proposta para a estabilização sem um horizonte a longo prazo, essa é a teoria da inflação. Se você não tiver um horizonte de longo prazo para dar aos empresários, um caminho para aplicar o capital, não estabiliza. Outra coisa, numa inserção internacional, em que você está totalmente vulnerável na balança de pagamentos, não estabiliza. A primeira escola que disse que balança de pagamentos era importante para a inflação foi a CEPAL. Até então, era o déficit fiscal, era a luta distributiva. Quem disse primeiro "o primeiro obstáculo é a balança de pagamentos" fomos nós, e continua sendo.

Depois veio o Mário Henrique e repetiu: "A crise cambial mata, a fiscal esfola". Sim, mas quem disse primeiro fomos nós. Com uma crise na balança de pagamentos se interrompe tudo, interrompe o desenvolvimento e ocorre uma inflação monstruosa, como as experiências da América Latina demonstram. Você não vê nenhum caso de inflação alta e contínua na América Latina que não tenha o problema da balança de pagamentos na origem. Só por conflito distributivo não se produz mais de mil por cento de inflação ao ano, só por déficit fiscal não se produz. Agora, você apronta uma crise na balança de pagamentos e apronta uma hiperinflação em um ano. Aliás, na Alemanha também foi assim, ao contrário do que muitos ignorantes dizem, achando que o problema foi fiscal.

E como se resolve a crise da balança de pagamentos?

Não se resolve com um endividamento excessivo. A restrição externa é sempre o problema. O Brasil nem tão cedo terá a estabilidade. Dado o tipo de inserção internacional, vai ter que estar é na defensiva. Por isso tem que pactuar e fazer política de rendas para maneirar, fazer as câmaras setoriais, controlar o câmbio. Isso é que foi a primeira aula do Prebisch. Estar inserido na periferia é isto! Você não tem condições de crescimento autossustentado. E ademais não tem progresso técnico endógeno. Por isso é que nós temos ciclos curtos. Então você tem duas coisas básicas: ciclo curto, porque não tem progresso técnico para sustentar, e a distribuição de renda que é péssima. Mas isso tem raízes estruturais: a terra não foi distribuída, a justiça não foi distribuída e o Estado é sempre privatizado. A CEPAL explicou tudo, está tudo na tradição crítica da CEPAL.

Por outro lado, tem que ver com a divisão internacional do trabalho, está tudo ligado. Se você tivesse progresso técnico autônomo, uma elite que fosse menos patrimonialista e menos predatória, evidentemente você conseguiria combater a inflação, e ter uma moeda crível e conversível. Mas você não tem! Você continua com uma elite predatória, que faz a toda hora mudança de regras. Muitos países do mundo, no momento, têm mais déficit fiscal que o Brasil e não têm inflação nenhuma!

Conflito distributivo também tem em qualquer lugar do mundo.

Tem em qualquer lugar. E não produz uma hiperinflação. Conflito distributivo produz inflação, mas não hiperinflação. O regime de alta inflação continuado é sempre problema na balança de pagamentos, sempre. O velho Prebisch sabia, por isso inventou cinco taxas de câmbio na Argentina para impedir uma hiperinflação. Ele sabia que era o câmbio, porque é uma variável que você não comanda facilmente. Eu sou capaz de resolver o problema do câmbio? Não. Faço uma máxi para sair dessa coisa? Tomo uma hiper outra vez, ou não tomo?

Com certeza.

Então pronto. Trate de fazer o resto, se puder. Tente a coisa fiscal, tente estabilizar as leis. Eu vou morrer sem ver esse país estabilizado. Agora, isso não é agradável à opinião pública. Isso é uma das brigas que eu tenho com alguns economistas da ex-esquerda, porque querem uma nova teoria da inflação e um Banco Central independente. Vão ficar querendo! Eu também quero a lua. Aliás, como Keynes diz: "Quem sabe me dá a lua quando pede dinheiro como símbolo de riqueza". Aquilo é magistral. Sim, eu aprendi com o Keynes, está lá, ele avisou. Ele só não avisou para a periferia, mas avisou ao Prebisch, avisou a todo mundo. Ele estava pouco ligando para a periferia, era um homem de um império decadente, tentando obter uma moeda internacional que fosse menos daninha.

Keynes sabia que durante a guerra tudo se arrebentava e que não tinha como pagar. Não tem como ter uma moeda, mas eles estavam no padrão ouro. Nós inventamos um padrão ouro de araque, somos muito imaginativos.

O Consenso de Washington concentra seu diagnóstico sobre os "preços fundamentais" (salários, juros e câmbio). Nos seus textos recentes, existe uma grande crítica a esse diagnóstico. Esses preços são relevantes para a análise de políticas macroeconômicas?

Claro que esses são os preços fundamentais! O problema é qual é o diagnóstico e qual é o "receituário". Seguramente não em uma equação neoclássica, em que são preços relativos como outros quaisquer. O velho Keynes já disse que salário não é um preço como outro qualquer, porque a mercadoria força de trabalho não é como outra qualquer; juros não é um preço qualquer porque dinheiro não é uma mercadoria qualquer. Ele não tem uma teoria sobre o câmbio, nem poderia ter porque essa é realmente institucional. E o Keynes não tem culpa nenhuma dessas sandice dos "neokeynesianos" ou "neoliberais". Ele tem um capítulo sobre preços onde explica que não dá para tratar salários e juros como preços relativos, como são tratados nos manuais.

Coloca-se que um dos fatores de sucesso dos chamados Tigres Asiáticos teria sido o fato de terem investido pesadamente em saúde e educação. Como recuperar a capacidade de investimento do governo brasileiro?

Existe uma restrição fiscal estrutural porque se embute no orçamento uma componente financeira crescente, devido à dívida pública e ao ajustamento monetário da balança de pagamentos. Então, como é que você vai fazer saúde e educação? Tecnologia é um dos centros da questão. O problema é que o outro centro da questão é a desregulação financeira. O ajuste da balança de pagamentos monetário, com taxas de câmbio, fixas ou flutuantes, se dá pela dívida pública. Quando se introjeta uma componente financeira que vai comendo o orçamento, não sobram recursos para educação e saúde.

O câmbio tem um problema tramado. Não existe um padrão cambial universal que, de algum modo, contemple todos os países. Se você faz um padrão hegemônico de moeda, vai fixar o câmbio no padrão hegemônico. Isto disse o Keynes, disse o Prebisch. Isso é a grande contribuição. Câmbio não pode ser fixo, determinado pela moeda padrão. Ser flutuante também é complicado, porque aí começa a operar contraditoriamente. No comércio diz uma coisa, nas finanças diz outra. Para se ter uma moeda padrão, quer dizer, ter câmbio fixo, o que facilitaria, seria preciso um sistema monetário completamente diferente. É isso que ele defendeu em Bretton Woods, ele e o Prebisch. E o que é que fez o Bulhões? Não gostou. O Campos também não gostou.

A "moeda" anterior seguia o padrão ouro/libra, que também era ruim! Isso diz o Prebisch. Tinha uma vantagem: a Inglaterra era uma ilha, aberta e, portanto, tinha o empuxe. Quando crescia, nós crescíamos juntos. Os Estados Unidos, nem isso! Então nós tivemos que nos trancar e/ou endividar. E o que é a paridade cambial? Se pudéssemos fazer várias taxas de câmbio é que era bom. Foi o que o Prebisch fez na Argentina. E estamos sempre fazendo a mesma coisa, porque isso de dar crédito subsidiado para um, subsídio fiscal para outro, é um problema das taxas de câmbio múltiplas disfarçadas.

Como deve se comportar a economia em função da mudança tecnológica pela qual estamos passando?

O progresso técnico faz com que a informação seja instantânea, e aí é que estamos mal, porque aí realmente os homens das "expectativas racionais", a única coisa que podem prever é bolhas! Corretamente. Dá uma bolha para cá, uma bolha para lá, só dá bolha! O ciclo é que fica difícil. Não adianta pegar o Schumpeter. O Japão já terminou o ciclo de progresso tecnológico? Não. E está em recessão. Foi por causa do ciclo? O Schumpeter explica? Imagine se o Schumpeter explica o Japão. Não explica nada! Aí você tem que ir lá no velho Keynes. Tem um padrão monetário que não é dominante e ao mesmo tempo se enfrenta com outro que determina se você sobrevaloriza ou desvaloriza. Fica uma complicação medonha que termina em especulação e em crise bancária generalizada.

LUIZ CARLOS BRESSER-PEREIRA (1934)

Luiz Carlos Bresser-Pereira nasceu em São Paulo, em 30 de junho de 1934. Completou o secundário no Colégio São Luiz, quando se associou aos jovens intelectuais da Ação Católica. Iniciou sua atividade profissional, como jornalista, em 1950, no jornal *O Tempo*. Foi repórter, crítico de cinema e secretário da primeira edição do *Última Hora*. Formou-se em Direito pela Universidade de São Paulo em 1957. Em 1959 ingressou na EAESP-FGV como auxiliar de ensino, tendo sido professor de disciplinas ligadas à Administração até 1967, e de Economia desde então. Obteve seu *Master in Business Administration*, em 1961, pela Michigan State University. Nessa mesma época, fez cursos especiais na Harvard University. Em 1968, lançou seu polêmico *Desenvolvimento e crise no Brasil*. Como empresário, foi diretor administrativo das empresas do Grupo Pão de Açúcar entre 1963 e 1983.

Em 1972, doutorou-se em Economia pela Faculdade de Economia e Administração da Universidade de São Paulo, com a tese *Mobilidade e carreira dos dirigentes das empresas paulistas*, tendo como orientador Antônio Delfim Netto. Também na USP obteve o título de Livre-Docente em Economia, em 1984, com a tese *Lucro, acumulação e crise: a tendência declinante da taxa de lucro reexaminada*, publicada como livro em 1986. É membro do Conselho do CEBRAP desde sua fundação em 1970. Em 1977, foi professor visitante na Universidade de Paris I Sorbonne e em 1988, do Instituto de Estudos Avançados da USP.

No plano político, depois de participar do PDC e da Ação Católica nos anos 1950, militou no MDB e depois no PMDB. Em 1978 publicou *O colapso de uma aliança de classes*. Como homem público, no governo Montoro, foi presidente do Banco do Estado de São Paulo (1983) e, posteriormente, secretário de Governo. Em 1984, lança, em coautoria com Yoshiaki Nakano, *Inflação e recessão*. Foi ministro da Fazenda no governo Sarney, entre abril e dezembro de 1987, quando apresentou o Plano Bresser. Nesse período fez uma proposta de solução para o endividamento externo, via securitização da dívida.

Em 1988, participa da dissidência partidária do PMDB que criou o PSDB. Em 1993, escreve, em conjunto com J. M. Maravall e Adam Przeworski, *Reformas econômicas em democracias novas: uma abordagem social-democrata*. O papel do Estado e da sua reforma é retomado em *A crise fiscal do Estado*, de 1994. Nas eleições presidenciais desse ano, foi tesoureiro da campanha vitoriosa de Fernando Henrique Cardoso e, desde a posse do governo, é ministro da Administração e da Reforma de Estado.

Publicou inúmeros artigos em revistas acadêmicas sobre Economia e Ciência Política. Entre 1968 e 1996, publicou dezenove livros, sendo o último *Crise econômica e reforma do Estado no Brasil*. Em 1996, recebeu o título de professor *honoris causa* da Universidade de Buenos Aires.

Nossos dois encontros foram no Morumbi, em São Paulo, na sede da *Revista de Economia Política*, fundada em 1980 e editada por Bresser-Pereira desde então. A primeira entrevista ocorreu em outubro de 1995 e a segunda em novembro do mesmo ano.

Formação

Por que escolheu Economia? Houve algo especial que lhe inspirou?

A minha família e também o tempo em que eu vivia me levaram a fazer Direito. Meu pai era advogado. Quando cheguei ao terceiro ano da faculdade de Direito, li um artigo publicado nos *Cadernos de Nosso Tempo*, revista do grupo que depois formaria o ISEB, no qual Hélio Jaguaribe, que não assinava o artigo, fazia uma grande análise do que seriam as eleições de 1955. Partia do desenvolvimento econômico e da industrialização brasileira, desde a colônia até aquele momento, mostrando as duas grandes coalizões de classes que havia: de um lado, os pró-desenvolvimentistas, os industriais, os trabalhadores e os técnicos ou burocratas; e, de outro lado, a oligarquia agrário-mercantil, aliada ao imperialismo. Fiquei absolutamente fascinado por esse artigo, por essas ideias. Naquela época eu já lia um pouco de marxismo e as coisas bateram, ainda que o Hélio não fosse um marxista.

Naquele dia — eu tinha então vinte anos —, decidi que não iria mais ser juiz de direito para trabalhar com desenvolvimento econômico, fosse como economista, fosse como sociólogo, não estava absolutamente claro qual dos dois. Mas como estava para casar, tratei de terminar a Faculdade de Direito. A partir de então comecei a procurar oportunidades em pós-graduação para mudar de profissão. Nessa época, já casado, trabalhei em jornalismo, em publicidade, mas tudo o que eu queria era sair dessa área e passar para Economia ou Sociologia. Depois de algumas tentativas fracassadas, afinal consegui fazer o concurso para professor na Fundação Getúlio Vargas, para o qual

Dilson Funaro, Luiz Carlos Bresser-Pereira e o presidente José Sarney, na posse de Bresser no Ministério da Fazenda, em abril de 1987.

O então senador Itamar Franco e Luiz Carlos Bresser-Pereira, em um depoimento no Senado Federal.

bastava ter curso superior. Passando no concurso, poderia ficar um ano trabalhando com os professores norte-americanos aqui e depois ir para os Estados Unidos, ficar dezoito meses lá, fazer um mestrado em Administração na Michigan State University em um ano e passar seis meses em Harvard.

Nos Estados Unidos, já me interessei muito pela teoria do empresário, descobri Schumpeter, e por aí vi uma ponte entre a Administração de Empresas e a Economia do Desenvolvimento. Quando voltei ao Brasil, tinha a ideia de fazer uma pesquisa e uma tese de doutoramento na área de Economia sobre as condições para as origens de uma classe empresarial, e portanto para uma Revolução Industrial em um país subdesenvolvido, tendo o Brasil como pano de fundo. Comecei a fazer pesquisa por minha conta. Tentei primeiro ser sociólogo. Falei com Florestan Fernandes, mas ele não me conhecia e quase me pôs para fora (risos). Um jovenzinho formado em Administração na Michigan State University querendo trabalhar com ele! Uns dois meses depois houve um seminário patrocinado pela UNESCO na FEA, que era coordenado pelo Delfim Netto e pelo Ruy Leme. Vieram Nicholas Kaldor, Michal Kalecki e um grande economista matemático francês [Maurice Allais]. Assisti e participei ativamente desse seminário. No final conversei com Delfim, que me aceitou como orientando. Passei muitos anos para conseguir terminar o doutorado. Fiz muitos seminários com o Delfim e com o grupo dele entre 1962 e 1965.

Já como aluno formal?

Não, o seminário das sextas era informal. Eu era aluno formal, estava inscrito no doutorado, mas no doutorado não havia cursos regulares, tinha que se fazer apenas duas "disciplinas subsidiárias". Eu fiz uma com o Delfim e a outra, em Microeconomia, com Dorival Teixeira Vieira. Tentei fazer uma subsidiária com a doutora Alice Canabrava, mas quase todos os livros que ela indicou estavam na Biblioteca Nacional, e naquela época não havia *xerox* (risos). E também minha intenção não era ser um historiador econômico, queria apenas ter algumas informações para poder fazer análise das condições históricas para a emergência de uma classe empresarial. Só consegui a aprovação nas duas disciplinas por volta de 1966, e em 1972 apresentei a minha tese, sem nenhuma participação do Delfim. Ele realmente só participou na tese pelo fato de que eu participava de alguns seminários dele, onde conheci Affonso Celso Pastore, Betty Mindlin e Carlos [Antônio] Rocca.

Mas o senhor começou lecionando disciplinas de Administração.

Nos primeiros quatro anos lecionei Introdução à Administração e Diretrizes Administrativas: o primeiro e o último curso da graduação. No curso de Diretrizes Administrativas decidi dar, como parte teórica, o processo de tomada de decisão. E para dar o processo de tomada de decisão eu dava teoria dos jogos, *maximin*, *minimax* etc. Eu não imaginava que depois isso seria tão importante na Microeconomia convencional. Naquela época nem se pensava nisso, muito menos eu; estava usando teoria dos jogos para a tomada de decisão no campo da Administração de Empresas. Aliás, acho impressionante o quanto a Administração de Empresas pode ajudar, pode fornecer subsídios para uma boa Economia.

Mas o meu objetivo evidentemente era sair da Administração de Empresas e passar para a Economia. Creio que em 1965 lecionei um curso de "Administração para o Desenvolvimento", um curso optativo de Economia. Foi o segundo curso que o Yoshiaki Nakano fez comigo; fez um bom trabalho semestral, que, afinal, foi o primeiro artigo que um aluno da escola publicou na RAE (*Revista de Administração de Empresas*). Era um artigo sobre escolha de técnicas. Mais adiante, consegui mudar para o Departamento de Ciências Sociais,[1] porque naquela época ainda não existia o Departamento de Economia; a Economia estava dentro do Departamento de Ciências Sociais. Uns dois ou três anos depois nós criamos o Departamento de Economia.[2] Inicialmente lecionei Micro e Macro, e depois, a partir dos anos 1970, Desenvolvimento Econômico e Economia Brasileira. Deixei a Micro e a Macro de lado, o que foi uma pena. Quando a crise arrebentou, passei a dar inflação e balança de pagamentos e, a partir dos anos 1990, depois de minha experiência no ministério, dei seminários sobre temas recentes de teoria econômica. A coisa mais nova foi Metodologia Científica em Economia. Ao mesmo tempo, voltei a ensinar Desenvolvimento Econômico, depois de longo inverno. Os catorze anos que eu tinha ficado fora do desenvolvimento econômico foram os catorze anos da estagnação do Brasil.

E sobre a sua tese de doutorado?

Defendi meu doutorado em Economia na FEA-USP em 1972, com uma tese sobre origens étnicas e sociais dos empresários paulistas. Esse tema estava ligado a um dos problemas centrais que me preocuparam nos anos 1970. É a preocupação, de natureza mais sociológica do que econômica, com a na-

---

[1] Fundamentos Sociais e Jurídicos da Administração.

[2] Planejamento e Análise Econômica Aplicados à Administração.

tureza das sociedades contemporâneas, e o fato de que nessas sociedades existem não duas mas três classes relevantes: a classe capitalista, a classe trabalhadora e a classe burocrática (ou a nova classe média, ou a classe média assalariada, ou a classe tecnoburocrática). Acho absolutamente impossível entender as sociedades contemporâneas sem entender isso. Desenvolvi uma teoria, usando conceitos marxistas como *modo de produção*, *relação de produção*, *classe social*, para chegar a conclusões não marxistas, ou seja, de que havia uma outra classe, e que essa classe era muito importante.

Em um certo momento cheguei a achar que essa classe tenderia a ser dominante, mas depois verifiquei que isso era falso e que essa classe seria sempre muito importante, mas não necessariamente dominante. Isso está presente seja em livros teóricos gerais, seja num livro que escrevi nos anos 1970 chamado *Estado e subdesenvolvimento industrializado* [1970], em que faço uma análise do tipo de modelo de desenvolvimento que estava acontecendo no Brasil naquela época, que eu chamava de "modelo de subdesenvolvimento industrializado", no qual a classe burocrática tinha um papel importante. Na verdade, era o segundo livro que eu fazia na área de Economia. O primeiro foi *Desenvolvimento e crise no Brasil*, que publiquei antes do doutoramento, em 1968. Se esgotou em três meses e era muito crítico à política do governo brasileiro da época. Esse livro me causou um inquérito policial. Roberto Campos quis debater publicamente comigo, eu era "menino" naquela ocasião e aceitei. Afinal ele desistiu e num divertido almoço no Ca'd'Oro veio com o meu livro todo anotado para ver se me convencia de que quem tinha razão era ele. Uma parte da razão certamente ele tinha e eu tinha a outra.

Quais foram suas influências mais importantes?

Em termos de formação: Rangel, Jaguaribe e Furtado. Fora do Brasil as maiores influências foram Marx, Weber e Keynes, que foram muito importantes na minha formação. Em seguida, Kalecki e Galbraith. Depois não existem mais mestres, a gente cresce e tem que tratar de pensar por conta própria. Mesmo em relação a esses mestres, eu nunca fui furtadista ortodoxo, keynesiano ortodoxo, marxista ortodoxo, nada ortodoxo; quer dizer, nunca fui de carteirinha para nada. São autores ou pessoas que tiveram, ou no plano da teoria geral ou no plano da análise do Brasil, contribuições muito importantes, mas são contribuições datadas, como certamente são as minhas.

Da geração posterior à sua, quem o senhor citaria?

Meu grande companheiro de estudos em todo esse tempo, com o qual escrevi uma parte importante dos meus trabalhos e com quem sempre aprendi muito, foi Yoshiaki Nakano. É um extraordinário economista. Graças a Deus, tenho muitos amigos economistas com os quais estou permanentemente trocando ideias. Também tenho muitos amigos cientistas políticos, e continuo me sentindo um dublê de economista, cientista político e filósofo social.

Gostaríamos que comentasse sobre a criação do centro de pós-graduação na Escola de Administração de Empresas de São Paulo da Fundação Getúlio Vargas.

As primeiras tentativas de pós-graduação em Administração de Empresas na GV datam de 1959-1960. Em 1963, foi feita uma grande reformulação da qual eu já participei. Em 1965, assumi a direção da pós-graduação e transformei o curso em um mestrado em Administração de Empresas. Fiquei oito anos como coordenador, entre 1965 e 1972. É um dos primeiros mestrados no Brasil.

Em 1972, houve uma grande reformulação no programa, contra minha opinião. O mestrado de Administração de Empresas da GV era um mestrado profissional, reservando-se a parte acadêmica para o doutorado. Abandonaram essa ideia e fizeram um mestrado em Administração de Empresas puramente acadêmico, o que me deixou indignado. Vinte anos depois meus colegas voltam ao caminho correto.

Em 1973, é criada uma área de concentração em Economia, dentro do mestrado de Administração de Empresas. E, a partir de meados dos anos 1970, nós tentamos transformar essa área de concentração em um mestrado de Economia e um doutorado de Economia *tout court*, mas houve uma resistência muito forte, primeiro da própria Escola, depois do Rio de Janeiro. Alguns anos mais tarde, os professores da escola, especialmente os de finanças, percebem que seria muito bom se houvesse um curso autônomo de mestrado em Economia na FGV, e passam a dar apoio. Mas a resistência do Rio de Janeiro, especialmente do doutor Luiz Simões Lopes, continuava firme. Só depois que fui ministro da Fazenda, em 1988, o mestrado e o doutorado em Economia foram autorizados pela direção da FGV no Rio.

O Departamento de Economia da FGV de São Paulo teve sempre um caráter rigorosamente plural, no sentido de que nós jamais admitimos que uma orientação ideológica prevalecesse. Achávamos fundamental que houvesse pessoas de várias tendências dentro do departamento, que os cursos de Microeconomia fossem dados por neoclássicos, os de Política Monetária, por monetaristas, os de Macroeconomia fossem dados por keynesianos, e assim por diante.

Isto tem sido preservado na escola: é o que chamo de uma perspectiva pluralista. Além disso, desde a fundação do departamento, nós definimos um princípio: que haveria rodízio na chefia, de forma que o chefe ficasse dois anos e depois fosse substituído e só pudesse voltar a ser chefe depois de completado o rodízio. Isso significa que importante é o departamento e não o chefe. E assim se evitam conflitos.

O departamento, nos últimos anos, caminhou para posições do *mainstream*, mas o *mainstream* está em crise. Essa pobre *rational expectations* já está fazendo água. A credibilidade como solução para tudo e a *rational expectations* foram desmentidas pelo México.

A VISÃO DE ESQUERDA E A REFORMA DO ESTADO

O senhor ainda se considera um intelectual de esquerda?
Eu me considero um intelectual de esquerda moderada. Nos anos 1970, adotei posições marxistas, mas sempre fui contra o comunismo. Meu amigo Eduardo Suplicy nunca foi marxista mas sempre foi de esquerda muito mais decidida. Ele tem um sentido de indignação moral maior que o meu. Quando aconteceu o colapso do Plano Cruzado e logo depois o colapso dos regimes comunistas, a esquerda entrou em crise no Brasil. Surgiu então para a esquerda o problema de "transição intelectual". O que chamo de "transição intelectual"? Não que se abandone as posições de esquerda. Continua-se firmemente disposto a arriscar a ordem em nome da justiça, continua-se achando que a justiça social ou que uma distribuição de renda mais igualitária é tão importante que, para ser alcançada, a ordem pode, em alguns momentos, ser colocada em segundo plano. Embora seja necessário fazer alguns compromissos em certos momentos, a prioridade é a justiça e não a ordem. Isso é ser de esquerda. Se você deixar de pensar assim, você virou de direita.

A esquerda era historicamente identificada, nos anos 1950, ou desde os anos 1930, com uma intervenção forte do Estado na economia, com o modelo de substituição de importações; portanto, com a proteção à indústria nacional e com o *welfare state*, embora este, aqui no Brasil, nunca tenha sido decentemente aplicado. Também foi identificada com um tipo de política pretensamente keynesiana, mas, na verdade, populista, que pensava que a demanda cria oferta, o que é um absurdo. A oferta não cria a sua própria demanda, mas também a demanda não cria a sua própria oferta. Essa esquerda dizia que o déficit público ou o aumento de salário seriam uma coisa boa por natureza, porque criavam demanda. Isso é tolice populista, mas toda a esquerda foi vitimada por isso. E quando veio a crise foi preciso fazer uma "transição intelectual", quer dizer, continuar de esquerda mas passar a ter posições mais racionais — se se quiser, mais ortodoxas.

Comecei a fazer essa transição no começo dos anos 1980, quando comecei a orientar o boletim de conjuntura do Grupo Pão de Açúcar, ajudado pelo Yoshiaki Nakano, pelo Alkimar Moura, pelo Fernando Dall'Acqua, pelo Geraldo Gardenalli. Este era o meu grupo mais direto de amigos economistas. No boletim de conjuntura nós éramos obrigados a analisar a realidade do dia a dia da economia, o que nos dava um pouco mais de realismo. Estava vendo a crise fiscal em que o país estava entrando. De forma que, quando cheguei ao Ministério da Fazenda, em 1987, já havia feito essa transição. Quando eu disse, no meu discurso de posse, que era preciso fazer ajuste fiscal, fui chamado de amigo do FMI, de reacionário, de conservador, quase fui expulso do PMDB, que era o meu partido. Houve uma convenção, três meses depois da posse, em que o doutor Ulysses Guimarães teve que fazer um esforço danado, pedindo apoio do Celso Furtado, da Conceição [Tavares], do Luciano Coutinho para que fosse evitada minha expulsão!

Esta transição intelectual, fundamental para se ter um papel na condução da política econômica nos anos 1980 e 1990, não significa absolutamente o abandono das ideias da esquerda. Historicamente não é preciso estar a favor de uma intervenção tão grande do Estado e muito menos é preciso achar que o déficit público e o aumento dos salários são uma forma de promover desenvolvimento e distribuição de renda para ser de esquerda.

Para completar essa transição, eu precisava desenvolver uma teoria para explicar a crise da economia capitalista a partir dos anos 1970 e da economia capitalista brasileira em particular. É o que venho fazendo nesses últimos dez anos, desde 1986 pelo menos, tentando desenvolver uma explicação mais geral para a crise que vem acontecendo no mundo capitalista. E essa explicação — agora todo mundo repete e eu não sei mais o que tem de contribuição minha — é a da famosa crise fiscal do Estado, ou, mais amplamente, da crise do Estado. É a ideia de que, nos anos 1930, tivemos uma crise de mercado e, nos anos 1980, uma crise do Estado. Uma crise fiscal do Estado, uma crise do modo de intervenção do Estado na economia, do *welfare state*, da industrialização por substituição de importações e do estatismo comunista.

Neste ano [1995] eu acrescentei um terceiro aspecto da crise: a crise da forma burocrática de administrar o Estado. A administração burocrática é cara, ineficiente e de baixa qualidade, tornando necessária uma nova forma de administrar o Estado. Esse é o esforço intelectual que venho fazendo, na medida do possível, sistematicamente. Acho que os documentos mais importantes que escrevi sobre a crise do Estado são o trabalho com o Maravall e o Przeworski,[3] um artigo publicado na *World Development*, "Economic Reforms and Cycles of State Intervention" [1992b], e o livro que será publicado em 1996 em inglês e português, *Crise econômica e reforma do Estado no Brasil*. Mas é um assunto que espero poder continuar a pensar e a discutir.

Como ministro da Administração Federal e da Reforma do Estado, a coisa que me interessa mais diretamente é a reforma do aparelho do Estado, vista de dois planos maiores. Um é a crise do Estado, que tem como um de seus elementos a crise do aparelho do Estado. E o outro ângulo é o problema do avanço da democracia.

Desde seu livro de 68, Desenvolvimento e crise no Brasil, *o senhor tem essa preocupação não apenas com questões econômicas, mas também com questões políticas...*

Se vocês quiserem que eu separe a economia da política, vocês estão perdidos, porque não consigo. A economia é sempre política. A democracia avançou nesses últimos séculos de maneira muito grande no mundo, primeiro com a definição, depois com a implantação de alguns direitos nas Constituições e nas leis dos países. No século XVIII, os filósofos iluministas e duas revoluções, a americana e a francesa, contribuíram para a definição dos direitos individuais contra o Estado oligárquico, opressor. E, no século XIX, os liberais implantaram esses direitos nas Constituições e leis dos países. No século XIX, os socialistas e, em segundo lugar, a Igreja definiram os direitos sociais, os direitos dos fracos contra os fortes, dos pobres contra os ricos. E, no século XX, esses direitos foram implantados nas Constituições e nas leis dos países.

Entretanto, com o surgimento do Estado social, o Estado tornou-se muito grande, e o interesse de grupos especiais de se apoderar dele, de reprivatizá-lo, se tornou enorme. Reprivatizá-lo porque o Estado pré-capitalista é, por definição, privatizado pela classe dominante. Com a democracia isso vai perdendo força. No final do século XX, uma tarefa fundamental do nosso tempo é definir um terceiro tipo de direito, que eu proponho chamar de direitos públicos.

E o que seriam os direitos públicos?

Seriam os direitos de todos os cidadãos à coisa pública, à *res publica*. A

---

[3] Bresser-Pereira *et al.* (1993), *Reformas econômicas em democracias novas: uma abordagem social-democrata.*

coisa pública é o patrimônio que é de todos e para todos, ou pelo menos que deveria ser. E, quando ela é privatizada por grupos de interesse de capitalistas, de funcionários e de sindicalistas, a democracia está sendo gravemente atingida. Para defender a coisa pública há dois níveis. O primeiro é o nível político, com a democracia clássica, o sistema eleitoral, os parlamentos livres, a imprensa livre, e também a democracia direta e participativa, que é um segundo momento importante no processo da sua defesa. Por outro lado, há a defesa da coisa pública no plano administrativo.

No plano administrativo, a estratégia de defesa inventada no século XIX foi a administração pública burocrática, para suceder a administração patrimonialista, que confundia o público com o privado. Mas essa administração pública burocrática foi inventada para um Estado liberal, que era pequeno e sem serviços. Quando o Estado tornou-se muito grande e com serviços muito importantes, percebeu-se que a administração pública era muito ineficiente, muito cara e com um serviço de muito baixa qualidade. Ou seja, que a ineficiência desse tipo de administração também era uma forma de privatização da coisa pública.

Essa preocupação com a coisa pública vem da esquerda e da direita, de forma que está havendo um esforço em definir esse problema, e portanto em protegê-lo. Em 1978, Luciano Martins publicou um artigo,[4] em *Ensaios de Opinião*, em que pela primeira vez ouvi falar da ideia da "privatização do Estado". Em 1974, Anne Krueger já havia publicado um artigo na *American Economic Review*[5] falando sobre o *rent-seeking*, que é a mesma coisa que a privatização do Estado, só que do ponto de vista da direita. Havia uma diferença de conclusões entre a direita e a esquerda: enquanto a direita, os neoliberais, diante da privatização do Estado, querem levá-lo ao mínimo e voltar ao Estado liberal do século passado — o que é ridículo, impossível, porque assim se perde a defesa dos direitos sociais —, a esquerda e a social-democracia querem reformar o Estado. Um Estado menor, mais forte, menos privatizado e capaz de defender ou afirmar os direitos individuais, sociais e públicos. Esse tema é meu último divertimento intelectual.

---

[4] Martins (1978), "'Estatização' da economia ou 'privatização' do Estado?".

[5] Krueger (1974), "The Political Economy of Rent-Seeking Society", *American Economic Review*.

Lucro, acumulação e crise:
Marx e a tendência declinante da taxa de lucro

Nos anos 1980, em sua tese de livre-docência, Lucro, acumulação e crise *[1986b], o senhor faz um trabalho estritamente em Economia. Poderia tecer alguns comentários sobre ela?*

Era um velho projeto que me custou quinze anos de trabalho. Reescrevi essa tese pelo menos três vezes. A primeira ideia que eu tive foi nos Estados Unidos, e a primeira vez que tive coragem de escrever cinquenta páginas foi em 1970. É uma tese sobre a tendência declinante da taxa de lucro em Marx. Na verdade, a meu ver, é uma tese que explica em termos muito abstratos, embora com uma matemática muito simples, porque a matemática complicada não sei, o processo de desenvolvimento a longo prazo dos sistemas capitalistas, usando um modelo clássico — mais explicitamente, usando variáveis marxistas como acumulação, composição orgânica do capital, taxa de mais-valia, mas chegando a conclusões não marxistas. É a mesma coisa que eu já tinha feito com as classes sociais e a teoria do modo de produção estatal. Isso sempre confunde os meus críticos, porque eles não sabem como me classificar (risos).

Quais as conclusões mais importantes dessa tese?

Nessa tese, acho que descobri algumas coisas importantes. Quando se examina o processo de desenvolvimento capitalista, tem que pensar em três tipos de progresso técnico: poupador de capital, neutro e dispendioso de capital. Isso já está na literatura, em Harrod, em Hicks. Mas me pareceu que era pouco utilizado para se analisar a longo prazo o processo de desenvolvimento capitalista, e não se explicava qual era a lógica de um processo de progresso técnico dispendioso de capital, que é uma coisa muito importante.

Primeiro tive que entender o que era o progresso técnico dispendioso de capital, que Marx chamava de "mecanização". Quando se tem esse tipo de progresso técnico, se os salários permanecerem constantes, a taxa de lucro cai. Se o progresso técnico é neutro, pode-se ter a taxa de lucro constante e a taxa de salário crescendo à taxa da produtividade. O mais interessante é que se pode ter o outro lado, o progresso técnico poupador de capital, que é quando se começa a substituir máquinas velhas por máquinas mais novas, mais baratas: aí se tem progresso técnico poupador de capital no qual o aumento da participação dos salários e ordenados na renda é consistente com a manutenção da taxa de lucro e da taxa de acumulação, portanto com uma distribuição de renda cada vez melhor. Nesse livro, uma outra coisa fundamental foi que inverti a teoria clássica da distribuição da renda. Depois me disseram que [Piero] Sraffa e [Joseph] Steindl fizeram isso.[6] Claro que outros autores também pensaram nisso, nada é novo nesse mundo, mas pensei por minha conta, sem usar nenhum desses autores, e acho que está bem mais claro no meu trabalho do que no deles.

O senhor pode especificar melhor a diferença entre esse enfoque e o pensamento "clássico"?

Os clássicos dizem que o salário de subsistência é dado, é a variável independente. Dada a produtividade, o lucro é o resíduo e a taxa de lucro, portanto, também é o resíduo. Por que não inverter o processo? Basta pensar que no sistema capitalista a taxa de lucro é que é dada e tem que se manter constante a longo prazo. Se isso for verdade, o resíduo é a taxa de salários.

Qual é a lógica para isso? A lógica é muito simples. Se se imaginar que existe uma alternativa econômica ao sistema capitalista, tudo bem, mas ninguém achou nenhuma até agora. Estamos pensando em coisas históricas objetivas. É preciso manter o sistema funcionando. Para mantê-lo funcionando, não importa que o progresso técnico seja em certos momentos dispendioso de capital, não importa que o poder dos sindicatos aumente em certos momentos, não importa que vários fatores venham a contribuir para reduzir a taxa de lucro, não importa que o sistema capitalista seja cíclico por natureza. Dados os ciclos, a taxa de lucro em certos momentos cai violentamente. Mas os homens que vivem em sociedade e querem sobreviver sabem que sua condição de sobrevivência é que haja acumulação de capital e, portanto, vão adotar todas as medidas de ordem institucional, econômica e tecnológica necessárias para preservar a taxa de lucro.

Um outro sistema, digamos um socialismo estatista, precisaria também de uma taxa de lucro, ainda que disfarçada em taxa de excedente. Num sistema socialista democrático, de mercado, também seria necessária uma taxa de lucro positiva e relativamente estável para garantir a acumulação. Como essa taxa de lucro é absolutamente essencial, a sociedade trata de mantê-la. Eu mostro os dados. Pelo menos desde 1850, a taxa de lucro no sistema capitalista é constante — varia ciclicamente mas é basicamente constante. A fase marxista, em que a composição orgânica do capital crescia fortemente, a taxa de mais-valia permanecia constante e a taxa de lucro caía, foi um pequeno período depois de altíssimos lucros alcançados na época da Revolução

---

[6] Rego, revista *Senhor*, 5/8/1986 (resenha do livro *Lucro, acumulação e crise*).

Industrial —, é só isso. Isso dá uma nova perspectiva à dinâmica de longo prazo do sistema capitalista.

Esse meu trabalho usa Marx como instrumento. Não usa o pensamento neoclássico porque ele é irrelevante para a análise de longo prazo. Um bom desenvolvimento para esse trabalho seria acoplá-lo aos modelos keynesianos de longo prazo, tipo Harrod-Domar, Kaldor e Pasinetti. São um bom complemento para o meu trabalho, que é anterior, está na base. Não que ele tenha sido feito antes, mas é anterior em termos lógicos. Um dia alguém vai estudar mais os meus modelos e ver se eles são úteis. O diabo é que, quando se escreve teoria econômica no Brasil, ninguém dá a mínima bola, todo mundo só quer saber a análise do que aconteceu ontem com a inflação ou com a taxa de câmbio.

À Elster, o que está morto e o que está vivo em Marx?

O que está mais vivo em Marx é o materialismo histórico, a visão de longo prazo, a interpretação da história e da ideologia. É indiscutível que se entende muito melhor a economia e a sociedade com esses instrumentos. Eu estava falando da acumulação primitiva e isso é um negócio extremamente importante. A teoria do valor trabalho, para mim, continua sendo útil, porque ela é *self evident*. O *problema da transformação*[7] pouco importa. Parece-me tão mais intuitivo e claro que é o trabalho socialmente necessário, incorporado direta e indiretamente, que determina os preços dos bens — depois, é claro, da equalização feita pelo mercado. Por outro lado, sempre fiquei indignado quando ouvia os marxistas se recusarem a usar modelos microeconômicos para entender o mercado. Há seções em Marx em que ele descreve o mercado maravilhosamente bem, mas é evidente que umas curvinhas marshallianas ali dentro facilitariam tudo. Aí dizem: "Ah, você é eclético, não tem remédio". Mas não creio que eu seja eclético: sou pragmático, uso os instrumentos teóricos que são úteis para compreender uma realidade complexa e sempre em mudança.

---

[7] Como ficou conhecido o problema da conversão de valores em preços, no âmbito da teoria marxista, suscitado pelo trabalho de Böhm-Bawerk (*Karl Marx and the Close of his System*).

Inflação

O ajuste de 1981-1983 foi eficiente para melhorar a balança de pagamentos mas não teve o efeito que se esperava sobre a inflação. Nesse mesmo período, surgem novos diagnóstico sobre a inflação, especialmente a ideia de inflação inercial. O problema no combate à inflação era o diagnóstico?

Sem dúvida uma das causas fundamentais do fracasso repetido dos economistas e políticos brasileiros em controlar a inflação, que ocorreu a partir de 1979, foi o diagnóstico equivocado e, portanto, o desconhecimento quanto às estratégias adequadas para combater esse tipo de inflação. Já antes de 1981, havia indícios grandes de que havia uma inflação inercial no Brasil. Em 1981, tivemos um ajuste fiscal muito forte e uma recessão, no entanto a inflação permaneceu no patamar de 100% ao ano. Em 1983, tivemos uma maxidesvalorização que catapultou a inflação para 200%, apesar de um outro ajuste fiscal, de 1983, ainda mais forte, que provocou uma forte recessão no país.

É claro que os economistas ortodoxos sempre tiveram uma grande dificuldade em compreender essa contradição: inflação e recessão. Considero Pastore um excelente economista. Em 1983, ele era presidente do Banco Central e eu, presidente do Banespa. Fui visitá-lo e dei-lhe meus dois *papers* com Nakano sobre inflação inercial, o básico, sobre os fatores mantenedores, e o de política administrativa para neutralizar a inércia. Um ano depois, no final de 1984, voltei a visitá-lo. Ele, que tinha feito um esforço brutal de ajuste fiscal e de ajuste monetário para controlar a inflação, virou-se para mim e disse: "Bresser, fiz tudo que tinha que fazer contra a inflação e ela não cai", naquele tom dramático dele. Aí eu brinquei: "Pastore, não caiu porque você não leu os meus *papers*!" (risos). Ele estava perplexo. Isso me lembra muito uma outra frase do Ibrahim Eris, por volta de outubro de 1990, no final do Plano Collor, quando a inflação já estava começando a explodir, apesar do maior arrocho monetário. Aí o Ibrahim diz — e sai na *Gazeta Mercantil* na primeira página —: "Não é a economia que está errada, é o mundo!" (risos). Isso era muito parecido com o Pastore, mostrava a perplexidade desses economistas que não tinham tido a oportunidade de estudar até aquela ocasião a teoria da inflação inercial, e em função disso não entendiam o que estava acontecendo e por que as suas estratégias convencionais não funcionavam.

Poderia falar da sua produção teórica sobre inflação?

Em 1979, tive que dar uma aula na GV sobre inflação em um curso noturno do CEAG. Apresentei uma aula que é a base de um artigo que está publicado no primeiro número da *Revista de Economia Política* e também como primeiro artigo do livro *Inflação e recessão* chamado "A inflação no capitalismo de Estado (e a experiência brasileira recente)" [1981a]. Nesse artigo eu misturava as minhas teorias sobre burocracia e sobre Estado, o meu conhecimento de Kalecki, que eu tinha estudado bastante (sempre me julguei um keynesiano-kaleckiano), e o que eu aprendera com o Ignácio Rangel sobre inflação.

Tudo isso eram as coisas velhas, mas, ao mesmo tempo, eu observava o que estava acontecendo no Brasil naquela época, no fim de 1979 ou no começo de 1980. A inflação que não caía em hipótese alguma. Já estava batendo 100% ao ano e não cedia. Então, tive a ideia de explicar aquilo através de um processo defasado de aumento de preços em que as empresas A, B e C aumentavam seus preços defasadamente, repassando seus custos alternadamente.

Uma ideia semelhante à de Taylor?[8]

Pode ser, mas fiz de forma independente. No meu artigo de 1979, estava claramente embutida a ideia da inflação inercial, estava explícita, é uma seção do artigo. Ao mesmo tempo que eu começava a discutir esse assunto, estudava com Yoshiaki Nakano, estudamos muito Marx e Keynes. Propus que fizéssemos um artigo sobre a inflação e em 1982 o escrevemos. Discutimos o artigo com muita gente. É a base da nossa visão da teoria da inflação inercial: "Fatores aceleradores, mantenedores e sancionadores da inflação". A palavra "inercial" nós não usávamos ainda, usávamos a expressão "inflação autônoma da demanda". Esse artigo seria apresentado na ANPEC em dezembro de 1983, em que o meu caríssimo amigo Chico Lopes foi debatedor do Nakano, uma vez que eu não pude estar presente. É o momento exatamente em que os meus amigos da PUC, Persio Arida, André [Lara Resende], Chico Lopes e [Edmar] Bacha, com os quais naquela época tínhamos pouco contato, estavam também desenvolvendo suas ideias sobre a inércia inflacionária. O ano de 1984 é a meu ver crucial para o desenvolvimento da teoria da inflação inercial. O nosso artigo é de 1983.

Em 1984, Persio e André Lara lançam um artigo importante.[9]

---

[8] Ver J. B. Taylor (1979), "Staggered Wage Setting in a Macro Model", e J. B. Taylor (1980), "Aggregate Dynamics and Staggered Contracts".

[9] Arida e Lara Resende (1984a), "Inertial Inflation and Monetary Reform in Brazil".

Sim, em novembro de 1984 o Persio e o André apresentam em Washington o artigo que continha a proposta que ficou conhecida como proposta "Larida". Só que, nesse ano, nós já havíamos publicado o livro *Inflação e recessão*, colocando todos os artigos que tínhamos escrito sobre inflação inercial, inclusive o artigo "Política administrativa de controle de inflação", sobre como se acaba com uma inflação de caráter inercial. Acho que o livro marca a transição da nossa visão rangeliana da inflação, que já era um avanço, que é a visão de que a inflação decorre em grande parte do poder de monopólio das empresas, para a visão inercialista da inflação. Com a minha associação com Nakano, o trabalho ganha sistematicidade. Em 1984, André Lara Resende vai para a Argentina comigo em julho e temos enormes conversas...

Antes de lançar aquele artigo na Gazeta Mercantil?[10]

Sim, o artigo na *Gazeta* é de setembro. *Inflação e recessão* é o primeiro livro publicado no Brasil sobre inflação inercial. Uma nota em uma das últimas *Revista de Economia Política*,[11] em que reuni meus artigos de jornal sobre o Plano Real, tem todos esses artigos explicados, datas etc. Persio já tinha publicado um pequeno artigo[12] que só recentemente descobri, em que ele colocava as bases dessa ideia da neutralização da inflação via URV. Em 1984, ele volta a escrever alguma coisa nesse sentido e André faz o artigo, que ficaria famoso, na *Gazeta Mercantil*. Em agosto de 84, Chico Lopes propôs o choque heterodoxo, uma pequena nota,[13] um pouquinho depois da nossa proposta do choque heterodoxo, que Yoshiaki e eu chamávamos de "política heroica de combate à inflação".

Nesse artigo também era proposto o congelamento?

Claro, congelamento, tablita, tudo isso, no artigo "Política administrativa de controle de inflação", publicado na *Revista de Economia Política* em julho de 1984. Isso quer dizer que o artigo ficou pronto no começo de 1984. Chico Lopes escreveu outro artigo em julho e publicou em agosto, no *Boletim do Conselho Regional de Economia de São Paulo*. Finalmente, no final

---

[10] Lara Resende (1984b), "A moeda indexada: uma proposta para eliminar a inflação inercial".

[11] Ver também Bresser-Pereira (1996b), "A inflação decifrada".

[12] Arida (1984a), "Neutralizar a inflação, uma ideia promissora".

[13] Lopes (1984a), "Só um choque heterodoxo pode eliminar a inflação".

de 1984, Chico Lopes escreve o melhor artigo que conheço sobre inflação inercial, "Inflação inercial, hiperinflação e desinflação: notas e conjecturas", apresentado na ANPEC de 1984, publicado também na *Revista de Economia Política* e depois no seu livro *O choque heterodoxo* [1986].

A palavra inércia já aparecia antes?

A palavra inércia começou a ser usada pelos amigos da PUC. Então eu achei melhor adotá-la, até porque já havia alguns norte-americanos que a haviam usado. Só mais tarde vim descobrir quem era realmente o autor da ideia. Descobrimos por nossa conta, Nakano e eu em São Paulo e, na PUC do Rio, Persio, André, Bacha e Chico Lopes e também o [Eduardo] Modiano. Mas já havia alguma coisa feita anteriormente, e o grande iniciador da teoria da inflação inercial realmente foi um economista cubano, Felipe Pazos, que em 1972 publicou por uma editora norte-americana um livro chamado *Chronic Inflation in Latin America*, que ninguém aqui no Brasil havia lido, não sei por quê. Era um *hard cover*, de circulação limitada, que eu li só no final da década de 1980. Nesse livro não há muita teoria mas está lá a ideia da inflação inercial. E acho que o Mário Henrique Simonsen também foi um pouco um pioneiro quando desenvolveu a ideia da realimentação inflacionária,[14] mas ele tentou combinar a realimentação com o monetarismo e com o keynesianismo e ficou uma coisa muito eclética, indefinida. Mas a ideia era muito boa. A teoria da inflação inercial foi um grande avanço teórico, certamente a coisa mais importante que os brasileiros fizeram em Macroeconomia. Batia com a teoria estruturalista de [Juan] Noyola, [Osvaldo] Sunkel, Aníbal Pinto e Ignácio Rangel[15] apenas em uma coisa: a moeda era vista como endógena, e isso é fundamental. Mas o próprio Ignácio Rangel[16] não conseguiu entender a inflação inercial, que era um passo adiante.

Roberto Campos, em A lanterna na popa *[1994], comenta que o senhor usava algumas expressões esquisitas como congelamento flexível ou aceleração da inércia inflacionária.*

"Aceleração da inflação inercial" [1989a] é um artigo que fiz depois que saí do ministério, mostrando como os agentes econômicos incorporavam a expectativa de aumento dos preços na sua indexação, de forma que não ape-

---

[14] Simonsen (1970), *Inflação: gradualismo versus tratamento de choque*.

[15] Rangel (1963), *A inflação brasileira*.

[16] Rangel (1989), "Sobre a inércia acelerada".

nas reproduziam a inflação passada, mas colocavam um delta para se precaver contra o crescimento da inflação futura. O que tornava o processo inercial intrinsecamente acelerador da inflação, e não apenas mantenedor.

Depois que eu saí do Ministério da Fazenda, lutei ferozmente através de entrevistas e artigos a favor de uma solução definitiva para a inflação inercial existente no Brasil. Fiquei muitas vezes indignado, algumas vezes com a falta de coragem, outras com a incompetência, daqueles que tentavam fazer planos de estabilização. Eu estava convencido de que para acabar com a inflação no Brasil era necessário uma estratégia que levasse em conta a inércia e que a neutralizasse. Isso poderia ser feito de uma maneira simples, mas não tão elegante, que é o congelamento com tabelas de conversão, que só deu certo no México e em Israel. Ou então o sistema que o Persio e o André haviam desenvolvido e que acabou sendo adotado: a URV. E que é, a meu ver, uma das ideias mais geniais e mais extraordinariamente bem-sucedidas de que se tem notícia em um plano de estabilização. Os brasileiros devem muito a esses dois jovens.

O que é um plano heterodoxo?

Muitas vezes, vejo a palavra heterodoxia ser identificada com populismo — isso é ridículo! Heterodoxia é toda política macroeconômica que não está baseada simplesmente em ajuste fiscal e monetário. O bom economista *policy maker* é normalmente ortodoxo, mas quando surgem problemas excepcionais que a ortodoxia não resolve, ele precisa ter a coragem de buscar as soluções heterodoxas que cabem naquele momento. Isso não tem nada a ver com populismo. Pensar que um bom economista é simplesmente aquele que põe taxas de juros altas, controla a moeda, o câmbio, os juros, controla o déficit público, ou seja, segue o livro-texto, é ignorar que o processo econômico é um processo político em que há uma série enorme de restrições, em frente às quais é necessário agir competentemente.

Uma vez fiz um levantamento dos doze planos de estabilização que fracassaram no Brasil[17] antes do Plano Real, entre 1979 e 1992. A grande maioria foi ortodoxa. Houve alguns heterodoxos. O único heterodoxo para valer, além do Plano Real, que é o décimo terceiro, foi o Plano Cruzado.

E o seu Plano de Consistência Macroeconômica e o Plano Bresser, não foram heterodoxos?

---

[17] Bresser-Pereira (1992a), "1992: estabilização necessária".

O Plano Bresser foi heterodoxo, mas foi um plano pela metade, foi um plano *band-aid* que tinha que ser completado. As diretrizes do que tinha que ser feito estavam no Plano de Consistência Macroeconômica. Como não havia condições políticas para fazê-lo, saí do ministério. O Plano Bresser — foi assim que o congelamento de 1987 ficou sendo chamado — devia ser completado com um segundo choque e com ajuste fiscal, em um momento em que os preços relativos estivessem mais equilibrados. Nesse momento, os desequilíbrios decorrentes apenas dos aumentos defasados poderiam ser corrigidos com tablitas de conversão. Discutimos também naquela época a ideia da "OTNização", que corresponderia à URV, mas estávamos mais inclinados ainda pelo congelamento, dado o receio de Chico Lopes e Yoshiaki de que a "OTNização" resultasse em hiperinflação.

Qual é o elo comum do malogro de todos os planos?

Na análise dos doze planos, a conclusão mais geral a que chego é de que a causa fundamental do fracasso desses planos não foi em absoluto a falta de apoio dos políticos: foi a incompetência dos economistas. Economistas que não foram capazes de entender que havia inércia quando a inércia já era fundamental. Isso vale para os quatro planos anteriores ao Plano Cruzado. No caso desse plano, houve incompetência populista não dos seus autores, mas dos seus implementadores. Depois, todos os outros planos, sem exceção — o meu fica de fora, claro que nunca vou dizer que falhou por falta de competência (risos) —, revelaram um grande desconhecimento de inércia inflacionária e pouca capacidade de fazer um ajuste fiscal.

Em seu prefácio à reedição da obra de Rangel, A inflação brasileira [1963], *o senhor coloca três momentos paradigmáticos no diagnóstico estruturalista da inflação. Primeiro a CEPAL, com o conceito de estrangulamento da oferta; depois o de Rangel, mostrando o caráter endógeno da moeda; e finalmente a inflação inercial, mostrando o componente autônomo da inflação. Não se está "reinventando tradição"?*[18]

Se há reinvenção, é no bom sentido. Acho que as ideias não nascem do nada, e acho que uma ideia absolutamente central na teoria da inflação inercial é o caráter endógeno da oferta de moeda. Isso é fundamental, não há teoria da inflação inercial sem o caráter endógeno. Isso já está em Rangel. E, na

---

[18] Uma das regras de retórica elencadas por Arida (1983), "A história do pensamento econômico como teoria e retórica".

verdade, isso já está nos estruturalistas antes de Rangel, só que Rangel foi mais claro e mais preciso. Portanto, sem essa perspectiva da endogeneidade, é impossível a teoria da inflação inercial. A teoria inversa é aquela em que o aumento da quantidade de moeda é a causa da inflação. Existe uma teoria keynesiana que acho respeitável mas limitada aos casos de excesso de demanda. E existe a teoria das expectativas racionais, que é ridícula, porque tudo acontece por meio de expectativas autorrealizadoras, não existe um mecanismo. No esquema keynesiano pelo menos existe um mecanismo, aumenta a quantidade de moeda, baixa a taxa de juros, aumenta a demanda, aumentam os preços. Já no modelo expectacional, aumenta a quantidade de moeda e aumenta o preço por obra e graça das expectativas, ou do Espírito Santo, que é a mesma coisa (risos).

Eu me considero um economista neoestruturalista, ainda que seja difícil definir o que seja isso. Toda economia estruturalista tem uma enorme desconfiança de conceitos como credibilidade e expectativas. Eu sei que Keynes achava extremamente importantes as expectativas, claro que são, especialmente quando elas implicam incerteza. Mas é extremamente perigoso substituir os fundamentos macroeconômicos por expectativas, explicar tudo o que acontece na economia em função das expectativas e da credibilidade, e não em função do fenômeno real que está acontecendo: o equilíbrio do sistema econômico, dos preços relativos, da balança comercial — esses equilíbrios fundamentais da economia, que é o que realmente importa.

A teoria da inflação inercial vai diretamente contra a teoria das expectativas racionais. Nós dizemos que a inflação é autônoma e aumenta em função da inflação passada, dentro de um processo de conflito distributivo em que os agentes econômicos querem pelo menos manter, se não aumentar, sua participação na renda. Na inflação inercial pura, o agente econômico quer simplesmente manter a sua participação na renda. É meramente um processo de reequilíbrio permanente de preços relativos. Os agentes econômicos fazem isso racionalmente, tratando de aumentar os seus preços em função da inflação passada. Esse tipo de comportamento está baseado na expectativa de que a inflação passada vai se repetir, ou até se acelerar. Há uma coisa básica: as expectativas mudam facilmente, mas as decisões não. Por isso, o importante são as decisões; as expectativas são menos importantes.

Na teoria monetarista expectativista, exemplarmente colocada naquele artigo do Sargent[19] sobre o fim das hiperinflações, se se muda o regime de

---

[19] Sargent (1982), "The Ends of Four Big Inflations".

política econômica e se convencem os agentes econômicos de que mudou, a inflação cai automaticamente. Nós dizemos: "Isso é ridículo!". A inflação não cai se mudou o regime de política econômica e mostrou-se que agora se vai ser austero do ponto de vista fiscal e monetário mas não se consertou os desequilíbrios de preços relativos defasados. As hiperinflações europeias, que Sargent examinou, não foram resolvidas só por causa da mudança das expectativas, mas porque o desequilíbrio de preços relativos havia sido neutralizado pela hiperinflação. Nesse momento, a âncora cambial funcionou. Por isso tenho restrições à autonomia das expectativas na teoria econômica, porque isso faz com que o mundo dependa de expectativas, de credibilidade etc., quando na verdade depende estruturalmente de coisas concretas como a necessidade que cada um tem de manter a sua participação na renda.

É por isso também que fico indignado com o que aconteceu no México. O presidente Salinas assumiu o governo e, seis meses depois que o Plano Brady foi anunciado, em agosto de 1989, o México já estava assinando o seu *term sheat*, o seu protocolo com os bancos nos termos do Plano. Eu, Jeffrey Sachs, Robert Devlin, que é outro grande entendedor de dívida externa, ficamos todos indignados porque achávamos que o Plano Brady estava na linha correta, na linha das propostas que fiz quando ministro da Fazenda, de securitizar a dívida, ou seja, dar um desconto para a dívida e desvincular, parcialmente, o FMI dos bancos na negociação. O Plano Brady propôs exatamente isso. Quando foi anunciado, nós três escrevemos artigos saudando-o, mas dizendo que o desconto que estavam oferecendo era muito pequeno.

No entanto, o México fez um acordo correndo, recebendo um desconto ridículo e que, com a queda posterior da taxa de juros, foi para zero. Nós criticamos: "Que acordo é esse?". Veio a resposta: "De fato, o desconto foi pequeno, mas em compensação criou confiança", promoveu *confidence building*, criou credibilidade, *credibility*, que é mais bonito em inglês. Fiquei indignado; acho que o que interessa são os fundamentos reais da economia; a credibilidade e a confiança são, digamos, enfeites do bolo, mas não o bolo. Jairo Abud, meu ex-orientando, fez uma tese de doutoramento,[20] antes da crise do México, criticando a Macroeconomia utilizada. O México entrou em uma profunda crise a partir de dezembro de 1994, em função exatamente dessa política de *confidence building*, que a meu ver é a expressão moderna e marota do velho entreguismo.

---

[20] Abud (1996), *Dívida externa, estabilização econômica, abertura comercial, ingresso de capitais externos e baixo crescimento econômico: México, 1989-1993.*

É confidence building junto a quem? Junto ao governo norte-americano e às agências internacionais de Washington, e junto a Nova York, ou seja, ao sistema financeiro internacional. Ora, se supusermos que os interesses nacionais do México — ou do Brasil ou do Afeganistão, não importa — estão perfeitamente identificados e expressos nas políticas propostas por Washington, eu não teria nada contra o *confidence building*. Agora, se houver alguma dúvida a respeito desse assunto, então é melhor que nós nos precavenhamos. Em segundo lugar, se supusermos que os banqueiros e financistas de Nova York são a cristalização da racionalidade macroeconômica universal, então eu não tenho nenhuma objeção contra o *confidence building*, mas se tivermos dúvidas sobre esse ponto, então... Fazer o que o México fez — manter a taxa de câmbio, por exemplo, para manter a confiança de Nova York, ou fazer o acordo da dívida externa para manter a confiança de Washington — foi profundamente contra os interesses do México e os fundamentos macroeconômicos nacionais. As duas coisas estão relacionadas com o abuso que houve das ideias de credibilidade, confiança e expectativas.

Existe diferença entre a abordagem dos inercialistas paulistas, basicamente a sua e de Yoshiaki Nakano, e a dos inercialistas cariocas, especialmente o grupo da PUC-RJ?
Olha, há uma diferença: os inercialistas do Rio tinham feito PhD mais recentemente nos Estados Unidos. São brilhantes economistas, da melhor qualidade. Especialmente os artigos do Persio [Arida] e do André [Lara Resende] dão uma importância às expectativas e ao aspecto monetário maior do que nós damos. Nós enfatizamos mais o caráter endógeno da moeda. Por outro lado, acho que as posições do Chico Lopes são muito parecidas com as nossas.

Alguns estudos propõem um teste empírico para a inflação inercial. Ana Dolores Novaes fez um artigo no Journal of Development Economics *[1993], onde ela não encontra evidências robustas da existência de inflação inercial. O problema está no teste ou no modelo?*
Os norte-americanos dizem que *the proof of the pudding is eating*. Os testes econométricos eu respeito, mas eles não são o *eating*. *Eating* é fazer o Plano Real e acabar com a inflação usando rigorosamente o diagnóstico inercialista. Rigorosamente, não se congelou preço nenhum, simplesmente fez-se a URV e depois uma âncora cambial em cima dela, e deu certinho. Acho que não existe prova maior do caráter inercial da inflação brasileira e da adequação de uma política que responda a isso do que o Plano Real. Como foi antes

o Plano Cruzado. Se não tivesse perdido controle da demanda por puro populismo, teria dado certo. No México, um congelamento baseado na teoria inercial foi feito e deu certo; em Israel, em 1985, também. Eu conheço o artigo da Ana Dolores e acho um equívoco.

Há uma coisa que me desanima às vezes: a resistência dos economistas à evidência empírica é dramática. A coisa que mais me irrita é este debate infinito, que existe na academia, se política econômica é eficaz ou não, se deve haver política econômica ou não. Segundo Lucas, a Macroeconomia está esgotada porque já realizou todas as suas tarefas, já mostrou tudo. E essa Macroeconomia neoclássica, desfigurada, prova por A mais B que não é possível política econômica. No entanto, vejo uma quantidade imensa de economistas dirigindo as economias dos Estados Unidos, da Alemanha, da França, do Japão, do Brasil, da Argentina, do México, da Índia, da Tailândia, de Cingapura, da África do Sul, fazendo política econômica. Segundo a Macroeconomia das Expectativas Racionais, esses economistas devem ser uns cretinos completos. E os governantes que empregam esses economistas deveriam ir para um asilo de loucos.

Há um argumento tão vitorioso quanto absurdo na academia norte-americana: política econômica é perfeitamente dispensável. É impressionante como as pessoas, em Economia, se deixam levar pela ideologia. Eu acredito no caráter relativo do pensamento econômico. Do relativismo deve derivar um certo pragmatismo, e o pragmatismo significa respeitar a realidade, respeitar as pesquisas, as evidências e não ter visões nem totalmente para o mercado, nem para o Estado, que é a briga ideológica mais comum. Não ter posições que no fundo reflitam preconceitos ideológicos arraigados, ou preconceitos teóricos também arraigados. Chega alguém e diz: "Eu sou de esquerda mas sou neoclássico". Ótimo que ele seja de esquerda — entre a esquerda e a direita, eu certamente fico com a esquerda. Mas nesse caso não é esquerda e direita que viraram religião, é ser neoclássico que virou dogma. Como o outro que diz: "Eu sou keynesiano e ponto". Ele pode ser tanto de direita quanto de esquerda, mas tem que ser keynesiano, porque é a bandeira dele. Agora ser pós-keynesiano virou moda na esquerda — acho isso um absurdo! Essas etiquetas em cima da gente...

Acho impossível entender Economia sem a imensa contribuição que os economistas neoclássicos deram, sem a imensa contribuição dos marxistas e dos clássicos antes de Marx. E acho impossível entender Economia sem Keynes e Kalecki. Mas, de repente, só aceitar uma ou outra teoria é empobrecedor e emburrecedor.

Método

Qual o papel do método na pesquisa econômica?

Acho que é impossível fazer pesquisa econômica e, antes disso, teoria econômica, se não se pressupõe o método que se utiliza. O método usado pelos economistas geralmente não é discutido por eles. Muitos leem aquele artigo clássico de Friedman[21] e pensam que estão usando o método positivista. Na verdade, o que os economistas usam, fundamentalmente, é o método lógico-dedutivo.

É radicalmente lógico-dedutivo porque a Ciência Econômica — ou, mais especificamente, a Microeconomia, neoclássica, na qual se encontra o modelo do equilíbrio geral — é uma ciência rigorosamente lógico-dedutiva. É a única ciência substantiva, a única que trata da realidade concreta e não do método, e é inteiramente lógico-dedutiva. Na Física — essa ciência "de segunda" (risos) —, na Biologia, não se pressupõe que os átomos e as células sejam racionais. Já os economistas neoclássicos pressupõem a perfeita racionalidade do agente econômico. A partir desse pressuposto heroico, o método usado pelos economistas é radicalmente, violentamente e às vezes escandalosamente lógico-dedutivo. Eles dizem que vão verificar na prática, que vão fazer pesquisa etc. De vez em quando fazem, mas toda vez que fazem pesquisa e ela não bate vão dizer que é a realidade que está errada. O que é verdade, a partir desse pressuposto e do pressuposto adicional da concorrência perfeita.

Tenho sempre dito que a Microeconomia e o modelo de equilíbrio geral que dela deriva são um grande avanço da Ciência Econômica, mas que é preciso também ter um ramo da Ciência Econômica autônoma da Microeconomia, que seja fundamentalmente histórico-indutiva. Também lógico-dedutiva — sempre há uma alternância entre um e outro método —, mas principalmente histórico-indutiva. E esse ramo da ciência existe, na verdade são dois: a teoria do desenvolvimento econômico, a clássica, que vem de Adam Smith, passa por Marx, Schumpeter e pelos estruturalistas latino-americanos, e é uma teoria do desenvolvimento histórico-indutiva; e há a teoria macroeconômica keynesiana, que é também histórico-indutiva. Depois se pode buscar *ad hoc* microfundamentos e montar também um raciocínio lógico-dedutivo;

---

[21] Friedman (1953), "The Methodology of Positive Economics".

não tenho nenhuma objeção a isto. Mas essa aspiração de certos economistas neoclássicos, ou de muitos, de buscar "o" microfundamento da Macro e reduzir a Macro à Micro, é mera arrogância. Arrogância como a dos marxistas que queriam reduzir a Economia ao marxismo, e de alguns keynesianos que queriam reduzir a Economia ao keynesianismo. Quer dizer, se a Física não consegue ter um modelo único, por que os economistas irão tê-lo? É verdade que, a partir da teoria do equilíbrio geral, a Economia é uma ciência muito mais avançada do que a Física (risos), mas talvez alguém tenha dúvidas a respeito!

O que o senhor está chamando de microfundamentos?
Microfundamento é afirmar que o homem é um animal racional e que maximiza os seus interesses. E a partir daí você pode perfeitamente montar o modelo de equilíbrio geral sentado na sua *armchair*. Já em Macroeconomia, usar um método desses é ridículo! Faça uma comparação entre os livros-texto de Micro e de Macro publicados no começo dos anos 1990 e os publicados nos anos 1950. Os de Macro são completamente diferentes, os de Micro são muito parecidos. A única coisa que aconteceu foi que se acrescentou a teoria dos jogos, que aliás abriu um belíssimo campo de indeterminação para a Economia, porque agora se tem microfundamentos que não são determinísticos; para os problemas não há uma única solução, há decisões. A maravilha da teoria dos jogos é que recuperou a ideia de decisão, que era uma ideia que existia exclusivamente na área da administração de empresas. Decisão é uma escolha entre alternativas em uma situação de incerteza, que na economia neoclássica tradicional não existe.

A teoria dos jogos, ao supor que os agentes tomam decisão estrategicamente, ataca ou reforça os argumentos neoclássicos?
Acho que ela obriga o pensamento neoclássico a se repensar, porque realmente acaba a ideia da única solução certa. [Frederick] Taylor também tinha a única solução certa para os métodos de trabalho, e os neoclássicos tinham a única solução certa para os equilíbrios: a maximização. E agora não é assim, é todo um jogo estratégico em que as decisões são tomadas em função de outros atores. Isso abre um espaço de indeterminação, a meu ver bastante amplo, que merece um estudo maior e que certamente torna os economistas menos arrogantes.

Qual o papel da Matemática na pesquisa econômica?
Em geral, o que vemos é que quem sabe muita Matemática geralmente

sabe pouca Economia. Agora, saber Matemática ajuda muito, não só a raciocinar, a montar modelos, como também a ser respeitado. Até desconfio que ajuda mais a ser respeitado do que a montar modelos, porque os modelos de repente vão ficando ridículos. Por exemplo, quando Nakano e eu desenvolvemos a teoria da inflação inercial, não o fizemos com matemática complicada. Desenvolvemos um modelo simples baseado na observação dos fatos. Hoje há modelos e mais modelos matemáticos complicados em cima daquelas ideias simples. Não sei bem para quê.

E os testes econométricos?

Os testes econométricos eu já acho mais respeitáveis, porque é importante que haja pesquisa empírica em Economia. É muito diferente do uso abusivo da Matemática. Na verdade, os testes econométricos foram desmoralizados pela teoria das expectativas racionais. Porque quando se tem expectativa racional, o teste econométrico é uma indicação de desvio, o que é um absurdo. Mas as expectativas racionais e essas ideias de credibilidade estão em baixa. Espero que as pessoas comecem a perceber que o fundamental são os fundamentos macroeconômicos e não credibilidade. Se ninguém percebeu isso teoricamente, espero que o México tenha deixado isso dramaticamente demonstrado.

E quanto à força de retórica da Matemática e o papel da retórica na Economia?

Veja, o que aconteceu em Economia, ou nas ciências de um modo geral, foi um processo muito simples. No final do século passado, o neopositivismo dominava amplamente. Aí aconteceram duas coisas: aconteceu o Einstein e a Física Quântica. Em consequência, o neopositivismo filosófico entrou em crise. Como resposta a isso, no campo especificamente metodológico, chegou Popper com a sua teoria do falsificacionismo, que era uma forma de se manter fiel ao positivismo, mas ao mesmo tempo era uma forma de destruí-lo. Esses fatos abalaram todo o sistema positivista. Em 1960, surge Kuhn e uma grande revolução metodológica: ele, que não era sociólogo, que não era filósofo, era cientista, físico e, portanto, acima de qualquer suspeita, escreve uma obra-prima, *A estrutura das revoluções científicas* [1962]. Eu acho que é o livro mais importante de metodologia que foi feito neste século, em que ele mostra que a verdade científica era aquela que a comunidade científica aceitava como tal. Essa é a ideia fundamental de Kuhn.

Inicialmente, essa visão provocou muita reação, mas aos poucos foi se tornando um dado de realidade, criou-se um consenso a respeito. O método científico continua válido, a honestidade e o rigor continuam sendo coisas extremamente importantes para se fazer pesquisa científica. Mas o que vale, em última análise, é a aceitação da comunidade científica. Isso assentado, é óbvio que estava aberto o espaço para a retórica, porque a retórica não é outra coisa senão a arte de convencer a comunidade científica de que aquilo é verdade. E foi por isso, provavelmente, que Persio Arida e McCloskey escreveram em 1983, simultaneamente, duas obras-primas, que são os seus artigos sobre esse assunto.[22] A importância atual da retórica é apenas uma decorrência das conclusões de Kuhn.

Como o senhor vê o recolhimento de depoimentos para recuperar a história do pensamento econômico? Como o senhor analisa a técnica de entrevista como metodologia de pesquisa?

O recolhimento de depoimentos me parece uma forma muito importante de fazer um balanço da situação daquela disciplina, naquele momento, e de um pouco da sua história. Vejo isso menos como um exame da história do pensamento, e mais como um levantamento, uma fotografia, uma perspectiva histórica de curto prazo, que é a nossa vida, do que aconteceu. E é interessante porque vemos um conjunto de pessoas inteligentes falando sobre coisas mais ou menos semelhantes. Aí se descobre que, no meio dos conflitos, que foram grandes em certos momentos, existem certas identidades. Especialmente se vocês escolherem bons economistas, e acho que vocês escolheram.

Tanto [Affonso Celso] Pastore quanto [Edmar] Bacha afirmam que não existiria um pensamento econômico nacional. O que o senhor acha?

Eu acho que a contribuição teórica que os brasileiros deram ao pensamento econômico é limitada, o número de economistas é limitado. Mas acho que temos algumas contribuições: existem as contribuições iniciais nos anos 1950 do estruturalismo sobre o desenvolvimento econômico. Os nossos dois principais economistas nessa área são Furtado e Ignácio Rangel. E não se pode esquecer a contribuição de Fernando Henrique [Cardoso], Conceição Tavares e Antonio Barros de Castro para a tese da nova dependência. Depois nós temos as teorias de inflação, que começam com Ignácio Rangel e têm seu coroamento na teoria da inflação inercial, com [Mário Henrique] Simonsen, [Edmar] Bacha, André [Lara Resende], Persio [Arida], Chico Lopes e [Yo-

---

[22] Arida (1983), "A história do pensamento econômico como teoria e retórica", e McCloskey (1983), "The Rhetoric of Economics".

shiaki] Nakano. A meu ver, foram essas duas as contribuições mais importantes que os economistas brasileiros deram à teoria econômica. Não sei se existe algum terceiro ponto.

Hegemonia ideológica e colonialismo acadêmico

Qual o papel da ideologia na economia?

Se a retórica é uma coisa muito importante, também é importante voltar a discutir o problema da hegemonia ideológica: uma coisa que está fora de moda, porque o marxismo está fora de moda, o que é ridículo. A contribuição marxista é uma contribuição fundamental para a humanidade, especialmente o materialismo histórico. Então, o que se vê dramaticamente no mundo hoje é que o poder retórico dos Estados Unidos, da universidade norte-americana, é um poder muito superior aos demais poderes retóricos, porque tem mais capacidade de convencer. O movimento conservador decorrente da crise do Estado levou a um fortalecimento muito grande da perspectiva neoclássica, da escolha racional, da escola austríaca, enfim, de toda uma série de ideias extremamente conservadoras que ficaram retoricamente mais fortes. Tomaram conta da universidade norte-americana e influenciaram o resto do mundo, já que ela é de longe a melhor universidade que existe hoje.

Somos colonizados academicamente?

Sem dúvida, nós aqui no Brasil somos vítimas do famoso complexo de inferioridade colonial. A coisa que eu estou mais acostumado a ver são resenhas de determinados assuntos em que os autores brasileiros são rigorosamente esquecidos. Acabei de ler uma grande resenha escrita por um autor brasileiro sobre o sistema soviético, em dois artigos na *Revista Brasileira de Ciências Sociais*. Não havia uma referência a um autor brasileiro. Eu escrevi muito sobre isso nos anos 1970, montei uma teoria do modo estatal ou tecnoburocrático de produção e apliquei à União Soviética. É uma teoria original, que debate com todos os autores mais importantes da época. Escrevi dois livros,[23] vários artigos sobre o assunto. E, todavia, nenhuma referência! Mas isso é comum. Os nossos alunos vão fazer doutorado e citam os autores nor-

---

[23] Bresser-Pereira (1972a), *Tecnoburocracia e contestação*, e Bresser-Pereira (1981b), *A sociedade estatal e a tecnoburocracia*.

te-americanos sobre assuntos que os brasileiros trabalharam antes. O caso da inflação inercial é típico.

O problema da hegemonia cultural dos Estados Unidos, de uma perspectiva neoclássica, monetarista, de escolha racional, tem que ser considerado muito seriamente. As pessoas esqueceram essas ideias e não se têm precavido contra elas. E aí surge um problema muito interessante: a vontade de competir, que é legítima, com a universidade estrangeira, e de por ela ser aceito, leva muitas vezes o brasileiro a deixar que a agenda da discussão seja determinada por eles.

Há uma perspectiva populista em matéria cultural quando dizem "nós brasileiros, latino-americanos, vivemos em um país subdesenvolvido, temos universidades pobres, mal pagas, não temos tempo para pesquisar, logo é razoável que nós façamos uma ciência menor". Fico indignado, é caso de polícia, quando alguém fala ou pensa isso. Se nós exigimos dos nossos industriais que compitam com os industriais do resto do mundo, por que nós intelectuais também não temos que fazer a mesma coisa? Agora, não dá para aceitar a agenda deles. Os assuntos que são relevantes para nós não são os mesmos que são relevantes para eles. Nem sempre os princípios deles são bons para nós, na verdade muitas vezes não são bons nem para eles. A quantidade de bobagens que já fizeram nos seus próprios países! O que de bobagem fazem nos Estados Unidos! A desgraça que foi para os Estados Unidos o governo Reagan e a política econômica executada naquela época é uma coisa terrível! E os inúmeros planos de estabilização que o FMI aconselhou ao Brasil, todos rigorosamente equivocados!

Quando eu viajava para os Estados Unidos, desde a primeira vez, em 1960, ia precavido. Quando o meu avião estava baixando, pensava: "Estou chegando na terra da verdade, aqui eles sabem tudo e definem a agenda". Eu ia armado com o instrumental nacional-desenvolvimentista do ISEB, que era bastante desenvolvido teoricamente, que eu tinha aprendido com Hélio Jaguaribe, Guerreiro Ramos, Ignácio Rangel, Celso Furtado e, em menor grau, com Caio Prado Jr. Hoje, na verdade nesses últimos sete, oito anos, já não chego mais aos Estados Unidos com essa atitude de defesa. Tenho hoje a clara noção da fraqueza dos norte-americanos. Eles são tão fracos quanto nós, têm problemas e dificuldades muito semelhantes aos nossos. Porém, a maioria dos nossos economistas não percebe que eles são fracos e nem se tem precavido contra eles, se entrega. E isso é um desastre, é um desastre retórico. Hoje eu discuto com qualquer economista norte-americano de igual para igual. Há coisas que lhes interessam e a mim não. Não quero ficar competindo em publicar artigos apenas nos *journals* norte-americanos, quero competir fazendo uma Economia que explique o Brasil, e o Brasil no mundo, tão bem ou melhor do que eles. E isso sou capaz de fazer, nós brasileiros somos capazes de fazer. Então, nada de ficar com complexo de inferioridade.

Desenvolvimento econômico

Qual é a sua concepção de desenvolvimento econômico?
Desenvolvimento econômico para mim é um processo histórico de acumulação de capital, incorporação de progresso técnico e aumento sustentado da renda por habitante. E as discussões relevantes a respeito de desenvolvimento econômico são: quais as causas do subdesenvolvimento e quais as estratégias para superá-lo? Quando era jovem, aprendi que a causa fundamental do subdesenvolvimento, e o meu primeiro aprendizado foi equivocado, era o imperialismo, particularmente o imperialismo inglês do século XIX. Na verdade, as origens do subdesenvolvimento brasileiro estão situadas na colônia e não no império. Meu livro *Economia brasileira: uma introdução crítica* [1986a], é um ensaio didático que discute esse assunto. A meu ver, o tipo de colonização a que o Brasil foi submetido, do tipo exploração capitalista, em que a existência de uma área complementar à Europa, do ponto de vista de clima e solo, levou ao subdesenvolvimento brasileiro. No norte dos Estados Unidos, por exemplo, se fez uma colonização do tipo povoamento, surgindo uma sociedade semelhante àquela existente na Inglaterra na mesma época. Isso deu base para um processo de desenvolvimento muito grande. Em 1800, em dólares de 1950, a renda *per capita* da Europa e dos Estados Unidos era mais ou menos quatrocentos ou quinhentos dólares, e a brasileira cinquenta!

Por que eu tomei 1800? Porque 1800 é exatamente o fim do período colonial e o começo do imperialismo britânico e do modelo exportador. Se isso é verdade, o subdesenvolvimento brasileiro já estava definido em 1800. O subdesenvolvimento era um fenômeno que vinha da colônia. Quando o país se torna independente e entra o café, o Brasil passa a se desenvolver a taxas bastante elevadas. No *Formação econômica do Brasil* de Furtado [1959] se encontra isso muito claramente. A origem do subdesenvolvimento, a meu ver, é uma coisa anterior, é um tipo de colonização que tivemos nos séculos XVI, XVII e XVIII. É a colonização tipo *plantation* e de mineração, com mão de obra pouco qualificada.

Aí vem o segundo problema: como é que se sai do subdesenvolvimento? Podem-se fazer muitas teorias, mas não existe muito mistério a respeito disso. Pode-se pensar em termos institucionais e em termos, vamos chamar, tecnológico-educacionais. O segundo termo é o óbvio ululante: quanto mais educação e tecnologia embutida nas pessoas, quanto mais se educar e educar tecnologicamente, maior o desenvolvimento. Hoje está absolutamente reconhecido, verificado: o retorno do investimento em educação e tecnologia é imenso.

Aí entra a questão institucional.
Claro! Que tipo de instituição se usa para isso? Existe uma teoria geral: precisa haver um sistema que respeite os direitos de propriedade. Existe toda uma teoria institucionalista conservadora nesse momento. Douglass North, entre outros, diz que o segredo de todo o desenvolvimento é respeitar o direito de propriedade. É óbvio que é. Sem direito de propriedade não tem mercado, sem mercado não tem capitalismo, sem capitalismo não há desenvolvimento. Num curso de Desenvolvimento Econômico, resolvi pegar o excelente texto de Douglass North e comparar com o texto de Celso Furtado,[24] escrito trinta anos antes, e eram incrivelmente parecidos. Só que Celso Furtado não dava ênfase ao problema do direito de propriedade. Dava ênfase às instituições comerciais baseadas nesse direito. É fundamental que os comerciantes e industriais tenham seguras suas propriedades e seus contratos, senão não há a possibilidade de desenvolvimento econômico.

E o Estado, qual é seu papel?
O papel do Estado é só garantir a propriedade e os contratos? Isso é tolice. Essa é a condição *sine qua non*. Se o Estado não garantir a propriedade e os contratos, não tem desenvolvimento. Mas ele pode fazer mais. O que se percebe é que o Estado, quando vai produzir na área econômica, é ineficiente, e é mesmo. O setor privado é muito mais eficiente, flexível, muito mais criativo, porque muito menos controlado. O Estado, por definição, tem que ser altamente controlado para se evitar corrupção, nepotismo etc. Quando o empresário capitalista está usando o seu próprio dinheiro, não há muito problema quanto à corrupção e ao nepotismo. A grande contribuição que o Estado realiza, a fundamental contribuição, é muito pouco citada na literatura: o Estado promove poupança forçada e eleva a taxa de acumulação, através

---

[24] North (1991), "Institutions", e Furtado (1961), *Desenvolvimento e subdesenvolvimento*.

de impostos e monopólios — isso é que é o fundamental. Foi o que aconteceu por exemplo na telefonia, no petróleo e na energia elétrica.

Entretanto, há certos momentos em que a capacidade do Estado de realizar poupança forçada desaparece ou torna-se estrategicamente menos importante. Depois da etapa da acumulação primitiva, é necessário que os investimentos produzam. Na União Soviética, por exemplo, havia taxas de poupança de 35%. Mas, a partir dos anos 1960, o país não crescia, porque usavam mal os recursos. Esse papel de promover a poupança forçada é fundamental no período da acumulação primitiva. Quem não leu o capítulo do Marx[25] sobre acumulação primitiva não sabe o que está perdendo. É um capítulo fundamental na história do pensamento econômico. Agora, quando terminou a acumulação primitiva, quando os capitalistas já estão dotados de um nível de capacidade de acumulação própria razoavelmente elevado, torna-se cada vez mais difícil legitimar o Estado realizando poupança em nome dos capitalistas. Isso, mais as distorções decorrentes do mau uso de recursos, faz com que o Estado perca a sua capacidade, não apenas econômica, mas política de realizar poupança forçada.

E é ao que nós estamos assistindo hoje. Quando isso acontece, a acumulação tem que passar a ser realizada pelo setor privado. É por isso que aquele clássico trabalho do Gerschenkron[26] mostra que o papel do Estado é fundamental nas fases iniciais do desenvolvimento, que é justamente o momento em que se tem de fazer a acumulação. Depois o papel do Estado continua fundamental, mas em pontos mais específicos, de promoção de educação, saúde, tecnologia e o comércio exterior, e não em um processo generalizado de intervenção, como é próprio das fases iniciais de desenvolvimento.

Quanto à mudança do papel do Estado, que comparações podemos fazer entre a política econômica dos Tigres Asiáticos e a dos países da América Latina?

O Brasil, até 1980, crescia a taxas semelhantes às da Coreia e de Taiwan, que começaram a crescer nos anos 1960. O Brasil vinha crescendo há mais tempo. A grande diferença ocorre a partir de 1980, quando o Brasil estagna em termos de renda *per capita*. Isso nunca havia acontecido na história do Brasil desde que é um país independente, desde que há estatísticas razoáveis. Enquanto isso, Coreia e Taiwan continuaram a crescer. Por quê? Qual é o

---

[25] Marx (1867), *O Capital*, vol. 1, cap. XXIV.

[26] Gerschenkron (1962), *Economic Backwardness in Historical Perspective*.

motivo fundamental? O motivo fundamental é que o Brasil, nos anos 1980, como toda a América Latina, entrou em uma grande crise, a crise do Estado. O mesmo aconteceu no Leste europeu e, em menor grau, no Primeiro Mundo. Na África nem se fala, aquilo é uma crise crônica da qual não se sai.

A única região que não passou por nenhuma crise do Estado e fez a transição de um Estado mais interventor para um Estado mais regulador, nesse período, sem nenhum trauma, foi a do Leste e Sudeste asiáticos, ou seja, o Japão e principalmente a Coreia, Taiwan, Hong Kong e Cingapura. Mais recentemente temos a China e os novos países do Sudeste asiático, que estão se aproveitando de uma onda de investimentos sem crise do Estado.

Por que eles não tiveram crise do Estado?

A meu ver, o motivo fundamental é que os economistas ou os tecnocratas orientais jamais adotaram uma política populista, jamais fizeram uma leitura populista de Keynes. Na América Latina isso foi feito da maneira mais escrachada. Eu me lembro inclusive de conversar com dirigentes dos países orientais, nos anos 1980, quando eu era ministro da Fazenda, e eles diziam que a disciplina fiscal era absolutamente essencial porque era a forma de garantir a autonomia do Estado e do governo. Eles tinham isso muito claro e nós, não. Nós aqui entramos em crise fiscal, deixamos que a pressão da sociedade atuasse sobre o Estado a ponto de cedermos a ela, porque achávamos que isso aumentava a demanda agregada, estimulava o investimento — uma tolice, uma confusão entre o curto e o médio prazo, que deve estar revoltando Keynes na sua cova. Eu escrevi há alguns anos um artigo[27] defendendo Keynes contra os populistas, junto com Fernando Dall'Acqua.

Num contexto de globalização, o senhor acha que os países tendem a convergir para uma performance econômica e nível de bem-estar homogêneos?

Isso é um processo de longuíssimo prazo. O que estamos vendo no mundo é a globalização. A globalização é um aumento brutal do comércio, das comunicações e das imigrações, porque o transporte ficou muito barato, não só de coisas mas também de pessoas, num nível mundial. Os países ricos tentam proteger as suas fronteiras de todas as maneiras. Viraram protecionistas, exceto os Estados Unidos. O Japão e a Europa são decididos protecionistas.

---

[27] Bresser-Pereira e Dall'Acqua (1991), "Economic Populism versus Keynes: Reinterpreting Budget Deficit in Latin America".

Mas o fato concreto é que a globalização é um fenômeno que se pode conter apenas até um certo ponto; a força do elemento tecnológico é muito forte, muito grande. A globalização acabou com o monopólio das grandes empresas. Aí é que se torna fundamental o fortalecimento do Estado.

Houve, entretanto, uma mudança fundamental em termos da estratégia que cabe a um país como o Brasil realizar. A estratégia anterior era proteção, ponto. Quer dizer, "nós somos fracos, vamos nos proteger, nos fechar, nos encolher no nosso canto". Hoje, a estratégia fundamental é dar condições para podermos competir. Pode-se proteger, mas por muito pouco tempo. Na verdade, a nova proteção é estimular a competição. A proteção não é preservar o mercado interno, a proteção é dar estímulos e vantagens para competir internacionalmente. Que foi aliás a estratégia original do Leste asiático. É uma estratégia muito superior à estratégia meramente protecionista, de fechamento de mercado, porque está sempre sendo checada pelo próprio mercado, enquanto a estratégia do fechamento é uma estratégia em que o mercado pode ser totalmente excluído. Por essas razões a convergência acontecerá, mas a longuíssimo prazo. Sou um homem otimista e, dado o caráter universal do sistema capitalista, a convergência dos níveis de vida é inevitável. Mas não nas nossas vidas.

Chama-nos a atenção que alguns países africanos tenham hoje praticamente a mesma renda per capita que tinham em 1900.
Isso é importante, eu sempre separo aqueles países que não fizeram o *take off*,[28] como os países da África, que não se tornaram ainda capitalistas. É cada vez menor a porcentagem dos países e da população do mundo nessas condições. Os países que não fizeram a sua acumulação primitiva, ou o seu *take off*, que é mais ou menos a mesma coisa, precisam ser, de alguma forma, ajudados.

Como o senhor vê O capitalismo tardio, *de João Manuel Cardoso de Mello [1982]?*
Eu acho aquele livro um equívoco, faz parte tipicamente da visão funcional-capitalista ressentida que analisei em "Seis interpretações sobre o Brasil" [1982]. João Manuel é discípulo, naquele livro, de Caio Prado Jr. e Fernando Novais, dois grandes intelectuais. Só que Fernando Novais, além de fazer uma maravilhosa análise do Brasil colonial, é um típico representante

---
[28] Termo usado pela primeira vez em Rostow (1960), *The Stages of Economic Growth*.

dessa visão ressentida de 64. Que depois foi influenciar o João Manuel, levando-o a achar que a Revolução de 30 não foi importante. Para negar que tinha havido no Brasil uma aliança entre empresários industriais, trabalhadores e tecnocratas, entre 1930 e 1960, para acelerar a industrialização, fato que é concreto e objetivo. A estratégia desse grupo de intelectuais de esquerda foi desqualificar a importância da Revolução de 30 e ir buscar as origens da industrialização brasileira no final do século XIX. De fato, foi um importante momento. Mas o grande momento da industrialização brasileira foi a partir de 1930. Houve então essa aliança entre trabalhadores, tecnocratas e empresários industriais, que se rompeu nos anos 1950, dados os fatos novos, que estão examinados em uma carta por mim escrita em 1960, em um artigo de 1963,[29] e no meu livro *Desenvolvimento e crise no Brasil*, de 1968.

Qual será, na sua avaliação, o tema relevante nos próximos anos?

Já estou nele há dez anos! (risos). Não trabalho mais sobre a inflação efetivamente desde meados dos anos 1980. Para mim, o tema fundamental nos anos 1990, que comecei a discutir em 1987 quando fui ministro da Fazenda, é a retomada do desenvolvimento brasileiro, que passa pela interpretação da crise do Estado.

Os economistas norte-americanos estão agora com o tema do desenvolvimento econômico também. É verdade que em um nível muito abstrato, mas voltaram às ideias básicas da *Development Economics* dos anos 1940 e 1950, de [Paul] Rosenstein-Rodan, [Raúl] Prebisch, [Nicholas] Kaldor, [Gunnar] Myrdal e [Albert] Hirschman, o que é um grande avanço. Seja nesse plano mais abstrato, seja em um plano mais concreto, de diagnóstico, de propostas, acho que a redefinição do papel do Estado é fundamental. A ideia de que o Estado deixe de ser executor e passe a ser regulador e financiador do social.

O Estado é uma organização burocrática que tem o poder extroverso, o poder de legislar e tributar sobre a população em uma sociedade. O tamanho do Estado não é dado pelo número de funcionários que tem, pelo número de empresas que administra, mas pela sua carga tributária. Se a carga tributária de um Estado é de 50% do PIB, ele é grande em relação àquela sociedade, se é de 30%, é médio, se é de 10%, é pequeno. Agora, o que fazer com essa carga tributária? Pode-se usá-la diretamente, empregando funcionários públicos que realizam todos os serviços, ou pode-se comprar bens e

---

[29] Bresser-Pereira (1962), "The Rise of Middle Class and Middle Management in Brazil".

serviços de terceiros. Existem dois tipos de bens e serviços de terceiros. Um inclui barragens, estradas, ruas, aeroportos. No passado não, era o próprio Estado que fazia essas obras; hoje são empresas privadas. Outra coisa é financiar educação, saúde, com o dinheiro do povo, com o dinheiro do tributo. Hoje o Estado ainda usa burocratas para realizar essas tarefas, mas cada vez menos. A tendência é de delegar a execução para entidades públicas não estatais. É o que os norte-americanos e os ingleses estão fazendo há muito. O Estado continua a garantir os direitos sociais, mas não executa diretamente os serviços.

Especialmente nas universidades.
É, especialmente nas universidades, nos hospitais. Pode-se reduzir o Estado, privatizar todas as universidades, privatizar toda a escola, todos os hospitais, o que seria uma desgraça. Que se privatize as empresas estatais eu acho muito bom, exceto os monopólios naturais. Nesse caso é preciso tomar cuidado. Desde que se supere a fase da acumulação primitiva, o papel do Estado de promover poupança forçada deixa de ser fundamental. Ele passa a ser muito mais um agente redistribuidor do que um agente acumulador. Mas continua tendo um papel na área de acumulação e na preservação da autonomia dos Estados nacionais em relação à globalização do mundo. O desafio do presente é combinar as pressões da globalização, que são inevitáveis, com um certo grau de autonomia para os Estados nacionais, sejam eles Estados ricos, para se protegerem dos pobres, sejam eles Estados pobres, para não deixar que os ricos se protejam tanto.

Golbery do Couto e Silva, Heitor de Aquino Ferreira e Mário Henrique Simonsen, na despedida de Simonsen do Ministério do Planejamento, em agosto de 1979.

Aureliano Chaves, Alysson Paulinelli, Marco Maciel e Rubem Medina, na filiação de Simonsen ao Partido da Frente Liberal (PFL) em 1987.

MÁRIO HENRIQUE SIMONSEN (1935-1997)

Mário Henrique Simonsen nasceu no Rio de Janeiro, em 19 de fevereiro de 1935. Iniciou seus estudos no Colégio Santo Inácio, graduando-se em Engenharia Civil, com especialização também em Engenharia Econômica, pela Escola Nacional de Engenharia da Universidade do Brasil em 1957, quando foi assistente técnico da empresa Economia e Engenharia S.A. (ECOTEC). Iniciou suas atividades como docente no Instituto de Matemática Pura e Aplicada (IMPA) em 1958, mesmo ano em que seria contratado pela Escola Nacional de Engenharia. Em 1959, tornou-se professor do curso de Análise Econômica do Conselho Nacional de Economia e em 1960 matriculou-se na Faculdade de Economia e Finanças da Universidade do Brasil, graduando-se em 1963.

Em 1961, foi professor e consultor do Instituto Brasileiro de Economia (IBRE), mesmo ano em que assumiu a diretoria do Departamento Econômico da Confederação Nacional da Indústria (CNI). Foi também nesse ano que lançou o seu primeiro livro de Economia, *Ensaios sobre economia e política econômica*. Em 1962, assumiu também a diretoria da CREDISAN (Crédito, Financiamento e Investimento S.A.).

Com o golpe de 1964, Simonsen passou a atuar como colaborador de Roberto Campos, tendo sido autor da nova fórmula salarial instituída pelo Plano de Ação Econômica do Governo (PAEG). É desse ano seu primeiro livro sobre inflação, *A experiência inflacionária no Brasil*. Ao lado de Bulhões, foi também autor do projeto que acabou se transformando na Lei nº 4.380 de agosto de 1964, que criava o Sistema Financeiro da Habitação (SFH) e o Banco Nacional da Habitação (BNH), tornando-se membro do Conselho do banco a partir de novembro de 1965.

Neste ano, Simonsen foi uma das principais peças envolvidas na criação da Escola de Pós-Graduação em Economia (EPGE), tornando-se seu primeiro diretor, cargo que manteria por nove anos. Em 1967, publicou o primeiro volume de *Teoria microeconômica*, que seria livro-texto em diversos cursos de Economia por muitos anos. Paralelamente à vida acadêmica, exerceu uma série de atividades no setor privado. Foi membro do Conselho Consultivo da Companhia Docas de Santos a partir de 1967. No ano seguinte, entrava para o Conselho de Administração da Mercedes-Benz do Brasil e da Souza Cruz. Em 1969, assumiu a Vice-Presidência do Banco Bozano Simonsen.

Em 1969 publicou *Brasil 2001*, em que apresentava, entre outros assuntos, a importância da educação para o desenvolvimento econômico. Em 1970 assume a Fundação Movimento Brasileiro de Alfabetização (MOBRAL). Nesse mesmo ano publica *Inflação: gradualismo versus tratamento de choque*, que subsidiou a obtenção do título de Doutor em Economia pela EPGE, em 1973. Em 1974 lançou outro "manual" de Economia, *Macroeconomia*.

Com a posse de Geisel, Simonsen assume o Ministério da Fazenda. Em 15 de março de 1979, já no governo Figueiredo, assumiu o Ministério do Planejamento, permanecendo no cargo apenas por quatro meses. Ao sair do ministério, reassumiu a direção da EPGE, cargo que manteria até o final de 1993. Também volta para a iniciativa privada, retornando à Vice-Presidência do Banco Bozano Simonsen e participando de conselhos administrativos de várias empresas, como Citicorp, Mercedes-Benz do Brasil, BANERJ, Xerox do Brasil e Coca-Cola. Nesse período, Simonsen teve uma produção acadêmica muito vasta, da qual destacamos "Teoria econômica e expectativas racionais" (1980), no qual ele critica a hipótese de expectativas racionais; *Dinâmica macroeconômica* (1983); *Ensaios analíticos* (1994) e, mais recentemente, *30 anos de indexação* (1995). Faleceu em fevereiro de 1997.

A entrevista foi realizada em outubro de 1995, na Fundação Getúlio Vargas, no Rio de Janeiro. Mesmo depois de sua saída da direção da EPGE-FGV, Simonsen manteve-se na Vice-Presidência da Fundação, frequentando-a diariamente.

Formação

Para começar, gostaríamos de alguns dados sobre sua formação acadêmica.

Eu me formei primeiro em Engenharia na [Escola] Nacional de Engenharia da Universidade do Brasil, que hoje é a Universidade Federal do Rio de Janeiro. Depois me formei em Economia, e fiz doutorado também em Economia, aqui mesmo na Fundação [Getúlio Vargas]. Lecionei em muitos lugares, sobretudo aqui.

O que o levou a passar da Engenharia para a Economia?

Fui para a Engenharia porque gostava de Matemática e comecei a fazer aplicações de Matemática na Engenharia, depois estudei em paralelo Matemática pura, no Instituto de Matemática Pura e Aplicada e na Faculdade de Filosofia. Lá pelas tantas, comecei a me interessar por Economia, porque era moda na época, aplicações da Matemática na Economia, isso na década de 1950.

Mas o senhor nunca cursou Matemática formalmente?
Formalmente não, quer dizer, não tirei nenhum diploma. Mas fiz vários cursos, naquele tempo era proibido fazer duas universidades ao mesmo tempo.

Como foi sua participação na criação da EPGE?
A EPGE começou com o CAE, o Centro de Aperfeiçoamento de Economistas, no qual eu comecei a lecionar em 1961. O CAE, se não me engano, tinha sido fundado um ano antes, era um curso para preparar bolsistas para ir ao exterior. Depois, em 1965, com o nome EPGE, fizemos a transformação em escola de pós-graduação. Foi o primeiro curso de pós-graduação em Economia no Brasil.

Quais foram os seus professores mais importantes?
Vamos começar pelo científico: tive professores franceses que centraram muito a minha formação, e me influenciaram muito em meu gosto pela Matemática. Na Engenharia eu tive alguns professores importantes. Na área de Matemática os mais importantes foram dois, Leopoldo Nachbin e Maurício Matos Peixoto. Depois [Jorge] Kafouri e [Antônio] Dias Leite, na escola de Engenharia. E nas minhas andanças pela Economia conheci [Eugênio] Gudin, que era meu parente, era primo-irmão de meu pai. [Octavio] Bulhões, que conheci na casa de Gudin, e Roberto Campos.

Quais os economistas com quem o senhor mantém contato e gosta de trocar ideias sobre Economia hoje?
No Brasil eu troco ideias praticamente com todos os economistas. Tenho contato também com vários economistas estrangeiros, tem professores que vêm aqui frequentemente. Se você quiser falar dos mais notáveis com quem eu tenho contato, se bem que hoje um pouco bissexto, eu diria [Robert] Solow, [Franco] Modigliani e Bob Lucas.

Roberto Campos comentou a sua participação no PAEG. Como foi essa experiência? O senhor era muito jovem na época...
Eu tinha 29 anos em 1964, quando foi feito o PAEG, e acho que foi uma

experiência importante de planejamento macroeconômico. Foi a primeira vez que se fez um plano consistente de desenvolvimento, de política monetária, cambial, salarial e fiscal, com forte aspecto institucional. Na realidade, não tive nenhuma função formal no PAEG, era uma espécie de assessor informal do Roberto Campos e do Bulhões, mas realmente foi uma experiência muito importante para mim.

Como foi seu contato com Roberto Campos?
Conheci Campos na CONSULTEC, que era um escritório de consultoria do qual ele era sócio e eu também. Ele era sócio sênior e eu era sócio júnior. Depois criou-se uma associação chamada ANPES, Associação Nacional de Programas Econômico e Social, da qual o Campos era o presidente e eu era diretor técnico. Depois o Delfim me substituiu e Sérgio Mellão substituiu Campos na Presidência.

Quais livros o senhor considera clássicos na literatura econômica brasileira e internacional?
Na literatura econômica brasileira temos dois livros clássicos, eu diria: o livro do Gudin [1943], *Princípios de economia monetária*, e o livro do Celso Furtado [1959], *Formação econômica do Brasil*. Há muitos livros de análise, *textbooks* recentes que são muito importantes, mas aí seria uma listagem grande. Na literatura internacional, aí se vai longe, começando com Adam Smith pelo menos, passando por Ricardo, Stuart Mill, Marx, Marshall...

E neste século?
Neste século temos pelo menos os livros do Keynes, do Schumpeter, do Hayek,[1] de muitos outros também. Estou botando estes só como os livros mais básicos, mas não se pode esquecer o *Foundations of Economic Analysis* do Samuelson [1947], e mesmo o seu livro introdutório,[2] que foi um livro revolucionário na didática da Economia.

O senhor já se envolveu em algum episódio acadêmico controverso?
Várias vezes. As controvérsias na academia são frequentes. Sempre que se faz um artigo acadêmico surgem controvérsias. Quantos debates eu tive

---

[1] Ver, por exemplo, Keynes (1936), *Teoria geral*; Schumpeter (1911), *Teoria do desenvolvimento econômico*; Hayek (1944), *The Road to Serfdom*.

[2] Samuelson (1948), *Economia*.

com a Maria da Conceição [Tavares], com o [Luiz Gonzaga] Belluzzo, são debates importantes...

Metodologia

Qual o papel do método na pesquisa econômica?
Depende do tipo de pesquisa que se esteja fazendo. Quer dizer, é preciso um método de pesquisa geral. Como se deve fazer? Sempre colher as informações disponíveis, examinar as teorias que existem para interpretar os fatos e, eventualmente, contribuir em alguma coisa para essas teorias ou para os métodos de pesquisa. Aí depende muito do trabalho específico que se está fazendo.

E como o senhor vê a aproximação metodológica através da história?
Eu acho que a história é muito importante, no sentido de que ela conta experiências que foram feitas nos vários campos. Não se pode fazer nenhuma pesquisa em Economia sem que ela tenha algum componente histórico. Pelo menos em Economia, nunca se fará uma pesquisa que não tenha esse componente, tem que se relacionar com fatos ocorridos.

Quando se entra em artigo técnico de detalhe, também se está entrando em um detalhe técnico, que pressupõe que se esteja referindo a algum outro artigo, mas que no fundo deve ter alguma história por trás disso, em algum momento.

A maioria dos artigos modernos dão exemplos e exercícios em que se faz cálculo de variações em cima de determinadas hipóteses, ou modelos de controle em cima de determinadas equações, mas nas quais se acaba indicando certos efeitos, efeitos de capital físico, capital humano. Mas, por trás disso tudo, obviamente, tem a referência de uma história de experiências de desenvolvimento que mostraram que o desenvolvimento ocorre, em geral, naqueles países que investem mais em capital físico e mais em capital humano. Por trás de um modelo desse há uma acumulação de evidências históricas. Agora, é claro, não necessariamente em todo trabalho se vai fazer ao lado uma análise histórica. Muito trabalho é detalhe, derivado de outro.

E qual o papel da Matemática e da Econometria na pesquisa econômica?
O papel da Matemática é o de servir de linguagem. A Matemática pura e simplesmente serve tanto quanto o português e o inglês e pode-se ter erros

de Matemática como pode-se ter erros de português ou de inglês. A grande vantagem da Matemática é que ela oferece uma linguagem que sintetiza raciocínios estereotipados. Quantas vezes teríamos de fazer raciocínios complicados para dizer que uma derivada é igual a zero? Então o uso da Matemática evita exatamente que se seja obrigado a se prolongar literariamente em uma porção de coisas. A Matemática evidentemente está a serviço de hipóteses, e a beleza matemática do modelo não garante a sua eficiência. A Econometria é uma parte da Estatística, que dá pura e simplesmente técnicas de aferição estatística, técnicas de verificação de hipóteses que são essenciais para qualquer análise empírica que se faça.

Algumas pessoas têm dito que a Matemática atingiu um ápice e que está havendo uma certa desilusão. O senhor concorda?

Assim como tem a Economia literária, muita gente se desenvolveu no passado como economistas que faziam belíssimas frases mas que, espremidas, não diziam nada. Isso se pode fazer tanto na linguagem comum quanto na Matemática, quer dizer, também tem muita gente que faz modelos matemáticos que espantam pela elegância mas que não têm substrato. Esse problema existe em qualquer linguagem que se use, seja matemática ou não. Mas é claro que é um perigo grande, em Economia ou em qualquer outra ciência, usar a linguagem como objetivo da linguagem. A menos que se seja um gramático, a linguagem nunca deve ser o objetivo do próprio trabalho, deve ser apenas um instrumento. Isso acontece com a Matemática frequentemente e acontece com qualquer outra linguagem também.

Celso Furtado afirma que, apesar do esforço enorme que se fez em Matemática, os ganhos diretos desses esforços para a teoria econômica não foram tão grandes...

Eu não acho que os ganhos tenham sido pequenos, eu acho que os ganhos foram grandes. Consegue-se com a Matemática provar muita coisa que era cogitada, ou pelo menos deixar claro o que é cogitação, o que depende de hipóteses, quais são as hipóteses. Por exemplo, eficiência de Pareto na teoria de mercado. Quando é que os mercados são eficientes no sentido de Pareto? Com a Matemática realmente se explica essa questão com extrema clareza. Explica-se claramente o que é o efeito ou não de externalidades, o efeito ou não de bens públicos, ou de determinadas descontinuidades, de determinadas anomalias no tipo de funções de utilidade. Tudo isso se consegue fazer com a linguagem matemática, então ela esclarece muito as questões. Eu acho que, através da Matemática, conseguimos melhorar muito substancialmente a qualidade da teoria econômica. Mas, é claro, não resolve todos os problemas.

Hoje em dia estaria ocorrendo um refluxo, uma volta para o que se chamava antigamente de Economia Política?

Eu diria que sim e que não. Quer dizer, não se vê essa tendência nas revistas técnicas, elas continuam cada vez mais acentuadas no formalismo econômico, até às vezes com muito exagero. Alguns grupos, sim, realmente tendem a voltar um pouco mais para a ideia de Economia Política, mas não creio que seja uma tendência geral.

O trabalho de Nelson e Plosser,[3] e uma série de trabalhos que o seguiram indicaram a presença de raiz unitária em diversas séries macroeconômicas. A partir desse ponto, teve início um grande esforço para ampliar o campo de análise, para incluir também séries não estacionárias. O senhor acha que isso representou uma mudança de paradigma na Econometria?

Foi uma evolução natural, um passo muito importante, mas não chegou a ser uma mudança de paradigma. Mudança de paradigma acho que seria querer demais. É importante porque mostra um problema de autorregressividade, gera inércia nas séries econômicas, creio que raiz unitária signifique isso.

O fato de os testes econométricos testarem simultaneamente eficiência de mercado e o modelo em si torna a Econometria inválida?

Não torna nem válida nem inválida. Mas é preciso verificar o seguinte: o que é um teste de hipótese? Um teste de hipótese é um teste que pura e simplesmente diz se há razões para rejeitar a hipótese ou não. Normalmente as hipóteses são contraparâmetros de modelos, quer dizer, nunca um teste de Econometria é suficiente para dizer que a teoria está certa, o que ele pode é dizer que a teoria está errada. Toda a teoria de inferência estatística é isso.

O senhor se identifica mais com a abordagem de Kuhn ou a de Popper?

Depende, eu sou mais popperiano na verdade. Qualquer ciência que seja ciência tem que sê-lo no sentido popperiano.

---

[3] Nelson e Plosser (1982), "Trends and Random Walks in Macroeconomic Time Series: Some Evidence and Implications".

É possível falsear as proposições em Economia?

É possível. A Econometria é ótima porque volta e meia se faz uma porção de hipóteses idiotas e ela rejeita. O que não quer dizer que ela rejeite todas as hipóteses idiotas.

O que o senhor acha da mudança de enfoque da Microeconomia, por exemplo o livro-texto de Kreps?[4]

Melhorou a formalização. Se bem que eu acho que só se deve dar um curso desses na medida em que se tenha antes ensinado todas as ideias básicas de utilidade marginal e de produtividade marginal, para que o estudante entenda aqueles axiomas, saiba que convexidade é uma maneira de reformalizar a velha lei da utilidade marginal decrescente. Acho que a grande vantagem de formalizar a Microeconomia é tornar precisas as hipóteses e as conclusões. Em toda e qualquer ciência é muito importante saber precisamente o que se admite e precisamente o que se conclui. E aí toda a formalização é bem-vinda enquanto ela serve a esse propósito.

A separação entre Microeconomia e Macroeconomia tem alguma função além da didática?

Nenhuma, puramente didática. Acaba sendo útil porque, resolver qualquer problema macroeconômico através de um modelo de equilíbrio geral, demoraria tantas horas e tantos dias que não se chegaria a nada (risos).

Costuma-se dizer que, graças ao computador, pode-se fazer uma espécie de mineração em Econometria: a Econometria como a arte de torturar os dados, "até eles confessarem...". Existe esse aspecto?

Havia uma vantagem no passado: para fazer uma regressão dava tanto trabalho, tanto tempo em máquina de calcular, que se tinha que pensar bastante se valia a pena ou não fazê-la. Precisava ter uma teoria que justificasse fazer uma regressão e fazer todos os testes a ela referentes. O computador eliminou isso. Pega-se um anuário estatístico ou um catálogo telefônico, coloca-se no computador e procura-se as regressões — lá pelas tantas ele encontra umas boas. Frequentemente se faz a teoria às avessas, quer dizer, uma teoria para justificar aquela regressão. É realmente um preço do progresso tecnológico.

---

[4] Kreps (1990), *A Course in Microeconomic Theory.*

Na década de 1950, a Econometria e a teoria dos jogos estavam começando. Achava-se que esses dois ramos iriam decolar, mas a teoria dos jogos ficou estagnada até a década de 1980, quando se desenvolveu novamente. Como o senhor a avalia?

A teoria dos jogos teve um grande desenvolvimento na década de 1980, com Selten, Harsanyi e outros, com o desenvolvimento da teoria dos jogos repetidos. É uma teoria que dá muitos *insights* sobre como se tomam decisões que envolvem conflitos de interesse. Mas realmente as aplicações práticas de teoria dos jogos ainda são muito limitadas em relação a seu potencial. O próprio conceito do equilíbrio de Nash é bastante discutido e controverso.

Existem alguns problemas, que são problemas da teoria de expectativas racionais, por exemplo, em que se supõe que o comportamento racional de jogadores, em um jogo não cooperativo de perfeita informação, é todo mundo jogar a estratégia de Nash, que não é necessariamente como as pessoas se comportam na realidade. Você joga racionalmente na estratégia de Nash se você tiver certeza de que todos os jogadores jogarão também na estratégia de Nash, só que nem sempre você tem essa certeza.

E qual a importância da retórica para o pensamento econômico?

Eu acho que a retórica tem importância para o pensamento econômico. As grandes discussões têm grandes componentes retóricos. Mas qual seja essa importância definitiva é alguma coisa que não está estabelecida, está ainda em campo aberto.

O texto do Persio Arida sobre retórica[5] lhe agrada?

Gosto, não sou entusiasta. Acho que existe um pouco de retórica em tudo. É um campo em aberto. Porque no fundo só é admitida na medida em que se acha que os outros estão incompletos. Só se admite a retórica como coisa séria na medida em que se tem indeterminações na teoria. Então, "já que eu não sei o que é, quem berrar mais ganha".

A FGV-RJ é pioneira no trabalho de recuperação da história oral, com a criação do CPDOC. O senhor acha que o recolhimento de depoimentos é útil para compreender a história? Mais especificamente, como vê este nosso trabalho, que utiliza a técnica da entrevista para recuperar um pouco da história do pensamento econômico?

---

[5] Arida (1983), "A história do pensamento econômico como teoria e retórica".

Eu acho extremamente útil, porque se se quer saber como pensavam determinadas pessoas, a melhor maneira é perguntar a essas pessoas. É uma maneira mais objetiva do que ter que fazer interpretações. E a mesma coisa a respeito da história oral, a história dá um conjunto de depoimentos de pessoas que participaram de fatos importantes. Então, frequentemente fazem-se grandes teorias sobre por que as pessoas foram levadas a tomar determinadas decisões, e essas teorias não têm "nada a ver com o peixe". A vantagem da história oral é que ela limpa a história dessas interpretações.

Desenvolvimento econômico

Qual é a sua concepção de desenvolvimento econômico?
A minha concepção de desenvolvimento econômico é de crescimento. A única explicação inteligível de desenvolvimento econômico é essa, crescimento do produto real *per capita*. Obviamente aí se começa a indagar sobre outras coisas, quer-se que, junto com o desenvolvimento, haja uma razoável distribuição desse desenvolvimento sobre os vários níveis de atividade, haja uma melhoria de qualidade de vida associada à melhoria da renda *per capita*, mas se se começa a querer definir em termos de muitos parâmetros, não se define nada.

Mas aumento da renda per capita não está diretamente associado à melhoria do bem-estar...
Não necessariamente, mas em geral, quando se despreza esse elemento, acaba-se piorando o próprio bem-estar. Foi a política brasileira da década de 1980. O Brasil resolveu deixar de se preocupar com o crescimento e voltar tudo para o social. E, depois de 1985, quando o Brasil se voltou todo para o social, nunca o social foi tão maltratado.

O velho dilema entre produtivismo e distributivismo...
Sim. Só que teve distribuição do que não havia na produção.

Mas alguns autores acreditam que o fato de os Tigres Asiáticos terem investido pesadamente no social, terem feito a reforma agrária etc. é o motivo do seu sucesso atual.
Depende do que se considera investimentos sociais. O grande investimento social que fizeram os Tigres Asiáticos não foi a reforma agrária. O caso de reforma agrária importante foi do Japão, mas que é completamente di-

ferente. Na Coreia não houve nenhuma reforma agrária igualmente importante, nem em Taiwan, nem em Cingapura. Teve alguma coisa, mas nada de transcendental. O que foi muito importante em termos de investimento social foi a formação de recursos humanos, isso é claro — o que infelizmente foi muito desprezado nos últimos anos no Brasil.

Qual o conceito de desenvolvimento por trás do PAEG?

Era um conceito de desenvolvimento baseado em crescimento do produto real e, ao mesmo tempo, estendendo esses benefícios ao campo social através de educação, saúde, enfim, ações que deveriam ser feitas pelo governo.

O senhor ainda concorda com a sua análise sobre o modelo de desenvolvimento brasileiro no período 1968-1973, realizada quando era presidente do MOBRAL?

Eu diria a você que, em grande parte, sim. Quer dizer, o Brasil cresceu muito naquele tempo e havia se preparado para crescer durante o governo Castello Branco. Nós colocamos 10% ao ano como sendo uma tendência, e em 1968-1978 teve-se uma média de 11% ao ano. No fundo tem que dissolver essa média em um período maior, que vai dar uns 7% ao ano, mas que ainda é uma média muito alta. O Brasil crescia naquele tempo fundamentalmente porque a taxa de investimento do Brasil era alta, 25% do PIB. Porque o Estado, apesar de intervir demais na economia, pelo menos fornecia uma base de poupança grande, poupava 4%, 5% do PIB. Hoje despoupa.

Qual sua opinião sobre a chamada controvérsia de Cambridge?

Aquilo foi uma grande perda de tempo realmente, saber se era a relação capital-produto que determinava a taxa de poupança, se era a taxa de poupança que determinava a relação capital-produto. No fundo, eram grandes variantes em função do modelo de [Roy] Harrod e [Evsey] Domar, do [Robert] Solow, do [Nicholas] Kaldor e de [Luigi] Pasinetti.[6] Realmente, houve uns quinze anos de patinação da teoria do desenvolvimento em torno desses modelos. É verdade que nesse período surgiu a teoria do capital humano, do [Theodore] Schultz. Ela surgiu como um ramo à parte, mas surgiu.

---

[6] Harrod (1939), "An Essay in Dynamic Theory"; Domar (1946), "Capital Expansion, Rate of Growth, and Unemployment"; Solow (1956), "A Contribution to the Theory of Economic Growth"; Kaldor (1955), "Alternative Theories of Distribution"; Pasinetti (1974), *Growth and Income Distribution*.

A abordagem do "capital humano" exerceu influência no seu pensamento?

Exerceu. No fundo pode-se perguntar se aquilo era tão novo, pois afinal de contas o Adam Smith estava farto de falar da importância da educação. No fundo, a grande contribuição da teoria do capital humano é mudar o nome de educação para capital humano e criar métodos de mensuração realmente adequados.

E o que há de novo na teoria do desenvolvimento?

Hoje há vários modelos interessantes, inclusive começados pelo Bob Lucas, que mostram como se integra, quando se sai da famosa controvérsia de Cambridge, capital humano nos modelos de desenvolvimento.

Como o modelo do [Paul] Romer?[7]

E muitos outros. O primeiro mais importante a meu ver é o do próprio Bob Lucas, mas os outros todos são na mesma linha.

O fato da variável progresso técnico ser exógena ou endógena ainda é relevante no debate econômico?

É, mas foi incorporada ao capital humano.

E como estão relacionados educação e desenvolvimento?

Hoje se relacionam educação e desenvolvimento através dos vários índices de rentabilidade e produtividade da educação. Introduz-se uma função de produção que leva em conta capital físico e capital humano. Como *proxy* para capital humano mede-se nível de escolaridade, por exemplo.

Inflação

O ajuste de 1981-1983 foi eficiente para melhorar a balança de pagamentos, mas não teve o efeito esperado em relação à inflação. A partir desse ponto surgiram novos diagnósticos sobre inflação, especialmente o conceito de inflação inercial, baseado em uma ideia sua de 1970.[8] O senhor acha que o problema de combate à inflação era o diagnóstico?

---

[7] Romer (1988), "Capital Accumulation in the Theory of Long Run Growth".

[8] Simonsen (1970), *Inflação: gradualismo versus tratamento de choque*.

Em grande parte era. Eu me lembro de que falei muito sobre o problema da necessidade de desindexação quando estava no Ministério da Fazenda, mas qualquer pequena medida que eu tomasse encontrava uma brutal reação dos políticos, da opinião pública. Quer dizer, ninguém, na época, tinha percepção de que, com uma economia amplamente indexada, era inteiramente "dar murro em ponta de faca" querer aplicar a receita ortodoxa do Fundo Monetário.

Em primeiro lugar, nunca se conseguiria fazer uma política monetária contracionista, depois se teria de elevar a taxa real de juros ao infinito. Em segundo lugar, teria-se sempre poucos dividendos anti-inflacionários e muitos dividendos recessivos nesse tipo de política. Isso para mim era visível já no meio do governo Geisel, se não no princípio do governo Geisel. Escrevi muita coisa na época a esse respeito. Mas, de um modo geral, a sociedade e a academia brasileira só se conscientizaram da necessidade de desindexar após esse período.

Por que fracassaram tantos planos de estabilização?
Tivemos só dois tipos de planos: os planos que se basearam só na oferta, que foram o Plano Cruzado e o Plano Bresser, que admitiam que a inflação fosse pura e simplesmente inercial, e fracassaram porque ela não era só inercial; e, os planos que foram de 1981 a 1983, depois o feijão com arroz do Maílson [da Nóbrega] em 1988 e o do [Fernando] Collor, a partir da entrada do Marcílio [Marques Moreira] no governo, quando se considerava que a inflação era apenas inflação de demanda, sem nenhuma componente inercial. Então, o primeiro programa que levou realmente em consideração os dois lados da tesoura foi o Plano Real.

Também o Plano Real foi o único que usou a ideia da moeda indexada, os outros partiram para congelamentos.
Mas aí foi para a transição para o real, que foi muito hábil.

No Plano Real o elemento inércia foi tratado diferentemente do que nos outros planos?
Foi. Mas eu acho que a moeda indexada foi o menos importante. Teve a transição da URV, que foi importante, a meu ver, como uma maneira de acostumar a sociedade, quase que dar um choque de violência hiperinflacionária na sociedade, para depois ela se habituar, uma vez raciocinando em URV, a trabalhar com uma moeda estável. Mas o importante é que não houve congelamento de preços. O congelamento de preços é tentar curar a febre

através da quebra do termômetro, quer dizer, perdem-se os sensores e, na hora de reagir, é tarde demais.

O congelamento é muito traiçoeiro. Em geral, todo congelamento funciona muito bem a curtíssimo prazo, porque a curtíssimo prazo quase todos os custos são fixos, já temos estoques. Então, a curtíssimo prazo, uma semana, quinze dias, o congelamento funciona mesmo, depois é que vai degenerando, começa a surgir o desabastecimento, o ágio envergonhado e finalmente o ágio escancarado, e o próprio colapso do sistema.

Mas na sua gestão houve um controle...
Havia um controle de preços oligopolizados, através do Conselho Interministerial de Preços. Congelamento de preços, nunca! Não era um controle violento. Pode-se dizer que, de alguma forma, aquele controle protegia muito os oligopólios existentes. Hoje eu tenho dúvida. Tive um episódio interessante, que foi em 1977, quando resolvi liberar a indústria automobilística do controle de preços, e a indústria automobilística não queria ser liberada. Era a prova evidente de que a competição iria fazer abaixar os preços como fez agora, e fez na época também.

O senhor acha que as teorias macroeconômicas disponíveis atualmente apresentam diagnóstico e soluções adequadas para a situação brasileira?
Acho que sim. Hoje a inflação brasileira está bem equacionada. Agora não é mais problema de diagnóstico, agora é um problema de ação.

Voltamos à inflação clássica, antiga.
Concordo.

E o conflito distributivo, tem algum poder explicativo?
O conflito distributivo existe na medida em que o governo resolve arbitrar as fatias distributivas. O conflito é muito mais um problema de política do que de economia, porque a economia de mercado é uma solução. Não importa se boa ou ruim, mas o mercado é uma solução automática para o conflito distributivo, que existe sempre e em toda parte. Explicando a inflação pelo conflito distributivo não se explica nada. Explica-se um pouco do que se passa na cabeça do político que faz a inflação. Ele resolve prometer distribuir o bolo, faz várias promessas separadas de distribuição e, quando ele soma as fatias, dá três vezes o bolo. Então ele tenta compatibilizar isso com a inflação. Mas isso não é uma explicação para a inflação, é uma explicação para o que está na cabeça do político que provoca a inflação.

André Lara Resende conta que, quando lançou aquele artigo na Gazeta Mercantil[9] *e houve uma grande crítica, o senhor foi um dos poucos que o apoiaram.*

Exatamente. Foi extremamente importante. O primeiro artigo dele foi o da ORTNização pela média, que era exatamente o artigo que ia levar ao conceito que gerou o Plano Cruzado, que gerou a ideia da URV. Primeiro coloca-se tudo na média e depois se faz a reforma monetária.

E a contribuição de São Paulo para a teoria da inflação inercial, especificamente Luiz Carlos Bresser-Pereira e Yoshiaki Nakano, como o senhor analisa?

Eu acho que foi interessante, mas realmente a contribuição decisiva foi do André Lara [Resende] e do [Persio] Arida.

Estado e mercado

Apesar de sempre defender o mercado livre, o senhor nunca deixou de considerar a importância do planejamento econômico, ou mesmo da tecnocracia como agente do planejamento. Qual deve ser o papel do Estado na economia e o grau de sua intervenção?

Em primeiro lugar, o grau de intervenção depende do que o Estado é capaz de gerar nessa economia. Quando o Estado tinha uma capacidade de poupança substancial, justificava-se uma intervenção bem maior do que hoje, quando não tem capacidade de poupança nenhuma. Hoje há várias razões para diminuir o papel do Estado na economia, mas a principal é que ele não poupa mais nada. Ele não tem sequer competência para arbitrar por falta de recursos próprios para fazer qualquer coisa. Mas o Estado é insubstituível como provedor de bens públicos, o suprimento de educação básica, suprimento de saúde básica, segurança e justiça, forças armadas etc. E o Estado tem que ter uma função regulamentadora da economia. As regras econômicas, os códigos que são sempre conhecidos, a parte jurídica e econômica são interligadíssimas nisso.

---

[9] Lara Resende (1984b), "A moeda indexada: uma proposta para eliminar a inflação inercial".

Quais as distorções que precisam ser corrigidas em um sistema livre de preços?
Em um sistema livre de preços deve-se apenas corrigir preços de monopólios, ou nos casos em que haja suprimentos privados de bens públicos, que no fundo é um suprimento inadequado.

Um fenômeno muito estudado na Economia hoje é o que se chamou de rent-seeking. Até que ponto essa literatura é útil para explicar uma parte do funcionamento da nossa economia?
Não sei até que ponto. Acho que é útil, não tenho nenhum entusiasmo de pensar por ela não, mas acho que pode ser útil em determinados casos específicos.

Muitas pessoas acham que o grande problema é o rent-seeking (a privatização do Estado).
Não creio que seja exatamente esse o problema. O problema é que o Estado se agigantou nos últimos trinta, quarenta anos, em função de vários aspectos. Em primeiro lugar, tinha um setor privado pequeno, sem capacidade coesiva, em grande parte por falta de códigos. Por exemplo, não tinha associações de grupos possíveis no regime da antiga Lei de Sociedades Anônimas, daí a importância de se ligar toda essa parte econômica à parte jurídica. Dentro dessa Lei de Sociedades Anônimas de 1976, criou-se um novo tamanho para o setor privado nacional. Hoje, a grande razão que eu vejo para a privatização é pura e simplesmente aritmética: o governo está endividado, a dívida custa muito caro, e o governo tem ativos que valem muito no mercado mas que não lhe rendem nada. Ele está na situação do proprietário rural que está superendividado, com dívidas arcadas de um lado e fazendas ociosas do outro. O que ele tem que fazer é vender as fazendas ociosas para pagar a dívida.

O que o mercado tem de tão poderoso para a Economia?
O que o mercado tem de tão poderoso é que ele é um árbitro de conflitos distributivos que funcionam na prática, quer dizer, economia de mercado não é uma panaceia, não é alguma coisa que se tenha descoberto como o paradigma da perfeição, mas ela tem uma grande vantagem: ela funciona. Ela funciona porque dá critérios pelos quais uma sociedade é capaz de funcionar e de crescer. O grande drama é que todas as alternativas até hoje inventadas não funcionaram na prática. O grande problema de um planejamento centralizado geral é que ele envolve uma complicação e uma confusão burocrá-

tica brutal. Porque no fundo o sistema de preços tem uma grande vantagem: é um sensor que não cobra. O sistema de preços diz, conforme os produtores estejam lucrando ou não, se a produção é excessiva ou não, e para isso não cobra nada. Para o burocrata chegar a essa mesma conclusão, ele vai cobrar uma fortuna da sociedade. Então cada vez que se tentou a substituir esse indicador automático, que é o sistema de preços, pela ação burocrática do Estado, entrou-se em um sistema que ciberneticamente não é inteligente. Quer dizer, a economia de mercado tem essa vantagem, ela é inteligente do ponto de vista cibernético.

Uma máquina a vapor é inteligente ciberneticamente. Não pelo princípio termodinâmico que funciona, mas pelo fato de ter uma válvula de segurança. Um circuito elétrico só é ciberneticamente inteligente porque tem fuzíveis — se se imaginar um circuito elétrico sem fuzíveis ou uma máquina a vapor sem válvula de segurança, vai-se ter um sistema que pode ser muito bem planejado mas que não vai funcionar na prática, que é exatamente o que acontece.

Quer dizer que no debate Hayek/Lange o senhor acha que o Hayek tinha razão?
O Hayek tinha muito mais razão que o Lange.

A questão das instituições está sendo muito explorada na literatura atual. Essa literatura, o senhor acha que...
Tem muita importância porque toda essa literatura, no fundo, remonta as bases jurídicas do funcionamento da economia, quer dizer, as relações jurídicas que são pressupostas no funcionamento da economia. Sem saber essas relações, nunca se vai saber se a economia funciona bem ou não.

A associação com a parte jurídica é fundamental...
É fundamental, jurídica e histórica também.

Quais as dificuldades em fazer um sistema tributário eficiente em um país federalista?
A dificuldade em fazê-lo no sistema federalista do Brasil é que ele quer ser federalista e não quer ser federalista. Se se quiser ser realmente federalista, a União tem seus tributos e o Estado tem seus tributos. Os estados têm autonomia para tributar tudo aquilo que passa dentro do seu território em matéria de consumo, mas não podem tributar evidentemente o que é exportado para outros estados ou para o exterior. O federalismo brasileiro quer

guardar algumas características de independência do federalismo e misturar com outras ideias de fundo de participação. Ou é fundo de participação ou é federalismo. As duas coisas são contraditórias, em termos. Desde a Constituição de 1988 foram criados mais de mil e duzentos municípios só para aproveitar as participações no IPI e no Imposto de Renda.

Se se quer realmente todos os princípios federalistas, tem-se que aceitar que qualquer estado pode tributar o cidadão nele residente pela taxa que quiser. Não pode é fazer com que esses impostos sejam exportados para outros estados ou para o exterior. E também não tem o direito de querer ficar abocanhando fatias arrecadadas em outros estados. Esse é o princípio.

E a guerra fiscal?
A guerra fiscal pode existir perfeitamente. No federalismo deve-se admitir guerra fiscal.

Qual seria a forma de saber o que a sociedade realmente deseja?
Aí seria preciso realmente um plebiscito muito grande e muito esclarecedor antes. A meu ver, a sociedade não tem a mínima ideia do que quer, inclusive porque nós somos complexos. Não se pode esquecer a história do Brasil. O Brasil nasceu muito à margem da corte, dentro da ideia de que a corte distribuía favores, o que leva, evidentemente, a um regime centralista. O Império era um regime unitário e a República só virou Federativa porque o Ruy Barbosa tinha lido a Constituição dos Estados Unidos e resolveu imitar, essa é que é a verdade. Mas a federação do Brasil sempre foi uma federação fraca. Só a Constituição de 1988 resolveu fazer uma federação forte, mas aí deu no que deu.

SOBRE ALGUNS ECONOMISTAS

Seu amigo Bob Lucas acaba de ganhar um prêmio Nobel, especialmente pela contribuição que fez em termos da teoria das expectativas racionais. O senhor é um crítico desse tipo de construção, não é?
Sou, mas não um crítico ferrenho. Eu acho que ela é um tipo de construção muito importante. O que eu acho é que ele simplifica demais determinadas coisas, passa a admitir que todos os indivíduos são capazes de resolver todas as equações de equilíbrio geral da economia nas suas cabeças e acreditam também que todos os outros indivíduos façam as mesmas coisas.

O mesmo problema com o equilíbrio de Nash.
Exatamente ligado a isso.

A racionalidade no fundo é limitada, à la *Simon.*
Deve-se definir como racional aquilo que é realmente o comportamento das pessoas, senão corre-se o risco de criar definições pura e simplesmente escolásticas de racionalidade. Não posso dizer que racional é o indivíduo que se comporta como eu gostaria que ele se comportasse. Então, só se tem uma maneira plausível de definir racionalidade: racional é a maneira pela qual as pessoas se comportam, quer dizer, quem é racional ou irracional pode ser a teoria, mas não o comportamento, já que a teoria se destina a descrever os comportamentos das pessoas. A teoria das expectativas racionais esclarece alguns pontos importantes realmente, como não se poder projetar as expectativas apenas pelo comportamento passado da economia. Isso é um aspecto importante, se bem que não chega a ser grande novidade, e as expectativas são afetadas pelas presunções político-econômicas. O que me parece é que tem boas aplicações da teoria de expectativas racionais no chamado mercado de leilão. Mas para o mercado de trabalho ela funciona muito pouco.

Affonso Celso Pastore conta que o senhor decidiu escrever Dinâmica macroeconômica *após ler o livro de dinâmica do Sargent.*[10]
No livro do Sargent a Matemática era péssima, era deselegante e cheio de erros, embora fosse um livro importante.

Inclusive ele não corrigiu muito nas últimas versões. Continua com defeitos de formulação matemática. O senhor teve a oportunidade de apontar as suas críticas?
Mostrei o meu livro para ele e disse: "Olha, eu acho mais elegante fazer assim".

Como vê a interpretação de Friedman e Schwartz sobre a Grande Depressão, reduzindo-a a um fenômeno puramente monetário?[11]
Eu acho que a interpretação do Friedman é complementar. A interpretação do Friedman tem muita coisa de verdade, ele observa que a Grande

---

[10] Simonsen (1983), *Dinâmica macroeconômica*; Sargent (1979), *Macroeconomic Theory.*

[11] Friedman e Schwartz (1963), *A Monetary History of the United States, 1867-1960.*

Depressão começou quando houve o pânico bancário nos Estados Unidos em 1931, e a reserva monetária deixou que os meios de pagamento se contraíssem. Houve o pânico, e então esse pânico realmente transformou aquela grande recessão em grande depressão. Qual é a diferença disso em um raciocínio keynesiano? O raciocínio keynesiano diz que faltou um seguro de depósito, porque o mercado tem informação imperfeita, tem assimetria de informação. Portanto, teria que ser regulado pelo governo através de um seguro de depósito. Aí juntam-se as duas teorias e é muito difícil dizer que a interpretação do Friedman está errada ou que a interpretação do Keynes está errada, elas são muito complementares.

Há um grande antagonismo ideológico, quer dizer, a maioria das pessoas que detesta a intervenção do governo prefere Friedman, porque não fala em nenhum momento em necessidade de intervenção do governo; as pessoas que gostam de intervenção do governo, ficam com Keynes. Mas racionalmente é muito difícil separar as duas interpretações.

Como o senhor vê a questão da assimetria de informações hoje em dia no Brasil?

Existe assimetria de informações em uma porção de mercados e, normalmente, regula-se isso pela legislação comum. Quer dizer, pega-se o código de proteção ao consumidor, que ninguém acha nada de extraordinário, nenhuma agressão ao mercado, na realidade é o resultado da assimetria de informações. Se o comerciante começa a vender comida podre, não se pode esperar que o mercado destrua a reputação dele, é botá-lo na cadeia, existe polícia para isso. O mercado é cheio de assimetria de informações.

Esse problema no Brasil ainda não foi bem equacionado?

Não é que não tenha sido bem equacionado, é que muita gente não percebe direito o que é isso. Todo mundo sabe que com a assimetria de informação o sistema de mercado não funciona. O mercado pressupõe transparência.

O senhor teve uma experiência no MOBRAL durante vários anos. Nos últimos dez anos houve uma deterioração muito grande na educação do país, especialmente na educação pública. Como o senhor analisa a educação brasileira hoje em dia?

Há uma grande deterioração de qualidade. Em quantidade houve apreciável progresso, mas em qualidade houve deterioração, devido à falta de incentivo aos professores, falta de treinamento de professores e tudo o mais.

O senhor acredita que uma boa teoria econômica deve valer para qualquer país em qualquer período?

Se a teoria for boa ela é suficientemente geral para valer em qualquer período para qualquer país, mas se a teoria for específica para determinados casos...

Um exemplo?

O grosso da teoria macroeconômica funciona para qualquer país.

Pastore relutou em participar de nosso trabalho porque julga não ter contribuído para a teoria econômica, poucos economistas brasileiros, entre eles o senhor, tiveram contribuições para a teoria econômica. Como vê essa questão?

É uma questão quase semântica. Algumas contribuições são mais importantes que outras, mas isso só se pode julgar bem *a posteriori*.

A Ciência Econômica no Brasil

Sofre-se influência de várias escolas norte-americanas na maioria dos centros de pesquisa em Economia. Como articular esse bombardeio de influências e conseguir alguma autonomia?

O que se deve fazer, no fundo, é ter no seu quadro professores que venham de diferentes escolas.

Eu tentei fazer isso depois que voltei do governo para cá, porque a escola era muito concentrada em Chicago. Não se pode desprezar Chicago, que é uma estupenda universidade, mas não se pode colocar só professores de Chicago.

Deve existir um trade-off entre especialização e pluralismo.

É claro. Eu acho que vale a pena ter uma certa variedade. Abrir mão da especialização para haver um certo pluralismo.

Uma diferença que se aponta entre o economista europeu e o economista norte-americano (e o economista brasileiro se encaixaria mais no caso europeu) é que o europeu, em geral, é mais generalista, o que acaba dificultando a sua entrada na discussão acadêmica internacional. Como o senhor acha que isso pode ser administrado?

Isso não tem solução. Se o mercado universitário é pequeno, como o mercado de professores de Economia no Brasil, fatalmente terá mais generalistas e menos especialistas.

E o fato de os economistas brasileiros sempre ocuparem cargos relevantes no governo, como o senhor vê isso?
Também é um fato decorrente de haver relativamente poucos economistas, como há pouco de tudo na nossa sociedade, não é mesmo?

Como equacionar essa falta de recursos humanos?
O jeito é ir formando gente, mas não estamos na era da abundância, portanto não vai ter abundância tão cedo.

Como o senhor vê o desenvolvimento da Ciência Econômica hoje em dia e quais suas perspectivas?
Acho que a Ciência Econômica teve grande espaço para o desenvolvimento até 1970, 1980; tudo que vem de lá para cá ainda não tem uma perspectiva temporal para realmente saber o que dura e o que não dura. Algumas contribuições em teoria dos jogos e o modelo de desenvolvimento do Lucas devem durar. Mas o resto precisa de um pouco de perspectiva para ser verificado. A minha impressão é de que há nos Estados Unidos muito mais professores de Economia do que demanda realmente de estudos econômicos. Tem uma quantidade de artigos que, primeiro, ninguém consegue hoje acompanhar tudo que se escreve sobre Economia, segundo, uma grande parte é uma verdadeira indústria de publicações. Disso alguma coisa deve ficar, mas o que, acho que é um pouco cedo ainda.

O que o senhor tem estudado recentemente? O que o tem preocupado?
A última coisa que eu fiz foi escrever um livro chamado *30 anos de indexação*,[12] que é uma história da indexação no Brasil e uma análise teórica dos seus efeitos.

Nos últimos anos o senhor se dedicou bastante à questão da inflação.
Bastante, escrevi muita coisa sobre isso. É interesse de brasileiro, típico!

Economia é uma ciência ou uma arte?
Toda ciência tem um pouco de arte e toda arte tem um pouco de ciên-

---

[12] Simonsen (1995), *30 anos de indexação*.

cia. Existe uma coisa chamada inspiração, e precisa-se dela para a Matemática, para a Física, para ciências mais exatas que podem existir, e também para a Economia.

Pastore comentou a respeito da resolução de um problema de equilíbrio no mercado monetário com expectativas adaptativas, que o senhor realizou [Simonsen (1986c)] antes de Bruno e Fischer publicarem um artigo resolvendo esse problema.[13] Essa resolução acabou sendo atribuída ao Fischer.
É verdade. É o defeito de escrever em português.

O senhor passou a solução para eles?
Não sei se eu passei, não era um modelo tão difícil assim para se pensar que eles copiaram, não tem a mínima indicação disso, acho que eles tiveram a mesma ideia.

Como ocorre essa simultaneidade de ideias?
Frequentemente, é muito normal. Quando você descobre alguma coisa que não é transcendental, como era o caso, as descobertas surgem em função de ideias que já estão vinculadas. É a ideia do paradigma do Kuhn. Então volta e meia dois, três descobrem a mesma coisa ao mesmo tempo. Quanto menos relevante mais gente descobre a mesma coisa. Quando era o cálculo diferencial, foram só dois, o Newton e o Leibniz.

De toda a sua produção teórica o que mais lhe agrada?
Hoje eu tenho dúvidas se alguma coisa que eu produzi me agrada.

Da nova geração, quais são os economistas brasileiros que se destacam?
Sérgio Werlang, Daniel Dantas, que hoje está no mercado financeiro, Carlos Ivan [Simonsen] Leal e você tem vários outros, muitos bons.

Com o Scheinkman o senhor tem algum contato?
Com o Scheinkman tenho, ele é excelente. Mas o Scheinkman não é mais brasileiro e nem novo (risos).

---

[13] Bruno e Fischer (1990), "Seigniorage, Operating Rules, and the High Inflation Trap".

Ernane Galvêas, Delfim Netto, João Paulo dos Reis Velloso,
Affonso Celso Pastore e José Sarney, entre outros, na posse de Pastore
na Presidência do Banco Central, em setembro de 1983.

Pastore (à esquerda do presidente João Baptista Figueiredo):
"Não há pensamento econômico no Brasil [...].
O que existe são linhas de análise econômica".

AFFONSO CELSO PASTORE (1939-2024)

Affonso Celso Pastore nasceu em São Paulo, em 19 de junho de 1939. Graduou-se em Ciências Econômicas pela Faculdade de Economia e Administração da Universidade de São Paulo, em 1961, onde também realizou seu Curso de Doutorado em Economia, sob a orientação de Delfim Netto. Obteve o título de Doutor com a tese *Resposta da produção agrícola aos preços no Brasil*, em 1968, na USP. Exerceu o cargo de diretor da mesma faculdade em 1978, e desde 1979 é professor titular do Departamento de Economia.

Foi secretário dos Negócios da Fazenda, entre março de 1979 e março de 1983 (governo Maluf). De setembro de 1983 a março de 1985, foi presidente do Banco Central do Brasil (governo Figueiredo). Conciliou sua atividade de consultor econômico com a de professor dos cursos de pós-graduação em Economia do IPE-USP. Teve uma intensa produção acadêmica, expressa fundamentalmente em artigos publicados nas mais importantes revistas acadêmicas. Faleceu em São Paulo, em fevereiro de 2024.

A entrevista ocorreu em julho de 1995, Pastore nos recebeu em seu escritório próximo à Avenida Paulista, e, inicialmente, relutou em fazer parte do rol de entrevistados, argumentando que o economista brasileiro não contribui para a teoria econômica, mas sim para a análise.

Formação

O senhor participou da criação da FIPE?

Primeiro foi criado o IPE, Instituto de Pesquisas Econômicas. A FIPE foi bem depois, foi só um arranjo jurídico, pois não poderia ser instituto complementar, tinha que ser uma fundação. O IPE é que era importante.

A história é a seguinte. Delfim Netto, Ruy Leme, Sebastião Advíncula da Cunha e Diogo Adolfo Nunes Gaspar foram quatro economistas chamados pelo Carvalho Pinto para fazer um plano de governo. Foram escrever o plano de investimento, e tinha que se calcular a relação custo/benefício, enfim, "como é que nós vamos decidir quanto gastar em educação, quanto gastar em estradas?". E precisava-se levantar dados, ter informações. Pensaram:

"Nós precisamos ter aqui um instituto de pesquisa que faça isso". Naquele momento, Delfim Netto e Ruy [Leme] disseram: "Vamos criar isso na universidade, que é o lugar ideal". Começaram a se mover para isso e acabaram criando na universidade um instituto. Carvalho Pinto era governador nessa época, depois veio o Adhemar de Barros. E o Adhemar precisou fazer de novo um plano. E o Antenor Negrini chamou uma turma para escrever os capítulos do plano, [Carlos Antônio] Rocca, Eduardo de Carvalho, Delfim Netto. Nesse tempo o IPE já estava criado, já tinha tido uma verba da Fundação Ford para uma revista, para mandar gente para o exterior etc. A Ford deu metade do dinheiro para comprar um computador, um 1130, e o Adhemar em troca desse trabalho deu o resto. Aí foi o processo de criação, aparelhando com verba da Ford para a revista. Eu não participei ativamente, não era figura-chave para criar aquilo, mas estava dentro do processo. As figuras-chave foram inicialmente Delfim Netto e Ruy Leme, que foi diretor da faculdade também, e uma peça muito importante naquele momento.

O senhor poderia relatar um pouco mais essa época?

A USAID[1] tinha um programa junto com a Ford de criação de um *expertise* institucional, e começaram a abrir os cursos de pós-graduação. Já existiam os cursos de pós-graduação da EPGE, no Rio, que nesse tempo tinha um outro nome, CAE, Centro de Aperfeiçoamento de Economistas. E tinha o Conselho Nacional de Economia, que era um embrião desses cursos de treinamento que o IPEA teve lá atrás, que mandou muita gente para o exterior. Por exemplo, eu me lembro do [Carlos Geraldo] Langoni, do Cláudio Haddad, do José Julio Sena, tendo aula nesses cursos do Conselho de Economia antes de irem fazer curso no exterior. Eu dei aula nesse curso por algum tempo! O embrião de pós-graduação que existia era o da Fundação e esses outros.

Quando o IPE nasceu, veio verba da USAID, fez-se esse acordo com a Universidade Vanderbilt, onde muitos economistas foram fazer o PhD: Luis Paulo Rosenberg, José A. Savasini, Ibrahim Eris, Yeda Crusius. E outros foram para outras universidades.

Quais eram os principais problemas?

A massa crítica que tinha de gente aqui para dar aula era muito baixa, e quem era bom era imediatamente pinçado para trabalhar no governo. O grande problema naquele momento era reter gente nos centros. Era preciso

---

[1] United States Agency for International Development.

trazer professores de fora, e o grande esforço era mandar gente para fora para treinar. Aquela massa enorme de gente que foi tirar PhD no exterior foi o grande produto do centro no primeiro momento. Quem carregava o piano nas costas eram os norte-americanos que vinham dar aula, mesmo no Rio de Janeiro, mesmo na EPGE. Tinha o Mário [Simonsen] lá, que nunca largou essa tarefa, mas sempre havia dois ou três ajudando a empurrar aquilo.

Aqui em São Paulo era igual. O peso dos estrangeiros foi se reduzindo e o peso dos nacionais foi crescendo, mas continuou aquela dificuldade de reter gente na universidade. A universidade paga mal. Eu estou dando aula, estou com dois cursos atualmente: um curso de Moeda e Bancos, que acabei de dar agora no primeiro semestre, e um curso de séries temporais, o instrumental que se usa para fazer pesquisa ligada a moeda.

O senhor não tem mais lecionado na graduação?

É, os dois cursos são na pós. Eu parei de dar aulas na graduação depois que reprovei uma turma inteira. Para a minha sanidade mental, resolvi não dar mais. Pegar uma turma que não responde é absolutamente frustrante, principalmente quando se dá aula quarta-feira à noite, que é o dia dos concertos na Sociedade de Cultura Artística. Estou velho demais para perder isso (risos).

Quais foram os professores mais importantes?

Luiz de Freitas Bueno foi um sujeito importante. Alice Canabrava, de história, era incrível. Em 1959, tinha acabado de sair o livro de Celso Furtado, *Formação econômica do Brasil*, que não cita o Caio Prado. Ela deu um curso de um ano que era o seguinte: a primeira parte era a história econômica da Idade Média, com o livro de Henri Pirenne,[2] a segunda era a história econômica dos Estados Unidos, com Hamilton, e a terceiro era história econômica do Brasil, com *Formação econômica* do Celso Furtado, *Formação do Brasil contemporâneo* do Caio Prado e o livro do Roberto Simonsen.[3] Ela dizia o seguinte: foi o Simonsen que fez, que levantou os dados todos. Os outros dois escreveram o livro em cima do trabalho do Simonsen, um em uma linha marxista e o outro tentando aplicar Keynes.

---

[2] Pirenne (1925), *História econômica da Idade Média*.

[3] Prado Jr. (1942), *Formação do Brasil contemporâneo*; Simonsen (1939), *A evolução industrial do Brasil*.

O trabalho de Celso Furtado foi que cutucou a cabeça de [Albert] Fishlow para aquele trabalho sobre o problema dos mecanismos de defesa. Celso Furtado não intuiu o problema da taxa de câmbio, que Delfim tinha intuído, que em um certo sentido a Conceição Tavares intuiu. Nós seguimos a discussão do Fishlow e da Conceição. Delfim certamente foi um dos mais importantes, foi meu professor na graduação no curso de Estatística Econômica. Mas não foi importante por causa do curso, ele foi importante por causa dos seminários. Havia o seminário de teoria neoclássica às quartas-feiras e o seminário de teoria marxista às sextas.

Delfim estava nos dois?
Sim, Delfim estava interessado em desenvolvimento econômico, o que era ótimo para mim. Começou com os artigos de [Roy] Harrod e [Evsey] Domar, [Trevor] Swan, [Robert] Solow, [Luigi] Pasinetti, [Nicholas] Kaldor.[4] Depois fomos entrando em Macro, no livro do [Gardner] Ackley,[5] que tinha acabado de sair.

Os senhores estudaram o livro do Rangel[6] nesses seminários? Qual a sua opinião sobre este livro?
Estudamos. Eu nem me lembro mais do livro do Rangel, isso foi em 60, trinta e tantos anos atrás. Eu me lembro que foi um livro que fez um impacto no momento, tanto que nós estudamos. Era um livro cheio de defeitos, eu me recordo. Eu ainda o tenho, mas nunca mais voltei a olhar aquilo, nunca mais. Os livros que nós seguimos, no seminário das quartas, foram os do Allen, *Análise matemática para economistas* [1938] e *Mathematical Economics* [1957], estudamos os dois inteiros. Esse foi um seminário que demorou três, quatro anos; resolvemos todos os problemas, tudo, varredura inteira. Esse foi o curso, a formação inteira aconteceu aí, não em outro lugar.

No curso de Estatística tinha uma figura que apareceu na escola, chamado Wilfred Leslie Stevens, que era um professor inglês. Brigou na universidade e foi para Portugal, não se deu bem lá e a Filosofia o trouxe. Morreu

---

[4] Harrod (1939), "An Essay in Dynamic Theory"; Domar (1946), "Capital Expansion, Rate of Growth, and Unemployment"; Swan (1956), "Economic Growth and Capital Accumulation"; Solow (1956), "A Contribution to the Theory of Economic Growth"; Kaldor (1955), "Alternative Theories of Distribution"; Pasinetti (1974), *Growth and Income Distribution*.

[5] Ackley (1961), *Teoria macroeconômica*.

[6] Rangel (1963), *A inflação brasileira*.

no ano em que eu entrei na escola. O curso de Estatística era a sua apostila. Por exemplo, o livro de Econometria do Johnston[7] apareceu bem depois de eu ter me formado. Ruy Leme dava aula de Estatística, e a apostila do Stevens era uma apostila que precedia essa exposição do Stone ou do Hadley, que foram os que destrincharam aqueles teoremas de álgebra linear, que permitem fazer aquelas provas de uma forma mais simples. Ele usava aquela notação de tensores, tensor contravariante, tensor variante, que no fundo eram os vetores que compunham as matrizes que depois eram ortogonais e não ortogonais. E era muito difícil trabalhar com aqueles tensores.

Quando simplificou?
Johnston começa a fazer aquelas provas de uma maneira mais simples. Um livro desses, quando chegava, caía que nem uma gota de tinta em um mata-borrão! Você entrava no livro, ficava dois, três meses naquilo, aí dava dois cursos, rachava e saía dizendo: "Viva, resolvemos um problema!".

O senhor passou um período em Chicago?
Não, eu fui várias vezes a Chicago, mas o máximo que eu passei lá foram três meses.

Sobre o ensino, a imprensa e a atividade do economista

Como é que está hoje o ensino de Economia no Brasil?
É difícil fazer uma avaliação. Para mim está muito insatisfatório, poderia estar muito melhor. Tinha que existir a capacidade de reter mais gente na universidade e de estimular mais a pesquisa. Mas, aos trancos e barrancos, acho que está tendo uma evolução, lenta, muito devagar, não é uma coisa que caminha na direção que eu acho que deveria caminhar, mas está caminhando.

Mas não conseguimos obter o grau de especialização que existe, por exemplo, nos Estados Unidos. Os economistas brasileiros acabam impelidos a comentar sobre vários assuntos, dando tiros para todos os lados, escrevendo na imprensa, não acha?
Sou muito crítico em relação a essa discussão na imprensa. Eu participo dela, de quando em quando vê-se um artigo meu. São coisas que precisamos

---

[7] Johnston (1963), *Métodos econômicos*.

discutir e explicar. Entrei recentemente duas vezes nessa discussão sobre câmbio, e a tentativa era mostrar que ali havia algo importante. Não estou tentando criticar o governo, mas sim escrever a crítica em uma linguagem fria, minimizando a utilização de adjetivos. Quando exponho um tema, procuro explicar de uma maneira que não diga respeito diretamente ao profissional, mas que explique o problema técnico que está ali dentro. Ocorre que essa discussão do tema atual de política econômica é sempre muito emocional: tem quem seja a favor, tem quem seja contra, é de um partido ou é de outro. Você faz uma crítica e alguém acha que você está exagerando, dizendo que a crítica é política. E acaba se perdendo a objetividade do que se quer mostrar. Não acho que ali é o lugar, a imprensa tem que ser usada para fazer um ponto, mostrar algo que o pessoal não está olhando direito, alertar, chamar a atenção, e se retirar.

Fala-se demais de conjuntura. Dá-se palpite demais. Por exemplo, alguém pergunta: "Quanto você acha que vai ser a inflação no mês que vem?". Eu me recuso a responder a essa pergunta. Não há teoria econômica que responda a inflação do mês que vem no Brasil. A economia trata apenas das tendências.

E sobre o trade-off *produção acadêmica versus ganhar dinheiro?*
Ou o economista decide ficar na vida acadêmica, ou então vai para um banco, para uma indústria etc. A escolha depende de a utilidade marginal da renda ser maior, menor ou igual à utilidade marginal do conhecimento científico. Eu respeito as pessoas para as quais a utilidade marginal da renda supera a utilidade marginal do conhecimento científico. Para mim, a utilidade marginal do conhecimento científico não é tão maior do que a utilidade marginal da renda, tanto que não consigo ficar na universidade em tempo integral, tenho que ser um consultor. Mas ela é maior o suficiente para eu não usar o meu tempo inteiro como consultor. Foi aí que otimizei a minha utilidade. É puramente um problema de escolha. Para as pessoas que estão fora da universidade, e é legítimo que estejam fora, respeito todos eles, a utilidade marginal da renda é visivelmente maior que a utilidade do conhecimento científico. Por preferência revelada, não por vaidades (risos).

E voltar para o governo, o senhor pensa nessa alternativa?
Não, aí não tem utilidade marginal nenhuma! (risos).

Sobre alguns economistas brasileiros e suas obras

Tem contato com Roberto Campos? Ele lhe influenciou de alguma forma?

Gosto muito dele, tenho contato, sem dúvida. Tem um episódio em seu livro de memórias[8] que ele me cita, na crítica à prefixação do Delfim. Eu era secretário da Fazenda do governo Maluf e havia escrito um *paper* com Ruben Almonacid sobre a prefixação, que considerávamos um erro grave. Roberto era embaixador em Londres e numa ocasião jantamos juntos e discutimos o assunto.

Sempre encontro com Campos, sempre discuto com ele. De vez em quando mando algum artigo meu para ele. Eu o respeito muito. Ideologicamente é o economista mais consistente que conheço. É consistente ao extremo de só ler Hayek. Ele não chega ao ponto de defender a moeda privada, o que acho que é um ato de sensatez. Hayek fez isso com mais de noventa anos, o Campos está com setenta, então... (risos).

Tem uma linha da qual ele não se afasta, Campos hoje é um economista teimoso, exatamente porque tem uma linha rígida. Não teimoso no mal sentido, não teimoso irracional, ele é um teimoso absolutamente racional, absolutamente coerente, e eu acho que é até um sinal de maturidade, da própria idade, quer dizer, ele acha que o custo dele ter que transigir para outras ideias é alto demais. Nesse sentido, ele influencia qualquer um. É inteligente, escreve coisas importantes, tem uma consistência ideológica absolutamente clara, um poder de retórica muito forte e escreve muito bem.

Mas se você perguntar se ele teve influência na minha formação como economista, aí já tenho que dizer que não, a não ser o exemplo, a atitude de consistência, de coerência e correção lógica.

Quais são as principais contribuições na história do pensamento econômico brasileiro?

Não há pensamento econômico no Brasil, isso não existe. O que existe são linhas de análise econômica, umas com mais impacto, outras com menos, mas são linhas de análise econômica, não de pensamento econômico, que é uma coisa um pouco diferente. Quando li Tobin, Solow, Modigliani, Lucas ou Sargent, enfim, o pessoal que Klamer entrevistou lá fora, percebi visivelmente linhas de pensamento econômico sendo construídas. Eles construíram teoria. Aquilo foi um *breakthrough* teórico, estavam fazendo pensamento

---

[8] Campos (1994), *A lanterna na popa*.

econômico. Por exemplo, Modigliani foi um dos pilares da teoria do consumo. Inserindo o efeito riqueza no consumo, como ele fez, muitas proposições de política econômica desapareceram e outras surgiram. Quando eu uso um instrumental do Modigliani para fazer análises no Brasil, não estou fazendo pensamento econômico, estou fazendo análise econômica.

Para o economista brasileiro, se tiver condições, competência e escolher ser um produtor de ciência, a melhor coisa que pode fazer é sair do Brasil e ir para uma universidade na qual exista massa crítica, ambiente, número de pessoas, onde ele possa escrever seus *papers* teóricos e submeter suas coisas a teste. Se ele quiser, no entanto, ser um analista de bom nível, aí pode ficar aqui, tem acesso à teoria, não perde o contato com o exterior, observa o que está andando na linha de produção teórica, porque assim está aumentando o volume da sua caixa de ferramentas, e com isso, no fundo, está produzindo boas análises. Esse é o ponto.

E Mário Henrique Simonsen?
Mário Simonsen tem trabalhos importantes, e é um professor altamente aplicado. Ele tem a produção de professor, de livro-texto, de texto didático. E tem um livro chamado *Dinâmica macroeconômica* [1983] que é extraordinário! É pena que tirou uma edição só, ficou escondido em um canto e nunca mais foi mexido. Estávamos um dia conversando, ele tinha acabado de sair do ministério e foi estudar o *Macroeconomic Theory* do Sargent [1979]. Ficou pouco satisfeito com a forma como o Sargent expôs várias coisas. Havia muitos pontos que, na visão dele, estavam mal tratados, ou pouco tratados, ou pouco cobertos. Quer dizer, ele não estava crítico ao livro do Sargent, achando que não servia, mas achava insatisfatório para o tipo de curso que ele estava dando. Bem, ele foi lá, sentou, trabalhou um ano inteiro e produziu aquele livro. Aquele livro foi produzido e sumiu! Quer dizer, por alguma razão, o economista brasileiro, que é altamente dependente intelectualmente do professor que teve no exterior, não é capaz de pegar um livro daquele e usar. E está mal impresso, é desagradável de ler, a composição gráfica é uma desgraça. Mas aquilo é uma contribuição muito importante, quer dizer, é um livro de Macro que é parelho, ou até superior, aos melhores livros que existem no mundo.

Qual foi o impacto do Formação econômica do Brasil, *de Celso Furtado, quando foi lançado [1959]?*
Aquele livro do Celso Furtado foi para mim uma coisa extraordinária. O que ele escreveu depois não teve o mesmo impacto. Foi o ponto alto na sua

carreira. Foi um trabalho científico de grande repercussão, envergadura e importância. Os outros eu acho que são menores, pelo menos no meu entendimento. Ele escreveu muitas coisas depois, mas também várias repetições. Ele já não tinha mais o *insight* que teve no *Formação*, no qual trabalhou por vários anos.

E a tese de Delfim Netto sobre o café?[9]

A tese sobre café do Delfim feita em 1959, quando eu estava no segundo ano de faculdade, é uma tese de História, com Econometria e com teoria econômica. Ele pegou um período histórico, e analisou as intervenções do café. Estou falando de 1959, prestem atenção, as calculadoras eram de mesa e calculavam-se logaritmos. Apesar daquilo, ele foi buscar os métodos mais modernos que poderia encontrar, fez o melhor que pôde do ponto de vista de análise quantitativa, num tipo de orientação que é desse pessoal que andou tirando o Nobel de Economia há uns dois anos, Fogel e o outro historiador da Califórnia, Douglass North. Delfim faz uma tentativa de aplicação de métodos de análise econômica, métodos quantitativos, a um evento histórico. Acho que é o ponto alto de toda a sua produção, dali para a frente reduziu a produção, direcionando-se para a política. Continua sendo um analista muito importante. Talvez tenha tido alguns trabalhos posteriores a esse, que no fundo estavam na ponta de uma discussão. Se fossem traduzidos para uma língua estrangeira, teriam sido seguramente publicados lá fora.

Da nova geração da FIPE, como é a sua relação com Eduardo Giannetti da Fonseca?

Eu gosto muito do Giannetti, vivo conversando com ele. O problema é que não conseguimos trabalhar juntos, porque não há como, mas conseguimos ter críticas mútuas muito interessantes. Ele critica mais a mim do que eu a ele, mas mando todos os meus trabalhos para ele e fico sempre esperando a resposta, porque é uma resposta muito importante, muito inteligente. Não acho nenhuma incompatibilidade nisso; a única pena é que ele, com aquela cabeça toda, não está em um campo próximo do meu, em que a gente pudesse inteirar mais. Essa é a única pena que eu tenho, mas eu o acho um dos ótimos da nova safra.

---

[9] Delfim Netto (1959), *O problema do café no Brasil*.

Método

Percebemos em seus trabalhos um forte uso da Matemática em geral e especialmente da Econometria. Como o senhor vê esses instrumentos aplicados à Economia?

Continuo mexendo com eles, não consigo trabalhar sem conteúdo empírico. Para fazer análise econômica é preciso testar hipóteses. Na linha de Popper, que muito me influenciou. O critério de demarcação da ciência é: a proposição tem que ser testável. E ela faz parte da teoria econômica enquanto não for negada. E para a análise econômica isso é fundamental.

E esse recente crescimento da teoria dos jogos, como o senhor está vendo?

Com curiosidade. Na Macroeconomia, que é meu campo, quando enveredo por expectativas racionais, encontro lugares onde a teoria dos jogos entra com aplicações interessantes, e consigo ver que ela tem um impacto muito importante na Micro. Mas não tenho trabalhado com teoria dos jogos. A minha impressão, pelo que leio, é que ela acabou virando um campo fértil, importante. Acho que tem uma contribuição, mas não tenho suficiente domínio. Estou em um ponto da minha atividade profissional em que o custo de oportunidade de fazer incursões em certos campos é muito alto.

O trabalho de Nelson e Plosser[10] indicou que diversas séries econômicas apresentavam raiz unitária. A partir desse ponto, teve início um grande esforço no sentido de ampliar o campo da análise para incluir séries não estacionárias. O senhor acha que isso representou uma mudança significativa na Econometria?

Sim, mas não é uma mudança de paradigma. Você abriu uma caixa que não podia abrir. Acho que a grande revolução na análise de séries de tempo está aqui na sua frente: é o computador. No começo dos anos 1960, Luiz de Freitas Bueno me botou na mão um livro de Kendall,[11] em três volumes, que é um livro muito importante de Estatística, de probabilidade clássica. O terceiro volume é sobre séries temporais. Esses teoremas que a gente usa hoje, teorema da decomposição, o processo autorregressivo, está tudo lá. Mas, para fazer um correlograma, o que eu tinha na minha frente era uma máquina

---

[10] Nelson e Plosser (1982), "Trends and Random Walks in Macroeconomic Time Series: Some Evidence and Implications".

[11] Kendall (1943-1949), *The Advanced Theory of Statistics*.

de calcular de mesa Marchante; e era preciso pegar uma tira de papel com a série, fazer outra tira com a mesma série, aí refazê-la calculando os movimentos cruzados, acumulando. Quando se chegava à décima autocorrelação, já tinha passado o dia. Quer dizer, ou se estudava ou se fazia correlograma. O computador começou a abrir uma caixa que era dura de ser aberta e não se podia descobrir o que tinha lá dentro. Dentro da Econometria, a grande alteração que aconteceu foi esquecer os modelos simultâneos, aqueles modelões enormes. Os modelos, hoje, são muito menores, e se extrai muito mais informações de uma série.

Desenvolvimento econômico

Qual a sua concepção de desenvolvimento econômico?
Bem, não sei se eu tenho uma concepção de desenvolvimento econômico. Tenho uma concepção do que é um país desenvolvido.

Qual seria?
País desenvolvido, para mim, é aquele no qual o bem-estar material é grande para a sociedade como um todo, o nível de renda *per capita* é alto, tem um grau de uniformidade na distribuição de rendas e tem capacidade de manter isso ao longo do tempo. Portanto, tem que ter capital humano, tecnologia, educação, qualidade de vida, saúde. Essas são as características fundamentais que distinguem um país desenvolvido. Acho que o processo de desenvolvimento é um processo por meio do qual se produz isso, e é muito mais complexo do que simplesmente o processo de acumulação de capital físico. Hoje sabemos que as fontes de crescimento econômico que vêm do capital físico não são dominantes relativamente àquelas que vêm do capital humano.

O senhor acha que os países teriam uma tendência a convergir para um nível homogêneo de bem-estar?
Não, porque há diferenças de crescimento econômico muito claras, talvez lá no futuro, sim. Há um ponto a respeito do qual quem me chamou a atenção foi Samuel Pessoa, que está mexendo com esse assunto. O Brasil montou uma sociedade *rent-seekers*, quer dizer, todo mundo está *seeking some kind of rent*. Um processo que, no fundo, desvia o esforço de construção do desenvolvimento econômico de uma maneira altamente perversa. Por exemplo: o sistema bancário brasileiro virou um setor que é absolutamente *rent-seeker*; essa discussão sobre cotas de importação é basicamente uma dis-

cussão sobre *rent-seeking*. Há representantes do processo de *rent-seeking* dentro do governo.

Países que se desenvolvem são países que, de alguma forma, conseguiram acabar com esse processo de *rent-seeking*, e os países que ficam estagnados são países que estão presos a isso. Bem, nós estamos estagnados e estamos presos a um gigantesco processo de *rent-seeking*.

A concentração de renda no Brasil não é altíssima por acaso. Em grande parte, é gerada por distorções, que vão gerando *rents to be seeked* e vão gerando concentrações. Não tenho dúvida de que a inflação é um grande processo concentrador de renda. Olhe o tamanho do sistema financeiro. É verdade que tirando os bancos estatais, o sistema financeiro não é tão grande, mas também a renda que eles pagam para o trabalho, o lucro, tudo isso é altamente concentrador. Não é só a concentração que se faz do resto da economia para o sistema financeiro, é do resto da economia que não se defende dos problemas inflacionários para o resto da economia que se defende. Por exemplo, as indústrias que conseguem crescer com inflação não o fazem porque são indústrias eficientes, mas porque são indústrias que viraram boas gestoras de caixa, que conseguem ter *floats*. São processos altamente perversos, que desviam a atenção e se perpetuam.

A ideia de *rent-seeking* não envolve necessariamente coisas ilegais, envolve simplesmente maneiras de buscar vantagem de monopólios, vantagem de restrições. O governo introduz fricções, restrições, fontes de concentração de mercado, e gera o *rent*, apropriando-se de ganhos maiores que sua produtividade marginal.

Esse processo é muito pouco estudado nas teorias do desenvolvimento. Há uma preocupação com o crescimento, capital humano etc., e isso está fora do jogo, mas a minha intuição é de que aí tem um campo. Essa é uma área que está voltando a ser importante, pois ela "dormiu". Teve-se um grande arranque na Macro, na teoria dos jogos. Acho que essa área de desenvolvimento está voltando agora a ser mais importante, voltou a crescer, é uma área que vem subindo.

Como o senhor analisou o processo de substituição de importações pelo qual o Brasil passou?

Aquilo é um desses produtos da ideologia da época. Começavam a vir artigos que eram as justificativas econômicas do protecionismo. A CEPAL tinha uma influência gigantesca na América Latina e vinha com essa corrente que, no fundo, foi o núcleo da teoria da indústria nascente. Justificavam o processo de substituição de importações, pois os aglomerados geravam crescimento. Mas jogavam a teoria neoclássica para o ralo. Aquilo em mim fez um impacto, e cheguei a acreditar, em uma certa fase, que fechar a economia era muito mais produtivo do que abrir. Em 1964, Campos trouxe para cá economistas da Universidade de Berkeley, que ficaram no IPEA. Eu comecei a participar desses seminários, aí a minha cabeça começou a repensar tudo isso. O processo de substituição de importações foi apenas um processo que trouxe capital estrangeiro.

Como o senhor interpreta esse processo hoje?

Interpreto-o hoje na linha do teorema da equalização dos preços dos fatores de Samuelson. Há duas maneiras de gerar equalização de preços: uma é abrir o comércio, outra é restringi-lo. Quando se abre o comércio, gera-se equalização de preços de fatores por movimentação de produtos; quando se restringe o comércio, gera-se equalização de preços por movimentação de fatores. O que que nós fizemos com a substituição de importações? Leilões de câmbio, instrução 70 da SUMOC, aquela história de cinco categorias etc. Protegem-se os bens de consumo e baixam-se as tarifas de bens de capital. Esses bens de consumo são produzidos por indústrias que são capital intensivas, ou *skill* intensivas, o que dá no mesmo, porque capital e *skill* são complementares. Estou com a hipótese do *labor surplus* de Lewis[12] na cabeça: a produtividade marginal da mão de obra é igual ao salário da agricultura, com uma oferta de mão de obra de *skill* baixo infinitamente elástica, ou quase infinitamente elástica. Para um *skill* alto, não; este é complementar ao capital. E tem-se uma oferta de capital e de *skill* alto rígida.

Nós protegemos exatamente as indústrias que são intensivas em capital e em *skill*. Todo o processo de fechamento de comércio tem que produzir força na direção da mobilidade de fatores, tem que produzir ingresso de fatores. Com o fechamento de comércio, tivemos uma perda de bem-estar, mas tivemos também uma ampliação da fronteira de possibilidade de produção, que foi gerada pela entrada do capital, e que só não pôde gerar um benefício líquido para o país na medida em que a renda paga ao exterior por esse capital que entrou foi igual ao ganho de renda que se teve aqui dentro. Bem, você pode dizer que, então, não foi tão negativo. Dessa ótica que acabei de expor, não foi tão negativo.

Só que, para fazer o cálculo correto dessa perda de bem-estar, é preciso calcular o deslocamento da fronteira de possibilidade de produção e provar

---

[12] Lewis (1954), "Economic Development with Unlimited Supply of Labor".

que aquele deslocamento foi mais veloz, e mais extenso, do que se tivesse escolhido a outra rota. Ainda que se provasse e que fossem pelo menos iguais, tem um segundo aspecto: impôs-se aos consumidores uma perda, que é o triângulo que ele perdeu, durante todo o período no qual subiu o preço relativo. Se se quisesse fazer a estratégia correta, o preço teria que ficar abaixo lá na frente, para poder compensar em termos de valor presente. E essa estratégia não houve. Portanto, gerou-se uma perda para o consumidor.

Existe uma crítica segundo a qual o erro foi acabar investindo em capital físico ao invés de investir em capital humano, que também é a tese do Langoni, da concentração.

Que eu acho que tem muito de correto. Participaram daquele debate o Langoni, que defendia a mesma posição do Delfim, e o [Pedro] Malan, que defendia a posição do Fishlow. Quando Delfim não queria brigar direto com Fishlow, mandava Langoni, quando Fishlow não queria brigar, mandava Malan (risos). Era Chicago contra Berkeley. Estou brincando, mas acho que essa tese do Langoni tem muito de correto para aquele momento histórico. Hoje em dia, acho que não é mais isso, mas ali aquela explicação para a concentração tinha muita importância. O Delfim fez um negócio com a promoção de exportações passível do mesmo tipo de crítica: os subsídios foram apropriados por setores de capital intensivo também.

Tem um artigo em que vocês quantificam esses subsídios.[13]

Sim, partimos de uma ideia do Michael Bruno,[14] quando ele ainda era economista do lado real, antes de ser macroeconomista, de ser banqueiro central. Bruno tem uma produção muito importante, e quem me chamou a atenção para a taxa cambial do Bruno foi o Bacha. "Quanto custa de recursos domésticos para produzir um dólar por substituição de importações ou por promoções de importações?" Essa era a pergunta que Bruno fazia. O que ele calcula é o seguinte. Ele pega os elementos de insumo — por exemplo, capital e mão de obra —, divide em trabalho qualificado e não qualificado, o que é abundante e o que é escasso. O *shadow* da mão de obra é o salário-mínimo, o salário de agricultura. O salário no trabalho qualificado é o salário de mercado. O custo social de produzir substituição de importações que utilizem

---

[13] Pastore, Savasini e Azambuja (1978), *Quantificação dos incentivos às exportações*.

[14] Bruno (1972), "Domestic Resources Costs a Effective Protection: Classification and Synthesis".

intensivamente trabalho qualificado é muito maior que o custo social de promoção de exportações de produtos que tenham mais trabalho não qualificado. O que ele calcula na verdade é o custo de recursos domésticos para produzir um dólar.

A substituição de importações é altamente desfavorável. O que o pessoal da substituição de importações dizia é que não se tinha a alternativa de produzir a custo baixo, porque aí valia a tese da deterioração dos termos de intercâmbio de [Raúl] Prebisch, que não era verdade. Dizia-se que "não há como exportar, o país não tem vantagem comparativa para exportar, tem que substituir importação". Quer dizer, esse é o ponto lógico errado da tese de Prebisch.

Nós calculamos o custo de recursos domésticos de Bruno, e a quantidade de trabalho qualificado e não qualificado, seguindo uma metodologia de Donald Kissing. O resultado é que era menos desfavorável a promoção de exportação do que a substituição de importações, mas também tinha os seus defeitos. O correto ali era o que estava se passando quando veio a crise de 1973. Já se estava no processo de baixar as tarifas, baixar os subsídios e começar a puxar o câmbio, para ir para o *first best*. Quando veio a crise de 1973, tudo se alterou.

E o II Plano Nacional de Desenvolvimento, no governo Geisel?
O II PND foi uma soma de erros! Começou-se a fazer substituição de importação lá embaixo, exatamente onde começa a explodir custo para o resto, quer dizer, isso não poderia acontecer. O II PND foi um erro lógico, e um dos mais importantes.

INFLAÇÃO INERCIAL

Como vê a teoria da inflação inercial, especialmente os trabalhos de Persio Arida e André Lara Resende?
Em primeiro lugar, não há uma teoria da inflação inercial. Existe um fenômeno de inércia, mas, se você pensar o que é inércia, vai descobrir que ela não foi criada pelo André nem pelo Persio. Inércia é um fenômeno de baixa frequência, em séries temporais. Todas as séries temporais que têm movimentos de baixa frequência dominantes são séries que têm inércia. Se você for buscar isso lá atrás, em 1966 há um trabalho importante de Clive Granger, publicado na *Econometrica*: "The Typical Spectral Shape of Economic Variables". Ele mostra que a maior parte das variáveis econômicas, como pro-

duto, emprego, salários, nível de preços e taxa de inflação, têm densidade espectral concentrada nas frequências baixas...

Autorregressividade positiva é inércia. A taxa de inflação do Brasil tem AR positiva, a taxa de inflação nos Estados Unidos, no Japão, na Inglaterra e na Alemanha tem AR positiva. Se você olhar as funções de autocorrelação, em qualquer um desses países, vai achar em todos eles um movimento de baixa frequência, ou seja, todos têm uma enorme inércia. No Brasil, estamos falando de 10%, 20%, 30%, 40% por trimestre, mas se você olhar funções de autocorrelação na Itália e no Brasil, não vai achar diferença alguma. A inércia que tem aqui tem lá. Será que inovamos alguma coisa com isso?

Quando nos Estados Unidos, na Alemanha, na Itália, no Japão, ou em qualquer país, dá-se um choque na taxa de inflação, produz-se uma alteração na inflação. Um choque de uma má oferta agrícola, por exemplo: a inflação sobe e depois vai caindo, caindo, e se dissipa. Trabalhando com séries temporais, e estimando os modelos, os ARMAs, estima-se como o choque se dissipa no modelo. Um choque de magnitude um demora dez, quinze, vinte trimestres, mas ele se dissipa nos Estados Unidos, na Alemanha, na Itália e no Japão com velocidades muito parecidas. Quando no Brasil, dá-se um choque, ele não se dissipa, ele se incorpora permanentemente na taxa de inflação. Aí descobrimos uma diferença. Mas isto é "Trends and Random Walks in Economic Variables",[15] é literatura de fora. Isso não está no André, não está no Persio, isso é literatura norte-americana, não é brasileira, não é *breakthrough* de economista brasileiro. Estou tentando é fazer o meu ponto, dar o exemplo para vocês.

Os inercialistas dizem: "A inércia é produzida pela indexação". De fato, a inércia é produzida pela rigidez de preços. Qualquer mecanismo que introduza rigidez de preço produz inércia. Todos os países têm rigidez de preços. Mas por que um choque lá se dissipa e aqui não se dissipa? Tem alguma coisa lá que produz a dissipação e aqui produz a persistência do choque. Tome um modelo com a rigidez de preços gerada por indexação ou por expectativas adaptativas, deixe o governo operar fixando a taxa de juros, portanto tendo moeda passiva. Quando isso acontece, aparece a raiz unitária, que gera aquele fenômeno de persistência. Quando fixa a moeda e não fixa a taxa de juros, o governo produz alguma força que gera a dissipação, e desaparece a raiz unitária, sempre.

---

[15] Nelson e Plosser (1982), "Trends and Random Walks in Macroeconomic Time Series: Some Evidence and Implications".

Estou dizendo o seguinte: inércia é também um fenômeno monetário. Aonde vou buscar essa ideia? Aqui no Brasil? Não. Lá fora. Está tudo na literatura, não há uma inovação em cima da literatura.

O que tem de interessante é a ideia de que se pode escorregar sobre uma curva de Phillips vertical quando se tem uma inflação muito alta. Quer dizer, se houver esse processo de indexação acumulado com passividade monetária, pode-se fazer exatamente o que foi feito no Plano Real: indexar tudo. Assim eu interpreto a URV. A URV é um processo através do qual se separam completamente duas funções da moeda: a função de meio de pagamento, que continuou sendo o cruzeiro real, e a função de unidade de conta, de indexador, de unidade de referência para contratos, gerada pela URV. Empurram-se todos os contratos para essa unidade, o contrato da mão de obra, o câmbio, gasolina, os preços dos bens, tudo com reajuste diário, sincroniza-se tudo. Eliminam-se os processos de *staggering*, de defasagem.

Mas esse processo só pode ser usado como uma transição. O segundo estágio é o estágio no qual se reunificam as funções da moeda. Quando se reunificaram as funções da moeda, criou-se um ativo chamado Real, que ficou sendo a unidade de conta e o meio de pagamento. Quando a unidade de conta deixou de ser o ativo indexado, passou a ser o ativo com valor nominal fixo, e produziu-se a desindexação da economia.

O Plano Real foi aquele dia.

Sim, o Plano Real foi aquilo. Se percorrermos a literatura, pegando tudo o que foi escrito por Stanley Fischer, por Jo Anna Gray, por Mário Henrique [Simonsen],[16] toda a contribuição dos novos-keynesianos sobre os mecanismos de rigidez, inclusive o *staggering* de John Taylor ou o trabalho de Blanchard,[17] essas questões de inércia em preço entopem a literatura! Toda a contribuição dos novos-keynesianos é essa. Como primeiro estágio de saída de uma inflação grande, pode-se usar esse tipo de artifício, que é engenhoso.

Mas isso é diferente de estabilizar a economia. Agora temos um outro problema, o manejo de política monetária, fiscal e cambial, para manter a estabilidade. Não é mais Plano Real, é política econômica clássica. A inércia pode ser remontada no processo, não tenha dúvida. Se continuarem com ju-

---

[16] Fischer (1977), "Long Term Contracts, Rational Expectations, and the Optimal Money Supply Rule"; Gray (1976), "Wage Indexation: A Macroeconomic Approach"; Simonsen (1970), *Inflação: gradualismo versus tratamento de choque*.

[17] Taylor (1980), "Aggregate Dynamics and Staggered Contracts"; Blanchard (1986), "The Wage Price Spiral".

ros altos e moeda passiva, recriarão isso tudo, destruirão qualquer ajuste, qualquer esforço fiscal que se faça. Vão privatizar as empresas e ficar sem o ativo. Vão reconstruir o passivo porque vão trazer a dívida de novo, gerando um problema com a oferta agregada, e vão continuar valorizando o câmbio...

Além dos juros altos não serem suficientes para conter a demanda, Ruben Almonacid acha que restrições ao crédito também não o são. O senhor concorda?

Acho que ele tem uma boa dose de razão, mas não sei se ele pensa nas mesmas razões que eu. Uma coisa é o crédito bancário e outra coisa é o crédito da economia. Hoje restringiu-se o crédito bancário, mas não se restringiu o crédito da economia. Tem-se a arbitragem com o dólar, o câmbio flutuante, a entrada de recursos externos. Isso produz efeitos para quem tem só acesso ao crédito bancário em reais. Essas taxas de juros altas estão produzindo influxos de reservas enormes. Minha impressão é de que não se consegue derrubar a demanda porque a estrutura da dívida pública é curta e tem-se aquele efeito renda que mencionei. No entanto, sobe a taxa de juro de empréstimo do sistema bancário e deprime-se a taxa de câmbio. Bom, como a taxa de juro é alta, financia-se o balanço comercial, mas como não se derruba a demanda, não se reduz a absorção relativamente ao produto. E esse fenômeno se agrava porque o câmbio é valorizado, portanto piora o déficit em conta-corrente. Esse sistema produz um *Ponzi*,[18] não converge, é explosivo. Essa política econômica que está aí é inconsistente, a não ser que eles mudem.

---

[18] Refere-se a Charles Ponzi, que fez fortuna na década de 1920 com uma "corrente de cartas" (*chain letters*). Foi preso e morreu pobre.

EDMAR LISBOA BACHA (1942)

Edmar Lisboa Bacha nasceu em Lambari (MG), em 14 de fevereiro de 1942. Formou-se em Economia na Faculdade de Ciências Econômicas da Universidade Federal de Minas Gerais em 1963. No ano seguinte cursou o programa de pós-graduação do CAE-FGV. Obteve o mestrado (1965) e o doutorado em Economia (1968) na Yale University, nos Estados Unidos, com a tese *An Econometric Model for the World Coffee Market: The Impact of Brazilian Price Policy*.

No mesmo ano, iniciou sua carreira como pesquisador associado do Massachusetts Institute of Technology (MIT) junto à Oficina de Planificación Nacional, em Santiago do Chile, onde ficou até 1969. Foi professor na Escola de Pós-Graduação em Economia da Fundação Getúlio Vargas (EPGE), onde lecionou cursos de crescimento econômico e comércio internacional, e Coordenador de Projetos de Pesquisa do IPEA no Rio de Janeiro, entre 1970 e 1971, ano em que publica "Foreign Exchange Shadow Prices: A Critical Review of Current Theories" em parceria com Lance Taylor.

A partir de 1972, tornou-se professor na Universidade de Brasília, onde fundou a pós-graduação em Economia, e da qual se despediu em 1975. Foi *visiting scholar* em Harvard e no MIT entre 1975 e 1977. De volta ao Brasil em 1978, no ano seguinte colaborou no desenvolvimento do Programa de Pós-Graduação em Economia da PUC-RJ.

Nos anos de 1983 e 1984, ocupou a Tinker Chair no Departamento de Economia da Columbia University e, em regime de "ponte ferroviária", lecionou um curso de economia latino-americana em Yale. Em 1986, viria a recusar a oferta de uma cátedra vitalícia na mesma universidade.

Publicou várias dezenas de artigos e, entre os livros, destacamos *Os mitos de uma década: ensaios de economia brasileira* (1976), *Política econômica e distribuição de renda* (1978), *Participação, salário e voto: um projeto de democracia para o Brasil*, em coautoria com Roberto Mangabeira Unger (1978), e *Introdução à Macroeconomia: uma abordagem estruturalista* (1985).

Como homem público, foi presidente do IBGE no governo José Sarney (1985-1986), assessor especial do ministro da Fazenda (gestão Fernando Henrique Cardoso, 1994), e, com a posse de FHC na Presidência da República, foi presidente do BNDES.

Tomou posse na Academia Brasileira de Letras em abril de 2017.

Nossa entrevista deu-se na sede do banco, no Rio de Janeiro, em outubro de 1995, com Bacha já demissionário. Em geral, no início dos depoimentos, realizamos um apanhado da formação do entrevistado. No caso de Edmar Bacha, os dados sobre sua trajetória acadêmica foram fornecidos previamente por ele:

"FORMAÇÃO

A escolha da profissão de economista foi algo traumático, pois naquele tempo a escolha óbvia em Belo Horizonte era engenharia mecânica; cheguei a fazer um vestibular para engenharia, mas não passei na primeira rodada. Quando chegou a época de fazer a segunda chamada, preferi fazer o concurso para Ciências Econômicas, uma opção difícil, já que a profissão era pouco reconhecida socialmente.

Por recomendação de um contraparente meu, peguei a introdução à economia do Paul Samuelson na biblioteca, mas logo me deparei com escolhas entre manteiga e canhões que não me faziam qualquer sentido. Então, como os demais colegas, me entusiasmei com o livro de introdução à economia de Raymond Barre, que tinha três atrativos: era razoavelmente ininteligível, escrito em francês, e supostamente "estruturalista".

Meu primeiro interesse intelectual havia de perdurar a vida inteira: a economia do café. Meu primeiro artigo publicado sobre o assunto data de 1961, no órgão do Diretório Acadêmico da Faculdade (FACE), e comentava favoravelmente as mudanças trazidas pela Instrução 208 da SUMOC à política cafeeira do país. A influência de Ignácio Rangel, cujas colunas na *Última Hora* lia avidamente toda semana, é patente no artigo. Ignácio Rangel, ele próprio, é o tema de meu segundo artigo: ali lhe faço uma crítica à teoria da inflação brasileira. Lembro-me que Rangel veio a Belo Horizonte, conversamos sobre o artigo, e ele reclamou de, no texto, eu o qualificar como "o mais original dos economistas brasileiros".

A inflação foi, assim, meu segundo tema preferido, também um interesse duradouro. Sobre esse tema escrevi, em 1962, meu trabalho de bolsa de 3º ano, "Uma aproximação ao processo inflacionário e suas repercussões sobre

Edmar Bacha (à direita na foto, com João Sayad):
"Acho que o Plano Real é um marco na história brasileira, que veio para ficar".

o desenvolvimento econômico", fortemente influenciado pelas ideias de João Paulo de Almeida Magalhães. Foi sobre inflação, também, o texto que escrevi em 1963 com Alkimar Moura, para um encontro nacional de estudantes de economia, realizado em Belo Horizonte; nesse texto sobressai a influência das ideias de Roberto Campos.

O ecletismo intelectual foi, assim, uma marca que me veio desde o começo. Faltou-me apenas, naquela época, uma ênfase mais acentuada em Matemática e em Estatística, perda maior de não haver feito a graduação em Engenharia.

Junto com Alkimar Moura, Flávio Versiani, José Carlos Oliveira, Denise Williamson, meus colegas do curso de graduação, fiz no final de 1963 o concurso para o programa de pós-graduação do Centro de Aperfeiçoamento de Economistas da Fundação Getúlio Vargas — era o caminho aberto para a pós-graduação no exterior. Passamos todos nos primeiros lugares. O esquema de ensino do CAE-FGV consistia em umas tinturas de Micro, Macro, Matemática, Estatística e Inglês, em aulas indo de janeiro a junho de 1963, destinadas a preparar os alunos para os programas de pós-graduação nos EUA. Mário Simonsen dava quase todas as aulas, mas me lembro também que Werner Baer e João Paulo dos Reis Velloso ensinavam algo de desenvolvimento econômico. Estudei menos do que devia, pois logo ficou claro que iria na primeira turma para o exterior; relaxei, pois, e tratei de aproveitar o Rio. Mas foi vendo Mário Simonsen dar aulas que, pela primeira vez, fiquei consciente de meus limites intelectuais: jamais seria tão proficiente quanto ele nas matemáticas, me dei conta.

A escolha de Yale para fazer a pós-graduação foi induzida por Werner Baer. Yale tinha um mestrado para estrangeiros, o que facilitava as coisas.

A vantagem foi termos conhecido Carlos Federico Díaz-Alejandro, nosso professor de Microeconomia (quem diria!) no mestrado, e com quem logo fizemos um grupo latino-americano. Foi de um *paper* para o curso de Díaz-Alejandro que saiu meu primeiro artigo publicado, em *El Trimestre Económico* (out.-dez. 1966), com um teste empírico sobre uma hipótese de Hirschman, segundo a qual os países em desenvolvimento seriam relativamente mais produtivos em indústrias mais intensivas em capital.

Com Guillermo Calvo lembro de sempre estudarmos juntos, especialmente Estatística, ele usando suas matemáticas, eu, minha intuição, competindo para ver quem fazia os exercícios mais rápido.

Outras boas lembranças de Yale são de Celso Furtado, que ali esteve — um mito em carne e osso — por um ano inteiro. Também Juscelino Kubitschek um dia apareceu por lá, esbanjando simpatia.

Café e Econometria; dessa união saiu minha tese doutoral. Sob a orientação de Marc Nerlove, desenvolvi um modelo econométrico para a política brasileira do café e o mercado internacional do produto. A tese jamais foi publicada; fiz uma condensação que esteve longo tempo para ser publicada numa revista do próprio Departamento de Economia de Yale (não me lembro do título da revista), mas essa, infelizmente, foi extinta antes que chegasse a hora de minha tese. A essa altura, já havia passado um bom par de anos, e não me animei a buscar outras publicações.

Edmar Bacha"

Quais os economistas com os quais mantém contato constantemente, com quem gosta de conversar sobre Economia?
Atualmente, o pessoal do governo e da PUC, basicamente.

Quais livros considera clássicos na literatura econômica brasileira?
Clássico em Economia brasileira? Celso Furtado, o *Formação econômica do Brasil* [1959].

De quais controvérsias sobre economia brasileira você participou?
Todo o debate sobre distribuição de renda, sobre a crise da dívida externa e sobre inflação inercial. Acho que esses três são os mais marcantes.

O senhor teve uma participação histórica na criação de dois centros de pós-graduação: a UnB e a PUC-RJ. Houve uma espécie de "concorrência" entre a UnB e a então recém-criada UNICAMP, como escolas alternativas. Como foi essa concorrência na época?
Toda a minha reinserção no Brasil depois do doutorado teve muito a ver com a luta contra a ditadura. É basicamente nesse contexto. A atuação naquele tempo era muito politizada e havia concorrência nesse sentido. Delfim [Netto] e [Mário Henrique] Simonsen estavam ligados ao governo militar e a UnB representava uma alternativa. Tem um claro sentido político aí. Essa é a coisa mais importante, porque uma vez que se tire a nuvem da ditadura da frente, as diferenças propriamente de teoria econômica aparecem com muito menor relevância. Havia uma sobre-enfatização de diferenciações de questões teóricas em Economia, mas o que estava realmente "pegando" era a questão da luta pela democracia. A PUC-RJ já é uma nova fase, já estávamos praticamente superando o período da ditadura militar e, portanto, podíamos ter uma busca mais clara de objetivos propriamente acadêmicos.

Como avalia a importância desses centros com relação à luta a que se referiu? Como eles atuaram nesse processo?

O PMDB era o grande guarda-chuva. Nós éramos economistas de oposição, e esses centros eram onde os economistas de oposição tinham não só guarida mas voz, e nesse sentido faziam parte de todo o processo. Estando lá em Brasília, em particular, a atuação junto aos congressistas do PMDB pôde ser mais acentuada.

E hoje, como está vendo os centros de pós-graduação?

Tem dois anos e meio que estou fora, então não posso dizer o que se está fazendo hoje. Em geral, diria que passamos uma fase em que os centros se descuidaram da formação de novas gerações. Creio que com essa ênfase na formação interna, os centros em geral, com exceção da PUC-RJ, não trataram de continuar mandando pessoas para fazer doutorado nas universidades de primeira linha do exterior. Isso tem sido um problema no país.

O senhor acha que os centros daqui ainda não têm condições de formar o indivíduo na sua plenitude?

Há cinco ou sete universidades no mundo que realmente se diferenciam do resto. Aqui, formar pessoas de bom nível é algo que dá para se fazer, mas estou falando mais em termos de liderança intelectual da profissão.

Quais seriam essas cinco ou sete universidades?
MIT, Harvard, Chicago, Stanford, Yale. Além de Princeton e Berkeley.

Quais são os economistas brasileiros que você considera mais importantes?
Celso Furtado e Mário Henrique Simonsen.

Neste trabalho, destacamos que os economistas brasileiros, ao contrário dos norte-americanos, são mais generalistas. Como vê o dilema especialização versus generalismo?

Não sei, acho que é circunstancial. Os economistas brasileiros não tiveram a oportunidade que é dada nos Estados Unidos de se ter uma dedicação acadêmica integral. Nesse sentido, aqui não temos ninguém que publica regularmente em revistas acadêmicas internacionais, essa ligação não foi feita.

Não sei avaliar porque estou um pouco afastado, mas talvez esse renascimento da Sociedade Brasileira de Econometria dê condições para uma maior integração da atuação acadêmica dos economistas brasileiros no contexto internacional. No passado, houve um corte que tem a ver primeiro com a clivagem política muito forte que houve no país, a ditadura, e depois com todos os traumas da redemocratização e os dez, quinze anos que o país perdeu nesse processo, junto com a crise da dívida externa. Isso teve muito impacto, enfraquecendo o desenvolvimento da profissão nesse sentido mais acadêmico. Pode ser que daqui para a frente as coisas reencontrem um padrão.

Economistas do Primeiro Mundo podem se dar ao luxo de não atuar em diversas áreas, o que é uma grande vantagem. Tem outra perspectiva: ao se estar atuando no Brasil, desenvolve-se gosto por mais coisas e isso também é uma vantagem. Acho que se acaba não fazendo nada muito bem, mas enfim... Eu me lembro de que uma vez perguntei para o Simonsen por que que ele não ia embora para os Estados Unidos, e ele falou: "Porque aqui é mais divertido!" (risos).

Método

Qual o papel do método na pesquisa econômica? Como vê a aproximação metodológica através da história?

Sempre fui um economista muito aplicado, mas, embora tratasse de me manter razoavelmente informado sobre questões desse tipo, nunca me interessei muito por discussão de epistemologia. Lá atrás, quando tinha vinte anos, talvez tenha me interessado, mas francamente, *it's not my piece of cake*. Não tenho nada de maior relevância a dizer sobre esse assunto.

E como você vê a Matemática e a Econometria na atual posição acadêmica? E como instrumento de retórica?

Acho que sem Matemática e sem Econometria não dá nem para começar a conversar, acho que a profissão começa por aí.

Alguns autores afirmam que a Matemática e a Econometria tiveram um grande avanço, investiu-se muito nesses campos, mas se acabou gerando menos resultados do que se imaginava. Você concorda com essa opinião, acha que estaria havendo um refluxo, uma volta para a Economia Política?

Não, acho que é uma percepção absolutamente equivocada. Com o desenvolvimento de métodos mais sofisticados e com a capacidade maior de entendimento a partir de fortalecimento do instrumental, podemos atacar problemas mais concretos. Uma vez perguntei para Paul Samuelson sobre a ideia do *as if*, que Friedman assumia de uma maneira muito clara, mas Samuelson também.[1] Por que, em um mundo cheio de monopólios, a gente continuava usando modelos de concorrência perfeita? A resposta é: porque é a primeira aproximação possível de ser feita com os métodos matemáticos que a gente então dispunha. A teoria dos jogos estava só na sua infância. Hoje, com o desenvolvimento da teoria dos jogos, da capacidade de entendimento analítico de comportamentos estratégicos, que foi desenvolvida ao longo desses anos crescentemente, o que entendemos tanto por Micro como por Macroeconomia pode incorporar formações econômicas mais "realistas" do que as que éramos capazes de fazer quando tudo o que existia era análise marginalista e o equilíbrio geral.

Foundations, de Samuelson,[2] foi um grande marco que estabeleceu as bases para o desenvolvimento da profissão no contexto da análise marginalista e do equilíbrio geral, sobre o pressuposto da concorrência perfeita. Foi preciso todo um desenvolvimento analítico nesses últimos vinte anos para que pudéssemos, hoje, analisar questões de monopólio, oligopólio, questões de público/privado, agente-principal. Há toda uma nova Economia nesse sentido. Hoje, os grandes temas da Economia podem ser tratados de uma forma muito mais precisa do que no passado, por causa do desenvolvimento dos métodos matemáticos e da Econometria. Inclusive questões chamadas de Economia Política podem hoje ser redefinidas e analisadas de uma maneira mais substancial, mais concreta e menos passional ou ideológica, porque se está crescentemente tendo métodos mais adequados para poder fazê-lo.

A teoria dos jogos, ao considerar que os indivíduos agem estrategicamente, ataca ou reforça os argumentos walrasianos?

Acho que estamos em processo de mudança, não existe mais um paradigma macroeconômico. Houve uma época em que se achava que a Macroeconomia se reduziria à Microeconomia, foi o tempo de Friedman-Phelps. De lá para cá houve uma grande evolução. O novo keynesianismo é uma nova postura para colocar-se em face dessas questões. O walrasianismo eventualmente vai virar uma relíquia do passado. Certamente é muito difícil se abandonar paradigmas sem antes ter algo novo em que se agarrar, mas esse algo novo a se agarrar vai depender basicamente de desenvolvimentos no nível técnico-analítico.

---

[1] Friedman (1953), "The Methodology of Positive Economics".

[2] Samuelson (1947), *Foundations of Economic Analysis*.

Você acha válida essa separação entre Micro e Macro ou é uma separação puramente didática?

Acho que continua a ser válida. A Macroeconomia sempre vai necessitar prover instrumentos para a política econômica e, nesse sentido, sempre vai admitir um volume maior de simplificações e aproximações do que a Microeconomia. Mas a base, certamente, é microeconômica. Por exemplo, toda a discussão sobre se ter uma Macroeconomia baseada em teoria da concorrência imperfeita é um problema Micro e Macro ao mesmo tempo.

Como vê o recolhimento de depoimentos para recuperar um pouco da história do pensamento econômico?

Tenho uma visão muito crítica, acho que não tem muito pensamento econômico a ser recuperado aqui no país, para ser franco.

E análise econômica?

Acho que tiveram intervenções de política econômica, que são parte da história da economia do país, mas, em termos de grandes desenvolvimentos analíticos, acho que não.

Nem a teoria da inflação inercial?

Olhe, se você ler Tobin,[3] está tudo lá. Uma vez perguntei ao Tobin de onde veio a palavra inercial, e ele falou: "Isso é uma coisa tão óbvia!", então nem ele se considera gerando nada. Os livros de Simonsen[4] dos anos 1970 incorporam isso, mas não acho que seja uma grande inovação.

Mas a teoria da inflação inercial não teria sido uma contribuição à teoria econômica realizada no Brasil, já que, aproveitando suas próprias palavras, representou um paradigma em um determinado momento no país?

Israel também tinha isso, a inflação lá era parecida com a nossa. Eu me lembro de que uma vez conversei com Michael Bruno em uma conferência em que eu tinha um *paper* e ele tinha outro, e nós lemos os respectivos *papers* de noite. De manhã nós os apresentamos e eu falei: "Como são parecidos os nossos países". Parecidos eram os economistas, que estavam olhando os países daquela maneira — obviamente é difícil imaginar o Brasil parecido com Israel.

---

[3] Tobin (1972), "Inflation and Unemployment".

[4] Simonsen (1970), *Inflação: gradualismo versus tratamento de choque*.

Temos vários exemplos de ocorrência simultânea de descobertas. Como isso ocorre?

Eu sei lá. Os prêmios Nobel de Física e de Química vivem sendo dados para múltiplas pessoas. Há a questão da Joan Robinson sobre se o princípio da descoberta se aplica ou não a uma ciência social como Economia.

Acho que os problemas aparecem nas sociedades, as pessoas refletem sobre eles e de repente as coisas convergem. Aqui há a questão de como as coisas vão se consolidar, quer dizer, a inflação inercial é algo que já vinha há muito tempo em diversas partes do mundo. Não acho que isso tenha nada de contribuição original. Quem começou-a aqui, que eu saiba, foi Simonsen no seu livro dos anos 1970, mas Tobin já falava disso. Não sei se quando vocês entrevistaram o Simonsen ele falou se desenvolveu isso daqui ou puxou de lá.

Outra questão, que acho mais interessante, é a composição da inflação inercial com o uso do padrão bimonetário como mecanismo para eliminá-la. A discussão da inflação inercial, durante muito tempo, levava à conclusão de que era preciso algum tipo de congelamento de preços e salários. A articulação entre a inflação inercial, que é uma relação de preços e salários, e a problemática monetária é uma coisa que veio das experiências hiperinflacionárias da Primeira e da Segunda Guerra. Você pode dizer que a novidade do artigo de Persio [Arida] com André [Lara Resende][5] é essa capacidade de juntar a questão do fim das hiperinflações com a questão da inflação inercial, ver como, usando-se um padrão monetário auxiliar, se poderia...

Reproduzir em laboratório o estágio da hiperinflação sem entrar nela?
Sim, sempre se falou sobre isso. Mas na hora em que a gente faz na prática, fica com medo do que vai mesmo acontecer (risos).

Você acabou de dizer que tem dúvida sobre se existe um pensamento econômico brasileiro. Acredita na ideia, defendida por alguns autores, que seríamos colonizados academicamente?

Não, acho que isso é uma ideia boba, nós somos parte do mundo. Aqui não tivemos condições de desenvolver uma academia forte, como existe nos Estados Unidos, mas é só isso. E nesse sentido estamos ligados ao que está acontecendo no resto do mundo. Acho que isso é papo-furado.

---

[5] Arida e Lara Resende (1984a), "Inertial Inflation and Monetary Reform in Brazil".

Você teve um papel relevante na renovação do estruturalismo latino-americano, sendo considerado um dos mais importantes neoestruturalistas daqui. Alguns autores sustentam que o neoestruturalismo e o próprio estruturalismo seriam agora um projeto malogrado. Concorda com isso?

Concordo, em termos. O neoestruturalismo tem que ser visto do ponto de vista político. Havia um conjunto de ditaduras militares no continente com um grupo de economistas associados a esses regimes, e uma oposição de natureza marxista. O neoestruturalismo estava situado no campo da social-democracia, aqui como nos demais países.

É mais reformista que revolucionário.

Pode usar essas palavras. Era mais uma questão da maneira de ver a problemática da sociedade: democracia política é uma coisa importante, eleições livres são um fato básico da civilização moderna. Nesse sentido, o neoestruturalismo foi um ponto de encontro desse agrupamento. A questão política latino-americana deixou agora de ser uma questão de luta contra as ditaduras. O que ocorreu é muito claro: essa geração foi para os governos. Inclusive, já é a segunda geração, não é mais o pessoal que conviveu comigo, é o pessoal que conviveu com o André [Lara Resende], já estamos na segunda etapa! Nesse sentido não houve malogro, porque resultou em fruição política. Agora, em termos do que resultou academicamente, foi muito pouco, tanto que meu projeto de uma revista latino-americana, a *Humus*, não saiu do papel.

O mais interessante, como comentou Celso Furtado, é que nunca tivemos uma comissão econômica para a África, ou para a Europa, por exemplo, atuante como a CEPAL.

Sim, porque os centros universitários na Europa se encarregavam disso. Aqui houve, em certa medida, uma substituição. Também não existe nada que teve a importância do IPEA. É como se deu o desenvolvimento das academias. O *locus*, em certo sentido, não foi propriamente universitário: a CEPAL durante um certo tempo e o IPEA depois.

Em termos de América Latina, você acha que o neoestruturalismo e o estruturalismo produziram mais que a ortodoxia?

Não sei. O livro de Eugênio Gudin [1943], *Princípios de economia monetária*, ficou aí rodando anos e anos. O livro de Bulhões sobre política econômica também era muito utilizado. Todos os trabalhos de Simonsen, Roberto Campos... Delfim Netto, ainda hoje é o texto básico do café... Não sei, isso é produção ortodoxa? O que tem de ortodoxa a produção sobre o café do Delfim?

Afinal, qual o problema do neoestruturalismo?
Acho que tinha um vício de origem: a questão de forçar um pouco a barra nas distinções metodológicas para diferenciar o produto de quem detinha o poder, porque a teoria econômica ortodoxa, supostamente, dava base, fundamento, à ação dos regimes militares. Mesmo porque a aliança, do lado de cá, se fazia com os marxistas. Então, nesse sentido, houve uma tendência de ressaltar coisas que hoje são absolutamente irrelevantes.

Carlos Díaz-Alejandro, por exemplo, não se submeteu a esse tipo de necessidade de alinhamento. Por duas razões: uma porque era cubano e a ditadura de seu país era de outra natureza. Segundo, porque migrou para os Estados Unidos. Se pegarmos seu livro, que é um clássico também, *Essays on the Economic History of the Argentine Republic* [1970], a apreciação que ele fazia do peronismo era extremamente crítica. E era muito difícil para essa aliança à esquerda aceitar a crítica ao peronismo, porque era o instrumento através do qual se "saiu do estágio primário exportador e se industrializou a Economia". A substituição de importações era glorificada, inclusive racionalizada nos modelos de dois hiatos, em que eu tanto trabalhei.

Claramente, havia um certo repúdio à teoria econômica tradicional porque ela estava inserida no contexto de um regime militar preservador das desigualdades sociais. Hoje, superados os traumas da redemocratização, podemos ter uma visão muito mais holística do problema.

Desenvolvimento

Como estão associados crescimento do PIB per capita e melhoria do bem-estar social?
Não há nenhuma dúvida de que os países mais ricos do mundo têm níveis de bem-estar mais elevados, e os países mais pobres do mundo têm níveis de bem-estar mais baixos. Basta comparar a África com a Europa. Dito isso, é claro que há variações enormes, dada a renda *per capita*, no nível de bem-estar dos povos, basta comparar o Sudeste asiático com a América Latina.

Você acha que os países tendem a convergir para um nível de bem-estar homogêneo?

Não, não sou nada evolucionista a respeito dessas questões. Não vejo como, por exemplo, o continente africano possa resolver os seus problemas econômicos e sociais.

Qual a sua concepção de desenvolvimento econômico? O que é e como pode ser atingido?

Desenvolvimento econômico só tem sentido dentro de uma visão mais ampla, de desenvolvimento humano. Nesse sentido, desenvolvimento econômico tem que ser visto fundamentalmente como algo instrumental, não como algo finalista. E tem que ser avaliado pelo impacto que tem sobre o bem-estar humano. Os economistas têm uma função muito intermediária no processo. De vez em quando, a irritação que alguns de nós temos com a profissão é que estamos atuando muito na provisão de insumos, e a caixa-preta desses processos nem sempre produz os resultados que gostaríamos. Também é por isso que alguns de nós — eu certamente — sempre quisemos ter uma atuação mais política, porque entendíamos que a economia dissociada da política não necessariamente gera os resultados sociais que almejamos.

Mas é preciso saber separar as coisas. Não se deve politizar a Economia. Houve uma etapa histórica no país em que foi necessário politizar a Economia, e é disso que tenho medo. Porque isso era parte do objetivo mais importante que era a luta contra a ditadura, o restabelecimento da democracia no país, com cada grupo social podendo ter acesso direto aos meios de ganhar poder, que são os meios eleitorais, através do processo democrático.

Compete agora à Economia se recolher, despolitizar-se — o sentido que eu estava dando é esse. Isso não quer dizer que eu, enquanto pessoa, vá deixar de atuar politicamente. Posso atuar politicamente mas não vou misturar a minha atuação política, o meu modo de entender política como instrumento de mudança social, com o meu treinamento enquanto economista.

Nesse sentido temos hoje um grande avanço, porque as pessoas podem ser despudoradamente economistas e ainda assim ter uma atuação política de acordo com as suas convicções sociais profundas. Não precisam esconder suas preferências políticas e sociais através da manipulação de instrumental econômico, não temos que manipular o instrumental econômico para que ele gere resultados políticos, mesmo porque não gera. Os resultados finais não saem dos insumos, saem do processamento político, e nós podemos optar, como eu optei, por atuar tanto no nível da Economia quanto no nível da política, mas acho que há que separar uma coisa da outra, há que separar a técnica da política.

Algumas pessoas não teriam feito essa separação utilizando, de alguma forma, o arsenal teórico-econômico para convencimento de posições políticas?

Sim, dos dois lados da fronteira, nenhuma dúvida sobre isso. Agora, a honestidade intelectual requer que se faça essa separação. Não estou chamando de desonestas intelectualmente as pessoas que não o fazem. Pode ser que seja até subconscientemente, talvez requeira um pouco de análise para fazer essa separação. O fenômeno social é um todo e nesse sentido talvez jamais será possível fazer essa separação do jeito que quero fazer. Jamais vai se separar o corpo da mente. Há um permanente esforço que devemos nos impor, especialmente na ciência social, para não deixar nossas convicções políticas afetarem nosso raciocínio econômico. Porque senão vamos fazer política malfeita e Economia malfeita também.

Como o senhor analisou o livro Dependência e desenvolvimento na América Latina *de Fernando Henrique Cardoso e Enzo Faletto na época [1970]? E como o senhor vê hoje a teoria da dependência?*

Tudo isso era parte da luta contra a ditadura.

Hirschman, em The Rise and Decline of Development Economics *[1979], relaciona o declínio das teorias do desenvolvimento à heterogeneidade ideológica; já Simonsen afirma que a controvérsia Cambridge versus Cambridge fez com que a Economia do Desenvolvimento ficasse patinando por quinze anos. Na sua opinião, qual o motivo do declínio desse campo de estudos?*

Não sei se houve declínio. Obviamente, a controvérsia de Cambridge provou ser uma grande perda de tempo. Concordo com Simonsen, apesar de ter me envolvido nela (risos). Dali não resultou nada, foi realmente um espanto, um grande equívoco. Não sei se tenho distância suficiente, nunca refleti suficientemente para saber como é que boa parte dos melhores cérebros da profissão se envolveram com aquele assunto durante tanto tempo.

Fico tentado a pensar que era um pouco de falta de entendimento analítico da questão. Quando finalmente entendi Sraffa e fiz aquele artigo com Lance Taylor e com Dionísio [Dias Carneiro][6] sobre os dois teoremas básicos que colocavam a questão do Sraffa, vi que se tratava de um quebra-cabeça analítico, um *puzzle*.

Aquilo não resultou em nada. Agora, a questão do desenvolvimento econômico é totalmente diferente. Houve uma certa época no pós-guerra em que

---

[6] Bacha, Dias Carneiro e Taylor (1973), "Sraffa and Classical Economics".

havia a percepção de que se poderia, através de *big push*, do desenvolvimento equilibrado e de todas aquelas teorias, fazer uma grande intervenção, que tinha muito a ver também com o sucesso do modelo soviético, como era entendido, em um certo tempo. E isso tudo deu com os burros n'água, essa visão do planejamento, do desenvolvimento equilibrado, que era a grande teima. A frustração com a falha dessa visão deixou as pessoas um bom tempo atordoadas, ao mesmo tempo que nos Estados Unidos havia a derrocada do keynesianismo. Também muito desse impulso desenvolvimentista tinha a ver com a Guerra Fria. Depois, com o esfriamento da Guerra Fria, essa questão deixou de ser prioridade para a política externa norte-americana. Certamente a academia norte-americana refletiu um pouco esse tipo de questão.

Durante um certo período não havia muito por onde ir. Em certa medida, as coisas têm que ter uma maturação. Em Economia o período é mais longo, e o instrumental de que se dispunha na chamada ortodoxia era muito inadequado para a discussão desses temas. A distância entre o aparato ortodoxo e a problemática do desenvolvimento com que ele tinha que lidar era grande.

Agora há uma retomada de interesse pelos chamados clássicos do desenvolvimento, com base em novos desenvolvimentos analíticos. É uma coisa bem interessante, mas ainda com poucos resultados, especialmente no sentido de que a discussão sobre os limites da ação do governo ainda está muito pouco tratada. Nem sei se sobre esse assunto os economistas vão conseguir dar conta. Na questão de governo versus mercado, acho que cabe mais um tipo de análise de ciência política.

E o que há de novo na teoria do desenvolvimento?

Na verdade, acho que nunca existiu "teoria do desenvolvimento", a começar por aí. Havia "teoria do crescimento", e certamente em termos de teoria de crescimento tem muita coisa de novo. Toda essa questão do crescimento endógeno, toda essa retomada de conceitos tradicionais, do *big push*, essa questão de Economia de escala, tem muita coisa que está vindo.

No meu tempo teoria do crescimento era Solow e acabou. A superação da questão do Solow é um campo muito fértil. O problema concreto do desenvolvimento, em certo sentido, ainda é um grande pântano, como demonstra a tragédia africana. Mas não estamos discutindo sobre problemas concretos, estamos discutindo sobre teoria do desenvolvimento.

Eu, francamente, não vejo que vamos avançar na questão de governo versus mercado, a não ser incorporando elementos de análise política. E nesse sentido até os economistas podem eventualmente adentrar esse terreno. Sempre há a discussão sobre se a melhor interdisciplinaridade que se faz é com um só cérebro ou se tem que se juntar realmente profissões. A última vez em que eu quis escrever sobre desenvolvimento econômico do país, fui fazer junto com o Bolívar Lamounier.[7] Acho até que o *paper* que fizemos não está integrado. Como nós dois o chamamos, é um monstrengo; mas se há alguma coisa a fazer é por aí.

Como o senhor vê o processo de substituição de importações brasileiro? Foi um erro ou era o possível histórico?

Na minha monografia sobre café eu tenho um esboço de avaliação muito crítica sobre todo esse processo.[8] Acho que realmente houve uma convergência dos interesses cafeeiros e industriais de São Paulo que produziram essa peculiaridade de política de defesa do café junto com a da defesa da indústria. Isso foi um processo de concentração de renda e riqueza regional no país que é responsável por boa parte da configuração distorcida que existe hoje na sociedade brasileira. Se tivéssemos tido um processo com menor proteção ao café e à indústria, certamente teríamos um desenvolvimento mais harmônico do espaço nacional do que o ocorrido.

Você vai me perguntar: "Mas nós teríamos tido desenvolvimento?". Isso não sei responder porque não consigo refazer a história. Acho que propiciou um agravamento dos desequilíbrios sociais e regionais do país. Nesse sentido, pela maneira com que foi feito, é responsável pelas mazelas sociais que o país enfrenta. O que não consigo responder nessa pergunta é se havia como transitar para fora do modelo econômico agrário-exportador e do modelo político da Primeira República, a não ser com a ruptura que representou a ditadura Vargas, de um lado, e um processo de substituição de importações com defesa do café, de outro.

Ainda não há bases suficientes para avaliarmos, nem sei se algum dia poderemos avaliar como poderia ter sido se não tivesse sido assim, mesmo porque não temos muitas experiências históricas parecidas. Outros casos de desenvolvimento bem-sucedidos que existem estão no Sudeste asiático, mas ali houve rupturas muito mais drásticas com o padrão recebido anteriormente, em função da Segunda Guerra. Não adianta dizer: "Olhando o exemplo do Sudeste asiático, é possível imaginar que a gente poderia ter tido um desenvolvimento muito mais harmonioso, com muito menos desigualdade". Certamente, o Sudeste asiático sugere que o crescimento não teria sido menor

---

[7] Bacha e Lamounier (1994), "Redemocratization and Economic Reform in Brazil".

[8] Bacha (1992), *Política brasileira do café: uma avaliação centenária*.

se tivesse havido uma ruptura mais forte com o padrão anterior. Por outro lado, há exemplos como a Austrália e a Nova Zelândia onde não houve rupturas tão fortes, na passagem do modelo chamado primário-exportador para algo mais desenvolvido. Houve também uma transição mais bem-sucedida que a nossa.

Nossa história é nossa história. Em outros continentes, a passagem para um regime de nível de renda *per capita* mais elevado, com avanços na homogeneização dos benefícios do crescimento, foi muito mais vantajosa do que aconteceu aqui. Poderíamos ter replicado? As condições históricas não podem ser replicadas nem de um nem de outro lado. Eu vejo os exemplos de outros países que fizeram a transição de uma forma muito mais eficaz que a nossa. No Brasil escravocrata, daria para fazer o que foi feito nos outros países? Provavelmente, não. Em certo sentido, estamos um pouco condenados pela nossa própria história. Mas acho que hoje não temos nenhum motivo para exaltação.

Inflação inercial e BNDES

A origem da ideia de inflação inercial remonta pelo menos a 1970, com Simonsen, Tobin etc. Mas a discussão forte vem depois do ajuste de 1981-1983, que se mostrou eficiente para corrigir os problemas da balança de pagamentos, mas não teve o efeito esperado sobre a inflação. As dificuldades em se combater a inflação vinham dos diagnósticos equivocados?

Claramente, se tivéssemos seguido o programa econômico de Simonsen, a história seria diferente. Nesse sentido, acho que Delfim, em 1980, estava com o diagnóstico errado. Ele estava com o diagnóstico que tomou emprestado da sua crítica ao Campos e Bulhões de 1967, aplicado numa situação em que as condições eram muito distintas. Mas ele vai dizer que foi esfaqueado pelas costas pelo Murilo Macedo.

E a distinção entre inercialistas e conflitistas que você faz em "Moeda, inércia e conflito" [1987a]?

É preciso ver o contexto. Esse artigo era uma tentativa de fazer agrupamentos de visões. Estava dizendo que nunca vi uma formalização adequada para a questão do conflito distributivo. Depende fundamentalmente de ser tratada no nível de teoria dos jogos, e só recentemente algumas tentativas, entre elas a de Simonsen com Werlang, conseguiram arranhar a questão. Não é uma questão tratável com um instrumental teórico tradicional.

Como você vê hoje a importância do BNDES como instituição, um lugar por onde passaram os mais importantes economistas brasileiros? Como ele está inserido nessas mudanças atuais?

Há uma questão de recuperação da infraestrutura do país e a problemática de descobrir como financiá-la, em que o BNDES pode ter papel central. Algo que me preocupa um pouco é que estamos muito capacitados para financiar indústrias de bens de consumo, mas com muita dificuldade de encontrar mecanismos de financiamento de infraestrutura pública e bens de capital. O modo pelo qual fizemos isso da outra vez era com empresas estatais, com fundos públicos e fundamentalmente a fundo perdido. Basta ver que 98% da nossa inadimplência é pública. A partir da Constituição de 1988, esse banco tem que remunerar o capital que está aqui empatado, o capital é do FAT, e há o problema complicado de saber como criar mecanismos de financiamento para infraestrutura.

Estamos descobrindo formas de fazer isso, mas é essencial a questão de transporte urbano de massa, tanto no Rio de Janeiro quanto em São Paulo. Difícil imaginar questão mais crítica do que essa. Entretanto, para colocar a questão concretamente, como financiar os metrôs do Rio e de São Paulo, garantindo que o capital empatado vá ter retorno para o banco? É um dilema complicado, mesmo porque o agente nesse caso parece que tem que ser público; se fosse agente privado, teríamos que ter um mecanismo de financiamento de acordo com o subsídio mínimo. Não é um banco que vai prover os subsídios. De onde os estados vão tirar dinheiro para o subsídio, se forem terceirizar?

Há toda uma questão muito complexa, que envolve inclusive problemas teóricos interessantes sobre agente-principal, além da questão concreta do modo de financiamento, que certamente é uma das questões mais críticas do desenvolvimento do país. A eventual capacidade do país de retornar a um desenvolvimento sustentado depende de saber como vai conseguir financiar essa infraestrutura, e o banco está em uma situação privilegiada para atacar esse problema.

Devido à recuperação financeira do BNDES?

Sim, estamos cobrando as nossas dívidas, criou-se um comitê de crédito. O problema é que agora vamos atuar como banco, mas não está claro se podemos garantir que a infraestrutura se faça. Como viabilizar a linha quatro do metrô em São Paulo? Como esticar o metrô carioca até a Baixada, como trazer a população que está em São Gonçalo sem levar duas horas, sem perder quatro horas por dia para trabalhar? Acho que é uma questão fundamental. Outro exemplo: a geração de energia em grandes complexos energéticos é um problema extremamente difícil de resolver se não se conta mais com Nuclebrás e nem Itaipu, que era a maneira como se resolvia antes.

Como vê o programa de renda mínima do senador Eduardo Suplicy?
Hoje em dia vejo essas questões de um ponto de vista muito pragmático. Em teoria é uma boa ideia, mas quero ver antes como fazer para substituir todo o gasto social do governo. Nós estamos falando aqui de 5% do PIB. De onde é que vão sair esses 5% do PIB? É muito complicado de operacionalizar. As pessoas discutem essa questão muito levianamente. Não é devido a uma campanha da boa vontade que se vai realocar recursos orçamentários.

Eu, para ser franco, acho que estamos ainda a milhas de distância de poder contemplar esse tipo de ação antipobreza com renda mínima. O problema, na verdade, se concentra no Norte-Nordeste e Centro-Oeste, com o padrão de intervenção governamental relacionado a essa questão. E esse tipo de reflexão é Centro-Sulista, para um problema que tem tudo a ver com uma estrutura local de poder, e que tem que ser tratado mais no nível das realidades de poder local no Norte e no Nordeste do que discutido em abstrato.

Considerações finais

Imagine, em outubro de 2045, daqui a cinquenta anos, um estudante de Economia estudando história do pensamento econômico brasileiro. O que vai encontrar sobre Edmar Bacha?
Acho que o Plano Real é um marco na história brasileira, que veio para ficar. A Conceição [Tavares] debatendo comigo no Congresso, acho que foi em setembro, outubro de 1993, disse que duas vezes era mais que suficiente — a primeira havia sido o cruzado —, ou acertávamos dessa vez ou voltávamos para Harvard. Se acertássemos devíamos ganhar o prêmio Nobel. Então, achei que foi simpático da Conceição, pois nos pôs na posição de ou ganhar ou ganhar. Preciso cobrar dela o prêmio Nobel. O problema é que prêmio Nobel quem dá são outros.

O senhor vai voltar para a vida acadêmica aqui no Brasil ou fora?
Não, a essa altura da vida, para dar contribuições acadêmicas, eu precisaria de todo um processo de reciclagem que não há mais condições de fazer.

Mas o senhor não tem algum projeto?
Um projeto que me interessaria fazer seria uma biografia de Carlos Díaz-Alejandro, não somente pela figura humana, que é extraordinária, mas pelo significado que ele teve como ponto focal na constituição dessa geração, digamos, neoestruturalista. Foi uma âncora para todo esse pessoal que vem assumindo o poder na América Latina redemocratizada, claramente mostrando que isso é um movimento de toda a região. Ele é uma figura muito característica disso. Se se pode analisar a problemática de uma geração a partir de uma pessoa, essa pessoa é Carlos Díaz.

O senhor foi convidado para ser catedrático em Yale. O que o fez declinar esse convite? A luta política?
A minha vocação acadêmica sempre foi temperada pela minha vontade de participar da política. Aqui é mais divertido, como diz o Simonsen.

LUIZ GONZAGA DE MELLO BELLUZZO (1942)

Luiz Gonzaga de Mello Belluzzo nasceu em São Paulo, em 29 de outubro de 1942. Completou o segundo ciclo no Colégio Santo Inácio, bacharelando-se em Ciências Jurídicas e Sociais pela Faculdade de Direito da Universidade de São Paulo em 1965. Cursou também Ciências Sociais na Faculdade de Filosofia, Ciências e Letras da Universidade de São Paulo sem concluir o curso. Em 1966 realiza o curso de Treinamento em Problemas de Desenvolvimento Econômico da Comissão Econômica para América Latina (CEPAL) e do Instituto Latino-Americano de Planificação Econômica e Social (ILPES). Neste mesmo ano inicia suas atividades docentes na cadeira de Introdução à Economia da Pontifícia Universidade Católica de São Paulo (PUC-SP), cargo que ocupa até 1968, quando é contratado pela Universidade Estadual de Campinas (UNICAMP).

Em 1969, participa do curso de Planejamento Industrial oferecido pelo ILPES e pela UNICAMP. A partir de 1971 passa a integrar o Conselho Superior da Fundação de Amparo à Pesquisa do Estado de São Paulo (FAPESP) e em 1975 obtém o título de Doutor em Economia pela Universidade Estadual de Campinas, com a tese *Valor e capitalismo: um ensaio sobre a economia política*. Em 1976 passa a exercer a função de técnico adjunto na Fundação do Desenvolvimento Administrativo (FUNDAP), tornando-se técnico titular em 1978 e diretor-adjunto em 1979, mesmo ano em que passa a ser membro efetivo do Conselho Curador da Fundação Sistema Estadual de Análise de Dados (SEADE).

Em 1981, Belluzzo publicou como organizador *Desenvolvimento capitalista no Brasil: ensaios sobre a crise*. Em 1983 foi eleito membro do Conselho de Administração da DERSA (Desenvolvimento Rodoviário S.A.). Durante o ano de 1984 foi assessor do Grupo Pão de Açúcar, junto ao Departamento de Estudos Econômicos. Neste ano tem importante participação na reformulação do mestrado em Economia da UNICAMP como membro da Comissão de Pós-Graduação em Economia. Também em 1984 escreve o livro *O senhor e o unicórnio: a economia dos anos 80* e, em coautoria com Maria da Conceição Tavares, o artigo "Uma reflexão sobre a natureza da inflação contemporânea".

Foi eleito membro do Conselho de Administração do Banco do Estado de São Paulo (BANESPA) e tornou-se diretor do Instituto de Economia do Setor Público (IESP) da FUNDAP em 1985. Neste mesmo ano assume a Secretaria Especial de Assuntos Econômicos do Ministério da Fazenda, na gestão Dilson Funaro, tendo importante participação na elaboração e execução do Plano Cruzado. Entre 1986 e 1987 foi também secretário executivo do Fundo Nacional de Desenvolvimento (FND). Em 1988 assumiu a Secretaria de Ciência, Tecnologia e Desenvolvimento Econômico do Estado de São Paulo (governo Quércia) e em 1989 a Presidência da Câmara de Comércio e Indústria Brasil-Cuba.

Belluzzo foi membro da Comissão Diretora do Programa Nacional de Desestatização, criada pelo presidente Fernando Collor de Mello em 1990. Entre 1991 e 1994 foi secretário especial de Assuntos Internacionais do Estado de São Paulo (governo Fleury). Neste mesmo período foi diretor do Conselho da Câmara de Comércio e Indústria Brasil & União Soviética. Em 1992 publicou *A luta pela sobrevivência da moeda nacional: ensaios em homenagem a Dilson Funaro*, organizado em coautoria com Paulo Nogueira Batista Jr. Nossos dois encontros ocorreram no final de novembro de 1995, em seu apartamento nos Jardins, em São Paulo.

FORMAÇÃO

O que o levou a escolher Economia? Houve algo especial que o inspirou?
Na verdade, a minha pretensão na adolescência era ser padre. Como eu era aluno dos jesuítas, fui para o seminário menor. Por várias razões fui obrigado a sair e voltei para o Colégio São Luís. Acabei entrando na Faculdade de Direito porque tinha, digamos, "economias externas". Tinha estudado latim, português, tinha vantagens relativas. Mas logo no primeiro ano achei que não seria um bom advogado, e acabei fazendo o vestibular para o curso de Ciências Sociais. No final do curso de Direito e de Ciências Sociais apareceu a oportunidade de fazer Economia. Fui fazer o curso da CEPAL aqui em São Paulo. Acabei me especializando em programação industrial.

Onde você fez a graduação?
Direito e Ciências Sociais na USP. O João Manuel teve a mesma trajetória que eu, daí o fato de termos procurado juntos o curso da CEPAL. Já tínhamos um conhecimento razoável da literatura econômica básica, digamos, que se lia aqui no Brasil.

Luiz Gonzaga de Mello Belluzzo (com João Sayad à esquerda):
"Os economistas frequentemente se esquecem de que a Economia é uma forma
de conhecimento que requer o confronto com a experiência".

E depois da CEPAL?

Durante um curto período de tempo fiz consultoria, na área de projetos, porque a CEPAL qualificava muito bem os seus alunos para trabalharem em análise de projetos, e aquela era uma época muito favorável e eram muitas as oportunidades nessa área porque a Economia estava em crescimento. Logo depois comecei a dar aula na PUC-SP, no curso de Introdução à Economia, substituindo o Wilson Cano, que foi meu professor de projetos. Como ele ia para a CEPAL, cujo escritório naquela época era grande, ele e o Antonio Barros de Castro sugeriram que eu fosse seu substituto.

Quais foram seus professores mais importantes?

Na Faculdade de Direito, foi o Goffredo da Silva Telles, um professor muito metódico e rigoroso. No curso de Ciências Sociais tive vários professores interessantes. Dentre todos, o que mais me influenciou, o que me ensinou a ter paciência com os conceitos, a ser mais sistemático, foi o Luis Pereira. Ele era capaz de dar um curso de sociologia baseado em Parsons e atrair a atenção dos alunos.

Depois, no curso da CEPAL, o [Barros de] Castro foi importante. E a Conceição foi, e é, uma companhia muito estimulante. O Carlos Lessa também era um professor brilhante.

Quando se criou o Centro de Pós-Graduação na UnB, a ideia era criar uma alternativa ao que se tinha na época. A UNICAMP acabou sendo fundada com a mesma ideia. Gostaríamos que relatasse sobre a criação do centro, e se concorda com essa afirmação.

Naquele período a FIPE, por exemplo, tinha um curso de mestrado que não admitia não economistas. Eu me lembro bem que fui conversar com o Colasuonno, o secretário da FIPE, e eles não tinham a menor intenção de admitir não economistas.

O que é um engano. O Lucas fez História na graduação, apenas para lembrar um caso.

Está cheio de casos assim. O Keynes fez Matemática, depois passou alguns "termos" com o Marshall e acabou virando economista. O Departamento da UNICAMP foi criado como um Departamento de Economia e Planejamento Econômico, para aproveitar a experiência da CEPAL. O primeiro curso dado foi Planejamento Econômico, que tinha uma estrutura semelhante à da CEPAL.

Quando nós organizamos o curso de graduação, pensamos em um modelo com um curso básico, em que se daria uma formação mais geral ao aluno, que só a partir do segundo ano começaria a entrar no *curriculum* propriamente de Economia. De certa forma isso tinha o propósito de diferenciar o curso da UNICAMP em relação aos cursos de Economia existentes.

Eu me lembro de que quando saí do seminário um dos padres falou: "Por que você não vai estudar Economia?". Aí o meu pai falou: "Economia? Você vai estudar Economia? Isso não tem cabimento!". Meu pai é juiz, uma pessoa que tem uma cultura humanística bastante além do razoável. Era a visão, em geral, que se tinha do economista: um técnico. O Gudin era engenheiro, a Conceição, matemática, o Roberto Campos, diplomata, o Celso Furtado estudou Direito e depois foi estudar em Paris, e o Bulhões era advogado. O Simonsen era engenheiro, depois virou economista. Delfim Netto foi uma exceção, pois formou-se na Faculdade de Economia.

Quando nós criamos o curso de pós-graduação, também pensamos em dar-lhe uma especificidade, mais do que acadêmica, de concepção do curso. Primeiro, a história do capitalismo, segundo as visões do capitalismo. A organização do curso estava subordinada a essa ideia geral: dar aos alunos uma visão clara, na medida do possível, a mais aprofundada e ampla possível, da história do capitalismo e das grandes visões do capitalismo. O curso de Micro tinha ênfase nas teorias da Organização Industrial. Não por uma questão de diferenciação, mas porque isso era compatível, coerente com a concepção que a gente tinha. Da mesma maneira, o curso de Macro estava apoiado na leitura da *Teoria geral do emprego*.[1] Tínhamos uma orientação e nós não pretendíamos, nem pretendemos, que o curso se transforme numa coisa eclética. O que não impede que seja intenso, por exemplo, a confrontação entre nossa visão de Keynes e o *mainstream*. Só que não pretendemos fazer uma coisa eclética, uma colagem, como se as coisas fossem equivalentes. Fazemos a leitura a partir do paradigma que nós consideramos correto, o que não quer dizer que os outros não tenham suas reivindicações.

A UNICAMP tem um grau de homogeneidade um pouco maior do que a USP.

É verdade. É preciso tomar cuidado para não se transformar em um gueto. Eu reconheço que esse equilíbrio é difícil. Às vezes eu noto que há uma certa angústia por parte dos professores em relação a certos surtos de intolerância do *mainstream*, sobretudo nos congressos, mas isso é assim mesmo.

---

[1] Keynes (1936), *Teoria geral do emprego, do juro e da moeda*.

Na minha vida acadêmica, assisti isso o tempo inteiro. Eu sempre me lembro de uma história do Brian Arthur, um economista que está no Instituto Santa Fé e que se dedica ao estudo da complexidade em Economia, procurando abandonar o paradigma da racionalidade, da otimização etc. e está caminhando na direção dos modelos de mudança, crescimento, de processos cumulativos e irreversibilidades. Ele diz que chegou em uma roda de economistas e perguntaram: "O que você está estudando?". Ele disse: "Estou estudando rendimentos crescentes e processos de *lock in*". Aí alguém respondeu: "Mas isso não existe!" (risos). Os economistas são assim mesmo. Eu não vou dizer o nome do economista que disse isso pois ele é muito conhecido, e é até amigo nosso.

Valor e capitalismo

Gostaríamos que relatasse algum episódio acadêmico controverso.
Quando fiz a tese *Valor e capitalismo*,[2] que na verdade era a preocupação dos anos 1960 com a distribuição de renda, a Conceição, que havia feito um trabalho que está publicado em livro de 68, *Controvérsias sobre distribuição de renda e desenvolvimento*, falou-me: "Você faça uma tese teórica sobre as teorias da distribuição". Então fui ver as teorias da distribuição e achei aquilo de uma pobreza franciscana, e falei: "Não vou perder o meu tempo com isso aqui". Essa controvérsia da distribuição foi iniciada pela controvérsia de Cambridge, pela Joan Robinson, Sraffa... E nesse momento, que foi de grande criatividade, colocou-se um grande esforço teórico nessa controvérsia, como se aquilo fosse decidir — depois vimos que não era bem assim — algum caminho novo para a Economia. A sensação que se vivia naquele momento era que a controvérsia sobre o capital, valor e distribuição era a questão central.

Achei que aquilo era uma coisa que tendia à esterilidade, e pensei: "Bem, o que eu posso fazer aqui?". Já que eu tinha uma certa formação marxista, tentei mostrar qual é a especificidade da teoria do valor de Marx. Dentro da controvérsia da teoria do capital, Marx entrava como arma de briga, era usado por uns contra os outros. Acho até, relendo a tese, que em alguns momentos o trabalho sobrevive, mas em outros fui pretensioso, arrogante, em relação aos contendores do debate. Isso é também um problema da falta de

---

[2] Belluzzo (1975), *Valor e capitalismo: um ensaio sobre a economia política*.

amadurecimento, mas talvez se eu fosse mais velho não tivesse coragem de escrevê-la.

O trabalho não foi totalmente um malogro; mas, enfim, eu me lembro de que, em um debate com um rapaz mais jovem, formado nos Estados Unidos, em uma dessas reuniões da ANPEC, ele disse, depois de eu ter escrito o livro: "O seu trabalho tem um erro metodológico fundamental, porque o Marx escreve é sobre o modelo de equilíbrio geral". Eu respondi: "Bem, se ele quisesse escrever sobre o modelo de equilíbrio geral, ele seria o Walras". Quer dizer, uma coisa totalmente absurda, porque, ainda que aparentemente ambos, Marx e Walras, partam da análise da troca, as hipóteses são completamente distintas.

Recentemente, um aluno da UNICAMP fez uma boa tese sobre o dinheiro em Marx, e procurou fazer o inverso, procurou afastar Marx de qualquer influência nefasta dos desenvolvimentos posteriores. Por exemplo, ele considera que qualquer tentativa de comparar Marx com Keynes, ou de incorporar Keynes, perturba o entendimento da teoria do dinheiro de Marx. Acontece que é inevitável se se está dissertando, discutindo sobre determinado objeto, que haja algum campo comum em que os autores pelo menos concordem sobre qual é a natureza do objeto que estão discutindo. E é importante que se seja capaz de percorrer sempre esse caminho da comparação e da avaliação recíproca da contribuição que deram, porque senão se acaba fazendo algo que é muito ruim em Economia: fica-se doutrinário, e quando se fica doutrinário, perde-se capacidade de análise. É melhor então, em vez de ser professor de Economia, botar um banquinho na esquina e fazer um discurso em um palanque. Portanto, é preciso respeitar essa peculiaridade, digamos assim, do trabalho intelectual. Em Economia — tem gente que acha o contrário — não se pode dizer "esse paradigma superou o outro". Os paradigmas são concorrentes, o que eles não podem é ser cristalizados em uma determinada doutrina, em uma camisa de força doutrinária. Eles têm que sempre estar abertos para o diálogo com os demais, sobretudo com as transformações do capitalismo, para poder rejeitar hipóteses e incorporar outras.

Para ficar ainda no âmbito da sua tese de doutorado, o Giannotti, no prefácio ao livro Trabalho e reflexão,[3] *comenta que resolveu escrever seu livro a partir da leitura da sua tese,* Valor e capitalismo. *Que tipo de ponte há entre o seu trabalho e o* Trabalho e reflexão?

---

[3] Giannotti (1985), *Trabalho e reflexão.*

Meu trabalho é de 1975, foi publicado em 1980, e depois reeditado. Em 1975 Giannotti estava trabalhando e refletindo no *Trabalho e reflexão* (risos), e frequentávamos o CEBRAP na mesma época. Era um período em que os espaços de discussão eram muito restritos e muito perigosos. Tive ali um contato mais próximo com o Giannotti. Quando eu era aluno da Faculdade de Filosofia, ciscava nas suas aulas e do Lebrun, para ver se, como dizia um amigo, refinava o espírito. E tinha muito respeito, como tenho hoje, pelo Giannotti.

Reconheço que a minha leitura hoje é muito mais generalizada do que era naquela época. O livro do [Isaak] Rubin,[4] do qual fiz o prefácio, e o *A violência da moeda* do [Michel] Aglietta[5] vão na mesma direção, ainda que sejam livros mais completos, do meu ponto de vista. O meu é uma tese, que quis desenvolver o tema em oposição à tese dos ricardianos suscitada a partir da controvérsia do Capital. Então o livro tem que ser lido assim. E acho que foi esse contraste, essa necessidade de fazer a crítica, de mostrar que a crítica do Sraffa era importante, mas tinha uma limitação se olhada do ângulo da teoria do valor do Marx. Procurei mostrar que não se podia, a partir dali, fazer deduções sobre uma teoria dos preços, não se justificava.

Influências

Quais livros você considera clássicos na Economia brasileira?
Bem, agora preciso tomar cuidado para que depois não fiquem com raiva de mim (risos). Eu considero *Formação econômica do Brasil* [Furtado (1959)], sem dúvida.

Há uma unanimidade em torno dele. Algum outro?
Li *Economia monetária*[6] do Gudin com muito prazer, é um livro muito bem escrito. Acho que é um livro que hoje em dia talvez não sobrevivesse, mas no período que estudei foi importante. O livro *Da substituição de importações ao capitalismo financeiro*, da Conceição [1972].

---

[4] Rubin (1928), *A teoria marxista do valor*.

[5] Aglietta (1984), *La Violence de la monnaie*.

[6] Gudin (1943), *Princípios de economia monetária*.

Acho que o livro de teoria microeconômica do Simonsen[7] é um livro importante. Quanto ao de macro,[8] confesso que tenho lá as minhas reservas, mas o de Microeconomia é uma boa exposição da abordagem convencional. A tese sobre o café do Delfim[9] é excelente. O João Manuel [Cardoso de Mello] usou muito para a sua tese *O capitalismo tardio* [1975], outro livro seminal [1982].

Tem o *Sete ensaios sobre a economia brasileira* do [Barros de] Castro e *Quinze anos de política econômica* do [Carlos] Lessa [1981]. A produção da geração mais recente concentrou-se mais em artigos do que em livros.

O livro do Ignácio Rangel sobre inflação brasileira?

Ah, esqueci do Rangel, todos do Rangel: *A inflação brasileira* [1963]; *Dualidade básica na economia brasileira* [1957]. Rangel tinha uma grande virtude: ele não tinha o menor respeito pelas coisas estabelecidas. Isso tinha lá vantagens e desvantagens, mas o Rangel era grande. Até do Roberto Campos, eu li todos os ensaios, *A moeda, o governo e o tempo* [1964].

Quais os economistas brasileiros que considera mais importantes?

O Celso é *hors-concours*, inclusive porque estabeleceu um padrão. É um homem pessoalmente admirável. Isso depende muito de apreciação pessoal, até de inclinação sentimental, e não confio muito nesse tipo de julgamento. A Conceição, sem dúvida, entra aí. Acho que os outros entrevistados são importantes. Sem dúvida os dois mais imaginativos que conheço entre os mais jovens são o André e o Persio, ainda que nem sempre ou quase nunca eu concorde com eles.

E o João Manuel...

O João Manuel é uma figura muito rara. Eu não o citei como economista porque acho que ele não gostaria, ficaria irritado (risos). Mas é um sujeito que tem uma cabeça muito poderosa. Tem uma capacidade de generalização e de perceber o que é essencial em cada momento. Frequentemente, dado o seu estilo, as pessoas sentem um pouco de dificuldade para lidar com ele. Mas trabalhar com ele, como nós temos estilos e até cabeças diferentes, é muito produtivo. Você pode ver que nossos artigos são como centauros. A minha

---

[7] Simonsen (1967-1969), *Teoria microeconômica*.

[8] Simonsen (1974), *Macroeconomia*.

[9] Delfim Netto (1959), *O problema do café no Brasil*.

convivência com ele é uma contínua provocação intelectual. Nós praticamente fizemos a mesma trajetória que eu descrevi. Além disso, temos uma amizade muito profunda, certamente é meu amigo mais antigo, meu melhor amigo. Temos uma liberdade muito grande um com o outro, uma convivência intelectual ótima, com sugestão de temas para discussão.

Método

Qual é o papel do método na pesquisa econômica? Como vê a aproximação metodológica ao longo da história?

A Economia é uma confluência de procedimentos e qualquer tentativa de simplificar ou unilateralizar acaba tornando a pesquisa econômica defeituosa. De uns anos para cá houve uma incrível corrida em direção ao individualismo metodológico, um reforço desse paradigma, que promoveu avanços, do ponto de vista analítico. Permitiu até a construção de alguns modelos interessantes, como os de política econômica baseados em teoria dos jogos. Há por trás uma ideia de racionalidade que provavelmente é muito restritiva.

O movimento em direção à "complexidade" é uma forma de buscar uma alternativa a esse paradigma rígido e insatisfatório da racionalidade, otimização, do equilíbrio. Essa tendência tenta caminhar em direção aos modelos ou às hipóteses de uma economia em crescimento e em transformação. A moderna teoria do crescimento ou os modelos dinâmicos caóticos, tudo isso, na verdade, acaba revelando as limitações do paradigma mais convencional e dominante da *unbounded rationality*.[10]

Isso é muito rico e nos remete à questão do objeto da Economia. Você me perguntou sobre o método histórico, não sei quem foi que disse — talvez o Davidson, em um de seus textos metodológicos — que, no fundo, se se fizesse sociologia da economia se perceberia que há uma inclinação, uma busca muito grande por parte dos economistas do prestígio que os físicos têm. Os economistas gostariam de ser os físicos das Ciências Sociais. Se bem que eu, que sempre fui um bom aluno de Física, acho que os economistas se enganam a respeito da Física.

Como mostra por exemplo Prigogine,[11] os paradigmas da ciência moderna caminham na direção da irreversibilidade. O objeto da Economia tem

---

[10] Em oposição à *bounded rationality* proposta por Simon (1957).

[11] Ilya Prigogine, prêmio Nobel de Química em 1977.

historicidade. Foi isso que os clássicos procuraram mostrar. Marx procurou mostrar a historicidade desse objeto, no sentido de que ele é capaz de se reproduzir e reafirmar a sua identidade, mas ao mesmo tempo se transformar: um objeto em permanente transformação. Quando Keynes fez a crítica da Econometria, o que ele estava dizendo? Que o objeto não é homogêneo ao longo do tempo, os dados que esse objeto produz não são homogêneos. Não só os dados mudam, como a relação entre eles muda.

Até porque o possível é maior do que o passado histórico.
Sim. Além disso, Keynes era profundamente anti-indutivista. Eu tive uma controvérsia ligeira com o Mário Henrique Simonsen, a propósito do indutivismo. Eu fiz uma crítica simples, que o Hume fazia ao indutivismo: você supõe necessariamente que, dado A, vai acontecer B.

O galo canta, o sol nasce.
É isto. A ideia de que a Economia é um objeto histórico tem certas implicações. Isso não significa que se pode fazer oposições do tipo: "o método histórico é o correto, o método analítico ou o uso do instrumental matemático é inadequado". Não é verdade. Tem uma grande importância quando se quer expor um conjunto de inter-relações complexas e se pretende expor quais são as relações fundamentais. Para explicar de maneira clara, muitas vezes você tem que usar um modelo matemático. Mas os economistas frequentemente se esquecem de que a Economia é uma forma de conhecimento que requer o confronto com a experiência. Frequentemente, as *querelles d'école* surgem porque o sujeito é reducionista: quer ser rigoroso quando não pode ser.

E o papel retórico, de convencimento, da Matemática e da Econometria?
É importante, sem dúvida. O trabalho do McCloskey,[12] já que você tocou nisso, acho que tem importância. Keynes utilizava muito o conceito de "peso do argumento". Mas isso é uma coisa inerente. Para ele a Economia é também uma ciência argumentativa, funciona como instrumento de persuasão.[13] Vejamos um exemplo.

Eu considero o Shackle um economista fantástico, deu contribuições incríveis. O Shackle, um economista, que estudou com Hayek na London

---

[12] McCloskey (1983), "The Rhetoric of Economics".

[13] Keynes (1963), *Essays in Persuasion*.

School, produziu trabalhos decisivos sobre Keynes, sobretudo um livro chamado *The Years of High Theory* [1967]. É um fundamentalista keynesiano e seu trabalho usa o conceito de incerteza de uma maneira radical. Um outro livro importante é *Epistemics and Economics* [1972]. Ele na verdade tem uma influência da escola austríaca, e foi o que levou ao limite a visão de incerteza do Keynes, incerteza radical. Tem contribuições importantíssimas para a análise dos mercados financeiros e foi quem expôs, na minha opinião, de maneira mais clara, a ideia de preferência pela liquidez de Keynes. Mas, no entanto, Shackle é considerado um economista literário, e não teve a influência que poderia ter tido se tivesse talvez usado a retórica das equações. Mas não poderia construir modelos exatamente porque pertence a uma tradição que rejeita a Matemática, que é a tradição austríaca. O Hayek tinha horror às pretensões cientificistas de alguns economistas. Ele dizia que os processos econômicos não são formalizáveis, são processos de conhecimento e de ganho de informação. Então os austríacos em geral têm uma grande resistência a aceitar os postulados de uma teoria do equilíbrio, qualquer que seja a versão. Não só o Hayek, mas também Lekachman, veem o mercado como um processo em que os agentes vão acumulando informação e tomam as decisões mais corretas nas circunstâncias. O resultado desse processo ninguém sabe.

E quanto à separação Micro e Macro, que diferenças de abordagem metodológica apresentam?

Esta é a batalha dos novos-keynesianos e dos novos-clássicos em torno da flexibilidade de preços e salários e da (não) neutralidade do dinheiro. Quando se fala em microfundamentos da Macroeconomia se está falando, essencialmente, como é que se compatibiliza a hipótese da racionalidade do indivíduo otimizador com as variações da demanda nominal. Aliás, um dos barcos mais furados em que o economista pode entrar é buscar os fundamentos microeconômicos do dinheiro. Isso não dá bom resultado, em geral termina em besteira. As coisas que saem melhor são aquelas que consideram de partida o dinheiro como um bem público objeto da cobiça privada. No fundo o dinheiro é uma condição para que a economia de troca generalizada possa operar. Toda vez que se começa com uma economia de troca real, como diz Keynes, uma economia de salário real, não se consegue introduzir o dinheiro. Isso que o [Frank] Hahn, um economista admirável, teórico do equilíbrio geral, mas, no fundo, um crítico dos pressupostos walrasianos, mostra que o dinheiro só pode ser introduzido numa economia "sequencial". Então foram feitas várias tentativas de introduzir o dinheiro *ab initio*, como a tentativa do Clower,[14] aquele postulado do *"money buy goods"*, mas sempre de uma maneira insatisfatória.

Não numerária.

Goods buy money, money buy goods but goods don't buy goods. Ele quis mostrar o caráter essencial do dinheiro em uma Economia de troca generalizada. Eu considero que em teoria monetária existem dois autores fundamentais: Marx e Keynes. Porque eles tentam construir de início a hipótese de uma economia que é, necessariamente, monetária, onde o dinheiro, enquanto forma inescapável da riqueza, desempenha um papel fundamental, nas decisões de acumulação de riqueza e de produção dos agentes. E depois deles, nessa direção, temos o Hicks, apesar de seu artigo de 1937.[15] Dentre as suas obras posteriores, temos essa obra admirável, chamada *A Market Theory of Money*.[16] Mais recentemente o Davidson, o Minsky, que procuraram mostrar que essa hipótese, como diz o Minsky, da feira livre, não se aplica a uma Economia capitalista, que é mais parecida com Wall Street.

Então, acho que, às vezes, a Economia lembra um pouco o teorema de Gödel: é autocontraditório axiomatizar a Aritmética. Algumas proposições não são dizíveis aritmeticamente, existe um impasse lógico. Parece que isso acontece na Economia também. O problema do individualismo metodológico, dessas hipóteses de racionalidade e otimização, é que a partir delas é impossível deduzir a necessidade do dinheiro. Existem condições que preexistem *logicamente* à troca.

Institucionais?

Digamos, destas condições fundamentais para a existência da sociedade mercantil, que é capitalista.

Marx e o marxismo

À Elster, o que está morto e o que está vivo em Marx?

Elster meteu-se a fazer análise de Marx com individualismo metodoló-

---

[14] Clower (1967), "A Reconsideration of the Microeconomic Foundations of Monetary Theory".

[15] Hicks (1937), "Mr. Keynes and the 'Classics'".

[16] Hicks (1989), *A Market Theory of Money*.

gico. Acho até engraçado quando ele mostra as contradições entre comportamento racional e os resultados não pretendidos, coisa que está no Marx recorrentemente. Os debates sobre Marx costumam ser marcados por uma paixão sem limites e isso prejudica muito pois se é a favor ou contra. *O Capital* é o último trabalho de Marx [1867], mas eu faria uma divisão da *Contribuição à crítica da economia política* [1859] em diante, separando esse período das obras mais humanistas: os *Manuscritos filosóficos*, os trabalhos sobre alienação[17] etc., que são importantes, sem dúvida, mas os bons autores e comentadores me convenceram de que, nessa etapa, o Marx era um liberal radical.

Quando fazia a crítica de Hegel, mesmo na Filosofia do Direito, Marx era um liberal radical. Outro dia eu estava relendo seu texto sobre liberdade de imprensa, que é magnífico, em que ele diz o seguinte: "Os que se julgam donos da opinião, os donos dos jornais portanto, têm que admitir que a liberdade só será completa quando o objeto da informação, o leitor, tiver a mesma liberdade de opinar". Era a discussão sobre se devia ou não haver uma lei de imprensa. E ele diz que "deve haver uma lei de imprensa porque não há liberdade sem que o Estado institua essa liberdade", e nisso ele é hegeliano e liberal. É preciso ter uma lei de imprensa para regulamentar, senão se justifica a censura, porque sem uma regulamentação da atividade impõe-se censura aos demais.

Quando começou a escrever *Contribuição à crítica da economia política*, pelos passos que deu, foi caminhando em direção à construção de um objeto singular. É a tese do Althusser.[18] Só que Althusser, do meu ponto de vista, estava muito influenciado pelo estruturalismo, queria distinguir a parte que é científica da parte não científica de Marx. Não é esse o problema. Voltando à minha tese de doutorado, Marx quis analisar um objeto, que era a economia mercantil capitalista e as suas leis de movimento.

Marx dá um salto em relação a seus predecessores. Na economia mercantil *capitalista* o caráter mágico e fetichista do capitalismo se torna cada vez mais reforçado, na medida em que se passa da mercadoria para o dinheiro, do dinheiro para o capital e do capital "em função" para o capital a juros. Estas formas compõem a estrutura, a "unidade" do capitalismo, mas, ao mesmo tempo, elas se contrapõem umas às outras, levam essa totalidade em

---

[17] Marx (1844), *Manuscritos econômico-filosóficos de 1844*.

[18] Althusser (1973), *Para leer El Capital*.

permanente "construção" a vergar sob o peso da própria "natureza". A crise é o meio através do qual a unidade se restabelece. Marx descreve uma dinâmica da transformação e ao mesmo tempo da reprodução contraditórias deste sistema.

Marx é extremamente moderno. A teoria dos sistemas do Luhman — que mostra como um sistema em evolução, que se relaciona de uma determinada maneira com o seu ambiente, reduz a complexidade do ambiente e a incorpora ao sistema — é parecida com a maneira de ver do Marx, sem a contradição. Marx fez uma aposta, a de procurar demonstrar quais são as leis fundamentais de reprodução e de "conservação" desse sistema. Ele não tinha uma teoria do valor trabalho, no sentido ricardiano, tinha uma teoria da desvalorização do trabalho e da abstração nascente da riqueza. E nisso se opunha radicalmente a toda a teoria clássica, de Smith e Ricardo.

Ele avisou que estava fazendo a crítica da economia política. Crítica significa, na verdade, desvendar as ilusões que também estão por trás dessas categorias. Não é que as mercadorias se troquem proporcionalmente ao seu tempo de trabalho, é que a produção capitalista de mercadorias tende a reduzir o trabalho a uma base miserável. Nos *Grundrisse* há páginas sobre o progresso tecnológico muito atuais. São as páginas que tratam do autômato, quer dizer, da tendência da produção capitalista a se apropriar do conhecimento social para produzir mais riqueza abstrata, sem considerar qualquer regra de proporção ou as necessidades dos produtores diretos.

É a questão que Frederico Mazzuchelli trata na sua tese de doutorado, A contradição em processo *[1985].*

Exatamente. Marx, nos capítulos sobre a manufatura, a grande indústria, está mostrando exatamente que a natureza do progresso técnico nasce da necessidade de reduzir o tempo de trabalho socialmente necessário. Mas na medida em que se cria um aparato dentro da Economia capitalista que "produz" o progresso técnico, cria-se independência dessa base. O progresso técnico se autonomiza.

O diabo em alguns marxistas é que eles querem remeter tudo à luta de classes. O que ele está querendo mostrar exatamente é a autonomização dessas formas, e como o individualismo e a liberdade do indivíduo é uma promessa que não se cumpre porque, uma vez constituídas, essas formas passam a operar com leis próprias, com a sua própria lógica. Nisso ele é profundamente hostil ao individualismo metodológico. O capitalismo cria a ilusão de que as pessoas têm uma capacidade de decidir, de escolher. Na verdade elas não podem escolher o que vão consumir e nem o que vão produzir, porque estão constrangidas pela força produtivista e mistificadora desse sistema. O sistema é despótico e ao mesmo tempo desenvolve a ilusão de que as pessoas escolhem e decidem.

E o que está morto em Marx?

O Marx dizia que Hegel não era um cachorro morto (risos). Quando ele previu que os países subdesenvolvidos iam seguir os mesmos passos dos desenvolvidos, errou. Por exemplo, ele disse a respeito da Índia: *de te fabula narratur*. Ele tinha uma crença, uma admiração pelo capitalismo. Toda vez que errou, foi porque exagerou em sua admiração pelo capitalismo, pelo capitalismo portador da promessa de liberdade formal. Marx tinha uma grande admiração por isso e pela enorme capacidade de acumulação. Ele fala da missão civilizadora do capitalismo.

Você concorda com a inevitabilidade dos processos históricos, segundo o materialismo histórico?

Não, eu concordo que Marx tinha impulsos ao cientificismo e daí a aceitar a inevitabilidade de alguns desfechos. Se bem que ele era muito menos determinista do que os seus discípulos. Foi, aliás, ficando cada vez mais impressionado com a capacidade de regeneração e ao mesmo tempo assustado com a capacidade de iludir do capitalismo, de dominar.

Marx tem momentos de indignação e quando isso ocorre ele exagera. Mas tinha certeza de que estava expondo uma coisa decisiva. E, de fato, por qualquer critério que se use, ele foi, entre todos, o pensador que mais produziu efeitos práticos relevantes, para o bem e para o mal.

Desenvolvimento econômico

Qual a sua concepção de desenvolvimento econômico?

Nós fomos criados e estudamos em um momento que havia essa tentativa de distinguir crescimento e desenvolvimento. Apesar de haver críticas, era inegável que havia um grande otimismo em relação às possibilidades de o desenvolvimento econômico acomodar as pressões sociais. Esse otimismo, olhando para o Brasil, tinha a sua razão de ser, não era injustificado. Havia mobilidade social produzida pelo crescimento, transformação rápida da sociedade brasileira. Os problemas de igualdade e desigualdade ficavam muito mascarados, digamos, pela expectativa de que a vida pudesse melhorar lá na frente. E essas expectativas eram fundadas, porque o modelo era o migrante do interior de Pernambuco que veio para São Paulo e virou operário da Volkswagen...

Ainda que houvesse muitas críticas à forma pela qual o desenvolvimento estava sendo feito, essas críticas não eram pessimistas em relação à trajetória, ao destino daquele processo, mas buscavam reconhecer os avanços. O Brasil do pós-guerra ou até mesmo do regime militar, aquele do "ame-o ou deixe-o", refletia esse estado de espírito. Na crise do regime militar, nasceu uma ilusão. Bastaria acertar as coisas, fazê-las direito, fazer tudo aquilo que não foi feito, ou seja, incorporar as massas, ampliar a democracia, ampliar os direitos, que se recuperaria a força de crescer aceleradamente de novo. Esse otimismo tinha a ver com o momento histórico. Era um momento histórico em que competiam dois regimes.

Kalecki disse certa vez para Ignacy Sachs, e com razão, quando o Ignacy Sachs se queixou para ele de que o planejamento central não ia bem na Polônia: "Está bem, você está reclamando, mas não olhe só para nós, olhe para o que está acontecendo na Europa ocidental". Isso é um pouco o resultado da competição entre os dois sistemas. Veja o que aconteceu com os sistemas previdenciários, com os direitos, com a proteção ao emprego, com as políticas sempre dirigidas para o pleno emprego, para o desenvolvimento. Quando as pessoas dizem "você é um dinossauro, você é dos anos 1950", elas não sabem o que estão dizendo, porque aquele foi um momento brilhante do capitalismo. É a chamada *Golden Age*, os anos de ouro do capitalismo.

Voltando ao nosso pequeno mundo dos economistas, a teoria do desenvolvimento econômico sem dúvida era uma disciplina importante. Os modelos de crescimento se multiplicavam, com progresso técnico endógeno ou exógeno, neoclássicos ou keynesianos. Havia dois modelos de crescimento keynesiano, o Harrod-Domar e depois o Kaldor,[19] que eram modelos de crescimento com distribuição. Havia o modelo do Solow,[20] que — como ele mesmo declarava — era o modelo neoclássico de crescimento. E toda a teoria que depois até redundou, teve importância, na Controvérsia do Capital, o livro da Joan Robinson, *Acumulação de capital* — tudo se voltava para as condições de crescimento.

---

[19] Domar (1946), "Capital Expansion, Rate of Growth, and Employment"; Harrod (1939), "An Essay in Dynamic Theory"; Kaldor (1955), "Alternative Theories of Distribution".

[20] Solow (1956), "A Contribution to the Theory of Economic Growth".

Hoje em dia o grosso da produção acadêmica está concentrado em torno da recuperação dos modelos walrasianos, das condições de equilíbrio e das políticas de estabilização. Isso significa que as exigências do sistema e as ênfases mudaram significativamente. Não podemos fazer uma divisão entre o que era mais ou menos científico, pior ou melhor, a partir da mudança de ênfase. A mudança de ênfase visivelmente corresponde à necessidade de se responder a outras necessidades do funcionamento das economias. Hoje em dia, as novas teorias do crescimento arrombam muita porta aberta, com um instrumental técnico melhor.

Esse último livro de Barro e Sala-i-Martin,[21] *que é uma espécie de livro-texto das novas teorias do crescimento, cita Kaldor, Allyn Young...*

De fato, a discussão de *increasing return* está no artigo clássico do Allyn Young.[22] Sraffa escreveu um artigo também clássico sobre os rendimentos crescentes.[23] Então me incomoda um pouco o fato de que, às vezes, sinto-me muito velho, pois atualmente não se sabe nem quem é Allyn Young, que não é citado, e no entanto não faz tanto tempo. Há quinze anos estava em todos os *readings*, como aliás um organizado pelo Kaldor.[24] Na verdade, a teoria dos rendimentos crescentes incomoda demais a teoria do equilíbrio competitivo.

Como analisou Dependência e desenvolvimento na América Latina, *de Fernando Henrique e Enzo Faletto?*

Na época havia várias versões da teoria da dependência. Existia uma versão mais estagnacionista que era a alternativa "socialismo ou dependência", que tinha origem no "Desenvolvimento do subdesenvolvimento" de Gunder Frank [1966]. Essa controvérsia se desdobrou ainda em outras, na teoria do subimperialismo, e na posição do Fernando Henrique, que procura colocar o seguinte: pode-se ter as duas coisas, dependência e desenvolvimento, o desenvolvimento dependente. Em relação à teoria do imperialismo, tal como ela era manejada pelos marxistas brasileiros na época, aparecia como originária do Gunder Frank, era uma flexibilização importante. Tam-

---

[21] Barro e Sala-i-Martin (1995), *Economic Growth*.

[22] Young (1928), "Increasing Returns and Economic Progress".

[23] Sraffa (1926), "The Laws of Returns Under Competitive Conditions".

[24] Kaldor (1961), *Ensayos sobre desarrollo económico*.

bém refletia um pouco o otimismo, porque dizia: "Vai ter desenvolvimento associado, dependente, mas esse desenvolvimento pode ter graus distintos de avanço social". Depende da relação interna de classes, da relação interna de forças e da maneira como essa relação de forças se reflete nas políticas de Estado.

Olhando para trás, havia um pouco de otimismo por parte do Fernando Henrique. Acho que perdura até hoje. Teve a virtude de mostrar como o entorno internacional condicionava o desenvolvimento das economias periféricas. Mas, veja bem, as condições que presidiam aquele momento não são mais as que estão presentes agora. As condições de desenvolvimento capitalista são muito mais restritas hoje do que foram no passado. Os requisitos para integração na economia mundial são muito mais duros.

E o livro O capitalismo tardio *[1982], de João Manuel?*

Eu acho que O *capitalismo tardio* é uma tentativa mais bem-sucedida de fazer a reinterpretação marxista do desenvolvimento capitalista no Brasil, mostrar a especificidade do capitalismo periférico.

A teoria da nova dependência se aproxima do Consenso de Washington, conforme disseram Conceição e Fiori?[25] *Fernando Henrique é um neoliberal?*

Em primeiro lugar, para ser bem claro, eu acho que o nosso raio de manobra diminuiu muito, sobretudo porque passamos por um processo de ajustamento traumático depois da crise da dívida. Foi o que nos sobrou naqueles anos 1980. Fizemos um ajustamento muito traumático e, como eu disse, o raio de manobra estreitou demais. O Paulinho Nogueira Batista brigaria comigo, mas eu acho que a tentativa de propor alternativas é neste momento muito limitada, sobretudo porque não se tem na sociedade brasileira forças sociais capazes de responder a elas. Ou seja, o sacrifício a ser imposto sobretudo para as classes que internacionalizaram o seu consumo, a sua riqueza, de certa forma a sua renda, por um modelo alternativo, seria muito grande.

Cometemos, aliás, uma imprudência e depois um erro. A imprudência é que resistimos ao ajustamento por mais tempo que os outros. Foi uma imprudência, digamos, sensata, porque assim tivemos mais tempo para ganhar com a experiência dos demais. Por exemplo, se não se tivesse demorado um pouco mais provavelmente nós teríamos feito um *currency board*. Se se perguntar para o André [Lara Resende] se concorda com o *currency board* hoje,

---

[25] Tavares e Fiori (1993), *(Des)ajuste global e modernização conservadora*.

provavelmente não concordaria, e nós teríamos feito uma coisa mais rígida. Mas, assim mesmo, cometemos o erro da valorização cambial.

Tem duas caras esse governo — e só nisso é parecido com o Getúlio —, a cara das reformas convencionais e aquela, dentro do governo, que quer fazer as mudanças estruturais que são para valer. Eu não sei quem vai conseguir, ninguém sabe. Quais são as mudanças estruturais? A concentração do sistema bancário, que é fundamental. Segundo, vai ter que fazer a reforma da empresa industrial nacional, concentrar, fazê-la grande para poder competir.

Em relação ao Estado, é uma ilusão achar que a questão é saber se vai ter mais ou menos Estado. A questão é saber com qual articulação esse Estado vai funcionar. No mundo inteiro o Estado hoje está "encolhendo" as suas atividades de proteção social, e está se tornando um instrumento importantíssimo na concorrência das suas empresas no cenário internacional. O Estado financia e os cônsules e embaixadores catitam o projeto. Essa é a regra da concorrência, o resto é tudo conversa para boi dormir. A concorrência para valer, que envolve quantias, posições e *market shares* importantes, têm auxílio direto dos Estados, ou indiretos, via investimento em P&D e em políticas industriais específicas. A Argentina pode se entregar ao Consenso de Washington porque não tem futuro industrial, só tem algum por causa do Mercosul. Veja o tamanho das empresas argentinas, não há nenhuma chance. Estão penduradas no Brasil.

Em geral, todas as tentativas de fazer reorganizações capitalistas no Brasil deram em nada. Os militares tentaram várias vezes. Não é que não tenham avançado, mas o perfil da estruturação da grande empresa não mudou muito. Continuou familiar, não avançou muito setorialmente. A reforma financeira de 1966 não conseguiu induzir o sistema financeiro a financiar. Será que desta vez se vai conseguir? Ninguém sabe, mas não custa tentar.

Que apreciação o senhor faz das teorias de desenvolvimento que privilegiam investimento em capital humano?

Não gosto de tratar essas questões como se fossem econômicas, acho que elas têm outra dimensão, de civilidade, de adequação ao nível de avanço social que nós chegamos. É preciso discutir isso em outro plano. As teorias do capital humano que privilegiam a educação como mecanismo de desenvolvimento nasceram muito atrás, nos anos 1960.[26]

---

[26] Schultz (1961), "Investment in Human Capital".

O Brasil conseguiu fazer um desenvolvimento importante, talvez o mais importante do Terceiro Mundo. Durante o período em que o país se desenvolveu aceleradamente, as condições de formação do capital humano eram razoavelmente precárias, o que não quer dizer que se justifique fazer isso. Os novos padrões tecnológicos vão exigir um outro tipo de qualificação. Só que não acho que seja adequado usar uma explicação monocausal: "Se se investir em educação, em saúde, vai se ter um desenvolvimento acelerado".

Acho que isso não é verdade. No caso dos asiáticos, é claro que a educação é fundamental, inclusive como mecanismo de integração social e de reprodução daquela sociedade — faz parte das formas de coesão social. Mas, por outro lado, não se pode desprezar alguns fatos que também são importantes: os sistemas financeiros especializados no financiamento do investimento e a organização da grande empresa coreana e japonesa. A teoria do capital humano criou o seguinte: se se treinar todo mundo, educar todo mundo, vai se resolver o problema do emprego. Isso depende da velocidade com que se acumula capital. Já há uma certa reação mostrando a importância da acumulação de capital físico também para promover o crescimento.

Voltando à minha afirmação inicial, a questão da educação e da saúde são obrigações do conjunto da sociedade para consigo mesma, sobretudo com seus membros menos favorecidos. Essa era a visão dos anos 1960 e 1970, e ninguém discutia a funcionalidade da educação para o desenvolvimento. Isso era dado de barato, como uma obrigação republicana. Não gosto muito da instrumentalização dessas questões, porque no limite pode-se dizer o seguinte: "Eu fiz um cálculo de custo/benefício e acho que investir em saúde não dá muito certo".

Se se usar a lógica puramente econômica, pode-se chegar a absurdos como, por exemplo: uma parte da população não tem jeito, então vamos eliminá-la. Não gosto do método, acho o método perigoso, porque pode induzir a soluções desse tipo. Aliás, é notório que, por exemplo na Alemanha, percebe-se que os jovens hostilizam os velhos porque acham que pagam muito imposto por causa deles. Então daqui a pouco eles vão jogar os velhos do penhasco (risos).

Como vê o processo de substituição de importações? Algumas pessoas julgam um erro histórico.

Não há erros históricos. Há oportunidades aproveitadas ou não. Eu poderia admitir que fosse um erro histórico se imaginasse um conjunto de pessoas pensando sobre uma série de alternativas e escolhendo uma. Como nós sabemos, não foi bem assim. Aliás, foi um processo geral e, no nosso caso, o processo de substituição de importações foi de longe o mais bem-sucedido da América Latina.

Quais foram os "erros"? Ele teve as marcas da herança colonial brasileira. Tem o problema da desigualdade, do patrimonialismo da empresa brasileira, da excessiva utilização das benesses do Estado, do padrão de intervenção do Estado. Se se compara, por exemplo, com o caso coreano ou com o caso japonês, onde o Estado foi decisivo, fundamental, as relações Estado/empresa privada eram outras. Está para ser feito ainda um estudo sério, estrutural, a respeito da evolução dessas relações. Acho que, por outro lado, de um certo ponto de vista, o Estado brasileiro foi extremamente moderno. Ele tinha duas caras, sempre teve: a sua cara escravocrata, oligárquica, e a sua cara modernizante. Ambas conviveram o tempo inteiro aqui no Brasil.

O processo de substituição de importações transformou o Brasil em um país industrial, e, como todo processo social e econômico, estava destinado — não há rendimentos crescentes o tempo inteiro — a um período de esgotamento, que tem a ver também com a mudança de sinal da situação internacional. Mas espremamos essa laranja até o fim, ao contrário de outros que pararam no meio, e não tiveram fôlego. É claro, se se olhar do ponto de vista formal da alocação de recursos, pode-se dizer: "É, mas nós deixamos que os preços relativos ficassem distorcidos, introduzimos distorções em todos os níveis da atividade econômica". Mas como diz muito bem um certo autor, o Estado coreano e o japonês fizeram de propósito distorção no sistema de preços para que pudessem fazer a alocação correta dos recursos ao longo do tempo. Se olhamos as taxas de juros, por exemplo, que eles usaram...

Eles não tinham um critério de escolher os vencedores, de *pick the winners*. Tinham uma forma mais racional de fazer isso, sem dúvida nenhuma. O máximo de planejamento com o máximo de competição. Mas não respeitaram uma teoria da alocação de recursos derivada da teoria das vantagens comparativas. Uma vez fui a Taiwan acompanhando o Fleury e fui jantar com um velho funcionário do Ministério do Planejamento. Ele disse que economia industrial tem que ser construída: "A gente tem que induzir, porque senão os capitalistas vão querer ganhar dinheiro rápido. Não dá certo isso, tem que estar comprometido, e a gente precisa dar incentivo e castigo". O Estado brasileiro fez isso de acordo com o nosso padrão: distribuição oligárquica de favores.

Qual seria o papel do Estado na Economia? Quais as distorções que precisam ser corrigidas em um sistema livre de preços?

Por que o Estado é obrigado a interferir frequentemente no sistema de preços e provocar essa distorção? Se vários países fizeram isso para induzir um processo de crescimento e industrialização, alguma razão há, não é uma coisa derivada simplesmente da ignorância, ou da estupidez.

Inflação

O ajuste de 1981-1983 foi eficiente para melhorar a balança de pagamentos mas não teve o efeito que se esperava com relação à inflação. A partir desse ponto, surgiram novos diagnósticos sobre inflação, especialmente o conceito de inflação inercial, baseado em uma ideia anterior de Simonsen.[27] *Você acha que o problema no combate à inflação era o diagnóstico?*

O consenso dos anos 1980 era a desvalorização e o ajuste fiscal — esta era a recomendação do Fundo. Reverter o déficit das transações correntes, fazer um saldo comercial grande, reduzir a expansão do crédito líquido doméstico da Economia, expandir as reservas e conseguir estabilizar. As economias entraram em uma trajetória de fortíssima instabilidade, com sucessivas tentativas de realinhar o câmbio, com as maxidesvalorizações. Suscitou-se uma generalização da indexação, no caso do Brasil de maneira mais intensa e mais forte, que levou à impossibilidade de produzir o alinhamento de preços relativos desejado.

Daí é que nasce a ideia de inflação inercial, para explicar a continuidade do processo inflacionário mesmo depois de se ter atingido alguns objetivos suscitados pelo programa do Fundo. Muitos países conseguiram reverter rapidamente a sua situação na balança de pagamentos, outros conseguiram fazer progressos importantes no lado fiscal. Aliás, era isso que sustentava, em boa medida, a possibilidade da teoria de inflação inercial. Os primeiros artigos dos dois rapazes[28] diziam o seguinte: "Já que se tem uma situação de finanças públicas resolvida, a inflação só pode ser explicada pelos mecanismos formais e informais de transferência para frente da inflação passada". Então, justificava-se ou uma reforma monetária pura e simplesmente, como um golpe de judô, usando a superindexação para terminar com toda a indexação, ou uma intervenção no sistema de preços para criar várias âncoras nominais.

---

[27] Simonsen (1970), *Inflação: gradualismo versus tratamento de choque.*

[28] Refere-se a André Lara Resende e Persio Arida.

Uma vez que tudo o mais estava resolvido, se poderia saltar para uma situação de estabilidade.

Qual era o problema das teorias da inflação inercial? Era o fato de que não se deram conta de que a questão do financiamento externo, portanto a raiz da instabilidade, permanecia. Essa situação não se sustentaria por muito tempo, a menos que se usassem outros supostos e outros métodos. Ou a Economia teria que funcionar em um nível muito baixo de atividade, ou teria que se avançar na intervenção. Nenhuma das duas coisas eram satisfatórias, porque a raiz da instabilidade, que eram as condições de financiamento externo, não estava resolvida.

Aliás, depois de todo esse barulho, o que sobra é o seguinte: depois de um processo prolongado de inflação muito alta ou de hiperinflação (está no meu artigo com a Conceição),[29] a única forma é restaurar o sistema monetário pela sua função fundamental, a função da unidade de conta na moeda. Isso é uma questão clássica. Não havia como, nos quadros da teoria da inflação inercial, explicar o que estava acontecendo. O próprio Frenkel, depois de ter escrito um artigo sobre a formação de preços em uma economia de alta inflação,[30] em que adotava uma explicação parecida com a teoria da inflação inercial, escreveu um artigo[31] sobre as inflações altas que suscitam intervalos de relativa estabilidade da taxa, seguidos de aceleração.

Depois do Plano Cruzado surgiu a ideia de que este tinha suscitado uma instabilidade maior, o que é uma verdade parcial, na medida em que isso aumentou o grau de incerteza, a fuga da moeda nacional e o agravamento de todos os processos que levam à hiperinflação. Por outro lado, depois de 1986 sobretudo, houve o aperfeiçoamento da instituição da moeda indexada, que permitiu conter o impulso para a hiperinflação. O sucesso parcial da primeira tentativa de estabilização e o fracasso da segunda conseguiram deixar claro quais eram as questões centrais relativas à inflação, e como é que se poderia estabilizar.

No livro da Leda e do Messenberg,[32] a crítica que eles fazem a nós é de termos feito uma análise e feito outra coisa na prática. De certa forma eles

---

[29] Belluzzo e Tavares (1984), "Uma reflexão sobre a natureza da inflação contemporânea".

[30] Frenkel (1979), "Decisiones de precios en alta inflación".

[31] Frenkel (1990), "Hiperinflação: o inferno tão temido".

[32] Bier, Paulani e Messenberg (1986), *O heterodoxo e o pós-moderno*.

têm razão, mas ali a questão era outra. Sabíamos que aquilo tinha uma vida limitada, mas quase que fomos constrangidos a fazer o plano. A expectativa geral era de que se fizesse alguma coisa em relação à estabilização. Mas a posição que está no meu artigo com a Conceição é que se tinha um problema de instabilidade derivada dos desequilíbrios financeiros que a crise externa causara.

As teorias macroeconômicas disponíveis apresentam diagnóstico e soluções adequados para a inflação brasileira?

Aí existem safras distintas. Se se olha a literatura sobre hiperinflação do pós-guerra, se encontra suporte para a ideia de que é preciso restaurar as condições de financiamento externo. Os economistas e os políticos dos anos 1920 e 1930 sabiam disso com grande clareza. Na discussão brasileira faltou informação histórica, o que a tornou um pouco politizada no mal sentido. É uma tendência ruim na discussão econômica, pelo menos na discussão pública, aceitar a forma como a mídia em geral trata as questões. As pessoas não têm coragem de falar: "Esse problema não é assim".

Como você vê a visão do Rangel sobre inflação?

O livro do Rangel, *A inflação brasileira*, tem algumas coisas seminais. Por exemplo, ele começa com uma afirmação radicalmente antiquantitativista, procurando mostrar como a inflação nasce de algumas características do sistema econômico. No fundo é uma derivação interessante das teorias da CEPAL. Faltou ao Rangel, que é um sujeito muito instigante, conter seu impulso à excessiva heterodoxia. Eu me lembro de que o livro foi muito mal recebido pelos economistas. Mas ele tinha questões essenciais, como, por exemplo, o problema do setor externo da economia. Rangel era uma figura muito perspicaz e percebeu o problema do financiamento com grande anterioridade.

Rangel inspirou muito a gente, mas infelizmente não teve a preocupação de Keynes na *Teoria geral*. Muita coisa da *Teoria geral* tem uma violência terrível contra a teoria convencional, mas ele coloca de uma maneira que não parece assim tão grave. Ele soube usar a retórica. Ele sabia que para convencer a comunidade era preciso ter uma linguagem menos estranha.

O Rangel tornou-se um samurai errante.

Sim. O Rangel teve muita importância nos anos 1950, quando a profissão de economista estava se transformando, se formalizando. O sujeito precisava ter um curso formal e isso começou a transformá-lo em uma figura mais estranha, mais heterodoxa ainda. As pessoas não o viam com muita simpatia. Há um problema corporativo, como em toda profissão, de excluir os muito diferentes.

Conceição, no artigo "Inflação: os limites do liberalismo" [1990], afirma que vocês deixaram um discípulo, e cita o Kandir...
Acho que agora ela não concordaria com essa afirmação (risos). Veja, eu gosto muito do Kandir, e o que ele fez no fundo acontece sempre: pegar uma ideia — eu não diria original, e desenvolvê-la. Foi o que ele fez em seu livro[33] — eu aliás escrevi o prefácio —, e fez muito bem.

A tese dele está relacionada diretamente com a sua visão do processo inflacionário?
Olha, eu acho que ele não procurou simplesmente modelar o que nós fizemos, mas se inspirou muito no nosso artigo. Procurou mostrar que a ideia de preços normais não se adequaria. Tinha um componente de aceleração dado pelo desequilíbrio das finanças públicas. Ele tenta fazer um modelo dinâmico. A partir daquele artigo com a Conceição, escrevi um outro com o Júlio Sérgio[34] que está mais próximo da minha visão do processo hiperinflacionário.

No artigo com a Conceição, nos preocupamos muito em explicar por que os pressupostos do modelo keynesiano não se cumprem mais. Houve uma ruptura do padrão monetário internacional, e isso introduziu uma grande instabilidade em algumas variáveis fundamentais, sobretudo nos juros e no câmbio. Escrevemos aquele artigo em 1984, num momento em que isso estava começando a ocorrer com maior intensidade. Qual é a crítica que fazemos à teoria da inflação inercial? É que ela supõe certas condições de formação de preços que não existem mais, e trata a questão dos juros simplesmente pelo lado dos custos e não como um preço fundamental, decisivo para a avaliação e formação da decisão capitalista.

Aquele artigo é uma tentativa de descrever um processo em que preços e quantidades mudam simultaneamente. Isso não é muito potável. Por razões analíticas os economistas tendem a separar as coisas, mas nós procuramos fazer uma crítica da teoria da inflação inercial. Depois fiz com o Júlio Sérgio um artigo para mostrar o processo de adaptação depois que surgiu e completou-se a ruptura do padrão monetário nacional. Mostramos também como

---

[33] Kandir (1989), *A dinâmica da inflação*.

[34] Belluzzo e Gomes de Almeida (1990), "Crise e reforma monetária no Brasil".

a economia brasileira foi criando instituições e formas de convivência com o processo inflacionário, o que é um fenômeno muito peculiar do Brasil, e como isso foi afetando também a forma pela qual as empresas e os bancos tomavam decisões.

Na verdade, Kandir ficou na primeira etapa. O que procurei fazer na segunda foi mostrar qual é a natureza desse processo, como é o jogo entre a evolução da estrutura econômica e das instituições, e a resposta dos agentes. Chegamos à ideia de financeirização dos preços: em uma situação de colapso e de instituições construídas dessa maneira, o único referencial para a formação de preços é a taxa de juros nominal. Ou seja, o processo de formação de expectativas torna-se autorreferencial.

Papel do Estado na economia

Qual deve ser o papel do Estado na economia e o grau de sua intervenção? Quais as distorções que precisam ser corrigidas em um sistema livre de preços?

Isso daria um debate de uns três dias (risos). A questão do Estado é a mais ideologizada possível. A posição liberal mais radical, a de Hayek, dizia o seguinte: "A sociedade tem que ser reduzida à sociedade dos produtores independentes em busca de seu interesse, o Estado deve ser reduzido ao mínimo, talvez a um conselho de sábios". Não há nenhuma outra forma de socialização possível a não ser através do mercado. Essa é a posição mais radical que tem influência grande hoje em dia.

A verdade é que a história do capitalismo, a despeito disso, sempre foi uma história em que o mercado e o Estado conviveram de uma certa maneira, tiveram relações hierárquicas de preponderância diferentes. Quando terminou a Segunda Guerra Mundial, e esse debate já vinha dos anos 1920, a economia foi organizada, foi rearticulada, rearranjada, e isso foi um processo longo de convergência, com uma função importante para o Estado. Primeiro o Estado era o guardião e o articulador da Economia nacional. Fazia sentido falar em uma Economia nacional, em que o Estado tinha, além de suas funções clássicas, a função de estimular, por quaisquer métodos que fossem, o desenvolvimento. No caso da Europa, de estimular a reconstrução dos seus sistemas produtivos, sobretudo industriais, e no caso dos países em desenvolvimento, de construir esse sistema.

Criou-se um conjunto de instrumentos e instituições que faziam todo sentido no pós-guerra, como o Perry Anderson diz num artigo interessante sobre o neoliberalismo:[35] o Hayek e o Friedman eram considerados marginais, figuras sem nenhuma expressão, mas tiveram a coragem de sustentar essas posições, naquele momento de refluxo histórico. É o que o João Manuel disse em uma palestra, com muita propriedade: "Ninguém lia os liberais, ninguém dava bola para eles, eram no máximo figuras excêntricas falando sobre coisas totalmente superadas". Havia uma preeminência absoluta das visões do planejamento, da necessidade do Estado coordenar o interesse privado. Era preciso ter programas de longo prazo, os franceses montaram o sistema de planejamento, ninguém discutia isso, as políticas keynesianas não eram questionadas. Então não se pode discutir abstratamente essa questão.

Campos fala: "Gudin tinha razão"...
Pois é, em termos abstratos o Gudin tinha razão. Essa é uma maneira equivocada de colocar a questão da intervenção do Estado, na minha opinião. Ao recuar para o período anterior à Revolução Industrial, não se pode explicar o nascimento do capitalismo sem o Estado. O capitalismo liberal só é possível por causa do Estado absolutista, que constitui todo o entorno institucional e jurídico dentro do qual ele pode se desenvolver. Ainda que tenha havido um esforço para eliminar o que foi construído pelo Estado de bem-estar, não foi possível fazê-lo. No entanto, a ênfase da intervenção do Estado mudou muito. A função de protetor da economia nacional se tornou menos relevante, porque não se é mais capaz de definir o que seja a economia nacional.

O caso SIVAM mostra como se dá de fato a competição hoje em dia. O ambiente onde as empresas competem é o ambiente ampliado da economia integrada, mas elas não podem prescindir dos seus Estados nacionais e nem das suas bases nacionais, sem o que não podem competir. Elas dependem do financiamento dos seus Estados para competir em terceiros mercados, dependem da forma pela qual o Estado articula o sistema nacional de ciência e tecnologia. O que muda nessa relação é que o Estado está muito mais envolvido com as novas regras desse sistema, da concorrência generalizada e universalizada. Ele cuida dos interesses da grande empresa nesse ambiente dito globalizado. Não se trata mais de preservar o direito dos trabalhadores ou organizar um pacto social. Não é uma questão de mais Estado e menos mercado, é mais mercado e mais Estado. Está mudando a natureza da intervenção.

---

[35] Anderson (1986), "Modernidade e revolução".

Resta saber a que nível chegará o conflito entre a apropriação do Estado pelo privado, e os processos sociais que se desencadeiam com isso. Porque há implicações do ponto de vista fiscal, da composição do gasto, que nós estamos vendo todos os dias. O governo diz que não pode fazer tal coisa com a saúde, mas bota quatro bilhões no sistema bancário. O ruim da discussão no Brasil é que tudo é colocado em termos supostamente morais. Não é esse o problema, trata-se de saber qual é a insuficiência sistêmica ou os interesses que o Estado é conclamado a atender com mais presteza.

Dentro dessa ótica, como vê o Mercosul?
Eu acho que o Mercosul teve problemas de *timing*. Eles foram muito precipitados, deram um prazo muito curto. Mas vejo positivamente, desde que se supere certos problemas originários. No fundo nós fizemos toda a integração sem constituir alguns mecanismos básicos compensatórios, por exemplo, para os desequilíbrios comerciais. Isso é tão ou mais importante quanto fazer uma tarifa externa comum, ou quanto definir protocolos e exceções no caso de cada setor industrial. A posição superavitária da balança comercial muda rapidamente de um país para outro, em função até da etapa que a gente está vivendo. Mas veja a União Europeia, que começou há muitos anos exatamente com uma união de pagamentos, quer dizer, com mecanismos de financiamento compensatório para evitar disputas por causa da mudança no equilíbrio comercial nos anos 1950.

Na verdade, o que torna mais grave, ou mais ameaçado, esse projeto do Mercosul, é o fato de que os países estão com o olho em outra coisa. Eles fazem integração, mas cada país está de olho em sua inserção internacional. Isso é particularmente verdadeiro em relação à Argentina. O Cavallo sabe que Brasil hoje em dia é crucial, mas se ele pudesse se livrar do Brasil e fazer uma integração à parte... Então, como dizem, tem um olho no peixe e outro no gato. Aí perde-se um pouco a capacidade de avançar no processo de integração.

O Estado e as instituições

A Nova Economia Institucional é útil para entender e descrever os problemas brasileiros?
O institucionalismo teve um papel na formação do pensamento econômico norte-americano muito importante, nos anos 1930. Por exemplo, o *New Deal* teve uma influência enorme dos institucionalistas, muito mais do

que de outras correntes. Os marxistas eram minoritários, Keynes teve uma importância desprezível. É um engano dizer que Keynes foi importante para o *New Deal*; do ponto de vista prático não foi. Mas a Nova Economia Institucional é uma espécie de roupagem diferente da visão liberal da Economia. Pode-se ler como uma espécie de complemento da visão hayekiana: a criação de instituições que permitem o funcionamento mais livre do capitalismo, sem botar areia na engrenagem...

Mas tem as instituições que também lubrificam.

Claro, mas em geral as que lubrificam são as que caminham na direção de uma maior autonomia do econômico em relação ao político. Aliás, isso é comum às várias correntes liberais. A ideia da escola da escolha pública, de Buchanan e Tollison,[36] é que na verdade o keynesianismo foi uma mancha, porque permitiu que o político se intrometesse no econômico. Deixou que os interesses especiais entrassem dentro do Estado, sobrecarregando-o, produzindo déficits infinanciáveis. Há um fio condutor: a política obstrui o funcionamento do capitalismo, leva à ineficiência de alocação, leva ao populismo.

É inevitável ter instituições, por exemplo o Banco Central, independentes. É preciso haver instituições, então, que sejam o menos impeditivas possível para o funcionamento do sistema. As instituições tem que ser construídas de modo a respeitar a lógica do capitalismo, a lógica do mercado. Tanto Buchanan como Douglass North acham que há instituições que são próprias na Economia de mercado, que devem ser despolitizadas ao máximo. A questão não é ter ou não ter instituições, é seu grau de politização.

Luciano Martins chama a atenção para o fenômeno de "privatização do Estado", um Estado que está muito a serviço de interesses privados.

Esse é um problema que toda a economia capitalista tem. Karl Mannheim escreveu um livro clássico em 1947, chamado *Poder, planificação e democracia*, em que ele dizia que o Estado democrático tem que ser forte para impedir que esses interesses penetrem nele. A relação do Estado com a sociedade tem que mudar, o Estado tem que ser forte institucionalmente, tem que ter resistência, tem que sempre se manter à tona desse movimento incessante de tentativa de penetração dos interesses particulares.

Quem são os privilegiados hoje? Outro dia saiu um artigo no *Le Monde Diplomatique*, dizendo que a crença dominante acusa os trabalhadores que

---

[36] Buchanan, Tollison e Tullock (1980), *Toward a Theory of the Rent-Seeking Society*.

querem manter suas vantagens. É curioso que isto ocorra num quadro de uma economia e de uma sociedade cujo critério de integração é ganhar dianteira em relação aos demais, a partir do seu interesse pessoal. Isso está dentro da lógica e da ética do capitalismo. É um comportamento racional. Não se consegue superar isso, que é próprio da natureza do capitalismo. Então, o que dizem esses economistas? É preciso estabelecer regras impessoais, universais, que supostamente o mercado deveria cumprir. Eu acho que é uma trapaça. Por debaixo do pano introduzem uma "racionalidade" sistêmica que os subalternos devem respeitar.

A crise é muito grave, porque é uma crise das instituições e das formas de controle e de compensação que foram impostas ao capitalismo, cujo funcionamento "livre" levou a situações desastrosas, como a crise de 1929 e as duas guerras. O que se pretende fazer? Voltar ao que era antes, deixar os mecanismos econômicos funcionarem, porque o Estado, o *rent-seeking*, perturbam a alocação de recursos, dão origem a uma série de distorções na economia.

Mas ocorre em níveis diferentes nos diversos países, não acha?

Você diz que os interesses privados penetraram de maneira distinta? Estou de acordo, plenamente. Mas de qualquer maneira penetraram. Vamos pegar os Estados Unidos como modelo, acabamos de discutir o exemplo da Raytheon. Aliás, é espantoso que a imprensa norte-americana trate isso com grande naturalidade. Parece natural para eles, e não há nada mais contrário à impessoalidade e às normas impessoais do mercado do que isso.

Aqui somos muito mais fariseus, e nos escandalizamos com o *lobby*. Por exemplo, aquele episódio do projeto da Norberto Odebrecht do Peru, que o governo brasileiro iria financiar. Quando vi aquilo falei: "Mas isso é uma besteira". Todo Estado nacional tem seus mecanismos de financiamento para empurrar suas empresas em projetos que dão empregos. O Estado francês faz isso com grande desembaraço e ninguém fala nada. Aqui é inacreditável, é um negócio católico: o cara é safado, vai pedir perdão para o padre e sabe que vai ser perdoado. Aí ele pode bater no peito que ele é puro, que é santo, mas ele é sem-vergonha. O clima que se cria aqui é este.

Quais as dificuldades de se criar um sistema tributário eficiente em um país federalista e da dimensão do Brasil?

Isso é um quebra-cabeça infernal. Primeiro por causa das questões relativas à federação. Hoje em dia, criar um sistema tributário para a União Europeia é uma dificuldade, tem problemas de fronteira, de saber quem é que ganha, se é o Estado produtor ou se é o Estado consumidor. A segunda diz respeito às tendências gerais dos sistemas tributários. Se você olhar a evolução dos sistemas tributários, eles estão caminhando regressivamente mais em direção à taxação sobre o consumo do que sobre a produção; aliás, essa é uma velha ideia de Kaldor. Ele propôs imposto sobre o consumo, progressivo, teria que ser um imposto declaratório. Mas a ideia de Kaldor era exatamente não taxar nenhum investimento, estimular a poupança e introduzir menos distorções no sistema produtivo.

Aqui no Brasil há uma espécie de revolta tributária, há uma certa confusão entre a desorganização do sistema impositivo, um sem-número de taxas, e a ideia de que a carga tributária aqui é muito alta, o que não é verdade. O Brasil tem, hoje em dia, uma carga tributária parecida com a dos Estados Unidos, que é muito mais baixa do que a da Europa. Mas não vamos exigir tanto, vamos supor que você queira pelo menos manter essa carga, ou subi-la de maneira razoável. Há na classe média uma grande resistência a pagar imposto, sobretudo o imposto de renda. Isso não é um fenômeno apenas brasileiro, nos Estados Unidos tem uma enorme discussão para acabar com o imposto de renda. Há um conflito muito claro: uma parte importante da população se tornou cosmopolita *à outrance*, quer dizer, o seu circuito de renda, de gasto, está todo internacionalizado, então essas pessoas não têm nenhuma solidariedade.

Os sistemas tributários da chamada era keynesiana estavam ligados a quê? Primeiro, à ideia de que os ricos precisam pagar para os pobres. Segundo, de que o Estado precisa dispor de meios para poder prover a economia de infraestrutura, para poder atender aos desequilíbrios de renda da população — era indiscutível isso. Hoje em dia isso está em discussão. Os sistemas tendem a se tornar mais regressivos, a mudança na composição da riqueza foi grande. Antigamente a riqueza eram bens tangíveis, hoje são instrumentos financeiros, são mais voláteis e mais internacionalizados.

O Paulinho [Nogueira Batista Jr.] disse outro dia: "Mas assim mesmo subiram as cargas tributárias". Subiram, mas em cima do consumo e da massa da população. Os princípios da fiscalidade keynesiana, da solidariedade, estão fora de moda. Outro dia eu fui em um programa de televisão no Rio Grande do Sul e alguém, uma espécie de corifeu do conservadorismo, falava: "Pois é, esse ramo de atividade progride magnificamente. Pena que o governo tira 20% para o imposto e joga fora". Então, vejo que só com muita dificuldade se pode fazer uma reforma tributária que aparelhe o Estado.

Essa discussão sobre a solidariedade está em A rebelião das elites *de Christopher Lasch.*[37]

Sim, ele coloca o problema da cosmopolitização da elite norte-americana, que não tem solidariedade nenhuma. E isso é um fenômeno que está acontecendo no Brasil, quer dizer, a classe média alta acha que a massa não tem jeito. Talvez fosse melhor jogá-la do penhasco. Eles não dizem isso claramente porque seria uma coisa muito chocante admitir que pensam assim. Mas no fundo pensam.

Tem uma história fantástica, eu não sei se o Simonsen contou para vocês. Um empresário, na época em que o Simonsen era ministro da Fazenda, levou um decreto pronto. O Simonsen olhou o decreto, leu e falou: "Mas isso aqui só beneficia a sua empresa!". Ele respondeu: "Não precisa ficar preocupado, é só a minha empresa mesmo" (risos). "Ninguém mais vai mamar nesse negócio, só a minha empresa." Eu acho essa história notável.

Aqui está claro quem deve pagar, quem tem capacidade contributiva e quem deve receber, o problema é que quem deve pagar não está achando bom, não gosta de quem deve receber, e isso é um pouco parecido com a situação norte-americana: "Por que que eu vou pagar para dar *welfare* para esses pobres aí que ficam enchendo?". Essa é a situação. Então, voltando àquilo que eu disse, acho que hoje o potencial de crise dessa sociedade, desse sistema econômico-social é muito maior, porque envolveram-se na crise aquelas instituições que estavam incumbidas de amenizá-la. O [Newt] Gingrich, *speaker* do Congresso norte-americano, claramente tomou uma posição a favor dos que pagam: "Vamos abaixar os impostos e reduzir violentamente os benefícios". Para ele, Estado de bem-estar estimula a preguiça, favorece a concepção irresponsável. As mulheres querem transar e depois não querem assumir a responsabilidade.

OUTRAS CONTROVÉRSIAS

Você falou do Simonsen há pouco, vocês tiveram um debate sobre a questão da indução. Você se considera vencedor?

Não sei, nunca há vitórias definitivas na vida intelectual. Tenho o maior respeito por ele, muitas vezes não concordo. Estudamos no mesmo colégio, somos inacianos. Ele foi um aluno muito aplicado, talvez o melhor da histó-

---

[37] Lasch (1994), *A rebelião das elites e a traição da democracia.*

ria do Santo Inácio. Eu talvez tenha sido melhor jogador de futebol, mas o melhor aluno não fui (risos). Ele escreveu um artigo sobre o Plano Collor II. Ele diz: "Parece que os economistas não aprendem com a experiência, negam o princípio da indução". Eu ia escrever um artigo na *IstoÉ* e pensei: "Deixa eu aproveitar esse negócio do Simonsen e dizer que o princípio da indução é um mau guia nas ciências em geral e nas Ciências Humanas em particular".

Aí alguém, que deve ser inimigo dele, publicou esse artigo em todos os jornais do Brasil. Virou uma discussão infernal, fizeram uma página no *Jornal do Brasil*, chamaram o Wanderley Guilherme [dos Santos]. A *IstoÉ* fez uma matéria de capa sobre essa controvérsia: "Por que os economistas nos enganam?". O pessoal gosta de ver sangue, "vamos ver os dois brigarem, vamos ver quem é que ganha a discussão". Mas eu não tenho esse espírito, acho importante a emulação intelectual e acho que é preciso discutir, e, quando se escreve algo equivocado, tem que se apontar. Às vezes, aqui no Brasil, isso não é muito bem entendido, as pessoas se ofendem.

No Brasil os costumes são incivilizados. O sujeito se sente pessoalmente atingido, acha que a crítica é uma desvalorização daquilo que ele está dizendo. Se numa mesa de debate se diz "você é um imbecil", claro que é uma coisa ofensiva, mas se se faz uma crítica, "nós achamos que você não tratou bem este ponto", qual é a ofensa? Não se está chamando ninguém de burro nem de incompetente. Se bem que, no fragor da batalha, pode-se insinuar, mas não é direito. Pode-se usar um pouco de humor, eu gosto de usar.

Para encerrar, Economia é uma ciência ou uma arte?

Tendo a concordar com Keynes, a Economia é mais uma arte do que uma ciência. A Economia é uma forma de conhecimento que busca compreender um objeto complexo e em permanente transformação. Nossos indefectíveis positivistas acham que a única forma de conhecimento válida é aquela que é modelável. Como diz o Luiz Carlos Mendonça de Barros, o economista para ficar bom precisa ter idade. Acho que é mais arte do que ciência, o que não a desmerece nem um pouco. A arte é uma forma de conhecimento. Hegel dizia que a forma mais avançada do espírito não era nem a política nem a ciência, era a arte. Tendo a concordar com ele.

ANDRÉ LARA RESENDE (1951)

André Pinheiro de Lara Resende nasceu no Rio de Janeiro, em 24 de abril de 1951. Formou-se em Economia pela PUC-RJ (1973), é Mestre em Economia pela EPGE (1975) e obteve seu PhD pelo Massachusetts Institute of Technology (MIT) em 1979 com a tese *Inflation and Oligopolistic Price in Semi-Industrialized Economies*. Desde então sua produção acadêmica se concentrou na análise do processo inflacionário. Retornando ao Brasil, foi professor de Macroeconomia no recém-criado Curso de Mestrado em Economia da PUC-RJ. Em 1980 torna-se diretor do Banco de Investimento Garantia, no Rio de Janeiro, sem abandonar a docência.

Em 1984, apresentou em Washington uma proposta de estabilização da economia brasileira, juntamente com Persio Arida, "Inertial Inflation and Monetary Reform in Brazil", que ficou conhecida nos centros acadêmicos brasileiros e norte-americanos como proposta "Larida". Em 1986 afastou-se do setor privado para ocupar o cargo de diretor da Dívida Pública e Mercado Aberto do Banco Central, na gestão do ministro Dilson Funaro, tendo importante participação no Plano Cruzado.

Ao retirar-se do governo, retorna ao Banco Garantia. Participou do Conselho de Administração das Lojas Americanas (1987-1989) e da Cia. Ferro Brasileiro (1984-1990). Foi também diretor da Brasil Warrant Administração de Bens e Empresas (*holding* do grupo Moreira Salles) e vice-presidente executivo do Unibanco, no período de 1989 a 1992. Foi diretor-presidente da Companhia Siderúrgica de Tubarão. Em abril de 1993 cria o Banco Matrix com Luiz Carlos Mendonça de Barros e Antonio Carlos de Freitas Valle.

Permanece no novo banco apenas até agosto de 1993, quando assume o cargo de negociador-chefe da Dívida Externa Brasileira, na gestão de Fernando Henrique Cardoso no Ministério da Fazenda, sendo um dos principais artífices do Plano Real. Permanece no cargo apenas até novembro, retomando suas responsabilidades no Banco Matrix, com sede na Avenida Paulista, em São Paulo, onde foi realizada a entrevista em dois encontros: o primeiro no final de abril e o segundo no início de maio de 1995.

Formação

Por que escolheu Economia?

É até curioso. Escolhi Economia por acaso, por uma razão totalmente circunstancial. Meu interesse até então sempre fora Engenharia. Eu sempre tive interesse em automóvel, em mecânica, e sempre imaginei ser engenheiro. Acontece que meu pai foi ser adido cultural do Brasil em Portugal, quando eu estava no primeiro ano científico. Passei um ano em Portugal e voltei no meio do segundo ano científico. Uma professora de Química me deu três zeros no primeiro semestre em que estive ausente. Eu teria portanto que alcançar a média com apenas as notas do segundo semestre. Eu sempre fui muito bom aluno mas evidentemente não consegui e fiquei em segunda época. Optando por Economia eu ficaria dispensado do exame de segunda época. O interesse pelas férias em Cabo Frio acabou por me levar a desistir da Engenharia e optar pela Economia. Eu já tinha uma certa curiosidade por Economia. Tinha lido a *História da riqueza do homem* [1962] de Leo Huberman, e me interessei. Foi assim que acabei estudando Economia.

Quais foram seus professores mais importantes?

No curso de graduação da PUC, o professor mais importante foi certamente Aloísio Araújo. Tínhamos um seminário uma vez por mês na casa dele, à noite, de leitura de textos. Foi o que me despertou o interesse por Macroeconomia. E, depois, na Fundação Getúlio Vargas do Rio de Janeiro, onde fui fazer o mestrado, o curso mais estimulante foi certamente o de Francisco Lopes. Recém-chegado de Harvard, ele era o professor de um curso-seminário também de Macro. A leitura do *Tratado da moeda* de Keynes [1930] foi interessantíssima. Dionísio Dias Carneiro dava um curso de equilíbrio geral, em Microeconomia, muito matematizado, formalizado, de que gostei muito. Sempre gostei também de Estatística e de Econometria. Jessé Montello era um professor meio entediado, mas quando percebia um aluno interessado, era fantástico.

Fale um pouco sobre a relação aluno/professor no MIT.

A relação é muito próxima. Eu fiquei amigo de Lance Taylor e Rudi Dornbusch. No Brasil, um professor que é apenas quatro anos mais velho que você dificilmente pode desempenhar o papel de mestre. É mais um companheiro, com mais experiência. No MIT já era diferente. Robert Solow é um excelente professor, um mestre. Stanley Fischer, com quem fiz cursos de Macro, também era excelente. Tenho hoje uma ótima relação com ele. Ago-

André Lara Resende, diretor do Banco Central (gestão Dilson Funaro)
e Luiz Carlos Mendonça de Barros, em abril de 1986.

Lara Resende, no cargo de negociador da Dívida Externa,
e o então presidente do Banco Central, Pedro Malan, em depoimento na Comissão
de Assuntos Econômicos da Câmara dos Deputados, em outubro de 1993.

ra, mestre eu diria que foi Franco Modigliani. Depois de terminar os *generals* — exames finais que habilitam para a tese — você faz os *workshops*, seminários no campo escolhido para sua tese. Eu fazia o chamado *Monetary Workshop*, que é o *workshop* de Macroeconomia. Na época, era conduzido pelo Modigliani, pelo Dornbusch e pelo Stanley Fischer. Eu diria que esse *macro workshop* foi extraordinário. Do ponto de vista de experiência, inteligência e curiosidade intelectual, Franco Modigliani foi certamente um mestre para todos os que participaram do seminário de Macroeconomia do MIT daquela época. Mais do que todos, um modelo inspirador.

As pessoas que você cita são sempre de Macroeconomia...
Sempre foi minha área de interesse. Por ser brasileiro, o interesse em Macro e inflação é natural. Na Fundação Getúlio Vargas no Rio, na EPGE, a minha proposta de tese, que acabei não fazendo porque fui para o doutorado nos Estados Unidos, era sobre balança de pagamentos, inflação e indexação. Meu interesse sempre foi política de estabilização, balança de pagamentos, inflação e indexação.

Entre os economistas brasileiros que você respeita, quais considera fundamentais?
Certamente, do ponto de vista de influência, Celso Furtado. O livro *Formação econômica do Brasil* [1959], tendo dado margem depois a tantas contrateses, é um clássico. Uma pessoa como Furtado tem uma contribuição extraordinária para a compreensão da economia brasileira. Mário Henrique Simonsen, pelo seu gosto, sua vocação didática, mais do que qualquer outra coisa. Simonsen é um grande talento mas é, sobretudo, um extraordinário professor. Os seus livros de Microeconomia são de altíssimo nível, avançadíssimos na época, para qualquer lugar do mundo. Mas há outros economistas brilhantes com contribuição em várias áreas.

Como começou o curso de mestrado da PUC-RJ?
O mestrado da PUC começou, se não me engano, em 1978. Eu cheguei em 1979 do doutorado do MIT para ser professor na PUC. Foram três jovens professores da EPGE que saíram para criar o mestrado da PUC: Francisco Lopes, Dionísio Dias Carneiro e Rogério Werneck. Eles saíram da EPGE numa disputa sobre os rumos do programa. Simonsen apoiou o grupo mais da casa, mais ligado à Universidade de Chicago, que estava com o [Carlos Geraldo] Langoni. Já nessa época, propuseram que eu e o [Edmar] Bacha, que estava em Cambridge conosco, porque sua mulher na época, Eliana Cardoso,

era minha colega no MIT, entre outros, voltássemos e fôssemos para a PUC. Eu tinha também um convite para ir para a EPGE. Preferi ir para a PUC, com a qual eu tinha mais afinidade intelectual.

Quais são os economistas que você gosta de ler, de conversar, economistas que são referência para seu pensamento?
Os que estavam na PUC sempre formaram um grupo muito próximo, muito estimulante. Dentre eles, os que tinham interesse específico por Macroeconomia. Francisco Lopes, com quem sempre me dei muito bem, Persio Arida, que foi meu colega no MIT e que eu acabei convencendo a ir para a PUC (onde passou dois anos como professor) e Edmar Bacha, com quem convivi no período do MIT em Cambridge. O trabalho sobre inércia inflacionária, desde o início, foi feito em parceria com Francisco Lopes e depois com Persio e Edmar.

Em Física, por exemplo, raramente um aluno vai ler o Principia[1] *de Newton, estuda diretamente nos manuais mais recentes. Você acha que a ideia de "fronteira do conhecimento" se aplica à Economia?*
Cada vez mais me convenço de que é absolutamente importante ler tudo. A ideia de que só é preciso conhecer a fronteira, de que não é preciso conhecer a história do pensamento é um equívoco. A fronteira que tudo engloba é uma transposição equivocada das Ciências Exatas para a Economia. Economia não é uma ciência exata, e mesmo em Ciências Exatas cultura geral é fundamental.

Sem discutir o caso da Física, que é diferente, em Economia, certamente, não há uma fronteira que dispense todo conhecimento adicional. Ao contrário, os interesses e, de certa forma, o que é visto como relevante mudam, as coisas vão e voltam. Novas razões para a intervenção, para políticas protecionistas de comércio internacional ligadas à economia de escala foram ideias desenvolvidas recentemente por Paul Krugman. As coisas voltam, revistas sob um olhar diferente, e para entender essa volta é preciso ter conhecimento da discussão anterior. Deve-se desconfiar sempre do que parece ser a última moda e a fronteira que tudo englobaria.

---

[1] Livro de Isaac Newton (1642-1727) que contém as leis da Mecânica e da gravitação universal. Publicado pela primeira vez em latim no ano de 1687, seu título completo é *Philosophiae Naturalis Principia Mathematica*.

Há algum episódio acadêmico controverso que você viveu, que você acha interessante relatar?

Acho que as ideias avançam por controvérsia. Por exemplo, a questão da inflação. Uma coisa que me dá enorme prazer é ver a velocidade com que toda a teoria de inércia se desenvolveu e foi incorporada à ortodoxia. Mas, como toda concepção nova, foi inicialmente difícil de ser aceita e compreendida. Eu sempre tive consciência de que em relação à inflação se discutiam dois fenômenos diferentes aqui e nos países desenvolvidos de inflação baixa. A minha tese de doutorado foi extremamente difícil de ser digerida. Rudi Dornbusch, por exemplo, achava que eu estava desperdiçando tempo. Eu tinha feito dois ensaios sobre teoria de mercados eficientes em câmbio, que estava muito na moda, um teste estatístico, econométrico, que ele adorava. E resolvi deixar de lado para fazer algo sobre preços oligopolísticos, já um embrião da ideia da inflação inercial, que ele achava fora de propósito, um desperdício de tempo e de talento.

Um episódio traumatizante foi a reação ao meu primeiro artigo sobre a moeda indexada, na *Gazeta Mercantil*.[2] Viajei logo em seguida para um seminário e, quando voltei, Simonsen tinha feito uma grande propaganda do artigo, defendendo-o, e a ideia estava em debate. Minha proposta para sair do impasse da inércia veio de uma discussão com Chico Lopes, que defendia um choque heterodoxo com congelamento de preços. Eu já trabalhava no Banco Garantia, no sistema financeiro, tinha uma visão prática e considerava impossível congelar os preços, isso iria provocar perdas e ganhos extraordinários entre credores e devedores. Os contratos embutiam expectativas de inflação alta e não poderiam prever uma intervenção agressiva do congelamento. Os contratos pressupõem uma taxa implícita de inflação. Se se intervém com o congelamento, as transferências de renda e riqueza entre credores e devedores são insustentáveis. Sempre respeitei e admirei o funcionamento do sistema de preços e tive uma grande implicância com o congelamento. Nunca gostei muito do que o próprio Chico Lopes chamava de economia de engenheiro, um tratamento da economia baseado apenas em identidades, em que não há preços. Ocorreu-me que a saída seria a indexação instantânea generalizada, a indexação da própria moeda. Tive logo a consciência de que se tratava de um *breakthrough*. Diante da proposta, todas as perguntas, todas as dúvidas tinham respostas fáceis e naturais. Sabe-se que uma ideia é corre-

---

[2] Lara Resende (1984b), "A moeda indexada: uma proposta para eliminar a inflação inercial".

ta quando, diante de uma dúvida, ela desenha a própria resposta — a resposta é natural. Não se fica tentando resolver as questões e as dificuldades com exceções à regra geral. Escrevi o artigo e fiquei numa grande excitação.

As críticas, entretanto, foram de uma inacreditável violência. Há um lado psicológico invejoso na discussão acadêmica. Eu fiquei muito magoado, e escrevi um artigo, "Moeda indexada: nem mágica, nem panaceia" [1984], que era uma resposta aos críticos. Chico Lopes me disse que num seminário promovido pelo doutor Bulhões para discutir a proposta, que deveria ser a consagração, encontrou-me esgrimindo contra demônios que não estavam ali. Mas o fato é que a discussão acadêmica é muito complicada.

A decisão de ir trabalhar no sistema financeiro foi dificílima. Carlos Díaz-Alejandro, cubano, radicado nos Estados Unidos, professor de Yale por muitos anos, um grande macroeconomista e à época professor visitante na PUC, disse-me que eu estava fazendo uma loucura. Segundo ele, os jovens com talento acadêmico não deveriam desperdiçá-lo num banco.

A decisão foi muito influenciada pela percepção de que a competição acadêmica é pouco saudável. Não há critério objetivo de julgamento. É o que eu chamei, talvez um pouco injustamente, de "competição feminina". A forma de se destacar é convencer aqueles com quem você está concorrendo de que você é bom. Você precisa seduzi-los, para que eles o elogiem. É uma competição indireta. Quem é competente academicamente? Aqueles que os que são considerados competentes dizem que são. Você na verdade deve seduzi-los para que eles o achem inteligente, original, competente. São alianças cambiantes, circunstanciais, de elogios recíprocos, numa competição muito complicada, muito cheia de sombras e intrigas. No mercado financeiro, ao contrário, há um placar claro e objetivo. Eu sou uma pessoa muito competitiva. Gosto da competição esportiva, sempre fiz esporte, e é um alívio ter um critério claro e objetivo de aferição de resultados.

Mas você perguntava sobre a controvérsia. Hoje tenho enorme prazer quando vejo pessoas, que alguns anos atrás tratavam com ironia, referirem-se à inflação inercial como algo aceito e estabelecido. Veja como as ideias vencem. A reação à proposta da moeda indexada foi um trauma especialmente difícil. Percebi que é preciso fazer alianças para defender uma ideia. Persio desde o início gostou da ideia. Resolvemos escrever um artigo juntos.[3] A controvérsia é saudável, necessária, é assim que as ideias avançam, mas, como tudo na vida, é permeada por questões psicológicas extremamente complexas.

---

[3] Arida e Lara Resende (1984a), "Inertial Inflation and Monetary Reform in Brazil".

Você seguiu uma carreira profissional simultaneamente na academia e no mercado financeiro. Como foi essa experiência?

Sempre tive interesse por assuntos monetários e financeiros. Sempre tive vontade de entender o funcionamento prático do Banco Central e a condução da política monetária. Sempre achei que economia não é puramente acadêmica. Se eu tivesse que fazer uma opção puramente acadêmica não escolheria Economia. Meu interesse por Economia sempre foi ligado a política econômica. Tenho interesse teórico, gosto de teoria, mas só entendo a teoria como algo com uma ligação direta com o mundo, com a capacidade de interferência no mundo.

Fui parar no Banco de Investimentos Garantia quando Cláudio Haddad, que fora meu professor na Fundação Getúlio Vargas, na EPGE, foi nomeado diretor do Banco Central. Langoni era presidente do Banco Central e criou a Diretoria da Dívida Pública e de Mercado Aberto e convidou Cláudio. Li no jornal sobre sua indicação para o cargo e pensei que esse seria o tipo de experiência que eu gostaria de um dia ter. Logo em seguida me telefona o Cláudio e diz que me havia indicado para substituí-lo no banco. E assim fui trabalhar no Banco Garantia, nos primeiros três meses em tempo parcial e, depois, tempo integral. Continuei dando aula na PUC. Consegui uma coisa rara, tanto na PUC como no Garantia. Às sextas-feiras eu ficava na PUC, participava da reunião de diretoria do Departamento de Economia. Fui muito criticado, e, como já disse, na época as pessoas tomaram a minha decisão como se fosse uma traição, como se eu estivesse saindo do convento para ir ao bordel, mas acho que foi muito importante para mim. Foi fantástico, foi uma grande experiência. Para se ter ideia dos temas relevantes e pensar por conta própria, uma experiência prática é fundamental. E a experiência prática para o economista é naturalmente o mercado financeiro, seja do lado do Banco Central, seja do lado do mercado privado. Por quê? Porque no mercado financeiro a análise macroeconômica é fundamental.

Apesar de seu interesse por Macroeconomia, você trabalhou muito pouco com conjuntura, não?

Eu sinto um certo tédio pela análise de conjuntura. Nunca quis ser consultor, nunca fiz consultoria e não gosto de fazer palestras de conjuntura. Não gosto de me repetir. Acho que a análise de conjuntura é uma espécie de organização do consenso, é pouco imaginativa, pouco criativa. O consultor termina por não pensar, apenas repete o que está no ar. Aí é que está o desafio do equilíbrio, digamos assim, que é o de ao mesmo tempo ter uma participação na realidade e ter capacidade de refletir para a sua compreensão. É preciso ter distanciamento, solidão, para refletir de maneira original, ter *insights*. Pensar por conta própria, com originalidade, refletir e não apenas repetir o que está no ar.

Método

Na sua opinião, qual é o papel do método na pesquisa econômica?
(Pausa.) É preciso ter método, ter disciplina e organizar a pesquisa. É preciso ter conhecimento da realidade. Sempre desconfiei da visão puramente empiricista — a ideia de que primeiro tomam-se os dados, formula-se uma hipótese e, depois, checa-se sua validade. Nelson Rodrigues dizia que, se os fatos não confirmam, pior para os fatos. Sempre achei graça e vi uma certa verdade nessa *boutade*. É um ilusão a ideia de que existem fatos. Só existem dados empíricos à luz de uma certa concepção, de um certo *insight* que os antecede.

É preciso ter uma imersão, uma percepção do funcionamento social, do funcionamento da economia. Sem dúvida nenhuma, é preciso ter respeito pelos números, mas desconfio, por experiência própria, dos números publicados. Usar dados que não se sabe como foram feitos, sem entendê-los corretamente, é perigoso. É preciso entender os dados, como são feitos e ter respeito pela sua observação. Nem o extremo do empiricista nem o extremo de desconsiderar os dados.

Existe um método em Economia, mas ele é, como tudo, uma arte, requer bom senso, sensibilidade e não é algo passível de ser descrito com absoluto rigor. Mas é preciso aprender a pesquisar, saber formular as hipóteses, saber quais as questões, quais os problemas, como abordá-los, como tratá-los e assim por diante.

E qual é o papel da Matemática e da Econometria na Economia?
Gosto de Econometria, estudei Econometria a sério e bem profundamente. Gosto da Matemática, da Estatística, mas acho que é preciso ter desconfiança em relação ao método econométrico. Usado por quem desconfia dele, é interessante. Usado por quem acredita piamente, pode ser uma cretinice.

A Matemática é extremamente útil na Economia. A Matemática é uma linguagem, uma linguagem concisa e de cheques de consistências lógicas extremamente eficaz. Confesso que a minha paciência para ler temas matematizáveis que não estão em Matemática é zero. Artigos de finanças, por exemplo, de trinta páginas, se matematizados, seriam duas. Para quem tem fluência, a Matemática é um instrumento eficientíssimo. Não só é conciso, como reduz as ambiguidades que o texto muitas vezes cria.

A Matemática ocupa um importante espaço na formulação econômica, mas o coeficiente de impostura com que a Matemática muitas vezes é usada é grande. Porque o que é dito matematicamente tem um ar de lei, de verdade suprema, que ameaça aqueles que não têm familiaridade com a linguagem matemática. A Econometria pode ter um poder de impostura ameaçadora ainda maior. De qualquer forma, acho que a Economia avançou muito, destacou-se entre as Ciências Sociais porque permite, mais do que as outras, o uso da Matemática.

A respeito da competição acadêmica, a questão da sedução, como você vê o papel da retórica na Economia?

A retórica é hoje um campo em Economia. A primeira vez que li sobre retórica em Economia foi em um artigo de Persio Arida, publicado posteriormente pela Editora Bienal: "A história do pensamento como teoria e retórica".[4] Persio e eu estávamos na casa de campo dos meus pais em Correias, no estado do Rio, num fim de semana, quando Persio me deu para ler o artigo que tinha acabado de escrever. Achei brilhante. Disse a ele que considerava um artigo excepcional. Estimulei-o a enviar imediatamente para publicação numa revista estrangeira. Persio disse que iria fazer algumas revisões antes de enviar. Alguns dias depois, o Persio, muito desapontado, veio me contar que um artigo de um tal de McCloskey tinha saído no *Journal of Economic Literature*[5] com exatamente o mesmo argumento do artigo dele. Li o artigo do McCloskey e achei realmente muito interessante. Abriu um campo em Economia. Mas confesso que acho o artigo do Persio melhor (risos). Melhor não é bem a palavra: o artigo do Persio é mais elegante. É a mesma tese exposta com mais elegância. O fato é que, com a publicação de um artigo que lhe tirava a originalidade do argumento, Persio desanimou. Tempos depois, num seminário organizado por McCloskey, Persio apresentou o seu artigo, que, evidentemente, tinha agradado muito ao próprio McCloskey, entre outros.

Acho que esse episódio marcou o Persio, que nunca se restringiu aos temas estritamente econômicos, sempre teve interesse por tudo, sempre foi ex-

---

[4] Arida (1983), "A história do pensamento econômico como teoria e retórica".

[5] McCloskey (1983), "The Rhetoric of Economics".

tremamente culto. Aquele artigo parece ter sido o seu testamento sobre Economia. Como se ele tivesse chegado a uma síntese do que era a teoria econômica e do que era fazer teoria econômica. E eu acho extremamente bem observado: Economia é uma arte retórica. É verdade para todas as ciências: a capacidade de expor é fundamental. Os métodos, os truques utilizados para vencer na argumentação são importantes. Especialmente em Ciências Sociais, em que o teste empírico é limitado, a retórica é fundamental. O uso da Econometria e da Matemática são apenas algumas das armas da retórica. Explicitar a retórica na Economia é um achado, é inteligente, e é importante para o economista. Isso não deve levar a um ceticismo completo. Ao contrário, é importante ter uma percepção dos limites, do possível, da técnica de argumentação e ter consciência do equívoco que significa a pretensão de uma teoria econômica dura e pura. Não tenho dúvida de que a explicitação da Economia como retórica foi um achado, um *breakthrough*.

Qual o método que você usa nas suas pesquisas e análises?
Eu não faço pesquisa e análise, no sentido acadêmico dos termos, há muito tempo. Eu nem me vejo mais como um economista que faz pesquisa e análise. Há uns dez anos, quando saí do Banco Central, eu pretendia tirar um ano sabático e voltar à universidade. Na época eu tinha um tema específico e uma ideia do que eu queria fazer. Achava que toda a formulação da teoria da oferta da moeda estava equivocada. Como os modelos macroeconômicos assumem que a oferta de moeda é exógena — um dado —, o funcionamento da oferta de moeda sempre foi muito mal compreendido. O pressuposto muito difundido de que o Banco Central controla diretamente a oferta de moeda é rigorosamente falso. O Banco Central só tem controle sobre a oferta de moeda por via indireta, através do controle das taxa de juros.

Acho que é importante explicitar uma simplificação falseadora. Grande parte do método de pesquisa em Economia é encontrar o tema. O grande desafio de um estudante de doutorado é encontrar o tema de sua tese. Ter a percepção do tema relevante e saber como formulá-lo e tratá-lo é a parte mais importante da metodologia. Ao responder sobre o método em Economia, percebo que eu realmente gostaria de fazer alguma coisa sobre a oferta de moeda. Todo ano penso que, o próximo, vou conseguir fazê-lo sabático. Infelizmente, não consigo.

Escrever bem é fundamental. Infelizmente não é o caso da maioria dos trabalhos acadêmicos em geral e de Economia em particular. A maioria dos economistas, quando vão escrever uma tese, adotam uma forma dura, pretensamente científica, que torna a leitura penosa. Entender um tema, a razão de um equívoco, a importância de superá-lo e como fazê-lo são elementos aos quais deve se somar o texto claro e conciso para se ter um bom trabalho. Nesse sentido, a *Teoria geral* de Keynes[6] é um livro extraordinário. Uma extraordinária obra de retórica com imaginação e originalidade. Se não me engano, Persio usa a *Teoria geral* como exemplo da técnica de enquadrar a tese que se quer combater como um subcaso do modelo geral que se pretende demonstrar. Trata-se de uma das mais poderosas armas de retórica.

Muitos economistas sustentam que a Teoria geral *é impenetrável...*
Não, não acho. Como obra original e ambiciosa, a *Teoria geral* tem um lado meio impenetrável que deu margem a uma espécie de hermenêutica do livro. Mas é uma beleza de livro. Um assunto fundamental, uma questão da maior relevância que estava em pauta. E é bem escrito. Keynes era um economista que escrevia bem. O livro é tão rico e as questões tão controvertidas que dá margem a interpretações.

É ambíguo.
Sim, num certo sentido, é ambíguo, não é um modelo fechado. O modelo IS-LM de Hansen, uma formalização do argumento, não é ambíguo mas é um empobrecimento enorme do que está na *Teoria geral*.

Na sua opinião, qual é a influência das instituições na Economia?
Importantíssima, sem dúvida. Não há uma teoria pura desvinculada do arcabouço institucional. Como toda teoria social, a instituição é parte, implícita ou explícita, do modelo. Agora, é preciso fazer certas simplificações, é preciso tomar alguma coisa como um dado. Quando se trata da economia de mercado, esse tipo de economia moderna, pressupõe-se que as instituições são as do modelo mais comum e corrente: uma democracia, com sistema bancário etc. É óbvio que as instituições definem as relações econômicas. Quando, entretanto, você passa a tratar de instituições de forma explícita em Economia, a fronteira interdisciplinar começa a ficar cinzenta.

Em artigo na Folha de S. Paulo, *"Elegância" [4/4/1995], você comenta que a realidade é redutível e ainda bem que é, pois assim podemos elaborar e tratar as teorias. Perde-se muito quando as teorias não tratam das instituições na economia?*

---

[6] Keynes (1936), *Teoria geral do emprego, do juro e da moeda*.

Depende do tema tratado. O argumento é similar à questão da formalização matemática. A tentação globalizante de explicar tudo e não deixar nada de lado — muito comum na visão dos economistas de uma certa esquerda latino-americana — faz com que se acabe por não entender nada. Deixar de lado a questão das instituições é uma perda que falseia a compreensão do tema? Depende do que se está tentando analisar, de qual é a questão. Muitas vezes não se perde nada, em outras pode ser imperdoável. Numa entrevista recente, Roberto Mangabeira Unger, em *O Estado de S. Paulo*, fala um pouco sobre o que ele tem feito nos últimos anos. Ele argumenta que as instituições e as configurações sociais possíveis são muito menos determinadas historicamente do que se pensa, especialmente na tradição marxista. Nesse sentido, o marxismo é conservador: o universo do possível seria totalmente restrito pelo passado, pela história. E Mangabeira argumenta, ao contrário, que as configurações possíveis das sociedades não seriam necessariamente escravas da sua história. O universo do possível seria muito mais amplo do que se imagina. Essa é uma tese interessantíssima!

Os fatos não seriam tão inexoráveis?
Não seriam. Se se aceita essa hipótese, a primeira questão a ser respondida é se não há formas alternativas de organizar a sociedade e a economia. Questões como essa só podem ser tratadas com o entendimento das instituições. São questões que ultrapassam os limites estreitos de cada uma das disciplinas sociais.

No âmbito da teoria da inflação inercial, percebemos que o arcabouço institucional é levado em conta.
Sem dúvida! Os contratos indexados são exemplos de uma instituição que modifica as características essenciais do processo inflacionário.

Você acha que a teoria dos jogos, quando considera que os indivíduos podem agir estrategicamente, reforça ou derruba os argumentos neoclássicos?
A teoria dos jogos é intelectualmente estimulante e ilumina certos casos específicos de situações em que não há competição perfeita. Mas, ela ainda está longe de levar a modelos genéricos relevantes. Se eu disser que ela é uma curiosidade, estarei sendo um pouco duro demais. Mas não se conseguiu ainda ir muito longe com sua utilização para tratar de problemas práticos. A teoria dos jogos ainda é mais um ramo da Matemática do que algo passível de utilização prática em política econômica.
Acho que o mercado competitivo é uma concepção extraordinária. Tra-

ta-se de uma concepção artificial, totalmente antinatural e extremamente sofisticada. A realidade não é, evidentemente, como o mercado competitivo. Só um idiota pretenderia que fosse. Em muitos casos, a ação de um indivíduo depende da reação do outro. Aqui é que a teoria dos jogos contribui para a compreensão do comportamento e do resultado de situações em que se pressupõe uma determinada racionalidade. Mas o fato de a realidade não ser exatamente como o paradigma do modelo competitivo não importa. Importa é que, se o arcabouço jurídico-institucional for pautado para aproximá-la do ideal-tipo do mercado competitivo, tem-se um sistema insubstituível de transmissão de informação. O mercado competitivo é uma extraordinária concepção de organização da sociedade para a produção de riqueza.

Sempre me intrigou por que os chamados homens progressistas entregaram a concepção de mercado na mão dos conservadores, de graça. O mercado não é conservador! Se o potencial do mercado for compreendido e se souber como usá-lo, tem-se um maravilhoso instrumento. Não necessariamente do lado dos conservadores, da defesa dos privilégios e das desigualdades. Não há razão nenhuma para isso. No entanto, há anos a economia de mercado foi identificada com o conservadorismo social. É difícil mudar. Em síntese, eu acho que a teoria dos jogos é interessante, é útil em algumas aplicações microeconômicas específicas, mas está longe de ser relevante para a política econômica. Por enquanto é um campo da Matemática Aplicada.

Desenvolvimento econômico

O que é desenvolvimento econômico?

Toda vez que acontecia um problema na PUC — acabava o giz, era preciso pedir autorização à Reitoria para fazer uma ligação para São Paulo —, Chico Lopes dizia em tom melancólico: "Não adianta, o subdesenvolvimento é um problema global" (risos). Realmente, o subdesenvolvimento e o desenvolvimento são fenômenos globais. São um todo. Eu acho que desenvolvimento econômico é essencialmente um processo educacional. É exclusivamente, ou quase exclusivamente, educação. Depois vem a capacidade de mobilização de poupança, a organização institucional, jurídico-contratual, a democracia, a organização política etc. Mas a educação é condição para tudo.

A expressão "desenvolvimento econômico" perdeu um pouco de sentido. Ficou datada, muito dos anos 1950, do período do desenvolvimentismo, a visão de que existiam economias atrasadas e economias adiantadas e existia uma forma de induzir um crescimento forçado, acelerado. Essa era a tese desenvolvimentista. Havia uma certa ingenuidade no desenvolvimentismo, a ideia de que se tratava exclusivamente de um processo de mobilização de poupança, de crescimento econômico. A crise de todos os países que vinham nesse processo de industrialização forçada desenvolvimentista dos anos 1950 e 1960 mostrou que o verdadeiro desenvolvimento é um fenômeno muito mais abrangente do que parecia. É verdade que o crescimento gera a possibilidade de excedentes, e os excedentes a possibilidade de investimentos em educação. Altas taxas de crescimento, por mais gargalos e problemas que se enfrentem, são indutoras do desenvolvimento. Mas não basta. O desenvolvimento e o subdesenvolvimento, como dizia Chico Lopes, são fenômenos abrangentes. Mas eu diria que, antes de mais nada, um país desenvolvido é um país com um alto nível de educação e grande grau de homogeneidade entre os cidadãos. Transcende o estritamente econômico.

Sua visão de desenvolvimento como educação se aproxima da teoria do capital humano? Como a analisa?

Quando aluno da EPGE, eu tinha grande implicância com a noção de capital humano, muito em voga entre os alunos da escola de Chicago. Apesar de achar curioso os modelinhos de Gary Becker, sempre achei a ideia de usar o modelo de maximização de utilidade para questões como a economia do casamento uma coisa meio idiota. É usar o método da maximização da maneira mais tacanha, mais inapropriada. Com ele, e sem um mínimo de discernimento, é possível fazer qualquer coisa. Aprendia-se a maximizar utilidade, redefiniam-se objetivos, tiravam-se as derivadas, sinal para um lado e para o outro... A ideia do capital humano, de tratar a decisão de educação nesses termos, desagradava-me. Eu pretendia ter uma visão mais humanista. Hoje, com mais maturidade, vejo que há valor na teoria.

O problema da teoria do capital humano, contudo, é o mal uso da retórica, porque dá a impressão de equiparar as pessoas a um bem de capital. Foi importante para chamar a atenção para a importância da educação, de que desenvolvimento é educação. Mas educação não é exclusivamente treinamento. Não se trata de saber qual a taxa de retorno financeiro associada à decisão de fazer ou não um doutorado. A teoria do capital humano ficou muito limitada a esse joguinho de levar ao limite os modelinhos de maximização. É muito Gary Becker, nesse sentido. Mas a intuição estava correta. De fato, quando se afirma que o desenvolvimento, o crescimento, é investimento em capital humano, se afirma, de uma maneira pretensiosamente formal, que o desenvolvimento é uma questão de educação, de investimento em gente. A ideia é corretíssima. Hoje tenho muito mais boa vontade com a teoria do capital humano do que antes.

Uma crítica ao modelo de substituição de importações é que, ao invés de se investir em universidades, saúde, ou seja, em capital humano, investiu-se em capital físico. Como você vê o modelo de substituição de importações?

A teoria de substituição de importações na década de 1950 foi extremamente correta. Tanto que ela permitiu uma aceleração do crescimento, um surto inequívoco de desenvolvimento. Depois se exauriu. O processo de crescimento econômico é assim. Avança um lado, cria um gargalo num outro lado, exige que se enfrente um outro... Investir bem em educação e saúde é mais difícil do que parece. O maior equívoco é achar que investir em educação e saúde é investir em *hardware*. Construir um edifício para um hospital ou uma escola é fácil, aparece e traz dividendos políticos. Que o povo tem a intuição de que educação é a resposta está claro. Um programa como o do Brizola, dos CIEPs no Rio, por exemplo, tem um apelo enorme. O grande erro é que o objetivo dos CIEPs é construir os edifícios das escolas. Educação não é isso. Educação é o *software* da educação. É a formação do professor, é a atenção específica ao aluno, é o programa de ensino, é a questão de encontrar e formar as pessoas capazes de ensinar e educar. Isso é um problema muito mais complicado do que construir escolas. Existe um efeito multiplicador, quer dizer, quanto menos educação se tem, mais difícil é investir na educação. Num país com um baixo nível de educação, a não ser que se importe gente, não há como reverter o quadro a curto prazo. A capacidade de fazer progressos e dar saltos na educação depende, portanto, do seu histórico de atenção para com o assunto. Tem lá sua dinâmica, sua lógica, suas restrições. A consciência da importância da educação e da saúde é fundamental, não tenho a menor dúvida, para o desenvolvimento.

Você acha que existiria uma tendência global para os países atingirem um nível de desenvolvimento homogêneo? Existiria uma tendência para um nível de bem-estar homogêneo entre os países?

A longo prazo, acho que é inevitável, mas a longuíssimo prazo. Estamos muito longe disso e existem ainda, ao contrário, sinais de aumento das desigualdades. Mas acho que a tendência é homogeneizar. Primeiro intrarregiões — veja o caso da Europa — depois entre regiões. Esse é o grande desafio.

Com o fracasso das experiências socialistas e comunistas, de economias planificadas, aparentemente, só nos restou o mercado capitalista como forma de organização econômica. Se há, entretanto, uma crítica à economia de mercado, é quanto à sua capacidade de distribuir riqueza mais homogeneamente. A crítica vale tanto para a distribuição entre indivíduos como para a distribuição entre nações e entre regiões. Com a modernização, a redução das distâncias, das diferenças, das barreiras, o mundo fica cada vez mais internacionalizado. A ideia de Estado-nação vai perdendo sentido. O capital, e também a mão de obra, estão cada vez mais móveis entre fronteiras, queiram ou não. O avião, a telecomunicação barata, a antena parabólica, a Internet, levam a uma tendência inevitável à homogeneização.

Mas, afinal de contas, por que o Brasil é subdesenvolvido?

Essa resposta exige um tratado (risos). Está na história. Posso até concordar com o Mangabeira — o que é possível fazer hoje não é totalmente dependente da história —, mas o que existe hoje é resultado da história. Dizer que é possível mudar não desmente o fato de que você é fruto exclusivo da sua história. O Brasil é subdesenvolvido pela sua história. É preciso ir desde o início dela para explicar por que somos subdesenvolvidos até hoje.

INFLAÇÃO

O ajuste de 1981 a 1983 foi violento e, no entanto, a inflação não cedeu. Nesse momento, alguns autores começaram a procurar uma teoria alternativa para a inflação. Na sua opinião, além de você, quem são os autores relevantes das novas teorias nesse período? Essas teorias convergem?

O fato do ajuste de 1981-1983 não ter sido capaz de derrubar a inflação está associado às próprias causas da aceleração da inflação no final da década de 1970. Um artigo meu em coautoria com Chico Lopes, de 1980, "Sobre as causas da recente aceleração inflacionária", está, a meu ver, na raiz dessa discussão. O artigo associa a aceleração da inflação com a passagem dos reajustes salariais de anuais para semestrais, argumento que foi posteriormente apresentado, em um artigo muito interessante, pelo Persio na ANPEC.[7]

Nós, Chico Lopes e eu, estávamos fazendo um modelo macroeconômico para o Brasil, que virou o embrião da Macrométrica. Era uma pesquisa da PUC com financiamento do IPEA. Da equação de preços e salários estimada para o modelo macroeconométrico fizemos o artigo. Acho que ali estava uma primeira explicação alternativa, já heterodoxa, das causas da ace-

---

[7] Arida (1982), "Reajuste salarial e inflação".

leração da inflação. A equação de preços mostrou que o *trade-off* da curva de Phillips brasileira era extremamente inelástico, extremamente insensível ao desemprego. O artigo associa a resistência da inflação ao ajuste recessivo à mecânica de indexação salarial.

Eu já tinha escrito um artigo sobre o Plano Trienal de Celso Furtado, pré-1963, e sobre o ajuste Campos-Bulhões, de 1964-1968. O artigo saiu originalmente na *PPE*.[8] Era uma comparação entre os dois programas, mostrando que, no fundo, o programa trienal de Celso Furtado era muito mais ortodoxo do que se dizia, e que Campos-Bulhões era, na verdade, muito mais heterodoxo, pois era focado na questão da indexação e dos reajustes salariais. A análise da distribuição da dinâmica inflacionária via reajustes salariais e valores médios reais dos salários é uma contribuição original de Mário Henrique Simonsen. O famoso gráfico dentado de salário real aparece pela primeira vez no livro *Brasil 2001* de Simonsen [1969]. Um outro livro de Simonsen, também muito interessante, sobre a inflação brasileira é *Inflação: gradualismo versus tratamento de choque* [1970]. Como sempre, na história das ideias é muito difícil identificar exatamente onde as coisas surgiram. As ideias estão mais ou menos no ar e podem ser reencontradas em formulações assemelhadas em diferentes autores e lugares.

A equação de preços do modelo macroeconométrico demonstrava a grande insensibilidade da taxa de inflação à taxa de desemprego. Alternativamente, as equações de comércio, de importação e de exportação, mostravam que o ajuste da conta comercial e, portanto, da balança de pagamentos, era extremamente sensível à demanda interna. A conclusão era clara: uma política recessiva, de controle de demanda, teria um efeito muito positivo na reversão do desequilíbrio externo, da balança comercial, mas seria malsucedida do ponto de vista da inflação. Uma conclusão pessimista, cética, sobre as possibilidades de combater a inflação num contexto de indexação formal, que foi confirmada com a experiência do período entre 1981 e 1983. A experiência chilena da mesma época, uma experiência de profundo ajuste recessivo, sem efeito significativo sobre a inflação, foi mais uma confirmação empírica da dificuldade de reverter processos inflacionários crônicos exclusivamente com políticas ortodoxas de controle macroeconômico da demanda.

Eu sempre desconfiei do argumento estritamente monetarista para o fracasso das estabilizações de corte ortodoxo, de que o ajuste monetário não

---

[8] Lara Resende (1982), "A política brasileira de estabilização: 1963-68".

fora de fato feito, de que a política monetária teria sido passiva. Acho que a definição do que é política monetária e o próprio conceito de moeda precisam ser repensados. É sempre possível encontrar um agregado monetário que mostra que não houve ajuste, quando na verdade existem razões por trás da insensibilidade da inflação ao controle da demanda agregada. Essa era a posição de um grupo de economistas que estava principalmente concentrado na PUC: Francisco Lopes, eu, Persio, Edmar Bacha. Era uma visão pessimista sobre as possibilidades do combate à inflação através do uso exclusivo dos instrumentos macroeconômicos tradicionais. Essa posição sempre permitiu a leitura de que éramos condescendentes com a inflação. A afirmação de que não há ajuste recessivo que vá resolver a inflação abria a possibilidade para a interpretação de que tínhamos uma posição condescendente para com a inflação. Um outro artigo meu e do Persio, "Recessão e taxa de juros", que saiu na *Revista de Economia Política*, editada pelo Bresser, é um pouco nessa linha, uma discussão do ajuste, de como deve ser feito o ajuste. De qualquer forma, eu nunca tive uma visão complacente da inflação. Eu sempre tive plena consciência dos seus custos altíssimos. Minha tese de doutorado — de que não gosto — sustenta que a inflação foi funcional durante o período desenvolvimentista dos anos 1950, como um instrumento de poupança forçada e de financiamento da industrialização acelerada.

É a tese de Rangel.
Sim, a teoria brasileira estruturalista clássica, mas não exatamente o mesmo argumento. Sob a denominação estruturalista existem muitas subteses. Mas é a visão predominante dos anos 1950 e 1960, com uma certa condescendência para com a inflação. É a visão que Fishlow, nos Estados Unidos, andou muito tempo defendendo. Visão dos que tinham entendido que o processo inflacionário na América Latina tinha alguma funcionalidade. Mas, apesar de compreender essa funcionalidade, eu sempre tive uma visão muito clara dos custos da inflação, especialmente a partir do momento em que ela começou a se acelerar. Foi, contudo, o ceticismo em relação às possibilidades do controle da inflação via controle de demanda agregada que nos fazia parecer complacentes.

Quando ficou claro que Tancredo Neves poderia se eleger, houve uma grande cobrança para que apresentássemos uma proposta. Eu me lembro de uma conversa com Francisco Lopes em que eu afirmava que nos cobrariam inevitavelmente uma proposta para controlar a inflação. Teríamos que sair da posição negativista, de dizer simplesmente o que não daria certo, para uma afirmativa, de dizer o que fazer. Se o controle clássico de demanda é eficaz no combate ao desequilíbrio externo mas extremamente ineficaz no combate da inflação, que propostas teríamos?

Chico então escreveu o artigo para uma publicação do Conselho de Regional de Economia chamado "O choque heterodoxo" [1986], em oposição à proposta do choque ortodoxo do doutor Bulhões. Ao ler o artigo de Chico, fiquei horrorizado. Sempre resisti à ideia do congelamento de preços. Disse ao Chico que aquilo seria um desastre. Senti-me obrigado a produzir uma alternativa. Eu já trabalhava no Banco Garantia, tinha ideia prática das graves implicações do congelamento por cima dos contratos. Terminei, a partir de uma conversa com Bruno Lima Rocha, um ex-aluno de Economia da PUC que eu levara para o Garantia, por formular a ideia da moeda indexada como forma de desindexação sem traumas e sem ferir contratos. Publiquei dois artigos na *Gazeta Mercantil*.[9] Houve um grande debate, como já disse antes. Persio se juntou à ideia e fizemos então o artigo em inglês que foi apresentado em Washington, no Institute of International Economics, de John Williamson e Fred Bernstein.[10]

O núcleo dessa discussão, dessa visão, que chamava a atenção para o problema criado pela indexação para o controle da inflação, eram os macroeconomistas da PUC do Rio. Eu diria que Chico, Persio, Edmar e eu tínhamos com certeza uma grande convergência de ideias. Outros participavam ou vieram a participar posteriormente, mas creio que esses eram os que trabalhavam mais diretamente no tema.

A visão a que nos opúnhamos mais explicitamente era a do pessoal da FGV do Rio, a do [Antônio Carlos] Lemgruber e do Cláudio Contador. O fato de enfatizarmos a questão da inércia, via indexação, levou-nos também a sermos acusados de ter uma visão condescendente, irresponsável, da questão fiscal. É verdade que, preocupados em chamar a atenção para a questão da inércia e da indexação, tínhamos tendência a, de fato, deixar de lado a questão do ajuste fiscal. No artigo original da "Moeda indexada", por exemplo, supus explicitamente que o equilíbrio fiscal estivesse garantido. Essa era apenas uma hipótese de trabalho, nunca pretendi que correspondesse à verdade. As estatísticas brasileiras sobre o déficit fiscal não existiam. Os números de 1981, 1982 e 1983, divulgados pelo Delfim, indicavam o déficit operacional como zerado. Depois descobrimos que era tudo mentira, que os con-

---

[9] Lara Resende (1984b), "A moeda indexada: uma proposta para eliminar a inflação inercial".

[10] Arida e Lara Resende (1984a), "Inertial Inflation and Monetary Reform in Brazil".

ceitos e os números estavam todos errados. O governo brasileiro durante anos não teve estatística nenhuma sobre déficit público, e quando passou a ter, era exclusivamente para mentir para o Fundo Monetário, tudo fantasiado para enganar o Fundo. Quando fomos para o Banco Central e criamos o conceito de dívida pública líquida, dentro do Departamento Econômico do Banco Central, é que se começou a ter a percepção do déficit público em toda a sua extensão. Aí ficou evidente que o problema era grave.

Muita gente se encantou com a visão de uma alternativa heterodoxa ao combate à inflação, acreditando que os componentes ortodoxos, o ajuste fiscal e o controle monetário poderiam ser dispensados. Nunca defendi, nem nunca defenderia qualquer coisa parecida. Eu sempre disse que há muito menos oposição entre ortodoxia e heterodoxia do que complementaridade. A grande novidade da heterodoxia, se assim pode ser chamada, é a tese de que alguns componentes têm que ser incorporados ao receituário ortodoxo para combater inflações crônicas em que a indexação é generalizada.

O que você acha do esforço teórico de explicar a inflação feito por Luiz Carlos Bresser-Pereira e Yoshiaki Nakano aqui em São Paulo? Vocês acompanharam ou tomaram conhecimento a posteriori?

Acompanhamos. Acho que tem grande convergência. Bresser, à época, chegou a ficar irritado. Achava que estávamos dizendo a mesma coisa e que nós na PUC nos recusávamos a ouvi-los. Mas é isso, as ideias tendem a surgir em vários lugares, mais ou menos simultaneamente. É sempre assim. Toda tentativa de apontar precisamente onde surgiu uma determinada ideia é difícil. O artigo do Persio sobre retórica foi uma grande coincidência em relação ao do McCloskey. Eu não tenho dúvida de que havia uma grande convergência entre o que eles estavam fazendo aqui em São Paulo e o que nós fazíamos no Rio. Bresser sempre fez muito esforço de aproximação. Tínhamos uma certa resistência à chamada economia sem preço, como já disse. Achávamos que Bresser e Nakano faziam uma análise econômica excessivamente sem preço. Chico Lopes, especialmente, tinha uma grande resistência.

Você cita muito Persio Arida, é uma referência importante, vocês têm artigos em comum. Qual sua importância na formulação da teoria da inflação inercial? Que tipo de ganho de escala a dupla Larida, como ficou batizada, possui?

O fato de escrevermos artigos em conjunto, durante um período tão longo de tempo, mostra que é uma parceria extremamente produtiva, que deu frutos. Eu conheci Persio quando fomos para o MIT, eu em 1975 e ele em

1976. Éramos dois brasileiros trabalhando em campos mais ou menos parecidos. Tínhamos uma grande identificação e nos tornamos amigos pessoais. Trabalhamos muito juntos. Mantínhamos um grupo de estudo em casa, sobre assuntos os mais diversos, nos fins de semana. Quando voltamos ao Brasil, eu fui para a PUC e ele para a USP. Fui eu quem o convenci a ir para a PUC-RJ.

Sempre foi uma parceria extremamente frutífera, em todos os sentidos. Até hoje, eu diria, embora já há muitos anos que conversemos muito pouco de Economia. Se as pessoas soubessem o que Persio e eu conversamos... (risos). Nós fizemos um artigo que era uma formalização da lógica do Plano Collor. Acabou não sendo publicado. Persio usou depois como um dos ensaios da sua tese de doutorado. Acho que somos personalidades muito diferentes. Talvez justamente por isso seja uma associação tão produtiva. Muita gente se refere à dupla Larida como se fôssemos gêmeos.

Alguns estudos propõem testes empíricos para tentar detectar a existência da componente inercial. Ana Dolores Novaes, em artigo publicado no Journal of Developments Economics,[11] a partir de testes autorregressivos não encontra evidências empíricas de existência robusta dessa componente. O problema está no teste ou na teoria?

Não conheço o trabalho dela, mas já disse o que acho dos testes empíricos e da Econometria, você pode julgar. O fato é o seguinte: só é possível testar algo quando se define precisamente o que está sendo testado. Não sei qual a formulação dela da teoria inercial. O componente inercial da inflação — pois nunca gostei da expressão inflação inercial, que considero incorreta — não é exatamente a permanência de choques. Trata-se de uma característica que adquirem os processos inflacionários a partir de certo estágio, quando passam a apresentar uma grande resistência para baixo. Por uma simples questão de passarem a reproduzir a inflação passada através de contratos, formais ou informais, indexados. Em períodos turbulentos, sujeitos a choques de toda ordem, pode-se ter tal nível de ruído que fica difícil demonstrar qualquer coisa. Nunca tivemos a intenção de negar a existência da curva de Phillips, mas simplesmente de chamar a atenção para a existência, a partir de certos estágios dos processos inflacionários crônicos, de um componente de resistência às políticas tradicionais de controle de demanda agregada que po-

---

[11] Novaes (1993), "Revisiting the Inertial Inflation Hypothesis for Brazil".

de ser explicado pela indexação retroativa. E acho que isso é hoje unanimemente aceito.

Até onde o conflito distributivo é fator explicativo do processo inflacionário brasileiro?

Meu desconforto com teoria do conflito distributivo é que cheguei à conclusão de que a versão da inflação como conflito distributivo é quase tautológica. Toda teoria de inflação pode ser reformulada como um conflito distributivo. Assim sendo, como toda tautologia, seu poder explicativo é muito reduzido. Além disso, há na tese do conflito distributivo um viés sociológico. Por isso mesmo é que ela tem tanto apelo para os não economistas, ou para os economistas com uma formação de esquerda na tradição marxista. Tudo pode ser descrito, em última instância, como um conflito distributivo. Os preços aumentam, não porque a demanda é maior e a oferta inelástica, mas porque os produtores estão em conflito distributivo com os consumidores. O argumento não é necessariamente falso mas acrescenta muito pouco à compreensão do fenômeno. É sempre possível dizer que a inflação provocada pelo aumento do preço do petróleo é um conflito distributivo entre o norte e o sul, entre o produtor de petróleo e o não produtor de petróleo, mas e daí?

Pode-se aceitar a ideia de que inflação tem funcionalidade. É uma forma de criar poupança forçada, um fenômeno que extrai excedente de algum segmento, especialmente dos assalariados que têm uma taxa de poupança voluntária menor do que a requerida para garantir a taxa de crescimento necessária num período de industrialização induzida. Nesse sentido, a inflação pode ser vista como decorrência da reação dos assalariados a uma política de industrialização acelerada. A ideia, que eu subscrevo para alguns períodos de nossa história, poderia ser mais uma vez descrita como um conflito distributivo. Mas, volto a afirmar, a noção de conflito distributivo me parece insuficiente, quase vazia.

Em "Moeda, inércia e conflito",[12] *Bacha diz que "o desenvolvimento de uma teoria econômica consistente para a teoria sociológica do conflito distributivo continua sendo um dos mais intrigantes desafios para a investigação econômica brasileira sobre política de estabilização". Ele usa uma citação de*

---

[12] Bacha (1987a), "Moeda, inércia e conflito: reflexões sobre políticas de estabilização no Brasil".

Solow para dizer que existe rigidez de preços e salários num contexto de expectativas racionais. Não é porque o conflito distributivo não foi modelado que ele perde importância.

Eu assistia ao curso de Macro de Solow, quando ele estava escrevendo esse artigo ao qual o Edmar se refere. Discutia-se muito o assunto naquele tempo. Fiz um artigo sobre o tema: "Contratos implícitos e rigidez de preço", generalizando um argumento de Costas Azariadis. Chico Lopes chegou a me dizer que eu teria abandonado a carreira acadêmica porque me frustrei com o fato de esse artigo não ter sido corretamente entendido na época. Era uma formalização matemática do porquê de, na presença de contratos implícitos, existir uma justificativa racional, de acordo com o princípio de maximização, para a existência de salários rígidos. Acho que nem tudo em Economia precisa ser derivado do princípio de maximização. Mas é verdade que o que não pode ser formalizado de acordo com o princípio da maximização é menos facilmente compatibilizado com o corpo da teoria econômica e, portanto, encontra maior resistência para ser aceito pela ortodoxia. Agora, não acredito que esse seja o problema da teoria do conflito distributivo. Parece-me que ela é simplesmente vazia, quase tautológica, tudo se encaixa no conceito de conflito distributivo e, portanto, seu poder explicativo é baixo.

Mesmo a inflação mais clássica, monetarista, puramente causada pela expansão da moeda, poderia ser descrita como um conflito distributivo entre bancos que apelaram para o redesconto e expandiram o crédito para obter uma maior participação na renda nacional. Num certo sentido, todo mercado é sempre um conflito distributivo.

Se há conflito distributivo no capitalismo, por que nos Estados Unidos, onde há conflito distributivo, não tem inflação?

Você foi exatamente ao ponto: conflito distributivo sempre existe no capitalismo, em qualquer lugar. E por que na Alemanha se tem conflito distributivo e não se tem inflação? É por isso que gosto mais da tese de que a inflação foi usada para criar poupança forçada, nos anos 1950, do que da interpretação de que se tratava de um conflito distributivo. A inflação corroía os salários, transferia renda para o setor público, ou mesmo para o setor privado, para financiar os investimentos. É preciso ir além do conflito distributivo para contribuir para a compreensão do fenômeno.

A interpretação da inflação como poupança forçada só se pode fazer ex-post?

Não tenho dúvida de que o processo de inflação nos anos 1950 no Brasil facilitou, ou teve uma certa funcionalidade no financiamento do investimento público ou privado.

O que você acha da interpretação de Ignácio Rangel em A inflação brasileira *[1963]?*

Bresser sempre diz que nós não damos atenção suficiente para o Ignácio Rangel, fica irritado! Eu acho Rangel criativo e meio confuso. Ele tinha a vocação de ser do contra, de encontrar as derivadas com o sinal contrário ao que se considera razoável. É um pouco exagerado nessa necessidade de discordar da ortodoxia. Dizer que com recessão há um aumento da inflação é ser heterodoxo demais. *A inflação brasileira* é interessante, um trabalho de alguém que pensa por conta própria. Ele tem todas as características de um pensador solitário: a originalidade, a criatividade e as deficiências de quem não está inserido num contexto de referências.

É aceitável conviver com alguma inflação, ou inflação zero é uma meta a ser perseguida?

Se há grande rigidez nominal para baixo de alguns preços, alguma inflação, muito baixa, pode ser preferível, por algum tempo, como forma de reduzir o custo social da estabilização. No caso atual do Brasil, entretanto, sou terminantemente contra a ideia de que uma taxa de inflação de 20% ao ano, por exemplo, seria aceitável a longo prazo. Acho que essa tolerância seria extremamente perigosa e insustentável num país que vem de um longo período de inflação crônica. O risco de reindexar é muito alto. Devemos ser rigorosamente inflexíveis com o objetivo de levar a estabilização aos níveis de inflação internacional.

Como foi a aceitação da teoria da inflação inercial nos Estados Unidos?

A aceitação foi facilitada depois do interesse da academia norte-americana pelos processos hiperinflacionários. O artigo de Thomas Sargent[13] pretendeu demonstrar que a ideia de que o combate à inflação deve necessariamente ser acompanhado de desemprego e recessão é uma bobagem. Tratava-se de rebater as teses de Samuelson, Solow e outros economistas que resistiam a uma implicação da tese das expectativas racionais aplicada à Macroeconomia: a de que a curva de Phillips seria vertical até mesmo no curto prazo. Para provar isso, Sargent resolveu pegar o caso das hiperinflações eu-

---

[13] Sargent (1982), "The Ends of Four Big Inflations".

ropeias da primeira metade do século e mostrar que a estabilização, em todos os casos, ocorreu sem recessão. O argumento era por oposição à curva de Phillips inclinada, sem expectativas racionais, defendida essencialmente pelo Samuelson, pelo Solow, pelo pessoal do MIT contra a nova escola das expectativas racionais macroeconômica de Chicago.

Essa discussão abriu espaço para mostrar que o fenômeno da hiperinflação é um, e o da inflação moderada é outro. No meio do caminho existe um terceiro fenômeno: a inflação crônica. Escrevi um artigo, "Da inflação crônica à hiperinflação" [1988], que foi uma tentativa de mostrar como é que os três fenômenos se encadeiam. Foi um esforço retórico para a aceitação do componente inercial da inflação crônica. A partir do momento em que houve maior interesse nos fenômenos inflacionários crônicos, por causa da inflação de Israel, do Chile, do Brasil e da Argentina, essencialmente, foi impressionante a velocidade com que a ideia foi aceita.

Mas Sargent fala textualmente de inércia.

Ele está chamando de inércia o fato de a curva de Phillips não ser vertical. Como Chico Lopes gostava de dizer: "A curva de Phillips não é pau de sebo de onde se desce verticalmente!" (risos).

No artigo de Taylor sobre gatilhos salariais[14] *já existe a ideia de inércia?*

O artigo de Taylor é a resposta ao ataque da tese das expectativas racionais em Macroeconomia. Num modelo de expectativas racionais não há justificativa para nenhuma inércia. Está-se sempre em equilíbrio, não há nenhuma rigidez no caminho do equilíbrio. Taylor é o primeiro a mostrar que, com contratos justapostos, pode haver inércia, mesmo com expectativas racionais. Existem ainda dois artigos de Stanley Fischer,[15] muito interessantes, que explicam a rigidez nominal dos salários a partir da ideia da tese dos contratos implícitos, desenvolvida originalmente por Azariadis.

Foi um esforço reformular a curva de Phillips e explicar a permanência de desemprego mesmo na presença de expectativas racionais. A tese das expectativas racionais é difícil de ser rejeitada por ser compatível com a racionalidade definida pelo princípio da maximização. Seu uso irrestrito em Macroeconomia, entretanto, leva a resultados absurdos como a afirmação de que

---

[14] Taylor (1979), "Staggered Wage Setting in a Macro Model".

[15] Ver, por exemplo, Fischer (1977), "Long Term Contracts, Rational Expectations, and the Optimal Money Supply Rule".

todo desemprego é voluntário, um mero ataque de preguiça coletiva! O princípio da maximização, que é um instrumental poderoso, não pode ser levado às últimas consequências. Quando ele é flagrantemente contra a realidade, não é razoável nos agarrarmos ao princípio conceitual contra os fatos. Afirmar que todo o desemprego é voluntário é realmente algo um pouco além do aceitável.

Esse artigo ao qual você se referiu, que, segundo Francisco Lopes, levou--o a desistir da academia, porque não o entenderam, tem algo a ver com os trabalhos de Taylor e Fischer?

Não. Ele é um modelo muito formalizado, para explicar rigidez nominal dos salários. Eu fiz para um curso de Economia do Trabalho do Michael Piore. No curso de Macro de Solow, ele mostrava que, de acordo com o princípio de maximização, a existência de contratos implícitos e a aversão ao risco permitem explicar a existência de salários nominais rígidos mas não a existência de desemprego. Eu demonstrei formalmente por que a mesma lógica que levava à estabilização dos salários não valia para a estabilização do emprego. Achei que era um *breakthrough*. Michael Piore me devolveu o artigo com um comentário que dizia: "Suspeito que você tenha um resultado novo mas eu não tenho condições matemáticas para entender isso direito". Aí dei para Rudi Dornbusch, que passou o artigo para Olivier Blanchard. Blanchard, que estava se formando e era monitor de Macro, achou que o resultado não era significativamente diferente do de Azariadis. Isso foi também mais ou menos o que um dos *referees* da *American Economic Review* disse: "O seu trabalho está muito bem escrito, o que eu não posso dizer de 99% dos trabalhos que leio (risos), só que acho que o resultado não é novo". Uns três ou quatro anos depois, encontrei Olivier Blanchard, que me disse que tinha finalmente concordado com o meu argumento e que estava adotando o artigo nos seus cursos de Macro.

O que você acha, hoje em dia, da sua ideia do currency board,[16] *você ainda acredita nela ou acha que está superada?*

A fronteira entre a proposta de política e a discussão conceitual é uma questão complicada. Meu artigo[17] sobre o tema era propositadamente ambí-

---

[16] Conselho da Moeda, idealizado como uma autoridade monetária completamente independente do governo.

[17] Lara Resende (1992), "Conselho da Moeda: um órgão emissor independente".

guo. Tratava-se de uma proposta de política, algo para ser aplicado no país, ou uma argumentação conceitual para enriquecer a discussão? Eu pretendia fazer uma argumentação conceitual. Acontece que no Brasil, com toda essa turbulência macroeconômica, essa longa crise inflacionária, é quase impossível evitar que o debate tenha ares imediatos de proposta de política econômica.

O que eu mais gosto na proposta é a ideia da convivência das duas moedas. Cria-se uma moeda paralela e, se você tiver os fundamentos resolvidos, abre-se a possibilidade de uma transição suave para a estabilidade. Se os fundamentos não estiverem resolvidos, não há nada a fazer. Veja-se o desastre do Cruzado e os erros que foram cometidos em seguida. É preciso ter uma garantia de que a moeda nova tem valor intrínseco. Quando o governo está desacreditado como devedor, não há mais crédito para o governo, a moeda fiduciária está, portanto, desmoralizada. É preciso voltar, pelo menos transitoriamente, até recuperar a credibilidade do governo, à moeda lastreada.

A aproximação da hiperinflação deslancha um processo de substituição monetária. No mundo moderno, no Brasil, a referência é o dólar norte-americano. Um *currency board* emite uma moeda que é um certificado de depósito de dólar. Eu não faço a defesa da instituição. Meu argumento é de que não seria preciso criar 100% de cobertura cambial para estoque de moeda nacional. Seria possível emitir um estoque inicial igual à base monetária sem cobertura nenhuma. Só na margem, as novas emissões, é que requereriam cobertura integral, 100% de reservas internacionais em dólares, o que teria sido perfeitamente possível de ser adotado por algum tempo até que a credibilidade fosse restabelecida.

Mas o que gosto na ideia — que resultou na URV — é o mecanismo da transição com a circulação das duas moedas. Há uma certa dificuldade de entender conceitualmente essa proposta, mas sempre achei que o público não teria dificuldade de compreender. Pelo contrário, uma moeda que se valoriza em relação à velha, que se desvaloriza, teria um grande apelo intuitivo.

A lei de Gresham só vale se não se tem taxa de juros, nos dois ativos. Por que se retinham cruzeiros, ou cruzados, quando existia a possibilidade de reter dólares? Porque a taxa de juros em cruzeiros era alta. No limite, quando a inflação passa a correr na frente de qualquer taxa de juros, por mais alta que seja, as pessoas acabam por substituir completamente a moeda nacional. Com a aceleração da inflação, a moeda primeiro deixa de ser reserva de valor, em seguida deixa de ser unidade de conta e, finalmente, deixa de ser meio de pagamento.

Tive, e tenho até hoje, enorme dificuldade para explicar que a convivência de uma moeda boa com uma má seria possível se a taxa de juros na moeda má fosse atraente. Não tive tempo para fazer um artigo sobre o assunto. Quando propus originalmente a ideia da moeda indexada, o caso do pengo indexado da Hungria foi muito citado como exemplo da inviabilidade da proposta. A defesa é óbvia: o pengo indexado era uma moeda não conversível. Na proposta da moeda indexada, a moeda de transição duraria apenas o tempo requerido para que a troca fosse voluntariamente feita. Nada obrigava a ficar com a moeda ruim. O governo simplesmente emitiria a moeda nova para atender à demanda de troca do estoque da moeda velha. Não há razão nenhuma para que haja uma hiperinflação na moeda velha, nenhuma! Aliás, quando a URV foi proposta, houve inúmeras críticas à ideia: provocaria uma hiperinflação. Discutimos o assunto com Michael Bruno e com Stanley Fischer, mas todos ainda ficavam meio na dúvida. A ideia de que, se se tem uma moeda boa e uma ruim, tem-se hiperinflação na ruim é muito arraigada. Mas a verdade é que, se existe um ativo financeiro que paga o juro real positivo na moeda ruim mais alto do que na moeda boa, não haverá problema em reter ativos financeiros denominados na moeda ruim. Se o real passar a desvalorizar 10% ao mês, a inflação em real for 10% ao mês, mas o juro em real for de 60% ao ano, e o juro em dólar aqui dentro for 6% ao ano, eu vou ficar em real. Não há dúvida, é elementar!

Um empresário fez o seguinte comentário: "Antes a inflação era de 30%, e se eu dava para os funcionários 30%, 25%, eles ficavam muito felizes. Agora a inflação é 2%, e se eu dou 2%, 3%, eles ficam bravos comigo".

Parece ilusão monetária mas não é. O raciocínio é o seguinte: índice de inflação tem pesos fixos; entretanto, existe a possibilidade de substituição dos bens que subiram mais pelos que subiram menos. Se a inflação foi de 10%, meu salário também subiu 10% e eu substituo o chuchu, que subiu muito mais, pela abobrinha, que subiu menos — meu poder aquisitivo é maior. Não há aí nenhuma irracionalidade. A cesta que mede a inflação não tem substituição; já o assalariado pode substituir, e o aumento do salário de acordo com uma inflação permite um ganho de renda real que o salário estável sem inflação não permite.

Paulo Nogueira Batista Jr. foi um dos grandes críticos do Conselho da Moeda.

Acho que Paulo Nogueira Batista ficou fascinado com a ideia! (risos). Dizer que o lastro em moeda estrangeira para a moeda nacional fere a soberania nacional é uma bobagem a toda prova. Pode até ter apelo político, demagógico, mas é ridículo. Acho que Paulo Batista adorou a proposta da moeda lastreada. Gostou tanto que fez uma versão aceitável dentro do PT, que não fere a soberania nacional, com ativo das empresas a serem privatizadas, contra a dolarização.

Como foi possível o curso de mestrado da PUC-RJ, com apenas dois anos de existência, ser considerado o melhor do Brasil?

Durante muito tempo a EPGE da Fundação Getúlio Vargas foi o lugar de prestígio em Economia no Rio. A PUC não era conhecida. Lembro-me de que uma vez fizemos lá um *brainstorm*, um seminário de um fim de semana, para discutir os rumos do Departamento de Economia. Achávamo-nos, de longe, o melhor Departamento de Economia do Brasil e, no entanto, éramos desconhecidos. A postura era um pouco arrogante: somos bons e não faremos esforço nenhum para demonstrá-lo, o mundo que nos descubra. Havia um certo desprezo por quem tentava aparecer, ia para a televisão, escrevia em jornal... Nós é que estávamos fazendo pesquisa no duro. Defendi muito que deveríamos aparecer mais. Dionísio Dias Carneiro, nessa época, era um *hardcore* contra qualquer esforço de aparecer. Achava que deveríamos nos concentrar em pesquisa e ensino; tudo o mais decorreria da qualidade acadêmica do departamento. Acabou sendo voto vencido. A primeira iniciativa da PUC no sentido de ter um perfil mais alto e participar do debate de política econômica foi o livro *Dívida externa, recessão e ajuste estrutural*.[18]

Mas é verdade que o Departamento de Economia da PUC era realmente de grande qualidade. Foi resultado de um grande esforço nesse sentido. O colegiado dos professores era o órgão formulador e executor. O diretor do departamento ficava apenas com a parte administrativa mais chata. Era um cargo de sacrifício. Esse modelo é extremamente produtivo, não há disputa de poder, já que é o colegiado que manda. A reunião de sexta-feira, da qual faziam parte os professores de tempo integral, decidia quem ia ser contratado, quem não seria, como seria estruturado o currículo e tudo o mais. O critério de contratação de professores sempre foi o de encontrar pessoas de talento e com a melhor formação e a mesma visão de mundo, independentemente da área de especialização.

Marcelo Abreu já estava lá?

Não, Marcelo Abreu e Winston Fritsch foram depois. Tiveram uma bri-

---

[18] Arida (org.) (1983), *Dívida externa, recessão e ajuste estrutural*.

ga feroz com Maria da Conceição Tavares na Universidade Federal do Rio de Janeiro e se juntaram à PUC. Quem carregava o piano inicialmente era Rogério Werneck. Depois Dionísio, Marcelo Abreu, Winston... Eles é que faziam o *hard work* administrativo sem nunca deixarem de ser academicamente produtivos. O sucesso da Economia da PUC se deve muito a eles, que sempre deram enorme importância à estruturação acadêmica do departamento. Bacha tinha muito prestígio, no Brasil e no exterior, como professor era muito eficiente. Pedro Malan, José Márcio Camargo, Luiz Corrêa do Lago, Eduardo Modiano... Foi uma combinação muito feliz, estimulante.

Na sua opinião, qual a causa fundamental da crise brasileira nos últimos quinze anos?

Gosto do argumento de Gilberto de Mello Kujawski, que diferencia crise de decadência. O Brasil é um país que, de certa forma, está abaixo de sua potencialidade. Então, não é um país decadente. Hoje mesmo eu peguei um táxi e tinha uma passeata de professores, o tráfego todo parado. O motorista disse não conseguir entender esse tipo de protesto: "Se o cara não está gostando do salário porque é professor, então deixa de ser professor, vai encontrar outra profissão! Aí, daqui a pouco ninguém vai ser professor e o salário de professor terá de ser aumentado!". Só em São Paulo você encontra chofer de táxi com essa compreensão de mercado. Com esta preferência por *exit* em relação a *voice*.[19]

A ideia de que estabilizar é fundamental finalmente venceu?

Na proposta do PSDB, a estabilização é prioritária, pelo menos na cúpula do PSDB. Essa proposta deveria ser acompanhada de um profundo programa de investimento em educação. O *survey* do *The Economist* dessa semana sobre o Brasil,[20] diz que as três coisas fundamentais para o país são educação, educação e educação. Isso é evidente. É possível aceitar a tese do Mangabeira: as instituições e as organizações sociais são mais circunstanciais, contingências, e menos determinísticas do que pretendem a maior parte das teorias sociais. Portanto, o conjunto do possível é muito maior do que se imagina; é possível mudar. Nosso modelo é, entretanto, a economia industrializada capitalista moderna, como a norte-americana. É essa a única alternativa,

---

[19] Alusão a Hirschman (1970), *Exit, Voice and Loyalty*.

[20] *The Economist* (1995), "Half-Empty or Half-Full? A Survey of Brazil", April 29th--May 5th.

ou existirão outras alternativas? Conhecem-se as deficiências da economia capitalista moderna. Resolvê-las é um grande desafio. Acho um grande tema para reflexão. A crítica que faço ao Roberto Mangabeira é que há na sua argumentação uma certa impaciência arrogante, uma certa falta de humildade diante da realidade, diante da diferença entre o tempo biográfico e o tempo histórico. Querer impor sua vontade, sua utopia revolucionária, é um traço autoritário, arrogante e, até certo ponto, ingênuo.

Por que fracassaram tantos planos de estabilização? Existe algum elo comum?
Não foi feito nenhum programa de estabilização sério! Foram feitos vários congelamentos... (risos). Plano de estabilização, nenhum.

O que faltou?
O Cruzado era uma sofisticadíssima mecânica de desindexação, de conversão de contratos para uma súbita parada da inflação. Foi acompanhado de um congelamento ridículo e nada mais. Nas tentativas que seguiram, nem mesmo a mecânica de desindexação foi tratada direito. Foram congelamentos cada vez mais rústicos. E foram repetidos como farsas.

O Plano Collor me dava arrepios. Ao ver a equipe econômica com aquele pano amarelo atrás, explicando o inexplicável, eu passava mal por pensar que tudo aquilo era decorrente da tentativa de repetir o Cruzado. O Cruzado teve um tal impacto na imaginação nacional, que as pessoas ficaram com obsessão de fazer o Cruzado certo. Só que não existe o Cruzado certo. Até mesmo a palavra "plano" me desagrada. A estabilização é um programa, um processo. Em uma reunião que tivemos com o presidente Itamar Franco, quando estávamos sendo pressionados para fazer algo rápido, eu disse a ele que baixar a inflação é facílimo, difícil é sustentar a inflação baixa. Os políticos não entendem. Acham que, quando a inflação está muito alta, é preciso chamar os chatos dos economistas. Infelizmente é preciso aguentá-los por algum tempo. Baixa-se a inflação, mandam-se os economistas de volta para parar de chatear com esse tal de déficit público, com essa obsessão de respeitar orçamento, de manter os juros altos...

Como foi a experiência de trabalhar com Fernando Henrique Cardoso?
Ele é um homem inteligente e culto, entende o argumento e é capaz de acompanhá-lo. Ele foi ótimo! Como ministro da Fazenda, tinha uma enorme capacidade de comunicação, muita presença, grande capacidade de expressão. A equipe que trabalhou com ele era muito boa, excelente. Funcio-

nava muito bem, como um colegiado, em que o próprio Fernando Henrique, além de ser o político capaz de pressionar e influenciar para aprovar e executar as ideias, tinha uma contribuição efetiva nas discussões e nos debates internos.

Papel do Estado na economia

Qual deve ser o papel do Estado na economia e seu grau de intervenção?
Acho que o mercado competitivo é uma concepção extremamente poderosa como mecanismo de transmissão de informação e como forma de organização da produção. Até que provem o contrário, não há um substituto à altura. Só que, ao contrário do que pretende o liberalismo ingênuo e tosco, é uma concepção extremamente artificial. Do puro *laissez-faire* só decorre barbárie e violência. O mercado competitivo é fruto do Iluminismo, dos direitos individuais, das ações democráticas, do direito de propriedade, da ordem jurídica e do respeito aos contratos. É uma sofisticadíssima e artificial concepção. Nada mais estúpido do que defender a eliminação do Estado. A organização econômica não pode prescindir do Estado, é preciso haver um arcabouço institucional que permita aproximarmo-nos desse ideal-tipo nunca plenamente realizável na prática que é o mercado competitivo. Portanto, o papel das instituições e do Estado é fundamental.

Isso não significa que o Estado deva atuar diretamente como produtor de bens e serviços na economia. O Estado já comprovou ser extremamente ineficiente nessa tarefa. Dá margem a todo tipo de apadrinhamento, à corrupção, ao corporativismo etc. A atuação de um Estado que entende o mercado competitivo e intervém para corrigir aquilo que significa um desvio em relação ao ideal-tipo do mercado competitivo é completamente diferente. Infelizmente, todas as medidas que visam criar algo parecido com o mercado competitivo aparecem como medidas antipopulares. O benefício de tais medidas é indireto e, portanto, de baixíssimo dividendo político a curto prazo. Essas medidas são a antítese do populismo demagógico e têm muito pouco apelo político-eleitoral. É preciso uma elite política extremamente sofisticada para entender isso. E é preciso ter um eleitorado extremamente sofisticado para poder eleger uma elite política assim. Democracia de massa com população deseducada é uma combinação extremamente complicada. Mais uma vez, a saída é a educação, a educação e a educação! A minha visão quanto à participação direta do Estado na economia é, portanto, muito negativa.

Mas essa participação que temos hoje era justificada no passado?

Sem dúvida. Nos anos 1950, o Brasil era um país com um processo de industrialização incipiente, sem capacidade de poupança interna, nem de mobilização empresarial para recuperar o atraso. No capitalismo, o ciclo das empresas é semelhante ao ciclo de vida de um produto: nasce, amadurece e depois envelhece e se torna ineficiente.

A empresa estatal, nesse sentido, em nada difere da empresa privada. Quando começa não é ineficiente; só que a empresa privada, quando envelhece, quebra e desaparece ou é comprada e reorganizada. Já a empresa estatal fica uma espécie de carcaça de dinossauro, um entulho que não desaparece e drena as finanças públicas. Esta é a verdade: empresa pública não quebra, ao contrário, incha e não desaparece. Não é submetida à disciplina do mercado como a empresa privada.

Não tem hora da verdade?

Não, é um horror. Agora, num certo momento histórico, como no Brasil dos anos 1950, com certeza, a ação direta do Estado na economia foi importante.

Interessante que Rangel, mesmo sendo de esquerda, defendeu a privatização...

Sempre defendeu. Como homem do BNDE, viu esse ciclo antes de todo mundo. Foi pioneiro na defesa da privatização. O monopólio natural e sua exploração têm que ser regulamentados, é óbvio. Mas a exploração pode ser privada. É preciso entender o que é o monopólio natural, e fazer uma regulamentação que procure reproduzir, da melhor maneira possível, as condições de competição.

PERSIO ARIDA (1952)

Persio Arida nasceu em São Paulo no dia 1º de março de 1952. Após cursar História e Filosofia na Universidade de São Paulo, formou-se em Economia na Faculdade de Economia e Administração da mesma universidade em 1975. Em seguida, vai para o Massachusetts Institute of Technology (MIT) para realizar o PhD. Em 1979, a convite de Albert Hirschman, foi *fellow* do Institute for Advanced Study, da Princeton University, e no mesmo ano concluiu seus créditos de doutorado em Economia, escrevendo então uma tese, sem contudo defendê-la.

Retornando ao Brasil, foi professor dos cursos de graduação e pós-graduação no IPE-USP a partir de 1980, transferindo-se em 1982 para a PUC-RJ. Abandonou suas atividades docentes em 1984, quando se tornou pesquisador visitante do Smithsonian Institution, em Washington, onde discute-se pela primeira vez "Inertial Inflation and Monetary Reform in Brazil", texto em parceria com André Lara Resende que ficou conhecido como proposta "Larida". Iniciou sua participação no setor público em 1985 como secretário de Coordenação do Ministério do Planejamento (gestão Sayad). Em 1986 foi diretor da Área Bancária do Banco Central (gestão Bracher), tendo um importante papel na formulação do Plano Cruzado.

Saindo do governo, vai para o setor privado, assumindo a diretoria da *holding* Brasil Warrant, da família Moreira Salles, no período de 1987 a 1989. A partir de 1989 torna-se membro do Conselho de Administração do Unibanco. Após o Plano Collor, licencia-se do Unibanco para escrever uma segunda tese, obtendo seu PhD no MIT em 1992 com a tese *Essays on Brazilian Stabilization Programs*. Voltou ao setor público em 1993, como presidente do BNDES, sendo um dos principais realizadores do Plano Real. Com a eleição de Fernando Henrique Cardoso para a Presidência da República em 1994, assume a Presidência do Banco Central, retirando-se em 1995.

Organizou os livros *Dívida externa, recessão e ajuste estrutural*, em 1983, e *Inflação zero: Brasil, Argentina e Israel*, em 1986. Dedicou-se ao estudo de teorias de inflação e ministrou cursos em História do Pensamento Econômico. Foi um dos pioneiros da discussão sobre retórica na Economia, com o artigo "A história do pensamento econômico como teoria e retórica", escrito em 1983. A partir de 1996, passa a ser *senior partner* do Opportunity Asset Management. As nossas entrevistas foram realizadas em três oportunidades, entre outubro e dezembro de 1995, em seu escritório na Chácara Santo Antônio, em São Paulo.

Formação

Por que escolheu Economia?
Escolhi Economia porque era marxista. Naquela época, o entendimento da infraestrutura era considerado a chave mestra do conhecimento. Parece algo ridículo hoje, mas refletia o sentimento vigente. Logo no primeiro ano, no entanto, percebi que o Departamento de Economia da USP não oferecia praticamente nada de marxismo, que o interesse estava todo voltado para a construção e teste de modelos.

Quais foram seus professores mais importantes?
Eu não fiz formalmente o mestrado no Brasil, fui ao curso de PhD no MIT tão logo terminei o curso de bacharel. Foi uma trajetória peculiar. A partir do segundo ano da faculdade já assistia informalmente a cursos de mestrado. Fiz vários para nota, era uma espécie de aluno virtual (risos). Três professores, de extração distinta, me influenciaram nos anos de faculdade. O primeiro foi Ruben Almonacid, com sua reflexão sobre fundamentos e dinâmica. Raul Ekerman, por sua curiosidade intelectual e gosto pela história do pensamento. E Ibrahim Eris que trazia o apreço pelos modelos formais e o pensamento dedutivo. Apreendi pela observação deles que a teoria econômica, tal qual a Matemática, apresentava escolas mais formalistas e escolas mais intuitivas, que os conceitos de prova variavam de acordo com a tradição.

O que o fascinou em Economia?
Meu fascínio foi sempre por sua dimensão de um jogo conceitual, voltado à construção de modelos. Eu tinha algum talento para Matemática e uma base razoável de Filosofia da Ciência. A História nunca teve muita importância na faculdade. Era como se eu conseguisse juntar a Matemática e a Filosofia naquele mundo de modelos. Sempre fui autodidata, desde pequeno. Lia muito, assistia aulas informalmente. A leitura do livro do Granger,[1] já no

---

[1] G.-G. Granger (1955), *Méthodologie économique*.

Persio Arida (com Francisco Lopes, à esquerda):
"O Cruzado teve muito mais sucesso na partida do que esperávamos,
mas o jogo político não teve a maturidade adequada".

segundo ano da faculdade, deu-me um entendimento imediato do aspecto construtivista do pensamento econômico, uma maturidade de percepção sobre a natureza da teoria econômica que me foi de grande valia ao longo da minha formação. [Gilles-Gaston] Granger era um filósofo apaixonado pela modelagem econômica e seu livro, um belo estudo sobre a construção de conceitos como equilíbrio e tempo em teoria econômica.

Como foi sua experiência no MIT?
O MIT foi para mim uma experiência extraordinária. Apresentava um elenco de professores de primeiríssima linha. Tive aulas com [Paul] Samuelson, [Robert] Solow, [Franco] Modigliani, Stanley Fischer e [Rudiger] Dornbusch. Era um momento intelectualmente muito fértil de Cambridge. [Paul] Krugman, Larry Summers e [Olivier] Blanchard haviam acabado de se formar. Datam daquela ocasião minhas primeiras conversas com Michael Bruno. Foi lá também que conheci André [Lara Resende] e Eliana [Cardoso], que estavam um ano na minha frente, Edmar [Bacha] que tinha um escritório em Harvard e tantos outros amigos. Lembro-me que [Domingo] Cavallo e Pedro Aspe estavam terminando a tese quando cheguei. A lista é longa. Quase larguei o MIT ao final do primeiro ano, no entanto, quando percebi que já esgotara o entendimento dos aspectos de Filosofia da Ciência que a Economia poderia suscitar e que já havia entendido conceitualmente do que se tratava. Sobrara-me apenas o trabalho árduo de exercício de modelagem e teste empírico. Só continuei por disciplina! Hoje não me arrependo de ter continuado.

Sabemos que você escreveu duas teses de doutorado. O que aconteceu?
Tão logo terminei meu exame de qualificação, fui convidado por [Albert] Hirschman para ser seu assistente em Princeton, no Instituto de Estudos Avançados. Um lugar fantástico, tinha um escritório e toda a infraestrutura para pensar, sem nenhuma obrigação. Foi lá que comecei a redação da minha primeira tese. Hirschman encorajou-me a seguir adiante em um projeto intelectual ousado e [Michael] Piore dispôs-se a orientá-la. Sentia-me quase que intoxicado pelos dois anos de estudo no MIT, queria fazer algo que desse vazão a um pensamento mais criativo e livre. Quando voltei ao MIT para apresentar a tese, o próprio Piore sentiu-se algo desconfortável, porque não a entendia exatamente, eu havia desenvolvido a tese em completo isolamento.

A segunda pessoa da banca, o [Martin] Weitzman, apresentou um veto radical, dizendo: "Isso não é uma tese de Economia". O terceiro leitor fez o mesmo julgamento e na verdade a tese não foi sequer apreciada, porque julgaram que em sendo uma tese interdisciplinar não era aquele o departamento para o qual deveria ser apresentada.

Eu fiquei em estado de choque, discordei deles, achei que tinham uma visão muito estreita de Economia. A tese discutia inovação técnica sob uma dimensão diferente, aprofundava a reflexão sobre processos cognitivos, aplicava o conceito piagetiano de descentramento, discutia a história da transição do sistema de manufaturas para a produção em massa à luz de modelos formais sobre os modos de lidar com complexidades na reorganização do trabalho. Resgatava o pensamento de Usher e reinterpretava trechos da análise histórica de Marx sob a ótica dos processos cognitivos envolvidos. Era uma tese muito ousada e erudita em 1980. Hoje muito menos, o assunto está chamando mais atenção. Ficou uma situação de "aprova ou não aprova", pois recusei-me a enquadrar a tese no mundo estreito da teoria econômica tal qual o entendia o departamento. O departamento fincou posição e o impasse se estabeleceu.

Quando estava em Princeton, contei da tese para algumas pessoas. Acabei convidado por Luhman, um dos expoentes da sociologia alemã juntamente com Habermas, para participar de um seminário em Bielefeld para o qual preparei um pequeno *paper* baseado em um dos capítulos da tese. Luhman gostou e publicou-o na Alemanha, mas como quase ninguém lê alemão o *paper* ficou quase inacessível, restrito àquele mundo interdisciplinar alemão. E assim ficou a primeira tese.

Aí voltei ao Brasil. Passei um tempo na Smithsonian Institution, fui para o governo e depois para o Unibanco. Foi só mais tarde, em 88, 89, por conta de uma correspondência de alguém que tinha lido o *paper* editado pelo Luhman e me perguntara algo, que fui olhar a tese de novo. Tive uma sensação curiosa: a tese era muito melhor do que eu próprio imaginava, modéstia à parte, é uma tese ótima. Mas, por outro lado, extrapolava, cristalinamente, os limites da Economia.

Você deu razão à banca?

Completa razão. É evidente que não é uma tese de Economia. É uma tese intelectual pura, com aspectos econômicos, sem dúvida, mas o departamento não poderia aprová-la nunca. Aí o espírito magoado desarmou-se, errado estava eu. Rudiger Dornbusch insistiu em que fizesse outra tese, dizia brincando "não é possível que você não tenha o título, como vai ficar sua biografia?". Alguns amigos como Luiz Carlos Bresser-Pereira também. Ausentei-me do Unibanco por quase 9 meses, abrindo mão dos vencimentos, e escrevi outra tese,[2] começando do zero, para obter o PhD quase 10 anos depois. Desta vez, tomei todo o cuidado — fiz uma tese convencional sobre um tema convencional, três ensaios sobre Macroeconomia, inflação, estabilização e problemas postos pela inércia em processos inflacionários e desequilíbrios provocados pela realocação de *portfolio*. Talvez eu tenha sido o único brasileiro que nunca fez mestrado mas que teve que escrever duas teses totalmente diferentes para obter o título de PhD. Mais ainda, um leitor das duas teses dificilmente pensaria tratar-se da mesma pessoa (risos).

De toda forma, escrever a segunda tese foi muito importante. Certamente não tem a criatividade da primeira, sequer qualquer brilho do ponto de vista da teoria pura, mas poder dedicar-se a um esforço acadêmico genuíno, mais velho, já com muito mais experiência do mundo prático e reflexão teórica acumulada, foi uma experiência muito importante. Muito das posturas que adotei em relação ao desenho e implementação do Plano Real, por exemplo, derivou da reflexão que efetuei ao escrever a segunda tese.

Você publica muito pouco. Por quê?
Na verdade, escrevo muito pouco. Só escrevo quando me defronto com um problema teoricamente intrincado e atraente. Por exemplo, nunca escrevi uma palavra sobre a privatização e concorrência como alternativa superior às estatais monopolistas, sobre as vantagens da abertura comercial e da integração financeira em contraste com o modelo autárquico da substituição de importações ou sobre a importância do controle fiscal para o sucesso de um programa de estabilização. São questões importantíssimas para o destino do país, mas que nunca me foram teoricamente atrativas porque sempre me pareceram óbvias demais. E do que escrevo, só uma fração é publicada. Nunca publiquei uma linha da segunda tese, por exemplo. Isto para não falar dos vários *papers* avulsos, que nunca saíram do arquivo ou deixaram de circular na forma de textos para discussão. Com raríssimas exceções, o pouco que publiquei foi feito ou de artigos escritos em conjunto (como o *paper* com Edmar [Bacha] sobre Macro de desequilíbrio, o Larida ou o longo *survey* sobre economia do desenvolvimento com Lance Taylor, preparado para o *Handbook* do Chenery)[3] ou *papers* publicados quase que à minha revelia, como o

---

[2] Arida (1992), *Essays on Brazilian Stabilization Programs*.

[3] Arida e Bacha (1984), "Balance of Payments: A Disequilibrium Analysis for Semi-Industrialized Economies"; Arida e Lara Resende (1984a), "Inertial Inflation and Monetary Reform in Brazil"; Taylor e Arida (1988), "Long-Run Income Distribution and Growth".

paper sobre retórica.[4] O fato é que nunca me interessei muito por publicar. É como se os *papers*, uma vez escritos, já me bastassem. Tenho pensado recentemente em publicar uma coletânea de ensaios, mas ainda não amadureci a ideia suficientemente. O tempo é cruel, as reflexões ficam datadas muito rapidamente.

Quando você voltou para o Brasil, lecionou por um breve período na USP e foi para a PUC-RJ. Por que a mudança?

Quando voltei a São Paulo, em 1979-1980, meu interesse no campo da Economia já estava concentrado nos problemas da macroeconomia da estabilização. A USP, naquele momento, não apresentava massa crítica para esta discussão, enquanto na Católica do Rio, que era um departamento muito menor, o foco estava concentrado justamente nas questões que me interessavam. Lá estavam André Lara, meu amigo e companheiro de escritos desde o MIT, Edmar Bacha, Pedro Malan, Dionísio Carneiro, Rogério Werneck, Winston Fritsch, Marcelo Abreu, Eduardo Modiano, José Márcio Camargo. E ainda havia uma geração de estudantes extremamente talentosos, como Armínio Fraga, Elena Landau, Pedro Bodin, Gustavo Franco, Edward Amadeo. Era um ambiente muito rico de ideias e discussões. [Rudiger] Dornbusch e [Roberto] Frenkel naquela época moravam no Rio e Mário Henrique Simonsen era um interlocutor frequente.

O *POLICY MAKER* E O MERCADO FINANCEIRO

Como foi a experiência do Cruzado?

Na época era muito jovem, 33 anos. Padecia, penso que todos nós padecíamos, da falta de uma visão plena do processo de estabilização. Toda estabilização bem-sucedida tem que ter uma coalizão política que apoie o núcleo-chave de políticas. Se não houver na partida um time econômico com ideias homogêneas, uma liderança política clara e uma certa maturidade no mundo político e na sociedade sobre o que é necessário fazer, não adianta tentar. É ilusório imaginar que estas precondições sejam dispensáveis ou decorram naturalmente da dinâmica do processo de estabilização. O Cruzado teve muito mais sucesso na partida do que esperávamos, mas o jogo político

---

[4] Arida (1983), "A história do pensamento econômico como teoria e retórica".

não teve a maturidade adequada. O congelamento, previsto como algo temporário, tornou-se um fetiche, a equipe econômica não conseguia se entender no diagnóstico do problema, havia uma limitação ao uso da política monetária como instrumento contracionista, o Congresso era dominado por um partido rival ao do Presidente, não havia legitimidade para falar nos sacrifícios necessários nos níveis de emprego e renda disponível, o equilíbrio fiscal soava como retórica gasta do governo militar.

O Cruzado, de toda forma, mudou o imaginário da sociedade, criou a referência da estabilidade de preços. Se não tivéssemos tido a infeliz experiência do Cruzado, dificilmente teríamos tido a experiência bem-sucedida do Plano Real. O fato é que depois do Cruzado tivemos várias tentativas subsequentes de fazer o Cruzado "certo". Foi como se, a cada novo fracasso, a equipe seguinte organizasse sua reflexão em torno daquilo que os idealizadores do Cruzado gostariam de ter feito e não puderam fazer ou daquilo que deveriam ter pensado e não pensaram. O Real, em compensação, resgatou o elemento de surpresa do Cruzado. Nos dois casos, tivemos desenhos de programas de estabilização ousados, sem precedente anterior, sem a sensação do *déjà-vu*.

Você teve experiências na academia, no governo e no setor privado. Por que não ficou na academia?

O fato é que a vida acadêmica no Brasil dificilmente configura um processo sustentável de vida. As condições de trabalho são ruins, os salários relativamente baixos, a carga didática é elevada, e quem fica na academia acaba dedicando parte substantiva de seu tempo a consultorias que acrescentam muito pouco intelectualmente. De toda forma, hoje não sinto falta de lecionar. Dentre meus vários defeitos está a falta de paciência para explicar e a absoluta falta de vocação para ser polemista. Tenho consciência de que era um bom professor, mas aquilo saía à custa de um esforço muito grande. Ficava fisicamente exaurido após cada aula. Hoje em dia, mais velho, chego ao ponto de silenciar ou replicar evasivamente quando alguém me fala tolices ou faz perguntas ingênuas por absoluta preguiça de explicar e discutir. Sinto mesmo é falta de tempo para pensar.

E sua experiência no Unibanco?

Foi ótima. Há muito preconceito na visão das pessoas sobre o mercado financeiro. Para alguém interessado em Macroeconomia, a inserção no mercado financeiro é mais natural do que a inserção na indústria ou no comércio. Além disso, a experiência do mundo privado ajuda muito na formulação de políticas públicas. Cansei de ver gente no governo, por exemplo, que acredita demasiadamente na capacidade normativa das leis e decretos, que ignora que os agentes do outro lado do balcão estão pensando o tempo todo em como arbitrar diferenças e buscar brechas legais. Tenho calafrios quando escuto alguém propor a criação de um novo programa de amparo ou desenvolvimento ou incentivos — já imagino a coleção de normas e decretos, a disputa na burocracia para saber quem administra o programa, os arquivos crescendo, a exigência de registros e certificados, a adaptação da contabilidade, a movimentação dos lobistas, as arbitragens do setor privado, os subsequentes movimentos defensivos da Receita, as acusações de favorecimento, alguém fazendo um *paper* sobre o custo implícito do programa e as distorções que ele criou, a dificuldade de retirar o programa anos depois porque uma parte do setor privado e do emprego já ficou dependente dele, as tratativas políticas para suprimi-lo no Congresso e por aí vai. Acho que sou liberal em demasia (risos).

Ter feito o Plano Real após o Cruzado não deu aquela sensação "será que vou perder o segundo pênalti"?

Não havia pênalti algum a ser cobrado. Depois que deu certo, sempre aparecem as explicações dizendo que obviamente só poderia ter dado certo, que estava evidente desde a partida. A história *ex-post* parece sempre conformar-se ao determinismo. O clima de opinião vigente quando da posse de Fernando Henrique como ministro da Fazenda era muito pessimista. Quem quer que o reconstitua verá que na ocasião estávamos perdendo de goleada. É bem verdade que éramos uma equipe homogênea, falando a mesma linguagem, com liderança clara e capacidade de ter um projeto político cristalizados na figura do Fernando Henrique. É também verdade que a sociedade ansiava por um programa de estabilização. No entanto, a ideia predominante na sociedade era que só a austeridade fiscal era suficiente. Cortando-se os gastos, pondo a casa em ordem, a inflação desaparecerá, é o que se dizia nos editoriais da época. Era uma visão ingênua da realidade, mas era a visão dominante.

Na prática, a inflação subiu o tempo todo até o Real. Todos os jornais eram contra as "mágicas", diziam que o Fundo Social de Emergência não era suficiente para assegurar o equilíbrio fiscal, que a URV iria gerar uma hiperinflação porque a economia iria patinar em gelo fino, que as restrições ao crédito não funcionariam, que sem um congelamento de preços a inflação iria explodir, que a dívida interna era uma obstáculo intransponível, que a taxa de juros não teria eficácia para controlar a demanda, que o Real era uma mágica eleitoreira etc. O fato é que fomos contra a opinião corrente da maioria dos economistas, editorialistas e jornalistas, e por vezes contra nossos próprios instintos, como em algumas noites quando me lembrava do Cruzado e quase desistia da empreitada.

O Fernando Henrique é um homem extremamente inteligente e certamente capaz de assumir riscos. Várias vezes assistia a reuniões de horas do time econômico, o que para um não economista é muito chato. Sentava-se na cadeira como ministro e ouvia todos os argumentos, prós e contras. E foi ele próprio formando sua percepção da realidade. Eu lembro que o discurso de lançamento da URV, por exemplo, foi feito pelo Fernando Henrique de improviso. Trocou duas ou três ideias e fez o discurso. Ele sabia exatamente do que estava falando, qual era o desenho do programa de estabilização, quais eram os riscos. E era uma montagem arriscada.

O fato é que para lançar um programa como o Real, há que se ter muita convicção. O exercício de poder é horrivelmente solitário e angustiante. Só se pode conversar com os colegas. Em momentos críticos, você tem que ter a coragem de ir contra o consenso da sociedade. Há sempre um elemento de julgamento subjetivo e intuitivo, que depende no fundo de uma maturidade de vida, de experiência, de observação. Aprendi muito ao longo do tempo, por exemplo, conversando com pessoas que formularam planos de estabilização em outros países. É extraordinariamente importante saber como é que a decisão foi tomada, saber quando o acerto foi intencional ou casual, o peso das considerações políticas etc. Aos poucos, forma-se um quadro intuitivo de percepção e análise que não se pode encontrar em livros ou artigos, resultado de anos e anos de observação, conversa e discussão.

Fernando Henrique Cardoso alude a você, [Edmar] Bacha e André [Lara Resende] como os mentores intelectuais do Plano Real.

Olhe, nunca me preocupei muito com esta questão de reconhecimento. Só quem já teve a experiência de vida sabe o esforço coletivo que requer a montagem e o lançamento de um programa de estabilização. As complementariedades são extremamente importantes. O núcleo duro era este, mas André saiu muito cedo, acabamos ficando Edmar e eu, ambos escaldados do Cruzado. Gustavo [Franco] teve um papel muito importante também na relatoria. O Edmar desenvolveu a duras penas uma especialização na questão fiscal e nas negociações com o Congresso. Pedro [Malan] sempre teve grande habilidade e inspirava muita confiança. Tantos outros contribuíram. Do ponto de vista de quem está fora do governo, parece que é só ter a ideia e mandar executar. Na prática, é sempre uma obra coletiva, na qual o esforço de persuasão e a qualidade operacional da implementação são decisivos. O fato é que quando as coisas dão certo, a tentação psíquica universal é reivindicar a paternidade, quando dão errado é fazer de conta que a culpa é alheia.

E as experiências institucionais, BNDES e Banco Central, como foram?

O período no BNDES foi muito difícil, porque o Banco estava no Rio, minha família em São Paulo e o Real em Brasília. Por conta da questão geográfica, minha vida ficava muito difícil. Foi um esforço extraordinário, pegava no mínimo quatro a cinco aviões por semana. Fiquei até com inveja dos áureos tempos das estatais, quando se podia dispor de um jatinho (risos). E além da questão geográfica, havia uma dicotomia espiritual. O BNDES estava à margem do programa de estabilização, o que me obrigava a cumprir dois papéis diferentes. No BNDES eu tinha um objetivo muito claro: até o final do governo Itamar, em um ano e meio, digamos, o Banco teria que partir para uma expressiva recuperação de créditos, montar procedimentos rigorosos para concessão de novos créditos, fortalecer-se e acumular recursos para financiar o desenvolvimento brasileiro mais à frente. Joguei na retranca, preparando a instituição para o futuro. Acabei tendo muitos desgastes, principalmente por resistir ao financiamento de estados e grupos privados em situação periclitante. Foi a estratégia correta, no início de 95 o BNDES já estava muito bem, infinitamente melhor do que os outros bancos estatais.

No Banco Central tinha outro projeto, se lá permanecesse. Queria criar um Banco Central independente. A questão é polêmica e presta-se a toda forma de equívocos. Tinha em mente basicamente um processo de atribuição de responsabilidades e autonomia decisória. Em regimes monetários fiduciários, o viés inflacionário é sempre presente e precisa ser equacionado explicitamente. Penso que o propósito do BC é zelar pela estabilidade de preços, qualquer outro objetivo é de caráter secundário. Pode-se imaginar diversos processos formais de designação e aprovação da diretoria do BC. O importante é que, uma vez posta no cargo, esta diretoria só possa ser removida por razões éticas de comportamento. Deve ter todos os instrumentos e a autonomia de ação necessários para assegurar a estabilidade e deve, por conseguinte, ser penalizada caso não consiga chegar à meta estabelecida. No contexto de hoje, em que a estabilidade de preços é um objetivo inquestionável de toda a sociedade, a independência do Banco Central pode parecer desnecessária. Quando se observa os desvarios da história econômica recente, no entanto, é que se percebe quão ruim é a nossa montagem institucional. Não é à toa que o Brasil teve a performance inflacionária que teve ao longo dos últimos 30 anos.

Penso que preciso acrescentar algo ainda. A expressão estabilidade de preços não quer dizer inflação nula. Há muito estou convencido de que parte da inflação é um erro sistemático de medida, causado por inovações técnicas que não são captadas na forma qualitativa. É algo que Zvi Griliches já nos alertava na década de 1970 quando sugeriu os índices de preço hedonísticos.[5] Em outras palavras, a menos que se altere a medida, uma pequena inflação provavelmente significa estabilidade de preços ajustados pela qualidade dos produtos.

Método

Qual o papel do método na pesquisa econômica?

Antes de mais nada, há que evitar dois perigos. De um lado, o perigo de nada entender de metodologia. É o sujeito que no fundo não sabe o que está fazendo quando está formulando ou testando uma teoria, erro grave e infelizmente muito comum, erro de ingenuidade. Como sempre, o ignorante é possuído de certezas e convicções e acaba impressionando os outros como detentor da verdade. Quer dizer, a ignorância da metodologia é uma praga que prospera com extraordinária fertilidade. De outro, o perigo de imaginar que há uma solução fácil e óbvia no mundo da Filosofia da Ciência. É o caso do sujeito que vai à busca do paraíso, do método que o conduzirá ao conhecimento de forma segura e verdadeira. O resultado mais frequente é que o sujeito se perca completamente diante de problemas cuja complexidade supera de longe sua capacidade de formulação e entendimento. O sujeito acaba se perdendo inteiramente, pois nem todo *insight* metodológico é necessariamente fecundo. Veja por exemplo a discussão sobre tempo lógico e tempo histórico, fascinante e profunda mas que não se consegue a partir dela desdobrar um novo instrumental de análise. É mais fácil um filósofo da ciência entender economia do que um economista entender de Filosofia da Ciência.

Em última análise, entender as questões de método ajuda muito a relativizar o conhecimento, amplia de forma substantiva os horizontes da análise, mas não proporciona um caminho inequívoco e seguro à verdade. Em última análise, nada substitui a formação aberta, na qual o economista está

---

[5] Griliches (1973), "Research Expenditures and Growth Accounting".

atento à teoria e à metodologia ao mesmo tempo. Parece um requisito que exige muito, e exige mesmo, mas não há maneira de ser diferente se quisermos produzir bom conhecimento.

Qual é o papel da Matemática e da Econometria na Economia, inclusive como instrumento de retórica? Na sua opinião, hoje em dia, está ocorrendo um refluxo, uma volta à Economia Política?

Discuti estas questões de retórica de forma extensa no meu artigo de 1983. O que me fascinaria hoje, se fosse escrever um ensaio mais filosófico, não seria o uso retórico da Matemática ou da evidência econométrica, mas sim as mudanças no estilo da formalização. Por que se abandonou as cadeias markovianas ou os modelos *n* setoriais, por exemplo? Por que a formalização via cálculo estocástico revela-se fundamental hoje em dia? O fato é que as matemáticas têm estilos diversos. Seria interessantíssimo verificar se as mudanças na estilização formal decorrem de exigências do objeto a ser estudado ou se, como suspeito, em última análise, moldam o próprio objeto de estudo. O que leva o espírito a privilegiar uma estilização formal? Minha conjectura é que a escolha da estilização formal induz a um caminho, a uma apreensão do mundo, uma visão dos fenômenos econômicos. Quer dizer, enquanto o senso comum das pessoas pensa que existe algo a ser estudado imóvel e constante como uma montanha, vejo algo totalmente diverso, no qual aquilo que se estuda resulta do filtro de análise imposto pelo instrumento formal.

A partir do teorema de Gödel, que explicita a limitação da lógica e sua fundamentação da Matemática, Chaïm Perelman desenvolveu os estudos da nova retórica. Qual a importância da retórica no pensamento econômico?

Sou um pouco cético quanto às tentativas de extrapolação direta de resultados impressionantes de outras disciplinas, como o teorema de Gödel ou o princípio de Heisenberg, para a Economia. Normalmente, perde-se o conteúdo original e confunde-se alhos com bugalhos. Indo à questão da retórica, que abordei no meu artigo de 1983, deixe-me voltar um pouco. O senso comum é fundamentalista. A retórica ajudaria, mas em última análise não poderia decidir sobre a verdade ou falsidade de qualquer proposição. Quando muito, a boa retórica poderia acelerar ou inibir a apreensão da verdade pelos agentes, algo importante no curto prazo e para a vaidade dos pesquisadores desejosos de reconhecimento e fama, porém irrelevante no longo prazo do desenvolvimento científico.

A questão é certamente mais complexa do que supõe o senso comum. Raras foram as controvérsias que se resolveram pelo recurso à evidência empírica. Defender alguma variante do ceticismo, no entanto, não me parece fazer sentido.

Nestas questões, a abordagem de [Gilles-Gaston] Granger, que destacou como poucos o caráter de construção de conceitos da Ciência Econômica, parece-me extremamente fecunda. A retórica de qualquer discussão sobre o desemprego, por exemplo, faz ela própria parte da percepção que criou o objeto de estudo chamado desemprego. O objeto econômico é resultado de uma construção intelectual. Conceitos como o equilíbrio, a unidade de tempo ou a taxa natural de desemprego são conceitos construídos, resultantes de reflexão. É claro que subjacente ao construtivismo está um disfarçado otimismo quanto à capacidade humana de entender o mundo, quase que uma aposta que os objetos construídos intelectualmente guardam uma correspondência íntima, secreta, com o mundo a ser conhecido.

André Lara Resende afirmou que o seu artigo sobre retórica poderia ser seu "testamento" em Economia, como se você tivesse chegado a uma síntese do que era a teoria econômica. Concorda com essa opinião?

Bem, testamento dá a impressão que se trata da última contribuição, o que não é verdade, foi um texto escrito há 11 ou 12 anos atrás. Mas testamento no sentido de síntese, sim. Tanto é que depois daquele artigo só me interessei por questões práticas, de política econômica. Mesmo minha segunda tese, que escrevi depois do artigo, já estava contaminada por este espírito prático, por assim dizer, preocupado em como ajudar o país a terminar com a inflação.

Qual é a diferença de abordagem metodológica entre Macroeconomia e Microeconomia?

A tradição neoclássica é muito clara a respeito. A Macroeconomia é uma aproximação defeituosa da realidade, a resultante agregada das decisões individuais. Há uma regra de construção implícita do objeto econômico, a saber, tudo tem que ser intuitivamente apreendido como fazendo sentido do ponto de vista do agente individualmente considerado. Keynes já é ambíguo. Pode ser lido de forma neoclássica, mas por vezes raciocina como se a realidade macroeconômica fosse fundante e condicionante dos comportamentos individuais. É como se Keynes tivesse uma extração convencional, uma aderência por formação ao individualismo metodológico, mas uma intuição de que algo diferente estivesse em jogo.

O que você quer dizer com individualismo metodológico?

É a pressuposição de que a realidade macroeconômica resulta por agregação dos comportamentos dos agentes econômicos. Prescreve um programa de trabalho: buscar sempre os fundamentos no comportamento dos indivíduos. Na prática, o procedimento de agregação revela-se de uma complexidade analítica excessiva, e daí se utiliza a figura quase que weberiana do indivíduo representativo. E é esta impossibilidade de construir a agregação que mostra o esgotamento do paradigma criado pelo individualismo metodológico, tão do agrado do senso comum. No fundo, é um pretexto para o construtivismo, para a paciente elaboração de conceitos de equilíbrio, tempo e incerteza, que pervade Micro e Macro da mesma maneira.

O que está morto e o que está vivo em Marx?

(Pausa.) Acho que a questão pode ser enfrentada em dois planos: o das Ciências Humanas como um todo e outro restrito à teoria econômica. No que tange ao primeiro plano, não há o que discutir. Mas do ponto de vista da teoria econômica *stricto sensu* tendo a achar que pouca coisa está viva. Não falo do Marx historiador, cativante e admirável, mas do Marx teórico. E a vida é pouca ou nenhuma porque não houve seguimento efetivo. Marx é a única tentativa explícita de rompimento do individualismo metodológico, da afirmação de realidades ontologicamente existentes que determinam o comportamento individual sem que os agentes delas tenham conhecimento, uma sociedade na qual as relações sociais entre os indivíduos atomizados lhes aparecem autônomas.

Não há quem, tendo lido Marx, não tenha ficado com a percepção de que ali existe um veio fértil de reflexão, totalmente distinto da tradição neoclássica. Nada a ver com as leis de desenvolvimento, essa herança do século XIX, mas com uma percepção de que há algo profundo a ser explorado nas teorias do capital como valor dotado do atributo da autovalorização. O fato é que lecionei vários cursos sobre Marx, refleti um bocado mas nunca consegui elaborar algo que me fizesse sentido. Minha frustração é porque, por paradoxal que pareça, nunca consegui convencer-me de que se trata de uma falsa promessa.

No artigo sobre retórica de 1983, você cita o livro História da análise econômica *de Schumpeter [1954] como exemplo de uma historiografia enfadonha, norteada pela noção de fronteira de conhecimento, onde se debate quem foi o primeiro a formular determinado conceito. Como ocorrem "descobertas científicas", às vezes simultâneas, em Economia?*

Não me recordo de ter usado o adjetivo enfadonho para descrever uma obra de monumental erudição. Mas mantenho a crítica. A noção de descoberta é emprestada das Ciências Exatas. O equilíbrio walrasiano não é uma descoberta similar à descoberta de um fóssil. A noção de descoberta provém de uma epistemologia simplista que mal compreende o papel da construção dos conceitos. Um conceito não se descobre, se cria. Além disso, a simultaneidade de formulação é mais reveladora de um processo orgânico, social, do que do gênio individual.

A coleta de depoimentos é útil para compreender a história? Mais especificamente: como vê o nosso trabalho utilizando a técnica da entrevista para recuperar um pouco da História do Pensamento Econômico Brasileiro?

É extremamente importante. A reflexão econômica, como a de qualquer disciplina, é antes de mais nada um processo social, de interação, contato e conversa. A leitura fria dos *papers* dá uma noção enganosa da dinâmica do conhecimento. A figura do pensador solitário é curiosa e atraente, tem algo da loucura tão bem descrita no personagem acadêmico de Cornell descrito por Nabokov, mas está longe de prover uma boa descrição do pesquisador. As figuras decisivas são os pesquisadores centrados na sociedade. Daí a importância dos depoimentos. Lendo *papers* você jamais entenderá o que de fato acontece. Você precisa saber qual era o círculo de reflexão ao qual o autor se referia, precisa conhecer seus interlocutores, quem divergiu de quem, quem estabeleceu um laço de solidariedade e confiança com quem. Não há política nem teoria que não tenha sido baseada em uma trama complexa de relações pessoais. Por mais que o ego individual tenda a reconstruir a história de forma autocentrada, do tipo "eu fiz isso, fiz aquilo, tive esta ideia, marquei a história neste momento", não há como escapar da realidade de que os processos são sempre mais sociais e coletivos que o individualismo exacerbado da nossa época supõe.

Desenvolvimento econômico

Qual a sua concepção de desenvolvimento econômico?

A questão é antes de mais nada institucional. Ou seja, qual é o quadro institucional e legal que dá mais confiança aos agentes para acumular riqueza? É esta a questão-chave. Refiro-me à remoção de entraves à liberdade de ação e contratação, à capacidade de criar mercados e à supressão das ameaças ao amealhamento de riqueza. Diminuir custos de transação também parece-me crucial. É uma visão muito mais restritiva do que o usual e certamente mais atenta ao quadro institucional e legal do que a maioria dos economistas gostaria.

Simonsen coloca que a controvérsia Cambridge versus Cambridge fez com que a Economia do Desenvolvimento ficasse patinando por 15 anos. Na sua opinião, qual foi o motivo do declínio desse campo de estudo?

A teoria declinou porque suscitou pouco interesse. E suscitou pouco interesse porque a partir do colapso de Bretton Woods e do choque do petróleo o produto passou a exibir grande volatilidade, fazendo com que se tornassem vivas as antigas teorias do ciclo econômico. Eram o ciclo e a volatilidade que atraíam as mentes mais privilegiadas, não as uniformidades de longo prazo. Não é à toa que o campo voltou a suscitar interesse nos últimos anos.

Teorias de inflação e planos econômicos

O ajuste de 1981 a 1983 foi eficiente para melhorar a balança de pagamentos, mas não teve o efeito desejado e esperado com relação à inflação. O problema era o diagnóstico?

Naquela época existia uma visão equivocada do problema inflacionário. A inflação seria uma resultante direta do déficit e alavancada por expectativas. Daí a prefixação da correção monetária abaixo da inflação acompanhada de uma contração fiscal: atuar-se-ia ao mesmo tempo nos fundamentos e nas expectativas. Era uma visão muito difundida, não foi à toa que Argentina e Chile também embarcaram na prefixação. A inércia era uma figura de retórica, quando muito um fenômeno menor. Os resultados da contração econômica de 1981 e 1982 foram, no entanto, tão eloquentes que aos poucos foi se transformando o paradigma existente. O lapso cognitivo foi longo, as primeiras teorias mudando a forma de pensar só surgiram em 1983.

Foi um caso clássico de mudança de paradigma. Anteriormente, bastava o ajuste fiscal e se a inflação não caía, era porque o ajuste não tinha sido suficiente, um pouco como aquela *boutade* do Fernando Sabino, "no final tudo termina bem, e se não está indo bem é porque ainda não terminou". O erro não estaria no paradigma, mas sim na falta de vontade política do país em terminar com a inflação. A mudança ocorreu justamente quando houve uma reflexão original sobre o problema, que captava justamente nossa peculiaridade, a existência de contratos indexados por força legal em um sem-número de contratos.

É um caso também interessante para ilustrar a importância dos modelos conceituais versus os testes empíricos. O teste do paradigma anterior era saber se a inflação se deslocaria para o equilíbrio de *seigniorage* inferior tão logo o déficit fosse zerado. Todas as simulações econométricas indicavam que não. Mas para poder pensar o problema diferentemente era necessário ter clareza conceitual num caso-limite. Como seria possível que a inflação não cedesse quando o déficit era zero? Sem a caracterização analítica adequada do caso de pura inercialidade a mudança de paradigma não poderia ocorrer. É óbvio que na prática tínhamos os dois problemas, déficit positivo e inércia, mas a mudança de paradigma só pôde ocorrer quando houve clareza analítica sobre os casos-limite.

E a questão nossa tangenciava outras. Lembro que quando André e eu apresentamos o *paper* Larida em Washington, nos idos de 1984, Phillip Cagan, pouco familiarizado com o Brasil, entendeu na hora o problema, ao dizer: "Vocês tem um novo *insight* sobre o processo inflacionário, eu vi isso nos estudos que fiz nos processos de hiperinflação na Europa Oriental". Aliás, Cagan fez de bate-pronto uma descrição ótima do que chamávamos de ORTN pró-rata/dia com paridade fixa com o câmbio (que depois virou, evidentendemente, a URV): "É um padrão ouro sem ouro".

Como é que vocês, já tendo formulado a ideia da moeda indexada, embarcaram na ideia de congelamento?

Não havia no Cruzado a possibilidade política de fazer um passo como o da URV. Concordamos no final com o congelamento por três meses. O próprio Francisco Lopes, diga-se de passagem, jamais sugeriu um congelamento prolongado, mas apenas um momento de coordenação. Eu me recordo que o Dilson Funaro chegou a anunciar um congelamento de três meses e deu uma confusão política gigantesca. A solução Larida estava fora do horizonte intelectual da época, parecia mágica.

Mas, existe diferença entre a proposta Larida e a URV...

Há diferenças, é claro, lá se foram mais de dez anos entre uma construção e outra. O Larida tinha a ideia da circulação simultânea das duas moedas por um breve período de tempo, mas anos depois, enquanto fazia minha segunda tese, cheguei à conclusão de que era uma ideia complicada demais, que se poderia obter todas as vantagens do Larida com uma moeda virtual. Outra diferença: a ORTN pró-rata/dia seguia fixamente o índice de preços doméstico, a URV era a média de três índices com uma banda de flutuação. Gustavo e eu chegamos um dia com a mesma ideia de introduzir a banda de flutuação para impor um pouco de fricção no processo. Mas a essência é a mesma. O Pastore percebeu na hora. Tão logo se falou da URV, ele disse: "Ah, mas é o Larida".

Um aspecto interessante é o dual dessa construção intelectual — a possibilidade de inverter o processo, estabilizando de imediato na nova moeda e deixando que os contratos indexados corressem livremente em uma moeda virtual que se desvalorizaria. Na época do Cruzado, André sugeriu que fizéssemos isso, fiquei encantado com a possibilidade, mas a operacionalização legal pareceu-nos difícil. Entre o Real e a URV, instigado pelo Francisco Lopes, cheguei a pensar de novo nisso, propus a ideia em várias de nossas reuniões de equipe econômica, mas no fim rendi-me novamente às complicações legais e operacionais, deixando de lado a beleza intelectual da solução.

A que outras conclusões você chegou no período de formulação da sua segunda tese?

Do ponto de vista da formulação do Plano Real, aquele período foi importante em dois aspectos. Um já mencionei, é a caracterização da moeda de referência como moeda puramente virtual, sem existência material. O segundo aspecto é relativo à neutralidade das reformas monetárias. O paradigma conceitual que havia sido elaborado no início dos anos 1980, evidenciado explicitamente na proposta Larida, era muito claro: se o equilíbrio inflacionário fosse puramente inercial, o equilíbrio real subjacente às situações de alta e baixa inflação teria que ser o mesmo. Daí o princípio básico de neutralidade na conversão dos contratos. Mas depois da experiência do Cruzado, da forte expansão de demanda que se seguiu imediatamente ao lançamento do Plano, cheguei à conclusão de que algo precisaria ser revisto.

O Cruzado teve um problema de déficit público também, não foi?

Evidentemente. Havia também um teto político à subida das taxas de juros, para não falar de visões erradas sobre o papel da política monetária. Mas de toda forma o *boom* inicial de demanda desafiava qualquer explicação plausível. Durante o período de reflexão que tive a chance de fazer quando da minha segunda tese, cheguei à conclusão de que, por um problema de assimetria de riscos na composição de *portfolio*, mesmo no contexto de uma inflação puramente inercial, uma reforma neutra não levaria a economia para a estabilidade de preços. Em outras palavras, o equilíbrio real pós-reforma monetária tenderia a ser diferente do equilíbrio pré-reforma mesmo no caso de pura inercialidade e absoluta neutralidade da reforma. Mais precisamente, a taxa real de juros necessária para assegurar estabilidade de preços tem que ser maior após a reforma do que antes, e tão mais alta quanto mais endógena for a indexação de contratos, e isso independentemente do déficit público.

Além de ter clareza analítica sobre o papel da política monetária restritiva em um contexto abstrato, o período de retiro a que me permiti quando fiz a segunda tese serviu para aguçar a intuição sobre a importância dos depósitos compulsórios no controle da demanda agregada. Em outras palavras, cheguei à conclusão de que, apesar das ineficiências alocativas, seria preferível praticar a política monetária restritiva que a estabilização requer através de um *blend* de taxas de juros e depósitos compulsórios a utilizar a forma pura, ou seja, colocando todo o peso na taxa de juros. Contribuiu para isto o entendimento do mecanismo utilizado no bloqueio de recursos do Plano Collor. A engenhosidade da solução do Ibrahim [Eris] era evidente, mesmo sendo o bloqueio de ativos financeiros uma resposta equivocada à questão de como estabilizar. André e eu trabalhamos um tempo na conciliação analítica dos estoques de *outside* e *inside money* feita pelo Ibrahim, e este exercício me ajudou muito quando da implementação da política monetária restritiva do Plano Real, sem a qual, diga-se de passagem, o plano teria naufragado.

Brasil e Argentina sempre mantiveram semelhanças em termos econômicos e políticos. Na sua experiência pública, você verificou este fato? Mais especificamente, Plano Cruzado e Plano Real estariam relacionados aos Planos Austral e Cavallo?

Brasil e Argentina partilham de uma identidade de movimentos que faria a delícia de um historiador da *longue durée* e que muitas vezes escapam à percepção das pessoas no dia a dia da História. O populismo trabalhista de Vargas e Perón, a ditadura militar, as agruras da transição democrática.

Feita a ressalva, devo dizer que minha experiência vivida, tanto no caso do Cruzado quanto no caso do Real, é de muita dessemelhança. No Cruzado, a identidade básica sempre foi com o plano israelense. Lembro-me até hoje das conversas com Bruno em Jerusalém, lá nos idos de 85. Porque a similaridade fundamental estava na existência da indexação contratual e pervasiva, e não na adoção do congelamento. Os três programas adotaram o congelamento, tendo sido o israelense o único bem-sucedido porque apoiou o congelamento em políticas fiscais e monetárias adequadas e não o transformou em um fetiche. Mas a identidade fundamental era a indexação, enquanto a economia argentina era uma economia referenciada no dólar para fins contratuais. E a semelhança do Real com o Plano Cavallo restringe-se à não adoção do congelamento, porque a identidade básica do Plano Cavallo, o *currency board* ou padrão ouro, não foi adotada aqui.

Nós discutimos a questão um bocado. André sempre foi muito pró-Argentina, chegou a escrever, com sua costumeira ousadia, um artigo antes do Real propondo um *currency board*[6] para o Brasil. Gustavo, determinado como sempre, foi na direção oposta. Pode-se argumentar que o Real é mais conservador, mantendo a tradição deste século dos Bancos Centrais que emitem moeda sem lastro, enquanto a Argentina é inovadora porque repete, no final do século XX, a solução monetária do século XIX, mais ao gosto puramente liberal. Para quem não gosta, a solução argentina é retrógrada, um atavismo tardio, enquanto a solução brasileira é aquela adequada ao espírito dos tempos e ao consenso dos especialistas. Minha opinião é que, teorias à parte, no nosso caso a opção era inevitável e ditada pela realidade: nosso quadro institucional e a nossa história de indexação teriam tornado a alternativa do padrão ouro um equívoco. O que não impede que se tente replicar algumas de suas características de estabilidade automática, um ponto ao qual o Francisco Lopes sempre esteve atento.

Há algo lateral à questão do padrão ouro versus Banco Central fiduciário que eu gostaria de mencionar porque é um veio rico de entendimento dos nossos problemas. O déficit público foi e tem sido uma variável de desequilíbrio sempre presente ao longo das décadas de 80 e 90, seria tolo tentar deduzir a nossa dinâmica de preços a partir dele. Eu penso que o Brasil até 1986 teve uma dinâmica de preços marcada pela inercialidade. Mas entre o Cruzado e o Plano Collor II a dinâmica foi de outra natureza. A população passou a ter o imaginário dos preços estáveis, as lideranças políticas queriam atender a este imaginário e a única tecnologia disponível era o congelamento de preços. Toda vez que a inflação subia, os empresários, antecipando o futuro congelamento, realizavam aumentos preventivos de preços, precipitando a resposta do governo — outro congelamento —, justamente pelo pânico associado ao súbito aumento da inflação. Por sua vez o congelamento, feito a preços que implicavam um salário real abaixo do equilíbrio e com sérias distorções de preços relativos, pois nem todos os empresários eram igualmente capazes de reajustar, tinha um tal grau de tensões que a supressão dos controles era sempre acompanhada por uma retomada da inflação. Foi assim que tivemos o Plano Bresser, o Plano Verão e os dois Planos Collor, tudo isto entre 1987 e 1991.

---

[6] Lara Resende (1992), "Conselho da Moeda: um órgão emissor independente".

Esta dinâmica de preços criada pelos sucessivos congelamentos antecipados só foi quebrada com a gestão do Marcílio. Foi só então que a inflação voltou a ter suas características de inercialidade. Evidentemente, a história não se repete, a não ser por ironia, dissimulação. A situação da economia em 92 era outra. O mercado de crédito externo voltara a existir, o país do início dos anos 1980 que considerava privatização um modismo inglês pedante e a abertura uma ameaça ao desenvolvimento era coisa do passado, embora o quadro legal tivesse se tornado, por conta da Constituição de 88 e a prática de abrigar leis ordinárias como complementares, muito mais rígido. Mas o importante no caso é que na gestão Marcílio a inercialidade de novo se restabelecera.

Dialeticamente foi uma contribuição do Marcílio.
O esporte favorito da época era execrar os congelamentos. Por tabela, jogava-se fora também toda e qualquer teoria diferente. A visão dominante era *back to basics*: ajuste fiscal, privatização. Estigmatizava-se quem quer que pensasse nos problemas de indexação e inércia como gente ignorante do óbvio: "Era tudo bobagem, não vamos mais cair nestas mágicas...". Os supostos mágicos foram banidos do cenário. Sobreviviam nas franjas do PSDB. Era um momento de horror nacional aos desajustes provocados pelos sucessivos congelamentos. E este horror foi extraordinariamente importante, porque, ao afastar do imaginário a referência ao controle de preços, possibilitou que se cortasse o ciclo vicioso do congelamento — descongelamento — novo congelamento. A inflação, depois do insucesso do Plano Collor II, voltou a assemelhar-se à inflação pré-Cruzado.

O fato é que, embora o corpo teórico básico já estivesse pronto antes do Cruzado, entre o Cruzado e o Real, a dinâmica inflacionária mudou, fazendo com que o corpo teórico da desindexação via moeda virtual se tornasse obsoleto. E o fato é que o pensamento econômico brasileiro, tão criativo e original no desenho de uma tecnologia de desindexação quando o componente inercial é forte, não foi capaz de formular nada original quando a dinâmica do processo alterou-se. Foi como se tivéssemos todos sido pegos de surpresa pela nova dinâmica causada por sucessivos congelamentos antecipados. A mudança no padrão foi bem percebida por Liviatan, que, israelense, conhecia bem os mecanismos de indexação e nos observava à distância. Daí o equívoco dos vários congelamentos subsequentes ao Cruzado, de tentar corrigir e melhorar um modelo que se referia a uma realidade que não existia mais.

Penso que talvez esta trajetória seja única, não conheço outro caso em que a dinâmica inflacionária retoma, anos depois, aspectos de seu padrão original. Como talvez seja única a experiência e a possibilidade de uma mesma escola, no caso a Católica do Rio, ter a chance de interferir duas vezes de forma tão forte nos processos de política econômica. E em momentos que se assemelharam, tendo a oportunidade de retomar antigas ideias e aplicá-las com sucesso.

O apoio político não foi fundamental?
Evidentemente. A política econômica é antes de mais nada política. Era um conjunto de circunstâncias muito particular. O presidente da República tinha confiança no ministro da Fazenda e este tinha confiança na equipe econômica. A formulação do Real deu um trabalho gigantesco, já havia a reflexão prévia, mas nunca se deve subestimar o esforço coletivo de articulação, formulação dos diplomas legais, representação e convencimento da sociedade envolvidos em um processo desta natureza. Para romper de vez com o ciclo de congelamentos antecipados, optamos por fazer uma coisa aberta, ao invés de pegar o país de surpresa, deixar de lado esta história de planos feitos na calada da noite nos gabinetes de Brasília. E quando se pré-anuncia o que se vai fazer, há que se ter firmeza e suporte político para sustentar a trajetória independentemente das injunções políticas do momento. Veja o caso do Fundo Social de Emergência: no momento em que se diz que a emenda constitucional é vital ao programa, pode-se negociá-la nos detalhes, mas a mudança de rumos não é mais possível. Em determinados momentos, inclusive, o papel da liderança política transcendeu aquele clássico papel de apoiar as decisões tecnicamente corretas para impregná-las com uma visão de futuro que motiva na busca de soluções alternativas. Sem o entusiasmo do Fernando Henrique pelo projeto de estabilização, para não falar de sua liderança, não teríamos tido o Plano Real.

Paulo Nogueira Batista Jr. (em foto de julho de 1992): "O problema é que o Estado brasileiro foi desaparelhado de tal maneira, nos governos Figueiredo e Sarney, mais ainda no governo Collor, que ele não está hoje equipado nem para fazer as coisas que o pensamento liberal clássico admite que o Estado tem que fazer".

PAULO NOGUEIRA BATISTA JR. (1955)

Paulo Nogueira Batista Jr. nasceu no Rio de Janeiro em 2 de maio de 1955. Formou-se em Economia pela Pontifícia Universidade Católica do Rio de Janeiro em 1977. Obteve seu mestrado em História Econômica na London School of Economics and Political Science em 1978. Trabalhou no Centro de Estudos Monetários e de Economia Internacional do Instituto Brasileiro de Economia (IBRE) da FGV de 1979 a 1989, chefiando esse centro entre 1986 e 1989. Foi professor do Departamento de Economia da PUC-RJ de 1980 a 1984. Desde 1989 é professor dos cursos de graduação e pós-graduação da Fundação Getúlio Vargas em São Paulo.

Iniciou sua participação na vida pública em 1985 como secretário especial de Assuntos Econômicos do Ministério do Planejamento. Posteriormente, foi assessor especial do ministro da Fazenda para Assuntos da Dívida Externa (gestão Funaro), tendo sido um dos principais artífices da moratória então decretada. No Governo do Estado de São Paulo, trabalhou na FUNDAP entre 1989 a 1993, como chefe do Centro de Análise Macroeconômica e na Assessoria Especial de Assuntos Internacionais como coordenador econômico-financeiro. Assessorou o Partido dos Trabalhadores, por ocasião da campanha de Luiz Inácio Lula da Silva à Presidência da República. Publicou, como autor ou coautor, oito livros, dentre os quais destacam-se: *Mito e realidade na dívida externa brasileira* (1983), *Da crise internacional à moratória brasileira* (1988) e *A luta pela sobrevivência da moeda nacional: ensaios em homenagem a Dilson Funaro* (1992), em conjunto com Luiz Gonzaga Belluzzo. Nossa entrevista ocorreu em novembro de 1995, em seu apartamento no Jardim América, São Paulo.

Formação

O que o levou a escolher Economia? Houve algo em especial que lhe inspirou?

Na verdade, meu interesse principal entre dezesseis e vinte e poucos anos era Filosofia. Hesitei bastante entre estudar Economia e Filosofia. Acabei preferindo estudar Economia por duas razões. Primeiro, por uma razão pragmática: o receio de que o estudo de Filosofia não fosse me dar condições de sobrevivência a longo prazo. A outra razão, talvez mais fundamental, era o receio de que o estudo da Filosofia fosse me circunscrever exclusivamente ao âmbito acadêmico. Via a Economia como uma disciplina que abria uma porta para a ação prática. A par do interesse teórico que pudesse ter, serviria também como instrumento de ação, e me inseriria melhor do que a Filosofia no mundo real.

Tinha também muito interesse por História e logo percebi que nela as questões econômicas tinham um peso imenso. Então, a razão não foi, digamos, simplesmente um fascínio, não tinha grande contato com a literatura econômica antes de entrar para a universidade.

Você cursou qual universidade?
Fiz o secundário na Europa e entrei, voltando ao Brasil, no curso de Economia na UnB em Brasília, que concluí na PUC do Rio. Depois fiz mestrado na London School of Economics [LSE]. Para dizer a verdade, durante todo o período de graduação eu estudei muito mais Filosofia, por fora, do que Economia propriamente, porque me interessava muito mais. Só vim a me interessar mais por Economia depois que voltei ao Brasil.

Depois do mestrado na London School?
Não tanto pelo mestrado, mas mais pelo trabalho no IBRE, na Fundação Getúlio Vargas, como pesquisador.

Por que escolheu a Inglaterra para a pós-graduação?
Terminei a graduação e fui imediatamente desenvolver o mestrado. Não fui com muita informação daqui, estava meio no escuro sobre o que iria encontrar. Eu tinha uma percepção genérica de que seria mais interessante estudar na Europa do que nos Estados Unidos. Tinha a impressão, que ainda acho válida, de que o contexto intelectual europeu era mais rico do que o norte-americano, e que seria uma experiência intelectualmente mais interessante estudar em uma universidade inglesa do que em uma norte-americana. As informações que colhi na época eram de que na Europa continental o ensino de Economia não era muito forte, nem na Alemanha e nem na França. Então acabei me dirigindo para a Inglaterra. Nessa época, já gostava muito de Keynes e ter lido sobre o desenvolvimento da escola keynesiana na Inglaterra pesou um pouco também.

Mas Keynes teve importância na LSE?

Na LSE, não. Embora ela tenha sido fundada por socialistas fabianos, no Departamento de Economia, desde o início, a influência predominante foi da escola neoclássica. Foi o foco principal de resistência ao keynesianismo nos anos 1930, comandada por pessoas como Lionel Robbins, de quem eu cheguei a ser aluno ainda, ele já velhinho, nas últimas turmas que lecionou. Lionel Robbins, nos anos 1930, era um jovem economista de muito prestígio e orientação liberal, no sentido europeu do termo. Era um dos grandes adversários intelectuais de Keynes, tiveram vários embates. Então, o Departamento de Economia da LSE foi sempre muito conservador e resistente ao keynesianismo e continuava assim na época em que estudei lá, já com uma influência muito forte de Chicago.

Quais foram seus professores mais importantes? Identifica algum mestre ou alguém que teve influência mais forte em sua formação?

Na London School, tive um professor fantástico, Mark Blaug, professor de História do Pensamento Econômico [HPE], que também tem obras interessantes sobre metodologia da Economia. Não tive aula de metodologia com ele, mas um seminário de HPE que foi muito interessante. Blaug era um sujeito muito criativo, muito instigante, foi uma influência importante. Lionel Robbins também dava aula de HPE, mas não pesou tanto para mim.

Na graduação tive bons professores, mas não diria que foram grandes influências na minha formação. Citaria, principalmente, Maria da Conceição Tavares nos anos 1970. Embora ela ensinasse na UFRJ, eu era aluno ouvinte do seu curso de desenvolvimento, muito interessante, apesar de prejudicado, já naquela época, por uma certa tendência autoritária da Conceição, que faz com que ela seja uma professora instigante mas às vezes um pouco massacrante. Depois esse traço se desenvolveu um pouco, se acentuou (risos). Mas, enfim, nos anos 1970, a Conceição teve influência.

Mesmo não tendo sido aluno dele, dentre os economistas brasileiros, o que mais me influenciou foi Celso Furtado. A contribuição mais significativa que nós tivemos, na minha opinião, foi a de Furtado, com uma larga distância em relação aos outros. Vocês estiveram com ele?

Sim, Furtado é unanimidade. Todos o citaram como um dos maiores economistas brasileiros.

Engraçada essa unanimidade entre os entrevistados, que são muito variados quanto à tendência. Eu não esperaria por isso. Outra pessoa que eu mencionaria, que também não foi meu professor, mas com quem trabalhei, é Octavio Gouvêa de Bulhões. Eu tinha muito contato com ele na época em que trabalhei no IBRE. Foi outra pessoa que me ajudou a formar interesse por Economia.

E quem mais o influenciou, independentemente do contato pessoal?
Keynes, desde o início. Até hoje eu o leio e gosto de reler. Uma das coisas que acho muito interessantes são os *Collected Writings* [1971], que têm muito material interessante e, às vezes, pouco conhecido. Até escrevi um trabalho que está no livro que editei com Belluzzo, *A luta pela sobrevivência da moeda nacional* [1992], sobre o papel de Keynes no debate sobre a estabilização do marco alemão nos anos 1920. Acho que Keynes seria a minha principal referência. Também gosto muito de Schumpeter. Volta e meia releio coisas dele, ou leio coisas que não tinha lido ainda.

Alguém mais recente?
Dos mais recentes, mas já com um nível muito menor de estímulo intelectual, algumas coisas do Rudiger Dornbusch são muito interessantes. Mas ele é muito desigual, tem alguns trabalhos que beiram o jornalismo, no mau sentido. O Barry Eichengreen também tem muitos trabalhos interessantes. Charles Kindleberger faz uma ponte entre Economia e História. Claro que é um *outsider*, relativamente falando. Ele faz parte de uma tendência que não é dominante, que é de procurar fazer o que ele chama de Economia Histórica, que acho que é muito rico e produtivo. Considero os trabalhos do Thomas Sargent interessantes, em alguma medida. O último livro do Milton Friedman também.

O Money Mischief: Episodes in Monetary History [1992]?
Sim. Não é um livro de história monetária, é um livro de Economia Histórica aplicada a questões monetárias. É um livro muito interessante, até curioso. Considerando o que foi o Friedman, a marca que deixou no pensamento econômico, e depois de velho chegar à conclusão de que a moeda é um mistério. Um dos ensaios que estão incluídos no livro chama-se "The Mistery of Money". Então, *he came a long way*, desde a época em que pregava uma regra monetária constante até reconhecer que o dinheiro é um mistério. Roberto Frenkel, com quem uma vez conversei sobre esse livro, disse: "É, agora que o Friedman está mais velho, está mais perto de Deus, está descobrindo certas coisas!". Mas, enfim, acho que Keynes é um *landmark*. Em termos da história do pensamento econômico, é muito difícil rivalizar com

ele. Li muito Marx também, mas nos últimos quinze anos não tenho tido estímulo para isso.

Como foi a sua experiência no IBRE?
Foi muito boa, porque o IBRE era um instituto de economia aplicada, que era o que me interessava mais, até pela maneira como decidi fazer Economia. Como o meu interesse era mais por questões de política econômica, o IBRE era um lugar, de certa forma, ideal. Também não era um instituto governamental, tinha-se uma liberdade de pesquisa, de expressão, mesmo no final do regime militar, que não teria sido possível em lugares como o IPEA ou o IBGE. E me deixava livre de atividades de ensino. Eu lecionava, mas nunca dei na minha vida mais do que um curso por semestre; em certos períodos não lecionei. Então sobrava mais tempo para pesquisa.

Você esteve no IBRE em que período?
De 1979 a 1984. Depois fui para Brasília, de 1985 até 1987, e de 1987 a 1989 estive de volta ao IBRE.

Quais são as principais pesquisas que você desenvolveu no IBRE?
Vou falar daquelas que viraram livros; por exemplo: *Ensaios sobre o setor externo da economia brasileira* [1981a] apresentava resultados de trabalhos feitos lá, assim como *Mito e realidade na dívida externa brasileira* [1983] e, também, *Novos ensaios sobre o setor externo da economia brasileira* [1988b]. Outro livro foi *Combate à inflação no Brasil* [1984], que escrevi junto com outros economistas do IBRE.[1] Trabalhei basicamente em Economia Internacional naquele período, sobretudo na questão da dívida externa.

Além de Bulhões, com quem mais tinha contato no IBRE?
Com Julian Chacel, Antônio Carlos Lemgruber, Tito Ryff, Luiz Aranha Corrêa do Lago, Margareth Hansen Costa. O IBRE era interessante também porque tinha uma característica semelhante à da EAESP-FGV: a de ser eclético. Havia uma grande variedade de tipos de enfoque, ao contrário por exemplo da EPGE, da PUC do Rio ou da UNICAMP, que são lugares mais homogêneos. Então, é um bom lugar para estudar, porque se fica em contato com divergências.

---

[1] Luiz Aranha Corrêa do Lago, Margareth Hansen Costa e Tito Ryff.

Metodologia

Qual o papel do método na pesquisa econômica? Como vê a aproximação metodológica através da história?

O economista, de um modo geral, pensa pouco sobre questões de método. A atitude preponderante do economista — a meu ver errada — é dar pouca importância a discussões metodológicas. Vai direto ao assunto sem a mediação da reflexão sobre o que é Ciência Econômica. Agora, pode haver um certo exagero na preocupação com o método, que pode ter uma influência meio perversa, esterilizante, sobre a própria disciplina. Nos anos 1970, quando estudei na PUC, como tinha muito interesse em outras disciplinas, frequentava muitos cursos da Sociologia. Na época, o Departamento de Sociologia da PUC era muito influenciado por marxistas de formação althusseriana. Era uma vertente do marxismo que praticamente substituiu a atividade científica pela reflexão metodológica. Eu me lembro de que essa era uma síndrome muito comum nos Departamentos de História e de Sociologia da PUC nos anos 1970.

Já os economistas, de um modo geral, pecam pelo extremo oposto: por não fazerem nenhuma reflexão mais rigorosa sobre os fundamentos de sua ciência, muito menos sobre os fundamentos da ciência em geral. Pagamos um preço por isso. Por exemplo: o uso frouxo dos conceitos, uma facilidade enorme de cair em falácias algo elementares, sobretudo na discussão mais prática, mais política, sem que o economista em geral esteja treinado para perceber isso rapidamente. O papel do método é ajudar a pensar. Muitas vezes o economista não pensa, ao contrário do que parece. Ele aplica fórmulas preconcebidas, modismos intelectuais ou semi-intelectuais. A discussão de método teria um papel importante para enriquecer a Economia como disciplina. Outra fobia que os economistas do *mainstream* têm é em relação à História. A Economia sofre de um grau muito acentuado do que se chama às vezes de cliofobia, de aversão à história, não só à história econômica, mas também à própria história da disciplina econômica, que é relegada a um segundo plano. É impressionante como o conhecimento em Economia se perde com uma facilidade enorme. Os economistas estão sempre redescobrindo coisas que já foram discutidas, que já foram processadas. Questões que já foram resolvidas são recolocadas, décadas depois, numa ignorância completa de que aquilo é um debate que está voltando.

Você poderia nos dar um exemplo?

O debate sobre estabilização na América Latina, nos anos 1980 e 1990, teria muito a ganhar não só com as análises das estabilizações clássicas, coisa que foi feita por vários economistas importantes, mas também com uma análise do pensamento econômico sobre estabilização. Por exemplo, a discussão de Keynes nos anos 1920, muito mais do que a da *Teoria geral* [1936]. Suas análises sobre a hiperinflação alemã, seu debate com o Tesouro inglês e o Banco da Inglaterra sobre a volta da Inglaterra ao padrão ouro, por exemplo, são de uma riqueza enorme para quem analisa os casos latino-americanos dos anos 1980 e 1990, especialmente o da Argentina.

Alguns anos atrás, visitei a Argentina e conversei com o ex-ministro da Economia, Juan Sourrouille. E ele me disse o seguinte: "Olha, todos esses problemas que nós estamos enfrentando aqui na Argentina, com o Plano Cavallo etc., está tudo no Keynes". A leitura do "Tract on Monetary Reform" [1923], do "Treatise on Money" [1930], dos textos da polêmica contra o Churchill e outras obras lança luz sobre os processos de estabilização monetária recentes na América Latina, especialmente sobre o caso argentino, dadas as características do programa de conversibilidade.

Um outro exemplo é a questão do uso do câmbio como âncora. Tenho visto alguns economistas discutindo a possibilidade de enfrentar o problema da sobrevalorização do câmbio com deflação do nível geral de preços. Como se não houvesse toda uma discussão no entreguerras sobre a impossibilidade prática de usar deflação como mecanismo de ajustamento numa economia industrial moderna.

A discussão sobre rigidez de preços já houve há muito tempo.

Já houve. A discussão é a seguinte: deve-se adaptar o sistema de preços ao câmbio? Ou o câmbio ao sistema de preços?

Relegar os debates históricos, e a própria história, é exclusividade do mainstream?

Não, é uma atitude dominante. Não é que não exista preocupação com esses temas, mas ela é claramente subordinada. Mesmo quando os economistas do *mainstream* se voltam para a experiência histórica, como por exemplo Sargent no artigo "The Ends of Four Big Inflations" [1982] e naquele outro sobre o Poincaré,[2] o que se nota é que a história entra de uma forma meio

---

[2] Sargent (1986), "Stopping Moderate Inflations: The Methods of Poincaré and Thatcher".

espúria, como uma espécie de campo de batalha de uma discussão teórica. Então a abordagem da experiência histórica é feita com um *parti pris* tremendo, com um *a priori* tão forte que, na verdade, o material é manipulado de uma maneira muito inadequada, de deixar um historiador econômico de cabelo em pé. Por exemplo, o famoso texto do Sargent, que é instigante, sobre os finais de quatro hiperinflações está repleto de erros factuais, de erros de interpretação, de omissões de circunstâncias essenciais para argumentação que ele está querendo desenvolver. Mesmo o Kindleberger, que é diferente, é muito mais um economista histórico, sofre desse problema. Nos seus livros de história econômica, o tratamento é, em alguns momentos, muito insuficiente do ponto de vista empírico. Menciono o exemplo do Kindleberger porque andei estudando muito a estabilização alemã de 1923-24, indo às fontes originais, aos documentos e à literatura alemã da época. E, depois de ter passado por esse estudo, voltando para as obras de alguns economistas sobre esse período — Kindleberger, Sargent, Dornbusch — fui verificar o quanto essas obras são deficientes em termos de absorção das informações relevantes. Isso tudo eu atribuo a uma falta de tradição histórica no pensamento econômico, que remonta à vitória do paradigma neoclássico, no final do século XIX.

E como você vê a Matemática e a Econometria na atual produção acadêmica?

Acho que ganharam um peso excessivo. Há várias décadas, Joan Robinson lamentou que a Economia estivesse se tornando um ramo da Matemática Aplicada. Eu acrescentaria: um ramo da Matemática e da Estatística Aplicada, um ramo não muito nobre. O que há de positivo no uso do instrumental matemático? Várias coisas. Existe um texto do Galbraith muito interessante sobre isso, "The Language of Economics" [1971], no qual ele discute, entre outros aspectos, o uso e o abuso da linguagem matemática no *mainstream* econômico. A uma certa altura ele diz: "Acho que a Matemática tem uma função, mas não é tão nobre quanto pode parecer à primeira vista. Ela funciona como *screening device*". Funciona como uma triagem que requer a demonstração de um mínimo de habilidade no uso de um instrumental matemático e estatístico. É uma espécie de mecanismo acadêmico para eliminar os incompetentes completos.

Tem essa função e a de treinar o pensamento, de facilitar e exercitar a capacidade de pensar e de analisar. Agora, como diz Galbraith nesse mesmo texto, o abuso do instrumental matemático leva a uma espécie de atrofia da capacidade de julgamento e da capacidade de avaliar os processos sociais.

Algumas vezes, claramente, leva também a uma espécie de propensão a simplesmente desconsiderar os fatores que são difíceis ou impossíveis de tratar matematicamente.

Facilita os insights?
Acho que sim, evita certas falácias, facilita o raciocínio, é uma linguagem sucinta. Mas ela está tendo um efeito deformador. Há perigos, porque, ao tornar mais sucinta a exposição, pode-se estar perdendo vários elementos essenciais.

E a Econometria utilizada para testes de hipóteses?
Ela acabou sendo muito menos útil do que se imaginava. A grande dificuldade é a instabilidade enorme dos parâmetros das relações funcionais, que impede que se identifique relações estáveis a partir da Econometria. São reduzidas as possibilidades de identificar a magnitude, a distribuição no tempo e, às vezes, até mesmo a direção dos efeitos entre variáveis econômicas. Às vezes fico me perguntando se não tinha razão aquele velho economista austríaco, Von Mises, que disse que a Economia na verdade se reduz a uma série de tautologias, que a única coisa segura em Economia é o conjunto de identidades que ajuda a organizar o processo de reflexão. As relações funcionais são tão instáveis que, no máximo, tem-se condições de identificar as variáveis relevantes e a direção dos efeitos que elas produzem sobre as variáveis dependentes. Às vezes, nem isso. Em função desse ceticismo que adquiri muito cedo, dediquei-me muito pouco a isso.

Como instrumento de retórica, tanto a Matemática como a Econometria são muito fortes, concorda?
São, porque na verdade esse mecanismo de triagem faz com que se estabeleça uma barreira entre a profissão acadêmica e os leigos. E a profissão tem que se proteger como tribo, ela tem que ter os seus mecanismos de proteção. A Matemática funciona como uma barreira de acesso, uma barreira de entrada, que protege a profissão contra incursões indesejadas de leigos. E depois há o seguinte: quando se passa por vários anos de estudo de Matemática e Estatística, adquire-se uma espécie de *vested interest* naquilo, como diz Galbraith. Se se gastou tanto tempo, aquilo tem que ter alguma utilidade.
O economista ou não percebe as limitações do instrumental que adquiriu, ou percebe e não tem interesse em revelar.

Hoje em dia não estaria havendo um refluxo dessa tendência matematizante?

Não percebo isso. Ainda é um fator de prestígio enorme, é um mecanismo de intimidação intelectual, que está basicamente intacto.

Até que ponto somos colonizados academicamente?

A América Latina, de um modo geral, e o Brasil, em particular, fizeram uma tentativa de criar uma tradição própria de pensamento que foi interrompida. Foi a CEPAL, liderada pelo Furtado no Brasil. Depois dessa tentativa, não houve nenhuma outra de importância comparável. Houve um reforço da nossa dependência intelectual em relação aos paradigmas montados nos países desenvolvidos, principalmente nos Estados Unidos.

Há muito tempo recebemos, na FGV do Rio, um professor de ciência política sul-coreano que fez uma exposição sobre a importância que tem a educação, como é sabido, nos planos de desenvolvimento de seu país. Mencionou que o governo da Coreia do Sul dava grande importância a que os estudantes coreanos fizessem treinamento de pós-graduação no exterior, e incentivava isso. Mas o governo tinha uma grande preocupação com os efeitos psicológicos, políticos e ideológicos, digamos assim, da permanência do estudante no exterior, em um centro acadêmico de peso nos Estados Unidos ou em outro país. Por um lado, o estudante aprende, adquire técnicas, sofistica-se. Por outro, volta submetido a uma espécie de lavagem cerebral, e com alto grau de dissociação entre as suas percepções, os seus valores e os do seu país de origem. Em função disso, ele contou, o governo coreano fazia os estudantes passarem por um processo de treinamento e preparação antes da ida ao exterior, uma espécie de *coaching*, para prepará-los para o choque cultural que sofreriam.

No caso deles, mais violento que o nosso.

Sim. Mas o estudante brasileiro, quando vai ao exterior, sofre um choque cultural brutal. Ele vem de uma formação secundária e universitária frágil, chega ao exterior e toma um susto. Primeiro, recebe uma carga de estudo à qual não está acostumado; o sistema de valores intelectuais é totalmente distinto; e ainda enfrenta preconceitos por ser latino-americano.

Nesse processo, ele sofre realmente uma pressão psicológica muito grande, da qual eu sinto que muitos economistas nunca se livram, pelo resto da vida. Voltam colonizados, se se quiser usar esse termo. Eu me lembro, por exemplo, de um economista — não vou citar o nome, é uma pessoa conhecida — que estudou em Chicago. Uma vez ele me disse, saindo de um debate na ANPEC: "Nossa, Paulo, quando eu fui para os Estados Unidos, eu achava que Celso Furtado era um economista importante, cheguei lá e vi que não era, que não tinha a menor relevância, eu sofri um choque cultural!". E, quando voltou ao Brasil, sofreu outro (risos).

A política dos países desenvolvidos incentiva, às vezes até subvenciona, os estudantes estrangeiros. Isso faz parte de um processo de dominação internacional, que é o de fazer as elites de países africanos, latino-americanos, asiáticos se identificarem com o modo de raciocinar, o modo de viver, o sistema de valores dos países desenvolvidos. Isso tem influência enorme sobre as políticas econômicas na prática, porque muitos desses estudantes vão ser pessoas importantes na tecnocracia de seus países. Forma-se então uma espécie de tecnocracia apátrida, para usar uma expressão do De Gaulle, muito mais referenciada aos centros de poder internacionais do que ao seu país natal. Isso tem consequências muito graves, inclusive no caso brasileiro.

O brasileiro é muito permeável à influência internacional, por isso é que Nelson Rodrigues dizia que o brasileiro não pode viajar, porque quando viaja — dizia ele — pega sotaque físico e espiritual com uma rapidez enorme (risos). O nosso pensamento econômico dos anos 1970, 1980 e 1990 está fortemente marcado por esse processo, pela falta de autonomia na capacidade de refletir. Estamos transpondo mecanicamente o que se ensina nos países desenvolvidos para a América Latina, sem nenhuma mediação criativa. Furtado, Raúl Prebisch, a CEPAL representam um esforço de pensar de forma independente. E eu não vejo mais isso no Brasil.

Isso estaria também ligado ao fato de que os economistas brasileiros têm outras atividades e não são exclusivamente acadêmicos?

As outras atividades às vezes alimentam o trabalho intelectual, mas às vezes destroem. O economista brasileiro tende a jogar em todas as posições. Isso é um sintoma do subdesenvolvimento da disciplina no Brasil. Não é só que ele é generalista, ele está muito absorvido por atividades não intelectuais, até para viabilizar a sua sobrevivência.

O trabalho político e o trabalho de consultoria são atividades que ajudam bastante a alimentar o trabalho intelectual, mas até certo ponto. O trabalho de consultoria, por exemplo, pode ter um efeito altamente destrutivo sobre o trabalho intelectual. Você acaba se repetindo muito, não tem tempo de ler tanto quanto poderia...

O trabalho intelectual exige muita tranquilidade. Nietzsche dizia que o ócio é fundamental para o desenvolvimento do espírito. Realmente, correndo de um lado para o outro, apagando incêndio, não dá para refletir sobre o que se faz, e a atividade intelectual acaba se desenvolvendo pouco. Isso é consequência da baixa remuneração da atividade acadêmica e de pesquisa. O setor público, até a crise dos anos 1980, que o atingiu fortemente, financiava muito a atividade de pesquisa. Com o colapso do setor público brasileiro essa fonte de financiamento diminuiu muito. E o que entrou no lugar? A atividade de consultoria e o financiamento internacional à pesquisa, reforçando a influência externa sobre o modo de ver as questões econômicas do país. Não é que não seja bom financiar as pesquisas com recursos internacionais, mas frequentemente esses pacotes de financiamento vêm associados a determinados condicionamentos. Em geral, só se credencia para participar desses circuitos de financiamento internacional quem tem certas posições e presta homenagem a certas teses.

Desenvolvimento econômico

Qual a sua concepção de desenvolvimento econômico e como estariam associados crescimento do PIB per capita e melhoria do bem-estar social?
Primeiro, o desenvolvimento não pode ser só econômico, ele tem que ser social e político ao mesmo tempo. Isso é trivial, mas na América Latina a dimensão social e política do desenvolvimento foi relegada a um segundo plano. Por exemplo: até recentemente, toda a celebração em torno do modelo mexicano varria para debaixo do tapete não só as desigualdades sociais, os efeitos sociais adversos do programa econômico, mas também a falta de progresso político no México. Só depois que a crise estourou, em fins de 1994, é que essas questões foram ressaltadas.

Desenvolvimento econômico sem redução da desigualdade social e sem democracia não é propriamente desenvolvimento no sentido amplo da palavra. E desenvolvimento econômico sem autonomia nacional é uma armadilha. Nos tempos de bonança, pode-se até não perceber, mas, nos momentos de crise internacional, o preço que se paga por se ter transferido para fora a autonomia sobre decisões internas acaba sendo imenso, porque ninguém cuida de ninguém. No mundo real, o peso da cooperação internacional relativamente à disputa de interesses nacionais é muito pequeno. E, frequentemente, o desenvolvimento econômico, medido por indicadores convencionais, não capta dimensões desse tipo, como perda de raio de manobra, perda de soberania. Isso foi muito verdadeiro para a América Latina dos anos 1980 para cá.

Um conceito completo de desenvolvimento teria que incluir crescimento, democracia, justiça social e autonomia nacional. Desses quatro requisitos fundamentais, a soberania está praticamente esquecida. Aos outros ainda se presta homenagem, ainda que retórica na maioria das vezes. E veja que o terceiro e o quarto, justiça social e autonomia nacional, são muito ligados, porque um país que é muito desigual internamente não tem condições de fazer frente às pressões internacionais.

Só uma política de distribuição de renda pode dar, a longo prazo, substrato a uma política internacional autônoma. Um país muito desigual na distribuição da renda, da riqueza, acaba sendo um país vulnerável, frágil, sem legitimidade. Como é que pode um país como o Brasil, por exemplo, com o grau de concentração de renda que tem, se posicionar nos fóruns internacionais, com credibilidade, em favor da distribuição de renda internacional? Ninguém acredita nesse discurso quando vem de um país com o grau de concentração de renda que tem o Brasil. Esse é um problema histórico da América Latina que precisaria ser enfrentado algum dia.

Esses quatro requisitos estão presentes nos países do Sudeste asiático, aos quais se atribui um grau de desenvolvimento econômico mais alto?

Pelo pouco que sei dessas experiências de desenvolvimento, há diferenças fundamentais em relação à América Latina. Um grau de coesão social muito maior, uma distribuição mais igualitária da renda e da riqueza. Esses países realizaram políticas de defesa de interesse nacional, mas nunca como as que foram aplicadas na América Latina sob a égide do Consenso de Washington, nos últimos dez anos. Lá o que se tem são políticas comerciais defensivas, Estado intervencionista, grande ênfase na educação, distribuição relativamente equitativa da renda. Mas o desempenho político não é bom.

Qual sua opinião sobre a teoria da dependência de Fernando Henrique Cardoso?

Há muito tempo que não leio, estava até com planos de voltar a ler pelo fato de ele ter sido eleito presidente, mas ainda não encontrei tempo para fazê-lo. Mas o uso do termo teoria é um pouco abusivo. Não é propriamente uma teoria, são algumas observações sobre certas características do processo de desenvolvimento, das relações internacionais da América Latina.

Ele mesmo, Fernando Henrique, não acha muito apropriado usar o termo teoria.

Ele e [Enzo] Faletto, entre outros, tinham a pretensão de criar um paradigma que tivesse um peso intelectual comparável ao que a CEPAL tinha construído com Prebisch e Furtado. Eles não chegaram a isso, na minha opinião. Grande parte do interesse na época tinha a ver com as controvérsias internas da esquerda marxista, ou quase marxista, latino-americana.

Eu me pergunto se na forma de colocar as questões já não estava desenhada, ainda que em germe, a estratégia política que Fernando Henrique seguiria mais tarde, nos anos 1980 e 1990. A teoria da dependência está explicitamente formulada como uma contraposição ao nacional-desenvolvimentismo e, em particular, à adesão de parte da esquerda marxista a essa ideologia. O argumento etapista dizia que, na América Latina, era preciso passar por uma fase de aliança com a burguesia nacional para se contrapor ao imperialismo norte-americano. Disso resultaria um processo de desenvolvimento que mais tarde desembocaria no socialismo. E o que diziam Cardoso e Faletto? "Não, a burguesia nacional é dependente e associada, ela não será um aliado. Não há uma alternativa nacional ao imperialismo norte-americano." Era mais ou menos essa a colocação. Despojada da retórica marxista, foi virando uma coisa diferente ao longo dos anos 1970, 1980, na trajetória dos intelectuais que acabariam no PSDB: não há alternativa nacional, ponto. Portanto, só restaria a cooperação com as forças internacionais.

O que se chama hoje teoria da nova dependência estaria se aproximando do Consenso de Washington?

Claro. Na prática, é uma parte da esquerda, impelida pelas desilusões com a experiência socialista no bloco soviético, aderindo a um movimento internacional hegemônico. São ex-esquerdistas, na posição de interlocutores privilegiados de interesses internacionais, viabilizando a adaptação da política econômica e internacional de vários países latino-americanos, do Brasil em particular, a esse padrão internacional.

Isso estava presente, em germe, nas controvérsias intramarxistas dos anos 1960 e 1970. Aparecia como uma percepção altamente cética sobre a possibilidade de se ter um projeto nacional, assentado ou não na "burguesia nacional". Uma coisa é o reconhecimento realista do grau de integração do empresariado brasileiro e das elites brasileiras aos interesses internacionais. Isso é uma análise. Outra, é concluir que "não há o que fazer, vamos participar desse processo, tal como está estruturado". Mas, em ciência social, a análise do que "é" nunca está inteiramente separada da discussão do que "deve ser".

A despeito do reducionismo que existe em todo rótulo, você se considera um nacional-desenvolvimentista?

Não. As minhas origens familiares são nacional-desenvolvimentistas, e isso sempre pesa. Mas o nacional-desenvolvimentismo tinha uma característica muito negativa: desprezava na prática, ainda que não retoricamente, a dimensão social do processo de desenvolvimento. Havia uma confiança indevida na ideia de que o desenvolvimento econômico e a industrialização trariam naturalmente o progresso social. Posso estar sendo injusto, mas me parece que nunca houve, da parte dos cepalinos, dos nacional-desenvolvimentistas, uma preocupação suficientemente forte com políticas de distribuição de renda. É impossível solidificar um projeto nacional sem suporte social. E como ter suporte social com o grau de concentração de renda e da riqueza que o Brasil historicamente sustentou?

A nossa capacidade de resistir a pressões internacionais está muito prejudicada pelas divisões internas, pelo caráter da sociedade. Isso é uma coisa antiga na América Latina. Um tema muito interessante é um episódio histórico do início do século XVI: a conquista do México. Uma coisa notável é como algumas centenas de espanhóis, liderados pelo Hernán Cortés, conseguiram destruir com surpreendente rapidez o Império Asteca. É claro que temos as razões conhecidas, os armamentos que os astecas não tinham, notadamente a pólvora. Mas havia um aspecto fundamental, que é menos destacado no folclore sobre o assunto, que eram as divisões internas do império, das populações pré-colombianas no México.

Os astecas eram um povo profundamente opressor dos seus vizinhos, e os espanhóis puderam fazer aliança com outros povos indígenas, que foram fundamentais para derrubar o Império Asteca. É um exemplo histórico importante; foi o primeiro grande embate entre uma civilização sediada nessas partes do mundo e a civilização europeia em expansão. Onde é que naufragou a civilização pré-colombiana? Na falta de coesão interna, e também no autoritarismo da cultura política e social.

Sem liberdade política, autonomia do cidadão e igualdade social ninguém consegue ter um projeto nacional. E o desenvolvimentismo latino-americano era muito economicista, não dava suficiente importância à dimensão democrática e à dimensão social. Por isso, não gostaria de aceitar o rótulo. Mas valorizo muito o nacional-desenvolvimentismo e a sua vertente econômica que é a CEPAL. Foi a única tentativa, em toda a nossa história, de formular um pensamento econômico próprio. Daí a importância que atribuo ao Furtado. Temos que valorizar essa nossa tradição.

O processo de substituição de importações foi um erro histórico?

Não. Nunca consegui entender o argumento que usam muito de que a crise dos últimos quinze anos foi causada pelo esgotamento do modelo de substituição de importações. É algo que se repete *ad nauseam*. E nunca consegui encontrar uma explicação rigorosa desse argumento. O modelo de substituição de importações foi uma reação criativa à crise internacional dos anos 1930. Tivemos uma adaptação lastimavelmente passiva à crise internacional dos anos 1970 e 1980, e uma resposta criativa nos anos 1930.

O modelo de substituição de importações tem aqueles problemas que todo mundo comenta, com razão: ter gerado uma economia excessivamente fechada, pouco competitiva, dando poder excessivo aos oligopólios domésticos, protegidos da concorrência internacional. Nesse sentido, a abertura é importante. Mas o fechamento das economias latino-americanas não foi sempre fruto de uma decisão de se voltar para dentro; muitas vezes foi uma imposição de circunstâncias externas.

Foi o possível histórico?

Foi o que era possível historicamente e era o que se impunha, porque não havia capacidade de importar. Foi o que aconteceu nos anos 1930, sobretudo. Quando se fala, por exemplo, que a economia brasileira, até o governo Collor, era excessivamente fechada, frequentemente se dá a impressão, para o leigo, que isso foi uma decisão decorrente da ignorância econômica dos governos brasileiros. Mas não; em grande medida, foi resultado da crise da dívida externa, que durou uma década e que cortou drasticamente a capacidade de importar do Brasil. Não é à toa que as políticas de liberalização comercial só acontecem, quase que sincronizadamente na América Latina, quando volta a haver oferta abundante de recursos externos. Um alívio da restrição de divisas permitiu as políticas de ancoragem cambial, com liberalização comercial. O que aconteceu não foi uma súbita revelação de que a abertura é o recomendável do ponto de vista teórico, foi uma circunstância prática ligada à evolução do quadro internacional. Nesse contexto, as economias latino-americanas atuaram de forma reflexa.

ENDIVIDAMENTO E CRISE

A estratégia de endividamento também foi utilizada pelos países do Sudeste asiático, que, em um determinado momento da crise, por intermédio de políticas econômicas específicas, reagiram a essas circunstâncias externas de forma diversa. Nesse sentido é que as decisões de política têm um componente de decisão interna que conta muito, não é só o environment.

Sem dúvida. Não acho que se deva condenar sempre uma estratégia de endividamento externo. Ela pode ser bem-feita e útil para o país. Na teoria do desenvolvimento econômico, os requisitos aos quais tem-se que obedecer para que a estratégia do desenvolvimento com endividamento se realize são conhecidíssimos. O problema é que a América Latina nunca obedece a esses requisitos. A oportunidade de se endividar é dada de fora para dentro, pelos ciclos do sistema financeiro internacional, e ela é aproveitada de forma geralmente incompetente. O endividamento externo não é acompanhado das salvaguardas necessárias para que ele possa ser útil ao desenvolvimento. A poupança externa não entra para reforçar a capacidade de investir, mas às vezes para substituir o esforço de poupança interna, ou seja, para cobrir acréscimos na taxa de consumo agregada. Muitas vezes os projetos financiados não são bem avaliados; muitas vezes o endividamento é estimulado por políticas de sobrevalorização cambial que fazem com que os investimentos não se direcionem para *tradeables*, não gerando portanto capacidade produtiva para fazer frente ao serviço da dívida no futuro. E muitas vezes não há um monitoramento adequado do tamanho do desequilíbrio externo gerado. Financiam-se transitoriamente os desequilíbrios externos elevados, mas, como eles são percebidos como elevados no mercado financeiro internacional, o financiamento disponível é de prazo curto, ou em condições financeiras pesadas. Cria-se uma vulnerabilidade financeira externa.

Qual a causa fundamental da crise brasileira dos últimos quinze anos?
O chavão mais comum é o de que ocorreu o esgotamento de um modelo de economia fechada, com forte intervenção estatal e tendência à substituição de importações. Eu não diria isso, ainda que haja elementos de verdade nesse diagnóstico. Diria que a causa fundamental está na nossa incapacidade de construir um relacionamento com a economia internacional que seja sustentável, especialmente com os mercados financeiros internacionais. Todo mundo sofreu no primeiro choque do petróleo, muitos países eram fortemente dependentes do petróleo importado, como o era o Brasil, e nem todos caíram em uma crise de quinze anos. A nossa reação ao primeiro choque do petróleo e depois ao segundo foi pífia, foi uma reação míope, de não enfrentar os problemas, de não ajustar com a devida velocidade a matriz energética. Adotamos uma postura de excessiva confiança na estabilidade da economia internacional e particularmente dos mercados financeiros internacionais.

Acumulamos uma grande vulnerabilidade financeira, sem ter resolvido o problema da vulnerabilidade energética, o que em 1979 nos deixou em uma posição impossível. Quando vieram o segundo choque do petróleo e a alta das taxas de juros internacionais, o Brasil já tinha se colocado em uma posição muito difícil, muito vulnerável, tanto do ponto de vista comercial como financeiro. Então, muito mais importante para entender o que aconteceu conosco nos últimos quinze anos é essa interação entre choques externos violentos com políticas domésticas imprudentes, de horizonte curto.

O brasileiro não sabe pensar por conta própria. É impressionante: todos os governos brasileiros dos anos 1970 para cá aceitaram acriticamente as versões dominantes sobre o que estava acontecendo com a economia internacional e sobre o que os países deviam fazer para se ajustar. Por exemplo, nos anos 1970, no governo Geisel, Mário Henrique Simonsen, [Reis] Velloso e outros adotaram a tese de que a alta dos preços do petróleo não se sustentaria, que a OPEP não teria forças para defender o nível real do preço do barril de petróleo. Esse era o diagnóstico dos EUA, que o Brasil aceitou. Nós também engolimos, com anzol e tudo, a ideia de que a reciclagem dos petrodólares por intermédio do mercado bancário internacional era uma obra da surpreendente eficiência dos mercados privados. Isso era a teoria oficial na época, era o que dizia o governo norte-americano, o que diziam os grandes bancos privados, o Fundo Monetário, e era o que o Brasil repetia.

Eles sustentaram por um bom tempo o preço do petróleo mas depois não conseguiram mais.

Sim, mas veio o segundo choque do petróleo, e esse nos liquidou. O que eu quero dizer é o seguinte: a partir de 1973, quando o preço do petróleo quadruplicou, havia duas maneiras de encarar aquilo: como uma crise temporária, que portanto podia ser financiada — era a tese dos norte-americanos —; ou como uma crise de caráter mais permanente, que exigia um esforço de ajustamento mais forte desde o início — era a tese dos japoneses. O brasileiro embarcou alegremente na tese dos norte-americanos. E, mais grave do que a crise do petróleo, que afinal não teve uma repercussão de longo prazo tão forte, foi a nossa eterna propensão a acreditar que podemos ter ganhos de longo prazo com os mercados financeiros internacionais. Isso é uma tendência histórica na América Latina e no Brasil em particular.

As elites brasileiras são deslumbradas com as finanças internacionais. É o caminho da salvação, é o atalho para o desenvolvimento. Nossa história tem sido uma história de ciclos de expansão dos empréstimos externos e crises cambiais recorrentes, desde os anos 1920 do século passado. É uma tradição tão forte no Brasil que está acontecendo de novo agora. Fizemos isso nos anos 1970, no segundo PND, e agora estamos fazendo de novo com o Plano Real. Claro que cada ciclo financeiro tem as suas peculiaridades, mas é impressionante como essas peculiaridades às vezes são falsas novidades. Os mesmos processos básicos reaparecem sob outra forma.

O sistema financeiro internacional é muito instável, sempre foi, está sujeito a ciclos de *boom* e *bust*. Desde os anos 1970, essa instabilidade do sistema aumentou muito. É uma das grandes preocupações internacionais hoje. Com o fim do sistema de Bretton Woods no início dos anos 1970, a instabilidade se agravou. Nos anos 1980, por outras razões, ela se agravou ainda mais. A última manifestação disso foi a crise mexicana de dezembro de 1994.

Qual é nosso problema? Não podemos depender desses mercados, porque, sendo países periféricos, em desenvolvimento, com pouca credibilidade, sofremos desproporcionalmente os efeitos dessa instabilidade. E uma instabilidade que pode ser um problema para os Estados Unidos para o Brasil é um drama, interrompe um processo de desenvolvimento por dez anos. E, como vivenciei isso nos anos 1980, sou muito mais sensível a esses riscos que os economistas brasileiros em geral. Trabalhando no governo, vi as consequências que pode ter uma crise financeira externa para um país, a dor de cabeça que dá ter uma dívida externa que não se consegue pagar. Qual a postura tradicional dos economistas brasileiros? Lembra aquela frase do Delfim e do Paulo Lira nos anos 1970?

Dívida não se paga, administra-se.

Exato. E o que vimos nos anos 1980? Que dívida se paga sim, e dolorosamente, com a perda de dez anos de desenvolvimento. Por isso, fico alarmado ao ver o Plano Real agora, na esteira do que fizeram o México, a Argentina e outros países, adotando políticas de estabilização e de integração internacional que implicam a mesma vulnerabilidade que nos levou à crise nos anos 1980, sendo que agora a oferta de capital externo é talvez mais instável do que era nos anos 1970.

Inflação

O ajuste 1981-1983 foi eficiente para melhorar a balança de pagamentos, mas não teve o efeito que se esperava sobre a inflação. Nesse mesmo período surgem novos diagnósticos sobre a inflação, especialmente a ideia de inflação inercial. O problema no combate à inflação era o diagnóstico? E, no bojo dessa pergunta, por que fracassaram tantos planos de estabilização? Existe algum elo comum?

Tentando ser sintético, diria o seguinte: por que houve aceleração inflacionária a partir do final dos anos 1970 e anos 1980? Ela foi provocada sobretudo por choques externos e pela asfixia cambial. Essa é a minha visão, e reconheço que é altamente controvertida. A alta da inflação foi um subproduto dos desequilíbrios internacionais e da forma inadequada como o Brasil reagiu, não só no governo Geisel, mas também no início do governo Figueiredo, na gestão do Delfim, quando a imprudência da política econômica foi até maior do que no governo Geisel. Tornamo-nos altamente vulneráveis a choques externos, e esses choques se transmutaram em aceleração inflacionária e em desequilíbrio interno do setor público.

Qual o papel da indexação nesse contexto? Foi, obviamente, permitir o convívio com a inflação altíssima para os padrões internacionais, mas funcionou também como mecanismo de propagação desses impulsos inflacionários, vindos sobretudo do setor externo. No debate inercialismo versus ortodoxia monetária e fiscal, muitas vezes se perdia de vista a dimensão internacional do problema. Não se dava ênfase suficiente a isso, tanto no campo ortodoxo como no campo inercialista.

Havia problemas de diagnóstico, que na prática resultaram em tentativas de estabilização sem desindexação, ou com desindexação caótica, na segunda gestão Delfim, entre 1980 e 1983. Depois houve outro tipo de problema, que foi o de sobre-enfatizar a dimensão inercial, o que resultou no fracasso do Plano Cruzado e outros programas que seguiram. Esses programas faziam vista grossa sobre um aspecto central do problema, que era a origem externa do desequilíbrio.

O Plano Cruzado, por exemplo, foi feito com a suposição de que o Brasil poderia continuar transferindo 5% do PIB. Além de ter subestimado a dimensão fiscal, o Cruzado não deu suficiente ênfase à dimensão externa e às ligações entre a dimensão externa e a dimensão fiscal do problema da estabilização. O Plano Cruzado naufragou em uma crise cambial, embora tenha começado com reservas de sete bilhões de dólares, relativamente altas se comparadas com o nível que Delfim teve que administrar. E o câmbio não estava fortemente defasado em fevereiro de 1986, no começo do Cruzado.

Mas não é por acaso, no meu entender, que a estabilização vai vingar muito mais tarde com o Plano Real, que começa com um nível de reservas que é, em termos de dólares constantes, quatro vezes o nível que o Plano Cruzado tinha no início. Por que o Plano Real pôde sobreviver à onda de instabilidade desencadeada pelo colapso do México? Porque tinha reservas muito mais altas do que qualquer plano de estabilização anterior do Brasil. A dimensão estritamente cambial do problema da estabilização é crucial, mesmo que se reconheça a importância dos aspectos fiscais e monetários e da desindexação. Mas, não sei por que motivos, esse assunto foi varrido para debaixo do tapete, e o Brasil continuou naquela toada. Estava trabalhando em

Brasília na época, não estive envolvido na formulação do Plano Cruzado, mas estava muito envolvido na negociação internacional. [Dilson] Funaro fazia apelos para que o Brasil fosse readmitido no mercado financeiro internacional, e enquanto isso o Plano Cruzado estava consumindo nossas reservas. É claro que houve erros internos de condução do Plano, que são sobejamente conhecidos, mas o colapso do programa foi apressado pela falta de uma solução para o problema externo. A moratória só veio um ano depois, quando o Plano Cruzado já tinha ido por água abaixo.

As teorias macroeconômicas disponíveis apresentavam diagnósticos e soluções adequadas para a inflação brasileira?

O Plano Real está mostrando que, combinando desindexação com juros internos altos e um afrouxamento da restrição externa, é possível derrubar a inflação. Em 1994, qual era a avaliação predominante sobre o Plano Real? A de que era um plano frágil, sem fundamentos fiscais e monetários, que não iria durar muito. E o que o plano está mostrando? Que um plano reconhecidamente frágil do ponto de vista de fundamentos estratégicos fiscais e monetários pode durar bastante e ter um sucesso grande em matéria de combate à inflação. A sua força está nos trunfos que tinha no setor externo, que foram fortemente abalados pela crise mexicana, mas não de forma duradoura, pelo menos não até agora. Se pensarmos, por exemplo, na influência avassaladora que teve o paradigma Lucas-Sargent na discussão econômica brasileira, vemos mais uma vez que esse paradigma se revela falho na prática.

Como é que a inflação caiu no Brasil, em todos os planos? A queda inicial não foi provocada por uma reversão abrupta das expectativas, resultante da mudança de regime fiscal-monetário — nunca é assim que a inflação cai. Ela cai quando se estabiliza o câmbio, desindexa-se o sistema, estabilizam-se os preços públicos. É como se na estabilização se partisse de preços para a moeda e não da moeda para os preços. O papel da política fiscal e monetária é mais o de consolidar a estabilização do que o de desencadeá-la, e essa consolidação pode se estender por vários anos.

É interessante considerar o Plano Real, assim como os planos recentes da América Latina, a partir da ótica do debate macroeconômico dos anos 1980. Na minha opinião, o fracasso do Plano Cruzado e do Plano Austral ampliou demais o prestígio dessas teorias que enfatizam muito a mudança de regime, a estratégia fiscal-monetária. Estava relendo há pouco a entrevista do Sargent.[3]

---

[3] Em Klamer (1983), *Conversas com economistas*.

Olha o que ele diz sobre os Estados Unidos, na primeira administração Reagan: "Argumentamos (os expectativistas) que a ideia de combinar uma política fiscal muito liberal com uma política monetária bastante restritiva é um grande erro. Tem produzido elevado nível de desemprego, não somente para os Estados Unidos, mas também para nossos parceiros comerciais. Não vai reduzir a taxa de inflação; provavelmente a piorará".

Essa previsão sobre inflação foi inteiramente desmentida. Isso mostra como é frágil esse paradigma, a grande ênfase na mudança de regime fiscal como base do processo de estabilização, a ideia de que tudo repousa sobre um choque de credibilidade e, especialmente, a ideia de que se pode estabilizar com poucos custos reais, desde que se produza uma mudança convincente de regime. O prestígio desse paradigma foi muito enfraquecido pelas experiências concretas dos anos 1980. E eu me pergunto se o Plano Real e outros planos não vão consolidar o ceticismo da profissão no Brasil sobre certas teses que eram muito populares nos anos 1980, início dos anos 1990.

Na entrevista, Maria da Conceição Tavares afirma que não existe proposta de estabilização em abstrato. Como foi o debate interno do PT em torno do Plano Real?

Isso é um rescaldo das discussões de 1994 dentro do PT, na campanha do Lula, sobre quais seriam as alternativas de estabilização ao Plano FHC, como na época era conhecido o Plano Real. Na verdade, o pensamento econômico de esquerda está sem propostas para várias questões, particularmente para o combate à inflação. É algo que se revelou fatal em termos políticos nos últimos anos na América Latina. Como as crises inflacionárias latino-americanas foram das mais graves da história monetária mundial, o valor social e político da estabilização cresceu extraordinariamente. Isso não estava presente nas velhas controvérsias entre estruturalistas e monetaristas nos anos 1950. E o pensamento de esquerda não evoluiu para reconhecer a importância da estabilização monetária, seu valor social e político; e aí foi perdendo espaço no México, na Argentina, no Brasil. Reconheço que é difícil formular alternativas, mas temos que ter, senão nossa crítica tem pouco impacto social.

Você teria alguma?

Escrevi vários artigos propondo alternativas.[4] Basicamente, uma tenta-

---

[4] Batista Jr. (1993a), "Estabilização com lastro nacional".

tiva de estabilizar com uma âncora interna, em parte inspirada em experiências históricas de estabilização, notadamente a estabilização alemã de 1923. Foi uma experiência curiosa, passei uns dois anos tentando discutir alternativas e não encontrei maior receptividade. Atribuo isso em parte a uma decadência da capacidade de pensar e formular dos economistas brasileiros, que é parte desse processo maior de que já falamos, de colonialismo acadêmico e cultural. Fiz uma tentativa, mas não fui muito bem-sucedido porque quase não tinha interlocutores.

Qual era a posição que prevalecia no Brasil nos últimos anos? "Não tem saída, temos que nos ancorar no dólar": todo mundo dizia isso, ou quase todo mundo. Depois que o Plano Real seguiu esse caminho e deu aquele bode tremendo por causa do México, aí todo mundo disse: "Ah, não, temos que tirar lições da crise mexicana". Mas todos queriam isso, em todas as correntes de pensamento. E eu era um dos poucos que tentavam formular alternativas que não passavam pela ancoragem do dólar, que buscavam estabilização com defesa da autonomia nacional.

Essa seria a âncora interna?
Sim, para polarizar com a âncora cambial. Não sou filiado ao PT, mas estava ajudando na campanha do Lula e fiquei impressionado com o desarmamento intelectual da maior parte dos economistas do partido para enfrentar o Plano Real. Não só eles não tinham proposições alternativas, como não sabiam analisar minimamente o que o Plano Real estava produzindo e iria produzir em termos econômicos, políticos e sociais. Isso acabou deixando a candidatura da esquerda totalmente desarmada diante do que se revelaria o fato principal da campanha. A própria Conceição, já que estamos falando dela, chegou a dizer que haveria uma recessão com "desemprego cavalar" com a reforma monetária.

Que não se verificou.
É óbvio que não. Toda a experiência e teoria sugeriam o contrário: que, no início, a estabilização, nas condições do Plano Real, causaria expansão da demanda. A Conceição não foi a única, mas nos debates da época, pela ênfase com que defendia o seu ponto de vista, ela se destacava.

A inflação inercial também se insere na ideia de colonialismo acadêmico?
Não tanto, mais ou menos. Ela estava inserida numa discussão internacional, porque tem muito a ver com certas vertentes do *mainstream* norte-americano, não é uma criação local. Daí a dizer que é um produto do colo-

nialismo, acho um pouco exagerado. A ideia da inflação inercial foi a base intelectual de uma onda de reformas monetárias. Não é um fenômeno nacional, houve uma família de estabilizações: o Austral, depois o plano israelense, o peruano, o Cruzado e mais tarde o mexicano, de dezembro de 1987. Entre esses cinco programas, uns foram fracassos estrepitosos e outros foram bem-sucedidos, tinham uma mesma matriz teórica, que tinha a ver com a corrente Harvard/MIT da Macroeconomia norte-americana. Mas houve até um certo desenvolvimento local do assunto, especialmente no Brasil.

Com os trabalhos de Persio Arida e André Lara Resende?
Sim, eles não são simples reproduções do que vinha sendo feito lá fora. Especialmente a URV é uma contribuição original. A URV não é bem uma moeda indexada, é melhor do que a moeda indexada, porque resolveu o grande problema da coexistência de duas moedas: a quase inevitável destruição da moeda antiga. Percebeu-se que não se precisava de uma nova moeda, que circulasse em paralelo à antiga, mas de um indexador. Na transição, bastava um indexador oficial diário, não precisava criar a moeda fisicamente. Não tenho conhecimento de nada, fora da experiência brasileira, que se assemelhe à URV. Não é por acaso que o Brasil teve que inovar nesse terreno. O Brasil tinha inovado no grau de indexação da economia, e não podia se socorrer de experiências ou teorias internacionais, porque o problema era muito brasileiro.

No livro de Luiz Carlos Bresser-Pereira, A crise fiscal do Estado *[1994], ele faz referência a seu livro* Da crise internacional à moratória brasileira *[1988], em que você critica o tratamento que ele dá à questão da dívida externa. Bresser diz que mudou radicalmente a política em relação à dívida externa. Você poderia falar um pouco sobre a diferença entre a visão de Bresser e a de Funaro?*
Olha, é muito grande. Há um capítulo nesse livro em que trato disso[5] em termos muito duros, com o calor da época, mas é a minha opinião sobre o que Bresser fez. Sei que ele tinha planos de fazer algo diferente, porque, embora não estivesse mais no governo, fui consultado informalmente sobre algumas ideias e dei até alguns palpites e sugestões. Em certo momento, achei que eles podiam fazer alguma coisa interessante, apesar de estar, àquela altura, muito cético quanto ao Sarney.

---

[5] "O acordo provisório de novembro de 87: o Brasil volta a pagar".

Esquecendo aspectos pessoais e as intenções subjetivas do Funaro ou do Bresser, havia uma transição no governo do Sarney, que culminaria no Maílson [da Nóbrega]. Bresser fez parte de um processo pelo qual Sarney, pouco a pouco, foi se libertando da influência do PMDB. *A posteriori*, é claríssimo que Bresser foi um instrumento, que Sarney queria, por assim dizer, voltar à sua antiga condição de presidente da ARENA, e para isso ele precisava se libertar do PMDB, da tutela do Ulysses [Guimarães] em particular. Mas o Sarney não tinha força política para fazer isso abruptamente, então primeiro ele "fritou" o Funaro, um processo complicado, depois tentou escapulir e nomear o ministro da Fazenda; a sua escolha era o Tasso Jereissati. Não conseguiu, Tasso foi vetado, e teve que "engolir" Bresser. No fundo, Sarney "fritou" Bresser, Bresser tentou conciliar, não conseguiu, e veio Maílson para fazer a linha tradicional e desmontar a moratória.

Qual deve ser o papel do Estado na economia e o grau de sua intervenção? Há distorções em um sistema livre de preços?

Esse assunto é complicado, mas acho que um dos aspectos da nossa colonização mental é justamente ter adotado, sem espírito crítico, uma visão simplória do papel do Estado na economia. Uma espécie de "estadofobia" prevalece no Brasil desde os tempos do Collor, e, apesar de Collor ter sido um caso extremo, essa visão continua. E o papel do Estado é obviamente fundamental. A situação é muito grave no Brasil. Eu fico ouvindo essas afirmações: "Fernando Henrique é neoliberal". Aí ele responde: "Eu não sou neoliberal, não é verdade". Mas não é esse o problema. O problema é que o Estado brasileiro foi desaparelhado de tal maneira, nos governos Figueiredo e Sarney, mais ainda no governo Collor, que ele não está hoje equipado nem para fazer as coisas que o pensamento liberal clássico admite que o Estado tem que fazer, como, por exemplo, garantir a segurança, a ordem pública nos centros urbanos, cobrar os impostos, praticar uma política de comércio exterior. O funcionário público foi massacrado, hostilizado. Mas o Estado não existe sem o funcionalismo. O funcionalismo é a expressão concreta do Estado, e precisa ser prestigiado, valorizado, bem pago. Então tem que haver um processo de reconstrução do Estado no Brasil.

Reforma administrativa?

Sim, mas o problema é que no Brasil há uma confusão entre reforma estrutural e reforma constitucional. Reforma constitucional é uma dimensão secundária da reforma estrutural. A maior parte das coisas não depende de reforma constitucional e nem mesmo de legislação, depende de iniciativa do

Executivo, de contratar, equipar, prestigiar o funcionalismo, estabelecer diretrizes, cuidar dos detalhes.

Além desses pontos com os quais até alguns "liberais" concordam, onde mais o Estado deveria atuar?
O Estado precisa ter bancos públicos fortes, especialmente o governo federal. Não necessariamente bancos estaduais, mas o Banco do Brasil e o BNDES são fundamentais. É preciso preservar algumas empresas estatais estratégicas, ter uma política de comércio exterior muito mais agressiva, muito mais detalhada, ter uma política tributária diferenciada. Não há projeto nacional sem um Estado nacional. E o Estado brasileiro foi desarticulado e passa por uma crise administrativa profunda.

Você aperta um botão e simplesmente não acontece nada. O Estado não está equipado. Comete erros elementares, não controla o setor privado, é administrado por ele. Houve uma fragmentação da ação estatal, uma privatização das decisões públicas de forma caótica e pouco transparente. É uma tremenda balela dizer que a causa da crise brasileira recente foi a Reforma Constitucional de 1988. Muitos problemas que nós temos decorrem da não implementação da Constituição, que tem muitos pontos positivos. Por exemplo, o capítulo do sistema financeiro, exceto o limite à taxa de juros, é muito bom, tem tudo o que é importante. Até hoje não foi regulamentado.

Você acredita em um caráter cíclico da intervenção do Estado?
Ah, sim, sem dúvida. São ondas, modismos. Há períodos longos de prestígio da intervenção estatal seguidos de um refluxo, mas isso é muito um fenômeno ideológico.

Não é estrutural?
Não, muitas vezes não tem uma correspondência com o que acontece na prática. Publiquei um artigo na *Folha de S. Paulo* mostrando como evoluiu a participação do Estado na economia nos países desenvolvidos no auge do triunfo ideológico do neoliberalismo nos anos 1980. Aumentou a participação dos gastos públicos, da receita tributária no PIB, da dívida pública e dos déficits fiscais como proporção do PIB. É impressionante como são frágeis os consensos entre os economistas.

EDUARDO GIANNETTI DA FONSECA (1957)

Eduardo Giannetti da Fonseca nasceu em Belo Horizonte, em 23 de fevereiro de 1957. Completou o segundo grau no Colégio Santa Cruz, em São Paulo. Bacharelou-se em Ciências Econômicas em 1978 e em Ciências Sociais em 1980, na Universidade de São Paulo. Neste mesmo ano, foi professor de Microeconomia na Pontifícia Universidade Católica de São Paulo e pesquisador na FIPE-USP. Em outubro de 1981 iniciou o programa de doutorado na Universidade de Cambridge, na Inglaterra, sendo bolsista do programa Research Fellowship no St. John's College entre 1984 e 1987, período em que foi professor de História do Pensamento Econômico. Obteve seu PhD em Cambridge no ano de 1988, com a tese *Beliefs in Action: Economic Philosophy and Social Change*, publicada em 1991 pela Cambridge University Press.

De volta ao Brasil, em 1988, assume a disciplina de História do Pensamento Econômico na FEA-USP, primeiro como professor convidado e, a partir do segundo semestre, como professor concursado. Em 1993, foi convidado para ocupar a Joan Robinson Memorial Lectureship. Foi pesquisador no Instituto Fernand Braudel de Economia Mundial, tendo publicado diversos artigos na imprensa nacional, especialmente na *Folha de S. Paulo*, onde manteve uma coluna dominical no "Caderno Finanças" entre 1993 e 1994. Destacou-se na mídia e no debate público pela defesa de ideias associadas ao liberalismo econômico.

Foi vencedor do Prêmio Jabuti da Câmara Brasileira do Livro em duas oportunidades: com *Vícios privados, benefícios públicos? A ética na riqueza das nações*, publicado em 1993, e com *As partes e o todo*, coletânea de textos jornalísticos, de 1995, mesmo ano em que editou a obra *A economia brasileira: estrutura e desempenho*, juntamente com Maria José Willumsen. Foi professor na FEA-USP e no Insper (antes Ibmec São Paulo), pesquisador na Fundação Instituto de Pesquisas Econômicas e membro do Conselho Superior de Economia da FIESP. Tomou posse na Academia Brasileira de Letras em agosto de 2022.

Seu depoimento foi colhido em sua residência em São Paulo, na Vila Madalena, em abril de 1995.

Formação

Por que escolheu Economia? Houve algo especial que lhe inspirou?

Acho que escolhi Economia por prudência, meu desejo original era fazer alguma coisa mais de Ciências Humanas ou talvez Filosofia, mas temia que, fazendo um curso de Ciências Humanas ou de Filosofia, não fosse encontrar emprego. Achei que Economia era uma maneira de garantir um caminho de independência financeira, que desejava conquistar o mais rapidamente possível, sem sacrificar totalmente a minha aspiração de estudar Filosofia e ideias. A outra razão foi a perspectiva de estudar fora do Brasil. Eu achava que o caminho mais fácil para sair do Brasil e fazer uma pós-graduação era estudando Economia. Então, foi de um pragmatismo muito grande escolher Economia. Acho que a minha família também influenciou muito. Meus dois irmãos mais velhos eram economistas, já tinham trilhado um caminho nessa direção, e eu segui um pouco no vácuo que eles abriram. Agora, o curso de Economia na USP me desapontou terrivelmente.

Entrei na FEA em 1975 e fiz no mesmo ano vestibular para a Escola de Sociologia e Política, no centro de São Paulo. No ano seguinte fiz outro vestibular para Ciências Sociais da USP. Na época, o que realmente me interessava, o que eu estava obcecadamente querendo fazer, era estudar marxismo e militar no movimento estudantil; todo o resto não tinha grande interesse. Acho que a maneira como a Economia foi apresentada para mim não era nada atraente. Eram manuais norte-americanos de Micro e Macroeconomia muito pasteurizados, um material muito *standard* e transmitido de uma forma pouco instigante para a reflexão e para o pensamento. Eram pacotes de livros-texto norte-americanos, mecanicamente reproduzidos em aula, e o que se esperava era que os alunos reproduzissem as respostas padronizadas também nas provas.

Qual era sua maior preocupação na época? E os professores mais importantes?

Dediquei-me violentamente a estudar Marx, os clássicos do marxismo e os marxistas da moda naquela época. Perdi muito tempo fazendo isso. Estudei todos os modismos de marxismo que passaram pelo Brasil no final dos anos 1970. Eu me meti a estudar Hegel, fiz cursos sobre Hegel na Faculdade de Filosofia. Achava, com razão, que para se conhecer realmente o marxismo era preciso estudar Filosofia alemã.

Acho que o melhor professor que tive na graduação, contando tudo o que fiz, foi Gérard Lebrun — foi realmente um privilégio ter Lebrun como

Eduardo Giannetti da Fonseca (em foto de junho de 1990):
"No caso brasileiro, a sociedade foi uma invenção do Estado português;
tivemos Estado antes de ter sociedade e até hoje a relação ainda parece ser essa:
a sociedade serve ao Estado e não o Estado serve à sociedade".

professor. Depois trabalhei dois anos como pesquisador na FIPE, com trabalhos na área de energia. Era uma época em que a questão energética e a crise do petróleo estavam no centro das atenções. Em seguida, fui aceito em Cambridge e recebi uma lista de material para já ir estudando, para me preparar. Percebi que ia ser um inferno (risos).

Considera que teve uma boa formação em Economia?

Meu aproveitamento de curso sempre foi muito baixo. Praticamente tudo o que aprendi foi lendo ou estudando sozinho. Acho que o curso te estimula a arregaçar as mangas para procurar as coisas. A minha reconciliação com a Economia convencional deu-se quando terminei a graduação e me candidatei em 1980 para um cargo de professor na PUC, em São Paulo. Fui chamado para dar um curso de Microeconomia e só sabia marxismo (risos). Aí decidi: "Vou ler os *Princípios de economia* do Marshall[1] e dar Marshall para esse pessoal". E foi uma descoberta extraordinária ver que um economista neoclássico podia ser um grande pensador. Quando comecei a estudar Marshall, pensei: "Existe do outro lado também gente do porte intelectual de Marx. Não é um gigante de um lado e anões minúsculos e desprezíveis do outro. Existe também, dentro da Economia neoclássica, um autor, sem dúvida alguma, da mesma estatura intelectual de Marx, e que inclusive sofreu influências de Hegel". Foi um episódio realmente marcante e me ajudou muito em Cambridge esse esforço de leitura sistemática e microscópica dos *Princípios de economia*, porque Cambridge tem uma tradição de pensamento marshalliano. O fato de conhecer bem Marshall me ajudou muito a conversar com as pessoas.

Com Marshall percebi exatamente o seguinte: se estudasse o marxismo, Marx, através de um manual de materialismo histórico tipo Marta Harnecker,[2] teria a mesma impressão que tinha da Economia neoclássica. A Economia neoclássica é uma construção intelectual extremamente robusta, interessante, fundamentada. As ressalvas que Marshall faz a cada momento em relação ao tipo de raciocínio, às hipóteses, aos pressupostos que estavam sustentando aquele tipo de análise foram realmente uma descoberta, um marco muito importante nesse período. Foi a primeira vez que estudei Economia, propriamente.

---

[1] Marshall (1890), *Principles of Economics*.

[2] Harnecker (1969), *Los conceptos elementales del materialismo histórico*.

Quais livros são fundamentais na formação de um economista?
Passei os últimos vinte anos lendo furiosamente. Se tem uma coisa que fiz na vida foi ler e tomar notas. Sou muito eclético nas leituras e leio relativamente pouco Economia. Desde os tempos de faculdade sinto que minha orientação de pesquisa e vocação estão mais para Filosofia do que para Economia. Sempre me interessaram os economistas que eram também filósofos e que buscavam não tanto a formalização, mas sim uma reflexão sobre temas que extrapolam a abordagem estritamente científica. Penso em gente como Frank Knight, [Friedrich] Hayek, [Kenneth Ewart] Boulding, [Jon] Elster ou Amartya Sen, por exemplo. Não tenho um cardápio fixo de livros fundamentais. No meu caso particular, os autores a que mais tenho me dedicado no campo da Economia são aqueles em torno dos quais estruturei o curso de História do Pensamento Econômico que ofereci em Cambridge de 1984 a 1987 e que dou atualmente na USP: Adam Smith, John Stuart Mill, Karl Marx e Alfred Marshall. Os grandes clássicos da Economia são como cidades históricas ou obras de arte. Pode-se revisitá-los de tempos em tempos e até "morar" neles o tempo que se desejar, mas sempre se continuará descobrindo coisas novas. Quem imaginar que esgotou-os ou já aprendeu tudo o que eles têm a oferecer pode estar seguro de que mal arranhou a obra.

Entre os economistas brasileiros, quem você respeita?
Do ponto de vista de formação teórica e dotação intelectual para análise pura, o Mário Henrique Simonsen se destaca muito. Por outro lado, acho que ele não tem senso prático. É um erro ter uma figura do porte intelectual de Mário Henrique Simonsen num cargo executivo no governo. Eu acho que é a pessoa certa no lugar errado. Delfim Netto, eu acho que tem um vigor intelectual extraordinário. Foi a única pessoa que pediu, quando eu voltei da Inglaterra, para ler a minha tese, leu e comentou, ninguém mais teve essa iniciativa. Na época fiquei muito honrado, achei realmente notável que um homem público tão ocupado tivesse interesse em estudar um trabalho acadêmico difícil. O que me impressiona no Delfim é esse vigor intelectual, e acho que ele tem um senso prático também muito grande. Ele é capaz de pegar uma coisa abstrata e ver o que pode ser feito a partir daquilo. Por outro lado, parece-me também que ele é tomado, de vez em quando, por uma ambição política e uma vontade de poder que terminam sendo maiores que ele. É como se existisse um Delfim *scholar*, que aprendi a respeitar e admirar, e um Delfim *realpolitik*, capaz de assumir às vezes posições e de fazer declarações muito destrutivas e das quais positivamente discordo.

Delfim estudou muito Marx, não foi?
Muito, ele provavelmente tem a melhor biblioteca de marxismo clássico e contemporâneo do país, ele conhece muito profundamente Marx e o marxismo. Ele comprou todas as obras a que Marx se referiu em O *Capital*, e sistematicamente cercou todas as referências lá feitas. É um estudioso, provavelmente um dos homens que mais conhece, se não o que mais conhece, marxismo no Brasil.

Você já se envolveu em um episódio acadêmico controverso?
Bem, quando defendi minha tese de doutorado em Cambridge houve uma cisão na banca. O examinador interno, que era a professora Phyllis Deane, aprovando e achando que a tese era meritória e o examinador externo, que era um professor de Bristol, dizendo que, tal como estava, não era possível aprová-la, que eu precisaria investir bem mais trabalho para que ela fosse aceitável. Só que ele teve duas posições, uma no relatório escrito após a leitura da tese e outra, menos crítica, depois de uma arguição oral, em que eu pude defender diretamente algumas das afirmações e algumas das posições da tese. Diante dessa mudança, o departamento acreditou que seria o caso de pedir o parecer de um outro especialista que, no caso, foi o professor Andrew Skinner, da Universidade de Glasgow, e eu voltei ao Brasil sem o resultado da tese, sem o PhD. Fiquei aguardando seis meses até que esse professor de Glasgow mandasse o parecer diretamente para Cambridge, felizmente aprovando a tese e terminando um período de muita incerteza, muito sofrimento, porque afinal eu tinha passado sete anos fora e voltei para o Brasil sem título e com uma história difícil de contar.

Qual a diferença entre o estudo da Economia desenvolvido no Brasil e na Inglaterra?
O ambiente é muito diferente. Na História do Pensamento Econômico, por exemplo, existe hoje no mundo um time de especialistas *full time*, integralmente dedicados a estudar a obra de um autor. Trabalha-se muito tempo para entrar nesse time de especialistas. Aqui nós não estamos nem sonhando em chegar nesse ponto de aprofundamento. Isso é verdade em Economia e em outras áreas também. O grau de divisão do trabalho é muito mais avançado. O que em parte é bom, porque obriga as pessoas a ser realmente competentes mundialmente naquilo que fazem, mas por outro lado é muito castrador, porque se torna um especialista numa figura que viveu há dois séculos e tem-se de viver por conta disso. No fim se está estudando bilhetes, cartas,

minúcias e filigranas da obra e do pensamento do autor de uma maneira muito fechada.

Agora, para entrar no mundo acadêmico civilizado hoje, tem-se de passar por essa especialização, tem-se de fechar violentamente o foco do seu objeto. Quem sabe, no final da vida, depois de toda uma vida dedicada a um trabalho de especialista, tenha-se a oportunidade de se pronunciar sobre grandes temas gerais e propor grandes sínteses e generalizações, fazer uma coisa mais solta, com mais liberdade. Mas isso no coroamento, quando já se estiver com cinquenta, sessenta anos. No Brasil o economista é chamado a atirar para todo lado, tem que falar sobre o mercado de trabalho, sobre desenvolvimento, sobre qualquer assunto: política monetária, política fiscal, política mundial, todo mundo é franco-atirador. Não há reconhecimento de especialidades e áreas de competência específicas. No fundo, o que nós temos são homens públicos com interesse em Economia. Nós não temos realmente pesquisadores, teóricos integralmente voltados para um trabalho intelectual acadêmico em Economia, e é por isso que, ao se consultar os *journals* importantes da língua inglesa nos últimos dez anos, não se encontra trabalho de nenhum economista brasileiro. Com raríssimas exceções (conheço duas), é só um ou outro falando sobre Brasil, não sobre teoria econômica ou temas gerais. Se algum brasileiro ingressa, por exemplo, numa *American Economic Review* ou *Economic Journal* ou *Journal of Political Economy*, e para ser franco não me recordo de nenhum caso, é com trabalho aplicado sobre América Latina ou Brasil, não vai discutir teoria pura, não há como participar no grau de sofisticação e especialização dentro do qual transcorre hoje o jogo acadêmico. O desempenho do atletismo brasileiro nos jogos olímpicos talvez seja uma boa *proxy*.

Você escreveu uma primeira tese, que foi abandonada, e depois escreveu o Beliefs in Action.[3] *Como foi essa decisão?*

O projeto original era fazer um trabalho de reconstrução e análise da evolução do conceito de natureza na teoria econômica. Meu pressuposto básico, mas do qual demorei um bom tempo para me dar conta, era o de que as ideias abstratas dos filósofos e economistas governam o mundo. Essas ideias influenciariam de modo decisivo a formação de crenças dos líderes e homens práticos e, por tabela, todo o processo de mudança social e institu-

---

[3] Giannetti da Fonseca (1991), *Beliefs in Action: Economic Philosophy and Social Change.*

cional. Eu estava fazendo, no campo da Economia, um caminho análogo ao que levou Popper a buscar em certas teses da Filosofia platônica as raízes do totalitarismo no século XX! Mas, à medida que fui estudando e me envolvendo, principalmente com [David] Hume e Adam Smith, fui também questionando esse pressuposto, compartilhado aliás por Keynes e Hayek, de que as ideias dos grandes pensadores teriam um papel central na formação de crenças. Foi aí que tomei a decisão de jogar tudo fora e começar de novo, só que agora fazendo da formação de crenças na vida prática o meu tema central. A tese foi, portanto, o fruto de um desencanto, de um desapontamento com a premissa básica do trabalho que eu originalmente queria fazer.

Marx, Hegel e a Filosofia Analítica

À Elster, o que está morto e o que está vivo em Marx?

O que está errado é mais fácil de dizer do que o que está vivo (risos). O que mais me interessa em Marx atualmente são algumas passagens brilhantes nos *Manuscritos de 1844* e nos *Grundrisse*[4] sobre a alienação micro: o problema do indivíduo que só se sente ele mesmo quando não está trabalhando e que transfere para o consumo e a posse de bens posicionais a sua expectativa de realização humana, de justificação existencial.

O que me parece definitivamente morto em Marx é essa pretensão de ter descoberto o enredo secreto da história e, ainda por cima, de dar à sua Filosofia da História um caráter normativo, como se houvesse um caminho para o qual as "leis históricas" apontassem o dedo. Poucos autores levaram tão longe quanto Marx o péssimo hábito de transformar tudo aquilo que eles desejam para o futuro da humanidade em prognósticos movidos a leis inexoráveis. Um *check-list* de coisas mortas em Marx poderia incluir: a teoria do valor trabalho; a ideia de que a busca do conhecimento científico, inclusive na Economia Política, tem um caráter de classe; o economicismo grosseiro; as previsões sobre o fim iminente do capitalismo e sobre o uso do "tempo livre" pelos trabalhadores; o tratamento de questões ligadas a demografia e meio ambiente; a arrogância descabida diante de povos e culturas não ocidentais; o abuso do coletivismo metodológico etc. etc.

Vivas estão certas descrições muito detalhadas que Marx fez das mudanças tecnológicas e do processo de trabalho de seu tempo, ainda que ele

---

[4] Marx (1844), *Manuscritos econômicos-filosóficos de 1844*.

não tenha analisado corretamente a relação entre ciência e tecnologia, porque o que ele chamava de ciência era algo muito vago e indefinido. Não há sentido em dizer, como Marx costumava fazer, que a primeira revolução industrial é resultado da revolução científica do século XVII ou da Mecânica newtoniana. Uma coisa não tem nada a ver com a outra. A termodinâmica que explica o funcionamento da máquina a vapor só foi criada depois da sua invenção. Watt fez a máquina a vapor sem saber *como* e *por que* ela poderia funcionar, na base da tentativa e erro. Foi só no final do século XIX, quando Marx já estava morto, que a ciência passou a ser diretamente relevante para a inovação tecnológica, em indústrias como a química e a eletricidade. Outro ponto em que o pensamento de Marx ficou totalmente ultrapassado é na questão do capital humano. Ele via um mundo em que o trabalhador seria cada vez mais reduzido a um apêndice da máquina, a trabalho simples, homogêneo e mecânico. Mas o que acabou acontecendo foi a progressiva eliminação desse tipo de trabalho. Todo trabalho está se tornando, cada vez mais, resultado de investimento prévio, ou seja, capital humano. A "composição orgânica do trabalho" é mais importante que a do capital.

Em suma, tenho a impressão de que estamos apenas começando a rever o mobiliário conceitual herdado do marxismo. Uma coisa que eu me pergunto muito, atualmente, é se o capitalismo existe ou jamais existiu. Tenho sérias dúvidas. Nós nos acostumamos a pensar nessa sucessão bem-comportada de modos de produção, mas ainda faz sentido isso? Penso que foram ficções úteis durante certo tempo, mas talvez esteja na hora de buscar outras ficções, outros mitos organizadores do nosso descontentamento e mal-estar. Duvido que ajude muito continuarmos sentados nesse mobiliário intelectual marxista, para não falar dessa verdadeira praga que é o hábito de tantos intelectuais brasileiros de personificar o capitalismo, como se ele fosse um agente dotado de vontade própria, como se ele agisse e perseguisse os seus desígnios inconfessáveis. No meu tempo de faculdade, até uma epidemia de meningite refletia, "em última instância", é claro, as "contradições do capitalismo". Agora parece que é a vez do "neoliberalismo". Será que existem pelo menos duas pessoas no mundo que têm exatamente a mesma coisa em mente quando falam em "capitalismo" ou em "neoliberalismo"?

Uma coisa curiosa que você comentou ontem en passant *é a dificuldade que você tem em ler o Giannotti, uma pessoa que estudou Marx; tido e havido como um bom marxista e que agora vai para a Filosofia Analítica, com esse trabalho, que não saiu ainda, sobre Wittgenstein...*

Olha, um dos pontos que distinguem a Filosofia Analítica é o compromisso com a clareza, talvez seja o ponto mais intransigente dos filósofos analíticos é que tudo o que é dito, deve ser dito de uma maneira clara. Não quer dizer que você consiga dizer tudo, mas o que for dito tem que ser dito de forma clara.

E o que não pode ser dito é melhor calar.

É (risos), para lembrar o Wittgenstein. Eu acho o texto filosófico do Giannotti simplesmente impenetrável, ininteligível, tenho muita dificuldade em entender o que ele quer dizer. Eu me recordo da frase do Lebrun ao fazer a resenha do *Trabalho e reflexão* [1985], com a qual eu me identifico muito, na qual Lebrun diz que o texto do Giannotti é mais tortuoso do que a pista de Interlagos (risos).

Na introdução de As partes e o todo,[5] *você diz que passou por uma mudança de linha. Qual o sentido dessa afirmação?*

Quando saí do Brasil, como todo jovem brasileiro deslumbrado da USP, a Escola de Frankfurt para mim era o máximo que havia (risos). Estudei Marcuse, Adorno, Horkheimer, todos eles, e ficava realmente deslumbrado diante de tanta sabedoria, tanto conhecimento, de tanta agudeza crítica desses autores. Habermas nem era conhecido pelos filósofos ingleses. Marcuse é um desprezo solene.

Kant é o último grande filósofo alemão que ainda é reconhecido como fenômeno de importância europeia e mundial. Hegel realmente está fora pelos erros crassos que cometeu em Filosofia, em História da Ciência, alguns dos quais eu até verifiquei lá e tive a oportunidade de explicitar em trabalhos. Por exemplo, ele faz citações na *História da filosofia*[6] atribuindo, entre aspas, palavras a autores que nunca as tinham dito e que depois eu descobri que ele pegou de segunda ou terceira mão em outros comentadores, quer dizer, realmente coisas inaceitáveis e que seriam suficientes para acabar com a reputação de qualquer filósofo num país civilizado.

Hegel é um fenômeno de país atrasado e de arrogância intelectual desmesurada. É um autor que diz que Newton não sabia Física, sendo que ele não tinha obviamente a menor competência sequer para ler o *Principia Mathematica*.[7]

---

[5] Giannetti da Fonseca (1995), *As partes e o todo*.

[6] Hegel (1816), *Introdução à história da filosofia*.

[7] Newton (1687), *Philosophiae Naturalis Principia Mathematica*.

É incrível como a tradição de Filosofia Analítica é pouco conhecida no Brasil. Os modismos franceses vêm e vão. Mas quem conhece ou ouviu falar, por aqui, em filósofos como Thomas Nagel — não confundir com Ernest —, Bernard Williams, Peter Strawson e John Passmore, para ficarmos apenas em alguns nomes? Nagel, por exemplo, escreveu um livro excepcional, possivelmente o melhor que li em muitos anos, chamado *The View from Nowhere*. Peirce é um exemplo claro de autor que trabalhou como cientista, sabe o que é fazer ciência, e refletiu como filósofo sobre isso. Acho que tem *insights* muito importantes, como por exemplo o de que "a lógica é a ética do entendimento". Um artigo dele que admiro é o "Fixation of Belief".

O que aprendeu com essa linha de pensamento?
É mais uma questão de modo de proceder na busca do conhecimento do que de teses específicas. Aprendi fundamentalmente a ser mais claro, transparente e honesto em meu trabalho. Aprendi a respeitar o *ideal* da objetividade científica, a não olhar para a ciência de cima para baixo. Aprendi que a ética não pode ser reduzida à política ou à ideologia, nem ser contrabandeada nos porões de uma Filosofia da História. Aprendi que a gente não pode imaginar que um autor ou "pacote filosófico" resolve todos os problemas, nem ter a pretensão de "vestir a camisa" de um autor e depois sair por aí defendendo a sua "causa". Isso é uma coisa primitiva. Aprendi, em suma, a pensar por conta própria.

A vida intelectual brasileira ainda é muito tribal. Tem grupinhos de autores que se dão tapinhas nas costas e que atacam juntos as outras tribos. Eu acho que nós estamos numa fase ainda bastante primitiva de intercâmbio intelectual. Não se vê no Brasil uma coisa que existe, e muito, em qualquer ambiente acadêmico mais civilizado, que são resenhas severamente críticas, mas objetivas, de autores, por mais prestigiosos que sejam. A resenha no Brasil é tipicamente o tapinha nas costas do aliado da tribo, ou então a porrada pessoal do inimigo. Qualquer discussão, qualquer controvérsia intelectual no Brasil rapidamente degenera para o ataque pessoal. Se você ataca uma ideia, uma opinião ou um pensamento de alguém, aquela pessoa se sente integralmente questionada como intelectual e como pessoa. Quando [José Guilherme] Merquior acusou Marilena Chaui de fazer aquele plágio, e, segundo a evidência, parece-me que constitui um plágio, chegaram a fazer um abaixo-assinado de solidariedade a Marilena Chaui, que é a reação mais tribal que pode se imaginar. Quer dizer, a pessoa fez um plágio e suscita um abaixo-assinado de apoio porque ela foi vítima de um ataque vil?!

Metodologia

Qual é o papel do método na pesquisa econômica?

Eu entendo que existem duas abordagens em relação à questão do método. Uma coisa é pensar um método como o esforço de reflexão, de entendimento dos caminhos da ciência, no caso da Ciência Econômica. Quer dizer, analisa-se o trabalho de pesquisa, a contribuição teórica dos economistas e reflete-se sobre o que é que de fato os bons teóricos ou os economistas de um modo geral estão fazendo no seu trabalho de pesquisa. Como é que eles procedem, como é que justificam seus argumentos, quais são os pressupostos sobre os quais erguem suas teorias, como é que se resolvem controvérsias no âmbito da Economia, quais são os critérios de validação de proposições na Economia, quais os critérios de demarcação entre ciência e não ciência. Essa é uma preocupação metodológica que eu acredito que é relevante e que é parte do trabalho de todo bom economista, essa reflexão sobre os caminhos da disciplina e sobre a maneira de proceder na investigação científica. O que não vejo com bons olhos, porque acho um exercício ocioso, é a ideia de uma metodologia prescritiva.

Padrão?

Sim, a ideia de que existe um padrão de procedimento correto que todos os economistas deveriam seguir no seu trabalho de investigação. Eu não acho que a Filosofia da Ciência pode ter um caráter prescritivo, de mostrar o bom caminho da investigação. Primeiro porque qualquer economista ou qualquer bom cientista não vai ter a preocupação de ser metodologicamente correto. O que caracteriza o bom cientista e o bom economista é encontrar um bom problema. Eu gosto muito da frase de Francis Bacon: "Uma boa pergunta é metade da pesquisa". Para se chegar a uma boa pergunta é preciso um esforço muito grande e se você tiver uma pergunta realmente boa, já deu uma grande contribuição. É muito mais difícil do que se imagina.

Quando se tem uma boa pergunta, vai se tentar tudo o que for possível para respondê-la de forma satisfatória, sem ficar se atendo ou se tolhendo no sentido de respeitar uma metodologia como sendo a metodologia certa ou politicamente correta. O meu estudo sobre História da Ciência mostra que os bons cientistas não leem Filosofia da Ciência e não tentam se submeter aos cânones da ética da investigação científica tal como os filósofos da ciência tentam estabelecer. O que eles têm é um problema bom diante deles e essa tentativa quase obsessiva de tentar responder de uma forma satisfatória às demandas que aquele problema coloca.

Um caso concreto é a biologia darwiniana. Foi apenas depois da publicação de *A origem das espécies*[8] que Darwin escreveu ao [Sir Julian] Huxley, que era seu principal colaborador, perguntando se o trabalho era compatível e consistente com os preceitos metodológicos de Mill. Darwin nunca falou: "Deixa eu estudar como é que Mill", que era o filósofo da ciência padrão da época, "faz ciência para depois fazê-la". Ele tinha um excelente problema, deu uma belíssima resposta e depois quis saber se o que ele tinha feito era consistente com o que a Filosofia da Ciência estabelecia como padrão de procedimento científico. Huxley achou que era compatível e consistente. Agora, não tenho dúvidas: se por acaso Huxley dissesse que não era, dane-se o Mill! *A origem das espécies* é altamente convincente porque é resultado de muitos anos de pesquisa e é super bem fundamentado.

Na prática não existe uma heurística positiva, algumas prescrições que orientam a pesquisa de um determinado grupo de autores?

Não, todo cientista aprende uma maneira de fazer ciência, como estudante de graduação, como alguém que tem de se submeter à avaliação de outros. Thomas Kuhn[9] mostra como está embutido no treinamento do cientista todo um procedimento legitimado pela comunidade científica. Agora, isso não é aprendido e nem é passível de ser colocado em uma receita de bolo sobre como proceder diante da investigação científica. Eu acho que o bom cientista inclusive é um transgressor. Se essa receita for feita, o bom cientista, como um investigador e pensador criativo, não vai se ater a segui-la. A ciência não pode ser colocada como algo padronizado, algo previamente estabelecido. O empreendimento científico é criativo, de descoberta sobre o desconhecido. Isso nunca vai poder ser normatizado e definido de forma padronizada.

Não existe uma lei que rege o desenvolvimento científico?

Não, não existe. Muitos tentarão formular essa lei mas estão fadados a não ter sucesso.

Que apreciação você faz do texto "A história do pensamento econômico como teoria e retórica", de Persio Arida?[10] *E sobre a discussão de retórica em geral?*

---

[8] Darwin (1859), *On the Origin of Species by Means of Natural Selection*.

[9] Kuhn (1962), *A estrutura das revoluções científicas*.

[10] Arida (1983), "A história do pensamento econômico como teoria e retórica".

Eu tenho uma grande admiração, à distância, pelo Persio. O meu contato pessoal com ele foi bastante limitado. Eu li esse texto, acho um belíssimo trabalho. Quando ingressei na Faculdade o Persio já estava saindo para a pós-graduação nos Estados Unidos. Eu gosto muito da abordagem retórica, porque o problema da transmissão do conhecimento econômico e do convencimento, da persuasão na Economia, me parece uma questão da maior importância, da maior relevância. Entendo a retórica como o estudo das razões pelas quais um argumento se torna mais ou menos persuasivo numa comunidade linguística. Numa ciência em que há tão pouca certeza como a Economia, e em que tão pouco pode ser demonstrado ou empiricamente verificado, os elementos de persuasão retóricos acabam tendo um papel fundamental e talvez até predominem. A maneira de apresentar um argumento em Economia é uma coisa extraordinariamente importante.

O mestre incomparável do uso da retórica foi Adam Smith. A metáfora da "mão invisível" que ele usou várias vezes, não só em *A riqueza das nações*[11] mas em outras obras, para outros fins, é a metáfora de maior sucesso na História do Pensamento Econômico. O que pouca gente sabe é que o primeiro emprego que Adam Smith teve foi como professor de retórica, num curso de extensão universitária em Edimburgo. Depois foram publicadas as notas de aula[12] dos alunos que assistiram ao curso e que têm achados impressionantemente importantes e atuais sobre a persuasão na transmissão de ideias e de pensamentos. Adam Smith era muito atento à arquitetura, à maneira como as ideias deveriam se encadear de forma a maximizar o poder de convencimento. Quer dizer, o mesmo conjunto de ideias colocado numa ordem errada produz persuasão baixa, mas numa arquitetura convincente tem um poder de sedução e de envolvimento do receptor que eleva muito o poder de convencimento. Não há outro autor que tenha sido literariamente tão sofisticado no uso da linguagem quanto Smith.

Qual é o papel da Matemática e da Econometria na teoria econômica?
Eu me recuso a criticar o uso da Matemática porque não tenho competência para fazê-lo e vejo que a maior parte dos críticos também não tem. Muitas vezes, essa critica é mais um ressentimento por estar excluído do que uma tentativa de contribuir para o avanço da Economia como disciplina cien-

---

[11] Smith (1776), *An Inquiry into the Nature and Causes of the Wealth of Nations*.
[12] Smith (1977), *Lectures on Rhetoric and Belles Lettres*.

tífica. Se tem uma coisa que eu não faço é ficar jogando pedra em uma coisa que não alcanço e que não consigo entender.

O que eu não gostaria é de estar num mundo em que *só houvesse* espaço para quem usasse instrumental matemático sofisticado. Diversos ganhadores recentes do Nobel em Economia, como Coase, Stigler e North, não usaram Matemática em seus trabalhos e o mesmo vale para pesquisadores notáveis como Thomas Schelling, George Ainslie, Mancur Olson e Oliver Williamson, entre tantos outros. Sou defensor de um pluralismo não permissivo, da existência de espaço para diferentes modos de investigar e produzir conhecimento.

Algumas das maiores descobertas científicas da humanidade não dependeram de instrumental matemático ou de formalizações sofisticadas: a revolução darwiniana e a descoberta do DNA não dependeram em nada da Matemática. Há uma diversidade muito grande de caminhos que podem gerar conhecimento relevante, conhecimento objetivo. A Matemática não tem e não pode ter monopólio no campo da Economia enquanto linguagem.

A Matemática é uma linguagem, ela não explica nada. Uma fórmula ou uma equação não significa que a coisa foi explicada, apenas que ela foi descrita. A explicação nunca é matemática. Usamos a Matemática para derivar, de proposições que não são matemáticas, outras proposições que também não o são. É uma linguagem, uma maneira de raciocinar. Quando é possível introduzi-la, traz um ganho de rigor e de precisão que de outra maneira não poderia ser alcançado. Mas ela também não pode virar um fetiche, um fim em si mesma.

A formalização matemática pode ser uma regra de retórica?

Sim, um dos problemas de qualquer comunidade científica é criar critérios de hierarquização e de promoção. Eu tenho impressão de que a Matemática na Economia e a formalização funcionam como um critério objetivo de exclusão, porque é muito difícil enganar em Matemática. Na Filosofia hegeliana, a coisa mais fácil do mundo é enganar, quanto mais obscuro, mais profundo, é a regra básica.

É melhor uma página de Hume do que as obras completas de Hegel?

(Risos.) Eu aprendi a entender essa colocação de Schopenhauer em *O mundo como vontade e representação*.[13] Depois de alguns anos na Filosofia

---

[13] Schopenhauer (1819), *Le Monde comme volonté et comme représentation*.

Analítica e na Inglaterra, aprendi a entender o que está por trás dessa comparação. Não é tão estapafúrdia quanto possa parecer.

É possível escrever com rigor sem o uso de linguagem matemática.
Admiro muito os autores que escrevem com rigor e precisão analítica. Quando pego um texto de Kenneth Arrow, no qual ele não usa Matemática, sinto que ele está escrevendo com um grau de precisão e de rigor que é como se ele estivesse escrevendo Matemática em linguagem natural. Essa é a minha aspiração. Eu leio textos de [Willard] Quine, grande lógico norte-americano, e sinto que aquilo tem uma amarração e um aperto analítico extraordinários.

Você indicaria dois intelectuais brasileiros que admira ou respeita?
O primeiro nome que me vem à cabeça é o de Sérgio Buarque de Holanda. Considero *Raízes do Brasil* [1936] o melhor estudo existente sobre o modo de ser e a psicologia social do brasileiro. Eugênio Gudin continua sendo, na minha opinião, o maior economista brasileiro de todos os tempos.

Qual a sua opinião sobre Econometria?
Acho que é um instrumento útil. Deve ser usado sempre que possível. Agora, não pode virar um fim em si mesmo. Eu tenho muita dificuldade também em Econometria, porque hoje a exigência de instrumental estatístico e de técnicas sofisticadas é muito grande. Não tenho nenhuma pretensão de acompanhar ou de entender o que se faz hoje em Econometria avançada. Eu tive uma experiência terrível na Inglaterra, que foi ter que fazer um curso de Econometria a duras penas. Foi muito sofrido, e espero não ter que passar por isso nunca mais (risos). Agora, é parte da formação de qualquer economista hoje. Eu consegui por um milagre sobreviver como economista sem ter aprendido devidamente esse instrumental, mas sofri muito, paguei muito caro, e não acho que seja caminho para ninguém.

O economista que está se formando hoje deve ter um bom conhecimento do instrumental necessário tanto para Matemática, quanto para Econometria. Eu até gostaria, se pudesse, de ter esse instrumental. É que eu não consegui. Várias vezes eu pensei: "Agora eu vou estudar isso, vou ter uma competência mínima, eu preciso me alfabetizar nisso, não é possível querer ser um economista e não conseguir ler dois terços dos *papers* que aparecem nos principais *journals*". Eu não consegui, fui derrotado, não tenho cabeça para isso. Eu me sinto até mais à vontade lendo Hegel do que lendo um *paper* de Economia Matemática (risos).

Como podemos comparar a importância da Matemática com o estudo das ideias e da Filosofia na Economia?

A Economia no pós-guerra se orientou muito para Engenharia Econômica e acabou dando uma ênfase muito grande na formalização e no avanço máximo das técnicas e do instrumental matemático. Isso foi feito, em larga medida, em detrimento de um avanço de uma Economia mais filosófica e mais reflexiva. No entanto, ao ler o número do *Economic Journal* publicado há cerca de dois anos atrás,[14] que perguntava aos maiores nomes do pensamento econômico mundial como serão os próximos cem anos da Economia, a maior parte deles acredita que a Economia já entrou em fase de rendimentos decrescentes nessa linha da modelagem e da matematização e que daqui para a frente é possível que haja uma reorientação para a interdisciplinaridade, para abordagens menos sofisticadas, menos refinadas formalmente mas mais substanciais em termos de reflexão. Eu me senti reconfortado ao ver que grandes economistas, inclusive matemáticos, reconhecem hoje que houve um exagero no pós-guerra nessa direção.

Qual o método que você usa nas suas pesquisas e análises?

Meu método é o seguinte: qual é a pergunta? Quem escreve alguma coisa tem que saber dizer o que está perguntando e o que está oferecendo como resposta. Uma das coisas que me assustam nesses filósofos brasileiros é que não se consegue saber qual é a pergunta, o que eles querem dizer.

Na sua opinião, qual a influência das instituições na economia?

Ah, muito grande! Hoje nós sabemos que o problema do desenvolvimento não é tanto um problema de Engenharia Econômica, ou seja, ter a poupança na proporção certa, fazer aqueles investimentos, obter a relação capital/produto. O problema do desenvolvimento, hoje, está muito ligado às instituições, à cultura, à psicologia, à ética. O problema é bem mais complexo do que pareceu para os grandes teóricos do desenvolvimento no pós-guerra.

Você acha que a teoria dos jogos, quando considera que os indivíduos podem agir estrategicamente, derruba ou sustenta os argumentos neoclássicos?

---

[14] *Economic Journal* (1991), número comemorativo do centenário da publicação, com artigos de W. Baumol, J. M. Buchanan, P. Dasgupta, M. Friedman, J. K. Galbraith, F. Hahn, E. Malinvaud, M. Morishima e J. Stiglitz, entre outros.

Em si, nem uma coisa, nem outra. A teoria dos jogos é mais um instrumento, provavelmente muito útil, para elucidar certos problemas. Um livro que aplica teoria dos jogos e que traz *insights* fabulosos é *The Evolution of Cooperation*, de Axelrod [1984]. Todo sistema econômico é uma combinação de competição e cooperação. Por que sem alguns sistemas econômicos, a cooperação é tão difícil e tão precária? — o que inclusive me parece ser o caso do Brasil. A teoria dos jogos tem muitas reflexões interessantes a oferecer sobre questões desse tipo. O que favorece o estabelecimento e o que pode ser um obstáculo ao florescimento de relações de cooperação e assim por diante.

Desenvolvimento econômico

Vícios privados, benefícios públicos[15] *tem uma ideia muito forte: estabelecer regras com punição aos que não as acatam.*

Regras, sim, mas uma das mensagens principais do livro é exatamente a de que a punição não basta nem emplaca se não houver uma infraestrutura ética, se não tiver uma boa dose de identificação e de internalização que torne a adesão às regras mais robusta. Penso que todo sistema econômico é, na essência, uma combinação de duas coisas: *regras do jogo* e *qualidade dos jogadores*. São as duas variáveis básicas, e tudo o mais, no final das contas, pode ser reduzido a essas duas categorias. Os países que estabeleceram regras do jogo que promovem a criação de riqueza e que fizeram um esforço consistente de formação de capital humano, de melhoria da qualidade dos jogadores, são os países que prosperam e que lideram a economia mundial. Nenhuma nação com bom estoque de capital humano e com liberdade de iniciativa dentro da lei é pobre; nenhum povo carente de educação ou liberdade econômica pode escapar da condição de pobreza.

E aqueles países que não podem ditar suas próprias regras?
Não existe isso.

Mas, no caso dos países periféricos, inclusive o Brasil, não foi a lógica da dominação que gerou a industrialização tardia?
Foi uma opção nossa.

---

[15] Giannetti da Fonseca (1993), *Vícios privados, benefícios públicos? A ética na riqueza das nações*.

Não foi o possível histórico?

Não, enquanto o Brasil era colônia, eu aceito plenamente o argumento, nós não decidíamos os nossos caminhos, éramos vítimas de uma exploração injustificável e fomos espoliados. Agora, a partir do momento em que isso aqui virou uma nação independente e soberana, nós fomos fazendo nossas opções. Os Estados Unidos, o Canadá e a Austrália também foram colônias. E por que não ficaram na condição periférica, e o Brasil ficou?

Por quê? — perguntamos nós.

Porque fizemos opções sistematicamente erradas. O tipo de colonização que sofremos foi perverso, nefasto, e do ponto de vista econômico não conseguimos nos libertar. Na comunidade inglesa que se estabeleceu nos Estados Unidos, o Estado foi criado para servir à comunidade; a comunidade, num determinado momento, diante de problemas de ação coletiva, criou instituições públicas para resolver essas questões. No caso brasileiro, a sociedade foi uma invenção do Estado português; tivemos Estado antes de ter sociedade e até hoje a relação ainda parece ser essa: a sociedade serve ao Estado e não o Estado serve à sociedade. Incrivelmente, não nos libertamos dessa inversão na relação entre sociedade e Estado. Tudo no Brasil fica pendurado em decisão do setor público: indústria automotiva, agricultura, aluguéis, mensalidades escolares. Qualquer ramo de atividade na vida prática depende de medida provisória, de decisão legislativa, de arbítrio e capricho de burocrata. Ainda estamos, infelizmente, nesse padrão de Estado que precede e que governa de cima o funcionamento da sociedade.

A estratégia de industrialização por substituição de importações foi um erro?

Não descartaria sumariamente como um erro, mas foi uma estratégia que se mostrou limitada. A partir de um certo ponto, ela deixou de favorecer um crescimento e uma industrialização acelerada como se imaginava que ocorreria. Acho que a grande crise pela qual o Brasil está passando, dos anos 1980 para cá, é o esgotamento de um modelo baseado em substituição de importações e forte intervencionismo estatal. A inflação na verdade é um sintoma das desfuncionalidades desse esgotamento. O Estado brasileiro virou um leviatã anêmico. O modelo de substituição de importações criou uma planta de estufa com aberrações, com parasitismo, com dependência de favorecimento estatal e sem capacidade de competir internacionalmente.

Conseguimos acelerar o nosso desenvolvimento graças às substituições de importações e à intervenção do Estado, mas percebemos que isso tinha um limite. De certa maneira, não é muito diferente do que ocorreu nas economias de planejamento central. Numa fase mais primitiva, mais primária de industrialização, a coisa vai que é uma beleza, parece que o país encontrou a chave do sucesso e do crescimento rápido e acelerado. A partir de um certo ponto, aquilo para de dar resultado, não funciona mais e as distorções, afecções, começam a ficar muitos grandes. No modelo soviético, houve um colapso abrupto; no modelo brasileiro é mais um desgaste lento, sofrido, doloroso, uma enorme dificuldade em rever as regras do jogo na economia.

As contribuições cepalinas, a revisão dos cepalinos, a escola de Campinas, João Manuel Cardoso de Mello, Maria da Conceição Tavares, a teoria da dependência: você travou contato, analisou essa literatura?

Eu estudei tudo isso na minha graduação, inclusive eu admirava muito esses autores naquela época. Hoje em dia não acredito que tenha mais a aprender com essa contribuição.

É ultrapassada?

Ela é muito escolástica, não vejo ali uma busca de conhecimento científico. Eu acho que estão presos a padrões muito rígidos de análise, e permeia tudo isso um ressentimento muito grande em relação aos países desenvolvidos. Prevalece o que eu chamo de cultura da culpa: a noção de que os países ricos são ricos porque os países pobres são pobres, como se tivesse uma relação de causa e efeito entre a riqueza dos países ricos e a pobreza dos países pobres. Eu não vejo o mundo assim.

Você acredita que seria possível os países convergirem para uma performance homogênea de desempenho econômico e de indicadores sociais?

Não percebo nenhuma inevitabilidade de que os países convirjam para o mesmo nível de produção *per capita* ou para indicadores de bem-estar social semelhantes. Pelo contrário, o que eu vejo ocorrendo no mundo, na última década, é uma polarização na qual alguns continentes, como a África, ficam completamente alheios e retardados no processo de modernização, enquanto um pequeno conjunto de países transacionando entre si consegue níveis de produtividade e de avanço tecnológico sem precedentes. Não vejo que a prosperidade desses países esteja correlacionada com a pobreza ou a miséria de uma África. O problema da África é que as regras do jogo lá são muito ruins e a qualidade dos jogadores também, porque eles não receberam qualquer tipo de atenção, de investimento, de informação, de competência e de qualificação para atividade econômica.

Eu me pergunto se é desejável, por outro lado, que os países convirjam, por exemplo, em relação à produção *per capita*. Nem todas as culturas do mundo têm a mesma ambição econômica e o mesmo apego a bens materiais que se observa numa sociedade como a norte-americana. O que me parece realmente importante não é uma convergência ou igualitarismo de prosperidade, de afluência material, mas sim a eliminação da privação material aguda, da mortalidade infantil, da doença desnecessária. Isso seria uma grande conquista para a humanidade. É uma aberração para o homem que a esta altura, no final do século XX, grandes contingentes da população humana ainda estejam com a vida obscurecida por privação, doenças, baixa expectativa de vida ao nascer. Isso me parece realmente um escândalo e teria que ser corrigido. Agora, querer que toda a população chinesa ou hindu tenha a mesma afluência, o mesmo apego a bens materiais que os norte-americanos têm, acho que nem é desejável, seria detestável.

É possível erradicar esses problemas de maneira global?
Eu acho que é exequível. Porém, de um modo geral, os países pobres e atrasados são seus piores inimigos. Não adianta ficar acusando e apontando o dedo para os outros.

Não há imperialismo?
Eu não vejo essas relações no mundo contemporâneo.

Você se questiona até se houve capitalismo tal qual se desenha?
Sim, esse mobiliário intelectual marxista tem que ser revisto, assim como noções de esquerda e de direita hoje estão anacrônicas. Há um abuso de acusações, de atribuições injustificadas de culpa, que são até racionalizações de fraqueza e de erros e de omissões que uma sociedade faz. Não adianta ficar imaginando que o lamento é fator de produção, e que a acusação resolve problemas. De cada três fornos micro-ondas vendidos nos Estados Unidos, um é produzido na Coreia do Sul. O empresário sul-coreano não ficou chorando porque não tinha acesso a tecnologia, ou porque era vítima da conspiração dos países ricos...

Ele copiou.
Copiou, fez um bom produto, barato e de qualidade, que o mercado reconheceu. Na economia de mercado, a cópia, a imitação é um dado fundamental. Obviamente tem a questão do direito de propriedade intelectual, mas aí é uma outra história. É bom para o consumidor que haja cópia, pois

o interesse do consumidor é que toda a informação relevante se difunda o mais rapidamente possível e que vingue quem souber usar melhor aquela informação.

Mas isso não desestimula a produção de novas informações?
Aí se tem o conflito. Esse é um ponto que vem sendo discutido e pensado. É preciso encontrar um equilíbrio entre a proteção da propriedade da informação, porque houve um custo na sua produção e na sua obtenção, e o interesse da comunidade de que aquela informação, uma vez conquistada, seja o mais rapidamente difundida para que todos os benefícios que dela possam resultar sejam espalhados.

Quanto à crítica à substituição de importações, acha que o fato de centrar recursos em capital físico, em detrimento do capital humano como escolas, saúde, foi a base do erro?
Acho que foi um erro básico e realmente fatal no processo brasileiro, sobre o qual Gudin, com toda a razão, alertava na época, afirmando: "Como é que um país que não tem sequer saneamento básico vai construir uma floresta de palácios no meio do cerrado e ainda financia isso com esperteza, emitindo papel pintado". Chegaram a transportar o cimento de avião, porque o presidente queria inaugurar a obra durante o seu mandato. E esse sujeito ainda é endeusado e glorificado como o maior estadista que o país teve no pós-guerra. Gudin tinha toda a razão, numa época em que o Brasil ainda estava acreditando no conto de fadas que era a "teoria da inflação produtiva".

A inflação foi o caminho, a trilha, o atalho encontrado pelo Brasil para acelerar o seu desenvolvimento. A poupança forçada que o Estado arrancava da sociedade para transformar em grandes projetos como Brasília e aventuras do gênero. E Gudin dizendo: "Isso é malandragem, isso não vai dar certo, tem que financiar capital humano, saúde, educação, e não através da inflação". Ele foi de uma coragem extraordinária porque na época era uma voz isolada, ridicularizado, acusado de retrógrado, de modelo agrário-exportador, coisa que não tinha nenhuma razão para ser assim tachado, e ele manteve a firmeza num momento em que era uma voz solitária. Eu tenho enorme admiração pela coragem moral do Gudin por ter mantido essa clareza durante tantos anos.

No livro de Fernando Morais, Chatô, o rei do Brasil, *ele atenta para a amizade fortíssima de Chateaubriand com o Gudin.*
Sim. Há um episódio muito divertido relatado pelo Ruy Castro na bio-

grafia do Nelson Rodrigues.[16] Nelson Rodrigues foi um dos que embarcaram de peito aberto na euforia juscelinista, e a certa altura diz numa crônica: "O Brasil estava de tanga, de folha de parreira, ou coisa pior. Veio Juscelino e criou o novo brasileiro, deu respeito, acelerou o desenvolvimento, industrializou o país... e para um país que ainda lambe rapadura que sentido podem ter os artigos do professor Gudin?" (risos). Talvez seja exatamente porque ninguém via sentido no que dizia Gudin que continuamos até hoje lambendo rapadura. O que ele dizia era desagradável, mas era o que precisava ser dito. JK quis fazer cinquenta anos em cinco na base da esperteza, triplicou a base monetária no seu mandato e terminamos metendo os pés pelas mãos. Veio Jânio, Jango, inflação descontrolada, a sensação generalizada de que o país estava à beira do abismo e, por fim, o golpe em nome da restauração da ordem. Custou muito caro essa aventura para o Brasil. Teria sido bem melhor se o nosso crescimento tivesse sido menos afoito, mais lento e mais equilibrado. Tínhamos que ter feito planejamento familiar, a questão demográfica não pode ser esquecida nesse contexto. O Brasil é uma nação que viu a sua população triplicar em quarenta anos no pós-guerra! Isso prejudicou brutalmente a formação de capital humano em nossa sociedade. Todo modelo juscelinista e, depois, dos militares, imaginava que investir em capital físico na indústria e nas grandes cidades era o passaporte do desenvolvimento.

O que é desenvolvimento econômico para você?
Eu gosto muito da definição que está por trás do índice numérico desenvolvido no IDH.[17] É a ampliação no campo de escolha aberto ao indivíduo. Como é que se mede o campo de escolha? Escolaridade, longevidade e renda. Para mim, o mais importante é a expectativa de vida ao nascer. Esse indicador é formidável para saber o que se passa em termos de bem-estar no país e não é economicista. Renda *per capita* é muito economicista. A renda *per capita* da Arábia Saudita é elevadíssima, mas o povo vive miseravelmente, tem uma péssima saúde, não tem escolaridade. Só porque o país ganhou na loteria do petróleo e tem alguns *sheiks* que são os homens mais ricos do mundo, não significa que há desenvolvimento naquele país. A expectativa de vida ao nascer é mais democrática: cada pessoa, um voto. Ela é mais representativa do conjunto da sociedade. Acredito que vivemos num mundo errado, tremendamente economicista. A principal crítica que se pode fazer da sociedade mo-

---

[16] Castro (1992), *O anjo pornográfico: a vida de Nelson Rodrigues*.

[17] Índice de Desenvolvimento Humano, elaborado pela ONU.

derna, principalmente na versão norte-americana, é que ela é grotescamente apegada a valores materiais, a um obscurantismo do prazer que acaba sendo niilista e que nega outras formas de realização e florescimento humanos. Se alguém na esquerda brasileira parasse de pontificar asneiras sobre o neoliberalismo e se desse o trabalho de estudar Adam Smith descobriria que o que ele diz é exatamente o que disse Dorival Caymmi na imortal "Saudade da Bahia": "Pobre de quem acredita na glória e no dinheiro para ser feliz". O Brasil não precisa virar uma sub-Dallas.

Afinal de contas, por que o Brasil é subdesenvolvido?
Acho que as duas grandes aberrações da convivência econômica brasileira são a marca registrada do nosso subdesenvolvimento: pobreza em massa e inflação. Eu não me conformo com um país que não consiga erradicar a pobreza em massa. A pobreza individual vai existir, até por opção de vida, e tem que ser respeitada como exceção. Agora, grandes contingentes da população condenados a isso, sem qualquer opção, eu acho inaceitável. A outra aberração é a inflação, porque destrói a possibilidade de uma convivência minimamente harmoniosa e transparente. Não dá para ter uma sociedade complexa e moderna sem uma métrica monetária relativamente estável. Eliminados esse dois problemas, acho o Brasil um país fantástico, tem tudo para crescer economicamente, e tem uma cultura muito rica que ainda está por se definir, por ganhar visibilidade na sua identidade própria.

É fácil vencer a inflação? É exequível?
Não, não é nada fácil. Pelo contrário, estamos há mais de uma década lutando contra isso. A receita é simples, eu comparo com o alcoolismo. O que um alcoólatra precisa fazer para se desvencilhar do vício? Parar de beber. Quer ter moeda estável num país, conquiste, crie uma autoridade monetária que tenha poder para sustentar o valor da moeda. Agora, tudo o que é necessário para chegar até esse ponto é uma luta inglória. É como a luta do alcoólatra. A cada esquina existe uma tentação. É o crédito agrícola, a nova capital, o imposto, a cada momento surge uma tentação.

A impaciência brasileira, de querer dar um grande salto para a frente, de querer fazer uma mágica desenvolvimentista, acabou custando muito caro para o país. Então, não é um processo que ocorre num governo ou sequer numa geração. Para conquistar essa massa crítica de recursos humanos, esse nível de qualificação da maior parte dos jogadores, não tem muito segredo: é educação básica com controle de qualidade do processo educacional, planejamento familiar.

Ainda tem um problema demográfico sério no Brasil, que são os diferenciais de fecundidade por faixa de renda e nível de escolaridade da mãe. Outro problema é a saúde pública, saúde básica: saneamento básico, medicina preventiva em grande escala. Um aspecto que me preocupa, e sobre o qual tenho tentado refletir, é o papel da família nessa formação de capital humano. A experiência internacional vem mostrando que a família é talvez mais importante do que a escola como instituição relevante para esse investimento em capital humano. Até porque o desempenho escolar da criança depende muito do que se passa no seio da família nuclear. Agora, esse tipo de variável não é coisa em que o governo possa diretamente intervir.

Uma intervenção plausível é a possibilidade de o Estado garantir uma renda mínima para todas as famílias. Como vê essa ideia?
No papel, lindo. Na prática, no Brasil, sou terminantemente contra. Nós estamos saindo, Deus queira, de uma experiência inflacionária amarga. Não há a menor condição de financiar adequadamente uma renda mínima que faça diferença para um contingente tão grande de população de baixa renda. Para não entrar em problemas operacionais, como por exemplo: quem não tem endereço vai receber a renda mínima? É um sonho para qualquer país ter um esquema de garantia de renda mínima, um ideal a ser conquistado. Hoje, no Brasil, não seria uma prioridade. Inclusive não há nenhuma garantia de que a renda mínima recebida pelos chefes de família se reverta, que é o que nos interessa, na formação dos membros mais jovens. A renda mínima será proporcional ao tamanho da família? Se for, é um sinal na direção contrária. Uma pessoa que teve muitos filhos e não tem a menor condição de sustentá-los e de prepará-los para a vida fez alguma coisa errada e precisa receber essa mensagem, não ser premiado com uma renda proporcional ao tamanho da família.

Existem muitos economistas de renome que, salvo melhor juízo, nunca fizeram nenhuma incursão no campo filosófico. Você acha que existe uma lacuna na formação deles?
Não, ninguém pode saber de tudo, é uma questão de opção. Não acho que se possa dizer que seja uma lacuna. É uma opção, uma especialização, a manifestação de um interesse localizado. No mundo moderno, sabemos cada vez mais sobre cada vez menos. Isso leva Thomas Kuhn a dizer que provavelmente o conhecimento cresce, mas a ignorância cresce a uma taxa ainda maior, porque ninguém sabe dos continentes que separam essas áreas de especialização muito radical. Agora, não há outro caminho. É o mesmo prin-

cípio da divisão do trabalho, que Adam Smith definiu tão elegantemente em *A riqueza das nações*, aplicado para a busca do conhecimento. Mas existe um custo. Aliás, o próprio Adam Smith foi o primeiro a mostrar o custo existencial da divisão do trabalho, mostrando como as pessoas acabam tendo uma redução de certas competências emocionais e intelectuais ao se especializarem violentamente em certas atividades. Há uma passagem clássica no livro V de *A riqueza das nações* — pouca gente chega até lá (risos) — dizendo que "a divisão do trabalho torna as pessoas tão idiotas quanto é possível conceber, e perdem outras virtudes, inclusive a coragem. As pessoas ficam tímidas, viram animais de rebanho".

Você acha que uma boa teoria econômica é válida num horizonte temporal e geográfico muito amplo?
Algumas descobertas sobrevivem, provavelmente, enquanto houver gente produzindo e trocando o resultado de sua produção para obter o que deseja. A importância da divisão social do trabalho e o problema de coordenação que ela coloca, temas discutidos por Adam Smith, são exemplos de questões universais na esfera da teoria econômica.

Inflação e estabilidade econômica

O instrumental macroeconômico disponível dá conta, com algum grau de satisfação, de explicar o fenômeno da inflação?
Acho que o problema da inflação brasileira é muito menos de explicá-la, ou diagnosticá-la, do que de vencê-la. Uma vez esteve aqui um ex-presidente do Banco Central de Israel e falou que a inflação é uma espécie de incêndio. Quando está tudo pegando fogo, não importa saber se foi a lâmpada que começou o incêndio, ou se foi um curto-circuito na tomada. O importante é apagar. Seria um absurdo, diante de um incêndio, retirar a lâmpada onde começou o fogo, achando que com isso o problema seria resolvido. O problema é muito mais prático e aplicado do que um problema teórico, de ficar com teorias ultrassofisticadas e contorcidas, como é a especialidade de alguns economistas brasileiros, para ficar explicando e analisando a inflação.

Você não precisa conhecer o inimigo para derrotá-lo?
No caso da inflação, acho que o problema não é, há muito tempo, conhecer o problema. Passei uma vez cerca de um mês no Japão. Uma coisa que sempre me chamou a atenção, em relação aos países asiáticos de grande cres-

cimento econômico, é como eles se recusam a sofisticar demais a teoria e as análises dos fenômenos econômicos. Não se encontra um economista japonês ou sul-coreano que tenha qualquer pretensão de ganhar o Nobel de Economia, e, no entanto, são os países mais prósperos, mais competitivos, mais produtivos do mundo. Não há qualquer relação entre a sofisticação teórica dos economistas e o desempenho econômico do país. A escola austríaca, de Schumpeter, Menger, Hayek, Böhm-Bawerk, estava na Áustria na época da hiperinflação austríaca. Schumpeter, inclusive, foi ministro. A piada é que a Áustria só se livrou da sua hiperinflação quando todos já estavam exilados (risos). Essa ideia de que um grande economista, um gênio teórico, vai resolver os problemas econômicos do país é uma ilusão fantasiosa.

O que acha da teoria da inflação inercial?
Não sou especialista no assunto. A indexação foi o modo brasileiro de se adaptar à inflação, em vez de enfrentá-la. Com o tempo, a criatura escapou do criador e tornou-se um mal terrível. Não me parece, contudo, que fator de inércia dê conta de todo o nosso problema inflacionário.

Diz-se que há duas teorizações no campo das Ciências Sociais que lograram êxito nos centros acadêmicos hegemônicos: a teoria da dependência e inflação inercial. Com vê essa afirmação?
Se você chegar para qualquer economista teórico importante hoje, posso dizer por experiência própria, por exemplo Frank Hahn ou Partha Dasgupta lá em Cambridge, e perguntar o que eles acham da teoria da inflação inercial ou da teoria da dependência, nenhum deles vai ter a menor ideia do que você está falando. Nunca ouviram falar nisso. E digo mais: não terão o menor interesse se você tentar explicar (risos). Pode chegar a Kenneth Arrow, Gary Becker ou Amartya Sen, para qualquer um daqueles economistas que estão no volume do *Economic Journal* discutindo os próximos cem anos da teoria econômica. Essas teorias circulam no Brasil, mas não têm a menor expressão internacional. É uma ilusão, é uma fantasia acreditar nisso.

Temos que ter um mínimo de senso de realidade. Coisas do tipo teoria da dependência e da inflação inercial só fazem sentido no nosso ambiente prático e intelectual, quer dizer, num ambiente que é muito peculiar e isolado do que se passa no mundo acadêmico internacional mais avançado. Escreva um artigo sobre uma destas teorias e submeta-o a um *journal* de primeira linha em língua inglesa e você vai sentir o que é a realidade.

E qual é o seu diagnóstico sobre a inflação brasileira dos últimos quinze anos? Por que fracassaram tantos planos de estabilização, tem algum elo comum?

Não sou especialista no assunto. Minha preocupação sempre foi mais com as consequências comportamentais e éticas da convivência forçada com a inflação do que com o seu diagnóstico. Imagino que a nossa inflação tenha a ver, fundamentalmente, com duas coisas. A primeira é a ausência de uma restrição orçamentária firme para os gastos do setor público como um todo; e a segunda é a ausência de uma verdadeira disciplina de mercado para o setor privado, o que afeta não só o funcionamento do sistema de preços, como acaba se traduzindo em acomodação monetária de demandas por renda. Com exceção do bloco soviético, não tenho conhecimento de experiências tão generalizadas e profundas de politização do sistema de preços e de *rent-seeking* quanto a brasileira. Imagino que a nossa inflação no pós-guerra teve muito a ver com isso.

No livro As partes e o todo, *no artigo "Seis séculos e meio de pré-capitalismo", você sustenta que a América Latina está finalmente conseguindo acordar do pesadelo que é a confusão entre política e economia e que o Brasil estaria atrasado nesse processo: "Um dia a viagem acaba, a única dúvida é saber se despertaremos por vontade própria ou porque a convulsão social nos obrigou". Acha que estamos caminhando para uma convulsão social?*

Ao passo de tartaruga, talvez nunca ocorra. Eu não tenho nenhuma certeza. Mais uma década de deterioração, como foi a última, eu acho que nos levará cada vez mais perto de uma possibilidade desse tipo. Mas a tolerância e a paciência da população brasileira são inacreditáveis. Porque os abusos, os desmandos, as injustiças são tão flagrantes e a população não se revolta, parece que só explode no samba.

Em outro artigo do livro, "A modernização mexicana e o NAFTA", você afirma que o México conseguiu separar a política da economia...

Eu me enganei!

Você diz o seguinte: "Os mexicanos conseguiram suportar com firmeza durante anos os custos da mudança. Agora, em compensação, estão em condições de colher os resultados". E continua: "Mais importante, a economia mexicana dobrou o Cabo da Boa Esperança, o ingresso no NAFTA e a aceitação como membro do OCDE são os coroamentos desse esforço". Vo-

cê ainda acha que valeu a pena para os mexicanos suportarem os custos da mudança?

O artigo foi escrito no fim de 1993, quando a situação mexicana era de fato diferente do que se tornou ao longo de 1994, principalmente no final desse ano. Segundo, eu continuo acreditando que as reformas estruturais ocorridas na economia mexicana, como a privatização, o ajuste fiscal e a abertura da economia, foram fundamentais e são fundamentais para qualquer horizonte de retomada de crescimento no México. No entanto, quando releio esse artigo, acho que o tom é exageradamente otimista em relação ao que significou o ingresso no NAFTA. Houve uma má interpretação da minha parte em relação ao significado disso. Imaginei que o México, entrando no NAFTA, seria uma coisa parecida com a Alemanha Oriental se juntando ao vagão da Alemanha Ocidental. O erro foi permitir que a minha torcida pelo México contaminasse meu julgamento. Pior que isso só mesmo o artigo de Friedrich Engels, de 1848, saudando a recente invasão do México pelos Estados Unidos e concluindo que agora finalmente os mexicanos teriam chance de progredir!

Errei! Inclusive eu convido os leitores, no prefácio ao livro, a buscarem juntamente comigo o que é falso naquele livro. Aí já temos um caso muito claro: de fato, ingressar no NAFTA não teve o impacto e a implicação que eu imaginei que teria. Se eu fosse reescrever esse artigo agora, com o benefício do que se passou, mostraria que eles não separaram a economia e a política como eu imaginava que tinham separado. O fechamento político do México foi talvez o principal responsável por isso. Houve uma manipulação muito grande de variáveis macroeconômicas fundamentais, como a taxa de câmbio, num quadro de eleição dirigida. Salta aos olhos o fato de que o governo mexicano ficou seis meses sem divulgar informações sobre reserva cambial, o que só é possível no ambiente de autoritarismo. A situação mexicana era bem pior do que tudo indicava naquele momento.

O que não significa que eles não fizeram coisas muito corajosas e que serão importantes em qualquer cenário, daqui para a frente. Agora, houve uma contradição entre o lado político e o lado econômico. Há um outro argumento que pode ser questionado no livro, o argumento da dupla transição. Eu falei que os países que fizeram a transição econômica antes da política, e citei o México como exemplo, tinham maior probabilidade de sucesso. Hoje, acho que se fizer a transição econômica e retardar muito a transição política, que é o que houve no México, a coisa pode também degringolar. Então, eu reformularia o argumento afirmando que é melhor ainda fazer a transição econômica antes da transição política, mas a transição política não pode ficar muito para trás. Como fez o Chile, onde a transição política veio logo depois de um esforço muito forte e muito concentrado de transição econômica. Eu temo que a China enfrente o mesmo tipo de inconsistência na dupla transição que o México.

Com a morte de Deng Xiaoping...
Com o problema sucessório e com a crise política que pode se instaurar numa transição política na China, a incerteza que isso gera na tomada de decisões econômicas pode deflagrar fuga de capitais e uma instabilidade muito grande. É uma lição que fica da experiência mexicana. Agora, essa elite política mexicana foi de uma irresponsabilidade gerencial espantosa. Vem depois o ex-presidente Salinas e diz, o que é fato, que os investidores mexicanos é que deflagraram o movimento de fuga de capitais se antecipando ao investidor externo. Quer dizer, isto é uma quebra de confiança do México, mas com reflexos sobre a América Latina de maior gravidade. Sonegar informações e dar uma evidência tão forte de que houve vazamento de informações sobre desvalorização cambial! Os grandes milionários mexicanos tiraram bilhões de dólares antes do resto, é uma coisa tremenda para o continente. Felizmente o nosso ambiente democrático cobra informações de maneira bem mais agressiva. Eu acho que é um mérito da liberdade de que nós usufruímos hoje no Brasil.

ECONOMISTAS BRASILEIROS

Como vê a produção dos economistas brasileiros atualmente?
Os economistas brasileiros são de ótimo nível, embora pouco especializados. No Brasil, até por estilo, temos uma capacidade de verbalização e de formulação teórica incrível. O nosso problema é muito mais de execução, de humildade no fazer prático, do que de sofisticação e de refinamento teórico. Falta, por exemplo, uma figura como Bulhões, que é muito "pé no chão" mas com um compromisso de execução em detalhe estupendo.

Gudin já não tinha esse perfil, foi um desastre a sua gestão no Ministério da Fazenda. Não é a pessoa para tocar a burocracia de um Ministério da Fazenda. Bulhões tinha exatamente essa aptidão, essa habilidade, essa competência para fazer um trabalho desse tipo. Aqui no Brasil falta um pouco, tanto de quem aceita os cargos quanto de quem convida, uma atenção maior para o perfil do indivíduo e a sua compatibilidade com o cargo. Pegar Mário Henrique Simonsen e colocar no Ministério da Fazenda não faz sentido. Seria o equivalente a pegar Kenneth Arrow nos Estados Unidos e colocá-lo como secretário do Tesouro: seria destruir um grande economista matemático, talvez o maior do século, e ter um péssimo secretário do Tesouro. É uma frustração para o país e para o indivíduo.

E quanto a Roberto Campos?
Eu admiro Roberto Campos. É um homem público notável, de uma extraordinária coragem, por ter defendido posições impopulares em momentos em que a pressão era fortíssima. Qualquer país só pode ser grato por ter um homem público do porte e do preparo dele. Por outro lado, ele é mais um divulgador e um expositor do que propriamente um pesquisador, alguém que busca o conhecimento que não existe. Ele é realmente muito habilidoso na comunicação, na formulação, mas não enxergo no Roberto Campos o compromisso com a busca do conhecimento novo, um trabalho original de pesquisa, de pensamento, de busca. Ele é mais propaganda, divulgação, e faz isso com arte, com maestria, mas num plano diferente. É um outro tipo de inserção no mundo das ideias.

Estado e mercado

Qual deve ser o papel do Estado na economia? E qual o grau de intervenção mais adequado?
Eu sou pragmático em relação a isso, não acho que há uma resposta válida para qualquer tempo e para qualquer lugar.

No Brasil, hoje.
No Brasil, hoje, o Estado precisa garantir o respeito a uma Constituição econômica que não existe, não um pedaço de papel escrito, mas um arcabouço de regras que comandem a adesão e a aceitação por parte da sociedade. E tem que garantir um Estado de direito econômico, que estamos ainda por conquistar. O Estado tem também um grande papel a ser desempenhado nesse esforço de toda a sociedade de formação de capital humano, no financiamento da educação básica, controle de qualidade do processo educacional, na saúde pública, no planejamento familiar, em todas as áreas pertinentes ao esforço de formação de capital humano. Certamente, não vejo o Estado atuando em áreas como petróleo, telecomunicações, energia elétrica, infraestrutura viária.

Hoje, o Estado se tornou muito disfuncional. O pior é o ativismo macroeconômico em que a gente está metida. O grau de ruído e incerteza desnecessária que isso gera na economia é brutal. Os investimentos feitos precisam ser avaliados pelos seus próprios méritos, ou seja, pelo mercado, e não pelo capricho das autoridades no poder. A falta de previsibilidade prejudica a tomada de decisões de investimento e nos deixa pendurados no curto prazo. O Brasil, que chegou a ser o terceiro receptor mundial de investimento direto japonês, não consegue atrair capital japonês há muito tempo. Precisamos de um Estado *forte*, até para resistir ao assédio de grupos privados, porém *restrito* e focado no essencial: educação básica e saúde pública.

No artigo "O desejo de colher o que os outros plantaram", também dentro de As partes e o todo, *você desenvolve o conceito de* rent-seeking *de maneira informal. Como vê o modelo de Anne Krueger?*[18]

É um conceito de maior relevância para entender o pré-capitalismo brasileiro. O modelo de substituição de importações e dirigismo estatal transformou o acesso privilegiado ao poder político numa fonte de ganhos e de rendimentos, mais importante do que a competência específica no setor em que a empresa ou o agente econômico atua. Então, todos os profissionais e as categorias de profissionais querem regulamento de exclusividade pelo exercício da sua produção — advogados, jornalistas, economistas, contadores, médicos, engenheiros. As empresas querem regulamentos e normas que também lhes tragam uma vida tranquila. O maior lucro de todos é essa vida tranquila do monopólio, do cartório, do grupo privilegiado.

O que tem de profundamente errado nisso é que esse tipo de ganho não traz nenhuma contrapartida de valor criado que a sociedade reconheça e esteja disposta a pagar com seu trabalho. É transferência de renda, não é criação de renda. É um jogo de soma zero. Veja o lucro dos bancos de investimento no Brasil, com o patrimônio passando de cinco para cinquenta milhões de dólares em um ou dois anos. De onde é que está saindo tudo isso? É claro que os bancos de investimento têm o seu papel e prestam um serviço socialmente reconhecido. Mas quando deparamos com ganhos dessa ordem, vem a pergunta: qual é a contrapartida de valor socialmente reconhecido criado por esses bancos? A que tipo de serviço, mais exatamente, correspondem lucros fantásticos como esses? Isso é o *rent-seeking* puro, um ganho que não se justifica numa economia de mercado. Um ganho ao qual não há contrapartida, é alguém colhendo o que não plantou. O que não quer dizer que é

---

[18] Krueger (1974), "The Political Economy of Rent-Seeking Society".

ilegal, mas é ilegítimo, não é previsto numa economia de mercado que está funcionando.

Mas ocorre em economias em que o mercado é preponderante também.
Ocorre, mas no Brasil isso se exacerbou e em relação ao tamanho da nossa economia não guarda qualquer proporção com o que ocorre nas economias desenvolvidas.

A ética poderia solucionar esse problema?
A ética não é variável de controle de política econômica. Seria ótimo para o país contar com uma adesão, por parte de cada um de nós, às regras impessoais de convivência civilizada. Infelizmente isso no Brasil é muito precário. Você observa desde o trânsito ou da sala de aula até a política econômica exatamente o mesmo tipo de problema. Na época do *impeachment* do Collor, meus alunos estavam empolgados, entusiasmadíssimos com o movimento dos caras-pintadas pela moralidade, pela ética na política. Eu apoio plenamente, acho que têm toda razão, na idade deles eu estaria fazendo exatamente a mesma coisa, seria até mais exaltado, provavelmente. Agora, na hora de fazer a prova na sala de aula, tinha que separá-los com uma carteira de distância uns dos outros, porque praticamente todos queriam colar. Quer dizer, na hora que chega a vez de dar um exemplo trivial, no seu âmbito de atuação, é diferente.

Cai no "paradoxo do brasileiro"?
Exatamente. Imagine alguém que cola na prova, quando estiver controlando a distribuição de verbas do orçamento? É a mesma coisa. O mais incrível, no caso brasileiro, é a nossa aptidão para o autoengano, a nossa capacidade de racionalizar esse tipo de comportamento e de continuarmos absolutamente convencidos, cada um por si, de que o brasileiro é o outro, o não eu. Nós somos imbatíveis na capacidade de criar uma autoimagem favorável de nós mesmos. No Brasil, é como se o todo fosse menor do que a soma das partes. Eu digo isso sem nenhuma arrogância, porque acho que sou igualzinho. Os outros somos nós.

UMA LEITURA COMPARADA DAS ENTREVISTAS

> Existem sempre importantes elementos de continuidade no desenvolvimento do pensamento dentro de qualquer período específico — e também (em certa medida) de um período para outro... E já que ninguém pode dizer para onde está caminhando uma corrente teórica, até que ela de fato atinja um ponto específico, cada geração deve reescrever a história do pensamento econômico à luz do novo ponto em que a corrente se encontra.
>
> Ronald L. Meek (1977), *Smith, Marx, & After*

A principal preocupação deste capítulo final é apresentar algumas contraposições e convergências encontradas nos depoimentos recolhidos. Enfoca-se a formação dos economistas no contexto geracional, destacando de que forma os entrevistados se inserem no processo de produção teórica, participação política e desenvolvimento dos centros de ensino de Economia. Como nas entrevistas, enfatiza-se a temática do desenvolvimento e da inflação, fenômenos para os quais a contribuição dos economistas brasileiros foi mais importante.

Inserção acadêmica dos entrevistados

Apesar de estar vinculado ao desenvolvimento das Ciências Econômicas no Brasil, Celso Furtado não se integrou aos centros de ensino nacionais. Conceição Tavares relaciona sua dificuldade de inserção a razões ideológicas: "Sou a primeira professora de esquerda em Economia que consegue entrar em uma universidade conservadora [...]. Deixaram o Furtado? Não!". Quando perguntado sobre a sua participação no meio acadêmico nacional, Celso Furtado diz: "Para a minha inserção acadêmica não fiz muita força. Candidatei-me a um concurso, mas enquanto fui candidato este não se realizou. Foi intriga menor, mais barata, típica do mundo acadêmico". Com seu vigor intelectual, Furtado representava uma ameaça.

Assim como Furtado, Campos acabou não se envolvendo com os primórdios da pós-graduação em Economia no Brasil. Os primeiros economistas, como Gudin e Bulhões, mesmo tendo se ligado a instituições de ensino, aprenderam Economia também como autodidatas nas instituições governamentais e privadas. O fato de Campos ter convidado Furtado para o grupo misto BNDE/CEPAL também indica a convivência de diversas linhas de pensamento nessa instituição, ainda que as divergências entre os dois não fossem profundas como hoje. Conceição relaciona à heterogeneidade de suas influências a possibilidade de ter se tornado crítica: "Não é que nasci crítica, ninguém nasce crítico. Se você é filha de uma escola dessas, e na maturidade, aos trinta anos, vira cepalina e continua dando aula, com o Bulhões de um lado e o Aníbal Pinto do outro, fatalmente torna-se crítica".

A primeira fase do regime militar (1964-1967) não promoveu uma expressiva renovação dos economistas que faziam parte da elite dirigente. Campos e Bulhões já tinham exercido importante papel em outros momentos. Os primeiros economistas de uma nova geração a assumir o poder são Delfim Netto e Mário Henrique Simonsen, que ascenderam por indicação dos primeiros. Apresentavam características diversas da geração que os precedera e conquistaram espaço, não só pela competência técnica, mas também pela vinculação ideológico-política ao regime autoritário.

Com efeito, duas grandes forças mantenedoras do Estado autoritário brasileiro foram os tecnocratas (particularmente os economistas) e os militares. Campos confere justamente a essa aliança entre tecnocratas e militares o "sucesso" da realização do processo de modernização: "A intervenção militar no Brasil [...] tem a seu crédito, indubitavelmente, um largo avanço no caminho da modernização econômica graças a uma tática aliança entre militares disciplinados e tecnocratas bem informados".[1]

Uma diferença entre as duas primeiras gerações de entrevistados (Campos e Furtado de um lado e Delfim Netto, Conceição Tavares, Bresser-Pereira e Simonsen de outro) está justamente no seu relacionamento com os centros de ensino. Delfim Netto e Simonsen tiveram participação fundamental na criação dos dois primeiros cursos de pós-graduação do país. Eles não relacionam essa participação com qualquer estratégia de poder, mas sim como um desenvolvimento natural das suas atividades de ensino e pesquisa. Nas palavras de Delfim Netto, "o IPE foi uma coisa natural. Nós estávamos desenvolvendo um núcleo de estudos, que começou com um seminário [...] todas as sextas-feiras. Aquilo foi se acomodando, crescendo, ampliando-se". Para Simonsen, "a EPGE começou com o CAE, o Centro de Aperfeiçoamen-

---

[1] Campos (1966b), *A técnica e o riso*.

to de Economistas, no qual eu comecei a lecionar em 1961. O CAE, se não me engano, tinha sido fundado um ano antes, e era um curso para preparar bolsistas para ir ao exterior. Depois, em 1965, com o nome EPGE, fizemos a transformação em escola de pós-graduação".

As semelhanças entre os relatos de Delfim Netto e Simonsen não são casuais. A criação dos centros de pós-graduação era decorrente de um desenvolvimento natural do ensino de Economia, diretamente relacionado à inserção política. Bacha, ao relatar sua participação no mundo acadêmico, observa que: "Toda a minha reinserção no Brasil depois do doutorado teve muito a ver com a luta contra a ditadura. [...] A atuação naquele tempo era muito politizada e havia concorrência nesse sentido. Delfim [Netto] e [Mário Henrique] Simonsen estavam ligados ao governo militar e a UnB representava uma alternativa. [...] Uma vez que se tire a nuvem da ditadura da frente, as diferenças propriamente de teoria econômica aparecem com muito menor relevância. Havia uma sobre-enfatização de diferenciações de questões teóricas em Economia, mas o que estava realmente 'pegando' era a questão da luta pela democracia".

Como registra Belluzzo, no prefácio que faz ao livro de João Manuel Cardoso de Mello: "*O capitalismo tardio* é uma tese e uma história [...]. Éramos todos cepalinos e, portanto, réprobos, num momento da vida brasileira e latino-americana em que a vitória do pensamento conservador e tecnocrático parecia definitiva. Éramos todos deserdados do debate político e social do pós-guerra que cessou, de repente, numa manhã de abril de 1964".

Com o pensamento crítico e negador tinha-se uma posição militante. O pensamento econômico progressista passa, pois, de autoconsciência crítica à condição de "arma de combate". À precisão científica e à atividade negadora foi adicionada a atividade política concreta. As correntes "neutras" ficaram à margem desse processo. O economista de esquerda emergia nessa perspectiva com uma direção precisa, voltada contra um regime de exceção e contra as forças sociais que o sustentavam politicamente. É nesse contexto que são lançados trabalhos contrapondo-se aos modelos vigentes, como, por exemplo, de Bresser-Pereira (1968), *Desenvolvimento e crise no Brasil*, de Conceição Tavares (1975b), *Acumulação de capital e industrialização no Brasil*, e de Bacha (1976), *Os mitos de uma década: ensaios de economia brasileira*.

É interessante como Delfim Netto analisa a disputa política. "Como é que a esquerda economiza argumentos, que sempre lhe faltam? Dando um nome, rotulando. [...] A forma mais fácil de fazer o debate é chamar de entreguista, de direita, a favor do monopólio, do FMI. [...] Nunca houve na verdade um debate, mesmo porque aquelas teorias não eram para se levar a sério, ninguém as levava a sério, só eles".

Ser de direita ou de esquerda nos anos 1970 significava também ser a favor ou contra o regime militar. A dicotomia imposta pela ditadura esgotou-se com o final desta. Tirado o véu da separação política, apareceram outras divisões, metodológicas ou teóricas. "Quando aconteceu o colapso do Plano Cruzado e logo depois o colapso dos regimes comunistas, a esquerda entrou em crise no Brasil. Surgiu então para a esquerda um problema de 'transição intelectual'. O que chamo de 'transição intelectual'? Não que se abandone as posições de esquerda. Continua-se firmemente disposto a arriscar a ordem em nome da justiça, [...] quer dizer, continuar de esquerda mas passar a ter posições mais racionais — se se quiser, mais ortodoxas" (Bresser-Pereira).

Os economistas da terceira geração (Pastore, Belluzzo e Bacha) iniciam sua participação definitiva no debate econômico na última fase do governo militar, numa época em que o dualismo esquerda/direita começava a se esgotar, inclusive porque já existiam diversos partidos e não apenas dois. Hoje, Bacha e Belluzzo veem com bastante clareza a distinção entre o debate político e teórico, mas provavelmente essa visão não era tão clara na época. Isso porque o embate entre cepalinos e a chamada ortodoxia acabou se encaminhando para uma disputa pura no campo científico, independente da disputa política, como se fosse possível separar as duas. "A CEPAL tinha uma influência gigantesca na América Latina [...]. Mas jogavam a teoria neoclássica para o ralo", afirma Pastore.

Um grupo procurou se afastar da Economia desenvolvida nos centros mais desenvolvidos, supondo que assim poder-se-ia desenvolver uma interpretação autônoma. Segundo Belluzzo, "quando nós organizamos o curso de graduação, pensamos em um modelo [...] em que se daria uma formação mais geral ao aluno [...]. De certa forma isso tinha o propósito de diferenciar o curso da UNICAMP em relação aos cursos de Economia existentes". Formado em Yale, Bacha adotou uma estratégia diferenciada nos centros que ajudou a desenvolver, utilizando a técnica da academia norte-americana para a análise dos temas relevantes de economia brasileira e latino-americana.

A quarta geração (Lara Resende, Arida, Nogueira Batista Jr. e Giannetti) inicia sua participação no debate econômico quando o regime militar está muito próximo do seu final e os centros de pós-graduação já estão plenamente constituídos. O contato com o marxismo ocorre quando esses economistas estão entrando na faculdade e não durante a sua especialização, como ocorrera com Belluzzo, por exemplo. Arida afirma que escolheu Economia porque era marxista. "Naquela época, o entendimento da infraestrutura era considerado a chave mestra do conhecimento." Não é muito diferente da decisão de Giannetti de entrar na USP: "Na época, o que realmente me interessava, o que eu estava obcecadamente querendo fazer, era estudar marxismo e militar no movimento estudantil; todo o resto não tinha grande interesse".

Entre os entrevistados mais novos, a decisão de cursar Economia passou por questões pragmáticas. Lara Resende afirma que "se eu tivesse que fazer uma opção puramente acadêmica não escolheria Economia". As opções de Nogueira Batista Jr. e Giannetti também são muito claras. "Hesitei bastante entre estudar Economia e Filosofia. Acabei preferindo estudar Economia por duas razões. Primeiro, por uma razão pragmática: o receio de que o estudo de Filosofia não fosse me dar condições de sobrevivência a longo prazo" (Nogueira Batista Jr.). "Acho que escolhi Economia por prudência, meu desejo original era fazer alguma coisa mais de Ciências Humanas ou talvez Filosofia, mas temia que, fazendo um curso de Ciências Humanas ou de Filosofia, não fosse encontrar emprego" (Giannetti).

A relação dessa última geração com os centros de ensino apresenta algumas diferenças com as gerações anteriores. Persio Arida e André Lara Resende não retornaram à universidade após a passagem pelo governo, ao contrário de Pastore, Belluzzo e Bacha, que se mantiveram ligados à academia, ainda que realizando outras atividades. Nogueira Batista Jr. desligou-se da FGV-RJ, mas continua lecionando na FGV-SP. Giannetti permanece como professor e pesquisador da USP. Ambos têm uma participação frequente no debate público.

Hoje em dia, pode-se dizer que o campo científico da Economia encontra-se razoavelmente avançado em termos de divisão de especialidades. O congresso anual, realizado em conjunto pela ANPEC e SBE, exemplifica o "estado das artes". O grau de especialização ainda é mais baixo do que se encontra nos Estados Unidos, porém, muito mais elevado que há dez anos.

"No Brasil o economista é chamado a atirar para todo lado, tem que falar sobre o mercado de trabalho, sobre desenvolvimento, sobre qualquer assunto: política monetária, política fiscal, política mundial, todo mundo é franco-atirador. Não há reconhecimento de especialidades e áreas de competência específicas. No fundo, o que nós temos são homens públicos com interesse em Economia." Giannetti em parte tem razão, já que o economista brasileiro fala sobre diversos assuntos; no entanto, a especialização e o reconhecimento de programas de pesquisa específicos já fazem parte da produção escrita da comunidade econômica brasileira.

Desenvolvimento econômico

O grupo cepalino, representado inicialmente pelo pensamento de Prebisch e Furtado, produz a primeira interpretação autônoma sobre o processo de desenvolvimento latino-americano. A preocupação básica da CEPAL era a de explicar o atraso da América Latina em relação aos chamados centros desenvolvidos e encontrar formas de superá-lo. O subdesenvolvimento seria um fenômeno relacionado à falta de dinamismo das estruturas produtivas da periferia, não integradas, agrário-exportadoras, com indústrias e tecnologia pouco desenvolvidas, além de baixa homogeneidade entre regiões atrasadas e avançadas. O comércio exterior reproduzia tais assimetrias e acentuava as disparidades entre os países.

A ênfase da teoria calcava-se na esfera da circulação, explicando o subdesenvolvimento em função das relações de dominação, expressas na deterioração dos termos de troca em favor dos países industrializados. Seriam dois os motivos dessa desvantagem. Primeiro, argumentava-se que a demanda por produtos agrícolas seria inelástica em relação à renda, o que não ocorria com os produtos industrializados. Em segundo lugar, na periferia, o excesso de mão de obra e a baixa organização dos sindicatos resultavam em salários mais baixos, exercendo pouca pressão sobre os preços dos bens finais, também o oposto do que ocorria nos países desenvolvidos.

Como resultado, a queda constante no preço relativo dos bens primários *vis-à-vis* o dos bens industriais faziam com que os aumentos de produtividade fossem exportados para os países já desenvolvidos, que lá reinvestem o excedente extraído. A CEPAL, que se tornou o grande bastião da industrialização planejada (nos seus termos, a estratégia mais eficiente para se obter aumento de renda e produtividade), forneceu uma teoria para o desenvolvimento dos países subdesenvolvidos e contribuiu para elaboração de seus planos de governo. Furtado ressalta o incômodo que ela representava: "Os norte-americanos inicialmente [...] tentaram matar a CEPAL [...]. Foi realizado um tremendo esforço da parte do governo dos Estados Unidos para que não fosse renovado o contrato [com as Nações Unidas]. Uma vez renovado, tratava-se de agir de outra forma para compensar a influência da CEPAL. Então se prestigiou a pesquisa e o trabalho teórico na Católica [do Chile]".

No Brasil, as ideias cepalinas foram influentes, principalmente na UFRJ e na UNICAMP, mas não unanimidade. A divergência entre os grupos BNDE/CEPAL e CMBEU, com relação aos diagnósticos e recomendações, aparece no depoimento de Campos: "[...] eu nunca acreditei na teoria da CEPAL de que há uma espécie de fatalismo nas relações de troca". Sua crítica está centrada no ataque ao protecionismo: "Dentro do pessimismo exportador da CEPAL não havia apenas ceticismo em relação à tendência dos preços dos produtos primários e à expansividade do mercado desses produtos. Prevalecia também a ideia de que o protecionismo dos países industrializados era de tal ordem que os países latino-americanos não tinham chance de se industrializar, a não ser por via da substituição de importações por trás de altas barreiras tarifárias".

A posição de Campos nos anos 1950 adaptava os princípios da teoria neoclássica liberal à pregação de uma grande intervenção do Estado, para dar suporte à acumulação. Mais de trinta anos após o PAEG, do qual foi um dos importantes mentores, e como porta-voz da redução do Estado e do liberalismo, comenta: "[O PAEG tinha] uma visão um pouco ingênua. [...] O governo [...] não tem capacidade de planejar a longo prazo porque sofre de pressões políticas e da doença da descontinuidade. É o capital privado que hoje pensa mais no longo prazo. Também o grande descobridor de oportunidades não é o governo e sim o empresário privado. Imaginar que um tecnocrata tem uma visão melhor que a do empresário no mercado sobre qual o desejável encadeamento da cadeia produtiva é, a meu ver, uma enorme ingenuidade. Mas essa ingenuidade eu cometi. [...] uma doença, uma espécie de gonorreia juvenil".

À crítica ortodoxa somam-se outras, dentro dos marcos teóricos da própria CEPAL, quanto ao modelo de substituição de importações. A abordagem sociológica que ficou conhecida como "teoria da dependência" insistiu, desde o princípio, na natureza política dos processos de transformação econômica. A CEPAL já havia ressaltado a significativa limitação da utilização de esquemas teóricos relativos ao desenvolvimento econômico e à formação das sociedades capitalistas dos países desenvolvidos para a compreensão da situação dos países latino-americanos. A intensificação desse esforço de compreensão leva à "valorização do conceito de dependência, como instrumento teórico para acentuar tanto os aspectos econômicos do subdesenvolvimento quanto os processos políticos de dominação de uns países por outros, de umas classes sobre as outras, num contexto de dependência nacional".[2]

---

[2] Cardoso e Faletto (1970), *Dependência e desenvolvimento na América Latina: ensaios de interpretação sociológica*.

Celso Furtado acha que "[...] para nós que vivíamos dentro da teoria de centro-periferia, a dependência era um fato que decorria da estrutura do sistema". Campos vê com outros olhos: "Sempre achei equivocada essa incursão de sociólogos na Economia. Para o economista, as questões são de *muchmoreness* [...]. Já o sociólogo gosta de criar categorias, e categorias estáticas no tempo. Assim, enquanto para os economistas o subdesenvolvimento é um mero estágio, ao longo de um processo, para os sociólogos em questão configurar-se-ia como uma categoria especial de desenvolvimento: o desenvolvimento 'dependente' ou 'associado'".

Os teóricos da dependência destacavam não existir uma relação metafísica entre uma nação e outra, um Estado e outro. As relações de dependência se tornavam possíveis por intermédio de uma rede de interesses e de coalizões que ligam uns grupos sociais aos outros, umas classes às outras. Sendo assim, era preciso determinar interpretativamente a forma que Estado, classes sociais e produção se relacionavam em cada situação.

A teoria da dependência é uma tentativa de reinterpretação teórica que surge da crise da abordagem cepalina. "Desde fins dos anos 50, a própria CEPAL se encontrava em fase de autocrítica. As ideias sobre o desenvolvimento elaboradas em sua grande fase criativa (1949-1954) continuavam válidas, mas eram reconhecidamente insuficientes na abordagem de uma nova problemática que se fazia visível nos países que mais êxito haviam alcançado em seus esforços de industrialização. A CEPAL elaborara uma teoria da industrialização periférica, ou retardada. No centro dessa teoria estava a ideia de que a progressiva diferenciação dos sistemas produtivos permitida pela industrialização conduziria ao crescimento autossustentado. Criado um setor produtor de bens de capital e assegurados os meios de financiamento — o que em boa parte competia ao Estado —, o crescimento se daria apoiando-se na expansão do mercado interno. Naquele momento, a aplicação dessas ideias tropeçava em dificuldades em mais de um país."[3]

Delfim Netto, bem mais crítico, afirma que "a teoria da dependência, desde o começo, é simplesmente uma retirada da posição inicial. Uma posição marxista, em que se tinha uma espoliação acentuada, é transformada no seguinte: 'Não vamos ter ilusão, os estrangeiros se juntam aos empresários nacionais para continuar a exploração do sistema'. Isso é a teoria da dependência. Ou é mais do que isso?".

---

[3] Furtado (1991), *Ares do mundo*.

Paulo Nogueira Batista Jr. concorda com Delfim Netto quanto à mudança de enfoque de uma vertente marxista, e vai mais além: "Eu me pergunto se na forma de colocar as questões já não estava desenhada, ainda que em germe, a estratégia política que Fernando Henrique seguiria mais tarde, nos anos 1980 e 1990. A teoria da dependência está explicitamente formulada como uma contraposição ao nacional-desenvolvimentismo e, em particular, à adesão de parte da esquerda marxista".

Já Belluzzo destaca a importância do argumento de Cardoso e Faletto, sustentando a possibilidade de um desenvolvimento capitalista dos países periféricos, dependente e associado ao capital estrangeiro: "[A] posição do Fernando Henrique [...] procura colocar o seguinte: pode-se ter as duas coisas, dependência e desenvolvimento, o desenvolvimento dependente".

Giannetti, por sua vez, levanta outro aspecto quanto aos teóricos da dependência, que estariam "presos a padrões muito rígidos de análise, e permeia tudo isso um ressentimento muito grande em relação aos países desenvolvidos. Prevalece o que eu chamo de cultura da culpa: a noção de que os países ricos são ricos porque os países pobres são pobres".

Nos anos 1940 e 1950, muitos trabalhos em desenvolvimento econômico[4] destacavam a existência de complementariedades na indústria. A ideia era de que existia uma "relação circular", na qual a decisão de investir numa produção em larga escala dependia do tamanho do mercado e o tamanho do mercado dependia da decisão de investir. Assim, justificava-se uma estratégia de planejamento econômico nos países subdesenvolvidos que rompesse com esse círculo e permitisse a implantação das indústrias no país.

Em oposição, existiam as teorias neoclássicas de crescimento. O principal exemplo é o modelo de Robert Solow,[5] no qual as economias deveriam convergir para um mesmo estoque de capital. O raciocínio otimista era de que a acumulação de capital e o progresso tecnológico impulsionariam o crescimento, mas o princípio dos rendimentos decrescentes faria com que o capital tendesse a migrar para os países menos desenvolvidos, onde seu rendimento seria maior. Os países mais pobres tenderiam a crescer mais rapidamente, diminuindo a distância em relação aos países desenvolvidos.

---

[4] Rosenstein-Rodan (1943), "Problems of Industrialisation of Eastern and South-Eastern Europe"; Myrdal (1957), *Economic Theory and Under-Developed Regions*; Hirschman (1958), *The Strategy of Economic Development*.

[5] Solow (1956), "A Contribution to the Theory of Economic Growth".

A questão da convergência foi amplamente abordada nas entrevistas e, em geral, os economistas não creem nesse fenômeno. Para Roberto Campos, "a ideia de progressismo linear é insustentável. Gunnar Myrdal [...] falava na causação circular da pobreza. Linearidade certamente não existe". Simonsen acha que "não há nenhuma razão para convergir. Não há nenhuma evidência empírica, tem tantas desigualdades no mundo, a África por exemplo". A preocupante situação do continente africano é abordada por Eduardo Giannetti: "Não percebo nenhuma inevitabilidade de que os países convirjam para o mesmo nível de produção *per capita* ou para indicadores de bem-estar social semelhantes. Pelo contrário, o que eu vejo ocorrendo no mundo, na última década, é uma polarização na qual alguns continentes, como a África, ficam completamente alheios e retardados no processo de modernização, enquanto um pequeno conjunto de países transacionando entre si consegue níveis de produtividade e de avanço tecnológico sem precedentes". E novamente por Bacha: "Não sou nada evolucionista a respeito dessas questões. Não vejo como, por exemplo, o continente africano possa resolver os seus problemas econômicos e sociais". A África seria um caso específico de "armadilha da pobreza" por não ter o capital mínimo para alcançar altas taxas de crescimento.

Outros economistas, como Pastore, até concordam que essa convergência poderá vir a ocorrer, mas num prazo excessivamente longo. Também para Bresser, "a convergência acontecerá, mas a longuíssimo prazo. Sou um homem otimista e, dado o caráter universal do sistema capitalista, a convergência dos níveis de vida é inevitável. Mas não nas nossas vidas".

A relativa homogeneidade quanto à não convergência não significa uma concordância quanto ao tema desenvolvimento econômico, onde os diversos posicionamentos dos economistas se expressam. Por exemplo, a dimensão humana contida no termo é realçada em graus bem distintos: dos que se limitam ao estritamente econômico crescimento da renda *per capita* aos que consideram outras variáveis sociais.

A concepção de desenvolvimento econômico foi assim relatada por Delfim Netto: "desenvolvimento depende basicamente de conhecimento tecnológico e do nível de investimentos". Um país desenvolvido, segundo Pastore, tem que ter sustentabilidade no processo "no qual o bem-estar material é grande para a sociedade como um todo, o nível de renda *per capita* é alto, tem um grau de uniformidade na distribuição de rendas e tem capacidade de manter isso ao longo do tempo". Para Lara Resende, "desenvolvimento econômico é essencialmente um processo educacional. É exclusivamente, ou quase exclusivamente, educação", e, segundo Arida, a "questão é antes de mais nada institucional. [...] Refiro-me à remoção de entraves à liberdade de ação e contratação, à capacidade de criar mercados e à supressão das ameaças ao amealhamento de riqueza".

Simonsen, entre os entrevistados, é o mais direto: "A minha concepção de desenvolvimento econômico é de crescimento. A única explicação inteligível de desenvolvimento econômico é essa, crescimento do produto real *per capita*". Campos faz uma diferenciação: "Crescimento é conceito quantitativo, cuja melhor medida é a elevação do PIB. [...] Já o conceito de desenvolvimento implica transformações mais amplas, de natureza institucional, cultural e social". Essa amplitude é também compartilhada por Bacha: "Desenvolvimento econômico só tem sentido dentro de uma visão mais ampla, de desenvolvimento humano. Nesse sentido, desenvolvimento econômico tem que ser visto fundamentalmente como algo instrumental, não como algo finalista. E tem que ser avaliado pelo impacto que tem sobre o bem-estar humano". Esse impacto, para Giannetti, "é a ampliação no campo de escolha aberto ao indivíduo. Como é que se mede o campo de escolha? Escolaridade, longevidade e renda".

Paulo Nogueira Batista Jr. enfatiza a dimensão política do fenômeno: "Desenvolvimento econômico sem redução da desigualdade social e sem democracia não é propriamente desenvolvimento no sentido amplo da palavra. E desenvolvimento econômico sem autonomia nacional é uma armadilha".

Para Bresser-Pereira, o desenvolvimento econômico é "um processo histórico de acumulação de capital, incorporação de progresso técnico e aumento sustentado da renda por habitante. E as discussões relevantes a respeito de desenvolvimento econômico são: quais as causas do subdesenvolvimento e quais as estratégias para superá-lo". A questão crucial não é o conceito de desenvolvimento, mas sim a estratégia para alcançá-lo. Essa discussão passa certamente pela questão, há muito tempo polêmica, de qual deve ser o grau de intervenção do Estado. Sobre isso, Bresser-Pereira questiona: "O papel do Estado é só garantir a propriedade e os contratos? Isso é tolice. Essa é a condição *sine qua non*. Se o Estado não garantir a propriedade e os contratos, não tem desenvolvimento. Mas ele pode fazer mais".

Já Furtado relativiza a importância do papel do Estado: "Varia com o grau de desenvolvimento do país e com as circunstâncias históricas". Lara Resende destaca aspectos institucionais: "A organização econômica não pode prescindir do Estado, é preciso haver um arcabouço institucional que permita aproximarmo-nos desse ideal-tipo nunca plenamente realizável na prática que é o mercado competitivo. Portanto, o papel das instituições e do Estado é fundamental". Belluzzo ressalta a mudança da natureza da intervenção: "Não é uma questão de mais Estado e menos mercado, é mais mercado e mais Estado".

Para Simonsen, "Hoje há várias razões para diminuir o papel do Estado na economia, mas a principal é que ele não poupa mais nada. Ele não tem sequer competência para arbitrar por falta de recursos próprios para fazer qualquer coisa. Mas o Estado é insubstituível como provedor de bens públicos, o suprimento de educação básica, suprimento de saúde básica, segurança e justiça, forças armadas etc.".

A posição nacionalista de Batista Jr. está presente na seguinte afirmação: "O Estado precisa ter bancos públicos fortes, especialmente o governo federal. [...] É preciso preservar algumas empresas estatais estratégicas, ter uma política de comércio exterior muito mais agressiva, muito mais detalhada, ter uma política tributária diferenciada. Não há projeto nacional sem um Estado Nacional".

Giannetti faz um outro corte, destacando o papel do Estado no estímulo à formação do capital humano: "O Estado tem também um grande papel a ser desempenhado nesse esforço de toda a sociedade de formação de capital humano, no financiamento da educação básica, controle de qualidade do processo educacional, na saúde publica, no planejamento familiar, em todas as áreas pertinentes ao esforço de formação de capital humano. Certamente, não vejo o Estado atuando em áreas como petróleo, telecomunicações, energia elétrica, infraestrutura viária".

Para Bresser-Pereira, a situação do Estado é central na interpretação da crise do capitalismo brasileiro. A crise fiscal do Estado, que perde nos anos 1980 a capacidade de constituir poupança, é, para o autor, o fator explicativo do desempenho da economia brasileira nos últimos anos. "É a ideia de que, nos anos 1930, tivemos uma crise de mercado, e nos anos 1980, uma crise do Estado. Uma crise fiscal do Estado, uma crise do modo de intervenção do Estado na economia, do *welfare state*, da industrialização por substituição de importações e do estatismo comunista."

Os motivos do sucesso asiático, outro ponto de discordância entre os entrevistados, estão relacionados, para Bresser-Pereira, com a ausência de uma crise do Estado: "A única região que não passou por nenhuma crise do Estado e fez a transição de um Estado mais interventor para um Estado mais regulador, [...] sem nenhum trauma, foi a do Leste e Sudeste asiáticos, ou seja, o Japão e principalmente a Coreia, Taiwan, Hong Kong e Cingapura. Mais recentemente temos a China e os novos países [...] que estão se aproveitando de uma onda de investimentos sem crise do Estado [...] [porque] os economistas ou os tecnocratas orientais jamais adotaram uma política populista, jamais fizeram uma leitura populista de Keynes. Na América Latina isto foi feito da maneira mais escrachada. [...] dirigentes dos países orientais [...] diziam que a disciplina fiscal era absolutamente essencial porque era a forma de garantir a autonomia do Estado e do governo. Eles tinham isso muito claro e nós, não".

Para Furtado, o sucesso dos Tigres Asiáticos está relacionado com as reformas estruturais e com a "ameaça" chinesa: "[Os Tigres Asiáticos] tiraram partido do medo inspirado pela revolução social chinesa, que representou uma tremenda ameaça com seu modelo diferente de sociedade. A China resolveu o problema da fome, da escola, os sociais, e foi muito bem. E eles tiveram que fazer a mesma coisa, como a reforma agrária e as reformas sociais. Portanto, quando se empenham na política de desenvolvimento, promovida pelo Estado, já partem de uma estrutura muito mais moderna do que a nossa".

O Estado promotor também é citado por Nogueira Batista Jr.: "[...] realizaram políticas de defesa de interesse nacional, mas nunca como as que foram aplicadas na América Latina sob a égide do Consenso de Washington, nos últimos dez anos. Lá o que se tem são políticas comerciais defensivas, Estado intervencionista, grande ênfase na educação, distribuição relativamente equitativa da renda. Mas o desempenho político não é bom". O posicionamento em relação às circunstâncias históricas foi fundamental, segundo Campos: "Na década de 1970, havia quatro fórmulas de adaptação à crise de balança de pagamentos, oriunda do choque do petróleo: expansão de exportações; aperto interno de cinto, quer dizer, restrições temporárias do crescimento; endividamento; e substituição de importações. O Brasil optou pelas duas últimas: substituição acelerada de importações e endividamento interno e externo. Os asiáticos optaram pelas duas primeiras: ênfase sobre exportações e aperto de cinto. Em resultado, fizeram uma adaptação muito melhor à crise do petróleo do que nós".

A maneira de enfrentar as dificuldades externas e a presença do Estado também são lembradas por Delfim Netto: "Na verdade, nenhum deles se meteu em um programa de substituição de importações, mas de expansão das exportações. E também com um suporte do Estado absolutamente fundamental. Hoje, a intervenção nesses países é completa [...]. Pega-se a pequena indústria e dá-se cota para ela [...] obrigando o sujeito a exportar. Não tem conversa, o sujeito vende salsicha e vai ter que exportar salsicha. Nós estamos aqui com um purismo que beira o ridículo".

A reforma agrária, lembrada como fator de sucesso por outros entrevistados, é relativizada por Simonsen: "O grande investimento social que fizeram os Tigres Asiáticos não foi a reforma agrária. O caso de reforma agrária importante foi do Japão, mas que é completamente diferente. Na Coreia não houve nenhuma reforma agrária igualmente importante, nem em Taiwan, nem em Cingapura. Teve alguma coisa, mas nada de transcendental. O que foi muito importante em termos de investimento social foi a formação de recursos humanos, isso é claro — o que infelizmente foi muito desprezado nos últimos anos no Brasil". Mas a relação entre educação e desenvolvimento não é direta para Belluzzo: "[...] não acho que seja adequado usar uma explicação monocausal: 'Se se investir em educação, em saúde, vai se ter um desenvolvimento acelerado'. Acho que isso não é verdade. No caso dos asiáticos, é claro que a educação é fundamental, inclusive como mecanismo de integração social e de reprodução daquela sociedade — faz parte das formas de coesão social. Mas, por outro lado, não se pode desprezar alguns fatos que também são importantes: os sistemas financeiros especializados no financiamento do investimento e a organização da grande empresa coreana e japonesa".

É interessante notar como a explicação sobre o sucesso dos países asiáticos é utilizada na retórica dos economistas para defender as ideias nas quais acreditam. Para os que defendem reformas estruturais, como a reforma agrária, este seria o fator de sucesso. Os que defendem a promoção de exportações, intervenção do Estado ou investimento em educação, igualmente argumentam que estes foram os fatores que impulsionaram o crescimento econômico daqueles países.

Inflação

Poucos países experimentaram um processo de inflação crônica como o Brasil. De 1957 a 1995, o país não apresentou taxa de inflação anual abaixo de dois dígitos. Este é um dos motivos que levaram os economistas brasileiros a se dedicarem tanto ao estudo desse fenômeno. A experiência inflacionária brasileira é singular e não pode ser compreendida sem levar em conta o fato de o governo ter incorporado a correção monetária à política econômica.

A criação da ORTN em 1964 marcou o início da indexação, que se generalizaria em 1968 com a indexação do câmbio e dos salários. Inicialmente, esse modelo é eficaz. Os níveis de inflação caem significativamente num período de forte crescimento econômico. No entanto, esse modelo não foi capaz de resistir ao choque externo de 1973.

Os riscos implícitos na indexação generalizada já haviam sido antecipados em um pequeno artigo de Gudin (1967), "A institucionalização da inflação", que, segundo o autor, "começou com a Lei 4.357 de julho de 1964, introduzindo a correção monetária". Gudin antecipa os problemas com relação aos preços relativos inerentes à correção monetária: "O índice geral de preços se refere a centenas de produtos; é uma média. Muitos são os produtos cujos preços aumentam mais e outros que aumentam menos do que o índice geral por força das condições peculiares a cada um".

Quando perguntamos a Campos se existia um elo comum no fracasso dos planos econômicos, ele respondeu que o "elo comum que existe entre os diferentes planos é que nenhum deles pode ser descrito como realmente ortodoxo". Lara Resende aponta que "o PAEG não foi um programa perfeitamente ortodoxo. Suas intenções demonstram demasiada preocupação com a manutenção das taxas de crescimento e, portanto, alguma tolerância com a inflação, que deve ser combatida através de estratégia gradualista".[6]

No entanto, Roberto Campos não cita o seu plano entre os não ortodoxos. Em *A lanterna na popa*, o autor aparentemente nega uma crítica mais profunda de Gudin ao programa de governo. Na nota 301, Campos comenta a reação de Gudin às medidas de implantação do cruzeiro novo e desvalorização cambial: "'Uma pedra no meu caminho' foi como descrevi uma inesperada entrevista do professor Gudin, logo após a desvalorização [...]. Normalmente Bulhões e eu nos aconselhávamos com o dileto mestre antes de decisões importantes, mas a confidencialidade do ajuste cambial impedira tal cautela". Ou seja, Campos considera as críticas de Gudin apenas circunstanciais, quando na realidade eram muito mais profundas. Campos afirma, na sua resposta ao nosso questionamento de uma eventual influência de Rangel no PAEG: "Não houve influência intelectual maior do Rangel [...] se procurássemos inspiração, o inspirador seria Gudin e não Ignácio Rangel".

As críticas ao modelo de indexação aparecem no Brasil antes da generalização do processo e no âmbito da chamada ortodoxia. Mário Henrique Simonsen nota que a correção monetária, da maneira como havia se generalizado, institucionalizava a "espiral preços-salários". Felipe Pazos chega a conclusões semelhantes com outra abordagem. A partir desses dois trabalhos, outros se desenvolveram tentando explicar o fenômeno inercial.[7]

---

[6] Lara Resende (1990), "Estabilização e reforma: 1964-1967".

[7] Simonsen (1970), *Inflação: gradualismo versus tratamento de choque*; Pazos (1972), *Chronic Inflation in Latin America*; Frenkel (1979), "Decisiones de precios en alta inflación"; Lara Resende e Lopes (1980), "Sobre as causas da recente aceleração inflacionária"; Bresser-Pereira e Nakano (1984a), *Inflação e recessão*.

Alguns entrevistados acham que não existe nada de novo nesses trabalhos. "Desculpe, essa ideia é velha, está no Friedman, está em qualquer lugar", afirma Delfim Netto. O que não está muito distante de Pastore: "Inércia é um fenômeno de baixa frequência, em séries temporais. [...] em 1966 Clive Granger [publica] na *Econometrica*: 'The Typical Spectral Shape of Economic Variables'. Ele mostra que a maior parte das variáveis econômicas [...] têm densidade espectral concentrada nas frequências baixas". Bacha afirma: "[...] se você ler Tobin, está tudo lá". Apesar de cada um citar uma origem, nenhuma referência é brasileira.

Campos também não valoriza a teoria da inflação inercial. Porém, a sua crítica é diferente da do grupo anterior. Para ele, o papel da correção monetária era "criar mecanismos temporários de encorajamento à poupança [...] mas não servia de 'quase moeda'. A correção monetária só se tornou 'quase moeda' a partir de 1980. [...] E o governo agora tem toda a razão em querer se livrar da correção monetária". O que guarda semelhanças com a posição de Giannetti: "A indexação foi o modo brasileiro de se adaptar à inflação, em vez de enfrentá-la. [...] Não me parece, contudo, que fator de inércia dê conta de todo o nosso problema inflacionário". Enquanto Delfim Netto, Pastore e Bacha não negam os problemas decorrentes da indexação, apenas apontam a origem em pensadores estrangeiros, Campos e Giannetti praticamente rejeitam a inércia como diagnóstico do processo inflacionário brasileiro.

A forte recessão de 1981, apesar de equacionar a crise externa, não teve nenhum efeito sobre a inflação, que se manteve no mesmo patamar. Assim, ganha força a interpretação de que existiria uma componente autônoma ou inercial na determinação do processo inflacionário.

O fracasso do ajuste 1981-1983 coincide com o final do governo militar, que trouxe uma expectativa de renovação da política econômica e dos quadros dirigentes. Nas palavras de Lara Resende: "Quando ficou claro que Tancredo poderia se eleger, houve uma grande cobrança para que apresentássemos uma proposta. Eu me lembro de uma conversa com Francisco Lopes em que eu afirmava que nos cobrariam inevitavelmente uma proposta para controlar a inflação". De fato, com o fim do regime militar, os novos economistas que assumiam tinham uma visão diferente da inflação e agora eram chamados a agir.

A primeira mudança importante no tratamento à inflação ocorre com o Plano Cruzado, em 1986. Não se pode dizer que a equipe econômica do Cruzado fosse coesa com relação ao diagnóstico inflacionário. Belluzzo, por exemplo, vê problemas na formulação: "Qual era o problema das teorias da inflação inercial? Era o fato de que não se deram conta de que a questão do financiamento externo, portanto a raiz da instabilidade, permanecia". Os mesmos problemas apontados por Conceição: "Tanto a questão monetária dos juros quanto a questão do câmbio ou de abrir a economia, que estava influenciadíssima por uma crise internacional da dívida externa, tinha que ser levada em conta. O modelo levou isso em conta? Não!". Para Nogueira Batista Jr., a aceleração da inflação "foi provocada sobretudo por choques externos e pela asfixia cambial".

Para Celso Furtado, "A inflação clássica brasileira, de 30% ao ano que temos hoje [outubro, 1995], é a que eu conheci sempre, e que resulta das inflexibilidades estruturais da economia brasileira". Já Conceição Tavares é extremamente crítica com relação aos planos de estabilização: "[...] não existe proposta para a estabilização em abstrato. Você não pode ter uma proposta para a estabilização sem um horizonte a longo prazo [...] para dar aos empresários, um caminho para aplicar o capital, [...] numa inserção internacional, em que você está totalmente vulnerável na balança de pagamentos, não estabiliza".

Essa postura é particular. Como foi visto, Delfim Netto, Pastore e Bacha não valorizam a teoria da inflação inercial enquanto contribuição brasileira, mas reconhecem a importância do Plano Real, resultante dela. Para Delfim Netto, "O Plano Real, do ponto de vista do combate à inflação, foi rigorosamente brilhante. A ideia de [...] uma moeda indexada [...] foi usada com maestria". Bacha destaca que se trata de uma outra questão "a composição da inflação inercial com o uso do padrão bimonetário como mecanismo para eliminá-la. [...] a novidade do artigo de Persio [Arida] com André [Lara Resende], é essa capacidade de juntar a questão do fim das hiperinflações com a questão da inflação inercial".

Um número maior de economistas tende a achar que a contribuição original dos brasileiros teria sido para a solução dos problemas gerados pela inércia inflacionária, e não para o diagnóstico.

Existe uma coesão entre os teóricos da inflação inercial quanto às explicações para o fracasso no combate à inflação do ajuste 1981-1983: "Sem dúvida uma das causas fundamentais do fracasso repetido dos economistas e políticos brasileiros em controlar a inflação, que ocorreu a partir de 1979, foi o diagnóstico equivocado" (Bresser-Pereira). "O artigo ['Sobre as causas da recente aceleração inflacionária'] associa a resistência da inflação ao ajuste recessivo à mecânica de indexação salarial" (Lara Resende). "Naquela época, existia uma visão equivocada do problema inflacionário. A inflação seria uma resultante direta do déficit e alavancada por expectativas. [...] A inércia era uma figura de retórica, quando muito um fenômeno menor" (Arida).

O diagnóstico inercialista tem seus primórdios com Simonsen em 1970, tendo sido desenvolvido posteriormente por Francisco Lopes, André Lara Resende e Persio Arida no Rio de Janeiro. Como lembra Lara Resende, "a análise da distribuição da dinâmica inflacionária via reajustes salariais e valores médios reais dos salários é uma contribuição original de Mário Henrique Simonsen". Simultaneamente, a contribuição de Bresser-Pereira e Nakano em São Paulo segue outra linha, mais calcada no conflito distributivo do que no elemento expectacional, que "marca a transição da nossa visão rangeliana da inflação, que já era um avanço, [...] para a visão inercialista da inflação".

Apresentavam-se duas soluções para o problema da inflação inercial: o congelamento de preços e salários[8] e a neutralização da inércia via uma segunda moeda indexada.[9] No Plano Cruzado, venceu a proposta de congelamento de preços, um instrumento necessário para a coordenação de expectativas, evitando um período de ajustamento com altas taxas de inflação. "O Cruzado era uma sofisticadíssima mecânica de desindexação, de conversão de contratos para uma súbita parada da inflação. Foi acompanhado de um congelamento ridículo e nada mais. Nas tentativas que seguiram, nem mesmo a mecânica de desindexação foi tratada direito. Foram congelamentos cada vez mais rústicos. E foram repetidos como farsas." Lara Resende é cético quanto à solução via congelamento, assim como Arida: "Concordamos [...] com o congelamento por três meses. [...] Eu me recordo que o Dilson Funaro chegou a anunciar um congelamento de três meses e deu uma confusão política gigantesca. [...] A solução Larida estava fora do horizonte intelectual da época, parecia mágica".

Tendo em vista a incapacidade do congelamento de preços de resolver o problema inflacionário, a URV surgiu como opção, em 1994. O Real se diferenciou um pouco da proposta "Larida", pois optou por uma solução mais convencional, de troca instantânea. Segundo Persio Arida, a proposta "Larida tinha a ideia de circulação simultânea das duas moedas [...], mas anos depois [...] cheguei à conclusão de que era uma ideia complicada demais, que se poderia obter todas as vantagens do Larida com uma moeda virtual. [...] Um aspecto interessante é o dual dessa construção intelectual — a possibili-

---

[8] Bresser-Pereira e Nakano (1984b), "Política administrativa de controle da inflação"; Lopes (1984a), "Só um choque heterodoxo pode eliminar a inflação".

[9] Arida e Lara Resende (1984a), "Inertial Inflation and Monetary Reform in Brazil", que ficou conhecido como proposta "Larida".

dade de inverter o processo, estabilizando de imediato na nova moeda e deixando que os contratos indexados corressem livremente em uma moeda virtual que se desvalorizaria".

Não se deve esquecer que o Plano Real é lançado em uma conjuntura absolutamente distinta do Plano Cruzado, especialmente no que se refere à abertura da economia produzida pelo presidente anterior. Assim como o Plano Cruzado representou uma importante mudança na economia, o período Collor teve efeitos brutais sobre as variáveis econômicas.

"[...] entre o Cruzado e o Plano Collor I a dinâmica foi de outra natureza. A população passou a ter o imaginário dos preços estáveis, as lideranças políticas queriam atender a esse imaginário e a única tecnologia disponível era o congelamento de preços. Toda vez que a inflação subia, os empresários, antecipando o futuro congelamento, realizavam aumentos preventivos de preços." Essa percepção de Persio Arida indica que, a partir do cruzado, o diagnóstico teria mudado. O problema a se atacar era o congelamento de preços, corretamente antecipado. A maneira de acabar com esse novo problema era óbvia: criar a expectativa de que não seria feito mais nenhum congelamento. Foi exatamente o que fez Marcílio Marques Moreira.

É bom lembrar que nem tudo é consensual em torno do Plano Real. As principais discordâncias são quanto à condução de política. Delfim Netto, por exemplo, lembra que "seria necessário um programa de estabilização que reavaliasse a preparação da mão de obra e que pudesse estimular os investimentos". Furtado destaca que "hoje em dia [outubro, 1995] temos uma taxa de juros de fantasia, elevadíssima, a mais elevada do mundo. [...] E só tem uma explicação para essas taxas de juros: é medo, insegurança sobre o que pode vir de fora". Mas o fato é que o Plano Real revelou-se eficiente para eliminar a inflação. Como ressalta Bresser-Pereira, referindo-se a Lara Resende e Arida: "Os brasileiros devem muito a esses dois jovens".

Considerações finais

Historiar as representações e o imaginário social implica analisar o passado pelo presente, a partir da relação entre história e memória. A crítica de que a história oral seria subjetiva, em contrapartida à história seriada e objetiva, é uma grande falácia. Mesmo supondo que os "documentos" são livres de qualquer subjetividade (uma suposição extremamente duvidosa), o historiador deve interpretá-los. Não se trata aqui de subestimar o papel dos documentos escritos, muito pelo contrário. O fato é que a história oral, associada a outros tipos de levantamento de dados, pode ser extremamente útil na análise histórica.

Os depoimentos que aludem aos conflitos políticos, às rivalidades com os pares, às redes de amizade, de partido e de escola permitem recuperar uma história que seria impossível de ser conhecida a partir de textos escritos. Os depoimentos, especialmente quando tratam da história de vida do entrevistado, vão mais além. Entram no mundo das emoções (paixões, ambições, ódios, ressentimentos) que permite adentrar nos limites da racionalidade do ator histórico. Ao se quebrar o esquematismo simplista pode-se desvendar as relações entre o indivíduo e a rede histórica. A memória, com suas falhas, distorções e inversões, em vez de representar um problema, torna-se um elemento de análise, ao considerarmos uma ampliação da análise histórica. O estudo dos depoimentos não se limita à análise "objetiva" do fato, mas considera também a memória do fato.[10] Quer dizer, o *présent du passé*[11] torna-se fundamental para explicar o presente a partir da compreensão do passado sob a ótica de quem vivenciou os fatos.

Não existe uma conclusão definitiva a partir dos depoimentos selecionados. No entanto, da leitura das entrevistas pode-se destacar que as controvérsias teóricas são apenas uma faceta de uma controvérsia mais ampla, que abarca a esfera política. Verificou-se que fatores políticos influenciam fortemente a divisão de grupos no debate econômico sem, obrigatoriamente, uma contrapartida metodológica. Adicionalmente, houve a preocupação com a existência, ou não, de um pensamento econômico brasileiro autônomo. Essas questões estão relacionadas com o acesso dos economistas ao poder e com a importância do alinhamento político *vis-à-vis* a consagração acadêmica.

Não se pode negar que é comum, até hoje, o economista brasileiro utilizar a produção teórica estrangeira de modo mecânico, às vezes servil, sem se dar conta de seus pressupostos históricos originais, sacrificando seu senso crítico pelo prestígio que lhe confere exibir o conhecimento de conceitos e técnicas importadas. De outro lado, uma parcela de economistas passou a ter uma postura crítica aos estudos de Economia que se conduziam sem se dar conta dos pressupostos históricos e ideológicos do seu "trabalho científico", com a conduta reflexa que se submetia passiva e mecanicamente a critérios oriundos de países desenvolvidos. Esse grupo acrescentou ao esforço de aquisição do patrimônio científico a iniciação em um método histórico de pensar,

---

[10] Ferreira (1994b), *Entre-vistas: abordagens e usos da história oral*.

[11] Frank (1992), "La Mémoire et l'histoire".

que os habilitasse a participar ativamente da produção teórica que desse conta do novo sentido da história e dos problemas do país.

O fim da década de 1950 assistiu ao nascimento de um pensamento econômico brasileiro. Dois exemplos corroboram essa afirmação: Furtado (1959), com *Formação econômica do Brasil*, e Delfim Netto (1959), com *O problema do café no Brasil*. Esses livros estavam ligados tanto à corrente clássica quanto às correntes contemporâneas da Economia e das Ciências Sociais latino-americana e mundial, mas representaram um pensamento crítico na análise da economia e sociedade de nosso capitalismo.

Celso Furtado e Delfim Netto têm em seus trabalhos clássicos uma tentativa de entender a história econômica a partir da teoria vigente. Não é novidade que a tese de doutorado de Delfim Netto utilizou as ferramentas econométricas mais modernas que se tinha na época, para realizar uma análise de longo prazo do comportamento da economia brasileira em função dos ciclos de preço do café. O comentário de Pastore sobre Delfim Netto ilustra bem este fato: "[Delfim Netto] fez o melhor que pôde do ponto de vista de análise quantitativa, num tipo de orientação que é desse pessoal que andou tirando o Nobel de Economia há uns dois anos, Fogel e o outro historiador da Califórnia, Douglass North".

Já Conceição Tavares privilegia vincular Delfim Netto à formação estruturalista: "O velho Kalecki, e o velho Kaldor, que [eram cepalinos,] deram as primeiras contribuições à teoria do subdesenvolvimento [a partir da CEPAL]. O doutor Delfim Netto, em 61, trouxe todos para São Paulo, introduziu a Joan Robinson como teórica da acumulação de capital na USP. Doutor Delfim Netto era um estruturalista, e escrevia coisas sobre o café, vinha dar os nossos cursos". Continuando, Conceição Tavares demonstra um grande respeito por Delfim Netto: "era um cobra!".

Quanto a Celso Furtado e sua principal obra, é impressionante a unanimidade de todos os entrevistados em torno da influência que representam. Como bem observa Conceição Tavares, "Ninguém ficou imune a um Furtado". *Formação econômica do Brasil*, para Delfim Netto, "é uma espécie de romance [...] *um livro extraordinário por causa da forma*. Aquela interpretação integral, global, transmite uma lógica para a história que é absolutamente fantástica. [...] Na verdade, a história tem dentro de si o seu próprio desenvolvimento. Ele mistura um keynesianismo frequentemente não permitido, mas é absolutamente encantador" (grifos nossos). É patente para Delfim Netto o grande poder de persuasão que o livro possui. Também Campos destaca que o livro "é bastante importante, conquanto haja várias interpretações históricas equivocadas".

Furtado é o primeiro economista brasileiro a destacar-se internacionalmente, especialmente na América Latina e na França. Seus livros no final da década de 1950 estavam inseridos nos trabalhos que desenvolviam a temática do desenvolvimento econômico e, paralelamente, se preocupavam com nossas características mais específicas. Não reproduziam simplesmente os trabalhos desenvolvidos no exterior, adicionavam elementos para a análise dos nossos problemas.

Mário Henrique Simonsen também se destacou nos meios acadêmicos internacionais. Um exemplo da importância de Simonsen é que a Universidade dè Tel Aviv criou uma cadeira chamada *Simonsenian Economics* para estudar, especialmente, os modelos de indexação que Simonsen elaborou para descrever a situação inflacionária de países como Israel, Argentina e Brasil, entre outros. Bacha lembrou-se de que "uma vez conversei com Michael Bruno em uma conferência, [...] nós lemos os respectivos *papers* de noite. De manhã nós os apresentamos e eu falei: 'Como são parecidos os nossos países'. Parecidos eram os economistas, que estavam olhando os países daquela maneira — obviamente é difícil imaginar o Brasil parecido com Israel". Essa "visão parecida", aludida por Bacha, poderia talvez ser produto da influência teórica de Simonsen em Israel.

Simonsen apresenta quase o mesmo grau de consenso entre os nossos entrevistados, com exceção de Conceição Tavares, que não demonstra por Simonsen o mesmo apreço que tem por Delfim Netto: "O Mário [Henrique Simonsen] era bem mais conservador. Sabia matemática e fazia modelos que ele desconfiava que não serviam para grande coisa. E disse que não serviam!". A posição política de Conceição, historicamente contrária a Simonsen e à EPGE, revela-se num certo "radicalismo metodológico", verificado na sua opinião quanto ao papel da Matemática. "Da Matemática, do ponto de vista prático, nenhum! [...] O papel da Matemática é mistificar, levar você para o jogo das contas de vidro."

O fato é que a contribuição pioneira de Mário Henrique Simonsen para o estudo da inflação foi relevante. O livro *Dinâmica macroeconômica* (1983) apresenta modelos de inflação com a teoria mais avançada que se tinha na época e de maneira original. Aliás, Pastore conta o que levou Simonsen a escrever este livro: "[...] ele tinha acabado de sair do ministério e foi estudar o *Macroeconomic Theory* do Sargent [1979]. Ficou pouco satisfeito com a forma como o Sargent expôs várias coisas [...]. Bom, ele foi lá, sentou, trabalhou um ano inteiro e produziu aquele livro". Quando se aludiu a esse fato, Simonsen respondeu: "No livro do Sargent a Matemática era péssima, era deselegante e cheio de erros, embora fosse um livro importante". A influência de Simonsen sobre as gerações posteriores, idiossincrática ou não, foi grande.

Bacha, a respeito dos 25 anos da revista *Pesquisa e Planejamento Econômico (PPE)*, afirma que "o IPEA ambicionava estabelecer-se como um centro de pesquisas independente da FGV, num ato com características quase edipianas, uma vez que éramos todos fundadores da *PPE*, egressos dos quadros da Fundação". As características edipianas valem para a relação entre FGV e PUC-RJ. Como se viu, a PUC-RJ formou-se a partir de uma dissidência da EPGE e, como lembra Lara Resende, "Simonsen apoiou o grupo mais da casa, mais ligado à Universidade de Chicago, que estava com o [Carlos Geraldo] Langoni".

Das ideias da PUC-RJ acabaram saindo as principais propostas de solução para o problema da inflação inercial, dominantes desde a segunda metade da década de 1980. Além disso, tornou-se uma importante fornecedora de economistas para atuar nos primeiros escalões do governo. O sucesso da PUC-RJ em termos de acesso ao poder e a grande aceitação do diagnóstico inflacionário nos meios acadêmicos estão também relacionados ao fato de que suas propostas de política foram retoricamente bem-sucedidas. Nessas propostas, que embasam tanto o Plano Cruzado como o Real, a plena utilização das regras de retórica[12] foi bastante eficiente para possibilitar o convencimento do público e dos dirigentes, no que diz respeito aos diagnósticos e também às soluções. Uma postura bem-sucedida retoricamente é aquela que prescreve ao mesmo tempo o estudo da história do pensamento e da ciência atual, ou seja, erudição e cultura histórica de um lado, e capacidade analítica de outro.[13]

Até início da década de 1960, a preocupação básica dos economistas brasileiros era com o desenvolvimento. Com o recrudescimento da inflação, esse tema volta a ocupar espaço no debate econômico. *A inflação brasileira* de Rangel, lançado em 1963, pode ser considerado um marco nesse sentido.[14] Na década de 1980, como vimos, questões relacionadas com diagnóstico e solução para a inflação dominaram o debate econômico.

A redução do espaço dedicado ao tema desenvolvimento econômico no debate brasileiro ocorre aqui ao mesmo tempo que no exterior. Hirschman (1979), em "The Rise and Decline of Development Economics", afirma que

---

[12] Rego (1990), "Retórica no processo inflacionário: a teoria da inflação inercial".

[13] Arida (1983), "A história do pensamento econômico como teoria e retórica".

[14] Bresser e Rego (1992), "Um mestre da economia brasileira: Ignácio Rangel".

o desenvolvimento econômico enquanto disciplina "não conheceu mais do que uma breve floração". Para o autor, a grande heterogeneidade ideológica que marcou o início desse programa de pesquisa acabou causando a sua implosão.

As discussões sobre os motivos que levaram ao declínio do desenvolvimento econômico como disciplina ainda estão longe de uma conclusão definitiva. Krugman, em "The Fall and Rise of Development Economics",[15] associa esse declínio também a razões puramente intelectuais. Para o autor, os economistas desse tema não conseguiram representar seus *insights* em modelos matematizáveis, o que acabou impedindo que suas intuições servissem de base para uma disciplina mais duradoura. De fato, os trabalhos nesta disciplina apresentavam uma formalização muito baixa mesmo para a época.[16]

A opção por abandonar a formalização deveu-se à dificuldade em se tratar da estrutura de mercado. Partia-se, de alguma maneira, de uma hipótese de mercados imperfeitos. Essa estrutura de mercado ainda não havia sido modelada, o que dificultava a formalização dos modelos de desenvolvimento. Para Krugman, com a opção pela não formalização, os teóricos falharam inclusive em se fazer entender claramente sobre o que estavam falando. Assim, excelentes ideias foram ignoradas por toda uma geração.

Na verdade, Myrdal e Hirschman abandonam o esforço de se aproximar do *mainstream* e, de certa forma, se opõem a qualquer tentativa de formalizar suas ideias. Seus trabalhos tiveram grande repercussão no Brasil e na América Latina. Aparentemente, a principal razão de se manter distante do *mainstream* seria poder usar conceitos que fizessem sentido para os países em desenvolvimento. Recentemente, as ideias de Rosenstein-Rodan, Myrdal e Hirschman, como a ênfase em complementariedades estratégicas das decisões de investimento e os problemas de coordenação, reaparecem na literatura econômica com muita força.

O desenvolvimento da Organização Industrial, modelando mercados imperfeitos, possibilitou a retomada desses temas de maneira formalizada. E a chamada nova teoria do crescimento, que se tornou vigorosa na metade dos anos 1980, resgatou ideias como retornos crescentes de escala, educação como externalidade positiva e *learning by doing*. Como assinala Belluzzo, "a

---

[15] Krugman (1995), *Development, Geography and Economic Theory*.

[16] Uma exceção à regra é o artigo de Lewis (1954), "Economic Development with Unlimited Supply of Labor", que segue o padrão de formalização da época.

discussão de *increasing return* está no artigo clássico do Allyn Young.[17] Sraffa escreveu um artigo também clássico sobre os rendimentos crescentes".[18] Ao mesmo tempo, novos dados sobre o crescimento econômico tornaram-se disponíveis para uma amostra grande de países, possibilitando uma boa interação entre teorias e fatos.[19]

Um importante desafio dessa nova forma de tratar o problema do desenvolvimento é construir modelos teóricos que consigam compreender melhor o padrão de mobilidade de fatores de produção observado entre diferentes economias e extrair receitas de política econômica. A diferença entre o tratamento dado a esses temas hoje e no passado é a linguagem. Arida afirma que "me fascinaria hoje, se fosse escrever um ensaio mais filosófico, não seria uso retórico da Matemática ou da evidência econométrica, mas sim as mudanças no estilo da formalização". O tratamento de ideias antigas com uma nova linguagem permite novas análises. E a mudança da linguagem altera não apenas o enfoque, mas eventualmente as conclusões. A forma como uma ideia é apresentada influi no seu poder de persuasão.

Simultaneamente ao que ocorre nos centros internacionais, o desenvolvimento econômico está voltando ao debate acadêmico no Brasil. É claro que também contribui para isso a relativa estabilidade inflacionária obtida após o Plano Real. Nota-se um aumento da preocupação com assuntos como distribuição de renda, nível de emprego e crescimento econômico nos textos de Economia mais recentes. Nas entrevistas também fica claro que esses temas estão retornando e, provavelmente, estarão no centro das atenções nesta virada de século.

---

[17] Young (1928), "Increasing Returns and Economic Progress".

[18] Sraffa (1926), "The Laws of Returns Under Competitive Conditions".

[19] Bom exemplo desta perspectiva aplicada é Barro e Sala-i-Martin (1995), *Economic Growth*, que apresenta análises empíricas, *cross section* de países e a confirmação dos seis fatos estilizados de Kaldor (1963) sobre crescimento econômico.

Posfácio à 2ª edição
28 ANOS DO *CONVERSAS*, 30 ANOS DO REAL

Pedro Malan

Em muito boa hora este belo livro é reeditado pela Editora 34. Em 1996, quando ocupava o cargo de ministro da Fazenda, tive o privilégio de escrever o prefácio à 1ª edição desta obra, que se tornou um clássico no gênero. Os autores (Ciro Biderman, Luis Felipe Cozac e José Marcio Rego) realizaram um excelente trabalho na estruturação das conversas com relevantes personagens da vida econômica do país. Estão no livro, perante uma nova geração de leitores, cinco ex-ministros de Estado, dois ex-presidentes do Banco Central, três ex-presidentes do BNDES, três ex-deputados federais e dois ex-assessores de um ministro da Fazenda. Todos com ativa produção intelectual, ampla participação no debate público e na formação de gerações de economistas brasileiros.

Tive a oportunidade de reler todas as conversas para escrever este breve posfácio à 2ª edição. Passados 28 anos, estou convicto de que o mosaico de visões e vívidas experiências que o livro tão bem expressa continua sendo leitura imperdível para novas e não tão novas gerações dos realmente interessados pela economia brasileira — passado, presente e futuro. E não menos importante, pelas interações do mundo econômico com o mundo político-institucional, com questões sociais e com "disciplinas contíguas" para usar a expressão consagrada por Ronald Coase.

Aproveito a oportunidade do posfácio a esta 2ª edição para reiterar o que escrevi no prefácio anterior: "O leitor verificará por si que há neste livro um riquíssimo material para reflexão sobre estes temas, para o estudo do papel da retórica (como arte da persuasão) na profissão, e para uma avaliação, por parte de cada um, da importância (ou falta de importância) que os economistas atribuem a si próprios e à sua profissão ou à sua "ciência", tanto no Brasil como no mundo".

Esta 2ª edição vem com um grande bônus para os leitores, que são os textos inéditos, escritos especialmente para inclusão neste livro, por dois dos reconhecidamente mais brilhantes economistas brasileiros: André Lara Resende e Persio Arida, que já haviam participado — com extraordinário desempenho — de imperdíveis conversas para a 1ª edição deste livro. Seus dois novos textos são também imperdíveis. Não pretendo, em um simples posfácio, comentar os dois inéditos artigos — que falam por si e com a clareza de sempre.

Como estamos, neste ano de 2024, comemorando os primeiros trinta anos do Real, esperemos que agora como a definitiva moeda nacional, não posso deixar de mencionar que na 1ª edição destas conversas (gravadas ao longo de 1995), vários dos entrevistados fazem referência ao Real, que havia sido lançado em 1994, em 1º de março a URV, e em 1º de julho convertida, como pré-anunciado, no Real, quando lhe foi conferida a propriedade de meio de pagamento. Algumas destas referências ao Real em seu primeiro ano calendário (1995) merecem ser lembradas: a inflação ainda não havia chegado a um dígito (menos de 10% em 12 meses), o que só aconteceria ao final de 1996. Em 1995 ainda foi de 22% no ano.

Começo com Celso Furtado, uma [quase] unanimidade dentre os economistas ouvidos nestas *Conversas*, e termino com o jovem Eduardo Giannetti da Fonseca.

Celso Furtado: "A política do Real é uma busca da estabilização. Considero que a política de estabilização era uma obrigação do governo, uma dívida que tinha com o povo, pois sujeitá-lo à desordem da instabilidade é o pior de tudo. A população tem o direito de exigir do governo uma administração razoável da economia. Assegurar a estabilidade dos preços é um dever do governo. [...] pois administrar a desordem é muito mais custoso do que administrar uma economia que funciona dentro de normas, em que as coisas são previsíveis".

Roberto Campos: "Considero uma das minhas poucas vitórias ter persuadido o presidente Castello Branco de que um objetivo 'fundamental' era conseguir-se a estabilidade de preços, ainda que se anunciasse também, simultaneamente, objetivos outros, como a correção dos desequilíbrios regionais, a melhoria da distribuição de renda, saneamento da balança de pagamentos etc. Acho que só agora, três decênios depois, é que Fernando Henrique e o seu grupo no poder, aderiram ao refrão de que 'sem estabilidade não se consegue nada; a distribuição de renda tem de ser melhorada, mas o primeiro capítulo desse esforço de renda é a estabilidade de preços'".

Delfim Netto: "O Plano Real, do ponto de vista do combate à inflação, foi rigorosamente brilhante. A ideia de usar uma moeda indexada [...] foi usada com maestria. No dia 30 de junho, a abóbora se transformou em carruagem, como por milagre, e continuou andando. Tem uma porção de dificuldades, e tomou riscos, na minha opinião, desnecessários [...] mas é um sucesso".

Maria da Conceição Tavares: "O regime de alta inflação continuado é sempre problema na balança de pagamentos, sempre. [...] O Brasil nem tão cedo terá a estabilidade. [...] Tente a coisa fiscal, tente estabilizar as leis. Eu vou morrer sem ver esse país estabilizado. [...] Isso é uma das brigas que eu tenho com alguns economistas da ex-esquerda, porque querem uma nova teoria da inflação e um Banco Central independente. Vão ficar querendo!".

Luiz Carlos Bresser-Pereira: "[...] o sistema que o Persio e o André haviam desenvolvido e que acabou sendo adotado: a URV. E que é, a meu ver, uma das ideias mais geniais e mais extraordinariamente bem-sucedidas de que se tem notícia em um plano de estabilização. Os brasileiros devem muito a esses dois jovens".

Mário Henrique Simonsen: "[...] a transição para o real [...] foi muito hábil. [...] foi importante, a meu ver, como uma maneira de acostumar a sociedade, quase que dar um choque de violência hiperinflacionária na sociedade, para depois ela se habituar, uma vez raciocinando em URV, a trabalhar com uma moeda estável. Mas o importante é que não houve congelamento de preços. [...] a contribuição decisiva foi do André Lara e do Arida".

Affonso C. Pastore: "A URV é um processo através do qual separam-se completamente duas funções da moeda: a função de meio de pagamento, que continuou sendo o cruzeiro real, e a função de unidade de conta, de indexador, de unidade de referência para contratos, gerada pela URV. Empurram-se todos os contratos para essa unidade [...] tudo com reajuste diário, sincroniza-se tudo. [...] Mas esse processo só pode ser usado como uma transição. O segundo estágio é o estágio no qual se reunificam as funções da moeda. [...] criou-se um ativo chamado Real, que ficou sendo a unidade de conta e o meio de pagamento. [...] Agora temos um outro problema, o manejo de política monetária, fiscal e cambial, para manter a estabilidade".

Edmar Bacha: "Acho que o Plano Real é um marco na história brasileira, que veio para ficar. [...] a composição da inflação inercial com o uso do padrão bimonetário como mecanismo para eliminá-la [é] a novidade do artigo de Persio com André [...]. Mas na hora em que a gente faz na prática, fica com medo do que vai mesmo acontecer".

Luiz Gonzaga Belluzzo: "[...] depois de um processo prolongado de inflação muito alta ou de hiperinflação [...] a única forma é restaurar o sistema monetário pela sua função fundamental, a função da unidade de conta na moeda. Isso é uma questão clássica. [...] [Mas] a raiz da instabilidade, que eram as condições de financiamento externo, não estava resolvida".

Paulo Nogueira Batista Jr.: "O Plano Real está mostrando que, combinando desindexação com juros internos altos e um afrouxamento da restrição externa, é possível derrubar a inflação. Em 1994, qual era a avaliação predominante sobre o Plano Real? A de que era um plano frágil, sem fundamentos fiscais e monetários, que não iria durar muito. E o que o plano está mostrando? Que um plano reconhecidamente frágil do ponto de vista de fundamentos estratégicos fiscais e monetários pode durar bastante e ter um sucesso grande em matéria de combate à inflação".

Eduardo Giannetti: "Acho que as duas grandes aberrações da convivência econômica brasileira são a marca registrada do nosso subdesenvolvimento: pobreza em massa e inflação. Eu não me conformo com um país que não consiga erradicar a pobreza em massa. [...] grandes contingentes da população condenados a isso, sem qualquer opção, eu acho inaceitável. A outra aberração é a inflação, porque destrói a possibilidade de uma convivência minimamente harmoniosa e transparente. Não dá para ter uma sociedade complexa e moderna sem uma métrica monetária relativamente estável. Eliminados esse dois problemas, acho o Brasil um país fantástico, tem tudo para crescer economicamente, e tem uma cultura muito rica que ainda está por se definir, por ganhar visibilidade na sua identidade própria".

Nesta linha, quero concluir este já demasiado longo texto reproduzindo o que escrevi no prefácio de 1996, lá se vão 28 anos: "Apesar de todas as dificuldades envolvidas, estou convencido de que o Brasil tem hoje, em relação a qualquer outro país em desenvolvimento, uma grande vantagem que reside, precisamente, na riqueza e na diversidade do debate sobre estes temas. A liberdade com que se expressam estas diferentes visões e as contínuas controvérsias sobre temas relevantes reforçam a esperança de que o país continuará sendo capaz de encontrar o seu rumo, de corrigir desacertos em prazo hábil, de reconhecer quando políticas devem ser revistas para adaptar-se a novas circunstâncias. Estes processos serão tanto mais fáceis quanto maior for o grau de profissionalismo dos economistas, mais sólida sua formação, e mais clara a necessidade de manter como eixos de qualquer ação prática a ética profissional, a perspectiva histórica, o contexto internacional e a visão político-institucional do país".

Não deveria ter escrito o "tanto mais fáceis" acima. Não há nada fácil no Brasil na área de políticas públicas, como bem mostra a experiência dos últimos trinta anos — e demonstrarão os muitos e muitos anos vindouros.

Abril de 2024

UM POUCO SOBRE OS AUTORES, E UM TEMPO PARA OS AGRADECIMENTOS

Luis Felipe L. Cozac

> A memória é a vida, sempre carregada de grupos vivos e, nesse sentido, ela está em permanente evolução, aberta à dialética da lembrança e do esquecimento, inconsciente de suas deformações sucessivas, vulnerável a todos os usos e manipulações, suscetível de longas latências e de repentinas revitalizações. A história é a reconstrução sempre problemática e incompleta do que não existe mais. A memória é um fenômeno sempre atual, um elo vivido no eterno presente; a história, uma representação do passado.
>
> Pierre Nora (1993), "Entre memória e história"

Trinta anos é tempo, e conhecimento é autoconhecimento (ou deveria ser)! Esta viagem de volta ao tempo do Plano Real e suas histórias nos possibilitou reencontrar, rememorar, rir muito, trabalhar em conjunto numa outra etapa da vida, rever textos esquecidos e conhecer textos novos sobre o tema, significando um sopro de alegria e regozijo para os três autores amigos. E, sobretudo, fez brotar a certeza de que a memória, individual e nacional, deve ser resgatada e preservada. E que o passado revisitado pode ser uma inspiradora maneira de utilizar as lições aprendidas para não repetir erros. Se erros vierem, que sejam inéditos.

Não é fácil mexer em trabalhos de época passada, é como tocar nas feridas antigas. Optamos por reeditar esta obra como era no original, mas agora com as adições generosas dos autores intelectuais do Plano Real (André Lara Resende e Persio Arida) e seu timoneiro-mor, o ministro Pedro Malan, que no posfácio revisita o livro com foco no Plano Real e na importância conferida pelos entrevistados ao tema da estabilidade de preços, trinta anos depois. André aponta a influência das teorias econômicas e do papel do economista, mas questiona o quanto elas são filtradas, restando as que mais servem ao poder instituído. O debate aberto a ideias novas é a vacina aos negacionistas que insistem em receituários automáticos e desgastados de política econômica. E Persio decide publicar aqui um extraordinário registro da história do pensamento inercialista e compara os elementos e as diferenças do Plano Larida e do Plano Real, separados por dez anos. Agradecemos aos três profundamente, foi um enorme privilégio tê-los por perto novamente e contar com o brilhantismo intelectual deste trio, que aliás nutre entre si um verdadeiro e profundo respeito mútuo.

A reedição foi possível também graças ao envolvimento de mais pessoas: Maria Lucia Guardia viabilizou o contato com Malan, e Joaquim Rondon Rocha Azevedo nos aproximou de André. Sem os dois queridos elos, este *retour* não teria prosperado. E Persio respondeu ao convite de José Marcio, com quem há tempos cultiva amizade e trocas intelectuais.

A construção do conhecimento e da memória dá-se também pelas amizades e tramas sociais. O que justifica uma ode ao tempo e às valiosas amizades que a ele resistem. Impossível não lembrar da "Oração ao Tempo", de Caetano Veloso, compositor de destinos, tambor de todos os ritmos:

> *És um senhor tão bonito*
> *Quanto a cara do meu filho*
> *Tempo, tempo, tempo, tempo*
> *Vou te fazer um pedido*
> *Tempo, tempo, tempo, tempo*
> *Por seres tão inventivo*
> *E pareceres contínuo*
> *Tempo, tempo, tempo, tempo*
> *És um dos deuses mais lindos*
> *Tempo, tempo, tempo, tempo*

Maria Lucia, a Chu, é minha querida amiga há mais de quarenta anos, e por ela tive o privilégio de contar com amizade do Edu (Eduardo Guardia), que precocemente nos deixou. Difícil homenageá-lo à medida de seu caráter, dedicação e inteligência. Ou à medida da saudade que deixa, e do apoio que dele tive em vários momentos de minha trajetória. Edu foi importante também para Malan, Persio e André: tiveram todos eles uma longa convivência, profissional e pessoal, desde os tempos do Plano Real. Mas apenas eu corri duas maratonas com o Edu!

Também já passa de quatro décadas o tempo da minha amizade com Juca (Joaquim), companheiro de aventuras passadas e vindouras, junto com outros queridos e queridas desde o tempo de colégio. Todos eles com quem falei sobre a reedição reagiram com entusiasmo e incentivo.

De tempos mais recentes, mas igualmente companheiro e amigo, agradeço ao editor Pedro Franciosi, que comprou a ideia desta reedição e nos apoiou incondicionalmente. E a seu sócio Paulo Malta, que pôs a mão na massa de maneira cuidadosa e competente. Sem eles esse projeto teria sido só um projeto.

Sobre meus amigos autores, Ciro e eu já éramos muito próximos trinta anos atrás, por ocasião da 1ª edição deste livro, passaporte para nossa amizade com o José Marcio. Alguns poucos anos depois concluímos nossos doutorados em Economia na EAESP-FGV, com Zé Marcio puxando a fila — era seu segundo doutorado, ele já era casado e pai de três filhos. Mais tarde, Ciro e eu também nos casamos (não entre nós, que fique claro!), tivemos filhos, Zé Marcio já tem netos, e seguimos caminhos distintos.

Ciro, com todo seu brilhantismo, perseverou na academia, obteve pós-doutorado no MIT, e tornou-se professor na FGV. É um craque da Economia Regional e Urbana, com foco em políticas públicas, tendo contribuído para a Prefeitura de São Paulo. Hoje dirige a FGV Cidades.

José Marcio há pouco se aposentou como professor, após longos anos na FGV e na PUC-SP. Os cursos do Zé Marcio foram marcados sempre pela originalidade de enfoques e autores, e a sua longa parceria com Luiz Carlos Bresser-Pereira foi responsável por aulas elogiadíssimas. Aliás, Zé Marcio é um dos professores mais queridos pelos seus alunos, fato que pude presenciar ao longo de muitos anos, e com uma capacidade ímpar para juntar pessoas, promover debates construtivos e organizar livros.

Sobre mim, enveredei-me pela iniciativa privada com várias contribuições como executivo no mundo dos seguros e do varejo. Tive atuação institucional nos órgãos representativos do setor securitário, e hoje atuo como consultor de empresas na Partenariat. Também lecionei em cursos universitários, porém de forma ocasional. Assim como Ciro, também passei pelo setor público, só que na Secretaria da Fazenda de São Paulo.

Mas somente José Marcio é artista plástico, pintor e empresário, e só ele é quem foi entrevistado pelo Jô!

> *E quando eu tiver saído*
> *Para fora do teu círculo*
> *Tempo, tempo, tempo, tempo*
> *Não serei nem terás sido*
> *Tempo, tempo, tempo, tempo*
> *Ainda assim acredito*
> *Ser possível reunirmo-nos*
> *Tempo, tempo, tempo, tempo*
> *Num outro nível de vínculo*
> *Tempo, tempo, tempo, tempo*

O tempo, a nosso favor. E que venham os próximos trinta anos, sem esquecimentos!

Portanto, peço-te aquilo
E te ofereço elogios
Tempo, tempo, tempo, tempo
Nas rimas do meu estilo
Tempo, tempo, tempo, tempo
De modo que o meu espírito
Ganhe um brilho definido
Tempo, tempo, tempo, tempo
E eu espalhe benefícios
Tempo, tempo, tempo, tempo

Abril de 2024

GLOSSÁRIO DE SIGLAS E ABREVIATURAS

1. Instituições citadas

ANPEC: Associação Nacional dos Cursos de Pós-Graduação em Economia
ANPES: Associação Nacional de Planejamento Econômico e Social
BACEN ou BC: Banco Central do Brasil
BANERJ: Banco do Estado do Rio de Janeiro S.A.
BANESPA: Banco do Estado de São Paulo S.A.
BEFIEX: Comissão Especial para Concessão de Benefícios Fiscais e Programa Especial de Exportação
BIRD: Bank for International Reconstruction and Development
BNDE: Banco Nacional de Desenvolvimento Econômico
BNDES: Banco Nacional de Desenvolvimento Econômico e Social
BNH: Banco Nacional da Habitação
CAE: Centro de Aperfeiçoamento de Economistas
CAPES: Coordenação de Aperfeiçoamento de Pessoal de Nível Superior
CEBRAP: Centro Brasileiro de Análise e Planejamento
CEPAL: Comissão Econômica para a América Latina e o Caribe
CEXIM: Carteira de Exportação e Importação do Banco do Brasil
CIEP: Centro Integrado de Educação Popular
CMBEU: Comissão Mista Brasil-Estados Unidos
CNI: Confederação Nacional da Indústria
CNPq: Conselho Nacional de Pesquisa
CONTAP: Conselho Técnico da Aliança para o Progresso
CPDOC: Centro de Pesquisas e Documentação da FGV
DASP: Departamento Administrativo do Serviço Público
DER: Departamento de Estradas de Rodagem
DERSA: Desenvolvimento Rodoviário S.A.
DNOCS: Departamento Nacional de Obras Contra as Secas
EAESP: Escola de Administração de Empresas da FGV-SP
EBAP: Escola Brasileira de Administração Pública
EPEA: Escritório de Pesquisa Econômica Aplicada
EPGE: Escola de Pós-Graduação em Economia da FGV-RJ
ESG: Escola Superior de Guerra
FAPESP: Fundação de Amparo à Pesquisa do Estado de São Paulo
FCEA-USP: Faculdade de Ciências Econômicas e Administrativas da USP

FEA: Faculdade de Economia e Administração
FGV ou GV: Fundação Getúlio Vargas
FIESP: Federação das Indústrias do Estado de São Paulo
FIPE: Fundação Instituto de Pesquisas Econômicas
FMI ou IMF: Fundo Monetário Internacional
FUNDAP: Fundação do Desenvolvimento Administrativo
GEIA: Grupo Executivo da Indústria Automobilística
IBGE: Instituto Brasileiro de Geografia e Estatística
IBRE: Instituto Brasileiro de Economia da FGV
IE: Instituto de Economia da UNICAMP
IEA: Instituto de Estudos Avançados da USP
IEI: Instituto de Economia Industrial da UFRJ
IERJ: Instituto dos Economistas do Rio de Janeiro
IESP: Instituto de Economia do Setor Público
IFCH: Instituto de Filosofia e Ciências Humanas da UNICAMP
ILPES: Instituto Latino-Americano de Planificação Econômica e Social
IMPA: Instituto de Matemática Pura e Aplicada
INCRA: Instituto Nacional de Colonização e Reforma Agrária
INPES: Instituto de Planejamento Econômico e Social do IPEA
IPE: Instituto de Pesquisas Econômicas da USP
IPEA: Instituto de Pesquisa Econômica Aplicada
ISEB: Instituto Superior de Estudos Brasileiros
LSE: London School of Economics
MDB: Movimento Democrático Brasileiro
MEC: Ministério da Educação e Cultura
Mercosul: Mercado Comum do Sul
MIT: Massachusetts Institute of Technology
MOBRAL: Movimento Brasileiro de Alfabetização
NAFTA: North American Free Trade Agreement
NPP: Núcleo de Pesquisa e Publicações da EAESP-FGV-SP
Nuclebrás: Empresas Nucleares Brasileiras S.A.
OCDE: Organização para a Cooperação e Desenvolvimento Econômico
OEA: Organização dos Estados Americanos
ONU: Organização das Nações Unidas
OPEP: Organização dos Países Exportadores de Petróleo
Petrobrás: Petróleo Brasileiro S.A.
PDC: Partido Democrata Cristão
PDS: Partido Democrático Social
PFL: Partido da Frente Liberal
PMDB: Partido do Movimento Democrático Brasileiro
PT: Partido dos Trabalhadores
PSDB: Partido Social Democrático Brasileiro
PUC: Pontifícia Universidade Católica
SBE: Sociedade Brasileira de Econometria
SBPC: Sociedade Brasileira para o Progresso da Ciência

SEADE: Fundação Sistema Estadual de Análise de Dados
SEPLAN: Secretaria de Planejamento
SUDENE: Superintendência para o Desenvolvimento do Nordeste
SUMOC: Superintendência da Moeda e do Crédito
TELESP: Telecomunicações São Paulo S.A.
UB: Universidade do Brasil
UERJ: Universidade do Estado do Rio de Janeiro
UFRJ: Universidade Federal do Rio de Janeiro
USP: Universidade de São Paulo
UnB: Universidade de Brasília
UNESCO: United Nations Education and Science Organization
UNICAMP: Universidade Estadual de Campinas
USAID: United States Agency for International Development

2. Outras siglas utilizadas

CEAG: Curso de Especialização em Administração para Graduados da FGV-SP
FAT: Fundo de Amparo ao Trabalhador
FGTS: Fundo de Garantia por Tempo de Serviço
FINSOCIAL: Fundo de Investimento Social
FND: Fundo Nacional de Desenvolvimento
FUP: Fundo de Uniformização de Preços
GATT: Acordo Geral sobre Tarifas e Comércio
GNP: Gross National Product
HPE: História do Pensamento Econômico
ICM: Imposto sobre Circulação de Mercadorias
ICMS: Imposto sobre Circulação de Mercadorias e Serviços
IDH: Índice de Desenvolvimento Humano
IGP: Índice Geral de Preços
IOF: Imposto sobre Operações Financeiras
IPA: Índice de Preços por Atacado
IPI: Imposto sobre Produtos Industrializados
IPTU: Imposto Predial e Territorial Urbano
IVV: Imposto sobre Vendas a Varejo de Combustíveis
ORTN: Obrigações Reajustáveis do Tesouro Nacional
OTN: Obrigações do Tesouro Nacional
P&D: Pesquisa e Desenvolvimento
PAEG: Plano de Ação Econômica do Governo
PED: Plano Estratégico de Desenvolvimento
PEM: Plano de Estabilização Monetária
PIB: Produto Interno Bruto
PIS/PASEP: Programa de Integração Social e Programa de Formação do Patrimônio do Servidor Público
PND: Plano Nacional de Desenvolvimento

PPE: *Pesquisa e Planejamento Econômico*
RAE: *Revista de Administração de Empresas*
REP: *Revista de Economia Política*
SFH: Sistema Financeiro da Habitação
SIVAM: Sistema de Vigilância da Amazônia
UFIR: Unidade Fiscal de Referência
URP: Unidade de Reajuste de Preços
URV: Unidade Real de Valor

BIBLIOGRAFIA

ABREU, M. P. (org.) (1989). *A ordem do progresso: cem anos de política econômica republicana, 1889-1989*. Rio de Janeiro: Campus.

ABUD, J. (1996). *Dívida externa, estabilização econômica, abertura comercial, ingresso de capitais externos e baixo crescimento econômico: México, 1989-1993*. Tese de Doutorado, FGV-SP.

ACKLEY, G. (1961). *Teoria macroeconômica*. Nova York: Macmillan.

AGLIETTA, M. (1984). *La Violence de la monnaie*. Paris: PUF.

ALDRIGHI, D.; SALVIANO JR., C. (1990). "A grande arte: a Retórica para McCloskey". *Anais do 18º Encontro Anual da ANPEC*, Brasília.

ALLEN, R. G. D. (1938). *Mathematical Analysis for Economists*. Londres: Macmillan.

ALLEN, R. G. D. (1957). *Mathematical Economics*. Londres: Macmillan.

ALLEN, R. G. D.; HICKS, J. R. (1934). "A Reconsideration of the Theory of Value — Part I". *Economica*, New Series, vol. 1, nº 1, fev.

ALMONACID, R. D.; PASTORE, A. C. (1974). "Gradualismo ou tratamento de choque? Considerações em torno dos custos de estabilização". *Anais do 2º Encontro Anual da ANPEC*, Minas Gerais.

ALTHUSSER, L.; BALIBAR, E. (1973). *Para leer El Capital*. Cidade do México: Siglo Veintiuno.

ALTMAN, F. (org.) (1995). *A arte da entrevista: uma antologia de 1823 aos nossos dias*. São Paulo: Scritta.

ANDERSON, P. (1986). "Modernidade e revolução". *Novos Estudos CEBRAP*, nº 14, fev.

ARANTES, P. (1993). *Um departamento francês de ultramar*. Rio de Janeiro: Paz e Terra.

ARIDA, P. (1981). "A hipótese estrutural na teoria da inflação: um comentário". *Estudos Econômicos*, vol. 11, nº 1, jan.-mar.

ARIDA, P. (1982). "Reajuste salarial e inflação". *Pesquisa e Planejamento Econômico*, vol. 12, nº 2, ago.

ARIDA, P. (1983). "A história do pensamento econômico como teoria e retórica". *Texto para Discussão* nº 54, PUC-RJ.

ARIDA, P. (1984a). "Neutralizar a inflação, uma ideia promissora". *Economia em Perspectiva*, vol. 1, Conselho Regional de Economia de São Paulo, jul.

ARIDA, P. (1984b). "Economic Stabilization in Brazil". *Texto para Discussão* nº 84, PUC-RJ.

ARIDA, P. (1985). "O déficit público: um modelo simples". *Revista de Economia Política*, vol. 5, nº 4.

Arida, P. (1992). *Essays on Brazilian Stabilization Programs*. Tese de Doutorado, MIT.

Arida, P.; Lara Resende, A. (1984a). "Inertial Inflation and Monetary Reform in Brazil". *Texto para Discussão* nº 63, PUC-RJ.

Arida, P.; Lara Resende, A. (1984b). "Recession and the Rate of Interest: A Note of the Brazilian Economy in the 1980's". *Texto para Discussão* nº 85, PUC-RJ.

Arida, P.; Lara Resende, A. (1985). "Recessão e taxa de juros: o Brasil nos primórdios da década de 1980". *Revista de Economia Política*, vol. 5, nº 1, jan.-mar.

Arida, P.; Lara Resende, A. (1986). *Inflação zero: Brasil, Argentina e Israel*. Rio de Janeiro: Paz e Terra.

Arida, P.; Bacha, E. L. (1984). "Balance of Payments: A Disequilibrium Analysis for Semi-Industrialized Economies". *Journal of Development Economics*, vol. 27, nº 1-2, out.

Arida, P. (org.) (1983). *Dívida externa, recessão e ajuste estrutural: o Brasil diante da crise*. Rio de Janeiro: Paz e Terra.

Aron-Schnapper, D.; Hanet, D. (1978). "Archives orales et histoire des instituitions sociales". *Revue Française de Sociologie*, vol. 19.

Arrow, K. J. (1962). "The Economic Implications of Learning by Doing". *Review of Economic Studies*, vol. 29, nº 3, jun.

Arrow, K. J.; Debreu, G. (1954). "Existence of Equilibrium for a Competitive Economy". *Econometrica*, vol. 22, jul.

Assis, J. C. de; Conceição Tavares, M. da (1985). *O grande salto para o caos: a economia política e a política econômica do regime autoritário*. Rio de Janeiro: Zahar.

Axelrod, R. (1984). *The Evolution of Cooperation*. Nova York: Basic Books.

Bacha, E. L. (1968). *An Econometric Model for the World Coffee Market: The Impact of Brazilian Price Policy*. Tese de Doutorado, Yale University.

Bacha, E. L. (1970). "Uma nota sobre a entrada de capitais estrangeiros e as taxas de crescimento do produto". *Estudos Econômicos*, vol. 1, nº 2, IPE-USP.

Bacha, E. L. (1976). *Os mitos de uma década: ensaios de economia brasileira*. Rio de Janeiro: Paz e Terra.

Bacha, E. L. (1977). "Sobre a taxa de câmbio: um adendo ao artigo de Pastore-Barros-Kadota". *Pesquisa e Planejamento Econômico*, vol. 7, nº 1, abr.

Bacha, E. L. (1978). *Política econômica e distribuição de renda*. Rio de Janeiro: Paz e Terra.

Bacha, E. L. (1982a). *Análise macroeconômica: um texto intermediário*. Rio de Janeiro: IPEA.

Bacha, E. L. (1982b). "Vicissitudes of Recent Stabilization Attempts in Brazil and the IMF Alternative". *Texto para Discussão* nº 27, PUC-RJ.

Bacha, E. L. (1984a). "Latin America's Debt: A Reform Proposal". *Texto para Discussão* nº 48, PUC-RJ.

Bacha, E. L. (1984b). "Prólogo a la tercera carta del Brasil". *El Trimestre Económico*, vol. 51, nº 203, jul.-set.

BACHA, E. L. (1985a). "Preliminary Notes on the Economic Strategy of the New Brazilian Government". *Texto para Discussão* n° 110, PUC-RJ.

BACHA, E. L. (1985b). *Introdução à Macroeconomia: uma abordagem estruturalista*. Rio de Janeiro: Campus.

BACHA, E. L. (1985c). "The Future Role of the International Monetary Fund in Latin America: Issues and Proposals". *Texto para Discussão* n° 97, PUC-RJ.

BACHA, E. L. (1986). *El milagro y la crisis: economía brasileña y latinoamericana*. Cidade do México: Fondo de Cultura Económica.

BACHA, E. L. (1987a). "Moeda, inércia e conflito: reflexões sobre políticas de estabilização no Brasil". In: REGO (org.) (1990).

BACHA, E. L. (1987b). "The Design of IMF Conditionality: A Reform Proposal". *Texto de Discussão* n° 2, IPE-USP.

BACHA, E. L. (1989). "A Three-Gap Model of Foreign Transfers and the GDP Growth Rate in Developing Countries". *Texto para Discussão* n° 221, PUC-RJ.

BACHA, E. L. (1991). "The Brady Plan and Beyond: New Debt Management Options for Latin America". *Texto para Discussão* n° 257, PUC-RJ.

BACHA, E. L. (1992). *Política brasileira do café: uma avaliação centenária*. Rio de Janeiro: Marcelino Martins.

BACHA, E. L. (1993). "Latin America's Reentry Into Private Financial Markets: Domestic and International Policy Issues". *Texto para Discussão* n° 299, PUC-RJ.

BACHA, E. L.; CARNEIRO, D. D. (1992). "Stabilization Programs in Developing Countries: Old Trusts and New Elements". *Texto para Discussão* n° 290, PUC-RJ.

BACHA, E. L.; CARNEIRO, D. D.; TAYLOR, L. (1973). "Sraffa and Classical Economics". *Texto para Discussão*, UnB, nov.

BACHA, E. L.; EDWARDS, S. (1991). "Políticas públicas y desarrollo y ajuste de mercados de trabajo: introducción". *El Trimestre Económico*, vol. 58, dez.

BACHA, E. L.; FEINBERG, R. E. (1985). "The World Bank and Structural Adjustment in Latin America". *Texto para Discussão* n° 100, PUC-RJ.

BACHA, E. L.; KLEIN, H. S. (orgs.) (1986). *A transição incompleta: Brasil desde 1945*. Rio de Janeiro: Paz e Terra.

BACHA, E. L.; LAMOUNIER, B. (1994). "Redemocratization and Economic Reform in Brazil". In: NELSON, J. (org.) (1994). *A Precarious Balance*. San Francisco: ICEG.

BACHA, E. L.; LYRIO, R.; MATA, M. da (1972). *Encargos trabalhistas e absorção de mão de obra: uma interpretação do problema e seu debate*. Rio de Janeiro: IPEA.

BACHA, E. L.; MALAN, P. S. (1984). "Brazil's Debt: From the Miracle to the Fund". *Texto para Discussão* n° 80, PUC-RJ.

BACHA, E. L.; MANGABEIRA UNGER, R. (1978). *Participação, salário e voto: um projeto de democracia para o Brasil*. Rio de Janeiro: Paz e Terra.

BACHA, E. L.; TAYLOR, L. (1971). "Foreign Exchange Shadow Prices: A Critical Review of Current Theories". *Quarterly Journal of Economics*, vol. 85, n° 2, maio.

BACHELIER, J. (1900). "Théorie de la speculation". *Annales de l'École Normale Supérieure*, vol. 17, Paris.

BAER, M. (1989). *O desajuste financeiro e as dificuldades do setor público brasileiro nos anos 80*. Tese de Doutorado, UNICAMP.

BARRO, R. J. (org.) (1988). *Modern Business Cycle Theory*. Cambridge, MA: Harvard University Press.

BARRO, R. J.; SALA-I-MARTIN, X. (1995). *Economic Growth*. Nova York: McGraw Hill.

BARROS DE CASTRO, A. (1971). *Sete ensaios sobre a economia brasileira*. Rio de Janeiro: Forense Universitária.

BARROS DE CASTRO, A.; LESSA, C. (1968). *Introdução à Economia: uma abordagem estruturalista*. Rio de Janeiro: Forense Universitária.

BARROS DE CASTRO, A.; SOUZA, F. E. P. de (1985). *Economia brasileira em marcha forçada*. Rio de Janeiro: Paz e Terra.

BATISTA JR., P. N. (1980). "Política tarifária britânica e evolução das exportações brasileiras na primeira metade do século XIX". *Revista Brasileira de Economia*, vol. 34, n° 2, abr.-jun.

BATISTA JR., P. N. (1981a). *Ensaios sobre o setor externo da economia brasileira*. Rio de Janeiro: Paz e Terra.

BATISTA JR., P. N. (1981b). "O ouro produzido no Brasil deve ser exportado ou incorporado às reservas internacionais do país?". *Revista Brasileira de Economia*, vol. 35, n° 3, jul.-set.

BATISTA JR., P. N. (1982). "Contratos futuros de câmbio, risco cambial e demanda por empréstimos externos: uma sugestão de política econômica". *Revista Brasileira de Economia*, vol. 36, n° 3, jul.-set.

BATISTA JR., P. N. (1983). *Mito e realidade na dívida externa brasileira*. Rio de Janeiro: Paz e Terra.

BATISTA JR., P. N. (1985). "Dois diagnósticos equivocados da questão fiscal no Brasil". *Revista de Economia Política*, vol. 5, n° 2, abr.-jun.

BATISTA JR., P. N. (1987a). "Formação de capital e transferência de recursos ao exterior". *Revista de Economia Política*, vol. 7, n° 1, jan.-mar.

BATISTA JR., P. N. (1987b). "International Financial Flows to Brazil Since the Late 1960s: An Analysis of Debt Expansion". *Discussion Papers* 7, BIRD.

BATISTA JR., P. N. (1988a). *Da crise internacional à moratória brasileira*. Rio de Janeiro: Paz e Terra.

BATISTA JR., P. N. (1988b). *Novos ensaios sobre o setor externo da economia brasileira*. Rio de Janeiro: IBRE/Editora da FGV.

BATISTA JR., P. N. (1989). "Ajustamento das contas públicas na presença de uma dívida elevada: o caso brasileiro". *Revista de Economia Política*, vol. 9, n° 4, out.-dez.

BATISTA JR., P. N. (1990). "Déficit e financiamento do setor público brasileiro: 1983-1988". *Revista de Economia Política*, vol. 10, n° 4, out.-dez.

BATISTA JR., P. N. (1993a). "Estabilização com lastro nacional". *Conjuntura Econômica*, vol. 47, n° 5, maio.

BATISTA JR., P. N. (1993b). "Uma alternativa à dolarização". *Indicadores Econômicos*, vol. 21, n° 2, Secretaria do Planejamento e da Administração, Porto Alegre, ago.

BATISTA JR., P. N. (1993c). "Dolarização, âncora cambial e reservas internacionais". *Revista de Economia Política*, vol. 13, n° 3, jul.-set.

BATISTA JR., P. N. (1993d). "A armadilha da dolarização". *Estudos Econômicos*, vol. 23, n° 3, IPE-USP, set.-dez.

BATISTA JR., P. N.; BELLUZZO, L. G. M. (orgs.) (1992). *A luta pela sobrevivência da moeda nacional: ensaios em homenagem a Dilson Funaro*. Rio de Janeiro: Paz e Terra.

BATISTA JR., P. N.; CORRÊA DO LAGO, L. A.; COSTA, M. H.; RYGG, T. B. (1984). *Combate à inflação no Brasil*. Rio de Janeiro: IBRE/Editora da FGV.

BATISTA JR., P. N.; MEYER, A. (1994). "A reestruturação da dívida externa brasileira". *Estudos Econômicos*, vol. 20, n° 2, maio-ago.

BAUMOL, W. (1952). "The Transaction Demand for Cash". *Quarterly Journal of Economics*, vol. 67, n° 4, nov.

BELLUZZO, L. G. M. (1975). *Valor e capitalismo: um ensaio sobre a economia política*. Tese de Doutorado, UNICAMP. São Paulo: Bienal, 1987.

BELLUZZO, L. G. M.; OLIVEIRA LIMA, L. A. (1977). "Lições de um aprendiz de feiticeiro". *Estudos CEBRAP*.

BELLUZZO, L. G. M. (1979). "A transfiguração crítica". *Estudos CEBRAP*, 24.

BELLUZZO, L. G. M. (1984). *O senhor e o unicórnio: a economia dos anos 80*. São Paulo: Brasiliense.

BELLUZZO, L. G. M.; CONCEIÇÃO TAVARES, M. da (1981). "Ainda a controvérsia da demanda efetiva: uma pequena intervenção". *Revista de Economia Política*, vol. 1, n° 3, jul.--set.

BELLUZZO, L. G. M.; CONCEIÇÃO TAVARES, M. da (1984). "Uma reflexão sobre a natureza da inflação contemporânea". *Anais do 12° Encontro Anual da ANPEC*, Belém.

BELLUZZO, L. G. M.; COUTINHO, R. (orgs.) (1981). *Desenvolvimento capitalista no Brasil: ensaios sobre a crise*. São Paulo: Brasiliense.

BELLUZZO, L. G. M.; GOMES DE ALMEIDA, J. S. (1989). "Enriquecimento e produção: Keynes e a dupla natureza do capitalismo". *Novos Estudos CEBRAP*, 23, mar.

BELLUZZO, L. G. M.; GOMES DE ALMEIDA, J. S. (1990). "Crise e reforma monetária no Brasil". *São Paulo em Perspectiva*, vol. 4, n° 1, Fundação SEADE, jan.-mar.

BICCHIERI, C. (1988). "Should a Scientist Abstain from Metaphor?". In: KLAMER, MC-CLOSKEY e SOLOW (1988).

BIDERMAN, C.; COZAC, L. F. L.; REGO, J. M. (1996). "Autonomia dos centros de pós-graduação em Economia: uma abordagem institucional e de história oral". *Série Relatório de Pesquisas NPP-FGV*.

BIELSCHOWSKY, R. (1988). *O pensamento econômico brasileiro: o ciclo econômico do desenvolvimentismo*. Rio de Janeiro: IPEA-INPES.

BIER, A.; PAULANI, L.; MESSENBERG, R. (1986). *O heterodoxo e o pós-moderno*. Rio de Janeiro: Paz e Terra.

BLACK, F.; SCHOLES, M. (1973). "The Pricing of Options and Corporate Liabilities". *Journal of Political Economy*, vol. 81, n° 3, maio-jun.

BLANCHARD, O. J. (1986). "The Wage Price Spiral". *Quarterly Journal of Economics*, vol. 101, n° 3, ago.

BLAUG, M. (1983). *Who's Who in Economics: A Biographical Dictionary, 1700-1981*. Londres: Wheatsheaf Books.

BLAUG, M. (1985). *Great Economists since Keynes*. Londres: Wheatsheaf Books, 1988.

BÖHM-BAWERK, E. (1896). *Karl Marx and the Close of his System*. Nova York: Kelly, 1948.

BONELLI, R.; MALAN, P. (1976). "Os limites do possível: notas sobre o balanço de pagamentos e a indústria no limiar da segunda metade dos anos 70". *Pesquisa e Política Econômica*, vol. 6, n° 2, ago.

BORGES, M. A. (1995). *Eugênio Gudin: capitalismo e neoliberalismo*. Tese de Doutorado, PUC-SP.

BRESCIANI TURRONI, C. (1925). "Influenza del deprezzamento del marco sulla distribuzione della ricchezza". *Economia*. In: BRESCIANI TURRONI, C. (1937). *Economia da inflação: o fenômeno da hiperinflação alemã dos anos 20*. Rio de Janeiro: Expressão e Cultura, 1989.

BRESCIANI TURRONI, C. (1960). *Curso de economia política*. Cidade do México: Fondo de Cultura Económica.

BRESSER-PEREIRA, L. C. (1962). "The Rise of Middle Class and Middle Management in Brazil". *Journal of Interamerican Studies*, vol. 4, n° 3, jul.

BRESSER-PEREIRA, L. C. (1968). *Desenvolvimento e crise no Brasil*. São Paulo: Brasiliense.

BRESSER-PEREIRA, L. C. (1970). *Estado e subdesenvolvimento industrializado*. São Paulo: Brasiliense.

BRESSER-PEREIRA, L. C. (1972a). *Tecnoburocracia e contestação*. Petrópolis: Vozes.

BRESSER-PEREIRA, L. C. (1972b). *Mobilidade e carreira dos dirigentes das empresas paulistas*. Tese de Doutorado, USP.

BRESSER-PEREIRA, L. C. (1975a). "O modelo Harrod-Domar e a substitubilidade de fatores". *Estudos Econômicos*, vol. 5, n° 3, set.-dez.

BRESSER-PEREIRA, L. C. (1975b). "A economia do subdesenvolvimento industrializado". *Estudos CEBRAP*, 14, out.-dez.

BRESSER-PEREIRA, L. C. (1977a). "Notas introdutórias ao modo tecnoburocrático ou estatal de produção". *Estudos CEBRAP*, 20, abr.-jun.

BRESSER-PEREIRA, L. C. (1977b). "A partir da crítica". *Estudos CEBRAP*, 21, jul.-ago.

BRESSER-PEREIRA, L. C. (1978). *O colapso de uma aliança de classes*. São Paulo: Brasiliense.

BRESSER-PEREIRA, L. C. (1979). "China e União Soviética, estatismo e socialismo". *Cadernos de Opinião*, 15, dez.

Bresser-Pereira, L. C. (1981a). "A inflação no capitalismo de Estado (e a experiência brasileira recente)". *Revista de Economia Política*, vol. 1, nº 2.

Bresser-Pereira, L. C. (1981b). *A sociedade estatal e a tecnoburocracia*. São Paulo: Brasiliense.

Bresser-Pereira, L. C. (1982). "Seis interpretações sobre o Brasil". *Dados — Revista de Ciências Sociais*, vol. 25, nº 3.

Bresser-Pereira, L. C. (1986a). *Economia brasileira: uma introdução crítica*. São Paulo: Brasiliense.

Bresser-Pereira, L. C. (1986b). *Lucro, acumulação e crise: a tendência declinante da taxa de lucro reexaminada*. São Paulo: Brasiliense.

Bresser-Pereira, L. C. (1989a). "Aceleração da inflação inercial". In: Rego (org.) (1989).

Bresser-Pereira, L. C. (1989b). "Ideologias econômicas e democracia no Brasil". *Estudos Avançados*, vol. 3, nº 6, IEA-USP.

Bresser-Pereira, L. C. (1991). "Integração latino-americana ou americana?". *Novos Estudos CEBRAP*, 31, out.

Bresser-Pereira, L. C. (1992a). "1992: estabilização necessária". *Revista de Economia Política*, vol. 12, nº 3, jul.-set.

Bresser-Pereira, L. C. (1992b). "Economic Reforms and Cycles of State Intervention". *World Development*, vol. 21, nº 8, ago.

Bresser-Pereira, L. C. (1994). *A crise fiscal do Estado*. São Paulo: Nobel.

Bresser-Pereira, L. C. (1995). *Economic Crises and State Reform in Brazil: Toward a New Interpretation of Latin America*. Boulder: Lynne Rienner.

Bresser-Pereira, L. C. (1996a). "A inflação decifrada". *Revista de Economia Política*, vol. 16, nº 4, out.-dez.

Bresser-Pereira, L. C. (1996b). *Crise econômica e reforma do Estado no Brasil*. São Paulo: Editora 34.

Bresser-Pereira, L. C.; Dall'Acqua, F. (1991). "Economic Populism versus Keynes: Reinterpreting Budget Deficit in Latin America". *Journal of Post Keynesian Economics*, vol. 14, nº 1, Fall.

Bresser-Pereira, L. C.; Nakano, Y. (1983). "Fatores aceleradores, sancionadores e mantenedores da inflação". *Anais do 10º Encontro Anual da ANPEC*, Belém, dez.

Bresser-Pereira, L. C.; Nakano, Y. (1984a). *Inflação e recessão*. São Paulo: Brasiliense.

Bresser-Pereira, L. C.; Nakano, Y. (1984b). "Política administrativa de controle da inflação". *Revista de Economia Política*, vol. 4, nº 3, jul.

Bresser-Pereira, L. C.; Rego, J. M. (1992). "Um mestre da economia brasileira: Ignácio Rangel". *Revista de Economia Política*, vol. 12, nº 3, jul.-set.

Bresser-Pereira, L. C.; Maravall, J. M.; Przeworski, A. (1993). *Reformas econômicas em democracias novas: uma abordagem social-democrata*. São Paulo: Nobel.

Bruno, M. (1972). "Domestic Resources Costs a Effective Protection: Classification and Synthesis". *Journal of Political Economy*, vol. 80, nº 1, jan.-fev.

Bruno, M.; Fischer, S. (1990). "Seigniorage, Operating Rules, and the High Inflation Trap". *Quarterly Journal of Economics*, vol. 105, nº 2, maio.

Buarque de Holanda, S. (1936). *Raízes do Brasil*. Rio de Janeiro: José Olympio, 1969.

Buchanan, J. M. (1995). "Economic Science and Cultural Diversity". *Kyklos*, vol. 48, nº 2, fev.

Buchanan, J. M.; Tollison, R. D.; Tullock, G. (orgs.) (1980). *Toward a Theory of the Rent-Seeking Society*. College Station: Texas A&M University Press.

Bulhões, O. G. (1950). *À margem de um relatório*. Texto das Conclusões da Comissão Mista Brasileiro-Americana de Estudos Econômicos — Missão Abbink. Rio de Janeiro: Financeiras.

Bulhões, O. G. (1990). *Depoimento*. Memória do Banco Central, Programa de História Oral do CPDOC. Brasília: Divisão de Impressão e Publicações do Departamento de Administração de Recursos Materiais do Banco Central do Brasil.

Cairu, Visconde de (José da Silva Lisboa) (1804). *Princípios de economia política*. Rio de Janeiro: Pongetti, 1956.

Caldwell, B. J. (1984). *Beyond Positivism*. Londres: George Allen & Unwin.

Caldwell, B. J.; Coats, A. W. (1984). "The Rhetoric of Economists: A Comment on McCloskey", *Journal of Economic Literature*, vol. 22, nº 2, jun.

Campos, R. O. (1950). "Lord Keynes e a teoria da transferência de capitais". *Revista Brasileira de Economia*, vol. 4, nº 2, jun.

Campos, R. O. (1954). *Planejamento do desenvolvimento econômico de países subdesenvolvidos*. São Paulo: EAESP-FGV.

Campos, R. O. (1961). "Two Views of Inflation in Latin America". In: Hirschman (1986).

Campos, R. O. (1963). *Economia, planejamento e nacionalismo*. Rio de Janeiro: APEC.

Campos, R. O. (1964). *A moeda, o governo e o tempo*. Rio de Janeiro: APEC.

Campos, R. O. (1965). *Política econômica e mitos políticos*. Rio de Janeiro: APEC.

Campos, R. O. (1966a). "Inflação, desenvolvimento e políticas de estabilização". *Centros de Estudos do Boletim Cambial*.

Campos, R. O. (1966b). *A técnica e o riso*. Rio de Janeiro: APEC.

Campos, R. O. (1968). *Do outro lado da cerca... três discursos e algumas elegias*. Rio de Janeiro: APEC.

Campos, R. O. (1969). *Ensaios contra a maré*. Rio de Janeiro: APEC.

Campos, R. O. (1972). "Desenvolvimento econômico e político da América Latina: uma difícil opção". *Revista Brasileira de Economia*, vol. 26, nº 4, out.-dez.

Campos, R. O. (1984). "Ata da reunião do Conselho de Câmaras Internacionais do Comércio de São Paulo, por ocasião da palestra do senador R. O. Campos realizada no dia 07/05/84". São Paulo: SCP.

Campos, R. O. (1985). *Além do cotidiano*. Rio de Janeiro: Record.

Campos, R. O. (1994). *A lanterna na popa: memórias*. Rio de Janeiro: Topbooks.

Campos, R. O.; Simonsen, M. H. (1975). *Formas criativas no desenvolvimento brasileiro*. Rio de Janeiro: APEC.

Campos, R. O.; Simonsen, M. H. (1979). *A nova economia brasileira*. Rio de Janeiro: José Olympio.

Canabrava, A. (org.) (1984). *História da Faculdade de Economia e Administração da Universidade de São Paulo*. São Paulo: FEA-USP.

Canuto dos Santos Filho, Otaviano (1994). *Brasil e Coreia do Sul*. São Paulo: Nobel.

Cardoso de Mello, J. M. (1982). *O capitalismo tardio*. São Paulo: Brasiliense, 6ª ed., 1987.

Cardoso, E. A. (1985). *Economia brasileira ao alcance de todos*. São Paulo: Brasiliense, 17ª ed., 1996.

Cardoso, E. A.; Barros, R. P. de; Urani, A. (1993). "Inflation and Unemployment as Determinants of Inequality in Brazil the 1980's". *Texto para Discussão*, 298, IPEA.

Cardoso, F. H. (1980). *As ideias e seu lugar: ensaios sobre as teorias do desenvolvimento*. Petrópolis: Vozes.

Cardoso, F. H.; Faletto, E. (1970). *Dependência e desenvolvimento na América Latina: ensaios de interpretação sociológica*. Rio de Janeiro: Zahar, 5ª ed., 1979.

Cardoso, I. de A. R. (1982). *A universidade da comunhão paulista: o projeto de criação da Universidade de São Paulo*. São Paulo: Cortez.

Carlyle, T. (1858). *Past and Present*. Oxford: Hughes, 1918.

Carneiro, D. D. (1990). "Crise e esperança: 1974-1980". In: Abreu (org.) (1989).

Carr, E. H. (1961). *O que é história*. Rio de Janeiro: Paz e Terra, 1976.

Casali, A. (1989). *Universidade católica no Brasil: elite intelectual para a restauração da Igreja*. Tese de Doutorado, PUC-SP.

Castro, R. (1992). *O anjo pornográfico: a vida de Nelson Rodrigues*. São Paulo: Companhia das Letras.

Chacel, J. (1979). "Eugênio Gudin, o professor". In: Kafka et al. (1979).

Clower, R. (1967). "A Reconsideration of the Microeconomic Foundations of Monetary Theory". *Western Economic Journal*, vol. 6, dez.

Coats, A. W. (1992). "The Post-1945 Global Internationalization (Americanization?) of Economics". *Texto para Discussão*, 18, FEA-USP.

Coe de Oliveira, N. (1966). "Escola de Pós-Graduação em Economia (EPGE) do Instituto Brasileiro de Economia (IBRE) da Fundação Getúlio Vargas (FGV): 4º Relatório Trimestral". IBRE, mimeo.

Corrêa do Lago, L. A. (1990). "A retomada do crescimento e as distorções do 'milagre': 1967-1973". In: Abreu (org.) (1989).

CPDOC-FGV (1983). *Dicionário Histórico e Bibliográfico Brasileiro*. Rio de Janeiro: Editora da FGV.

Curado, I. (1994). "EAESP-FGV: um passeio pelo labirinto". *Revista de Administração de Empresas*, vol. 34, nº 3.

Cury, A. (1979). "Criação do Instituto de Economia Industrial". Ofício do Diretor da Faculdade de Ciências Jurídicas e Econômicas da UFRJ ao Decano do CCJE, mimeo.

Darwin, C. (1859). *On the Origin of Species by Means of Natural Selection*. Cambridge: E. Mayr, 1964.

Davis, H. T. (1941a). *The Theory of Econometrics*. Bloomington: Principia.

Davis, H. T. (1941b). *The Analysis of Economic Time Series*. Bloomington: Principia.

Debreu, G. (1959). *An Axiomatic Analysis of Economic Equilibrium*. New Haven: Yale University Press, 1987.

Delfim Netto, A. (1959). *O problema do café no Brasil*. Tese de Doutorado, USP. Rio de Janeiro: Editora da FGV, 1979.

Delfim Netto, A. (1962). *Alguns problemas do planejamento para o desenvolvimento econômico*. Tese de Livre-Docência, USP. São Paulo: Pioneira, 1966.

Delfim Netto, A. (1965). *Problemas econômicos da agricultura brasileira*. São Paulo: FEA-USP.

Delfim Netto, A. (1966). "Oportunidades, os problemas e estratégias para melhorar, no Brasil, o treinamento universitário em Economia". *Revista Brasileira de Economia*, vol. 20, n° 4, dez.

Delfim Netto, A. (1981). *A recuperação da economia em 1980-81*. Brasília: Imprensa Oficial.

Delfim Netto, A. (1982a). *Emprego na indústria começa no campo*. Brasília: SEPLAN.

Delfim Netto, A. (1982b). *Política e estratégia do desenvolvimento brasileiro*. Brasília: Imprensa Oficial.

Delfim Netto, A. (1983a). *Delfim: o Brasil e a crise mundial de pagamentos*. Brasília: SEPLAN.

Delfim Netto, A. (1983b). *Exorcizado o "fantasma" de 1984*. Brasília: Imprensa Nacional.

Delfim Netto, A. (1986). *Só o político pode salvar o economista*. Rio de Janeiro: Edição do Autor.

Delfim Netto, A.; Langoni, C. G. (1973). *Distribuição da renda e desenvolvimento econômico do Brasil*. Rio de Janeiro: Expressão e Cultura.

Delfim Netto, A. et al. (1965). *Alguns aspectos da inflação brasileira*. São Paulo: ANPES.

Dias Mendes, A. (1984). "Novo currículo mínimo de Ciências Econômicas". Parecer n° 375/84. Brasília: Ministério da Educação e Cultura.

Díaz-Alejandro, C. F. (1970). *Ensayos sobre la historia económica argentina*. Buenos Aires: Amorrortu.

Díaz-Alejandro, C. F.; Bacha, E. L. (1981). "Mercados financeiros internacionais: uma perspectiva latino-americana". *Estudos Econômicos*, vol. 11, n° 3, set.-dez.

Domar, E. D. (1946). "Capital Expansion, Rate of Growth, and Employment". *Econometrica*, vol. 14, n° 2, abr.

Eatwell, J.; Millgate, M.; Newman, P. (1991). *The New Palgrave: The World of Economics*. Nova York: Macmillan.

EINAUDI, L. (1932). *Principi di scienza della finanza*. Turim: Einaudi, 1948.

EKERMAN, R. (1989). "A comunidade de economistas do Brasil: dos anos 50 aos dias de hoje". *Revista Brasileira de Economia*, vol. 43, n° 2.

ELSTER, J. (1988). *Marx hoje*. Rio de Janeiro: Paz e Terra.

FERREIRA, M. M. (1994a). *História oral e multidisciplinariedade*. Rio de Janeiro: Diadorim.

FERREIRA, M. M. et al. (1994b). *Entre-vistas: abordagens e usos da história oral*. Rio de Janeiro: Editora da FGV.

FIORI, J. L. (1984). *Conjuntura e ciclo na dinâmica de um Estado periférico*. Tese de Doutorado, UFRJ.

FIORI, J. L. (1988). *Instabilidade e crise do Estado na industrialização brasileira*. Tese de Professor Titular, UFRJ.

FIORI, J. L. (1994). "Os moedeiros falsos". *Folha de S. Paulo*, 3/7/1994.

FISCHER, S. (1977). "Long Term Contracts, Rational Expectations, and the Optimal Money Supply Rule". *Journal of Political Economy*, vol. 85, n° 1, fev.

FISHER, I. (1956). *The Purchasing Power of Money*. Nova York: Macmillan, 1911.

FISHLOW, A. (1972). "Origens e consequências da substituição de importações no Brasil". *Estudos Econômicos*, vol. 2, n° 6, São Paulo, IPE-USP, dez.

FLEMING, J. M. (1955). "External Economies and the Doctrine of Balanced Growth". *Economic Journal*, vol. 65, n° 258, jun.

FLEMING, J. M. (1962). "Domestic Financial Policies Under Fixed and Under Floating Exchange Rates". *IMF Staff Papers*, vol. 9, n° 3, nov.

FRANCO, G. H. B. (1986). *Aspects of the Economics of Hyperinflations: Theoretical Issues and Historical Studies of Four European Hyperinflations of the 1920's*. Tese de Doutorado, Harvard University.

FRANCO, G. H. B. (1990). "Hiperinflação: teoria e prática". In: REGO (org.) (1990).

FRANCO, G. H. B. (1992). *Cursos de Economia: catálogo da lista de leituras oferecidas em programas de pós-graduação em Economia no Brasil*. PUC-RJ/ANPEC.

FRANCO, G. H. B. (1994). *O Plano Real e outros ensaios*. Rio de Janeiro: Francisco Alves.

FRANK, R. (1992). "La Mémoire et l'histoire". *Les Cahiers de l'IHTP*, vol. 21, n° 65.

FRENKEL, R. (1979). "Decisiones de precios en alta inflación". *Desarrollo Económico*, vol. 19, n° 75, Buenos Aires.

FRENKEL, R. (1990). "Hiperinflação: o inferno tão temido". In: REGO (org.) (1990).

FRIEDMAN, M. (1953). "The Methodology of Positive Economics". In: *Essays in Positive Economics*. Chicago: University of Chicago Press.

FRIEDMAN, M. (1956). *Studies in the Quantity Theory of Money*. Chicago: University of Chicago Press.

FRIEDMAN, M. (1975). *There's no Such Thing as a Free Lunch*. Chicago: Open Court.

FRIEDMAN, M. (1992). *Money Mischief: Episodes in Monetary History*. Nova York: Harcourt Brace Jovanovich.

FRIEDMAN, M.; SCHWARTZ, A. (1963). *A Monetary History of the United States, 1867-1960*. Princeton: Princeton University Press.

FURTADO, C. (1948). *L'Économie coloniale brésilienne*. Tese de Doutorado, Université Paris Sorbonne.

FURTADO, C. (1954). *A economia brasileira: contribuição à análise de seu desenvolvimento*. Rio de Janeiro: A Noite.

FURTADO, C. (1956). *Uma economia dependente*. Rio de Janeiro: MEC.

FURTADO, C. (1957). *Perspectivas da economia brasileira*. Rio de Janeiro: ISEB.

FURTADO, C. (1959). *Formação econômica do Brasil*. São Paulo: Companhia Editora Nacional.

FURTADO, C. (1961). *Desenvolvimento e subdesenvolvimento*. Rio de Janeiro: Editora Fundo de Cultura.

FURTADO, C. (1964). *Dialética do desenvolvimento*. Rio de Janeiro: Editora Fundo de Cultura.

FURTADO, C. (1966). *Subdesenvolvimento e estagnação na América Latina*. Rio de Janeiro: Civilização Brasileira.

FURTADO, C. (1969). *Formação econômica da América Latina*. Rio de Janeiro: Lia.

FURTADO, C. (1972). *Análise do "modelo" brasileiro*. Rio de Janeiro: Civilização Brasileira.

FURTADO, C. (1974). *O mito do desenvolvimento econômico*. Rio de Janeiro: Paz e Terra.

FURTADO, C. (1976). *Prefácio à nova economia política*. Rio de Janeiro: Paz e Terra.

FURTADO, C. (1981a). *O Brasil pós-milagre*. Rio de Janeiro: Paz e Terra.

FURTADO, C. (1981b). "Uma política de desenvolvimento para o Nordeste". *Novos Estudos CEBRAP*, vol. 1, nº 1, dez.

FURTADO, C. (1985). *A fantasia organizada*. Rio de Janeiro: Paz e Terra.

FURTADO, C. (1989). *A fantasia desfeita*. Rio de Janeiro: Paz e Terra.

FURTADO, C. (1990). "Entre inconformismo e reformismo". *Estudos Avançados*, vol. 4, nº 8, IEA-USP, abr.

FURTADO, C. (1991). *Ares do mundo*. Rio de Janeiro: Paz e Terra.

FURTADO, C. (1992a). "Globalização das estruturas econômicas e identidade nacional". *Estudos Avançados*, vol. 6, nº 16, IEA-USP, set.-dez.

FURTADO, C. (1992b). *A construção interrompida*. São Paulo: Paz e Terra.

GALBRAITH, J. K. (1971). "The Language of Economics". In: *Economics, Peace and Laughter*. Nova York: New American Library.

GARZANTI (1985). *La Nuova Enciclopedia del Diritto e dell'Economia*. Milão: Garzanti, 1990.

GEORGESCU-ROEGEN, N. (1981). *Alguns problemas de orientação em economia*. Rio de Janeiro: Multiplic.

GERSCHENKRON, A. (1962). *Economic Backwardness in Historical Perspective*. Cambridge, MA: Harvard University Press.

GIANNETTI DA FONSECA, E. (1980). "Comportamento individual: alternativas ao homem econômico". *Estudos Econômicos*, vol. 10, nº 2, IPE-USP, maio-ago.

GIANNETTI DA FONSECA, E. (1981a). "Energia e a economia brasileira". *Estudos Econômicos*, vol. 11, IPE-USP.

GIANNETTI DA FONSECA, E. (1981b). *Proálcool, energia e transportes*. São Paulo: Pioneira.

GIANNETTI DA FONSECA, E. (1988). "Liberalismo e reforma social: o legado utilitarista". *Texto de Discussão*, 29, IPE-USP.

GIANNETTI DA FONSECA, E. (1991). *Beliefs in Action: Economic Philosophy and Social Change*. Cambridge: Cambridge University Press.

GIANNETTI DA FONSECA, E. (1993). *Vícios privados, benefícios públicos? A ética na riqueza das nações*. São Paulo: Companhia das Letras.

GIANNETTI DA FONSECA, E. (1995). *As partes e o todo*. São Paulo: Siciliano.

GIANNOTTI, J. A. (1985). *Trabalho e reflexão*. São Paulo: Brasiliense.

GIANNOTTI, J. A. (1995). *Apresentação do mundo*. São Paulo: Companhia das Letras.

GÖDEL, K. (1931). "Über formal unentscheidbare Sätze der *Principia Mathematica* und verwandlter Systeme I". *Monatshefte für Mathematik und Physik*, vol. 38, nº 1.

GOLDENSTEIN, L. (1995). *Repensando a dependência*. São Paulo: Paz e Terra.

GRANGER, C. W. J. (1966). "The Typical Spectral Shape of Economic Variables". *Econometrica*, vol. 34, nº 1, jan.

GRANGER, C. W. J. (1981). "Some Properties of Time Series Data and Their Use in Econometric Model Specification". *Journal of Econometrics*, vol. 16, nº 1, maio.

GRANGER, G.-G. (1955). *Méthodologie économique*. Paris: PUF.

GRAY, J. A. (1976). "Wage Indexation: A Macroeconomic Approach". *Journal of Monetary Economics*, vol. 2, nº 2, abr.

GRILICHES, Z. (1973). "Research Expenditures and Growth Accounting". In: WILLIAMS, B. R. (org.). *Science and Technology in Economic Growth*. Nova York: Macmillan.

GUDIN, E. (1943). *Princípios de economia monetária*. Rio de Janeiro: Agir, 3ª ed., 1954.

GUDIN, E. (1967). "A institucionalização da inflação". *Digesto Econômico*, 163, jan.-fev.

GUNDER FRANK, A. (1966). "The Development of Underdevelopment". In: RHODES (1970).

HABERLER, G. (1936). *El comercio internacional*. Barcelona: Labor.

HABERLER, G. (1937). *Prosperity and Depression: A Theoretical Analysis of Cyclical Movements*. Genebra: League of Nations, 1940.

HABERMAS, J. (1987). *Conhecimento e interesse*. Rio de Janeiro: Guanabara.

HABERMAS, J. (1989). *Consciência moral e agir comunicativo*. Rio de Janeiro: Tempo Brasileiro.

HABERMAS, J. (1990). *O discurso filosófico da modernidade*. Porto: Dom Quixote.

HARNECKER, M. (1969). *Los conceptos elementales del materialismo histórico*. Cidade do México: Siglo Veintiuno.

Harrod, R. F. (1939). "An Essay in Dynamic Theory". *Economic Journal*, vol. 49, n° 193, mar.

Hayek, F. (1928). "Das intertemporale Gleichgewichtssystem der Preise und die Bewegungen des 'Geldwertes'". *Weltwirtschaftliches Archiv*, vol. 28, n° 1, jul.

Hayek, F. (1935). *Collectivist Economic Planning*. Nova York: M. Kelley.

Hayek, F. (1944). *The Road to Serfdom*. Chicago: Chicago University Press.

Hegel, G. W. F. (1816). *Introdução à história da filosofia*. São Paulo: Abril, 1974.

Hesse, H. (1943). *O jogo das contas de vidro*. São Paulo: Brasiliense, 1970.

Hicks, J. R. (1932). *The Theory of Wages*. Nova York: Macmillan, 1962.

Hicks, J. R. (1937). "Mr. Keynes and the 'Classics': A Suggested Interpretation". *Econometrica*, vol. 5, n° 2, abr.

Hicks, J. R. (1939). *Value and Capital: An Inquiry into Some Fundamental Principles of Economic Theory*. Oxford: Oxford University Press.

Hicks, J. R. (1989). *A Market Theory of Money*. Oxford: Oxford University Press.

Hirschman, A. O. (1958). *The Strategy of Economic Development*. New Haven: Yale University Press.

Hirschman, A. O. (1961). *Latin America Issues: Essays and Comments*. Nova York: The Twentieth Century Fund.

Hirschman, A. O. (1970). *Exit, Voice and Loyalty*. Cambridge, MA: Harvard University Press.

Hirschman, A. O. (1979). "The Rise and Decline of Development Economics". In: Hirschman (1986).

Hirschman, A. O. (1984). "A Dissenter's Confession: The Strategy of Development Revisited". In: Meyer e Seers (1984).

Hirschman, A. O. (1986). *A Economia como ciência moral e política*. São Paulo: Brasiliense.

Hobsbawm, E. (1995). *A era dos extremos: o breve século XX (1914-1991)*. São Paulo: Companhia das Letras.

Huberman, Leo (1962). *História da riqueza do homem*. Rio de Janeiro: Zahar.

Huntington, Ellsworth (1915). *Civilization and Climate*. New Haven: Yale University Press.

IBGE (1990). *Estatísticas históricas do Brasil*. Rio de Janeiro: IBGE.

Jaguaribe, H. (1958). *O nacionalismo e a atualidade brasileira*. Rio de Janeiro: ISEB/MEC.

Johnston, J. (1963). *Métodos econômicos*. São Paulo: Atlas, 1971.

Kadota, P.; Mendonça de Barros, J. R.; Pastore, A. C. (1976). "A teoria da paridade do poder de compra, minidesvalorizações e o equilíbrio da balança comercial brasileira". *Pesquisa e Planejamento Econômico*, vol. 6, n° 2, ago.

Kadota, P.; Mendonça de Barros, J. R.; Pastore, A. C. (1978). "Sobre a taxa de câmbio: resultados adicionais e uma réplica à análise de Bacha". *Pesquisa e Planejamento Econômico*, vol. 8, n° 2, ago.

KAFKA, A. et al. (1979). *Eugênio Gudin visto por seus contemporâneos*. Rio de Janeiro: Editora da FGV.

KALDOR, N. (1955). "Alternative Theories of Distribution". In: TARGETTI e THIRWALL (orgs.) (1989).

KALDOR, N. (1961). *Ensayos sobre desarrollo económico*. Cidade do México: CEMLA.

KALDOR, N. (1963). "Capital Accumulation and Economic Growth". In: LUTZ e HAGUE (orgs.) (1963).

KALDOR, N. (1985). "How Monetarism Failed". *Challenge*, vol. 28, n° 2, maio-jun.

KANDIR, A. (1988). *Inflação acelerada*. Tese de Doutorado, UNICAMP. *A dinâmica da inflação*. São Paulo: Nobel, 1989.

KENDALL, M. G. (1943-1949). *The Advanced Theory of Statistics*. Londres: Charles Griffin, 3 vols.

KEYNES, J. M. (1923). "Tract on Monetary Reform". In: *Collected Writings of John Maynard Keynes*. Londres: Macmillan, 1971.

KEYNES, J. M. (1930). *A Treatise on Money*. In: *Collected Writings of John Maynard Keynes*. Londres: Macmillan, 1971.

KEYNES, J. M. (1936). *Teoria geral do emprego, do juro e da moeda*. São Paulo: Abril Cultural — Série Os Economistas. 1982.

KEYNES, J. M. (1963). *Essays in Persuasion*. Londres: W. W. Norton.

KEYNES, J. M. (1971). *Collected Writings*. Cambridge: Cambridge University Press.

KEYNES, J. N. (1891). *The Scope and Method of Political Economy*. Londres: Macmillan, 4ª ed., 1917.

KINGSTON, J. (1945). *A teoria da indução estatística*. Rio de Janeiro: IBGE.

KLAMER, A. (1981). *New Classical Discourse: A Methodological Examination of Rational Expectations Economics*. Tese de Doutorado, Duke University.

KLAMER, A. (1983). *Conversas com economistas*. São Paulo: Pioneira/Editora da Universidade de São Paulo.

KLAMER, A. (1995). "A Rhetorical Perspective on the Difference Between European and American Economists". *Kyklos*, vol. 48, n° 2, fev.

KLAMER, A.; COLANDER, D. (1990). *The Making of an Economist*. San Francisco: Westview.

KLAMER, A.; MCCLOSKEY, D.; SOLOW, R. (1988). *The Consequences of Economic Rhetoric*. Cambridge: Cambridge University Press.

KREPS, D. M. (1990). *A Course in Microeconomic Theory*. Princeton: Princeton University Press.

KRUEGER, A. O. (1974). "The Political Economy of Rent-Seeking Society". *American Economic Review*, vol. 64, jun.

KRUGMAN, P. (1991). "History versus Expectations". *Quarterly Journal of Economics*, vol. 106, n° 2, maio.

KRUGMAN, P. (1995). *Development, Geography and Economic Theory*. Cambridge: The MIT Press.

Kuhn, T. (1962). *A estrutura das revoluções científicas*. São Paulo: Perspectiva, 1978.

Kuhn, T. (1983). *La tensión esencial: estudios selectos sobre la tradición y el cambio en el ámbito de la ciencia*. Madri: Fondo de Cultura Económica.

Lakatos, I. (1978). *Mathematics, Science and Epistemology*. Cambridge: Cambridge University Press.

Lamounier, B.; Carneiro, D. D.; Abreu, M. P. (1994). *50 anos do Brasil: 50 anos da Fundação Getúlio Vargas*. Rio de Janeiro: Editora da FGV.

Lange, Oskar (1938). *On the Economic Theory of Socialism*. Londres: Pergamon, 1968.

Lange, Oskar (1961). *Introdução à Econometria*. Rio de Janeiro: Editora Fundo de Cultura, 1963.

Lara Resende, A. (1979). *Inflation and Oligopolistic Price in Semi-Industrialized Economies*. Tese de Doutorado, MIT.

Lara Resende, A. (1981). "Incompatibilidade distributiva e inflação estrutural". *Estudos Econômicos*, vol. 11, nº 3, IPE-USP, set.-dez.

Lara Resende, A. (1982). "A política brasileira de estabilização: 1963-68". *Pesquisa e Planejamento Econômico*, vol. 12, nº 3, dez.

Lara Resende, A. (1984a). "A moeda indexada: nem mágica nem panaceia". *Texto para Discussão* nº 81, PUC-RJ.

Lara Resende, A. (1984b). "A moeda indexada: uma proposta para eliminar a inflação inercial". *Gazeta Mercantil*, 26, 27 e 28/9/1984. Reproduzido em Rego (org.) (1986).

Lara Resende, A. (1988). "Da inflação crônica à hiperinflação: observações sobre o quadro atual". *Texto para Discussão* nº 181, PUC-RJ.

Lara Resende, A. (1990). "Estabilização e reforma: 1964-1967". In: Abreu (1989).

Lara Resende, A. (1992). "Conselho da Moeda: um órgão emissor independente". *Revista de Economia Política*, vol. 12, nº 4, out.-dez.

Lara Resende, A. (1995). "Elegância". *Folha de S. Paulo*, 4/4/1995.

Lara Resende, A.; Lopes, F. L. (1980). "Sobre as causas da recente aceleração inflacionária". *Anais do 7º Encontro Anual da ANPEC*, Nova Friburgo.

Lasch, C. (1994). *A rebelião das elites e a traição da democracia*. Rio de Janeiro: Ediouro.

Leijonhufvud, A. (1973). "Life Among Econ". *Western Economic Journal*, vol. 11, nº 3, set.

Lênin, V. I. (1916). *El imperialismo, fase superior del capitalismo*. Moscou: Ediciones en Lenguas Extranjeras, 1945.

Lerner, A. P. (1934). "The Concept of Monopoly and the Measurements of Monopoly Power". *The Review of Economic Studies*, vol. 1, nº 3, jun.

Lessa, C. (1981). *Quinze anos de política econômica*. São Paulo: Brasiliense.

Levi, G. "Les Usages de la biographie". *Annales: Economie, Société, Civilisations*, vol. 44, nº 6.

Lewis, A. W. (1954). "Economic Development with Unlimited Supply of Labor". In: Agarwala, A. N.; Singh, S. P. (orgs.) (1958). *The Economics of Underdevelopment*. Oxford: Oxford University Press.

Lopes, F. L. (1984a). "Só um choque heterodoxo pode eliminar a inflação". *Economia em Perspectiva*, Conselho Regional de Economia de São Paulo, ago.

Lopes, F. L. (1984b). "Inflação inercial, hiperinflação e desinflação: notas e conjecturas". *Revista da ANPEC*, vol. 7, n° 8, nov.

Lopes, F. L. (1986). *O choque heterodoxo*. Rio de Janeiro: Campus.

Loureiro, M. R. G. (1996). *Gestão econômica e democracia: a participação dos economistas no governo*. Tese de Livre-Docência, USP.

Loureiro, M. R. G.; Lima, G. (1994). "A internacionalização da Ciência Econômica no Brasil". *Revista de Economia Política*, vol. 14, n° 3, jul.-set.

Lucas, R. E. (1972). "Expectations and Neutrality of Money". *Journal of Economic Theory*, 4, abr.

Lucas, R. E. (1976). "Economic Policy Evaluation: A Critique". *Carnegie-Rochester Conference Series on Public Policy*, 1, abr.

Lucas, R. E. (1988). "On the Mechanics of Development Planning". *Journal of Monetary Economics*, vol. 22, n° 1, jul.

Lutz, F. A.; Hague, D. C. (orgs.) (1963). *Proceedings of a Conference Held by the International Economics Associations*. Londres: Macmillan.

Maddison, A. (1989). *The World Economy in the Twentieth Century*. Paris: OCDE.

Maki, U. (1988). "How to Combine Rhetoric and Realism in the Methodology of Economics". *Economics and Philosophy*, vol. 4, n° 1.

Mallorquin, C. (1994). *La idea de subdesarrollo: el pensamiento de Celso Furtado*. Tese de Doutorado, Universidad del México.

Malthus, T. (1798). *An Essay on the Principle of Population*. Londres: W. Pickering, 1986.

Mantega, G. (1984). *A economia política brasileira*. Petrópolis: Vozes.

Marshall, A. (1890). *Principles of Economics*. Londres: Macmillan, 8ª ed., 1920.

Martins, L. (1978). "'Estatização' da economia ou 'privatização' do Estado?". *Ensaios de Opinião*, 9, Rio de Janeiro.

Martins, L. (1985). *Estado capitalista e burocracia no Brasil pós-64*. Rio de Janeiro: Paz e Terra.

Marx, K. H. (1844). *Ökonomisch-philosophische Manuskripte aus dem Jahre 1844*. Berlim: Dietz, 1973.

Marx, K. H. (1857). *Para a crítica da economia política*. São Paulo: Nova Cultural, 1986.

Marx, K. H. (1859). *Contribuição à crítica da economia política*. São Paulo: Abril Cultural, 1982.

Marx, K. H. (1867). *O Capital*. São Paulo: DIFEL, 1984.

Mazzuchelli, F. (1985). *A contradição em processo: o capitalismo e suas crises*. São Paulo: Brasiliense. Versão modificada da Tese de Doutorado, UNICAMP, 1983.

McCloskey, D. (1983). "The Rhetoric of Economics". *Journal of Economic Literature*, vol. 21, n° 2, jun.

Meek, R. L. (1977). *Smith, Marx, & After: Ten Essays in the Development of Economic Thought*. Londres: Chapman & Hall.

Mendonça de Barros, J. R.; Pastore, A. C. (1976). "Absorção de mão de obra e os efeitos do progresso tecnológico na agricultura". *Trabalho para Discussão*, 19, FEA-USP.

Mendonça de Barros, J. R.; Pastore, A. C. (1978). "A mobilidade de fatores e os aspectos distributivos do progresso tecnológico: um adendo". *Revista Brasileira de Economia*, vol. 32, n° 4.

Meyer, G.; Seers, D. (orgs.) (1984). *Pioneers in Development*. Washington: World Bank.

Morais, F. (1994). *Chatô, o rei do Brasil*. São Paulo: Companhia das Letras.

Mundell, R. A. (1968). *International Economics*. Nova York: Macmillan.

Musgrave, R. A.; Peacock, A. T. (1958). *Classics in the Theory of Public Finance*. Londres: Macmillan.

Muth, J. F. (1961). "Rational Expectations and the Theory of Price Movements". *Econometrica*, vol. 29, n° 3, jul.

Myrdal, G. (1957). *Economic Theory and Under-Developed Regions*. Londres: Duckworth Books.

Nagel, E.; Newman, J. R. (1973). *A prova de Gödel*. São Paulo: Perspectiva.

Navarro de Toledo, C. (1977). *ISEB: fábrica de ideologias*. São Paulo: Ática.

Nelson, C. R.; Plosser, C. I. (1982). "Trends and Random Walks in Macroeconomic Time Series: Some Evidence and Implications". *Journal of Monetary Economics*, vol. 10, n° 2.

Neumann, J.; Morgestern, O. (1947). *Theory of Games and Economic Behavior*. Princeton: Princeton University Press.

Nora, P. (1993). "Entre memória e história: a problemática dos lugares". *Projeto História*, n° 10, PUC-SP, dez.

North, D. C. (1991). "Institutions". *Journal of Economic Perspectives*, vol. 5, n° 1, Winter.

Novaes, A. D. (1993). "Revisiting the Inertial Inflation Hypothesis for Brazil". *Journal of Development Economics*, vol. 42, n° 1, out.

Noyola Vásquez, J. F. (1956). "El desarrollo económico e la inflación en México y otros países latinoamericanos". *Investigación Económica*, 169, jul.-set. 1984.

Olbrechts-Tyteca, L.; Griffin-Collart, E. (1989). "Bibliographie de Chaïm Perelman". *Revue Internationale de Philosophie*, vol. 33, n° 127-128.

Orozco, E. M. L. (1994). *Estudo de uma comunidade científica na área das Ciências Sociais: o caso do IFCH da UNICAMP*. Dissertação de Mestrado, UNICAMP.

Pasinetti, L. (1974). *Growth and Income Distribution*. Cambridge: Cambridge University Press.

Pastore, A. C. (1968). *Resposta da produção agrícola aos preços no Brasil*. Tese de Doutorado, USP.

Pastore, A. C. (1969). "Inflação e política monetária no Brasil". *Revista Brasileira de Economia*, vol. 23, nº 1, jan.-mar.

Pastore, A. C. (1971). "A oferta de produtos agrícolas no Brasil". *Estudos Econômicos*, vol. 1, nº 3, IPE-USP.

Pastore, A. C. (1972). "O emprego de deflatores inadequados e o problema de erro comum nas variáveis em estudos econométricos: um comentário". *Pesquisa e Planejamento Econômico*, vol. 2, nº 1, jun.

Pastore, A. C. (1973a). "A oferta de moeda no Brasil, 1971-72". *Pesquisa e Planejamento Econômico*, vol. 3, nº 4, dez.

Pastore, A. C. (1973b). "Aspectos da política monetária recente no Brasil". *Estudos Econômicos*, vol. 3, nº 3, IPE-USP, set.-dez.

Pastore, A. C. (1976). "Absorção da mão de obra e os efeitos distributivos do progresso tecnológico: um adendo". *Revista Brasileira de Economia*, vol. 32, nº 4, out.-dez.

Pastore, A. C. (1990). "Inflação e expectativas com a política monetária numa regra de taxas de juros". *Revista Brasileira de Economia*, vol. 44, nº 4, out.-dez.

Pastore, A. C. (1994). "Flutuações cíclicas e indicadores de atividade industrial". *Revista Brasileira de Economia*, vol. 48, nº 3, jul.-set.

Pastore, A. C. (1996). "Por que a política monetária perde eficácia?". *Revista Brasileira de Economia*, vol. 50, nº 3, jul.-set.

Pastore, A. C.; Savasini, J. A. A.; Azambuja Rosa, J. (1978). *Quantificação dos incentivos às exportações*. Rio de Janeiro: Fundação Centro de Estudos do Comércio Exterior.

Pastore, A. C.; Savasini, J. A. A.; Azambuja Rosa, J.; Kume, H. (1979). *Promoção efetiva às exportações no Brasil*. Rio de Janeiro: Fundação Centro de Estudos do Comércio Exterior.

Paulani, L. (1992). "Ideias sem lugar: sobre a 'Retórica da Economia' de McCloskey". *Anais do 19º Encontro Anual da ANPEC*, Campos do Jordão.

Pazos, F. (1969). *Medidas para detener la inflación crónica en América Latina*. Cidade do México: CEMLA.

Pazos, F. (1972). *Chronic Inflation in Latin America*. Nova York: Praeger.

Perelman, C. (1952). "Philosophies premières et philosophie regressive". In: *Rhétorique et Philosophie*. Paris: PUF.

Perelman, C.; Olbrechts-Tyteca, L. (1958a). *La Nouvelle rhétorique*. Paris: PUF.

Perelman, C.; Olbrechts-Tyteca, L. (1958b). *Traité de l'argumentation*. Paris: PUF.

Perelman, C.; Olbrechts-Tyteca, L. (1972). *Raison éternelle, raison historique, justice et raison*. Bruxelas: Presses Universitaires de Bruxelles.

Phelps, E. S. (1994). *Structural Slumps: The Modern Equilibrium Theory of Unemployment, Interest, and Assets*. Cambridge, MA: Harvard University Press.

Pirenne, H. (1925). *Las ciudades medievales*. Buenos Aires: Ediciones 3, 1962.

Polanyi, K. (1944). *A grande transformação*. Rio de Janeiro: Campus, 1980.

PRADO JR., B.; CASS, M. J. (1993). "A 'Retórica da Economia' segundo McCloskey". *Discurso*, 22.

PRADO JR., C. (1942). *Formação do Brasil contemporâneo*. São Paulo: Brasiliense, 1983.

PRADO, E. F. (1991). *A Economia como ciência*. São Paulo: IPE-USP.

PREBISCH, R. (1949). "Desenvolvimento econômico da América Latina e seus principais problemas". *Revista Brasileira de Economia*, vol. 3, n° 3, set.

PREBISCH, R. (1984). "Five Stages in My Thinking of Development". In: MEYER e SEERS (orgs.) (1984).

RAMSEY, F. (1928). "A Mathematical Theory of Saving". *The Economic Journal*, vol. 38, n° 152, dez.

RANGEL, I. M. (1957). *Dualidade básica na economia brasileira*. Rio de Janeiro: ISEB.

RANGEL, I. M. (1963). *A inflação brasileira*. São Paulo: Bienal, 5ª ed., 1987.

RANGEL, I. M. (1987). *Economia brasileira contemporânea*. São Paulo: Bienal, 1987.

RANGEL, I. M. (1989). "Sobre a inércia acelerada". In: REGO (org.) (1989).

RANGEL, I. M. (1992). *Do ponto de vista nacional*. São Paulo: Bienal.

RAPPAPORT, S. (1988). "Economic Methodology: Rhetoric or Epistemology?". *Economics and Philosophy*, vol. 4, n° 1, abr.

RAWLS, J. (1971). *A Theory of Justice*. Oxford: Oxford University Press, 1972.

REBELO, S. (1988). "Long-Run Policy Analysis and Long-Run Growth". *NBER Working Paper* 3325.

REGO, J. M. (1986). "Resenha do livro *Lucro, acumulação e crise*, de L. C. Bresser-Pereira". *Senhor*, 5/8/1986.

REGO, J. M. (1989). "Retórica e a crítica ao método científico na Economia: sociologia do conhecimento versus a lógica da superação positiva". *Anais do 17° Encontro Anual da ANPEC*, Fortaleza.

Rego, J. M. (1990). "Retórica no processo inflacionário: a teoria da inflação inercial". In: REGO (org.), 1990.

REGO, J. M. (org.) (1986). *Inflação inercial, teorias de inflação e o Plano Cruzado*. Rio de Janeiro: Paz e Terra.

REGO, J. M. (org.) (1988). *Algumas experiências de hiperinflação*. Rio de Janeiro: Paz e Terra.

REGO, J. M. (org.) (1989). *Aceleração recente da inflação: A teoria da inflação inercial reexaminada*. São Paulo: Bienal.

REGO, J. M. (org.) (1990). *Inflação e hiperinflação: interpretações e retórica*. São Paulo: Bienal.

REGO, J. M. (org.) (1991). *Revisão da crise: metodologia e retórica na história do pensamento econômico*. São Paulo: Bienal.

REGO, J. M. (org.) (1996). *Retórica na Economia*. São Paulo: Editora 34.

RHODES, R. I. (1970). *Imperialism and Underdevelopment: A Reader*. Nova York: Monthly Review Press.

Ricardo, D. (1817). *On the Principles of Political Economy and Taxation*. Cambridge: Cambridge University Press, 1951.

Robinson, J. (1956). *The Accumulation of Capital*. Londres: Macmillan, 1965.

Romer, P. M. (1988). "Capital Accumulation in the Theory of Long Run Growth". In: Barro (org.) (1988).

Romer, P. M. (1990). "Endogenous Technological Change". *Journal of Political Economy*, vol. 98, n° 5, out.

Rorty, R. (1979). *Philosophy and the Mirror of Nature*. Princeton: Princeton University Press.

Rosenberg, A. (1988). "Economics is Too Important to Be Left to the Rhetoricians". *Economics and Philosophy*, vol. 4, n° 1.

Rosenstein-Rodan, P. N. (1943). "Problems of Industrialisation of Eastern and South-Eastern Europe". *The Economic Journal*, vol. 53, n° 210-211, jun.-set.

Rostow, W. W. (1960). *The Stages of Economic Growth*. Cambridge: Cambridge University Press.

Rubin, I. I. (1928). *A teoria marxista do valor*. São Paulo: Brasiliense, 1980.

Russell, B. (1973). *My Philosophical Development*. Londres: Unwin Books.

Russell, B.; Whitehead, A. (1910). *In Principia Mathematica* (3 vols., 1910-1913). Cambridge: Cambridge University Press, 1958.

Samuelson, P. A. (1947). *Foundations of Economic Analysis*. Cambridge, MA: Harvard University Press.

Samuelson, P. A. (1948). *Economia*. Rio de Janeiro: McGraw-Hill.

Sandroni, P. (1994). *Novo Dicionário de Economia*. São Paulo: Best Seller.

Santaella, L. (1994). *A assinatura das coisas*. São Paulo: Imago.

Santaella, L. (1996). *Produção de linguagem e ideologia*. São Paulo: Cortez.

Sargent, T. J. (1979). *Macroeconomic Theory*. Nova York: Academic Press.

Sargent, T. J. (1982). "The Ends of Four Big Inflations". In: Hall, R. E. (org.) (1982). *Inflation: Causes and Effects*. Chicago: Chicago University Press.

Sargent, T. J. (1986). "Stopping Moderate Inflations: The Methods of Poincaré and Thatcher". In: *Rational Expectations and Inflation*. Nova York: Harper & Row.

Schopenhauer, A. (1819). *Le Monde comme volonté et comme représentation*. Paris: Félix Alcan, 1958.

Schultz, T. (1961). "Investment in Human Capital". *The American Economic Review*, vol. 51, n° 1, mar.

Schumpeter, J. A. (1911). *The Theory of Economic Development*. Oxford: Oxford University Press, 1961.

Schumpeter, J. A. (1933). "The Common Sense of Econometrics". *Econometrica*, vol. 1, n° 1, jan.

Schumpeter, J. A. (1939). *Business Cycles*. Nova York: McGraw-Hill.

SCHUMPETER, J. A. (1942). *Capitalismo, socialismo e democrazia*. Milão: Edizioni di Comunità, 1955.

SCHUMPETER, J. A. (1954). *History of Economic Analysis*. Oxford: Oxford University Press.

SERRA, J. (1981). "Ciclos e mudanças estruturais na economia brasileira do pós-guerra". In: BELLUZZO e COUTINHO (1981).

SHACKLE, G. L. S. (1967). *The Years of High Theory: Invention and Tradition in Economic Thought (1926-1939)*. Cambridge: Cambridge University Press.

SHACKLE, G. L. S. (1972). *Epistemics and Economics*. Cambridge: Cambridge University Press.

SIMON, H. A. (1957). *Models of Man: Social and Rational*. Nova York: Wiley.

SIMONSEN, M. H. (1961). *Ensaios sobre economia e política econômica*. Rio de Janeiro: APEC.

SIMONSEN, M. H. (1964). *A experiência inflacionária no Brasil*. Rio de Janeiro: APEC.

SIMONSEN, M. H. (1966). "O ensino de pós-graduação em Economia no Brasil". Rio de Janeiro: EPGE, mimeo.

SIMONSEN, M. H. (1969a). *Teoria microeconômica*. Rio de Janeiro: FGV, 1967-69, 4 vols.

SIMONSEN, M. H. (1969b). *Brasil 2001*. Rio de Janeiro: APEC.

SIMONSEN, M. H. (1970). *Inflação: gradualismo versus tratamento de choque*. Rio de Janeiro: APEC.

SIMONSEN, M. H. (1972). *Brasil 2002*. Rio de Janeiro: APEC.

SIMONSEN, M. H. (1973). *A teoria do crescimento econômico*. Rio de Janeiro: APEC.

SIMONSEN, M. H. (1974). *Macroeconomia*. Rio de Janeiro: APEC.

SIMONSEN, M. H. (1979). "Eugênio Gudin e a teoria da inflação". In: KAFKA *et al.* (1979).

SIMONSEN, M. H. (1980a). "A teoria da inflação e a controvérsia sobre indexação". *Estudos Econômicos*, vol. 10, n° 2, IPE-USP, maio-ago.

SIMONSEN, M. H. (1980b). "Teoria econômica e expectativas racionais". *Revista Brasileira de Economia*, vol. 34, n° 4.

SIMONSEN, M. H. (1981). *Development in an Inflationary World*. Nova York: Academic Press.

SIMONSEN, M. H. (1983). *Dinâmica macroeconômica*. São Paulo: McGraw-Hill.

SIMONSEN, M. H. (1986a). "Experiências antinflacionárias: lições da história". In: REGO (org.) (1986).

SIMONSEN, M. H. (1986b). "Keynes versus expectativas racionais". *Pesquisa e Planejamento Econômico*, vol. 16, n° 2, ago.

SIMONSEN, M. H. (1986c). "Um paradoxo em expectativas racionais". *Revista Brasileira de Economia*, vol. 40, n° 1, jan.-mar.

SIMONSEN, M. H. (1990). "Inflação: interpretações brasileiras". In: REGO (org.) (1990).

SIMONSEN, M. H. (1994). *Ensaios analíticos*. Rio de Janeiro: Editora da FGV.

SIMONSEN, M. H. (1995). *30 anos de indexação*. Rio de Janeiro: Editora da FGV.

SIMONSEN, R. C. (1939). *A evolução industrial do Brasil*. São Paulo: Revista dos Tribunais.

SMITH, A. (1759). *Theory of Moral Sentiments*. Oxford: Oxford University Press, 1976.

SMITH, A. (1776). *An Inquiry into the Nature and Causes of the Wealth of Nations*. Oxford: Oxford University Press, 1976.

SMITH, A. (1977). *Lectures on Rhetoric and Belles Lettres*. Oxford: Oxford University Press, 1977.

SOLNIK, A. (1987). *Os pais do Cruzado contam por que não deu certo*. Porto Alegre: L&PM.

SOLOW, R. M. (1956). "A Contribution to the Theory of Economic Growth". In: STIGLITZ e USAWA (orgs.) (1969).

SRAFFA, P. (1926). "The Laws of Returns Under Competitive Conditions". *The Economic Journal*, vol. 36, nº 144, dez.

STIGLITZ, J.; USAWA, H. (orgs.) (1969). *Readings in the Theory of Economic Growth*. Cambridge, MA: The MIT Press.

SUNKEL, O. (1958). "La inflación chilena: un enfoque heterodoxo". *El Trimestre Económico*, vol. 25, nº 4, out.

SUZIGAN, W. (1986). *Indústria brasileira: origens e desenvolvimento*. São Paulo: Brasiliense.

SUZIGAN, W.; PEREIRA, J. E. C.; ALMEIDA, R. A. G. (1972). *Financiamentos de projetos industriais no Brasil*. Coleção Relatório de Pesquisas, IPEA/INPES, 9.

SWAN, T. W. (1956). "Economic Growth and Capital Accumulation". *Economic Record*, vol. 32, nº 2, nov.

TARGETTI, A.; THIRWALL, A. P. (orgs.) (1989). *The Essential Kaldor*. Londres: Duckworth Books.

TAVARES, M. C. (1972). *Da substituição de importações ao capitalismo financeiro: ensaios sobre a economia brasileira*. Rio de Janeiro: Zahar.

TAVARES, M. C. (1975a). "O desenvolvimento industrial latino-americano e a atual crise do transnacionalismo". *Estudos CEBRAP*, 13, jul.-set.

TAVARES, M. C. (1975b). *Acumulação de capital e industrialização no Brasil*. Tese de Doutorado, UFRJ.

TAVARES, M. C. (1978a). "O movimento geral de capital: um contraponto à visão da autorregulamentação da produção capitalista". *Estudos CEBRAP*, 25.

TAVARES, M. C. (1978b). *Ciclo e crise: o movimento recente da industrialização brasileira*. Tese de Professora Titular, UFRJ.

TAVARES, M. C. (1979). "O sistema financeiro brasileiro e o ciclo da expansão recente". *Cadernos de Opinião*, 13, ago.-set.

TAVARES, M. C. (1982). *A economia política da crise: problemas e impasses da política econômica brasileira*. Rio de Janeiro: Achiamé.

TAVARES, M. C. (1983a). "A crise financeira global". *Revista de Economia Política*, vol. 3, nº 2, abr.-jun.

TAVARES, M. C. (1983b). *A dinâmica cíclica da industrialização recente do Brasil*. Campinas: IFCH-UNICAMP/Fundação Ford.

Tavares, M. C. (1987). "O desequilíbrio financeiro do setor público". *Boletim de Conjuntura*, vol. 7, nº 4, IEI-UFRJ, nov.

Tavares, M. C. (1990). "Inflação: os limites do liberalismo". In: Rego (org.) (1990).

Tavares, M. C. (1991). "Economia e felicidade". *Novos Estudos CEBRAP*, 30, jul.

Tavares, M. C. (1993). "O caso do Brasil: as tentativas fracassadas de estabilização". *Boletim de Conjuntura*, vol. 13, nº 1, IEI-UFRJ, abr.

Tavares, M. C.; Davis, M. D. (orgs.) (1981). *A economia política da crise: problemas e impasses de política econômica do Brasil*. Rio de Janeiro: Vozes/Achiamé.

Tavares, M. C.; Fiori, J. L. (1993). *(Des)ajuste global e modernização conservadora*. São Paulo: Paz e Terra.

Tavares, M. C.; Souza, P. R. (1981). "Emprego e salário na indústria: o caso brasileiro". *Revista de Economia Política*, vol. 1, nº 1, jan.-mar.

Taylor, J. B. (1979). "Staggered Wage Setting in a Macro Model". *The American Economic Review*, vol. 69, nº 2, maio.

Taylor, J. B. (1980). "Aggregate Dynamics and Staggered Contracts". *Journal of Political Economy*, vol. 88, nº 1, fev.

Taylor, L.; Arida, P. (1988). "Long-Run Income Distribution and Growth". In: Chenery, H.; Srinivasan, T. N. (orgs.). *Handbook of Development Economics*. Amsterdã: North Holland.

The Economist (1995). "Half-Empty or Half-Full? A Survey of Brazil". *The Economist*, 29/4-5/5/1995.

Thirwall, A. P. (1983). "Foreign Trade Elasticities in Centre-Periphery Models of Growth and Development". *BNL Quarterly Review*, vol. 36, nº 146.

Tintner, G. (1940). *The Variate Difference Method*. Bloomington: Principia.

Tobin, J. (1956). "The Interest Elasticity of the Transaction Demand for Cash". *Review of Economics and Statistics*, vol. 38, ago.

Tobin, J. (1972). "Inflation and Unemployment". *The American Economic Review*, vol. 62, nº 1-2, mar.

Tobin, J. (1981). *Diagnosing Inflation: a Taxonomy*. Nova York: Academic Press.

Tullock, G. (1980). "Rent-Seeking as a Negative Sum Game". In: Buchanan, J. M.; Tollison, R. D.; Tullock, G. (orgs.). *Toward a Theory of the Rent-Seeking Society*. College Station: Texas A&M University Press.

Vico, G. (1725). *Principios de una ciencia nueva en torno a la naturaleza común de las naciones*. Cidade do México: El Colegio de México, 1941.

Williamson, J. (1983). *IMF Conditionality*. Washington, DC: Institute for International Economics.

Young, A. A. (1928). "Increasing Returns and Economic Progress". *The Economic Journal*, vol. 38, nº 152, dez.

ÍNDICE ONOMÁSTICO

Abreu, Capistrano de, 126
Abreu, Marcelo, 73, 368, 369, 379
Abud, Jairo, 226
Ackley, Gardner, 270
Adorno, Theodor W., 432
Advíncula da Cunha, Sebastião, 267
Aglietta, Michel, 312
Ainslie, George, 437
Allais, Maurice, 208
Allen, Roy George Douglas, 150, 270
Almeida Magalhães, João Paulo de, 200, 288
Almeida, Ruy Affonso Guimarães de, 66
Almonacid, Ruben Dario, 27, 273, 284, 374
Althusser, Louis, 318, 402
Amadeo, Edward, 379
Anderson, Perry, 331, 332
Andreazza, Mario, 74
Angel, James, 81
Arantes, Paulo Eduardo, 182
Araújo, Aloísio, 340
Arida, Persio, 9, 10, 12, 13, 18, 23, 24, 40, 47, 56, 57, 60, 61, 62, 74, 79, 220, 221, 222, 223, 224, 227, 232, 251, 257, 281, 282, 294, 313, 327, 339, 343, 345, 348, 350, 355, 357, 358, 359, 360, 368, 373, 375, 378, 379, 420, 435, 436, 460, 461, 466, 473, 474, 475, 479, 481, 483, 485, 487, 488
Aristóteles, 159
Arns, Dom Paulo Evaristo, 177
Arrow, Kenneth J., 438, 449, 453
Arthur, Brian, 310
Aspe, Pedro, 376

Assis, José Carlos de, 179
Axelrod, Robert, 440
Azambuja Rosa, Joal de, 280
Azariadis, Costas, 26, 35, 362, 364, 365
Bacha, Edmar, 9, 13, 14, 15, 32, 56, 60, 62, 72, 75, 79, 220, 222, 232, 280, 285, 286, 287, 289, 298, 300, 303, 342, 343, 357, 361, 369, 376, 378, 379, 382, 459, 460, 461, 466, 467, 472, 473, 478, 479, 485
Bachelier, Jean, 154, 177
Backhouse, Roger E., 30
Bacon, Francis, 434
Baer, Werner, 148, 183, 288
Banach, Stefan, 150
Barbosa, Ruy, 169, 260
Barbuy, Heraldo, 149
Barre, Raymond, 286
Barro, Robert J., 26, 158, 322, 481
Barros de Castro, Antonio, 76, 232, 308, 313
Barros de Castro, Lavinia, 24
Barros, Adhemar de, 139, 268
Barros, Ricardo Paes de, 162
Barros, Teotônio Monteiro de, 143
Batista Jr., Paulo Nogueira, 60, 62, 79, 306, 323, 336, 367, 368, 396, 397, 418, 460, 461, 465, 467, 468, 469, 473, 485
Baumol, William J., 439
Becker, Gary S., 188, 353, 449
Belluzzo, Luiz Gonzaga, 57, 60, 62, 72, 79, 190, 198, 247, 305, 306, 307, 310, 328, 330, 397, 400, 459, 460, 461, 465, 467, 470, 472, 480, 485

Bernstein, Edward, 89
Bernstein, Fred, 358
Berthet, Luis Arthaud, 143
Bielschowsky, Ricardo, 65
Bier, Amaury G., 328
Black, Fischer, 40
Blanchard, Olivier, 26, 283, 365, 376
Blaug, Mark, 399
Blinder, Alan, 158
Bodin, Pedro, 379
Böhm-Bawerk, Eugen von, 218, 449
Boianovsky, Mauro, 23, 24, 28, 35
Bonelli, Regis, 196
Borges, Maria Angélica, 67
Boulding, Kenneth Ewart, 427
Bracher, Fernão, 373
Brady, Nicholas F., 226
Braga, Saturnino, 101
Braudel, Fernand, 126, 423
Breit, William, 56
Bresciani Turroni, Costantino, 142, 172
Bresser-Pereira, Luiz Carlos, 12, 36, 46, 56, 60, 62, 73, 79, 95, 97, 133, 205, 206, 207, 214, 219, 221, 223, 224, 233, 238, 240, 255, 257, 357, 359, 363, 377, 393, 420, 421, 458, 459, 460, 466, 467, 468, 471, 473, 474, 475, 479, 485, 489
Brizola, Leonel, 107, 354
Bruno, Michael, 27, 265, 280, 281, 293, 367, 376, 392, 478
Buarque de Holanda, Sérgio, 438
Buchanan, James M., 92, 334, 439
Bueno, Luiz de Freitas, 139, 143, 149, 151, 183, 269, 276
Bulhões, Octavio Gouvêa de, 62, 64, 66, 67, 68, 69, 82, 85, 87, 100, 101, 120, 145, 179, 180, 181, 182, 183, 185, 193, 197, 198, 200, 203, 243, 245, 246, 295, 301, 309, 345, 356, 358, 400, 401, 452, 457, 458, 471
Café Filho, João, 68
Cagan, Phillip D., 390
Cairu, Visconde de (José da Silva Lisboa), 63
Calvo, Guillermo, 24, 26, 288

Camargo, José Márcio, 32, 369, 379
Campos, Roberto, 18, 56, 57, 60, 62, 64, 65, 68, 69, 78, 80, 81, 82, 83, 100, 108, 137, 138, 139, 141, 146, 147, 181, 182, 194, 197, 198, 200, 203, 210, 222, 243, 245, 246, 273, 279, 288, 295, 301, 309, 313, 332, 356, 453, 457, 458, 463, 464, 466, 467, 469, 471, 472, 477, 484
Canabrava, Alice Piffer, 63, 146, 208, 269
Cano, Wilson, 308
Cardoso de Mello, João Manuel, 62, 72, 162, 186, 193, 239, 240, 306, 313, 323, 332, 442, 459
Cardoso, Eliana, 162, 342, 376
Cardoso, Fernando Henrique, 13, 43, 44, 47, 48, 49, 89, 95, 105, 109, 110, 125, 127, 162, 163, 164, 191, 206, 232, 286, 298, 322, 323, 339, 370, 371, 373, 381, 382, 395, 409, 410, 418, 421, 463, 465, 484
Carlyle, Thomas, 173
Carneiro, Dionísio Dias, 32, 73, 298, 340, 342, 368, 369, 379
Carr, Edward H., 55
Carvalho Pinto, Carlos Alberto de, 139, 267, 268
Carvalho, Eduardo Pereira de, 268
Castello Branco, Humberto de Alencar, 82, 95, 96, 102, 139, 253, 484
Castro, Ruy, 444, 445
Cavallo, Domingo, 333, 376, 392, 393, 403
Caymmi, Dorival, 446
Chacel, Julian, 68, 180, 401
Chateaubriand, Francisco de Assis, 444
Chaui, Marilena, 433
Chaves, Aureliano, 242
Chenery, Hollis, 378
Cherrier, Béatrice, 30
Chiara, José Tadeu de, 42
Churchill, Winston, 403
Clower, Robert, 317
Coase, Ronald H., 437, 483
Coe de Oliveira, Ney, 71
Colander, David, 66

Colasuonno, Miguel, 308
Collor de Mello, Fernando, 43, 46, 48, 79, 80, 83, 99, 160, 168, 219, 255, 306, 338, 360, 370, 373, 392, 393, 394, 396, 412, 421, 455, 475
Contador, Cláudio, 358
Corrêa do Lago, Luiz Aranha, 369, 401
Cortés, Hernán, 411
Costa e Silva, Arthur da, 82, 98, 140
Costa, Margareth Hansen, 401
Coutinho, Luciano, 114, 213
Couto e Silva, Golbery do, 242
Crusius, Yeda, 268
Curado, Isabela, 77
Cury, Américo, 76
Cury, Samir, 62
Dall'Acqua, Fernando, 213, 238
Dantas, Daniel, 265
Dantas, Francisco de San Tiago, 112
Darwin, Charles, 435, 437
Dasgupta, Partha, 439, 449
Davidson, Paul, 199, 314, 317
Davis, Harold Thayer, 143, 151
De Gaulle, Charles, 407
Deane, Phyllis Mary, 428
Debreu, Gérard, 187
Delfim Netto, Antônio, 36, 56, 57, 60, 62, 70, 72, 74, 78, 79, 82, 90, 105, 139, 140, 141, 147, 149, 152, 163, 171, 182, 183, 186, 190, 192, 193, 194, 205, 208, 246, 266, 267, 268, 270, 273, 275, 280, 289, 295, 296, 301, 309, 313, 358, 415, 416, 427, 428, 458, 459, 464, 465, 466, 469, 472, 473, 475, 477, 478, 484
Descartes, René, 164
Devlin, Robert, 226
Dias Leite Jr., Antônio, 68, 181, 245
Díaz-Alejandro, Carlos Federico, 32, 288, 296, 304, 345
Dodsworth Martins, Luiz, 68
Domar, Evsey D., 218, 253, 270, 321
Dornbusch, Rudiger, 23, 340, 342, 344, 365, 376, 377, 379, 400, 404
Dornelles, Francisco, 141, 147, 168
Eichengreen, Barry, 400

Einstein, Albert, 231
Ekerman, Raul, 70, 71, 72, 374
Ellis, Howard, 96
Elster, Jon, 218, 317, 427, 430
Engels, Friedrich, 451
Eris, Ibrahim, 219, 268, 374, 392
Evans, Jean Lynne, 27
Faletto, Enzo, 109, 298, 322, 409, 410, 463, 465
Farias, Inês Cordeiro de, 62
Fernandes, Florestan, 208
Fernandes, José Augusto C., 14
Ferreira, Heitor de Aquino, 242
Ferreira, Marieta de Moraes, 476
Ferrer, Aldo, 114
Figueiredo, João Baptista de Oliveira, 74, 103, 140, 147, 244, 266, 267, 396, 416, 421
Fiori, José Luís, 136, 137, 179, 191, 197, 323
Fischer, Stanley, 26, 27, 265, 283, 340, 342, 364, 365, 367, 376
Fisher, Irving, 143, 181
Fishlow, Albert, 79, 96, 270, 280, 357
Flaksman, Dora Rocha, 62
Fleury Filho, Luiz Antônio, 306, 326
Fogel, Robert W., 275, 477
Fonseca, Deodoro da, 169
Fraga, Armínio, 44, 379
Franco, Gustavo, 13, 14, 44, 76, 379, 382, 390, 393
Franco, Itamar, 13, 207, 370
Frank, Robert, 476
Freitas Valle, Antonio Carlos de, 339
Frenkel, Roberto, 32, 37, 189, 328, 379, 400, 471
Freyre, Gilberto, 68, 113, 190
Friedman, Milton, 19, 23, 26, 28, 30, 92, 110, 171, 198, 199, 229, 261, 262, 291, 292, 332, 400, 439, 472
Fritsch, Winston, 13, 368, 369, 379
Funaro, Dilson, 57, 207, 306, 339, 341, 390, 397, 417, 420, 421, 474
Furtado, Celso, 56, 60, 62, 64, 65, 69, 78, 81, 90, 111, 112, 113, 114, 116, 117,

125, 145, 146, 178, 181, 185, 186, 190,
193, 200, 210, 213, 232, 234, 235, 236,
246, 248, 269, 270, 274, 288, 289, 290,
295, 309, 312, 342, 356, 399, 406, 407,
409, 411, 457, 458, 462, 464, 467, 469,
473, 475, 477, 478, 484
Galbraith, John Kenneth, 210, 404, 405, 439
Galvêas, Ernane, 266
Garcia, Alexandre, 147
Garcia, Marcio, 43
Gardenalli, Geraldo, 213
Garegnani, Pierangelo, 122
Geisel, Ernesto, 140, 146, 196, 244, 255, 281, 414, 416
Georgescu-Roegen, Nicholas, 148
Gerschenkron, Alexander, 237
Ghiani, Enrico, 38
Giambiagi, Fabio, 43
Giannetti da Fonseca, Eduardo, 57, 60, 62, 87, 191, 275, 423, 425, 429, 432, 440, 460, 461, 465, 466, 467, 468, 472, 484, 486
Giannotti, José Arthur, 164, 311, 312, 431, 432
Gingrich, Newt, 337
Gini, Corrado, 162
Gödel, Kurt, 317, 385
Gomes de Almeida, Júlio Sérgio, 330
Gordon, David B., 26
Goulart, João, 82, 96, 112, 146, 445
Granger, Clive William John, 281, 472
Granger, Gilles-Gaston, 34, 374, 386
Gray, Jo Anna, 26, 283
Gresham, Thomas, 366
Griliches, Zvi, 384
Grunwald, Joseph, 148
Gudin, Eugênio, 18, 64, 66, 67, 68, 69, 81, 85, 86, 87, 88, 89, 90, 101, 118, 119, 120, 125, 137, 142, 145, 149, 180, 181, 183, 184, 245, 246, 295, 309, 312, 332, 438, 444, 445, 452, 457, 470, 471
Guerreiro Ramos, Alberto, 68, 69, 234
Guimarães, José Nunes, 68
Guimarães, Ulysses, 213, 421

Gunder Frank, Andre, 322
Haberler, Gottfried, 83, 85, 86, 88, 90, 119, 142, 143
Habermas, Jürgen, 377, 432
Haddad, Cláudio, 268, 346
Hadley, George, 271
Hahn, Frank, 187, 316, 439, 449
Hamilton, Alexander, 269
Hamurabi, 159
Hansen, Alvin Harvey, 144, 350
Harnecker, Marta, 426
Harrod, Roy Forbes, 216, 218, 253, 270, 321
Harsanyi, John C., 251
Hayek, Friedrich von, 122, 165, 172, 246, 259, 273, 315, 316, 331, 332, 427, 430, 449
Hegel, Georg Wilhelm Friedrich, 318, 320, 338, 424, 426, 430, 432, 437, 438
Heisenberg, Werner, 385
Hesse, Hermann, 187
Hicks, John R., 143, 181, 195, 216, 317
Hirschman, Albert O., 114, 240, 288, 298, 369, 373, 376, 465, 479, 480
Hobsbawm, Eric J., 63
Horkheimer, Max, 432
Huberman, Leo, 340
Hugon, Paul, 142
Hume, David, 315, 430, 437
Huntington, Ellsworth, 149
Huxley, Julian Sorell, 435
Ianni, Octavio, 164
Iglésias, Francisco, 114
Ikeda, Hayato, 98
Israel Vargas, José, 114
Jaguaribe, Hélio, 68, 206, 210, 234
Jereissati, Tasso, 421
João VI, Dom, 63, 169
Johnson, Harry, 199
Johnston, John, 271
Kafka, Franz, 115
Kafouri, Jorge, 245
Kaldor, Nicholas, 114, 122, 181, 184, 208, 218, 240, 253, 270, 321, 322, 336, 477, 481

Kalecki, Michal, 148, 166, 181, 184, 196, 199, 208, 210, 220, 228, 321, 477
Kandir, Antonio, 330, 331
Kant, Immanuel, 115, 164, 177, 432
Kendall, Maurice George, 151, 276
Kennedy, John F., 112, 155
Kerstenetzky, Isaac, 73, 180
Keynes, John Maynard, 16, 20, 86, 89, 90, 115, 129, 143, 144, 148, 152, 158, 159, 172, 181, 182, 184, 190, 195, 196, 198, 199, 202, 203, 204, 210, 220, 225, 228, 238, 246, 262, 269, 308, 309, 311, 315, 316, 317, 329, 334, 338, 340, 350, 386, 398, 399, 400, 403, 430, 469
Keynes, John Neville, 148
Kindleberger, Charles P., 400, 404
King, Gregory, 176
Kissing, Donald, 281
Klamer, Arjo, 15, 16, 17, 56, 57, 59, 61, 66, 158, 273, 417
Kleiman, Ephraim, 36
Klüger, Elisa, 14
Knight, Frank H., 427
Kreps, David M., 250
Krueger, Anne, 215, 454
Krugman, Paul, 149, 343, 376, 480
Kubitschek, Juscelino, 65, 82, 111, 167, 197, 288, 445
Kuhn, Thomas, 231, 232, 249, 265, 435, 447
Kujawski, Gilberto de Mello, 369
Laffer, Arthur, 26, 27, 37
Laidler, David E. W., 30
Lamounier, Bolívar, 300
Landau, Elena, 379
Lange, Oskar, 148, 164, 166, 259
Langoni, Carlos Geraldo, 73, 140, 193, 268, 280, 342, 346, 479
Lara Resende, André, 9, 10, 12, 13, 14, 15, 32, 35, 42, 44, 48, 56, 60, 62, 74, 79, 174, 220, 221, 223, 227, 232, 257, 281, 282, 294, 295, 313, 323, 327, 339, 341, 344, 356, 358, 365, 373, 376, 378, 379, 382, 386, 390, 391, 392, 393, 420, 460, 461, 466, 467, 471, 472, 473, 474, 475, 479, 483, 485, 487, 488
Lara, João Mesquita, 68
Lasch, Christopher, 337
Leal, Carlos Ivan Simonsen, 265
Lebrun, Gérard, 312, 424, 432
Leibniz, Gottfried, 265
Leiderman, Leonardo, 28
Leijonhufvud, Axel, 199
Leite Lopes, José, 114
Lekachman, Robert, 316
Leme, Ruy, 146, 148, 208, 267, 268, 271
Lemgruber, Antônio Carlos, 358, 401
Lênin, Vladimir, 162
Leontief, Wassily W., 86
Leopoldi, Maria Antonieta, 62
Lessa, Carlos, 186, 308, 313
Lessa, Ivan, 9, 10, 55
Lewis, Arthur W., 279, 480
Lira, João, 101
Lira, Paulo, 181, 415
Liviatan, Nissan, 28, 394
Lopes, Francisco, 32, 37, 44, 73, 189, 220, 221, 222, 224, 227, 232, 340, 342, 343, 344, 345, 352, 353, 355, 357, 359, 362, 364, 365, 375, 390, 391, 393, 471, 472, 474
Lopes, Lucas, 82
Lopes, Luiz Simões, 67, 87, 211
Lorenzoni, Guido, 24
Loureiro, Maria Rita Garcia, 74
Lucas Jr., Robert E., 34, 35, 158, 228, 245, 254, 260, 264, 273, 308, 417
Luhman, Nicholas, 319, 377
Lula da Silva, Luiz Inácio, 49, 397, 418, 419
Macedo, Murilo, 301
Machlup, Fritz, 85, 86
Maciel Filho, José Soares, 81, 138
Maciel, Marco, 242
Maddison, Angus, 161
Maia, César, 147
Malan, Pedro, 9, 10, 13, 14, 32, 44, 55, 62, 73, 127, 163, 178, 196, 280, 341, 369, 379, 382, 483, 487, 488

Índice onomástico 523

Malinvaud, Edmond, 26, 439
Maluf, Paulo, 267, 273
Mangabeira Unger, Roberto, 285, 351, 355, 369, 370
Mannheim, Karl, 334
Manoilescu, Mihail, 88
Manzolli, Flavio, 143
Maravall, José María, 205, 214
Marcuse, Herbert, 432
Marshall, Alfred, 115, 144, 181, 194, 195, 196, 218, 246, 308, 426, 427
Marshall, George, 90
Martins, Luciano, 215, 334
Marx, Karl, 76, 92, 94, 115, 121, 125, 144, 159, 162, 164, 171, 180, 181, 185, 186, 194, 199, 206, 210, 212, 216, 217, 218, 220, 228, 229, 230, 233, 237, 246, 269, 270, 295, 296, 310, 311, 312, 315, 317, 318, 319, 320, 322, 323, 334, 351, 361, 374, 377, 387, 401, 402, 410, 424, 426, 427, 428, 430, 431, 443, 457, 460, 461, 464, 465
Matos Peixoto, Maurício, 245
Matos, Dirceu Lino de, 149
Mazzuchelli, Frederico, 319
McCloskey, D. N., 61, 232, 315, 348, 359
Médici, Emílio Garrastazu, 103, 140
Medina, Rubem, 242
Meek, Ronald L., 457
Mellão, João, 147
Mellão, Sérgio, 246
Mendes, Marcos, 14
Mendonça de Barros, Luiz Carlos, 338, 339, 341
Menger, Carl, 449
Mercadante, Aloizio, 147
Merquior, José Guilherme, 433
Messenberg, Roberto Pires, 328
Mill, John Stuart, 246, 427, 435
Mindlin, Betty, 208
Minsky, Hyman P., 199, 317
Mises, Ludwig von, 17, 405
Modiano, Eduardo, 32, 222, 369, 379
Modigliani, Franco, 37, 38, 39, 245, 273, 274, 342, 376

Montello, Jessé, 340
Montoro, André Franco, 205
Moraes, Antônio Ermírio de, 192
Morais, Fernando, 444
Moreira Salles, Walther, 82
Moreira, Marcílio Marques, 46, 255, 394, 475
Morgenstern, Oskar, 143
Morishima, Michio, 439
Moura, Alkimar, 213, 288
Myrdal, Gunnar, 94, 122, 123, 240, 465, 466, 480
Nabokov, Vladimir, 388
Nachbin, Leopoldo, 245
Nagel, Thomas, 433
Nakano, Yoshiaki, 73, 205, 209, 211, 213, 219, 220, 221, 222, 227, 231, 233, 257, 359, 471, 474
Nash Jr., John F., 35, 251, 261
Natel, Laudo, 139
Navarro de Toledo, Caio, 69
Negrini, Antenor, 268
Nelson, Charles R., 249, 276, 282
Nerlove, Marc, 289
Neumann, John von, 143
Neves, Tancredo, 75, 112, 168, 357, 472
Newton, Isaac, 265, 343, 431, 432
Niemeyer, Otto, 192
Nietzsche, Friedrich, 407
Nóbrega, Maílson da, 255, 421
Nogaro, Bertrand, 122, 124
Nora, Pierre, 487
North, Douglass C., 91, 153, 236, 275, 334, 437, 477
Novaes, Ana Dolores, 227, 360
Novais, Fernando A., 164, 239
Noyola Vásquez, Juan F., 118, 222
Nunes Gaspar, Diogo Adolfo, 267
Nurkse, Ragnar, 81, 86, 122, 123
O'Connor, C., 25
Odebrecht, Norberto, 335
Oliveira, Francisco de, 196
Oliveira, José Carlos, 288
Olivera, Julio H. G., 38
Olson, Mancur, 437

Orozco, Elena Maritza Leon, 75
Osório, Juvenal, 101
Pareto, Vilfredo, 180, 194, 195, 248
Parsons, Talcott, 308
Pasinetti, Luigi, 218, 253, 270
Passmore, John, 433
Pastore, Affonso Celso, 27, 56, 60, 62, 79, 105, 197, 208, 219, 232, 261, 263, 265, 266, 267, 280, 391, 460, 461, 466, 472, 473, 477, 478, 485
Patinkin, Don, 23, 36
Paulani, Leda Maria, 328
Paulinelli, Alysson, 242
Pazos, Felipe, 31, 189, 222, 471
Pedro I, Dom, 169
Pégurier, Guilherme Augusto, 68
Peirce, Charles Sanders, 433
Pereira, Luis, 308
Perelman, Chaïm, 385
Perón, Juan Domingo, 94, 118, 296, 392
Perroux, François, 114, 121, 122, 123
Pessoa, Samuel, 277
Phelps, Edmund S., 292
Phillips, William, 27, 29, 30, 38, 283, 356, 360, 363, 364
Pinto, Aníbal, 181, 182, 184, 185, 222, 458
Pinto, Celso, 19
Piore, Michael J., 365, 376
Pirenne, Henri, 269
Platão, 115
Plosser, Charles I., 249, 276, 282
Poincaré, Raymond, 403
Polanyi, Karl, 195
Ponzi, Charles, 284
Popper, Karl, 231, 249, 276, 430
Porto, José Passos, 169
Portugal, Murilo, 13
Possas, Mario Luiz, 196
Prado Jr., Caio, 190, 234, 239, 269
Prebisch, Raúl, 84, 89, 118, 119, 122, 125, 181, 184, 185, 186, 191, 198, 201, 202, 203, 204, 240, 281, 407, 409, 462
Prigogine, Ilya, 314
Przeworski, Adam, 214

Quadros, Jânio, 82, 445
Quércia, Orestes, 306
Quine, Willard, 438
Ramos, Saulo, 42
Rangel, Ignácio, 68, 69, 100, 101, 133, 134, 172, 190, 210, 220, 222, 224, 225, 232, 234, 270, 286, 313, 329, 357, 363, 372, 471, 479
Rawls, John, 177
Reagan, Ronald, 234, 418
Rego, José Marcio, 217, 479
Ribeiro, Darcy, 48
Ricardo, David, 143, 190, 199, 246, 319
Ricupero, Rubens, 48
Robbins, Lionel, 119, 399
Robinson, Joan, 94, 114, 122, 164, 182, 199, 294, 310, 321, 404, 423, 477
Rocca, Carlos Antônio, 208, 268
Rocha, Bruno Lima, 358
Rodrigues, Eduardo Lopes, 68
Rodrigues, Nelson, 347, 407, 445
Romer, Paul M., 33, 254
Roncaglia, André, 24
Roosevelt, Theodore, 117
Rosenberg, Luis Paulo, 268
Rosenstein-Rodan, Paul N., 240, 465, 480
Rostow, Walt W., 239
Rousseau, Jean-Jacques, 115
Rowthorn, Robert E., 26
Rubin, Isaak Ilich, 312
Ryff, Tito, 401
Sabino, Fernando, 389
Sachs, Ignacy, 321
Sachs, Jeffrey D., 226
Sala-i-Martin, Xavier, 158, 322, 481
Salinas de Gortari, Carlos, 226, 452
Samuelson, Paul, 115, 142, 143, 144, 155, 246, 279, 286, 291, 292, 363, 364, 376
Santaella, Lúcia, 59
Santos, Wanderley Guilherme dos, 338
Sargent, Thomas J., 27, 39, 158, 225, 226, 261, 273, 274, 363, 364, 400, 403, 404, 417, 478
Sarney, José, 45, 112, 205, 207, 266, 286, 396, 420, 421

Savasini, José Augusto Arantes, 268, 280
Sayad, João, 287, 307, 373
Scheinkman, José Alexandre, 188, 265
Schelling, Thomas, 437
Schopenhauer, Arthur, 437
Schultz, Theodore W., 122, 253, 324
Schumpeter, Joseph A., 20, 83, 84, 85, 90, 144, 184, 186, 190, 195, 199, 204, 208, 229, 246, 387, 400, 449
Schwartz, Anne, 261
Schwarz, Roberto, 164
Selten, Reinhard, 251
Sen, Amartya, 122, 427, 449
Sena, José Julio, 268
Serra, José, 147, 191
Shackle, George Lennox Shannan, 315, 316
Shaw, George Bernard, 164
Silva Telles, Goffredo da, 308
Silva, Gerson Augusto da, 185
Simon, Herbert Alexander, 261, 314
Simonsen, Mário Henrique, 25, 27, 35, 36, 44, 56, 57, 60, 62, 70, 71, 74, 83, 96, 101, 105, 140, 146, 171, 182, 183, 189, 194, 198, 222, 232, 242, 243, 244, 254, 261, 264, 265, 269, 274, 283, 288, 289, 290, 291, 293, 294, 295, 298, 301, 304, 309, 313, 315, 327, 337, 338, 342, 344, 356, 379, 389, 414, 427, 452, 458, 459, 466, 467, 468, 469, 471, 474, 478, 479, 485
Simonsen, Roberto, 18, 69, 88, 89, 269
Singer, Paul, 164
Skinner, Andrew, 428
Slutsky, Eugen, 150
Smith, Adam, 57, 91, 115, 123, 144, 158, 166, 190, 229, 246, 254, 319, 427, 430, 436, 446, 448, 457
Smithies, Arthur, 86
Smolin, Lee, 33
Sófocles, 155
Solow, Robert M., 158, 245, 253, 270, 273, 299, 321, 340, 361, 362, 363, 364, 365, 376, 465
Sourrouille, Juan, 403

Souza Costa, Artur de, 89
Souza, Roberto Pinto de, 143
Souza, Sebastião de, 177
Spencer, Roger W., 56
Sraffa, Piero, 122, 164, 217, 298, 310, 312, 322, 481
Stadler, George W., 30
Steindl, Joseph, 217
Stevens, Wilfred Leslie, 143, 150, 270, 271
Stigler, George J., 437
Stiglitz, Joseph E., 439
Stone, Marshall H., 271
Stone, Richard, 198
Strawson, Peter Frederick, 433
Summers, Lawrence H., 376
Summers, Robert, 175
Sunkel, Osvaldo, 222
Suplicy, Eduardo Matarazzo, 212, 303
Suzigan, Wilson, 66
Swan, Trevor W., 270
Tabellini, Guido, 35
Taschner, Gisela Black, 62
Tavares, Maria da Conceição, 57, 60, 62, 70, 72, 76, 100, 114, 178, 179, 190, 191, 197, 213, 232, 247, 270, 303, 305, 308, 309, 310, 312, 313, 323, 328, 329, 330, 369, 399, 418, 419, 442, 457, 458, 459, 473, 477, 478, 485
Taylor, Frederick Winslow, 230
Taylor, John B., 26, 220, 283, 364, 365
Taylor, Lance, 285, 298, 340, 378
Teixeira Vieira, Dorival, 142, 208
Tinbergen, Jan, 148
Tintner, Gerhard, 143, 151
Tobin, James, 19, 39, 155, 158, 273, 293, 294, 301, 472
Tollison, Robert D., 334
Tullock, Gordon, 92, 334
Urani, André, 162
Usher, Abbott Payson, 377
Vargas, Getúlio, 67, 81, 87, 101, 109, 138, 169, 192, 197, 300, 324, 392
Velloso, João Paulo dos Reis, 70, 266, 288, 414
Veloso, Caetano, 488

Versiani, Flávio, 288
Viner, Jacob, 88
Wallace, Neil, 27, 39
Walras, Leon, 180, 181, 185, 195, 199, 311
Watt, James, 431
Weber, Max, 91, 210
Weitzman, Martin, 376
Werlang, Sérgio, 35, 265, 301
Werneck, Rogério, 32, 73, 342, 369, 379
Werning, Ivan, 24
Wicksell, Johan Gustaf Knut, 23, 42, 122, 145
Wicksteed, Philip H., 145, 164
Williams, Bernard R., 433
Williamson, Denise, 288
Williamson, John, 23, 32, 35, 358
Williamson, Oliver, 437
Willumsen, Maria José, 423
Wittgenstein, Ludwig, 431, 432
Xiaoping, Deng, 452
Yarrow, George Keith, 27
Young, Allyn Abbott, 322, 481

Este livro foi composto em Sabon pela Franciosi & Malta, com CTP e impressão da Edições Loyola em papel Pólen Natural 70 g/m² da Cia. Suzano de Papel e Celulose para a Editora 34, em junho de 2024.